EXPOSITION

DES PRODUITS DE L'INDUSTRIE FRANÇAISE.

RAPPORT

DU JURY CENTRAL

EN 1844.

EXPOSITION
DES PRODUITS DE L'INDUSTRIE FRANÇAISE EN 1844.

RAPPORT
DU JURY CENTRAL.

—

TOME DEUXIÈME.

PARIS.
IMPRIMERIE DE FAIN ET THUNOT,
Rue Racine, 28, près de l'Odéon.

—

M DCCC XLIV.
1845

RAPPORT
DU JURY CENTRAL

SUR LES PRODUITS

DE L'INDUSTRIE FRANÇAISE

EN 1844.

TROISIÈME COMMISSION.

MACHINES.

Membres de la Commission.

MM. Dupin (Baron Charles), président ; Chevalier (Michel),
Combes, Delamorinière, Durand (Amédée), Gambey,
Griolet, Héricart de Thury (Vicomte), Koechlin (André),
Minaral, ingénieur; Moll, Morin, Olivier, Payen,
Pouillet, Séguier (Baron), Yvart.

SECTION PREMIÈRE.

§ 1er. MACHINES ET INSTRUMENTS SERVANT

A L'AGRICULTURE.

M. L. Moll, rapporteur.

Considérations générales.

Les instruments aratoires participent tous plus
ou moins du caractère de l'industrie à laquelle
ils sont consacrés. Ils n'ont rien qui plaise aux

yeux, rien qui frappe l'imagination. Même les mieux faits offrent encore les apparences d'une construction grossière, dénuée de ces applications scientifiques, de ces combinaisons ingénieuses qu'on admire dans les machines industrielles. Pour en apprécier l'importance, il faut se rappeler l'immense intérêt qui s'y rattache, la population qu'ils font vivre, les produits qu'ils créent, le capital qu'ils mettent en valeur. Pour en juger la construction, il faut connaître les difficultés que présentent la culture des diverses natures de terres et les nombreuses conditions qu'ils doivent remplir. Il faut se rappeler que si la fabrication en est encore trop généralement entre les mains de la classe ignorante des charrons et des maréchaux de campagne, la science, même appuyée sur la pratique, n'a pas toujours réussi à faire beaucoup mieux, et qu'on a vu des hommes d'un grand savoir échouer dans la construction de ces machines en apparence si simples et si grossières.

Mais, si le perfectionnement de ces instruments présente des difficultés plus grandes qu'on ne le suppose généralement, et si, malheureusement, dans nos idées actuelles, on y attache peu de valeur, précisément à cause de leur apparente simplicité, ces difficultés et plus encore l'importance des résultats en font incontestablement un des objets les plus dignes d'occuper les hommes de science et d'intelligence. Tout est gigantesque dans l'ensemble de l'agriculture, tout s'y résume en sommes énormes. Le savant rapporteur de 1834, en parlant de la charrue, faisait remarquer que nous lui devons annuellement pour une valeur de plus de 2 milliards en céréales seulement. Ajoutons que les instruments aratoires en général contribuent pour une large part à ce chiffre de 6 milliards qui constitue la valeur de la production annuelle de l'agriculture en France. Ajoutons également que lorsqu'on agit sur des éléments pareils, les moindres améliorations ont des effets immenses du moment où elles se généralisent. On évalue à 1 million environ, le nombre des charrues fonctionnant en France, et à 250 francs en moyenne, la dépense occasionnée par une bête de trait, cheval, mulet ou bœuf. Que par des perfectionnements que la science et l'expérience ont déjà fait connaître, on puisse, sur un dixième de ce nombre, économiser une bête, et l'on aura réduit de 25 millions le chiffre des dépenses occasionnées par la culture. Et, certes, ce résultat n'est pas impossible, car il a déjà été atteint et même dépassé sur beaucoup de points. Et ce n'est là encore qu'un des côtés de la question. Les grattages irréguliers et superficiels remplacés par des labours réguliers et profonds, et, comme conséquence, la possibilité de cultiver, dans le sol ainsi traité, beaucoup de plantes qui n'y réussissaient pas auparavant, notamment les fourrages artificiels et les récoltes-racines, base de la culture perfectionnée, la puissance productrice de la terre augmentée, la production générale accrue, et surtout rendue moins dépendante des circonstances atmosphériques, tels sont les résultats du seul perfectionnement de la charrue. S'il était possible de les traduire en données numériques parfaitement exactes, on obtiendrait sans doute des chiffres qui seraient de nature à modifier singulièrement les idées généralement admises sur l'importance relative des diverses branches de la fortune publique.

Que l'on étende ce raisonnement aux autres machines si variées qu'emploie l'agriculture et l'on ne s'étonnera pas de la part que le jury a cru devoir accorder dans ses récompenses à cette belle et grandiose industrie qui occupe et fait vivre 24 millions de Français, subvient pour la plus large part aux dépenses de l'État, lui fournit la majeure partie de ses défenseurs pendant la guerre, ses travailleurs les plus pacifiques, les plus laborieux, les plus moraux pendant la paix; qui est, enfin, la base fondamentale de la prospérité et de la puissance de la France.

Si un examen superficiel ne laisse rien apercevoir de saillant, parmi les machines agricoles exposées cette année, une étude approfondie fait voir plusieurs perfectionnements, minimes en apparence, mais importants en réalité, en ce qu'ils tendent à rendre pratiques ou à faire accepter par des populations routinières, des instruments qu'elles repoussaient jusque-là. On aperçoit enfin le progrès presque partout, même dans des machines évidemment défectueuses, mais qui témoignent chez leurs auteurs, simples maréchaux ou charrons de campagne, d'une tendance manifeste à sortir des vieilles voies de la routine.

Ajoutons ici que malgré l'état arriéré de l'agriculture dans beaucoup de parties de la France, l'ensemble de notre pays est néanmoins un des plus en progrès pour les machines agricoles, et n'est dépassé, sous ce rapport, que par l'Angleterre et la Belgique.

Charrues.

C'est, comme on sait, l'instrument aratoire par excellence. Dans certaines contrées, malheureusement encore trop nombreuses en France, la charrue est même le seul instrument employé à la culture du sol.

Si le progrès tend à remplacer, dans beaucoup

de circonstances, le travail lent et coûteux de cette machine par le travail plus économique et plus rapide de quelques autres instruments dont il sera question plus loin, la charrue n'a cependant rien perdu de son importance. Comme nous venons de le dire, le perfectionnement en est intimement lié au progrès général de l'agriculture.

Étant donnée une surface de terrain d'une certaine épaisseur, découper ce volume de terre par bandes de la longueur du champ et d'une largeur donnée, et les retourner sens dessus dessous : tel est le problème du labour, tel est le travail que doit exécuter la charrue.

La première condition d'une bonne charrue est naturellement de faire un bon labour. Pour que cette opération puisse êtreconsidérée comme telle, il est indispensable que l'instrument détache la tranche de terre par une section verticale et par une section horizontale, que cette dernière soit complète et à plat, ou plutôt parallèle à la surface ; que la charrue fasse faire à la bande de terre une révolution de 130 à 140° ayant une de ses faces pour axe, le tout sans la comprimer, mais au contraire en l'ameublissant.

Une autre condition également fort importante, c'est d'exiger le moins de tirage possible.

Une troisième condition, c'est de permettre de varier, dans des limites assez étendues, la profondeur et la largeur de la bande de terre, sans cesser de faire un bon labour.

Enfin, une bonne charrue doit être solide, d'une construction simple et peu coûteuse, d'une réparation facile, et n'exiger de la part du laboureur ni trop de force, ni trop d'habileté.

L'exposition de 1844 n'est pas restée, pour les charrues, en arrière des précédentes. S'il est quelques-uns de ces instruments qu'on s'étonne à bon droit d'y voir figurer, et que le respect seul pour les décisions des jurys départementaux a pu y maintenir, il en est beaucoup d'autres qui, soit dans leur ensemble, soit dans des détails plus ou moins essentiels, présentent des perfectionnements dignes de l'attention du jury.

———

Établissements ou Ateliers de construction d'instruments aratoires, charrues.

RAPPELS DE MÉDAILLES D'ARGENT.

MM. de RAFFIN et Cⁱᵉ, propriétaires de la fonderie et fabrique d'instruments aratoires de la Pique, près Nevers (Nièvre),

Ont l'un des établissements les plus considérables de France pour la construction des machines agricoles. Les nombreux instruments qu'ils livrent à l'agriculture se distinguent en général par des prix très-modérés, une grande solidité et une construction soignée. MM. de Raffin ont exposé, entre autres objets, deux charrues qui diffèrent de celles qu'ils construisaient précédemment : ce sont des araires un peu modifiés, unis à l'avant-train Bressol. La vogue qu'ont aujourd'hui ces charrues dans la Nièvre et les départements voisins, prouve les avantages de cette combinaison.

Honorés d'une médaille d'argent en 1839, MM. de Raffin et C⁰, ont paru toujours dignes de cette distinction dont le jury s'empresse de leur accorder le rappel.

M. ANDRÉ-JEAN, agriculteur au château de Saint-Selves, arrondissement de Bordeaux (Gironde),

A présenté de nouveau sa charrue pour laquelle le jury de 1839 lui décerna une médaille d'argent. Cette charrue est trop connue pour qu'il soit nécessaire d'en donner ici une description. Il suffit de dire que M. André-Jean a apporté plusieurs perfectionnements dans la jonction de l'âge avec l'avant-train, dans la transmission du tirage, de manière à donner encore plus de fixité à l'instrument, et surtout dans la forme du versoir qui, aujourd'hui, paraît devoir offrir beaucoup moins de résistance que précédemment, au passage de la bande de terre.

Ce ne sont pas là du reste les seuls titres de M. André-Jean ; cet agronome éclairé se recommande

par de grands et importants travaux de défrichements et d'amélioration foncière dans la Charente-
Inférieure et dans la Gironde. Il vient enfin, avec
son associé, M. le major Bronski, un de nos plus
habiles éducateurs de vers à soie, de doter la
France d'une nouvelle race de vers, dont les produits exposés cette année ont excité l'admiration
du jury et du public.

Le jury n'hésite pas à accorder à M. André-Jean
le rappel de la médaille d'argent.

NOUVELLES MÉDAILLES D'ARGENT.

MM. MOTHES frères et Cⁱᵉ, mécaniciens, à Bordeaux (Gironde),

Ont exposé une machine à battre le grain, un
hache-paille simple, un coupe-paille-racines et une
charrue à défricher.

La machine à battre, quoique empruntée au système de Meikle, s'en éloigne cependant plus que
toutes nos autres machines françaises. L'appareil
de battage se compose d'un axe horizontal autour
duquel sont fixés cinq batteurs parallèles dont on
peut, par une combinaison ingénieuse, modifier la
forme en les rendant anguleux, plats, arrondis, suivant le degré d'énergie que l'on veut donner au battage. Cette faculté rend cette machine plus propre
que les autres aux départements méridionaux où l'on
tient à briser la paille, de même qu'au battage de
l'orge dont on veut séparer les barbes. Le contre-
batteur, au lieu d'être une surface fixe, cannelée et
concave, est un plan à peu près horizontal, for-

mant tangente au cercle décrit par le batteur. Il est à bascule et réglé par un contre-poids qui lui permet de se rapprocher ou de s'éloigner du batteur suivant l'épaisseur plus ou moins grande de la couche de grain introduite par les cylindres alimentaires. Cette disposition a pour effet de rendre à peu près impossibles les accidents si fréquents qui résultent de la fixité du contre-batteur dans les machines ordinaires; elle a en outre pour effet, concurremment avec l'ingénieux secoueur adopté par MM. Mothes, de conserver la paille et de la rendre presque en aussi bon état que pourrait le faire le fléau. Cette machine, quoiqu'elle ne soit pas à proprement parler portative, est néanmoins disposée de façon à pouvoir être facilement enlevée, y compris le manége, transportée sur une charrette et installée promptement dans une grange quelconque ou sous un hangar.

Sans changer de système, les auteurs ont apporté de notables perfectionnements à leur machine depuis 1839. Des expériences faites sous les yeux du jury, dans une grande exploitation des environs de Versailles, où depuis un an on se sert exclusivement de cette machine, et les attestations de plusieurs agriculteurs honorables qui en font également usage, ne laissent plus de doutes à cet égard.

Le prix de 1800 fr. pour la machine à deux chevaux figurant à l'exposition, a paru élevé. Ajoutons néanmoins que 112 de ces machines livrées à l'agriculture depuis une dizaine d'années, et le nombre croissant de commandes que reçoivent MM. Mothes, tendent a prouver que les avantages compensent ce prix.

Le hache-paille construit sur un système nouveau est sans contredit l'un des meilleurs instruments de ce genre que nous possédions. Par le moyen d'un simple écrou, il offre la faculté de varier à l'infini la longueur à laquelle on veut couper la paille, ce qui le rend plus propre qu'aucun autre pour la première préparation à donner à l'ajonc. La pièce principale est un couteau tranchant des deux côtés et fixé obliquement sur un cadre vertical placé devant la gaîne où est renfermée la paille. Par suite du mouvement vertical de va-et-vient imprimé au cadre, le couteau coupe en montant et en s'abaissant toute la portion de paille qui dépasse le seuil de la gaîne. Des dispositions simples et ingénieuses font avancer cette paille et la compriment au moment où le couteau l'entaille.

Comme un volant est nécessaire à cette machine, MM. Mothes ont eu l'idée d'en tirer parti pour établir sur le même bâti un coupe-racines. Leur volant est donc un disque en fonte muni de quatre lames, découpant en tranches ou en parallélipipèdes les racines contenues dans la trémie placée au-dessus de la gaîne à paille. Les deux appareils marchent simultanément ou séparément, à volonté.

La charrue qu'ils ont exposée est, comme celle de M. Lebachellé, construite sur le système Moll. Mais l'application en est un peu différente en raison du travail spécial que cet instrument est appelé à exécuter; c'est une charrue destinée au défrichement et aux défoncements. Elle a fait ses preuves dans plusieurs grands défrichements de landes entrepris aux environs de Bordeaux. Suivant des renseignements tirés de sources non suspectes, on aurait pu faire, avec cet instrument, ce que l'on considérait comme impossible jusque-là dans le pays : défricher de vieilles landes d'ajoncs sans le secours de la pioche et de la tournée, par conséquent avec une notable économie.

MM. Mothes fabriquent en outre des manéges isolés, des tarares, des concasseurs de grains, etc. Toutes ces machines sont d'un prix qui n'a rien d'exagéré, et présentent, sinon beaucoup de fini dans l'exécution, du moins une grande solidité. Ces mécaniciens emploient moyennement 40 et quelques ouvriers et 4 chevaux. Ils mettent en œuvre annuellement 50 milliers métriques de métaux, fer, fonte et cuivre, et livrent pour une valeur de 80 à 100 mille francs de produits.

Honorés d'une médaille d'argent en 1834, d'un rappel de cette même médaille en 1839, ils ont mérité, pour l'ensemble de leurs travaux, par leurs persévérants efforts et les perfectionnements réels qu'ils ont apportés à la plupart de leurs produits, une nouvelle médaille d'argent que le jury s'estime heureux de leur décerner.

M. CAMBRAY père, fabricants d'instruments aratoires, à Paris, rue St.-Maur-du-Temple, 47,

A exposé une série de machines relatives à l'agriculture, et qui la plupart se distinguent par une confection soignée. Le jury a surtout remarqué une machine du prix de 220 fr., renfermant dans le

même bâti hache-paille et concasseur pour le
grain; une autre machine du même prix offrant le
hache-paille et le coupe-racines réunis; une machine destinée à la préparation de l'ajonc épineux,
et composée d'un hache-paille à lame en hélice à la
partie supérieure et de deux paires de cylindres
cannelés, superposées l'une à l'autre. Les deux
cylindres de chaque paire se meuvent en sens contraire et avec des vitesses différentes, de manière
à produire non pas seulement un effet de laminage,
mais encore un frottement très-énergique dont on
peut espérer un bon résultat pour la destruction
des pointes acérées de l'ajonc. Cet instrument est
du prix de 400 fr. M. Cambray a exposé en outre
des coupe-racines à disque pour découper les racines et tubercules en parallélipipèdes, des hache-
paille en hélice, des moulins à concasser la drêche
des brasseurs, une râpe à pommes de terre, un tarare; enfin un buttoir et quatre araires de dimensions et de formes diverses pour les différentes
espèces de sols et de labours. Il fabrique aussi
de bonnes machines pour égrainer le maïs, des
manèges de force variée, des machines à battre,
etc.

M. Cambray a, depuis 1819, la plus importante
fabrique d'instruments aratoires de Paris. Il occupe
une trentaine d'ouvriers dans ses ateliers et une
vingtaine au dehors. Il reçut en 1834 la médaille
d'argent, en 1839 le rappel de cette même médaille; le jury de 1844 n'hésite pas à lui décerner
une nouvelle médaille d'argent, en récompense de
ses nouveaux et persévérants efforts.

MM. ROSÉ et Cⁱᵉ, mécaniciens, rue de Lancry, 20, à Paris.

Parmi les mécaniciens qui s'occupent de machines agricoles, M. Rosé est un des plus intelligents et des plus actifs. Sa charrue est, après celle de M. de Dombasle, la plus connue et la plus répandue de toutes les charrues perfectionnées, en même temps qu'elle est une des moins chères. Il a le premier introduit en France le soc américain, si simple et si avantageux, et il est l'inventeur du support simple et ingénieux qui donne à ses charrues les avantages des charrues à avant-train sans les priver de ceux inhérents aux araires. Plusieurs autres instruments aratoires lui doivent également des perfectionnements réels. Ses buttoirs entre autres peuvent être rangés parmi les meilleurs.

Il a exposé deux charrues faites d'après son ancien système, une machine à un cheval pour battre les grains, construite sur le système des machines en travers, propres à conserver la paille; un hache-paille et un coupe-racines à disque. Tous ces objets se distinguent par une bonne confection et par des prix modérés. Le coupe-racines, par la disposition et la forme des couteaux, a paru de nature à diminuer la résistance.

A l'exposition de 1834, M. Rosé, alors associé de M. de Raffin, reçut, concurremment avec celui-ci, une médaille d'argent, et en 1839 le rappel de cette même médaille. Le jury, en considération de ses derniers travaux, lui accorde une nouvelle médaille d'argent.

MÉDAILLES D'ARGENT.

M. BODIN, directeur de l'école d'agriculture de Rennes (Ille-et-Vilaine),

A exposé un scarificateur et deux charrues simples. L'une, du prix de 75 fr., est une charrue de défrichement de la plus forte dimension, sur le système Dombasle. La seconde, du prix de 45 fr., est une charrue moyenne, système américain à versoir plus court, mais mieux contourné. Toutes deux se distinguent par une remarquable solidité, par la longueur plus grande des mancherons et par la modicité de leur prix.

Le scarificateur est un des plus simples que nous ayons. Il peut remplacer avec avantage les scarificateurs plus compliqués, pour tous les travaux légers. Il ne coûte que 90 fr., et présente toutes les dispositions qui distinguent les bons instruments de ce genre, si ce n'est qu'il manque de supports par derrière, ce qui, dans certains terrains, pourrait avoir pour résultat de le faire pénétrer trop avant. Le jury considérant les avantages que présentent ces trois instruments, considérant surtout les services signalés rendus à l'agriculture du département par M. Bodin, depuis onze ans, lui accorde une médaille d'argent.

M. de LENTILHAC aîné, directeur de la ferme modèle de Sallegourde (Dordogne),

A exposé trois charrues de diverses forces et une herse roulante. Ces trois charrues sont faites sur le système américain modifié. Soc et corps présentent, dans les trois charrues, une surface qu'on a reconnue bonne dans certaines terres, mais défectueuse dans d'autres. Approprié aux charrues légères, l'appareil régulateur adopté par l'auteur offre des inconvénients dans celles destinées aux labours profonds. Ces trois instruments se distinguent du reste par une construction simple, solide et surtout par les prix remarquablement bas de 60, 50 et 35 fr.

Quant à la herse roulante du prix de 130 fr., si le principe n'en est pas neuf, l'application qu'en a faite l'auteur lui appartient, et paraît avoir rempli d'une manière heureuse la plupart des conditions qu'on exige d'un instrument de ce genre.

Le jury, prenant en considération le mérite de ces quatre instruments et surtout leur prix peu élevé, ainsi que les services rendus par l'auteur comme directeur de la ferme-modèle de Sallegourde, lui décerne une médaille d'argent.

M. LEBACHELLÉ, agriculteur, à Livry, près Paris (Seine-et-Oise),

A exposé une charrue.

Depuis les essais infructueux du président Jefferson, d'Arbuthnot et de Hachette, pour déterminer géométriquement la forme à donner au corps de la charrue, on paraissait avoir abandonné cette voie de perfectionnement, du moins aucune tentative de ce genre n'avait reçu de publicité, MM. de Valcourt et Lambruschini n'ayant encore rien fait connaître de leur système, lorsque M. Lebachellé, agriculteur habile et qui depuis longtemps avait senti l'imperfection que présentent, sous ce rapport, même les charrues les plus renommées, après beaucoup de tâtonnements, ayant eu connaissance du système proposé par M. Moll pour la génération de la surface du versoir, résolut de l'appliquer, quoique ce système n'eût pas encore reçu la sanction de l'expérience.

Guidé par les indications de la pratique et aide des conseils de l'auteur, M. Lebachellé est parvenu à perfectionner le système et à lui donner toutes les conditions voulues.

Voici en quoi consiste cette construction : le corps de la charrue, soc et versoir compris, constitue une surface gauche composée de deux portions distinctes; la partie supérieure est une surface réglée dont les génératrices sont horizontales, et dont les directrices sont la gorge et l'arête postérieure du versoir. Dans la portion centrale et inférieure, la droite mobile qui engendre la surface, s'incline dans certaines proportions, en s'appuyant sur la partie moyenne de l'arête postérieure du versoir, et sur toute la portion restante de la gorge ainsi que sur le tranchant du soc.

Tel est le principe général au moyen duquel on a pu ramener la génération de la surface du versoir et du soc à la génération des deux demi-coins qui composent normalement le corps de la charrue, et obtenir une surface qui, dans toutes les positions et les mouvements de la bande de terre, présentât toujours à celle-ci les éléments d'un plan incliné.

Quant aux détails d'application, ils ne sont point déterminés d'avance : longueur, hauteur, écartement du versoir, largeur du soc, courbures de l'arête postérieure, du versoir et de la gorge, tous ces points, fort essentiels du reste, peuvent varier à l'infini et donner lieu à autant de variations dans la forme du versoir, condition indispensable pour qu'un système puisse être appliqué à toutes les natures de sol, à tous les besoins si divers de la culture.

La charrue exposée par M. Lebachellé a reçu la pleine sanction de l'expérience. Depuis près de deux ans qu'il en fait usage à l'exclusion de toute autre, il a pu réduire notablement ses frais de culture. Le rapporteur d'une commission nommée par la Société royale et centrale d'agriculture, a visité à plusieurs reprises la belle exploitation de M. Lebachellé, et a trouvé celui-ci occupé à défricher des luzernes avec deux chevaux, tandis que cette opération en exige quatre avec la charrue du pays et au moins trois avec les meilleures charrues perfectionnées. Dans l'automne de 1843, M. Lebachellé a pu dédoubler ses attelages et faire près de 300 hectares de labour avec ses charrues attelées d'une seule bête. Les certificats les plus explicites, délivrés par les meilleurs agriculteurs du voisinage et légalisés par le maire de Livry, ne laissent plus le moindre doute sur l'excellence de cet instrument.

En présence de ces faits, le jury n'a pas hésité à décerner à M. Lebachellé une médaille d'argent.

M. TROCHU, propriétaire-agriculteur, à Belle-Isle-en-Mer (Morbihan),

A exposé un istrument qu'il appelle *Charrue-Omnibus*. Cette charrue qui, à l'état normal, a la forme d'un buttoir, c'est-à-dire, un soc en triangle isocèle et deux versoirs, au moyen de plusieurs dispositions, dont quelques-unes fort ingénieuses, peut servir successivement à labourer en billons, à labourer à plat, à butter, sarcler et biner les récoltes en lignes.

Le caractère général du progrès, en agriculture comme en industrie, a été toujours bien moins d'approprier la même machine à un grand nombre d'emplois divers, de faire des instruments à fins multiples, qu'à créer, pour chaque genre de travail, des machines spéciales. C'est le principe si avantageux de la division du travail appliqué aux machines, et l'on sait que ce n'est que par l'observation de ce principe que la grande culture peut lutter contre la petite, car c'est le seul moyen d'avoir des machines exécutant un travail avec perfection et économie, en un mot, parfaitement appropriées à l'usage auquel on les destine.

De là il résulterait que la charrue-omnibus est un instrument dénué d'utilité. Il n'en est cependant pas tout à fait ainsi. Sans doute cette machine exécute la plupart des opérations citées plus haut d'une manière moins parfaite que les instruments construits *ad hoc*. Mais partout et toujours il faut prendre les choses au point où elles en sont, et c'est surtout en agriculture que le *mieux* est souvent l'ennemi du *bien*. Si la charrue-omnibus ne saurait être recommandée dans les pays de bonne et riche culture, il n'en est pas de même dans les pays à culture arriérée. Ici elle peut favoriser l'introduction de certaines récoltes, de certains assolements, en un mot, d'innovations constituant un progrès véritable et que le cultivateur ajournerait, peut-être, indéfiniment, s'il fallait, au préalable et comme première condition, acheter un certain nombre d'instruments nouveaux. En attendant que l'esprit d'association, en se répandant parmi les cultivateurs, permette à la petite et à la moyenne cultures d'employer des instruments perfectionnés, la machine de M. Trochu pourra leur être également fort utile, soit, comme on vient de le dire, en favorisant des innovations heureuses, soit en réduisant les frais de production.

La charrue-omnibus coûte 100 fr. et peut, au besoin, remplacer 3 ou 4 instruments coûtant le double ou le triple.

Ainsi donc, comme acheminement, comme moyen de transition vers un état de choses plus parfait, cet instrument présente, pour beaucoup de localités du royaume, un caractère réel d'utilité.

Quant aux semoirs qui accompagnent la charrue, la nouveauté du système sur lequel ils sont construits impose au jury l'obligation d'attendre les résultats d'une plus longue expérience avant d'émettre une opinion.

Du reste, fidèle à tous ses antécédents, le jury ne s'en est pas tenu, relativement à l'auteur, aux objets présentés par lui à l'exposition. Il a eu égard aux grands et importants travaux exécutés par M. Trochu dans sa vaste propriété de Belle-Isle-en-Mer, travaux dont les heureux résultats ont contribué pour beaucoup aux progrès de la culture jadis si arriérée, dans cette île, à l'accroissement de la richesse publique, à l'augmentation énorme de la valeur des terres.

Prenant en grande considération cet ensemble de travaux si utiles, le jury n'hésite pas à décerner à M. Trochu la médaille d'argent.

RAPPEL DE MÉDAILLE DE BRONZE.

M. DUCROT, à Garchizy-Fourchambault (Nièvre),

A exposé une charrue Dombasle qui se distingue par son prix très-modéré (55 fr.), et une modification assez bonne du régulateur; ainsi qu'une charrue à avant-train, système Pluchet modifié, qui paraît donner à l'instrument presque autant de stabilité que le système Granger, et permet en outre de faire varier l'enrayure. Elle coûte 110 fr. Le jury reconnaissant des mérites à ces deux instruments, qui d'ailleurs sont assez répandus dans le département de la Nièvre, accorde à l'auteur le rappel de la médaille de bronze déjà obtenue par lui en 1839.

NOUVELLE MÉDAILLE DE BRONZE.

M. ALLIER (Edouard), à Gap (Hautes-Alpes).

La charrue de M. Allier est destinée à faire des labours à plat, labours dans lesquels la bande de terre est renversée constamment vers le même point de l'horizon. Ces labours, d'une exécution plus facile que ceux dits en *billons*, nécessaires d'ailleurs sur les pentes rapides, ou lorsqu'il s'agit de disposer un terrain pour l'arrosage, présentent un inconvénient fort grave, la forme essentiellement vicieuse des charrues destinées à les effectuer. M. Allier a réussi à donner à sa charrue tourne-oreille, sinon toute la solidité, du moins toutes les autres qualités que présentent les charrues à versoir fixe, et cela au moyen d'un soc en triangle-rectangle tournant dans des pitons de manière à présenter son tranchant alternativement à droite et à gauche, et de 2 versoirs estampés, ayant la forme des versoirs Dombasle, mais dont l'un verse à droite, l'autre à gauche. Une petite place ménagée entre les deux mancherons sert à porter celui des deux versoirs dont on n'a pas besoin, car il n'y en a jamais qu'un seul employé à la fois.

L'idée de M. Allier n'est pas neuve, mais il a su l'appliquer d'une manière plus simple et plus ingénieuse qu'on ne l'avait fait jusque-là.

Une autre particularité de sa charrue, c'est la régulation pour la profondeur, placée à l'étançon postérieur qui est une tige de fer méplate, percée de trous servant à fixer l'âge dans la position convenable, au moyen d'un clavette. Ce système n'est pas plus neuf que l'autre, mais là encore M. Allier a su éviter en partie le manque de solidité qu'il présente d'ordinaire et qu'on avait pu remarquer dans la même charrue figurant à l'exposition de 1839. La supériorité de la charrue actuelle sur celle de 1839 résulte de la forme meilleure des versoirs, et de l'amélioration générale de la construction. Partout la fonte est remplacée par le fer, ce qui rend la charrue plus légère, plus solide et les réparations plus faciles, conditions indispensables dans le pays pauvre et arriéré auquel est destiné cet instrument. Cette circonstance explique et justifie le prix de 100 fr. auquel il est coté.

Ajoutons ici que M. Allier, comme directeur de la ferme modèle des Hautes-Alpes, a rendu des services réels à l'agriculture de ce département. Le jury lui décerne une nouvelle médaille de bronze.

MÉDAILLES DE BRONZE.

M. LÉBERT, à Pont, commune de Bailleau-sous-Gallardon (Eure-et-Loire),

A présenté un scarificateur et deux charrues. L'une d'elles, dite *Charrue-Fourche*, avec avant-train, offre une disposition ingénieuse, au moyen de laquelle le laboureur peut faire varier l'entrure sans arrêter, et sans que la solidité de la charrue puisse en souffrir, le tirage s'effectuant, non pas sur l'âge supérieur mobile, mais sur un petit âge fixe placé au-dessous.

La seconde charrue qui est un araire à support, possède la même faculté, mais par une autre disposition : une tringle de fer parallèle à l'âge, ayant à l'extrémité postérieure une manivelle à portée du laboureur, et à l'extrémité antérieure un pignon qui engrène avec une crémaillère portant la petite roue de devant. Les deux charrues présentent, en outre, une particularité qui a fixé l'attention du jury, c'est un petit soc fixé par une forte tige au talon du sep, à un niveau inférieur à celui du corps de la charrue. Ce soc est destiné à remuer le fond de la raie sans ramener la terre à la surface.

Le scarificateur présente, quant aux moyens de régulation, la même disposition que la charrue à avant-train. Les pieds sont de simples dents de herse, un peu plus fortes et plus recourbées que d'ordinaire, mais qu'on remplace à volonté par des pieds d'extirpateur ou de scarificateur. Au total, les instruments de M. Lébert, malgré quelques imperfections et leur prix un peu élevé, ont paru au jury dignes de mériter à l'auteur une médaille de bronze.

M. le comte DOYNEL DE QUINCEY, à Avranches (Manche),

A exposé une charrue dite *Néo-Belge*, dans la construction de laquelle il s'est attaché à conserver les formes en général très-bonnes de la charrue du Brabant, tout en modifiant certaines pièces, le soc, par exemple, qui, dans cette dernière charrue, est d'une exécution très-difficile et revient à près de 40 fr. L'auteur, en adoptant le soc américain en acier, et en substituant la fonte au fer forgé, pour le versoir, le sep et les étançons, a pu réduire à 75 fr. sans lui rien ôter de sa solidité et de ses autres avantages, le prix de cet instrument qui était jusque-là de 125 fr. Quoique le système belge de régulation, au moyen du sabot et du rallongement ou raccourcissement des traits, ne soit bon qu'entre les mains d'un laboureur intelligent, le jury reconnaissant de l'utilité à l'adoption plus générale de ce système et appréciant les avantages des modifications apportées à la charrue belge par M. le comte Doynel de Quincey, lui décerne une médaille de bronze.

M. LACAZE, fabricant d'instruments aratoires, à Nîmes (Gard),

A exposé une charrue dite *Vigneronne*, destinée, comme l'indique son nom, à la culture de la vigne qui, dans tout le Midi, se plante en lignes régulièrement espacées. La culture de la vigne par les instruments attelés, n'est pas chose neuve dans ces contrées; mais l'araire employé jusqu'ici à cet usage, est un instrument si défectueux, qu'on est obligé de multiplier les façons, et de suppléer, en outre, à leur imperfection par de coûteux travaux de main-d'œuvre. M. Lacaze, en appliquant à sa vigneronne les principes reconnus rationnels dans la construction de la charrue, tout en les modifiant de manière à rendre l'instrument particulièrement propre au but qu'il se proposait, a rendu un service signalé à toutes les contrées où la vigne se cultive à la Languedocienne, car il a permis de réduire de moitié le nombre des façons et les travaux de main-d'œuvre.

La vigneronne de M. Lacaze est une petite charrue très-légère, et néanmoins fort solide, à soc en triangle rectangle, à versoir en tôle, et dont la face de terre, au lieu d'être dans le même plan que l'axe de l'âge, se trouve reportée à 0,15 mètre à gauche, de façon à permettre de cultiver le sol jusqu'aux pieds des ceps, sans endommager ces derniers.

M. Lacaze ne s'est pas borné là. Il a travaillé également et avec succès pour l'agriculture proprement dite. Grâce à lui, les bons instruments qu'il a su approprier aux circonstances locales, se sont répandus rapidement dans le Gard et les départements voisins. Grand nombre de bons ouvriers qu'il a formés, disséminés aujourd'hui dans le département, y favorisent l'adoption des bonnes machines en donnant les moyens faciles de les réparer et même en en construisant de nouvelles. Si la société d'agriculture de Nîmes, l'une des plus zélées du royaume, a contribué puissamment à ces résultats, le jury n'en reconnaît pas moins qu'une large part doit en revenir à l'auteur, auquel il accorde, pour la vigneronne, une médaille de bronze.

NOUVELLE MENTION HONORABLE.

MM. PARIS et BOCQUET, à Paris, rue du Cadran, 20,

Ont exposé une charrue double, une charrue simple et un scarificateur. La première, du prix de 160 fr., destinée aux labours à plat, est la charrue jumelle de M. de Dombasle, à laquelle M. Paris a ajouté un avant-train offrant plusieurs dispositions ingénieuses et qui donne à l'instrument une grande stabilité.

La charrue simple a un avant-train à peu près semblable à celui de la première, et la même stabilité, circonstance avantageuse dans quelques cas. Ces deux charrues se distinguent par des versoirs fortement concaves qui, dans certaines terres et pour des labours peu profonds peuvent offrir de la supériorité sur les autres.

Le scarificateur, du prix de 260 fr., et qui se compose d'un châssis triangulaire monté sur quatre roues, a cela de remarquable que les dents placées sur deux rangées et munies d'arcs-boutants, sont en deux pièces, tige et soc, ce dernier se boulonnant sur la tige et pouvant varier de grandeur suivant le genre de culture à donner, avantage réel, qui néanmoins est peut-être compensé par un manque de solidité, et par la difficulté de ces changements après un certain temps de service. Le jury reconnaissant les efforts de l'auteur qui a déjà reçu une mention honorable en 1839, lui accorde une nouvelle mention honorable.

MENTIONS HONORABLES.

M. WILLOCQUET (Alexandre), à Orchies (Nord),

A exposé une charrue Valcourt, dite *dos à dos*, modifiée en ce sens qu'au lieu d'un âge double, forçant à dételer les chevaux au bout de chaque raie, il n'y en a qu'un seul qui tourne sur un fort pivot placé au point de jonction des deux corps, et qui permet ainsi de le faire servir alternativement pour l'un et l'autre de ces derniers. L'appareil qui sert à fixer l'âge dans l'une ou l'autre de ces positions est simple et paraît suffisamment solide pour les cas ordinaires. L'instrument est tout en fer, les versoirs en tôle, de même que la pyramide renversée qui leur sert de prolongation; les socs, ainsi que le sabot, sont de forme brabançonne. Le prix de 98 fr.

a paru modéré au jury, qui considère cet instrument comme une des bonnes charrues pour labourer à plat, et qui accorde en conséquence à l'auteur une mention honorable.

M. CHABROLLE, à Maray (Loir-et-Cher),

A présenté une charrue dans laquelle on retrouve, à côté de certaines dispositions de la charrue américaine, l'âge long, le sabot et l'appareil régulateur de la charrue belge. Soc et versoir sont assez bien faits. La disposition générale de l'instrument est bonne, et le prix de 55 fr., auquel il est coté, le met à la portée du simple paysan. Le jury, reconnaissant dans cet instrument un progrès notable sur la charrue du pays, accorde avec empressement à l'auteur une mention honorable.

M. BOUTET, à Maray (Loir-et-Cher),

A exposé une charrue, qui ne diffère de celle de M. Chabrolle que par des dimensions un peu plus grandes et par la substitution d'une petite roue au sabot. Ce dernier changement est loin d'être un perfectionnement dans les sols compacts, mais il est souvent exigé par les cultivateurs qui, dans une grande partie de la France, repoussent le sabot. Le prix de 60 fr., auquel le constructeur vend cette charrue, n'a pas semblé trop élevé, et le jury, reconnaissant un progrès réel dans cet instrument, accorde à l'auteur une mention honorable.

M. DENIS, maréchal-serrurier à Trécy-sur-Serre (Aisne),

A exposé une charrue multiple ou polysoc à quatre corps, lesquels sont fixés sur un châssis analogue à celui de plusieurs scarificateurs. Cet instrument, malgré quelques imperfections de détails, telles que la forme des socs, etc., a attiré l'attention du jury par sa disposition générale qui permet de le croire à peu près exempt de l'inconvénient principal que présentent les polysocs, d'être jeté à gauche. On peut, *à priori*, le considérer comme très-propre à exécuter les labours légers et surtout la recouvraille des grains ; ce que, du reste, l'expérience paraît avoir confirmé. En conséquence, le jury accorde à l'auteur une mention honorable.

M. BAILLET, cultivateur à Fouilloy (Somme),

A présenté une charrue à trois socs, destinée aux labours à plat. Le corps du milieu, qui est en arrière, a la forme d'un buttoir, dont les deux versoirs peuvent s'enlever alternativement en glissant dans une coulisse. La charrue de gauche verse à gauche, celle de droite verse à droite ; ces deux charrues latérales, basculant sur une espèce de mancheron, peuvent être soulevées de manière à ne pas agir lorsqu'on n'en a pas besoin. Pour labourer à droite on lève la charrue de gauche, ainsi que le versoir de gauche de la charrue du milieu. L'instrument fait alors deux raies en renversant les bandes à droite. Arrivé au bout du champ on abaisse la charrue de gauche, on relève celle de droite, ainsi que le versoir de droite de la charrue du milieu, et l'on reprend de nouveau deux raies, mais en versant à gauche. Cet instrument est ingénieux ; mais il paraît un peu compliqué et manquer de solidité. La charrue du milieu ne peut d'ailleurs faire qu'un labour irrégulier quel que soit le côté où elle verse. Néanmoins, comme cette machine peut offrir de l'avantage pour les cultures superficielles partout où on laboure à plat, que d'ailleurs, elle présente une idée neuve et ingénieuse, le jury accorde à l'auteur une mention honorable.

M. ESTAMPES (Jean), fabricant d'instruments aratoires, à Toulouse (Haute-Garonne),

A exposé une charrue à laquelle, tout en lui conservant les formes et l'aspect de celle du pays, condition essentielle pour la faire adopter par les cultivateurs, il a apporté des perfectionnements notables, tels qu'un soc en triangle rectangle, beaucoup plus large que celui du pays, et un versoir en tôle mieux approprié pour renverser la terre sans effort. La charrue, au lieu d'être jetée à droite comme celle du pays, marche d'aplomb, et est disposée de manière à pouvoir effectuer des labours très-profonds, chose avantageuse partout, mais surtout importante dans le midi. Sans être exempt de défauts, cet instrument a semblé être au jury un progrès réel sur la charrue locale, aussi n'hésite-t-il pas à accorder à l'auteur une mention honorable.

M. BÉLÉGUIC (J.-G.), à Douarnénez (Finistère),

A présenté deux charrues à avant-train, dont l'une simple et l'autre double. Constructeur de navires, M. Béléguic paraît s'être inspiré, dans la construction du corps de ses charrues, des principes

observés dans la construction de la coque des navires. Le soc et le versoir présentent en effet une
surface sur laquelle la terre doit glisser avec facilité,
et qui, dans les sols compactes, doit présenter une
supériorité réelle sur plusieurs autres charrues fort
bonnes du reste. L'avant-train bas et fort simple,
pêche néanmoins par l'égalité des roues et par
une transmission du tirage qui ne remplit pas
toutes les conditions désirées, défaut qu'il serait
facile de corriger. — La charrue double a deux
corps placés sous le même âge, par conséquent
dans le même plan vertical, mais à un niveau différent; elle est destinée à faire un *double labour*,
culture excellente, mais peu connue en France. La
charrue antérieure manque de solidité; il serait
facile d'obvier à cet inconvénient. Au total, le jury
considère ces deux instruments comme utiles, et
quoiqu'il n'ait pu vérifier leur mérite sur le terrain,
et malgré un prix qui lui a semblé élevé (70 et
150 fr.) eu égard à la simplicité, et, il faut le
dire, au peu de fini de ces instruments, il n'a pas
hésité à accorder à l'auteur une mention honorable.

CITATIONS FAVORABLES.

M. PIRET, à Neauphle-le-Château (Seine-et-Oise),

A exposé deux charrues dont l'une n'a sans doute
été reçue que par inadvertance. L'autre est faite sur
le système un peu modifié des charrues dites du
parc de Versailles, système défectueux sous beau-

coup de rapports. Toutefois la charrue exposée offrant quelques perfectionnements et se distinguant d'ailleurs par son bas prix (45 fr.), le jury par ces motifs accorde une citation favorable à l'auteur qui, en 1839, a déjà reçu, pour d'autres objets, une mention honorable.

M. MAURIN, à Saint-Médard (Charente),

A exposé une charrue, système américain, ayant le corps placé à gauche, le régulateur à l'extrémité postérieure de l'âge, de manière à pouvoir faire varier l'enlrure sans arrêter, et un versoir mobile. Sans attacher une grande importance à cette dernière particularité, le jury, appréciant la bonne confection et le bas prix (50 fr.) de cet instrument, accorde à l'auteur une citation favorable.

M. LEMAIRE, mécanicien à Fresnes-les-Montauban (Pas-de-Calais),

A présenté quatre instruments. La forme et le prix ne permettent d'en mentionner qu'un seul, une charrue dos à dos ou Valcourt, avec âge tournant sur un pivot. Cette charrue, tout en fer, et qui a beaucoup de ressemblance avec la charrue Willocquet déjà mentionnée, paraît aussi solide et exécutée avec autant de soins que cette dernière, mais le prix en est double. Le jury accorde à l'auteur une citation favorable.

MM. BRIGAUDEAU et GUÉNIN, fabricants d'instruments aratoires à Luccenay (Côte-d'Or),

Ont exposé une charrue qui, sans rien présenter

de neuf, offre néaumoins un perfectionnement réel sur la charrue du pays. Le jury accorde en conséquence aux auteurs une citation favorable.

MM. GODEFROY et SOUCHIÈRES, à Arles (Bouches-du-Rhône),

Ont exposé un instrument qu'ils nomment *polysoc autorecteur*, composé de quatre corps de charrue fixés sur un châssis, lequel repose sur trois roues. Cet instrument, à part plusieurs dispositions fort ingénieuses, mais malheureusement très-compliquées, au moyen desquelles les auteurs ont cherché à éviter les inconvénients que présentent toutes les charrues multiples, a de plus cela de remarquable que les quatre corps de charrue sont privés de ceps et ont des versoirs héliçoïdes, construits sur le système de M. Lambruschini, système qui n'a pas encore reçu la sanction de l'expérience, mais qui est digne d'être l'objet d'essais comparatifs. L'instrument tout entier manque pareillement de cette même sanction; aussi le jury, sans rien préjuger de son mérite, et tout en faisant remarquer que ce polysoc a été construit pour la Camargue, pays de grandes plaines, à sol uni, léger et exempt de pierres, regrette de ne pouvoir accorder aux auteurs qu'une citation favorable.

M. QUENTIN-DURAND, fabricant d'instruments aratoires, rue du Faubourg-Saint-Denis, 189, à Paris,

A exposé un assez grand nombre d'instruments aratoires, parmi lesquels le jury en a remarqué plu-

II.

sieurs qui, sans offrir rien de neuf, se distinguent néanmoins soit par quelques perfectionnements de détail, soit par des prix modérés. Tels sont un petit manège en fonte et en fer, avec patin en bois, du prix de 350 fr. pour un cheval; un petit hache-paille à lame de faux, à mâchoire à ressort, et qui peut également servir pour la feuille de mûrier. Cet instrument ne coûte que 40 fr.; une houe à cheval qui, sauf les couteaux postérieurs, a paru bonne; une ratissoire dont la lame peut être fixée à diverses inclinaisons; enfin, plusieurs barattes faites sur le système Valcourt.

Le jury accorde une citation favorable à M. Quentin-Durand, qui, depuis longues années, s'occupe de la construction des instruments aratoires.

---

§ 2. EXTIRPATEURS. SCARIFICATEURS. HERSES.

Considérations générales.

À mesure que l'agriculture s'est perfectionnée et que, par suite, il est devenu nécessaire de multiplier davantage les façons données au sol, on a senti vivement le besoin de machines plus énergiques que la herse, plus expéditives que la charrue, et pouvant remplacer cette dernière toutes les fois qu'il ne s'agit pas de retourner la terre, mais seulement de l'ameublir et de l'approprier : tel est le but des extirpateurs et des scarificateurs, les premiers destinés particulièrement à la destruction des mauvaises herbes, comme l'indique leur nom, les seconds à l'ameublissement du sol, au hersage des vieux sainfoins et luzernes et des prés mousseux.

L'introduction de ces instruments, en France, qui remonte à peine à une vingtaine d'années, a été d'un puissant secours à notre grande culture et lui a permis de lutter, sans trop de désavantage, contre la petite, en diminuant les frais de façonnage du sol en même temps qu'elle rendait les façons plus rapides et permettait de les exécuter toujours à temps opportun.

Les principes qui règlent la construction de ces instruments sont aujourd'hui parfaitement connus. Les seuls points sur lesquels il puisse y avoir encore des variations et par conséquent des perfectionnements, sont des points de détail tels que, distribution des dents ou socs, mode d'attache de ceux-ci, forme et matériaux du châssis, disposition pour la transmission du tirage, appareil régulateur, etc.

L'exposition de cette année est assez riche en instruments de ce genre, venus de diverses parties de la France et sortant la plupart des ateliers de simples charrons de village. C'est là un signe manifeste des progrès que fait notre agriculture, sur tous les points du territoire, progrès accomplis sans bruit, sans fracas, auxquels la société accorde à peine quelque attention, et dont elle n'acquiert la connaissance que par les avantages immenses qu'elle en retire.

NOUVELLE MÉDAILLE DE BRONZE.

M. LLANTA-SATURNIN, agriculteur à Perpignan (Pyrénées-Orientales),

A exposé deux instruments : un *extirpateur combiné* et un *araire buttoir*, ayant tous deux un âge long, pouvant par conséquent s'adapter au joug des bœufs ou des mulets, suivant la coutume du pays.

L'extirpateur combiné est une espèce de houe à cheval à trois socs, dont l'un sur l'âge, les deux autres sur une traverse percée de plusieurs trous, de manière à permettre de varier l'écartement de ces socs. Le second instrument est un buttoir destiné à remplacer l'araire ou dental du pays, et qui semble plus parfait que ce dernier, mais auquel on peut cependant reprocher le peu de largeur du soc. Les deux instruments présentent une disposition ingénieuse au moyen de laquelle ou peut faire varier la profondeur sans arrêter l'attelage.

D'autres titres recommandent encore M. Llanta à l'attention du jury. Agriculteur habile, il s'est occupé avec succès de l'amélioration de plusieurs autres instruments, et s'est toujours montré l'un des plus progressifs et des plus zélés de son département, si riche en bons agriculteurs.

Le jury de 1834 lui accorda une médaille de bronze. Le jury de 1844 n'hésite pas à lui en décerner une nouvelle.

MÉDAILLES DE BRONZE.

M. GRATIEN-DESAVOYE, à Rieux-Hamel (Oise),

A exposé un scarificateur tétracycle. Cet instrument, tout en fer, se distingue des autres instruments de ce genre par la distribution des dents qui, placées au nombre de neuf, sur quatre traverses, ne s'engorgent jamais. Les traverses accouplées deux à deux forment deux herses séparées qu'on lève et renverse avec facilité pour conduire l'instrument aux champs. La disposition des parties par lesquelles se transmet le tirage et se règle l'entrure est bonne; l'instrument paraît simple, solide, et le prix de 350 fr. n'a pas semblé trop élevé au jury, qui décerne à l'auteur une médaille de bronze.

M. VALLA, fabricant d'instruments aratoires à Nîmes (Gard),

A présenté trois instruments. Le premier, appelé *granhumateur*, destiné principalement à recouvrir les semailles, est le polysoc à petits corps de charrue, essayé fréquemment et avec peu de succès, mais que M. Valla a perfectionné en y adaptant une traverse et deux roues qui paraissent devoir corriger en grande partie le défaut que présentait jusqu'à ce jour cet instrument de ne pas marcher d'aplomb. Cet inconvénient évité, le granhumateur de M. Valla serait la meilleure machine pour recouvrir les semailles à la volée, et offrirait surtout de grands avantages dans les contrées où l'on est habitué à enterrer les grains à la charrue.

Le second instrument, appelé *viniteur*, est une espèce d'extirpateur ayant quatre petits socs à un seul versoir (deux à droite et deux à gauche) et un soc central disposé en buttoir. Cet instrument est destiné à cultiver l'intervalle qui règne entre les lignes de ceps et à rechausser ceux-ci, tandis que le troisième instrument exposé, la *charrue vigneronne*, sert à les déchausser. Cette charrue, imitée de la *vigneronne* de M. Lacaze, a le corps placé beaucoup plus à gauche, ce qui doit permettre d'arriver plus près des souches; mais peut, en revanche, diminuer la solidité et la stabilité de l'instrument.

Les machines exposées par M. Valla sont bien confectionnées, simples, d'un prix modéré, et paraissent devoir tenir ce qu'on en attend; toutefois il leur manque encore la sanction d'une plus longue expérience; le jury accorde à l'auteur une médaille de bronze.

MENTIONS HONORABLES.

MM. CALLAND et PASQUIER, fabricants d'instruments aratoires à Laferté-sous-Jouarre (Seine-et-Marne),

Ont présenté un instrument dit *charrue-herse-Pasquier*, espèce de scarificateur de très-forte dimension, composé d'un avant-train à deux roues avec brancards, et d'un châssis sur lequel sont fixés des pieds, et qui se rattache à l'avant-train par un âge en fonte, à col de cygne, dont l'extrémité antérieure, percée d'un trou, est traversée par une tige en fer rond, fixée sur l'avant-train. Le châssis porte-socs est monté sur deux roues dont les fusées sont fixées sur des tiges verticales taillées en crémaillères, qui permettent de les hausser ou baisser à volonté, moyen préférable aux vis, qui, dans les instruments aratoires, s'encrassent et usent promptement les écrous. Une vis de rappel à l'extrémité postérieure du col de cygne permet de faire varier, tout en marchant, le niveau de l'une ou de l'autre des deux rangées de pieds. Ceux-ci ont une forme qui en fait des intermédiaires entre les dents de scarificateurs et les socs d'extirpateur, forme qui les rend propres à un grand nombre d'usages. Les auteurs font en outre des dents d'une forme particulière pour les cas spéciaux, tels que le scarifiage des prés, luzernes, etc. Le mérite de cet instrument est aujourd'hui bien constaté par une expérience de plusieurs années, dans les départements environnant Paris; aussi le jury, tout en regrettant que le prix (350 fr.) n'en soit pas plus modéré, accorde à l'auteur, M. Pasquier, une mention honorable.

M. MANSSON-MICHELSON, mécanicien, successeur de M. Bataille, rue du Faubourg-Saint-Denis, 186, à Paris,

A exposé une herse-Bataille, avec avant-train monté sur quatre roues, pour les cas où une grande stabilité est nécessaire, et une charrue jumelle avec avant-train Paris modifié. Le premier de ces instrumentss est depuis longtemps connu et apprécié dans le nord de la France, et a été l'objet d'une mention honorable à l'exposition de 1839. Le second a déjà été décrit plus haut. Le jury n'a donc à signaler ici que l'excellente confection de ces instruments et les deux modifications mentionnées qu'on peut considérer comme des perfectionnements; en conséquence, il accorde à l'auteur une mention honorable.

M. CHARPENTIER (Louis-Augustin), fabricant d'instruments aratoires à Ormoyvillers (Oise),

A présenté un scarificateur, façon Bataille, qui se distingue par un avant-train monté sur quatre roues, par certaines dispositions de tirage, la forme des dents et surtout par la faculté d'adapter au même châssis des socs d'extirpateur, ou au même avant-train, un châssis portant de ces socs. Cet instrument est bon; le prix de 260 fr. n'en a pas paru trop élevé. Aussi le jury accorde-t-il à l'auteur une mention honorable.

M. Gustave RIVAUD, directeur de l'École d'agriculture du Petit-Rochefort, près Angoulème (Charente),

A exposé un extirpateur à trois socs de grande dimension et tels qu'ils conviennent dans les terrains légers. Cet instrument se distingue par une construction soignée et par une disposition des socs, sinon neuve, du moins fort propre à en assurer la solidité. Le jury, tout en regrettant que le prix en soit élevé, accorde à l'auteur, qui a déjà rendu et est à même de rendre encore des services réels à l'agriculture du département, une mention honorable.

CITATIONS FAVORABLES.

M. MAUMENÉ (Cyr), cultivateur à Mailly-Raine-val (Somme),

A exposé un instrument qu'il nomme *binoteur-extirpateur*. Cette machine, toute en fer, se compose d'un châssis monté sur trois roues, portant au milieu une espèce de grille, mobile sur un axe, et sur laquelle sont fixées, en sens inverse l'une de l'autre, deux séries de pieds d'une forme particulière. Ce sont de fortes plaques de tôle fixées sur des tiges en fer et recourbées dans le bas de manière à faire en même temps l'office de socs et de corps de charrue. Une des séries est disposée pour verser à droite, l'autre pour verser à gauche. Un mécanisme simple et ingénieux permet de changer de série à volonté.

Cet instrument est trop nouveau; il diffère trop complétement de tout ce qui a été fait jusqu'ici, dans ce genre, pour que le jury puisse en apprécier le mérite. Il reconnaît toutefois, dans cette machine, des dispositions ingénieuses et qui lui paraissent de nature à la rendre particulièrement propre à l'ameublissement régulier de la couche superficielle du sol, à la destruction des mauvaises herbes, et à l'enfouissement de la semence. Les nombreuses récompenses obtenues par l'auteur, dans divers comices, viennent confirmer la bonne opinion du jury central qui accorde au sieur Maumené une citation favorable.

M. Thomas MARAIT, fabricant d'instruments aratoires à La Charité (Nièvre),

A présenté un *buttoir* avec *rabot de raie*, des-

tiné à rabattre le petit relèvement de terre formé
de chaque côté de la raie par le buttoir. L'un et
l'autre instrument n'offrent rien de neuf, mais de
même que tout ce qui sort des ateliers de M. Marait, ils sont bien confectionnés, solides et d'un
prix modéré (60 fr. le buttoir); aussi le jury accorde-t-il à l'auteur une citation favorable.

M. GODIN (François), à Granvillers (Oise),

A exposé un scarificateur d'une forme nouvelle.
L'instrument est tout en fer. Pieds, châssis, et appareil régulateur paraissent remplir les conditions
nécessaires. La solidité des traverses sur lesquelles
sont fixés les pieds et la disposition des parties par
lesquelles se transmet le tirage sont les seuls points
qui laissent encore quelques doutes. Le jury, tout
en regrettant que ces deux points n'aient pas été
résolus d'une manière satisfaisante, et que le prix
de l'instrument (500 fr.) le mette hors de la portée
de beaucoup d'agriculteurs, accorde à l'auteur une
citation favorable.

§ 3. SEMOIRS. PLANTOIRS. HOUES A CHEVAL.
RAPPEL DE MÉDAILLE D'ARGENT.

M. HUGUES, à Bordeaux (Gironde),

A exposé le semoir qui porte son nom. Cet instrument, le plus connu de tous les semoirs, en
France, tant par sa supériorité que par l'infatigable activité qu'a développée l'auteur pour le répandre, a déjà valu à M. Hugues deux médailles
d'argent aux expositions de 1834 et 1839.

Depuis cette dernière époque, et malgré les succès de son instrument, M. Hugues a travaillé à le perfectionner encore; il a augmenté de quatre le nombre des séries d'alvéoles, pour les graines très-fines et très-grosses; les pieds portant les tubes distributeurs ont été placés alternativement sur deux lignes de manière à éviter l'engorgement par des mottes, des pierres ou du fumier long; les crochets recouvreurs ont été munis de ressorts de pression servant à en augmenter l'énergie et qu'on peut enlever à volonté. La fixation et l'enture des socs et le moyen de faire varier la distance entre les lignes ont été également perfectionnés. Enfin, M. Hugues ajoute à son semoir un *marqueur* traçant la ligne qu'on doit suivre, au trait suivant, et un levier au moyen duquel on soulève à volonté l'arrière-train de la machine pour la conduire au champ et la faire tourner sans que l'appareil distributeur de la semence fonctionne.

Le jury, reconnaissant l'utilité de ces diverses modifications, et appréciant les très-bons effets du petit instrument également inventé et exposé par M. Hugues sous le nom de *bineur*, accorde à ce zélé et intelligent agronome le rappel des deux médailles d'argent.

MÉDAILLE D'ARGENT.

M. TURCK (Amédée), directeur de la ferme modèle de Sainte-Geneviève, près Nancy (Meurthe),

A exposé un *planteur* et un *arracheur* de pom-

mes de terre. Le premier, composé d'une auge de
1ᵐ,50 de longueur porte 3 forts pieds de rayonneur
auxquels viennent aboutir autant de tubes évasés
par le haut et fixés derrière l'auge. Celle-ci contient les tubercules qu'y prennent les enfants chargés de les déposer à chaque pas dans les tubes.
L'instrument a deux mancherons, et un petit âge
destiné à s'adapter à un avant-train-Dombasle qui
le supporte par devant, tandis qu'il repose, en arrière, sur deux roues dont les fusées sont placées
sur des leviers coudés, glissant dans des coulisses
percées de trous, de manière à pouvoir faire varier l'entrure. La longueur des fusées permet d'utiliser ces roues comme marqueurs.

L'arracheur est une espèce de buttoir à gorge
large et convexe, et privée de ses deux ailes, forme
qui, après beaucoup d'essais de la part de l'habile
inventeur, paraît avoir le mieux rempli le but. Le
planteur a pour effet de rendre la plantation des
pommes de terre plus régulière et plus rapide (on
emblave de 3 à 4 hectares par jour). Il en est de
même de l'arracheur qui, en outre, pénétrant au-
dessous des *toguées*, ne coupe pas les tubercules,
comme le font la bêche et le crochet. Le jury considérant l'utilité de ces instruments, par suite de
l'importance toujours croissante de la culture des
pommes de terre, considérant surtout les grands et
importants services rendus par l'auteur à l'agriculture du département de la Meurthe, s'estime heureux de pouvoir lui décerner une médaille d'argent.

MÉDAILLES DE BRONZE.

M. SAVOYE père, fabricant de semoirs, à Ber-
laymont (Nord),

A exposé un semoir qui offre des dispositions
tout à fait neuves et des avantages réels sur la plupart des autres semoirs. L'appareil distributeur de
la graine est une espèce de poulie sur les arêtes
aplaties de laquelle sont placés des boutons tour-
nants à quatre faces creusées, chacune, d'un alvéole
de dimensions variables, à l'instar des cuillers. La
gorge, séparée en deux par une cloison, présente de
chaque côté de celle-ci des cavités ou *récepteurs* dans
lesquelles vient tomber la graine saisie par les alvéoles
des boutons. Un ressort plat et large, qui vient s'appliquer contre les récepteurs, empêche que la graine,
par suite du mouvement de rotation de la poulie,
ne s'échappe de ceux-ci, avant qu'ils soient parvenus au-dessus du tube conducteur, qui la dépose
dans la raie ouverte par le pied de rayonneur.

Les avantages de cette disposition paraissent être:
une régularité plus grande que dans les semoirs à
cuillers, pour la quantité de semence à répandre,
régularité indépendante ici de la marche de l'instrument; l'absence d'usure, si considérable dans
les semoirs à brosses. Enfin, les graines quelque
ténues qu'elles soient, ne peuvent y être écrasées,
comme cela arrive dans les semoirs à coulisse. L'instrument exposé est de la plus grande dimen-
sion. Il coûte 600 fr. et fait 9 raies à la fois à 0^m,18
d'intervalle, ou 7 raies à 0^m,23, ou 5 à 0^m,36, ou 4 à
0^m,43. Il exige deux à trois chevaux et fait presque

autant de besogne que la herse employée à recouvrir les grains semés à la volée. M. Savoye en fabrique aussi de 7 raies à 500 fr. et de 5 raies à 400 fr.

Quoique travaillant à ce semoir depuis 1833, ce n'est qu'à partir de l'année dernière que l'ayant amené au degré de perfection voulu, il a commencé à le vendre.

Ce semoir a paru être au jury un des instruments de ce genre les plus perfectionnés que nous ayons ; mais une expérience suffisamment prolongée pourrait seule justifier une récompense plus élevée que la médaille de bronze décernée aujourd'hui à l'auteur.

M. COLOMBEL, cultivateur à Claville (Eure),

A exposé un instrument dit *sondeur* ou *fouilleur Colombel*. Cette machine, fort simple, se compose d'un âge ordinaire, muni d'une petite roue et de deux mancherons, et à l'arrière duquel est fixée une traverse courte, mais forte. Un pied central d'extirpateur ou de scarificateur est placé sur l'âge, un peu en avant de la traverse sur laquelle sont fixés deux autres pieds du même genre, par des brides qu'on assure au moyen de coins en bois, méthode connue, mais encore trop peu employée pour les instruments aratoires.

Le fouilleur-Colombel sert en même temps de houe à cheval et de fouilleur pour remuer le fond de la raie ouverte par la charrue, sans en ramener la terre à la surface, double emploi également utile et auquel il paraît également bien convenir. en somme, cet instrument a paru essentiellement pratique et offrir le caractère de simplicité et de solidité qu'on doit rechercher dans les machines agricoles. Le jury n'hésite pas à décerner à l'auteur une médaille de bronze.

RAPPEL DE MENTION HONORABLE.

M. DAVENNE, propriétaire agriculteur à Monta-zeau (Dordogne),

A exposé un semoir construit sur le système des semoirs à cylindres. Cet instrument, qui trace et sème trois lignes à la fois, est simple, assez solide et paraît devoir fonctionner d'une manière satis-faisante. Le jury de 1834 accorda une mention ho-norable à l'auteur. Plusieurs perfectionnements qu'il a apportés depuis à son semoir engagent le jury de 1844 à lui rappeler cette même mention honorable.

MENTION HONORABLE.

M. BAILLY, à Château-Renard (Loiret),

A exposé une houe à cheval. Résultat d'une ex-périence de 15 années dans la culture des récoltes sarclées, sur un sol compact et caillouteux; cet instrument méritait l'attention particulière du jury. Il se distingue de la plupart des autres houes à cheval par une disposition qui lui assure plus de régularité dans la marche et une plus grande soli-dité. Les pieds, dont la forme paraît fort convena-ble, sont fixés sur des bras parallèles à l'âge et mobiles sur des traverses auxquelles on les fixe par des chevilles. L'âge est assez allongé pour assurer la stabilité de l'instrument qu'augmente encore une petite roue placée à l'extrémité de cette pièce. Le jury, en considération des avantages que présente cet instrument, pour lequel il n'a été pris d'ailleurs aucun brevet, considérant en outre les importants services rendus à l'agriculture du département par l'auteur, l'un des plus habiles agriculteurs du Loiret, lui accorde une mention honorable.

CITATION FAVORABLE.

M. WASSE, cultivateur, à Cagny-lès-Amiens (Somme),

A présenté une *charrue-semoir*. La charrue n'offre rien de remarquable. Quant au semoir, qui est le semoir à capsules ou à baril, il a reçu une modification que l'on peut considérer comme un perfectionnement très-réel : ce sont des godets à bascule fixés devant chacun des trous dont est garni le pourtour du baril, de telle sorte qu'il recouvre ces trous et les ferme pendant le temps où, par suite du mouvement de rotation de la capsule, ils se trouvent au-dessous du niveau de la graine renfermée dans celle-ci. Pour comprendre l'utilité de ces godets, il faut se rappeler que dans les semoirs ordinaires de cette espèce, la graine continue à sortir de la capsule, lors même que l'instrument est arrêté. Les godets sont disposés de telle façon, qu'il ne sort que la graine qu'ils contiennent. Or, un moyen des plus simples, un bouchon, qu'on hausse ou baisse, permet d'en faire varier la capacité. Le jury reconnaissant ce que cette addition a d'ingénieux et peut avoir d'utile, accorde à l'auteur une citation favorable.

---

§ 4. MACHINES A BATTRE LE GRAIN.

Considérations générales.

Les avantages que présentent les machines à battre le grain sont aujourd'hui reconnus généralement. La force des hommes remplacée en grande partie par celle des animaux; un travail pénible, rebutant, insalubre, rendu facile et exempt de dangers pour la santé des ouvriers; les fraudes nombreuses auxquelles donnait lieu le battage à bras, désormais évitées; un battage beaucoup plus parfait et beaucoup plus rapide; l'absence de poussière et de terre dans la paille et sur le grain, tels sont les avantages qui donnent une si haute importance à ces machines.

Quoique beaucoup plus compliquées que les autres instruments servant à l'agriculture, les machines à battre ont été perfectionnées plus rapidement et plus complétement que ceux-ci. Sans doute la complication même de ces machines et leur prix élevé ont dû stimuler d'habiles constructeurs; mais il faut aussi reconnaître que, destinées à agir sur des plantes coupées, c'est-à-dire sur des matières à peu de chose près toujours identiques, elles rentrent tout à fait dans la classe des machines industrielles et offrent par conséquent, sous certains rapports, moins de difficultés que les instruments aratoires proprement dits.

Aujourd'hui on est à peu près d'accord sur les principes d'après lesquels doivent être construites les machines à battre. Il n'en existe pas moins de grandes différences dans les détails de construction et dans l'effet de diverses machines.

Ajoutons ici qu'après l'Angleterre, la France est le pays où ces machines se sont le plus multipliées et où elles paraissent avoir obtenu le plus de succès.

MÉDAILLE DE BRONZE.

MM. F. LEQUIN et B. LAURENT, au Châtelet, commune de Barville (Vosges),

Ont exposé une machine à battre le grain, construite d'après le système suédois, mais présentant plusieurs particularités qui ont appelé l'attention du jury. Toutes les pièces qui composent cette machine sont en fer forgé ou fondu, ce qui en assure la solidité. Au moyen d'une disposition déjà connue, mais trop rarement appliquée dans les manéges, les chevaux peuvent s'arrêter subitement, sans que la machine cesse de marcher, par conséquent sans qu'il en résulte d'accident. Partant de ce principe dont la justesse paraît être aujourd'hui bien démontrée, que c'est surtout par la vitesse qu'agit le tambour-batteur, ils ont disposé les engrenages de façon à lui faire faire 200 à 300 tours par minute, vitesse encore insuffisante, eu égard au faible diamètre du tambour, pour obtenir le maximum d'effet, mais qu'on ne pourrait augmenter, sans tomber dans l'inconvénient qu'ont cherché à éviter les auteurs, lorsqu'ils ont réduit les dimensions de la grande roue du manége.

Le tambour de 0^m,65 de diamètre n'a que six barres batteuses en fer méplat, fixées de champ sur quatre cercles également en fer. La surface cannelée concave en fonte, se trouve placée en dessous, comme dans toutes les machines suédoises; mais elle n'enveloppe le tambour que sur un sixième environ de sa circonférence et au lieu d'être fixée d'une manière invariable, elle est montée sur des ressorts qui permettent l'abaissement de cette surface et par conséquent le passage d'une couche de grain d'épaisseur très-variable et même de corps durs tels que pierres, etc., sans qu'il en résulte d'accident.

Cette machine, mue par deux chevaux, bat de 80 à 100 gerbes à l'heure (1). A la vérité, elle ne sépare point le grain de la paille; mais plusieurs faits sembleraient indiquer que cette opération est une de celles qui se font mieux et plus économiquement à bras, qu'avec les moyens mécaniques employés jusqu'à ce jour.

Enfin, cette machine, dont le poids en fonte et

---

(1) Dans l'est où la paille est, en général, moins longue.

en fer est d'environ 750 kilogrammes, et dont l'exécution, sans présenter le fini qu'on remarque dans d'autres machines, n'en est pas moins suffisamment soignée pour le bon emploi, ne coûte que 450 fr.

Cette dernière circonstance a paru d'une haute importance au jury. En réduisant le prix de leur machine à un chiffre aussi minime qui la met à la portée des petites et moyennes fermes, dont le nombre s'accroît journellement en France aux dépens des grandes, MM. Lequin et Laurent ont résolu un problème d'un haut intérêt. Devant ce résultat obtenu disparaît en quelque sorte le mérite plus ou moins grand de la machine, car il est devenu évident pour le jury, que, si celle-ci laisse encore à désirer, les changements de détail qu'elle réclame pour remplir toutes les conditions des meilleurs batteurs mécaniques pourraient être exécutés sans augmentation de prix, ou avec une augmentation très-faible. Beaucoup de ces machines fonctionnent déjà depuis plusieurs années et avec plein succès dans les Vosges, dans les départements voisins et jusqu'auprès de Lyon. Le jury, en conséquence, accorde la médaille de bronze à MM. Lequin et Laurent qui se recommandent d'ailleurs par les services qu'ils ont rendus à leur localité, comme agriculteurs.

MENTION HONORABLE.

M. MITTELETTE, serrurier-mécanicien à Soissons (Aisne),

A exposé une machine à battre le grain. Elle

est du genre de celles dites en *travers*, particulièrement propres, comme on sait, aux localités voisines des grandes villes où l'on vend la paille, que l'on tient, dès lors, à conserver intacte le plus possible, dans le battage. Cette machine se distingue par une exécution soignée et par plusieurs améliorations de détail qui ne laissent pas que d'être assez importantes. Contrairement à ce qui a lieu, dans la plupart des machines de ce genre, le batteur se meut ici avec une assez grande vitesse; il fait de 400 à 500 tours par minute; et afin d'en faciliter le mouvement et d'éviter l'usure, M. Mittelette a fait reposer l'axe sur des galets de 0ᵐ,20 de rayon. Le manége transmet son mouvement à la machine par une courroie sans fin, moyen qui, dans les machines à battre, présente, à côté de quelques inconvénients, un avantage réel, en ce que le passage d'un corps dur ou d'une quantité trop considérable de grain, l'arrêt subit des chevaux, ou les coups de collier n'offrent plus les dangers qui résultent des transmissions de mouvement par engrenage. Le secoueur opère bien. Il en est de même du tarare.

Comme toutes les machines en travers faites jusqu'à ce jour, celle de M. Mittelette est d'un prix assez élevé (2,500 fr.) et ne bat qu'une quantité médiocre de grain (environ 70 gerbes par heure, avec deux chevaux); mais, dans une expérience faite sous les yeux du jury, la paille a paru aussi bien conservée et mieux battue qu'elle ne l'est d'ordinaire avec ces sortes de machines. Le jury, reconnaissant que la machine de M. Mittelette offre plusieurs perfectionnemens utiles, accorde à l'auteur une mention honorable.

CITATIONS FAVORABLES.

M. BOULET, à Oisy-le-Verger (Pas-de-Calais),

A présenté une machine à battre le grain construite sur le système du bocardage. Ce système a été souvent essayé et toujours sans succès. Celui que parait avoir obtenu la machine de M. Boulet, non-seulement dans des essais de courte durée, mais encore dans l'emploi prolongé auquel l'a soumise un habile agriculteur des environs d'Arras, serait une preuve de plus que la réussite d'un système dépend souvent de quelques détails d'exécution, en apparence insignifiants.

L'appareil batteur se compose de madriers, au nombre de deux, quatre, six et plus, suivant les dimensions de la machine, fixés invariablement les uns aux autres, mais de manière à laisser un intervalle de quelques centimètres entre deux; ces madriers se meuvent autour d'un axe qui les traverse à l'arrière, tandis que leurs têtes, qui dépassent de $0^m,10$ environ le bâti de la machine, reçoivent le choc de bas en haut de quatre traverses fixées sur la circonférence de deux volants en fonte, et faisant ici l'office de cames. Deux paires de cylindres cannelés, placées l'une à droite, l'autre à gauche de la machine, servent, la dernière à amener le grain à battre sur la planche où il subit l'action des madriers, et l'autre à l'en expulser.

Le jury a fait manœuvrer la machine sous ses

yeux. Il a acquis la conviction qu'elle bat sans
écraser le grain, ce qui semblait peu probable;
qu'enfin elle conserve la paille mieux encore que
ne pourrait le faire le fléau. Mais ce n'est pas
sur des essais de ce genre, ni même sur le fait
encore isolé signalé plus haut, que le jury pourrait asseoir un jugement définitif; il doit donc se
borner à donner à l'auteur une citation favorable.

M. LAGRANGE, à Paris, rue du Faubourg du Temple, 81,

A exposé une baratte et un modèle de machine
à battre le grain. Quoique n'offrant rien de neuf,
ces objets, par leur bonne exécution, méritent
une citation favorable.

M. GODART, de Rennes (Ille-et-Vilaine),

A présenté une machine qu'il appelle *crible-
batteur*, composée d'un émotteur, d'un sasseur et
d'un cylindre en tôle percé de trous et traversé par
un arbre en fer armé de 40 batteurs. Le blé, versé
dans une trémie, arrive à l'émotteur, qui en extrait
les pierres, la terre, etc., et d'où il tombe sur le
sasseur, qui, après en avoir séparé les corps étrangers d'un plus petit volume, l'introduit dans l'intérieur du cylindre. Celui-ci, de 2 mètres de longueur sur 0^m,62 de diamètre, est incliné d'un
dixième et fait environ 50 tours par minute, tandis
que l'arbre qu'il renferme en fait 250 en sens contraire. Le grain est ainsi projeté avec force par les
bras en tôle percés en façon de râpe, contre les parois intérieures du cylindre percées de la même ma-

nière. Cet instrument remplit donc à peu près l'office des bons tarares ; et, en outre, il débarrasse le grain de la poussière qui adhère à sa surface et qui en diminue si notablement la valeur. Le jury regrette que le haut prix de cet instrument (1,600 fr.), le mettant hors de la portée des cultivateurs et de beaucoup de meuniers, et l'absence d'une expérience prolongée, empêchent d'accorder à son auteur une récompense plus élevée qu'une citation favorable.

Emmagasinage et conservation des grains.

RAPPEL DE MÉDAILLE D'OR.

MM. THOMAS et VALLERY, à Paris, rue de l'Entrepôt, 11,

Ont exposé l'appareil inventé par ce dernier, et connu sous le nom de *grenier mobile.*

Il serait superflu d'insister ici sur le grand intérêt qui se rattache à la bonne conservation des grains. Quoique aujourd'hui, grâces aux progrès accomplis par l'agriculture, l'importance des céréales ne soit plus tout à fait la même que dans les siècles précédents, elle est encore immense et la bonne conservation de ce premier des produits de notre sol, de ce premier élément de notre alimentation, est sans contredit l'objet le plus digne, à tous égards, des méditations et des travaux des savants, car il y a ici plus qu'une question de commerce et d'argent, il y a une question d'humanité.

Près de sept ans se sont écoulés depuis que deux savants que le jury s'honore de compter parmi ses membres, furent chargés, l'un par l'Académie des sciences, l'autre par la Société d'encouragement et par la Société royale et centrale d'agriculture, de rendre compte de l'appareil Vallery; depuis, tous les faits énoncés dans leurs intéressants rapports et les espérances qu'une étude approfondie et des essais consciencieux leur avaient permis d'exprimer, se sont confirmés. Des expériences prolongées et faites en grand, ont en effet prouvé d'une manière indubitable que cet appareil, non-seulement assure la conservation parfaite du grain, en expulsant les insectes granivores, surtout les charançons, et en s'opposant à leur rentrée ainsi qu'en le desséchant, ce qui en empêche la fermentation, mais encore qu'il améliore très-notablement les grains ayant déjà un commencement d'altération.

Le seul point qui laissât encore quelque doute, le chiffre des frais de conservation s'est trouvé pareillement démontré par les calculs basés sur les expériences en grand, et d'où résulterait une réduction de plus de moitié dans ces frais; et mieux encore, par la proposition qu'ont faite MM. Thomas et Vallery, au ministre de la guerre, de se charger de la conservation des grains dans les établissements des subsistances militaires, en faisant toutes les avances de construction des appareils, et ne réclamant d'autre indemnité que l'équivalent de l'économie qu'ils réaliseront sur les frais qu'entraînent les moyens ordinaires de conservation.

L'appareil Vallery est moins une machine agricole qu'une machine destinée au commerce et aux administrations qui font de grands approvisionnements de céréales, et à cette occasion le jury appréciant les avantages que doivent en retirer ces dernières, sous le rapport pécuniaire et sous le rapport plus essentiel de la salubrité, s'empresse d'en recommander l'emploi, particulièrement à l'administration de la guerre. Toutefois il est à croire que les grandes exploitations trouveraient également profit dans l'emploi de ces appareils, non-seulement comme moyen de conserver le grain, mais surtout comme moyen de dessécher celui qui est humide et de débarrasser des insectes celui qui en est envahi.

MM. Thomas et Vallery ont apporté, depuis l'exposition de 1839, d'importantes améliorations de détail dans la construction du grenier mobile.

Le jury de 1839 a décerné une médaille d'or à l'auteur. Le jury de 1844 s'estime heureux de pouvoir accorder le rappel de cette haute récompense à MM. Thomas et Vallery.

§ 5. PRESSOIRS. ÉGRAPPOIRS.

RAPPEL DE MÉDAILLE D'ARGENT.

M. PAYN et madame veuve BENOIT, à Troyes (Aube),

Ont exposé le pressoir bien connu sous les noms de *pressoir-Benoît* ou *Troyen*.

Ce pressoir, qui a déjà mérité à l'inventeur, feu M. Benoît, une médaille d'argent en 1839, a reçu, depuis cette époque, de notables perfectionnements. Sans accroître les dimensions du bâti, on a aug-

menté d'environ un tiers de mètre cube la capacité
de la cage à claire-voie qui contient le marc, en al-
longeant les arbres verticaux des deux grandes roues
de 70 dents, de façon à ce que celles-ci se trouvent
placées sous la cage. Afin de prévenir un danger
qui existait déjà, mais qui devenait plus immi-
nent encore par l'effet de l'augmentation de longueur des arbres, la torsion et la rupture de ceux-
ci, ou au moins l'écartement des roues, on fixa la
tête de ces arbres d'une manière invariable dans des
crapaudines établies sur une traverse en fonte, soutenue elle-même par une forte pièce de bois.

Pour éviter la torsion entre les roues et les pignons que portent ces mêmes arbres, à la partie
supérieure, on renforça chaque arbre d'un manchon cylindrique en fonte, fixé solidement, d'une
part à la roue, de l'autre au pignon. Ces pignons,
qui sont en fonte, massifs, de même que celui du centre qui commande les deux grandes roues, ont remplacé les lanternes qui existaient en 1839, et dont
les fuseaux se faussaient et se brisaient fréquemment. Enfin, l'ensemble de la machine a été rendu
plus solide au moyen d'équerres en fonte fixées aux
quatre angles, de même que par un accroissement
dans l'épaisseur de la *moise*, ou traverse porte-sys-
tème, dont les lèvres recouvrent la tête des jumelles au-dessus et au-dessous.

Malgré ces perfectionnements qui occasionnent
une augmentation assez considérable dans les frais
de construction, le prix de ce pressoir est resté au
même taux qu'en 1839, c'est-à-dire à 2,000 fr.

Le jury a cru devoir se borner à indiquer ici

très-sommairement les améliorations apportées depuis cette époque à ce pressoir. Cette excellente machine est aujourd'hui trop répandue (il en a déjà été vendu près de 170), pour que les avantages qu'elle présente ne soient pas parfaitement connus, avantages résultant de l'exiguité de l'emplacement qu'elle exige, de l'extrême solidité et de la simplicité des moyens d'action, ainsi que de l'ensemble du pressoir, des moyens de transmission de mouvement qui permettent à deux hommes agissant sur des manivelles d'exercer sur le marc un effort de près de 150,000 kilogrammes; enfin de la disposition de la cage qui, formée de parois à claire-voie, présente partout la plus grande facilité à l'écoulement du liquide, et rend à peu près inutiles ces béchages et ces pressurages réitérés du marc, qui prolongent d'une façon si fâcheuse la fabrication du vin.

Le jury, appréciant les importantes améliorations signalées plus haut, accorde à M. Payn et à Madame veuve Benoît le rappel de la médaille d'argent.

MÉDAILLE DE BRONZE.

MM. VILLESÈQUE et MÉRIC frères, à Perpignan (Pyrénées-Orientales),

Ont présenté une machine destinée à la vendange et qu'ils appellent *égrappoir-fouloir*. Cette machine se compose d'une trémie communiquant par un tube vertical court et large, placé à l'une des extrémités, avec un manchon cylindrique horizontal,

en tôle de cuivre, percé de trous à la partie inférieure, et renfermant un axe sur lequel sont im-
plantées en hélice un grand nombre de chevilles en
bois. Ce cylindre est ouvert à la base opposée au
tube qui le fait communiquer à la trémie. Par-dessous se trouve une paire de cylindres en bois à cannelures circulaires, qui se meuvent l'un contre l'autre, mais avec des vitesses différentes. Le raisin jeté
dans la trémie est poussé par un enfant vers le tube
par lequel il arrive dans le cylindre creux. Là il subit
l'action très-énergique de l'hélice à chevilles qui se
meut avec une grande rapidité, et qui a pour effet
de séparer les baies de la rafle. Les premières, en
partie écrasées, en partie entières, passent au travers
des trous dont est percé le manchon, et tombent
entre les deux cylindres en bois qui, placés à quelques millimètres de distance l'un de l'autre, les
écrasent complétement sans attaquer les pépins, tandis que la rafle est projetée avec force hors du cylindre par l'hélice dont l'inclinaison est calculée de
manière à ce que cet effet n'ait lieu qu'après que
la rafle a été privée de tous ses grains, et, pour
ainsi dire, desséchée.

Le foulage de la vendange est une opération indispensable à la confection du vin. Elle s'exécute
de diverses manières plus ou moins imparfaites,
mais le plus communément par le moyen des
pieds, nus ou armés de sabots, des ouvriers. L'é-
grappage, c'est-à-dire l'enlèvement d'une portion
ou de la totalité des rafles, sans être indispensable,
est utile, au moins dans une certaine proportion,
presque partout. La machine de M. Villesèque

s'applique donc à un objet d'une haute importance; et comme d'après des essais faits dans diverses localités, sous les yeux de commissaires nommés *ad hoc*, elle paraît atteindre ce but d'une manière complétement satisfaisante, et, servie par trois ouvriers, faire avec beaucoup plus de perfection le travail de quinze à dix-huit, le jury, tout en regrettant le prix élevé de l'instrument (325 fr.), accorde aux exposants une médaille de bronze.

MENTIONS HONORABLES.

MM. MARTIN-PERRET et DELACROIX-DUVOISIN, à Jargeau (Loiret),

Ont exposé un pressoir mobile. Ce pressoir se distingue des pressoirs ordinaires à étiquet par plusieurs dispositions ingénieuses : la vis verticale en fer est immobile, taraudée seulement dans sa partie supérieure, et traverse la claire-voie qui forme le fond du coffre, ainsi que la pièce de bois très-forte ou porte-fond qui la soutient, ce qui prévient tout danger d'effondrement. Au-dessous se trouve le harlong ou espèce de cuve garnie en plomb, et dans laquelle tombe le moût. Le cabestan, qui est placé sur le même train que le pressoir, au lieu d'être mû par un bras de levier, l'est par une vis sans fin qui engrène avec une roue dentée fixée à la partie inférieure du cabestan. Cette disposition a pour résultat de réduire considérablement l'espace nécessaire pour la manœuvre. Enfin, au moyen de quatre chaînes fixées à demeure au fond mobile de

la cage, et qu'on attache au mouton par le moyen
de crochets, on peut, une fois la pressée terminée,
soulever le marc par-dessus le bord de la cage, et
dès lors l'enlever très-facilement en faisant tourner
la poulie en sens contraire, après que les chaînes ont
été attachées au mouton. Ce pressoir, propre à presser d'une fois le marc de 25 à 28 hectolitres, coûte,
mobile, 1,400 fr., fixe, 1,000 fr. Ce prix n'a rien
d'exagéré, et les dispositions ingénieuses déjà mentionnées, jointes à la pression considérable qu'il
permet d'exercer, engagent le jury à accorder aux
auteurs une mention honorable.

M. le Comte de PERROCHEL, propriétaire-agr
culteur à Saint-Aubin-de-Locquenay (Sarthe),

A exposé un modèle de pressoir. C'est le pressoir
à percussion de Révillon, c'est-à-dire, avec volant
placé sur l'arbre de la vis, et faisant office de manivelle, d'abord, et de balancier ensuite, quand on
est arrivé jusqu'au refus par le premier moyen. Il
se distingue néanmoins du pressoir Révillon par
plusieurs modifications de détail, qui ne laissent
pas que d'être assez importantes. La vis est horizontale et le volant est en dehors de l'intervalle compris entre l'écrou et le mouton, de sorte qu'on
n'est pas forcé d'en restreindre le diamètre à l'intervalle qui existe entre les jumelles. De même que
dans plusieurs autres pressoirs, les parois latérales
de la cage sont extérieurement pleines, intérieurement à claire-voie, et on peut établir des sépara-
tions dans le marc au moyen de claies mobiles
d'une surface égale à la section de la cage. La dis-

position du mouton paraît encore laisser à désirer.
Néanmoins, le jury reconnaissant plusieurs perfectionnements dans cette machine, qui paraît être
déjà répandue dans le département de la Sarthe,
décerne à M. de Perrochel, bien connu d'ailleurs
pour les services de tout genre qu'il a rendus à
l'agriculture de son département, une mention
honorable.

M. Laurent RÉBERT, serrurier-mécanicien, à Colmar (Haut-Rhin),

A exposé un pressoir et un égrappoir. Le premier offre plusieurs particularités. La cage, en
fonte, percée de trous, se place dans le barlong
même. La pression a lieu au moyen d'une vis horizontale et les moyens de transmission de mouvement sont de nature à permettre un effort considérable. Mais ce qui distingue avant tout ce pressoir,
c'est la division facultative de la cage en deux, trois
ou quatre compartiments, par le moyen de cloisons
mobiles formées de deux feuilles de tôle percées
de trous et maintenues à 1 centimètre environ de
distance l'une de l'autre par des tasseaux en bois
placés dans le sens de la longueur. La disposition
de la cage permet de se passer entièrement de *béli-
neaux* et de madriers. Le mouton presse directement sur le marc. Il en résulte qu'on charge avec
une grande promptitude. Mais, en outre, les cloisons permettent de recharger trois fois le pressoir
avant d'être obligé d'enlever le marc. En effet,
lorsque, à la première pressée, on est arrivé au refus,
le marc ne remplit plus que le quart ou tout au

plus le tiers de la cage, on enlève le couvercle, on ramène le mouton au point de départ, on met une cloison mobile contre le marc, puis on remplit l'intervalle qui reste entre la cloison et le mouton, on replace le couvercle et on recommence à presser.

Cette disposition, en rendant la manœuvre plus rapide permet de réduire les dimensions de la machine dont le prix a, du reste, paru modéré. Le modèle exposé qui cube 0,216 mètre cube et peut servir à presser en une fois 4 à 5 hectolitres de raisin coûte 500 fr., y compris la cuve et l'égrappoir. En résumé, le jury a vu un progrès dans l'invention de M. Rébert, et il lui accorde une mention honorable.

M. DANNE, serrurier-mécanicien, à Essonne (Seine-et-Oise),

A exposé un pressoir portatif avec un cassoir à bras pour écraser les pommes destinées à la confection du cidre. C'est un pressoir à vis verticale en fer, portant à l'extrémité inférieure une grande roue dentée qui pose directement sur le mouton et s'élève ou s'abaisse avec ce dernier. Il en est de même du pignon qui commande cette roue, et qui glisse sur un arbre vertical portant à sa partie inférieure une roue qui engrène avec une vis sans fin. Le marc est enfermé dans une cage à parois latérales faites en tringles de fer. Elle est placée sur une maie pleine, et est entourée de la rigole ou béron. Cette machine, employée depuis plusieurs années aux environs d'Essonne, sans offrir rien de neuf, est simple, solide, d'un prix modéré. En conséquence, le jury accorde à l'auteur une mention honorable.

CITATION FAVORABLE.

MM. GOTTLOB et DOUILLARD, à Dijon (Côte-d'Or),

Ont exposé un pressoir qui ne se distingue du pressoir Benoît qu'en ce qu'il est de moindre dimension, portatif, qu'il a deux vis au lieu de crémaillères, que la transmission de mouvement s'y fait, dès lors, d'une manière un peu différente, et qu'enfin, il y a, outre le mouton, un plateau de pression qui s'applique directement sur le marc; lorsqu'on est arrivé jusqu'à l'extrémité des vis, avant le pressurage complet, on rappelle le mouton, et on place dans l'intervalle, entre celui-ci et le plateau, deux pièces de bois servant d'entretoise. Cette disposition, fort simple, et qui permet de réduire la longueur des vis, a déterminé le jury à donner aux auteurs une citation favorable.

§ 6. CONCASSEURS, HACHE-PAILLE, COUPE-RACINES.

MENTIONS HONORABLES.

M. DENIZOT, plombier-pompier, à Nevers (Nièvre),

Expose une machine à extraire la graine de trèfle. Elle se compose de deux systèmes de cylindres en tôle, superposés l'un à l'autre.

Chaque système consiste en deux cylindres, dont l'un fixe, l'autre mobile placé dans l'intérieur du premier, tous deux percés de trous de façon à ce que les bavures se regardent et resserrent encore le très-petit intervalle qui règne entre les deux cylindres. La graine de trèfle, mise dans une trémie passe du système supérieur au système inférieur. Dans l'un et l'autre, elle est soumise à l'action de la double râpe formée par les bavures et résultant du mouvement de rotation du cylindre intérieur.

Cet instrument qui coûte 150 fr. a déjà reçu la sanction de l'expérience. Un homme peut extraire de 15 à 25 kilog. de graine par jour. Le jury appréciant l'importance du but auquel est destinée cette machine, et la considérant comme un perfectionnement très-réel, accorde à l'auteur une mention honorable.

MM. DUMONTHIER frères, à Houdan (Seine-et-Oise),

Ont exposé un hache-paille et un moulin dit *moulin-concasseur*. Le premier est le hache-paille ordinaire à lames en hélice; il ne se distingue que par des dimensions un peu plus considérables que de coutume, et par une construction soignée.

Le moulin, outre la trémie d'usage et les cribles pour la séparation des pierres et de la poussière, a, comme appareil concasseur, un cylindre armé de denticules en rochets, placées circulairement, mais par séries obliques à l'axe. Le gîte est une surface concentrique, taillée en peigne, entre les dents duquel passent les rochets du cylindre. Cette machine, du prix de 400 fr., mue par la force d'un homme, concasse environ 60 litres de grain par heure.

Le hache-paille, du prix de 300 fr. et mû également par un homme, coupe, en brins de 5 à 6 millimètres de longueur, une botte de paille de 12 kilog. en 10 à 12 minutes. Plusieurs grandes exploitations emploient avec avantage ces deux instruments, et le jury, tout en regrettant que le prix n'en soit pas moins élevé, accorde aux auteurs une mention honorable.

MM. DESCOTTES et Cie, à Saint-Malô (Ille-et-Vilaine),

Ont présenté deux instruments, l'un pour hacher l'ajonc, l'autre pour écraser les pommes destinées à la fabrication du cidre.

L'ajonc constitue l'une des meilleurs nourritures d'hiver pour les bestiaux. Malheureusement les piquants qui garnissent cette plante, nécessitent une préparation longue, difficile, et qui, jusqu'à présent, s'est faite avec un maillet, dans une auge de pierre ou de bois. Beaucoup de machines ont été essayées; aucune ne paraît encore avoir remplacé avec avantage le travail direct de l'homme. La machine de MM. Descottes est-elle plus efficace? Placés sur les lieux mêmes où s'emploie l'ajonc, ces habiles industriels ont pu apprécier mieux que personne les difficultés de l'opération. Disons cependant, à regret, qu'ils n'ont pas fourni des preuves suffisantes du bon emploi de leur instrument.

Quant au cassoir, il se compose de deux couples de cylindres cannelés, superposés l'un à l'autre, système qui a été reconnu comme le meilleur, mais qui n'appartient pas exclusivement à MM. Descottes et Cie. Le jury leur accorde néanmoins une mention honorable.

M. VUAILLAT, à Dôle (Jura),

A présenté un *coupe-feuilles* pour la préparation de la feuille de mûrier. Cet instrument est ingénieux ; il se compose d'une trémie au-dessous de laquelle sont deux cylindres armés de molettes tranchantes qui, en tournant, coupent la feuille dans un sens, tandis que quatre couteaux fixés sur le pourtour d'un manchon conique placé sous les cylindres la coupent en travers. Suivant un éducateur qui en a fait usage, ce coupe-feuilles, mû par une personne, peut préparer près de 100 kilogrammes de feuilles en un quart d'heure. Des essais faits sous les yeux du jury sont venus confirmer la bonne opinion qu'il avait conçue de l'instrument. Aussi, et quoiqu'une expérience prolongée puisse seule décider du mérite d'un instrument de ce genre, le jury n'hésite pas à accorder à l'auteur une mention honorable.

CITATIONS FAVORABLES.

M. DEFFRY, menuisier, à Bourgogne (Marne),

A exposé un moulin propre à concasser les grains destinés à la nourriture des bestiaux, composé de deux paires de cylindres cannelés, placées l'une au-dessus de l'autre, et dont la paire supérieure porte des cannelures plus fortes que celles de la paire inférieure : cet instrument peut également servir, suivant l'auteur, à la mouture domestique. Sans se prononcer sur ce dernier emploi, et malgré le prix élevé de cette machine (450 fr.), et une certaine complication que ne justifie pas suffisamment le but principal, le jury, considérant plusieurs perfectionnements de détail et les soins apportés dans la construction de ce moulin par l'auteur, accorde à celui-ci une citation favorable.

M. CONVERSET, à Châtillon-sur-Seine (Côte-d'Or),

A exposé un coupe-racines à disque, dont les huit couteaux sont à dents de bouvet, de façon à découper les racines en morceaux minces et étroits; et un hache-paille, système anglais, à quatre couteaux droits, avec mâchoire à ressort disposée de manière à comprimer fortement la paille et à faciliter l'action des couteaux, effet important, obtenu dans beaucoup de hache-pailles par d'autres dispositions non moins efficaces, mais que celle-ci remplit d'une manière satisfaisante. Le jury, considérant la bonne confection de ces instruments, accorde à l'auteur une citation favorable.

§ 7. INSTRUMENTS D'HORTICULTURE, ETC.

RAPPEL DE MENTION HONORABLE.

M. DÉSORMES, à Paris, rue du Roi-de-Sicile, 43,

A présenté un modèle de rucher, un modèle de

laboratoire pour la manipulation du miel et de la cire, et trois espèces de ruches qui paraissent offrir plusieurs dispositions ingénieuses. Honoré d'une mention à l'exposition de 1839, l'auteur a paru au jury digne encore de cette distinction.

MENTIONS HONORABLES.

M. GUYARD, à Noisy-le-Roi (Seine-et-Oise),

A exposé une série de piéges pour la destruction des animaux nuisibles à l'agriculture, depuis les piéges à ours jusqu'aux piéges à taupes. Ces instruments n'offrent rien de neuf, mais ils se distinguent par une excellente confection et un prix modéré, résultant de cette circonstance que l'exposant en a fait sa spécialité. En conséquence, le jury lui accorde une mention honorable.

M. CLERC, directeur d'un atelier d'horlogerie pour les orphelins, à Paris, rue du Buisson-Saint-Louis, 16,

A exposé plusieurs instruments servant à l'agriculture, entre autres deux hache-paille à main, des barattes système Valcourt, des coupe-légumes de diverses formes, etc. L'un des hache-paille a une lame en acier fondu laminé, tendue sur un archet et glissant dans une coulisse. Cette disposition paraît devoir faciliter le travail. L'axe des barattes a reçu une embase au moyen de laquelle on évite toute fuite. Le jury, considérant la bonne confection de ces instruments et les services que rend journellement l'auteur par son utile établissement, lui accorde une mention honorable.

M. REY (Victor), président de la Société d'agriculture d'Autun (Saône-et-Loire),

A exposé un instrument qu'il nomme *cueille-trèfle*, destiné à la récolte de la graine de trèfle. Cet instrument se compose d'un peigne à dents de fer fixé sur le rebord d'une espèce de boîte sans couvercle, fermée de trois côtés et munie en arrière d'une poignée, et en haut d'une anse. Un homme tenant l'anse de la main gauche et la poignée de la main droite, et faisant mouvoir rapidement l'instrument de droite à gauche à une hauteur convenable, enlève, au moyen du peigne, toutes les têtes de trèfle qui sont prises entre les dents de celui-ci, et qui tombent ensuite dans la boîte. Cet instrument a déjà reçu la sanction de l'expérience. Il est simple, d'un prix très-modique (5 fr.) et paraît constituer un progrès réel. Le but qu'il est destiné à remplir est important et le devient de jour en jour davantage; aussi le jury accorde-t-il à l'auteur, bien connu d'ailleurs pour les services qu'il a rendus à l'agriculture, une mention honorable.

CITATIONS FAVORABLES.

M. AGARD, à Paris, rue de l'Arcade, 26,

A présenté plusieurs objets d'horticulture, tels que des jardinières en fonte et en zinc d'une forme élégante, des arrosoirs disposés de manière à en faciliter l'emploi, de petites pompes de jardin, etc. Le jury, reconnaissant des perfectionnements dans la confection de ces objets, accorde à l'auteur une citation favorable.

M. DIJARD, à Thomery (Seine-et-Marne),

A exposé plusieurs instruments de jardinage, une série de sécateurs et une ratissoire à couteaux dentelés de rechange. Ces instruments se distinguent par une bonne exécution. Le jury accorde à l'auteur une citation favorable.

M. François ESCURE, cultivateur à Sérandon (Corrèze),

A exposé le modèle réduit d'une machine de son invention, destinée à faire ouvrir et fermer d'eux-mêmes les réservoirs servant à l'irrigation. Cette machine, composée de flotteurs et de leviers, présente des combinaisons fort ingénieuses, et paraît de nature à remplir d'une manière satisfaisante le but important que s'est proposé l'auteur. Elle révèle une remarquable intelligence chez ce dernier, simple cultivateur, étranger aux notions les plus élémentaires de la mécanique; malheureusement elle n'a encore été appliquée que chez lui. Tout en ne considérant cette machine que comme une première ébauche, le jury croit pouvoir accorder au sieur Escure une citation favorable.

M. BOUFFON, à Sauxillanges (Puy-de-Dôme),

A exposé une machine à battre les faux. Elle se compose d'un petit marteau sur lequel presse un ressort, et que soulèvent, à intervalles égaux, les dents d'une roue que fait tourner l'ouvrier au moyen d'une manivelle. Le tranchant de la faux, mis à plat sur une petite enclume, reçoit les coups de force toujours égale du marteau. Quoique l'instrument laisse encore à désirer, le jury, lui reconnaissant des avantages, accorde à l'auteur une citation favorable.

SECTION II.

§ 1er. MOTEURS ET MACHINES HYDRAULIQUES.

M. Morin, rapporteur.

Considérations générales.

Le sol de la France, partagé en un grand nombre de bassins principaux et de vallées secondaires qu'arrosent de nombreux cours d'eau, offre à l'industrie manufacturière de trop grandes et trop fécondes ressources, pour que l'art de construire les moteurs hydrauliques n'ait pas suivi les progrès des autres arts mécaniques.

Les lois du mouvement des eaux étudiées et réunies en corps de doctrine par M. Navier, et surtout par M. Poncelet qui, aux préceptes théoriques a su joindre les résultats des expériences les plus complètes et les plus précises qui aient été exécutées jusqu'à ce jour, les recherches expérimentales entreprises sous la direction de M. Daubuisson par feu M. Castel, ont rendu les règles de l'hydraulique familières à un grand nombre d'ingénieurs.

L'application de théories plus exactes jointe à de nombreuses recherches expérimentales a conduit à mieux apprécier l'effet des anciens moteurs, à les améliorer, et à obtenir des cours d'eau des effets utiles beaucoup plus considérables que par le passé. Aussi peu à peu a-t-on vu substituer aux anciens moteurs hydrauliques de nouvelles rou es dont l'effet utile, deux ou trois fois plus considérable, augmentait dans le même rapport les moyens de production de l'industrie.

C'est ainsi que les roues à aubes planes, recevant à leur partie inférieure l'eau qui agissait par choc, disposition si défectueuse et cependant si généralement employée, ont été successivement remplacées, soit par les roues à aubes courbes de M. Poncelet, soit par des roues à aubes planes emboîtées dans un coursier circulaire sur presque toute la hauteur de la chute et dont l'établissement a été rendu facile par la publication de plusieurs ouvrages pratiques. D'autres améliorations nous sont encore promises pour les roues à augets à grande vitesse si utiles aux forges; mais de tous les moteurs hydrauliques celui sur lequel se sont portées avec le plus de constance et de variété les tentatives de perfectionnement, ce sont les roues à axe vertical si anciennement connues et cependant si défectueuses jusqu'à ces derniers temps.

On sait qu'il existe, de temps immémorial, dans

le Dauphiné, dans la Provence, dans le Langue-
doc, dans la Bretagne, dans la Lorraine, et
jusqu'en Algérie, des roues à axe vertical employées à la mouture des grains. Ces roues, dont
les moulins des villes de Toulouse, de Montpellier, de Metz et d'autres offrent encore des exemples, sont partagées en deux classes principales.
Les unes dites à *rouet volant*, recevant, dans leurs
ailes ou aubes en forme de cuiller, le choc d'une
veine fluide, qui y est versée par une buse pyra-
midale avec une vitesse considérable, produisent
un effet utile qui, d'après les expériences de
MM. Tardy et Piobert, officiers d'artillerie, s'élève
au plus, mais rarement, à 0,30 ou 0,35 du travail absolu dépensé par le moteur. Des roues à
cuillers, d'une forme analogue, recevant le choc
d'un courant dont l'un des bords est tangent à
leur circonférence extérieure, sont décrites dans
l'ouvrage intitulé: *Diverse artificiose machine*, del
capitano Agostino Ramelli. — Parigi 1588. Les autres, nommées *roues à cuve*, sont renfermées dans
des cuves cylindriques en pierre ou en charpente,
dans lesquelles l'eau est amenée par un canal ou
coursier, qui se rétrécit depuis le réservoir jusqu'à
la cuve à laquelle il est à peu près tangent. Le
liquide arrive ainsi à la surface supérieure de la
roue, tourbillonne dans la cuve, s'y élève à une
hauteur considérable et s'échappe par les aubes

courbes qu'il traverse sur tout le pourtour de
cette roue. L'effet utile de ces moteurs grossiers
ne s'élève qu'à 0,15 ou 0,20 du travail absolu
dépensé par le cours d'eau.

Frappés des défauts de tous les moteurs de ce
genre, en même temps que des avantages des
roues à axe vertical, les ingénieurs et les savants
se sont depuis longtemps occupés de rechercher
les moyens de les améliorer. On trouve dans le
Traité de Physique de Désaguliers, traduit de l'anglais, en 1751, par le jésuite Pezenas, la description d'une roue à réaction à axe vertical, recevant l'eau par-dessus au moyen d'un tuyau
cylindrique (1). Ségner, en 1750, dans ses *Exer-
citationes hydraulicæ*, proposa une roue dont Euler
rechercha la théorie, dans les mémoires de l'Académie pour l'année 1754 (2). Cette roue, à axe vertical, portait des aubes ou conduits courbes distribués sur une zone annulaire autour de son axe,
et qui recevaient l'eau par des tuyaux convenablement inclinés, auxquels le savant géomètre
proposa de substituer des diaphragmes contigus
disposés de manière à verser l'eau à la fois sur
tout le pourtour annulaire et horizontal de la
couronne occupée par les aubes. Cette disposition
est indiquée très-clairement par une figure jointe

(1) *Physique expérimentale* de Désaguliers, 2ᵉ vol. p. 537, 1751.
(2) Ce volume est de 1753, quoiqu'il porte la date de 1754.

à un mémoire d'Albert Euler, qui obtint, en 1752, le prix proposé par la Société royale des sciences de Goettingue; et dans laquelle la chute est partagée à peu près en deux parties égales, dont l'une pour le réservoir et les courbes directrices, et l'autre pour la roue.

On trouve dans les *Transactions de la Société philosophique Américaine* (tome III, page 185, publié en 1793), un mémoire lu, le 21 septembre 1792, à cette société par M. W. Waring, sur une roue ou volant à réaction attribué par l'auteur au docteur Barker, et perfectionné par M. James Ramsey. Ce moteur, qui reçoit l'eau en dessous, est tout à fait analogue à celui que M. Manoury-d'Ectot a proposé plus tard sous le nom de volant hydraulique.

Ce n'est qu'en 1804 que M. Manoury-d'Ectot établit dans plusieurs moulins du département de l'Orne, sa roue à réaction. Cette roue, à axe vertical, est composée de palettes planes, verticales, très-minces, toutes inclinées dans le même sens sur la circonférence intérieure, et formant, dit Carnot dans son rapport à l'Institut en date du 21 juin 1813, une espèce de jalousie circulaire au milieu de laquelle est un espace vide où l'eau est amenée en dessous par un gros tuyau ou canal. Elle tournait immergée et recevait l'eau de dedans en dehors par tout le pourtour vertical de son contour intérieur. Plusieurs furent exécutées dans le département de l'Orne et donnèrent des résultats assez satisfaisants pour qu'elles aient été conservées jusqu'à ce jour. Mais la mort prématurée de M. Manoury-d'Ectot arrêta les progrès qu'il avait fait faire aux roues à axe vertical et à réaction.

Vers 1816, M. Petit, professeur à l'École polytechnique, inséra dans les *Annales de Physique et de Chimie* un mémoire sur les roues à réaction. En 1819, M. Navier, dans ses savantes notes sur l'architecture hydraulique de Bélidor, examina de nouveau la théorie des roues à réaction de divers genres à axe vertical ; il s'occupa particulièrement d'une roue à aubes courbes semblables à celles qui sont construites actuellement par MM. Kœchlin et Fontaine ; il indiqua aussi, d'après Euler, l'emploi des directrices disposées de manière à distribuer l'eau sur tout le pourtour de la roue.

Malgré ces travaux scientifiques, on s'occupait peu des roues à axe vertical, lorsqu'en 1822 M. Burdin, ingénieur des mines, présenta à l'Académie des sciences un mémoire intitulé : *Des Turbines*, ou *Machines hydrauliques rotatoires à grande vitesse*. Le nom de *Turbines* donné aux roues à axe vertical date de cette époque et a été mis en usage pour la première fois par M. Burdin. Dans ce mémoire, l'auteur s'est proposé de déterminer les conditions d'établissement des roues hydrauliques de manière à satisfaire dans tous les cas et quelle que fût la rapidité de leur marche, à ces deux conditions fondamentales d'introduire l'eau sans choc et de la faire sortir sans vitesse. Avant le rapport fait sur ce mémoire, le 19 avril 1824, par MM. de Prony et Girard, l'auteur avait déjà construit une roue de son système remplaçant une roue à augets. Une autre roue du même auteur fut établie en 1826 au moulin de Pontgibaud, département du Puy-de-Dôme; son axe était vertical et quoiqu'elle ne reçût l'eau que sur une portion de l'espace annulaire compris entre ses enveloppes extérieure et intérieure, un procès-verbal signé par une commission d'ingénieurs prouve que M. Burdin avait déjà songé à appliquer la distribution sur tout le pourtour, comme Euler l'avait conseillé.

Confiant dans les résultats de ses premiers essais et dans les principes dont il avait développé l'application, M. Burdin, plutôt homme de science et de cabinet que d'exécution, songea à s'associer pour la réalisation de ses idées un constructeur qui acceptât sa direction : il fit avec M. Fourneyron, son ancien élève, un traité en date du 2 février 1823, par lequel il choisissait ce dernier pour collaborateur dans la pose des nouvelles roues. C'est à cette association de la science et de l'art de l'ingénieur-constructeur que nous devons la première turbine qui ait donné des résultats très-favorables.

En effet, une première roue de la force de 40 chevaux environ projetée par M. Burdin pour l'usine du moulin du pont, près Villers-Sexel, (Haute-Saône), n'ayant pu être exécutée par des circonstances indépendantes de la volonté de ces ingénieurs, ils convinrent, dès le 6 mars 1823, d'établir une roue d'essai. Cette roue à axe vertical, à aubes courbes, destinée à recevoir l'eau de l'intérieur à l'extérieur, devait être employée avec une chute de 2m,70. Le modèle en fut fait en 1823 ; mais de nouveaux obstacles s'opposèrent encore à son installation, et ce ne fut que quatre ans après, en avril 1827, que M. Fourneyron monta cette même turbine d'essai au moulin de Pont-sur-l'Ognon avec une chute de 1m,40 environ.

Vers la même époque, en 1827, M. Burdin présentait à la Société d'encouragement un mémoire dans lequel un croquis représentait une roue à axe vertical avec des directrices courbes en petit nombre placées sur un fond fixe et dont les aubes étaient en grande partie planes ; ce qui semblerait indiquer qu'il voulait modifier la forme des aubes de la roue projetée en 1823. La turbine de Pont-sur-l'Ognon est décrite dans le

II.

mémoire adressé en 1832 par M. Fourneyron à
la Société d'encouragement et lui valut le prix
proposé par cette société au commencement de
1832, pour l'amélioration des roues à axe vertical. Ce mémoire est publié dans le Bulletin de
la Société, n° 33, année 1834. On y voit que la
roue est à aubes courbes, semblable à celle de
M. Poncelet placée horizontalement, qu'elle reçoit
l'eau de dedans en dehors par tout son pourtour
intérieur, comme la roue à réaction de Mannoury-
d'Ectot. La direction convenable est assurée aux
filets fluides par des directrices fixes en tôle
placées sur un fond immobile, d'après les principes indiqués par Euler, mais pour une autre
disposition des aubes.

Cette première roue n'avait pas de vanne
propre, mais dans une autre roue de ce genre
établie en 1832 au fourneau de Dampierre, dépendant des forges de Fraissans, M. Fourneyron
a introduit l'usage d'une vanne cylindrique en
fonte, interposée entre la roue et les directrices
fixes, et à l'aide de laquelle il règle le volume
d'eau dépensé par la roue. L'eau, guidée par les
directrices et par le fond fixe, n'éprouve pas de
contraction sensible sur les côtés inférieurs et
verticaux de l'orifice; mais, en outre, des tasseaux arrondis fixés à la vanne du côté du réservoir et analogues à ceux que M. Poncelet avait

adaptés aux côtés verticaux des orifices de ses roues à aubes courbes, diminuent les effets de la contraction sur le côté supérieur de l'orifice. De plus, par un mode heureux de graissage, M. Fourneyron a empêché l'usé trop rapide des pivots; enfin l'observation et des expériences au frein lui ont montré plus tard la nécessité de fractionner la hauteur de la roue par des diaphragmes horizontaux.

On sait quels ont été les beaux résultats obtenus par cette turbine à laquelle l'habile ingénieur a donné son nom. On voit, par ce qui précède, qu'ils sont dus à la fois à une application heureuse et intelligente des principes remis en lumière et développés par M. Burdin, et au grand talent de construction, à l'esprit ingénieux et inventif de M. Fourneyron.

La science a dignement récompensé les travaux de M. Burdin en lui accordant le titre de membre correspondant de l'Institut : le jury central de 1839 a décerné à M. Fourneyron la médaille d'or, le roi l'a décoré de la Légion d'honneur, et l'industrie a largement récompensé sa constance et ses talents.

Ces succès ont naturellement engagé à entrer dans la même carrière beaucoup d'autres esprits inventifs; le nombre des turbines nouvelles s'est accru d'année en année, et c'est pour parvenir à distinguer ce qui dans chacune d'elles présente une idée, une disposition plus ou moins nouvelle, que nous avons été entraînés dans cette discussion historique, pour laquelle quelques documents importants nous ont malheureusement manqué.

Ce n'est pas ici le lieu de parler des recherches scientifiques et expérimentales de l'un des membres du jury, ni de la roue à aubes courbes et à axe vertical proposée, dès 1826, par M. Poncelet dans ses leçons à l'école de Metz et qui reçoit à volonté l'eau de l'extérieur à l'intérieur, sur tout ou partie de son pourtour.

Enfin, le jury ne peut porter aucun jugement sur la turbine exposée par la maison André Kœchlin, dont le chef est un de ses membres.

Nous croyons devoir faire remarquer en terminant que les exposants de moteurs hydrauliques ou autres se croient trop généralement dispensés de fournir à l'appui de leurs assertions des résultats d'expériences authentiques. Faute de semblables documents, le jury se trouve obligé d'ajourner son jugement et de passer sous silence des machines qui ne sont cependant pas sans mérite. Mais on concevra que cette réserve lui est surtout imposée, quand il s'agit de moteurs dont l'effet peut exercer une si grande influence sur tous les développements des autres industries.

MÉDAILLE D'ARGENT.

Turbine Fontaine-Baron.

M. FONTAINE-BARON, à Chartres (Eure-et-Loir).

Cette turbine est une roue à aubes courbes, analogue à celle qui est décrite dans l'architecture hydraulique de Bélidor, édition de M. Navier, p. 451. L'eau est amenée sur les aubes par des courbes directrices semblables aussi à celles qui sont indiquées dans cet ouvrage; mais l'écoulement est réglé par de petites ventelles verticales, en nombre égal à celui des directrices, et disposées de manière à atténuer en partie les effets de la contraction et à assurer aux filets fluides une inclinaison finale peu différente de celle des directrices. Toutes ces ventelles s'élèvent et s'abaissent simultanément au moyen d'un cercle assemblé avec trois tiges à vis.

Par une disposition ingénieuse et particulière à la turbine Fontaine-Baron, le pivot sur lequel tourne son arbre creux est hors de l'eau, facile à visiter et à graisser, ce qui rend l'installation de cette roue commode et peu dispendieuse.

Des expériences au frein authentiques et exécutées avec soin d'une manière contradictoire par d'habiles observateurs, au moulin de Vadenay, près de Châlons-sur-Marne, ont montré que l'effet utile de cette roue s'élevait à $0^m,68$ ou $0^m,71$ du travail absolu dépensé par le moteur. Il y aurait encore à rechercher si cette roue convient aussi bien aux grandes chutes qu'aux chutes moyennes, et quelle est la meilleure proportion entre la hauteur de la roue et la différence du niveau d'amont et d'aval.

Par ses effets avantageux, par la facilité de son installation et de son entretien, et par l'économie de sa construction, cette roue, déjà adoptée avec succès dans beaucoup d'établissements, doit être regardée comme l'un des meilleurs moteurs hydrauliques de ce genre.

Le jury accorde à M. Fontaine-Baron une médaille d'argent pour sa turbine hydraulique.

MENTIONS HONORABLES.

Turbine Passot.

M. PASSOT, à Paris, rue des Postes, 15,

Expose plusieurs modèles de turbine à réaction, sur l'effet desquelles il est difficile de formuler une opinion précise, attendu que l'auteur persiste, malgré l'opinion de tous les mécaniciens, à se refuser à l'application du frein dynamométrique, si généralement employé avec succès pour apprécier l'effet utile des moteurs. En l'absence d'un moyen précis d'estimation des résultats obtenus avec cette roue, M. Passot présente au jury un procès-verbal d'experts relatif à celle qu'il a établie au moulin de la Chaîne à Bourges. Ces experts, au nombre desquels figurent deux ingénieurs en chef des ponts et chaussées, ont conclu que cette roue ne rendait pas moins de 60 p. o/o du travail absolu dépensé par les moteurs. Cette conclusion, basée sur l'observation des quantités de blé moulu, a été admise dans un rapport fait à l'Académie des sciences, le 23 octobre 1843, dans les termes suivants :

« En résumé, le rapport des experts de Bourges
» ne permet pas de douter que la roue hydraulique
» de M. Passot ne soit utilisable dans l'industrie et
» que son rendement évalué en mouture, n'attei-
» gne 60 p. o/o du travail dépensé. »

Sans prétendre se montrer plus exigeant que l'illustre société, le jury exprime néanmoins le vœu que des expériences plus précises et surtout des résultats plus faciles à rapporter d'une manière certaine aux estimations ordinaires du travail mécanique lui permettent de déterminer dans tous les cas le rapport de l'effet utile de cette roue au travail absolu dépensé par le moteur, avant de se prononcer sur sa valeur relative.

Néanmoins en ayant égard aux efforts persévérants de M. Passot pour l'amélioration des roues à réaction, le jury lui accorde une mention honorable.

M. le vicomte de TRAVANET à Paris, rue d'Enghien, 38,

Expose sous le nom de balancier hydraulique un modèle de manége de maraicher, dans lequel l'action du cheval est transmise directement par des cordes à trois seaux qui élèvent alternativement l'eau d'un puits, sans que la direction de la marche du cheval doive être changée, comme dans les manéges ordinaires du même genre ; cette disposition simple et économique peut être utile, et a déjà été appliquée avec succès pour des épuisements, des irrigations où l'on tire l'eau de petites profondeurs et notamment à un grand étang salé appartenant à la compagnie du chemin de fer des salines de Citis, en Provence.

Le jury accorde une mention honorable à M. le vicomte de Travanet.

M. BARTHÉLEMY, à Nancy (Meurthe),

Expose sous ce titre un appareil ingénieux qui a pour but de diminuer le frottement des pivots et axes de rotation des machines. Le modèle présenté est celui d'un arbre vertical disposé de façon que le pivot peut être à volonté porté sur une crapaudine métallique ou sur l'eau ou l'huile contenue dans un vase clos. A cet effet le pivot en acier de $0^m,20$ de diamètre, arrondi à sa partie inférieure, repose sur une crapaudine plane en bronze, mais cette crapaudine forme elle-même la tête d'un cylindre qui sert de gros piston à une presse hydraulique, de sorte qu'en mettant cette presse en action, on soulève le piston qui n'est alors supporté que par l'eau sur laquelle il tourne avec l'arbre vertical, tandis que si l'on permet à ce piston de descendre, la crapaudine en bronze qui forme sa tête repose par une embase sur une arcade fixe en fonte, et alors l'arbre n'est plus soutenu que par cette arcade et le pivot frotte sur la crapaudine. Dans des expériences auxquelles on a cherché à donner autant de précision que l'a permis l'installation nécessairement imparfaite de l'appareil dans l'enceinte extérieure des galeries, on a reconnu qu'effectivement sous des charges de 2090 et de 1050 kilog. le frottement du piston de

0^m,03ı de diamètre sur le liquide, donnait lieu à un frottement de moins de moitié de celui du pivot d'acier arrondi de 0,020 de diamètre, sur une crapaudine plane en bronze. On a de plus constaté que le frottement paraissait être aussi bien proportionnel à la pression sur le liquide que sur les métaux. Ces résultats obtenus avec une pression qui correspond à 260 atmosphères environ, seront vérifiés prochainement, mais dès à présent le jury pense que l'idée ingénieuse de M. Barthélemy mérite l'attention des ingénieurs, et il accorde à son auteur une mention honorable.

CITATION FAVORABLE.

M. DE LAMOLÈRE, à Sours (Eure-et-Loir),

Présente, comme nouveau moteur hydraulique, un chapelet vertical à grains rectangulaires très-allongés, dans lequel il fait descendre l'eau d'une chute, et dont la chaîne transmet à un arbre horizontal un mouvement continu de rotation. Cette disposition, qui n'est pas aussi nouvelle que l'auteur le pense, paraît peu avantageuse sous le rapport de l'économie de la puissance motrice. Elle peut néanmoins être adoptée pour de petits volumes d'eau et de petites usines ou machines agricoles, à cause de l'économie et de la simplicité de sa construction.

Le jury accorde à M. de Lamolère une citation favorable.

§ 2. POMPES ET MACHINES A ÉLEVER L'EAU.

M. Combes, rapporteur.

Les appareils de ce genre qui figurent à l'exposition peuvent être divisés en trois classes, savoir : 1° les grands appareils qui ne peuvent être mus que par des machines à vapeur ou des roues hydrauliques ; 2° les pompes à incendie ; 3° les pompes à bras destinées à élever l'eau du fond des puits ou aux autres besoins domestiques.

1° *Grands appareils.*

MÉDAILLE D'ARGENT.

M. HUBERT, ingénieur civil et entrepreneur de travaux hydrauliques, demeurant à Paris, rue de l'Ouest, 28,

A exposé, conjointement avec M. Eugène Bourdon, une machine à vapeur et un groupe de pompes destinées à élever 600 mètres cubes d'eau par 24 heures à 43 mètres de hauteur pour la ville de Chartres.

Il résulte des explications données et des pièces communiquées au jury par les deux exposants que M. Hubert est seul auteur du projet en ce qui concerne la disposition d'ensemble, le mode de transmission de mouvement, la forme et les dimensions des pompes à élever l'eau. Sur tous ces points M. Eugène Bourdon a dû se conformer aux dessins qui lui ont été donnés, et les modèles de tout l'appareil demeurent la propriété de M. Hubert. Quant à la machine à vapeur, la puissance, le système de construction, les rapports de grandeur des aires des passages et de la section du cylindre, l'étendue de la surface de chauffe des chaudières en mètres carrés, tous ces points ont été fixés par M. Hubert, M. Bourdon demeurant chargé et responsable des détails de construction. Les modèles des pièces de la machine à vapeur proprement dite demeurent seuls la propriété et l'œuvre de M. Bourdon.

L'appareil ainsi composé de la machine et des pompes est livré par le constructeur à M. Hubert, pour un prix déterminé. D'un autre côté M. Hubert a traité avec la ville de Chartres pour la machine et tout le système des réservoirs et de la distribution d'eau, dont il a dressé lui-même les plans et devis. C'est sur le même pied qu'il avait traité antérieurement et fait les projets d'élévation et distribution d'eau pour les villes de Saint-Germain-en-Laye, Pontoise, Vitry-le-Français et Granville. Il s'est en outre chargé de faire, pour un prix déterminé à l'avance, et pendant une période de 20 ans, le service de la machine élévatoire de Saint-Germain.

M. Hubert n'est donc pas seulement ingénieur civil auteur de projets, mais il est encore entrepreneur et constructeur, *fabricant* par conséquent, et réunit toutes les conditions voulues pour être admis aux concours des expositions quinquennales.

L'appareil hydraulique destiné à la ville de Chartres, qui figure à l'exposition, se compose d'une machine à vapeur de 8 chevaux de puissance.

à détente et à condenseur, et de 4 pompes foulantes à piston plongeur. Quant à la machine motrice, la vapeur dont la tension dans les chaudières est limitée à 3 atm. 1/2, ne doit être admise que pendant 1/3 de la course du piston. Elle circule dans une enveloppe qui entoure le cylindre, avant d'entrer dans la boîte de distribution. L'aire des passages par lesquels la vapeur arrive au cylindre doit être au moins 1/20, et l'aire des passages allant au condenseur au moins 1/15 de la section droite du cylindre. Ces conditions ont été déterminées par M. Hubert. Les quatre pompes foulantes sont distribuées symétriquement aux quatre angles d'une plateforme en fonte, et envoient l'eau refoulée dans une capacité occupant le centre de cette plateforme, et qui est l'origine du tuyau ascensionnel, le mouvement est transmis aux pistons des pompes par des manivelles fixées aux extrémités de deux arbres horizontaux commandés, au moyen de roues d'engrenage, par l'arbre principal auquel la machine motrice communique directement le mouvement de rotation. Ces trois arbres reposent sur un entablement supérieur porté par quatre colonnes en fonte, dont le pied est sur la plate-forme inférieure, et par quatre arcades. Le système entier comprend, en outre, une cinquième pompe que le défaut d'espace n'a pas permis de placer dans les salles de l'exposition. Cette dernière est aspirante et à piston creux. Son piston est mu par une manivelle adaptée à l'arbre de couche principal. Elle élève l'eau de la rivière à un niveau un peu supérieur à celui du condenseur de la machine mo-

trice et des pompes foulantes. Un trop plein ramène l'eau superflue à la rivière, l'auteur ayant eu
le soin de donner au volume engendré par les excursions du piston de cette pompe une grandeur
suffisante pour qu'il y eût toujours un petit excès
d'eau élevée, en sus de celle qui est nécessaire à la
condensation de la vapeur et à l'alimentation des
pompes à plongeur.

La disposition générale de l'appareil hydraulique
de la ville de Chartres est bien entendue. Par la
combinaison de quatre pompes foulantes, les
réservoirs d'air deviennent inutiles. On évite les
chocs occasionnés sur les tuyaux par l'intermittence
du mouvement de la colonne ascensionnelle, chocs
que les réservoirs d'air atténuent un peu sans les
faire disparaître. La conservation de toutes les pièces de la machine est ainsi mieux assurée. C'est
avec raison que M. Hubert a préféré quatre pompes
simples à pistons plongeurs, aux pompes à double
effet beaucoup moins faciles à visiter et à tenir en
ordre ; qu'il a employé une pompe aspirante indépendante des pompes élévatoires. Le choix qu'il a
fait d'une machine à vapeur à condenseur, à détente
et enveloppe, est de nature à réduire la consommation de combustible, autant que cela est possible avec des machines à double effet. La disposition et les dimensions de détail des pompes en
elles-mêmes nous paraissent irréprochables. On
regrette seulement que les coudes des tuyaux qui
conduisent l'eau des pompes foulantes au tuyau
ascensionnel ne soient pas arrondis. Toutefois nous
devons dire que ce vice aperçu déjà par M. Hubert,

et qu'il fera disparaître à l'avenir, est atténué parce que les deux pompes foulantes qui versent leurs eaux dans un même tuyau coudé, à angle droit, ne fonctionnent jamais simultanément : il est le seul que nous ayons à signaler.

M. Hubert a remis au jury des certificats authentiques délivrés par les maires des villes de Saint-Germain, Pontoise et Vitry-le-Français, qui sont conçus dans les termes les plus honorables pour cet ingénieur, et attestent qu'il a rempli ses engagements avec la plus grande loyauté.

Nous citerons les travaux exécutés à Vitry, à cause des difficultés particulières que l'auteur a eues à surmonter. Le fond du réservoir principal devait être à 8 mètres au-dessus du sol de la plaine dans laquelle la ville est bâtie. Il fallait élever par 24 heures dans ce réservoir 350 mètres cubes d'eau de la Marne filtrée ; la force motrice devait être empruntée à une prise d'eau d'un moulin établi sur la même rivière. La hauteur de la chute était variable de 0^m,90 à 1^m,90, et la quantité d'eau concédée pour mettre la roue hydraulique en mouvement variait de 85 à 135 litres par seconde suivant la cote du niveau de l'eau dans le canal de fuite. L'élévation du réservoir au-dessus du sol, la saleté des eaux de Marne, qui sont excessivement chargées de limon et les variations de niveau dans le canal de fuite, offraient des difficultés considérables que M. Hubert a parfaitement surmontées. Il a construit un réservoir de 200 mètres cubes de capacité en fonte de fer, supporté par 30 colonnes également en fonte. Il a appliqué au filtrage le système de la Compa-

gnie française auquel il a apporté de notables améliorations, en substituant des grilles en fonte de fer
qui laissent une grande surface de vide pour le
passage des eaux, aux disques en bois employés
par M. Fonvielle, dans les établissements formés à
Paris. L'eau est refoulée directement par les pompes dans les filtres qu'elle traverse avant d'arriver
dans le réservoir. Enfin, la roue hydraulique employée par M. Hubert, est une roue à réaction ou
turbine sans directrices prenant l'eau par-dessous et
munie d'une vanne fixée à la roue, ce qui lui permet de dépenser des volumes d'eau variables avec
la hauteur de la chute, en utilisant toujours la
même fraction de la puissance dépensée. Les dessins de cette roue ont été donnés à M. Hubert par
le rapporteur. Elle n'avait encore été exécutée nulle
part, et c'est sans contredit aux soins apportés à sa
construction, à l'exactitude avec laquelle les conditions du tracé géométrique ont été observée, que
l'on doit attribuer la régularité avec laquelle elle
fonctionne depuis 18 mois, sans avoir éprouvé
d'accident d'aucune espèce.

Toutes les difficultés de la question ont été résolues à la satisfaction de l'autorité municipale de la
ville de Vitry, qui a eu recours, pour s'éclairer, aux
lumières d'une commission composée de trois personnes parfaitement compétentes, un lieutenant-
colonel du génie et deux ingénieurs des ponts et
chaussées. Le rapport de cette commission donne
des éloges à la construction élégante du réservoir et
du mécanisme des pompes. Il constate que, dans les
circonstances où se trouvait la roue, le jour où les

expériences ont été faites, la quantité d'eau dépensée était inférieure de 1/10 environ à celle qui avait été stipulée dans la convention faite avec la ville.

Les travaux exécutés par M. Hubert le placent au premier rang parmi les ingénieurs qui s'occupent de travaux hydrauliques. Ils montrent que ce constructeur sait utiliser de la manière la plus convenable les moteurs hydrauliques et à vapeur; qu'il a perfectionné les appareils de filtrage de la C¹ᵉ Fonvielle; qu'aucun des détails relatifs à l'élévation et à la distribution de l'eau dans les villes ne lui est étranger. Ils méritent à M. Hubert la médaille d'argent que le jury lui décerne.

MENTION HONORABLE.

MM. BÉRENGER et Cⁱᵉ, ingénieurs-mécaniciens à Lyon (Rhône),

Exposent le modèle d'un appareil qu'ils ont imaginé pour effectuer l'assainissement du port de Marseille.

Dans le projet de MM. Bérenger, un canal de ceinture recouvert serait pratiqué autour du port et recevrait toutes les eaux infectes qui arrivent aujourd'hui dans le port, et dont le volume a été évalué à 35 ou 40,000 mètres cubes par jour. Le canal serait mis en communication avec les eaux du port par plusieurs ouvertures, et déboucherait dans la mer par une de ses extrémités, une ou plusieurs grosses vis d'Archimède installées horizontalement dans un espace situé près du point où le canal de ceinture débouche dans la mer, recevraient d'une machine à vapeur, en outre, un mouvement de rotation en vertu duquel elles aspireraient l'eau de l'intérieur du port de Marseille, qui serait rejetée dans la mer, après avoir parcouru le canal de ceinture et entraîné les eaux infectes avec les immondices venant de l'intérieur de la ville. Il y aurait ainsi une circulation continue de l'eau de la mer vers le port et du port à la mer, courant dont le volume est évalué par les exposants à 120,000 mètres cubes en 24 heures, ou environ 1^m,40 cube par seconde.

Ce projet présenté au conseil municipal de la ville de Marseille a été transmis par ce conseil, avec approbation, à M. le Ministre des travaux publics.

Il n'appartient pas au jury d'énoncer un jugement sur la question de savoir si le système présenté par MM. Bérenger et Cie, est préférable à d'autres projets qui ont été ou ont pu être proposés pour l'assainissement du port de Marseille. Mais il n'hésite pas à déclarer qu'il est possible, en appliquant à des vis bien construites, une puissance motrice assez peu considérable, de déterminer un courant continu de 1 à 2 mètres cubes par seconde, du port vers la mer et de la mer vers le port.

Il reconnaît aussi que la vis qui a déjà été employée avec succès au déplacement de l'air pour l'aérage des mines, est une des machines qui conviennent le mieux à des applications du genre de celle que MM. Bérenger et Cie avaient en vue, et il décerne à ces ingénieurs mécaniciens une mention honorable.

2° Pompes à incendie.

RAPPEL DE MÉDAILLE D'ARGENT.

MM. GUÉRIN et Cie, à Paris, rue du Marché d'Aguesseau, 10 et 12.

M. Guérin père obtint en 1839 une médaille d'argent pour son appareil contre l'incendie des cintres de théâtres et ses pompes à incendie. Il a exposé cette année une pompe à incendie, avec tous ses accessoires, des boyaux, des seaux en toile, etc. La pompe à incendie se distingue à la fois par la simplicité de l'ajustage et la solidité, les deux corps de pompe et le réservoir d'air sont fixés par des boulons sur une platine en cuivre jaune d'une seule pièce, sans aucune soudure, qui porte les quatre clapets d'aspiration et de refoulement, ainsi que les tubes de communication entre les corps de pompe et le réservoir. L'entablement en bois fixé à la bâche par huit boulons à vis supporte la brimbale à laquelle sont attachés les deux pistons, et maintient les deux corps de pompe par leur partie supérieure. La matière n'est point prodiguée inutilement, de sorte que le poids de la pompe est réduit autant qu'il était possible de le faire, tout en conservant la solidité nécessaire qui est augmentée par l'absence de soudures. La maison Guérin a donc encore simplifié et perfectionné la construction de ses pompes depuis la dernière exposition; elle a établi, au théâtre de l'Opéra-Comique, un second appareil contre l'incendie des cintres, d'une puissance plus grande que celui qui existait en 1839 au théâtre de la porte Saint-Martin. Elle a développé ses ateliers, auxquels elle vient d'ajouter récemment une machine à vapeur pour mouvoir les tours et autres outils servant à l'ajustage. Les boyaux en cuir cloués, et les seaux en toile à voile sont d'une excellente qualité. Les progrès soutenus de la fabrication de la maison Guérin méritent aux fils le rappel de la médaille d'argent que le père a reçue en 1839.

RAPPEL DE MÉDAILLE DE BRONZE.

M. KRESS, à Colmar (Haut-Rhin).

M. Kress reçut, en 1839, une médaille de bronze pour une pompe à incendie dont le jury avait apprécié la bonne construction ; il a envoyé cette année une pompe à incendie avec tous ses accessoires, une pompe rotative, une pompe à hotte et des pompes à béquille.

La pompe à incendie est digne, par la solidité de sa construction, de la bonne réputation acquise par M. Kress; mais la pompe rotative est arrivée à Paris brisée et n'a pu être examinée avec soin par le jury.

Les pompes à hotte et à béquille sont d'une construction simple.

M. Kress continue à mériter la confiance publique, et le jury le reconnaît en lui rappelant la médaille de bronze.

MÉDAILLES DE BRONZE.

M. PERRIN, fabricant de pompes aux Chaprais, banlieue de Besançon (Doubs),

Expose deux pompes à incendie, l'une simple et l'autre double. Ces appareils se distinguent par une construction très-simple qui n'exclut pas la solidité et qui permet de les construire à très-bon marché. La pompe simple se compose d'un corps de pompe en cuivre, et d'un grand réservoir d'air également en cuivre établi parallèlement au corps de pompe. Cette pompe, quand elle doit fonctionner, se place sur une inclinaison de 45°; appuyée par l'extrémité inférieure sur un support établi au fond de la caisse qui sert à la fois de bâche et de caisse d'emballage. Un support en bois incliné vient recevoir l'extrémité supérieure de la pompe; le piston est formé de deux cuirs emboutis en sens inverse, fixés à une tige en fer rond, à l'extrémité de laquelle on visse le manche en bois sur lequel agissent les hommes; les clapets d'aspiration et de refoulement sont établis au bas du corps de pompe en dehors de l'appareil; l'espace qui les renferme tous deux est fermé par une plaque maintenue par une bride qu'on écarte avec facilité et promptitude, quand il faut visiter les clapets. Cette pompe qui peut servir comme pompe à incendie dans les bourgs et villages, et comme pompe de jardin, est livrée par M. Perrin avec la caisse formant bâche, et dans laquelle elle est emballée, au prix très-modique de 90 fr.

La pompe double se compose de deux pompes simples réunies dans la même bâche, et inclinées en sens inverse l'une de l'autre sous l'angle de 45°. Les réservoirs d'air des deux pompes sont mis en communication par un boyau en cuir; et le tube de refoulement est adapté à l'un de ces réservoirs. La pompe double est vendue par M. Perrin au prix de 280 fr.

La facilité de l'installation, du montage et du démontage, et enfin le bon marché les rendront accessibles aux communes les plus pauvres et à un grand nombre de particuliers.

M. Perrin a déjà livré, depuis le 1er avril 1839, époque de la fondation de son établissement, un grand nombre de pompes au commerce.

Il est très-digne de la médaille de bronze que le jury se plaît à lui décerner.

M. DEBAUSSAUX, à Amiens (Somme),

A exposé une pompe à incendie et son chariot. La pompe est d'une bonne construction, quoiqu'un peu trop compliquée. La bâche et le réservoir d'air ont une forme très-convenable et une grande capacité; un tampon à vis appliqué sur une des parois du réservoir permet de visiter les clapets de refoulement. Le chariot est armé de ferrures qui lui donnent une grande solidité. Le prix de cette pompe, d'un fort calibre, n'est que de 1,000 fr., y compris le chariot et les accessoires, et ce prix est peu élevé si on a égard à la quantité de matière et à la solidité des ajustages.

M. Debaussaux expose en outre un calorifère à eau chaude, qui sera l'objet d'un autre rapport.

Le jury récompense les bonnes qualités de la

pompe à incendie de M. Debaussaux par une médaille de bronze.

M. THIRION, à Paris, allée des Veuves, 93,

Expose une pompe à incendie bien établie; le système de construction réunit toutes les conditions de solidité désirables, mais il est moins simple que celui qui est adopté par les précédents exposants. Les communications entre le corps de pompe et le réservoir d'air sont établies par des tuyaux qui débouchent vers le bas des corps de pompe sur la paroi cylindrique. La pompe est disposée de manière à pouvoir recevoir un tuyau aspirateur qui irait puiser l'eau en dehors de la bâche. Une petite pompe à bunette, pouvant être transformée en pompe à hotte, d'une construction élégante et simple, fait aussi partie de l'exposition de M. Thirion, auquel le jury décerne une médaille de bronze.

MENTIONS HONORABLES.

MM. FLAUD et BONNEFIN, à Paris, avenue Matignon, 11,

Exposent une pompe à incendie avec son chariot et ses accessoires, des boyaux et des seaux en toile construits sur le même modèle que celle de la maison Guérin, avec cette différence que l'entablement en bois est remplacé par un entablement en fonte coulé d'une seule pièce, avec les supports de la brimbale. Les ateliers de MM. Flaud et Bonnefin sont tout nouveaux; l'un d'eux, ancien élève de l'École des arts et métiers d'Angers, a été employé dans la maison de M. Guérin, et a concouru au perfectionnement des produits que cette maison a livrés au commerce.

La bonne exécution de la pompe de MM. Flaud et Bonnefin, des boyaux et des seaux exposés par eux, vaut à ces fabricants, malgré la date récente de leur établissement, la mention honorable que le jury se plaît à leur décerner.

M. ANDRÉ-LAVOY, fabricant de pompes, à Saumur (Maine-et-Loire)

Expose une pompe à incendie à laquelle il a adapté un plancher mobile, sur lequel se placent les hommes qui devront la manœuvrer.

L'exposant a voulu utiliser le poids des travailleurs pour donner de la stabilité à la pompe.

Le jury lui décerne une mention honorable.

MM. JACOMY, RIGAL et Cᵉ, à Paris, rue Fontaine-au-Roi, 54,

Exposent une pompe à incendie dans laquelle les deux corps de pompe et le réservoir d'air sont ménagés dans une même masse de fonte. Les corps de pompe sont garnis intérieurement en cuivre. Les clapets d'aspiration et de refoulement sont découpés dans une seule plaque de cuir que l'on place entre la plate-forme inférieure et la masse contenant les deux corps de pompe.

La disposition générale du système est simple. Une pompe semblable, avec des pistons de $0^m,11$

de diamètre, ne coûte que 5oo fr., y compris 16 mètres de longueur de boyaux et la lance.

Le jury, en raison de la simplicité de la disposition d'ensemble et du bon marché des pompes de MM. Jacomy, Rigal et Cⁱᵉ, leur décerne une mention honorable.

POUR MÉMOIRE.

M. AUBIN, mécanicien à Rouen (Seine-Inférieure),

A exposé une pompe à incendie à double effet, et des rouleaux pour les impressions sur étoffes, qui seront l'objet d'un examen particulier.

La pompe à incendie de M. Aubin est bien et solidement construite. Mais le jury ne peut approuver le système des pompes à incendie à double effet, qui ont l'inconvénient d'être plus compliquées que les pompes ordinaires, plus difficiles à monter, à démonter et à tenir en ordre, et de ne pas laisser les pistons à découvert pendant la manœuvre.

M. HUCK, à Paris, rue Corbeau, 25,

Présente une pompe à incendie d'une bonne construction, une pompe rotative et une machine à laver la fécule (voyez le rapport qui décerne la récompense).

MM. LETESTU et Cⁱᵉ, à Paris, rue Vendôme, 9,

Présentent deux pompes à incendie et des

pompes d'épuisement (voir les *Pompes d'épuisement*).

NOUVELLE MÉDAILLE DE BRONZE.

M. PETIT (Adrien), à Paris, rue de la Cité, 19,

Expose des pompes pour l'irrigation des jardins et des clyso-pompes.

Cet exposant avait obtenu, en 1839, une médaille de bronze pour des pompes légères destinées à l'irrigation des jardins, d'une construction élégante très-convenable, et qu'il livrait à fort bon marché. L'opinion favorable émise par le jury de 1839 a été pleinement justifiée par le public, et l'on trouve, à l'exposition actuelle, les pompes de M. Adrien Petit dans les cases de presque tous les exposants d'outils de jardinage. Les soupapes à bille sont également adaptées à un grand nombre de clysoirs. Parmi les produits exposés cette année par M. Petit, on distingue des pompes de calibres variés, et une petite pompe d'arrosage qui consiste tout simplement en une seringue à l'extrémité de laquelle est vissée une pomme d'arrosoir munie d'un clapet, pour que l'eau puisse pénétrer facilement dans le cylindre quand on retire le piston.

Le succès obtenu par les appareils de M. Adrien Petit, mérite à cet ingénieux fabricant la nouvelle médaille de bronze que le jury lui décerne.

MÉDAILLES DE BRONZE.

MM. GENTET et GODEFROY, à Ingouville (Seine-Inférieure),

Exposent une pompe rotative qui présente un perfectionnement très-bien entendu de la pompe anciennement connue sous le nom de pompe à engrenage. Les deux mobiles renfermés dans la boîte, portent, l'un quatre, et l'autre deux dents ou ailes dont le tracé paraît fort bien étudié, de manière à assurer la continuité de l'ascension de l'eau.

L'établissement de MM. Gentet et Godefroy, fondé à Lons-le-Saulnier en 1841, a été transporté à Ingouville en 1843.

L'ingénieuse disposition de leurs pompes, qui conviennent particulièrement au transvasement des liquides chauds et sirupeux, et au cas où l'on aimerait mieux dépenser plus de force motrice, en perdant de l'eau, que d'entretenir une pompe ordinaire, mérite à MM. Gentet et Godefroy la médaille de bronze que le jury leur décerne.

MM. LETESTU et Cⁱᵉ, à Paris, rue Vendôme, 9,

Exposent plusieurs pompes pour élévation d'eau et pour incendie, dont la construction diffère en plusieurs points des formes généralement usitées. Les pompes de MM. Letestu et Cⁱᵉ ont pour clapets de simples disques circulaires en cuir, fixés par un boulon à vis au centre de disques circulaires métalliques percés de trous, et qui sont pris entre les brides de deux tuyaux ou soudés aux parois de la pompe ; les pistons sont des cônes métalliques légèrement tronqués, dans la concavité desquels est un cornet de cuir fixé au sommet du cône métallique par la même tige du piston; ce cornet déborde le cône métallique et s'applique contre la paroi du corps de pompe, qui peut être en bois ou de métal simplement chaudronné et non alésé. Le cuir qui forme le cornet est en un seul ou en deux morceaux, suivant le calibre de la pompe : en tout cas les bords ne viennent pas se rejoindre suivant une génératrice du cône, et ne sont pas cousus ensemble; ils se recouvrent sur une petite largeur et sont légèrement amincis dans les parties superposées l'une à l'autre. Cette construction présente beaucoup d'analogie avec celle des anciennes pompes de mines décrites dans l'ouvrage d'Agricola, *de re metallicá*, les traités d'exploitation des mines de Delius et de Momet, l'ouvrage de M. d'Aubuisson sur les mines de Freyberg, etc. Ces dernières pompes, qui ne sont plus employées par les mineurs que pour élever à une petite hauteur des eaux chargées de terres ou de graviers, comme celles que l'on rencontre dans le foncement des puits à travers des terrains sablonneux, ont en effet, pour pistons, des disques en bois ou en métal, percés de trous et recouverts d'un cuir fixé au centre par la tige même du piston. Tantôt les disques portent sur leur pourtour une seconde garniture en cuir (d'Aubuisson, *Mines de Freyberg*, t. I, page 241); tantôt ils en sont dépourvus (Delius, édition allemande de Vienne, 1773, p. 327). Ce remplacement des disques-plans en métal par des cônes, permet de supprimer la seconde garniture extérieure autour du piston, sans augmenter beaucoup les pertes d'eau, pourvu que le cornet déborde sur une assez grande hauteur le cône métallique. Mais, d'un autre côté, cette disposition doit augmenter les frottements.

En définitive, les pompes de M. Letestu nous paraissent convenir pour élever des eaux chargées de sables ou de matières terreuses à une petite hauteur (8 à 10 mètres). Comme elles n'exigent pas que le corps de pompe soit alésé, elles peuvent être construites à bon marché et improvisées presque partout. Plusieurs pompes de ce genre, livrées aux administrateurs de la marine, de la guerre et des ponts et chaussées, ont donné, d'après les certificats remis à l'auteur, des résultats plus avantageux que les anciennes pompes auxquelles on les a substituées. Le jury décerne, en conséquence, à M. Letestu une médaille de bronze.

MENTION HONORABLE.

M. QUÉNARD, à Paris, rue Godot-Mauroy, 1.

M. Quénard expose une machine à élever l'eau formée par une bande sans fin d'étoffe de laine pliée ou double, large de 16 centimètres environ, et qui se plie sur deux rouleaux placés l'un dans le réservoir inférieur, l'autre à la partie supérieure de la machine, au niveau où l'eau doit être élevée. Le mouvement est imprimé à la bande au moyen d'une manivelle et par l'intermédiaire de deux roues d'engrenage. L'appareil de M. Quénard est fondé sur le même principe que la machine à cordes de Verra. Mais, d'après les expériences faites par l'auteur, il est très-supérieur à celle-ci. L'auteur a fait plusieurs observations sur la largeur la plus avantageuse à donner à la bande d'étoffe; il en résulte que, toutes choses égales d'ailleurs, la quantité d'eau élevée n'augmente pas, à beaucoup près, proportionnellement à la largeur de la bande, et que pour élever un grand volume d'eau, il faut employer plusieurs bandes de même largeur posées sur les mêmes rouleaux, et entre lesquelles on laisse un espace de 10 à 12 centimètres.

Le jury, en raison de la simplicité de l'appareil, et des observations faites par M. Quénard, lui décerne une mention honorable.

CITATIONS FAVORABLES.

Le jury cite favorablement :

MM. LEMAIRE et CHIFFARAT, à Paris, quai Jemmapes, 200,

Pour des soufflets hydrauliques d'une construction ingénieuse, mais dont l'expérience n'a pas encore fait connaître la durée.

M. HUSSENET, à Paris, passage Ste-Avoye, 9,

Pour sa pompe rotative.

M. MARIE, à Paris, rue Basse-du-Rempart, 34,

Pour une pompe à balancier et à cuvette hémisphérique.

M. DENIZOT, à Nevers (Nièvre),

Pour une pompe à balancier et à cuvette hémisphérique.

M. CAMUZAT, à Tannay (Nièvre),

Pour sa pompe à fourneau.

MM. ROPERT et Cⁱᵉ, à Vannes (Morbihan),

Pour leur pompe à fourneau.

M. JOLYOT, à Vesoul (Haute-Saône),

Pour sa pompe à soupapes sphériques.

POUR MÉMOIRE.

Sont réservés les droits des quatre exposants ci-dessous nommés :

M. STOLTZ fils, à Paris, rue de Bréda, 27,

Qui expose de bonnes pompes rotatives depuis longtemps appréciées dans le commerce, en même temps que des machines à fabriquer les clous d'épingle, une machine à vapeur, etc. M. Stolz a obtenu en 1839 une médaille de bronze.

M. HUCK, à Paris, rue Corbeau, 25,

Qui expose des pompes rotatives bien exécutées, une pompe à incendie à piston métallique, en même temps qu'une machine à laver la fécule.

M. Huck a obtenu en 1839 une médaille de bronze.

MM. DESPRÉAUX et CHAPSAL, à Paris, rue Grange-aux-Belles, 63,

Qui ont exposé une noria en même temps que des cylindres en fer battu, etc.

M. CAILLEZ, à Châlons (Marne),

Qui a exposé une pompe à deux corps et un fusil.

§ 3. GARDE-ROBES HYDRAULIQUES. CUVETTES POUR LES EAUX MÉNAGÈRES. APPAREILS DE TOILETTE ET DE PROPRETÉ.

Ces appareils, qui figurent en grand nombre à l'exposition, sont presque tous fort bien confectionnés, et l'on éprouve pour les classer un véritable embarras.

RAPPEL DE MÉDAILLE DE BRONZE.

M. FEUILLATRE, à Paris, rue Croix-des-Petits-Champs, 39,

Qui a obtenu en 1839 une médaille de bronze pour ses garde-robes et appareils de toilette, expose cette année des appareils du même genre auxquels il a apporté divers perfectionnements. On remarque surtout la bonne disposition des robinets de ses appareils de toilette et de ses garde-robes. La bonne fabrication des produits de M. Feuillâtre mérite que le jury lui confirme la médaille de bronze qu'il a précédemment obtenue.

MÉDAILLES DE BRONZE.

M. BOURG, à Paris, boulev. Beaumarchais, 19,

Expose une cuvette à double fermeture, susceptible de recevoir les eaux ménagères dans un premier compartiment, d'où elles sont conduites dans le plomb de la maison. Les fermetures sont opérées par des disques lenticulaires poussés par des ressorts. Les mécanismes sont bien disposés et méritent à M. Bourg la médaille de bronze que le jury lui décerne.

MM. LEROY et Cⁱᵉ, à Paris, rue Notre-Dame-de-Nazareth, 8,

Exposent des appareils de toilette élégants et bien construits, des garde-robes simples et établies à des prix modérés. La bonne exécution de leurs appareils de toilette mérite la médaille de bronze que le jury leur décerne.

M. LEPRINCE, à Paris, rue de Louvois, 12.

Ses appareils de toilette méritent les mêmes éloges que les précédents. Ses garde-robes présentent une disposition qui permet d'enlever le robinet qui amène l'eau, lorsqu'il a besoin de réparation, sans déranger le reste de l'appareil. Le jury décerne à M. Leprince la médaille de bronze.

RAPPELS DE MENTIONS HONORABLES.

M. DURAND fils aîné, à Paris, rue Saint-Nicolas-d'Antin, 29,

Expose des pompes et des garde-robes; il a obtenu une mention honorable en 1839. Il mérite encore la même distinction par la bonne construction de ses garde-robes.

MM. HAVARD et neveu, à Paris, place du Louvre, 12,

Récompensés en 1839 par une mention honorable, méritent au même titre que le précédent que le jury leur accorde la même distinction.

M. GUINIER, à Paris, rue de Grenelle-Saint-Honoré, 35,

A également obtenu une mention honorable en 1839, et mérite encore la même distinction.

M. LAMOTTE, à Paris, rue du Faubourg-Montmartre, 4,

Mérite au même titre que la mention honorable qui lui a été accordée en 1839, soit renouvelée cette année.

MENTION HONORABLE.

M. SIRET, à Paris, rue de la Pépinière, 69,

Présente un siége avec un appareil contenant dans l'épaisseur du dos une trémie remplie de poudre désinfectante. Les qualités de la poudre désinfectante de M. Siret sont certaines. Le mécanisme au moyen duquel la poudre est dosée et lancée par le vent d'un soufflet sur les matières, a besoin d'être encore amélioré. Le jury décerne à M. Siret une mention honorable.

CITATIONS FAVORABLES.

M. PARRIZOT, à Paris, rue d'Enfer, 22,

Pour ses cuvettes à bascules destinées à recevoir les eaux ménagères.

M. MASSUE, à Paris, rue de Cléry, 72,

Pour ses garde-robes et ses pompes.

M. DIEUDONNÉ, à Paris, rue de Bondy, 2,

Pour ses garde-robes portatives à réservoir d'eau et à fermeture hydraulique.

M. SAMPSON, à Paris, rue Beauregard, 16,

Pour les mêmes objets.

MM. PLACE et LETALLEC, à Paris, rue du Temple, 76,

Pour leurs siéges à fermeture hydraulique par recouvrement.

————

§ 4. APPAREILS DESTINÉS A OBTENIR LA SÉPARATION DES MATIÈRES LIQUIDES ET SOLIDES, ET LA VIDANGE DES FOSSES.

MENTIONS HONORABLES.

MM. BÉLICARD et CHESNEAU, à Montmartre, rue et Chaussée des Martyrs, 10,

Obtiennent la séparation des matières solides et liquides, par un procédé extrêmement simple, et fondé sur la propriété qu'ont les liquides de couler le long des parois qu'ils mouillent, tandis que les matières solides sont détachées de ces parois par la gravité.

Partant de ce principe, ils évasent vers le bas le

tuyau d'une fosse d'aisance, et ménagent autour de la capacité destinée à recevoir les matières solides qui se trouvent verticalement en dessous de l'axe du conduit, une rigole annulaire où se versent les liquides, qui, malgré l'action de la gravité, restent adhérents aux parois inclinées en surplomb.

Pour les fosses de manufactures, de casernes, de prisons, le conduit rectangulaire allongé s'évase également vers le bas. Les liquides tombent dans des gouttières latérales et les solides dans l'axe du conduit.

Le procédé de MM. Bélicard et Chesneau mérite par sa simplicité de fixer l'attention des propriétaires et de l'administration. Il est déjà mis en pratique dans quelques établissements de Paris. Il y a lieu de croire qu'il sera efficace en raison même de sa simplicité.

Le jury se plaît à décerner à MM. Bélicard et Chesneau une mention honorable, et espère que leur procédé recevra prochainement d'utiles applications.

MM. HUGUIN, DOMANGE et Cie, à Paris, boulevard Saint-Martin, 14,

Ont exposé un appareil pour obtenir la séparation des matières liquides et solides, dans les fosses d'aisance, un chariot et une pompe pour l'enlèvement des matières liquides.

Les procédés de MM. Huguin, Domange et Cie, doivent être encore considérés comme étant à l'état d'essai. Tout porte à croire jusqu'ici qu'ils seront très-supérieurs aux anciennes fosses mobiles. Plusieurs avis du conseil de salubrité de la Seine leur sont favorables. Leur système est déjà en grande activité dans la ville de Paris. Le jury espérant que l'avenir viendra confirmer ces prévisions, récompense les premiers résultats obtenus, en accordant à MM. Huguin, Domange et C¹ˢ une mention honorable.

---

§ 5. MOULINS. MACHINES A RHABILLER LES MEULES.

Moulins.

MENTION HONORABLE.

M. NODLER (Thomas), à Paris, rue Lafayette, 10,

A exposé un moulin à meules verticales tournant autour d'un axe horizontal. Les meules verticales essayées il y a fort longtemps, puis abandonnées, reprises de nouveau, ont trouvé dans M. Nodler un mécanicien persévérant et convaincu des avantages qu'elles présentent. M. Nodler s'est attaché aux moyens d'obtenir un parallélisme parfait entre l'axe des cylindres mobiles et celui du cylindre concave entre lesquels les grains doivent être écrasés. Il paraît que ses efforts ne sont pas restés infructueux, et que les moulins à meules verticales commencent à être employés, et sont propres surtout à la fabrication du gruau. L'expérience n'ayant pas encore suffisamment démontré les avantages que l'on attend des améliorations qu'il a apportées aux moulins à meules verticales, le jury ne peut que signaler les efforts de M. Nodler et le succès partiel obtenu, en le mentionnant honorablement.

CITATIONS FAVORABLES.

Le jury cite favorablement :

M. BOUGOT, à Paris, rue du Faubourg-Saint-Martin, 167,

Pour ses moulins à concasser, d'une bonne exécution.

M. CALLAUD, à Nantes (Loire-Inférieure),

Pour ses appareils à moudre les graines oléagineuses, dont il est rendu un compte favorable par le jury départemental.

Machines à rhabiller les meules et accessoires.

MÉDAILLES DE BRONZE.

M. TOUAILLON, meunier, à Saint-Denis (Seine),

A exposé une machine à rhabiller les meules qui paraît réunir toutes les conditions désirables dans un appareil de ce genre; l'outil est fixé dans l'œil d'un manche en fer qui peut tourner sur lui-même de manière à ce que le plan de l'outil se place dans la position inclinée qui est nécessaire pour rayonner la meule. Les sillons sont tracés avec une régularité que le rhabilleur le plus habile aurait bien de la peine à obtenir à la main. Le jury décerne à M. Touaillon, dont les machines sont déjà connues et appréciées par les meuniers, une médaille de bronze.

M. DAVID-LYON aîné, à Meaux (Seine-et-Marne),

A exposé un balancier-brosse pour le nettoyage des grains et un décortiqueur.

La première machine se compose d'un cylindre percé, ayant un mouvement de rotation continu autour d'un axe un peu incliné. Cet axe est creux et en contient un autre qui porte une brosse à longs poils, qui reçoit un mouvement circulaire alternatif; l'axe de la brosse est excentré de façon que celle-ci ne s'applique contre le cylindre qu'au bas du rayon vertical; il en résulte que la brosse n'entraîne pas le grain en se relevant.

Le décortiqueur est formé d'une paire de meules en grès d'égale épaisseur, mais de diamètres alternativement semi-doubles l'un de l'autre, ajustées sur un même axe, et enveloppées par une carcasse en bois laissant un peu de jeu entre la surface intérieure et les meules. Cette carcasse est garnie intérieurement d'une peau de buffle flexible, le grain passe contre cette peau, et est dépouillé sans être écrasé.

Le jury décerne à M. David Lyon, en considération surtout de son balancier-brosse, qui a donné de bons résultats, une médaille de bronze.

M. UHLER aîné, mécanicien, à Dijon (Côte-d'Or),

A exposé une bluterie à châssis et à ailes, dans laquelle le châssis peut être changé à volonté dans une demi-minute, ce qui permet au meunier de faire varier la mouture sans interrompre la marche des mécanismes du moulin.

Cette bluterie est recommandée par le jury départemental comme débitant autant de farine que peut en produire une paire de meules quelconques, la farine y est ensuite refroidie par le courant d'air produit par les ailettes.

Ces avantages sont appréciés des meuniers qui ont acheté depuis deux ans, suivant la déclaration du jury départemental, plus de 100 appareils de M. Uhler.

Le jury décerne à M. Uhler une médaille de bronze.

CITATION FAVORABLE.

Le jury cite favorablement :

MM. COLLARD père et fils, à Paris, rue du Regard, 2,

Pour des cribles et passoirs en tôle et cuivre pour le nettoyage des graius.

SECTION III.

§ 1. MACHINES A VAPEUR ET ATELIERS DE CONSTRUCTION.

M. Pouillet, rapporteur.

Considérations générales.

Depuis l'exposition de 1839, la construction des machines à vapeur et la construction mécanique en général ont fait en France d'immenses progrès. Si le public, étonné du nouveau spectacle qu'il avait sous les yeux dans la magnifique galerie des machines, offrait à nos mécaniciens un juste tribut d'admiration, les connaisseurs de tous les pays, les appréciateurs de tant de travaux partageaient ce sentiment commun avec une conviction encore plus vive et plus profonde. Jamais, en effet, d'une exposition à l'autre, on n'a vu s'accomplir en mécanique tant d'heureuses innovations; jamais surtout, dans une aussi courte période la construction des machines à vapeur n'avait reçu des perfectionnements aussi considérables.

Il y a 25 ans, à l'exposition de 1819, on signalait à peine, en France, quelques établissements dans lesquels on eût essayé de construire des machines à vapeur.

En 1823, de nouveaux essais, en petit nombre, venaient timidement s'ajouter aux premiers.

En 1827, les progrès étaient peu sensibles ; toutefois, quelques innovations, parmi lesquelles on distinguait la machine oscillante de M. Cavé, faisaient pressentir que des esprits jeunes et capables se portaient avec prédilection vers ce genre de travail.

En 1834, le mouvement était imprimé, le jury central de l'exposition qui avait jusque-là vivement regretté de ne pouvoir accorder que des récompenses secondaires à la construction des machines à vapeur, fut heureux de voir enfin plusieurs de nos habiles mécaniciens, faire preuve d'un rare mérite en ce genre.

Plusieurs récompenses du premier ordre, signalèrent cette époque, et il fut permis dès lors de regarder la machine à vapeur comme ayant pris en France la nationalité à laquelle elle avait droit par son origine.

En 1839, les encouragements du jury et du roi, avaient porté leurs fruits. Le nombre des ateliers de construction s'était accru. Les machines les plus usuelles se faisaient en fabrication courante, de manière à se répandre jusque dans les moindres usines. Les machines d'une plus grande puissance commençaient à s'exécuter par des moyens mécaniques mieux combinés qui promettaient de nouveaux succès; les ouvriers eux-mêmes, plus exercés et plus habiles, secondaient ces efforts avec une activité et une intelligence dignes d'éloges.

C'est sous ces auspices favorables que se préparait l'exposition de 1844. La France devait s'attendre à de grands progrès, et il est permis de dire que le succès a été bien au delà de ses espérances.

Quelque difficile qu'il soit de dire en peu de paroles tous les efforts qui ont été faits, tous les obstacles qui ont été surmontés, toutes les questions qui ont été résolues, nous devons cependant jeter un coup d'œil rapide sur l'ensemble de ces travaux, non pour en faire une analyse scientifique et détaillée, mais pour essayer de faire comprendre toute l'étendue de la carrière qui est ouverte à l'esprit d'invention, et pour marquer, s'il se peut, les conquêtes récentes dont il a enrichi notre époque.

Le mécanicien qui veut innover dans la construction des machines à vapeur, est à peu près comme l'architecte qui veut élever un édifice; il a aussi une foule de conditions à remplir, et les œuvres de ses prédécesseurs lui sont assurément d'un moins grand secours: l'espace lui est mesuré; le poids de la matière lui est compté; les pièces mobiles doivent jouer sans peine au milieu des pièces fixes, et se trouver sans cesse accessibles; les efforts variables et de diverses natures qu'elles exercent, doivent à chaque instant se répartir et se contre-balancer; les frottements de toute espèce doivent être évités ou du moins réduits à leur moindre valeur; enfin la forme et les dimensions de toutes les pièces fixes ou mobiles se trouvent subordonnées aux moyens d'exécution; il faut, en quelque sorte, apprécier d'avance les difficultés qui vont se présenter au modeleur, au fondeur, au forgeron, et les diffi-

cultés souvent plus imprévues qui se présente-
ront sur les machines-outils chargées de donner
à chaque pièce la forme précise et définitive qui
appartient à sa fonction. Pour peu que l'on pénètre dans ces combinaisons multipliées, l'on
comprend qu'il y ait encore de grands perfectionnements à chercher.

Ce premier travail fait, et il ne peut l'être que
par une intelligence active, aidée d'une expérience consommée, il s'en présente un autre
qui ne suppose pas moins de réflexions et de
connaissances positives; il faut régler les proportions de toutes les pièces de l'ensemble; il
faut se rendre compte de tous les efforts, de
toutes les résistances actives et passives, faire
la part des défauts inévitables que le métal peut
offrir, et en calculer la masse et la forme pour
qu'il n'y ait, en quelque sorte, pas une fibre
métallique qui n'accomplisse pendant le mouvement toute la quantité d'action qu'elle est capable de supporter en conservant sa force.

En résolvant ce problème déjà si complexe, il
ne faut pas perdre de vue les circonstances nombreuses qui le compliquent encore, et qui dé-
pendent surtout de la vitesse à produire, de la
résistance à vaincre, de sa nature propre et des
variations régulières ou accidentelles, lentes ou
brusques, qu'elle peut éprouver.

Il suffit de ce simple aperçu général, pour
faire entendre que la meilleure machine à vapeur,
celle qui dans son ensemble a la plus grande supériorité pour produire un effet donné, pourrait
n'être qu'une machine médiocre et mal conçue
lorsqu'on voudrait l'appliquer à produire d'autres
effets. Pour épuiser les mines et pour raboter les
métaux, tout le monde pressent qu'il faut des
machines à vapeur, de forme, de structure et
de proportions différentes, et à plus forte raison
s'il s'agit de mettre en mouvement des laminoirs,
des marteaux, des meules, des presses; s'il s'agit
de faire tourner des broches dans une filature,
ou de faire marcher des bâtiments de plusieurs
milliers de tonneaux, qui doivent lutter contre
la mer et le vent. Cette diversité nécessaire à
raison de l'emploi, s'augmente encore par la diversité des puissances que les machines doivent
avoir. La machine de 15 ou 20 chevaux qui transporte les voyageurs si rapidement sur nos rivières, ne peut pas être taillée sur le même
patron que la machine de trois ou quatre cents
chevaux avec laquelle le navigateur domine aujourd'hui les eaux de l'Océan.

Toutefois l'on ne comprendrait que la moindre
partie de la grande question que la science mo-
derne a eue à résoudre, si l'on n'y faisait pas
entrer les moyens d'exécution qu'elle a dû ima-

giner pour réaliser tant de projets hardis après
les avoir conçus. La main de l'ouvrier devenait
impuissante en présence de tels travaux; elle se
serait vainement épuisée pendant des années entières contre ces masses colossales; il a fallu lui
donner des armes nouvelles qui fussent appropriées à la grandeur de l'œuvre qu'elle devait
accomplir; ici, comme toujours, la nécessité a
été la mère et la mère féconde de l'invention.
On ne se lasse pas d'admirer cette nombreuse
série de machines-outils qui, sous la direction
de l'ouvrier, travaillent de concert à l'exécution
des diverses pièces d'une machine à vapeur. Ces
outils, groupés dans un vaste atelier, opèrent
avec tant de puissance et de justesse, qu'ils sont
en quelque sorte comme des travailleurs à cent
bras, dont la vapeur fait la force, tandis que
l'ouvrier lui-même est comme l'intelligence qui
commande et qui règle les mouvements. C'est
ainsi que les pièces les plus lourdes sont trans-
portées sans peine, et réparties aux diverses
machines-outils, pour être ici, rabotées ou dres-
sées; là, tournées ou alésées; plus loin, mortai-
sées, forées, filetées, etc. C'est par ces inventions si diverses et si ingénieuses, que quelques
chevaux de vapeur accomplissent chaque jour
dans nos ateliers des travaux de force et de précision, que des centaines d'ouvriers robustes et

intelligents ne pourraient pas faire ; c'est par là enfin que le travail de l'ouvrier mécanicien a changé de caractère ; de manuel qu'il était, il est devenu intellectuel.

Aujourd'hui, l'ouvrier peut moins que jamais rester étranger aux principes de la physique et de la mécanique, qui doivent sans cesse lui servir de guide, et donner de nouvelles forces à son esprit. L'exposition donne aussi, sous ce rapport, la preuve d'un éclatant progrès ; le jury se plaît à le signaler. Que nos ouvriers mécaniciens persévèrent dans cette voie où depuis cinq ans ils ont fait de si grands pas, qu'ils continuent d'allier une saine théorie à une active pratique, et, nous n'en doutons pas, à l'exposition prochaine, la France pourra, avec un nouvel orgueil, offrir leurs œuvres aux regards de l'Europe.

Toutes les carrières sont désormais chez nous des carrières de labeur et d'honneur, et dans les ateliers, comme hors des ateliers, assez d'exemples font comprendre comment, par le travail, on sert son pays.

Dans ce qui précède, il n'est question que de la partie mécanique de la machine à vapeur, mais il y a aussi une partie physique qui n'offre pas aux recherches et à l'invention un champ moins vaste, nous voulons parler de la production de

la vapeur et de sa distribution économique sur
le piston, pour en recueillir la plus grande proportion de force motrice.

Les chaudières où se produit la vapeur, ont
reçu, comme la machine elle-même, une foule
de structures différentes. Le problème qu'elles
ont à résoudre est cependant très-simple en apparence, car en définitive, il s'agit de produire,
à chaque instant, sans danger d'explosion, et
avec la moindre dépense de combustible, un
poids donné de vapeur, ayant une pression déterminée; mais mille autres conditions, très-impé-
rieuses dans la pratique, viennent déranger cette
apparente simplicité. Le foyer doit changer de
forme et de grandeur suivant la nature du combustible; les compartiments où se loge le liquide
doivent dépendre de la nature des sels qu'il contient, et des dépôts qu'il peut former; l'alimentation doit être exactement proportionnée à la
dépense de vapeur, pour que le niveau n'éprouve
que de légères variations; des appareils sûrs doivent sans cesse attester que cette condition est
remplie ou avertir qu'elle cesse de l'être. La surface de chauffe doit être suffisante pour absorber
dans tous les cas une portion convenable de chaleur produite, l'autre portion servant à déterminer le tirage; là où la paroi est d'un côté en contact avec la flamme, il faut que de l'autre elle

soit en contact avec l'eau et non avec la vapeur. De plus, le feu n'est pas docile comme la machine, il ne peut pas se rallumer ou s'éteindre en un instant à la volonté du chauffeur, comme la machine elle-même s'active ou s'arrête, il faut donc par des appareils de sûreté, prévenir les excès de force élastique qui feraient éclater la chaudière. Ces indications suffisent pour montrer que le génie de la physique et le génie de la mécanique ont dû s'associer encore ici, pour triompher de tant d'obstacles; surtout quand il s'agit de ces appareils gigantesques qui sont destinés à produire incessamment la force de plusieurs centaines de chevaux. Les chaudières de cette puissance ont quelque chose de monumental qui étonne l'imagination, et l'on s'étonne bien davantage encore lorsqu'on se rend compte de la simplicité et de la précision des moyens par lesquels on peut les construire aujourd'hui.

Depuis que la machine à vapeur s'est multipliée; depuis qu'adaptée à tous les usages, elle se répand dans nos villes et dans toutes nos contrées, faisant partout une concurrence utile à la force motrice de l'eau et à la force motrice du vent; depuis surtout qu'elle s'établit sur les voies de fer, et qu'elle s'empare enfin de la vaste étendue des mers, où, peut-être, elle doit régner en souveraine, le génie de l'invention s'applique avec une nouvelle ardeur à en rendre la puissance plus économique. Après avoir réduit de plus en plus la dépense du combustible par le perfectionnement des chaudières, il fait d'heureux efforts pour la réduire encore par une meilleure distribution de la vapeur dans les cylindres.

Les effets de la détente avaient été signalés, ses avantages étaient incontestables, mais il restait beaucoup à faire pour les réaliser d'une manière usuelle et pratique. Plusieurs de nos habiles mécaniciens se sont distingués de la manière la plus remarquable dans ces recherches importantes. Les divers modes de distribution à détente variable qu'ils ont imaginés, et qui ont pour la plupart la sanction d'une expérience récente et cependant décisive, nous garantissent désormais une nouvelle et très-notable économie. Ces inventions sont destinées à exercer partout de l'influence, mais il est surtout désirable qu'elles s'appliquent d'une manière sûre et commode à la mer, sur les bâtiments d'une grande puissance, où l'on parviendra, sans aucun doute, à allier d'une manière de plus en plus heureuse la puissance de la vapeur à la puissance du vent.

En résumé, si dans tous les grands pays de l'ancien monde et du nouveau, la mécanique industrielle fait chaque année des inventions utiles, des conquêtes importantes, on peut dire à la

I..

gloire de la France, qu'il n'en est aucun où dans ces dernières années les véritables progrès aient été plus éclatants. Ce qui s'est fait à l'étranger a été imité et souvent surpassé par nos habiles mécaniciens. Les machines à vapeur fixes ont reçu des perfectionnements de détail et d'ensemble, elles ont gagné beaucoup pour l'économie du combustible et sous mille formes diverses, elles sont incomparablement mieux appropriées à la nature du service qu'elles doivent rendre.

Les machines locomotives, à grande et à petite vitesse, pourraient, annuellement, se construire par centaines non moins solides, non moins parfaites qu'en aucun pays du monde et de plus armées de moyens de détente et de distribution de vapeur qui, en assurant une marche plus régulière, sont appelés à faire une sorte de réforme dans ce genre de construction. Enfin les machines destinées à la navigation acquièrent chaque jour une supériorité plus incontestable.

Tels sont les résultats qui ont été obtenus; mais, il faut le répéter encore, ce n'est pas là seulement qu'est le progrès, ce n'est pas là seulement que se montre l'invention, elle se manifeste d'une manière bien plus frappante dans l'intérieur des ateliers, dans cette admirable série de machines-outils de toute espèce qui, pour

— 131 —

accomplir de telles œuvres, secondent si mer-
veilleusement l'active intelligence des ouvriers.

RAPPELS DE MÉDAILLES D'OR.

M. CHAPELLE et Cie, à Paris, rue du Chemin-Vert, 3.

Le jury de 1839 accordait à M. Chapelle la médaille d'or, avec de justes éloges, pour la supériorité qu'il avait acquise dans la fabrication des machines à papier. Le jury de 1844 confirme avec de
nouveaux éloges cette haute distinction; les machines de M. Chapelle sont maintenant connues de
toute l'Europe, elles sont recherchées partout
comme réunissant la plus parfaite exécution à tous
les perfectionnements les plus récents.

Dans ses vastes ateliers, M. Chapelle se livre
aussi à d'autres constructions avec le même succès; le nouveau système qu'il a imaginé pour mouler les engrenages de fonte, et qu'il présente à l'exposition, paraît destiné à faire une heureuse réforme
dans ce genre de travail.

Le jury se plaît à rappeler en faveur de M. Chapelle la médaille d'or qu'il a obtenue en 1839.

M. PHILIPPE, à Paris, rue Châteaulandon, 19,

Reçut la médaille d'or à l'exposition de 1834
pour les services importants qu'il avait rendus à la
mécanique par ses inventions et par ses travaux;
le rappel de cette distinction lui fut accordé à l'ex-

position de 1839, et, depuis cette époque, M. Philippe a obtenu de nouveaux succès : il se présente à l'exposition de 1844, comme aux expositions précédentes, avec le double titre d'inventeur ingénieux et de très-habile constructeur.

Parmi ses inventions nouvelles, nous citerons une machine à recéper les pieux à 5 mètres sous l'eau, qui a été employée avec un succès complet à l'établissement de plusieurs ponts destinés à des chemins de fer; une série de machines pour la fabrication des feuilles de parquet; une machine à tailler les pavés et une scierie locomotive à vapeur pour l'île Maurice.

Parmi les machines qu'il a exécutées avec une perfection qui ne laisse rien à désirer, nous citerons : un modèle de turbine; un modèle représentant la série complète des machines qu'il a inventées pour fabriquer les roues de voiture; un modèle des chaudières à vapeur du *Sphinx*; divers modèles de roues de bateaux à vapeur, et surtout un modèle des deux machines du bateau à vapeur le *Sphinx*, telles qu'elles sont établies à bord; par sa fidélité et sa précision, ce travail surpasse tout ce qui a été tenté en ce genre.

Ces divers modèles font partie des collections du Conservatoire royal des Arts et Métiers.

Le jury témoigne à M. Philippe toute sa satisfaction, et se plaît à rappeler en sa faveur la médaille d'or qu'il a reçue aux expositions précédentes.

M. CAZALIS, à Saint-Quentin (Aisne).

L'établissement de MM. Cazalis et Cordier reçut

la médaille d'or en 1839; aujourd'hui, sous la direction seule de M. Cazalis, ce grand et bel établissement continue à rendre les mêmes services à notre industrie. Renommé depuis longtemps pour la bonne construction des machines à vapeur, des locomotives, des moulins, des appareils à sucre, etc., il parait maintenant apporter des soins plus particuliers encore à la construction spéciale des machines à vapeur, des chaudières et de la tôlerie.

M. Cazalis présente seulement à l'exposition une machine à vapeur de la force de 12 chevaux, d'après le système de Woolf, modifié et perfectionné par lui. Cette machine est très-solidement établie, on voit que les pièces en ont été travaillées avec des machines-outils d'une grande précision.

Le jury témoigne sa satisfaction à M. Cazalis et fait en sa faveur rappel de la médaille d'or qui a été accordée en 1839 à MM. Cazalis et Cordier.

NOUVELLE MÉDAILLE D'OR.

M. CAVÉ, à Paris, Faubourg Saint-Denis, 216.

Le nom de M. Cavé est l'un de ceux qui se présentent en première ligne lorsqu'il s'agit de grandes constructions mécaniques; personne, sous ce rapport, n'a plus que lui fait preuve d'une rare capacité. L'exposition de 1834 lui valut la médaille d'or et la décoration de la Légion d'honneur; des travaux extraordinaires qu'il avait entrepris pour l'étranger, ne lui permirent pas de se présenter en 1839, et aujourd'hui, après 10 ans de succès nouveaux, il reparaît parmi ses émules. Nous n'entreprendrons pas d'énumérer ici tout ce qu'il a fait de remarquable dans cet intervalle, nous devons nous borner à dire qu'après avoir créé par les seules ressources de son talent, l'un des plus grands établissements dont la France s'honore, il en est à la fois la tête et le bras. M. Cavé invente ses machines, fait ses affaires et forme ses ouvriers. Chargé successivement des plus grands travaux dans les genres les plus différents, il est toujours parvenu à leur imprimer le cachet de son talent.

Lorsqu'on lui a proposé de construire des machines connues, il s'en est pris aux moyens d'exécution, et il les a souvent perfectionnés d'une manière surprenante. Nous pouvons citer, comme exemple, les machines de 450 chevaux, qui lui ont été commandées par la marine, d'après des plans convenus; les machines-outils qu'il a inventées à cette occasion, composent assurément l'outillage le plus simple, le plus complet et le plus remarquable par la précision que l'on puisse employer à ce genre de travail.

Lorsqu'on lui a seulement proposé des effets à produire, laissant toute liberté à son esprit inventif pour trouver les combinaisons mécaniques les plus favorables, il a toujours atteint le but, et il n'est pas arrivé qu'il sortît de ses mains un ouvrage qui n'ajoutât pas à sa réputation; entre autres exemples, nous pouvons citer tout ce qu'il a fait pour la navigation des rivières. C'est ainsi que M. Cavé, simple ouvrier à l'âge de 25 ans, se trouve aujourd'hui, dans toute la vigueur de l'âge et du talent, occuper l'un des rangs les plus élevés parmi les plus habiles mécaniciens de l'époque. Pour l'ensemble de ses travaux (voyez le *Rapport de M. Dupin, sur les constructions navales*), le jury, avec une haute satisfaction, décerne à M. Cavé une nouvelle médaille d'or.

MÉDAILLES D'OR.

M. MEYER, à Mulhouse (Haut-Rhin).

M. Meyer a fondé à Mulhouse, en 1835, un atelier de construction qui, en peu d'années, est devenu l'un des établissements de France où il se fait le plus de machines à vapeur. Il n'est pas facile de prendre aussi vite une position aussi considérable, surtout dans un pays comme le nôtre, où il y a pour ces sortes de travaux une concurrence vive et intelligente sur presque tous les points du royaume. Mais il se rencontre des inventions heureuses, et, bien que la machine à vapeur soit, sans contredit, de tous les organes de la mécanique, celui sur lequel l'esprit d'invention se soit le plus exercé et avec le plus de succès, nous sommes loin d'avoir atteint la dernière limite de la perfection. Le mécanicien qui, sur ce sujet tant élaboré, a tout à la fois le bonheur d'avoir des idées neuves, le mérite de les bien réaliser et le talent de les mettre en circulation, est presque certain d'avoir sur ses concurrents une prompte supériorité.

C'est en effet ce qui est arrivé à M. Meyer. Ses

machines à vapeur sont fort recherchées, soit en
France, soit à l'étranger; elles se distinguent par
un rare mérite d'exécution, et par une distribution
à détente variable qui est des plus ingénieuses et
des mieux entendues. Breveté pour divers systèmes
de détente, les uns applicables aux machines fixes,
les autres aux machines locomotives et aux machines destinées à la navigation, M. Meyer est parvenu à réaliser, dans tous les cas, à peu près toute
l'économie que l'on peut tirer de la détente. Il n'est
pas le seul qui se soit occupé de cet important problème, mais il est de ceux qui en ont donné la solution la plus complète et la mieux constatée par
l'expérience. M. Meyer a de plus apporté de véritables perfectionnements dans la disposition des
chaudières, des pistons et des boîtes à étoupes.

Dans la seule année 1843, il a construit 18 machines d'après ses divers systèmes, dont une de
la force de 150 chevaux et plusieurs de 40 à 60;
sans compter les machines locomotives dont il est
rendu compte dans d'autres parties de nos rapports. (Voyez le *Rapport de M. Combes, sur les
machines locomotives.*)

Le jury décerne à M. Meyer une médaille d'or.

M. FARCOT, à Paris, rue Moreau, 1 *bis*.

M. Farcot s'est fait distinguer dans les expositions
précédentes par des travaux déjà très-remarquables:
il obtint, en 1827, la médaille de bronze; en 1834
la médaille d'argent, et en 1839 le rappel de cette
dernière médaille avec de justes éloges. On a toujours reconnu dans les ouvrages de cet habile mé-

canicien, un mérite de travail peu ordinaire. Depuis 1839, il a fait de nouveaux progrès. Après avoir donné à ses ateliers un plus grand développement, il y a installé un outillage considérable, bien choisi et fonctionnant avec une parfaite justesse. Animé d'un zèle que rien ne peut ralentir, et doué d'un esprit inventif, il a fabriqué lui-même ses puissants outils en perfectionnant grandement ce que d'autres avaient pu faire avant lui.

Avec de tels moyens d'exécution, il n'y a pas de grands travaux de construction mécanique qu'il ne puisse aujourd'hui entreprendre et terminer avec succès.

Les machines à vapeur qui sortent de ses ateliers occupent l'un des premiers rangs, parmi les machines les mieux conçues et les mieux exécutées. M. Farcot est parvenu à varier habilement l'ensemble de leurs dispositions suivant leur puissance et l'usage auquel on les destine; il s'est appliqué avec succès à rechercher les meilleures proportions qu'il convient de donner à toutes les pièces, et parmi ses modèles, on peut dire qu'il y en a plusieurs qui sont d'une excellente composition.

On doit aussi à M. Farcot un système de distribution à détente variable, dont il avait déjà fait l'essai pour l'exposition de 1839. Éprouvé aujourd'hui par une assez longue expérience, et adopté par plusieurs habiles mécaniciens, on peut désormais le considérer comme l'un des plus ingénieux moyens de réaliser les avantages et l'économie qui résultent de l'emploi de la détente.

Parmi les travaux les plus dignes d'attention

qu'il a récemment exécutés, nous citerons une machine de 60 chevaux destinée à un laminoir et donnant 70 tours de volant par minute, et deux machines conjuguées horizontales, de 160 chevaux, destinées aussi au travail du fer, et marchant avec la vitesse de 80 tours. Il y avait là en quelque sorte tout un système de difficultés nouvelles dont il fallait triompher.

Le jury décerne à M. Farcot une médaille d'or.

M. LEMAITRE, à la Chapelle Saint-Denis, près Paris.

M. Lemaitre parait pour la première fois à l'exposition, et il y paraît avec les titres les plus recommandables. Depuis quelques années seulement il a élevé un atelier spécial pour la construction des chaudières à vapeur et de tous les ouvrages qui s'exécutent avec les tôles de fer. Formé à l'école de M. Cavé, dont il est le parent, il lui a été facile dès le début de donner à ses travaux la plus grande extension. Cet avantage, toutefois, n'a pas été pour lui un motif de suivre les routes battues, et d'en rester aux procédés ordinaires. Inventeur lui-même, M. Lemaitre a établi dans ses ateliers un outillage remarquable. Sa machine à percer et river les tôles est une heureuse conception : elle manœuvre, perce et rive des chaudières de la plus grande longueur, et ce travail ne s'exécute pas seulement avec une étonnante rapidité, mais aussi avec une étonnante perfection. Les tôles sont hermétiquement jointes, et les rivets, pour ainsi dire, incorporés avec elles, sans laisser la moindre fissure. Celui qui parvien-

drait aujourd'hui à couler le fer comme on coule
le plomb, et qui fabriquerait ainsi des chaudières
d'une seule pièce, ne livrerait pas sans doute à l'industrie des appareils plus résistants et plus durables que ceux qui sortent des ateliers de M. Lemaitre. L'ensemble des procédés par lesquels cet habile
mécanicien façonne mécaniquement la tôle, mérite
un haut degré d'intérêt.

On peut présumer que ce genre de travail prendra d'immenses développements, soit dans la construction des locomotives et du matériel des chemins de fer, soit dans toutes les constructions
relatives à la navigation à la vapeur. Le jury appréciant les services déjà rendus par M. Lemaitre, et
espérant qu'il continuera comme il a commencé,
se plaît à lui décerner une médaille d'or.

NOUVELLES MEDAILLES D'ARGENT.

M. ANTIQ, à Paris, rue d'Enfer, 101.

M. Antiq, qui obtint en 1834 la médaille d'argent, a fait depuis cette époque des progrès considérables. Réunissant le mérite de l'ingénieur à celui
de constructeur, il a monté un grand nombre d'u-
sines importantes, soit dans les environs de Paris,
soit dans les départements, et toujours avec le succès le plus complet. C'est à lui, par exemple, que
l'on doit le bel établissement de Noisiel, où M. Ménier a eu l'heureuse idée de réunir sur une grande
échelle l'ensemble des moyens de pulvérisation les
plus parfaits; M. Antiq a réussi là, comme dans ses
autres travaux, par une composition bien raisonnée

des divers mécanismes, par d'ingénieux perfectionnements et par une très-bonne exécution de toutes
les pièces, depuis le moteur jusqu'au dernier appareil.

Il faudrait en quelque sorte parcourir toute la
France pour compter le nombre des moulins à blé
que M. Antiq a établis; c'est là son travail le plus
habituel, si l'on y comprend tout ce qui constitue
les usines de cette espèce, c'est-à-dire le mécanisme
des meules, les transmissions de mouvement, les
machines accessoires et les machines à vapeur, les
turbines ou les roues hydrauliques de différents systèmes qui doivent servir de moteur.

Tant de travaux remarquables poursuivis pendant un aussi grand nombre d'années avec une intelligence aussi consciencieuse, bien qu'ils n'aient
pas le caractère d'une invention importante, méritent cependant d'être appréciés et cités comme
modèles.

Le jury décerne à M. Antiq une nouvelle médaille d'argent.

MM. VARRALL, MIDDLETON et ELWELL, à Paris, Avenue Trudaine, 1.

L'établissement de MM. Varrall, Middleton et
Elwell, a succédé depuis quelques temps à l'ancien établissement Sanford et Varrall, qui obtint
à l'exposition de 1839, l'une des premières médailles d'argent. Sous ses nouveaux directeurs il a conservé son ancien caractère : c'est toujours l'un des
ateliers les plus considérables de la capitale, occupant un rang très-distingué parmi les ateliers de

France qui se livrent à la construction des machines à fabriquer et à apprêter le papier. On doit à ces messieurs d'utiles perfectionnements qu'ils ont importés ou imaginés, et pour lesquels ils ont pris des brevets ; nous citerons particulièrement ceux qui sont relatifs aux machines à couper le papier, aux régulateurs de pâte et aux épurateurs. Si ces travaux sont les plus habituels, et ceux qui occupent le plus grand nombre d'ouvriers dans l'établissement dont il s'agit, ils ne sont cependant pas les seuls ; on y construit aussi, et avec un grand mérite d'ajustement et de précision, des machines à vapeur, des presses hydrauliques, des roues hydrauliques, et d'autres grands mécanismes. C'est là, par exemple, qu'a été construit pour la première fois *l'excavateur américain*, de M. Cochrane, qui paraît destiné à rendre de grands services dans les travaux de terrassement.

Le jury attache un grand prix aux services rendus à l'industrie, mais il doit tenir compte aussi de la durée de ces services ; c'est par ce motif qu'il accorde seulement à MM. Varall, Middleton et Elwell, une nouvelle médaille d'argent.

M. BOURDON (Eugène), à Paris, faubourg du Temple, 74.

M. Bourdon a successivement obtenu la médaille de bronze en 1834, et la médaille d'argent en 1839 ; il se présente à l'exposition de 1844 avec des travaux qui sont tous dignes d'éloges.

La machine à vapeur destinée à élever les eaux pour la ville de Chartres, qu'il expose en commun

avec M. Hubert, ingénieur distingué, offre un ensemble remarquable par sa bonne exécution. L'habileté de M. Bourdon était déjà constatée par plusieurs grandes machines à vapeur, et particulièrement par celle qui élève les eaux pour la ville de
Saint-Germain.

M. Bourdon s'est appliqué aussi avec des soins
ingénieux et intelligents à perfectionner les appareils de distribution à détente variable et les appareils de sûreté.

Le jury, appréciant le zèle consciencieux de
M. Bourdon et l'ensemble de ses travaux, lui accorde
une nouvelle médaille d'argent.

MÉDAILLES D'ARGENT.

M. GALLAFENT, à Paris, rue des Amandiers-Popincourt, 7,

Est parmi nos bons mécaniciens l'un de ceux qui
se sont le plus appliqués à perfectionner la construction de la machine à vapeur. Attaché autrefois à l'atelier de Chaillot, pour ce genre de travail,
il y avait acquis une expérience consommée; aussi,
lorsqu'en 1836 il fonda lui-même un atelier, il n'eut
qu'à continuer ce qu'il avait fait à Chaillot pendant
quatorze ans. Les machines de 20 à 25 chevaux,
et quelquefois de 60 ou 80 chevaux qu'il livre annuellement à l'industrie, sont d'une belle et solide
exécution. M. Gallafent ne les a pas seulement perfectionnées dans les diverses parties de leur ajustage, il est aussi des premiers qui aient introduit la

distribution à deux tiroirs superposés, pour obtenir la détente variable.

Cette idée féconde que M. Gallafent a lui-même développée sous plusieurs formes, a reçu depuis quelques années la plus heureuse extension entre les mains d'un grand nombre d'habiles constructeurs.

Le jury décerne à M. Gallafent une médaille d'argent.

M. TRÉSEL, à Saint-Quentin (Aisne),

A formé à Saint-Quentin un établissement où il construit des mesures métriques et des machines à vapeur. Ses outils, et les procédés par lesquels il travaille, sont combinés avec un rare talent ; il semble que la précision mécanique à laquelle il parvient touche d'aussi près qu'il soit possible à la précision géométrique. Et, cependant, hâtons-nous de le dire, il n'y a rien de superflu dans cette recherche d'exactitude. Les machines à vapeur de M. Trésel participent à cette rigueur d'exécution qu'il apporte dans ses autres ouvrages, et de plus elles se distinguent encore par un système de distribution à détente variable dont il est l'inventeur.

Un modèle de ce système a fonctionné à l'exposition, sous les yeux du public, et tout le monde a pu voir que ce n'est pas approximativement que la question est résolue, mais qu'elle l'est rigoureusement et pour tous les degrés où la détente peut être utile. Ce résultat est obtenu au moyen de deux tiroirs superposés, qui se meuvent comme à l'ordinaire par deux excentriques indépendants; mais le mérite de M. Trésel est dans l'étude approfondie qu'il a faite, de la meilleure forme et des meilleures courbes qu'il fallait donner à ses excentriques et à leurs cadres pour remplir toutes les conditions du problème. En ce point, sa solution ne laisse rien à désirer : pendant que la vapeur est admise, elle prend sous le piston toute la tension qu'elle a dans la chaudière; au moment où l'on a voulu qu'elle fût interceptée, le tiroir d'arrêt vient l'intercepter presque subitement, et cependant sans secousse et sans choc; l'effet est semblable des deux côtés du piston; les excentriques font les compensations exigées par la longueur de la bielle et le volume de la tige; enfin cette détente symétrique se concilie avec l'avance à l'échappement, dont elle conserve les avantages. Rien n'est mieux étudié, mieux compris, mieux réalisé que cette détente de M. Trésel, du moins dans les limites qu'il s'est d'abord posées; cependant il lui reste encore un pas à faire : dans l'état actuel des choses, il faut arrêter la machine pour desserrer une vis et varier la détente; pour un grand nombre de cas, il est d'une haute importance de pouvoir faire varier la détente pendant la marche de la machine : on peut espérer qu'il résoudra aussi habilement cette seconde partie du problème.

Le jury accorde à M. Trésel une médaille d'argent.

M. CARILLION, à Paris, rue Neuve-Popincourt, n. 8,

A présenté à l'exposition une machine à détente fixe, où la vapeur entre à 5 atmosphères, pour tomber par l'expansion à 2 atmosphères ou 2 atmosphères et demie. Cette machine paraît d'abord un peu compliquée, parce qu'elle se compose de deux cylindres ayant chacun leur distribution distincte, et parce qu'en outre chaque distribution se fait au moyen de deux excentriques circulaires, faisant mouvoir deux pièces mobiles analogues à deux tiroirs. La complication cependant est plus apparente que réelle, car toutes les pièces s'exécutent et se terminent sur le tour ou sur la machine à raboter; c'est un véritable ajustage mécanique très-bien étudié. Les deux cylindres, en croisant leur action, donnent plus de régularité avec un moindre volant; aussi la machine est-elle légère, très-symétriquement groupée et d'un petit volume. Cette disposition peut avoir de grands avantages, surtout dans les usines où le travail est fort divisé, car on pourrait alors épargner les communications de mouvements et gagner beaucoup en employant 4 ou 5 machines de 8 chevaux, desservies par une seule chaudière, au lieu d'une machine unique de 30 ou 40 chevaux.

M. Carillion construit aussi avec beaucoup d'intelligence des machines à polir les glaces, et d'autres pièces de mécanique de précision. Tout ce qui sort de ses ateliers témoigne à la fois de son habileté et de ses soins.

Le jury décerne à M. Carillion une médaille d'argent.

M. TAMIZIER, à Paris, rue du Faubourg-Saint-Denis, 181.

M. Tamizier a fait faire autrefois de grand progrès à la construction des chaudières à vapeur, et en général à l'art de façonner la tôle; devenu constructeur de machines depuis un certain nombre d'années, il s'est aussi distingué dans ce nouveau genre de travail. Il a été des premiers à appliquer le tiroir à la distribution des machines oscillantes, et les avantages de ce perfectionnement sont de plus en plus appréciés; il est aussi des premiers qui aient eu l'idée d'obtenir la détente variable au moyen d'un tiroir d'arrêt qui est emporté par le tiroir de distribution lui-même, et dont la course rendue variable à volonté se limite par des heurtoirs fixes contre lesquels il va buter. Ces idées ont reçu, depuis, de plus amples développements, mais elles prouvent du moins que M. Tamizier est un observateur attentif qui cherche à se rendre utile.

Les machines qui sortent de ses ateliers sont construites avec beaucoup de soin.

Le jury accorde à M. Tamizier la médaille d'argent.

M. HUCK, à Paris, rue Corbeau, 25.

M. Huck, qui avait obtenu une mention honorable à l'exposition dernière, a continué ses travaux de construction avec un nouveau zèle. Les machines à vapeur, les pompes, les appareils complets de féculerie qu'il a présentés à l'examen du jury ne prouvent pas seulement qu'il y a de l'activité dans ses ateliers, mais ils prouvent encore que ce jeune mécanicien a fait d'heureux efforts pour perfectionner toutes les principales machines qu'il livre à l'industrie. En même temps qu'il y a introduit des dispositions nouvelles et bien raisonnées, il est parvenu à une très-bonne exécution.

Le jury décerne à M. Huck une médaille d'argent.

NOUVELLES MÉDAILLES DE BRONZE.

M. ROUFFET fils, à Paris, rue de l'Orme (Bastille), 12.

M. Rouffet fils avait présenté à l'exposition dernière une petite machine à vapeur portative de 2 ou 3 chevaux, qui fut jugée digne d'une médaille de bronze. Cette machine a reçu de nouveaux perfectionnements, surtout dans la disposition de sa chaudière. M. Rouffet est parmi nos jeunes mécaniciens, l'un de ceux qui étudient avec le plus de soin et d'intelligence la bonne composition des machines et les meilleurs moyens d'exécution. Tout ce qui sort de ses ateliers est très-bien fait.

Il est regrettable que pressé pour livrer les machines à vapeur et autres appareils qu'il destinait à l'exposition, il n'ait pas eu la possibilité de les mettre sous les yeux du public.

Cependant le jury a pu apprécier son zèle et le mérite de ses travaux, et il décerne à M. Rouffet fils une nouvelle médaille de bronze.

M. FREY fils, à Belleville, Impasse St-Laurent, 2.

M. Frey fils construit presque exclusivement des machines à vapeur et des machines à clous. Le système qu'il a adopté pour les premières, quand elles ne dépassent pas la force ordinaire de 8 ou 10 chevaux, est le système oscillant auquel il a fait quelques perfectionnements. Sa disposition d'ensemble est simple, solide et ramassée dans un petit espace; l'entrée de la vapeur a lieu par une sorte de large robinet très-conique, avec frottement de fonte sur fonte, s'exerçant sous une pression élastique; la distribution se fait à détente, par excentrique variable et galet. Pour les limites de puissance dans lesquelles se renferme M. Frey, il paraît difficile d'arriver à une construction qui offre à la fois plus d'économie et moins d'embarras. C'est par de tels avantages que la machine à vapeur devient de plus en plus populaire en France, et qu'elle apporte à une foule de petites industries le secours très-efficace d'une force de quelques chevaux.

Le mérite des machines à clous de M. Frey est apprécié dans d'autres parties de nos rapports.

M. Frey obtint à l'exposition dernière une médaille de bronze. Le jury appréciant ses efforts, lui accorde pour l'ensemble de ses travaux une nouvelle médaille de bronze.

M. STOLTZ fils, à Paris, rue de Bréda, 27.

M. Stoltz a présenté à l'examen du jury des pompes rotatives, des machines à clous et des machines à vapeur oscillantes. Les pompes et les machines à clous seront, quant à leurs principes et à leurs effets, comparées aux machines analogues, dans d'autres parties de nos rapports, nous nous bornerons à dire ici qu'elles sont exécutées avec beaucoup de soin et d'intelligence. Les machines oscillantes de M. Stoltz ont aussi le même mérite, et outre leur bonne exécution, elles ont reçu de lui quelques perfectionnements qui ne sont pas sans importance. Déjà à l'exposition dernière M. Stoltz, quoique très-jeune, avait reçu une médaille de bronze, le jury se plaît à constater ses progrès en lui décernant, pour l'ensemble de ses travaux, une nouvelle médaille de bronze.

M. CLAIR, rue du Cherche-Midi, 93.

M. Clair exécute avec intelligence et avec une rare perfection les modèles en petit des machines les plus compliquées. Ce genre de travail est des plus dignes d'encouragement, car il est souvent l'auxiliaire indispensable du dessin dans l'étude de la mécanique.

Le jury de 1839 avait accordé à M. Clair une médaille de bronze.

Le jury de 1844 constate ses progrès avec une entière satisfaction, et il lui accorde une nouvelle médaille de bronze.

MÉDAILLES DE BRONZE.

M. DARET, rue du Bac, 102.

M. Daret, successivement dessinateur et contre-maître dans de grands établissements, a formé lui-

même il y a quelques années, un atelier de construction pour les machines à vapeur de moyenne
force. Ses travaux annoncent beaucoup d'esprit
d'observation et d'expérience acquise; tout y est
bien disposé et très-bien exécuté; il est permis d'espérer que M. Daret prendra rang parmi nos très-
habiles constructeurs. Le jury décerne à M. Daret
une médaille de bronze.

M. LELOUP, à Paris, quai Valmy, 177,

Parait à l'exposition pour la première fois; il
construit surtout des machines à vapeur de petite
et de moyenne force, des gazomètres ou autres appareils. Ses machines sont oscillantes sur une base
cylindrique, en même temps elles sont à détente
au moyen d'un double excentrique de forme variable placé sur l'arbre du volant; ce système est simple et d'une exécution facile; mais l'avance à l'introduction et à l'échappement ne se peuvent pas
régler comme avec les tiroirs; et les frottements ne
se font pas non plus avec une élasticité qui est souvent nécessaire. Toutefois, M. Leloup donne à tous
ses travaux des soins dignes d'éloges, et son atelier
fondé seulement depuis cinq ans prend chaque
jour plus d'extension.

Le jury décerne à M. Leloup une médaille de
bronze.

M. DUVAL, à Paris, rue Corbeau, 14,

Occupé d'abord à faire des modèles de diverses machines, sur une échelle réduite, M. Duval a puisé
dans ce travail le goût de la précision et de l'ajustage.

La machine à vapeur de 6 chevaux qu'il a soumise à l'examen du jury est remarquable par sa très-bonne exécution; les tours et autres outils qu'il livre habituellement à l'industrie annoncent de l'intelligence et de l'habileté.

Le jury décerne à M. Duval une médaille de bronze.

M. DESBORDES, à Paris, rue Saint-Pierre-Popincourt, 20,

Avait obtenu une mention honorable en 1839, depuis cette époque il a donné à ses travaux un grand développement : à côté des ateliers où il continue à fabriquer avec le plus grand soin des compas et des instruments de physique, il en a formé d'autres où il exécute les divers appareils de sûreté qui s'adaptent aux machines à vapeur : manomètres à air libre ou comprimé, tubes de niveau, flotteurs, sifflets, soupapes de sûreté, etc., etc. Plusieurs de ces appareils ont reçu de M. Desbordes d'importants perfectionnements.

Le jury accorde à M. Desbordes une médaille de bronze.

M. GIRAUDON fils, à Paris, rue de la Roquette, 92,

Construit avec beaucoup de zèle et de soin de petites machines à vapeur, des scieries, des pompes et autres mécanismes; son atelier, servi par une machine à vapeur de 6 chevaux, a un outillage convenable. M. Giraudon, ingénieur laborieux, s'applique particulièrement à bien exécuter les diverses machines qui lui sont demandées.

M. Giraudon avait obtenu une mention honorable en 1839 ; appréciant les efforts persévérants qu'il a faits pour donner à ses travaux un nouveau degré de solidité et de précision. Le jury lui accorde cette année une médaille de bronze.

M. KIENTZY, à Paris, rue Lafayette, 55,

A exposé de petites machines à vapeur oscillantes, où la distribution se fait au moyen d'un tiroir, dont la tige emportée par l'oscillation est obligée de suivre un guide fixe. Cette disposition n'est pas sans avantages. M. Kientzy exécute aussi avec des soins ingénieux des pièces qui exigent de la précision, comme des rouleaux pour imprimer ou pour apprêter les étoffes.

Le jury accorde à M. Kientzy une médaille de bronze.

MENTIONS HONORABLES.

Le jury accorde les mentions honorables suivantes à

M. CART, à Paris, passage Saint-Sabin, 12,

Pour sa machine à vapeur très-bien construite.

MM. LEGENDRE et AVERLY, à Lyon (Rhône),

Pour leur machine à vapeur à cylindre fixe et à boîte à étoupe oscillante.

M. CHARPIN, à Saint-Denis (Seine),

Pour sa machine à vapeur imitée du système de

Woolf, avec cette modification que le grand cylindre enveloppe le petit, et que le grand piston
agit annulairement autour du petit cylindre.

M. SÉRAPHIN, à Paris, rue des Trois-Pavillons, 18,

Pour sa machine à vapeur.

M. de CANSON (Etienne), à Paris, rue de Grenelle-Saint-Honoré, 29,

Pour le robinet d'alimentation et à flotteur qu'il
a adapté avec un plein succès à sa chaudière à vapeur depuis un certain nombre d'années.

M. BERENDORF, à Paris, rue Mouffetard, 300,

Pour la très-bonne exécution des appareils de
sûreté, imaginés par M. de Maupéou, appareils
véritablement dignes d'attention.

M. FERIER, à Paris, rue des Trois-Bornes, 15 *ter*,

Pour son *Régulateur-Molinié*.

MM. DESTIGNY et LANGLOIS, à Rouen (Seine-
Inférieure),

Pour leur nouveau régulateur de machines à vapeur, par des moyens analogues à ceux que
M. Pecqueur avait autrefois indiqués, savoir, pendule, échappement et roues animées d'un mouvement différentiel.

M. DALIOT, à Paris, rue de l'Hôtel-de-Ville, 51.

Pour l'indicateur de niveau qu'il a imaginé et appliqué avec succès aux chaudières à vapeur des bateaux.

M. WISSOCQ, à Paris, rue des Moulins, 15,

Pour les perfectionnements intéressants qu'il a apportés aux grilles des chaudières à vapeur, suivant la nature du combustible.

M. BIGOT, à Elbeuf (Seine-Inférieure),

Pour ses grilles de chaudières avec tube bouilleur intérieur.

M. BOISSE, à Rhodez (Aveyron),

Pour son flotteur.

INGÉNIEURS NON CONSTRUCTEURS.

MÉDAILLE D'ARGENT.

M. CHAUSSENOT aîné, à Paris, rue de Chaillot, 19.

Avait présenté à l'exposition de 1839 un système complet de moyens de sûreté pour les chaudières à vapeur; à cette époque il lui fut accordé seulement une mention honorable, la question étant en quelque sorte réservée jusqu'à ce que les avantages de ces diverses dispositions fussent démontrés par des épreuves pratiques plus concluantes. Aujourd'hui ces épreuves sont assez nombreuses et assez prolongées pour qu'il ne reste aucun doute sur le véritable mérite des inventions de M. Chaussenot aîné. On ne peut pas dire assurément que toutes les causes d'explosion sont connues, et qu'il existe un système de moyens de sûreté par lequel elles sont infailliblement prévenues; mais il est certain que les appareils de M. Chaussenot sont très-pratiques, qu'ils ne sont sujets à aucun dérangement et qu'ils ne cessent pas de fonctionner avec autant de régularité que de précision; il est certain que s'ils n'empêchent pas tous les accidents d'explosion, si terribles et actuellement si multipliés, ils concourront du moins à en réduire le nombre.

Le jury, appréciant tout ce qu'il y a d'ingénieux dans les inventions de M. Chaussenot, tout ce qu'il y a de réellement utile dans les perfectionnements considérables qu'il a apportés, aux indicateurs de niveaux, aux flotteurs, et aux soupapes de sûreté, lui décerne une médaille d'argent.

MÉDAILLE DE BRONZE.

M. GALY-CAZALAT, à Paris, rue Boucherat, 34,

Reçut en 1834 une médaille de bronze pour un appareil, au moyen duquel on peut sans danger faire, avant la combustion, le mélange d'hydrogène et d'oxigène en proportions bien définies ; cet appareil a rendu de grands services à la science. Plus tard, en 1839, le même ingénieur présenta à l'exposition une série de moyens de sûreté pour les chaudières à vapeur; la question fut réservée à son égard, et il reçut une mention honorable. Aujourd'hui M. Galy-Cazalat se présente avec des inventions nouvelles, toutes remarquables et dignes d'un haut degré d'intérêt. Le jury regrette que jusqu'à présent ces inventions n'aient pu être soumises à des épreuves pratiques suffisamment prolongées. Cependant, tout en réservant les droits de M. Galy-Cazalat pour l'époque où ses appareils auront été soumis à des épreuves décisives, il lui décerne dès à présent une médaille de bronze.

MENTION HONORABLE.

M. SOREL, à Paris, rue de Lancry, 6,

A reçu en 1839 une médaille d'or pour son invention relative au zincage ou à la galvanisation du fer, industrie dont il est parlé dans d'autres parties de nos rapports. À la même époque M. Sorel présentait aussi des moyens de sûreté de son invention pour les chaudières à vapeur, qui lui valurent une mention honorable, avec réserve de ses droits. M. Sorel reproduit ces inventions avec quelques perfectionnements qui ne sont pas sans intérêt.

Le jury, appréciant les efforts ingénieux de M. Sorel, pour diminuer les chances d'explosion, lui accorde une mention honorable.

§ 2. MACHINES LOCOMOTIVES ET CHEMINS DE FER.

M. Combes, rapporteur.

Considérations générales.

Les lignes de chemins de fer qui ont été ache-
vées et livrées à la circulation depuis l'exposition
de 1839 sont, indépendamment de quelques
chemins d'une petite étendue et destinés principalement à desservir des établissements particuliers, les chemins :

	Étendue en kilomètres.
De Paris à Versailles (rive droite)....	23
De Paris à Versailles (rive gauche)...	17
De Montpellier à Cette..........	27
De Bordeaux à la Teste.........	52
De Beaucaire à la Grand'-Combe par Nimes et Alais.............	88
De Strasbourg à Bâle et Mulhausen à Thann..................	159
De Paris à Orléans et Corbeil......	130
De Paris à Rouen	136
De Lille à la frontière de Belgique....	14
De Valenciennes à la Belgique......	13
De Nîmes à Montpellier.........	52
Total......	711

Le développement de nos chemins de fer ne

s'est donc accru en cinq ans que de 711 kilomètres.

La période qui commence sera heureusement plus féconde. Les grands travaux entrepris en vertu de la loi du 11 juin 1842 sont pressés avec la plus grande activité. Les résultats de la première année d'exploitation des chemins de fer de Paris à Orléans et à Rouen, ont fait disparaître toute incertitude sur l'immense utilité de ces nouvelles voies de communication qui conviennent également au transport rapide des voyageurs, et la circulation un peu plus lente des marchandises.

Les esprits sont encore divisés sur quelques points importants, le mode d'exploitation par l'État ou l'industrie particulière.

Cette divergence d'opinions n'apportera heureusement aucun ralentissement à l'exécution des travaux; puisse-t-elle ne pas retarder non plus le moment où la France jouira enfin d'un réseau de chemins de fer en rapport avec ses besoins et son étendue!

Il existait, sur les chemins de fer français, en 1842, date des derniers documents officiels, 204 machines locomotives, dont la moitié étaient d'origine étrangère. Les machines françaises se trouvaient principalement sur les chemins de Saint-Étienne à Lyon, de Strasbourg à Bâle,

d'Andrezieux à Roanne, de Lille et Valenciennes
à la frontière de Belgique. Depuis 1842, le matériel du chemin d'Orléans qui ne comprenait,
à cette dernière époque, que 29 machines locomotives dont 6 d'origine française, s'est accru
de 19 machines dont 18 importées d'Angleterre
et une seule d'origine française dont l'acquisition
est toute récente. D'habiles constructeurs anglais sont venus s'établir près du chemin de fer
de Paris à Rouen pour créer le matériel de cette
ligne. Nos constructeurs n'ont en conséquence
obtenu que la fourniture du petit nombre de
machines nécessaires au service des lignes exécutées par l'État, de Lille et Valenciennes à la
frontière de Belgique, et de Nimes à Montpellier.

Les ingénieurs et les constructeurs français
ont cependant pris une très-grande part aux perfectionnements considérables qui ont été apportés aux machines locomotives. A aucune
époque, ils ne sont restés en arrière de nos rivaux d'Outre-Manche; souvent même ils les ont
devancés dans la route du progrès. Qu'il nous
soit permis d'entrer dans quelques détails à ce
sujet.

De toutes les compagnies de chemins de fer,
une seule, celle du chemin de Strasbourg à Bâle,
qui était dirigé par l'honorable M. Nicolas Kœ-

chlin , assisté de MM. Bazaine et Chapron, osa, dès l'origine, demander à des constructeurs français une forte fourniture de machines locomotives. C'était vraiment un acte de courage ; car, bien que la partie essentielle des locomotives à grande vitesse, la chaudière à tubes intérieurs, soit, comme chacun sait, due à notre compatriote M. Séguin aîné, le vaste et rapide développement des chemins de fer en Angleterre, et les ressources existantes dans les grands ateliers de construction de ce pays, avaient dû conduire à une perfection de détail que le défaut d'expérience ne nous permettait pas d'attendre des constructeurs nationaux. La prudence fit un devoir aux directeurs du chemin de Strasbourg à Bâle d'exiger que les machines à livrer fussent exécutées sur un des meilleurs modèles anglais, et d'admettre quelques machines étrangères pour servir à la fois de modèle et de terme de comparaison.

Les locomotives fournies par MM. André Kœchlin et C*, soutinrent honorablement la lutte, et dès lors, il fut certain que ce n'était pas l'habileté, mais l'occasion de faire, les commandes en un mot, qui manquaient à nos constructeurs. Ces choses se passaient en 1840 et au commencement de 1841.

Ce n'est pas tout : depuis 1840 des perfectionnements de la plus haute importance ont été apportés à la construction des machines locomotives; nous voulons parler de l'application de la détente *fixe*, et surtout de la détente *variable* de la vapeur. La détente fixe, jointe à quelques autres améliorations, a suffi pour réduire presque de moitié la consommation de combustible sur quelques lignes de chemins de fer. La détente variable a fait de la locomotive une machine qui se prête à des tracés extrèmement accidentés, à des charges très-diverses, parce qu'elle développe, à la volonté du mécanicien, une force variable entre des limites extrèmement écartées, en dépensant, dans chaque cas, une quantité de combustible à peu près proportionnelle à la puissance mécanique développée.

Or, M. Clapeyron avait appliqué, en 1840, aux machines locomotives du chemin de fer de Paris à Versailles (rive droite), les tiroirs à grand recouvrement, disposés et conduits par les excentriques, de manière à ce que la vapeur fût admise un peu avant la fin, et cessât de l'être aux trois quarts environ de la course du piston. Il avait en même temps augmenté le diamètre des cylindres, et avait même entrepris, pour arriver à une détente variable, quelques essais qui furent abandonnés; à cette époque, les machines locomotives importées d'Angleterre n'étaient pas disposées de manière à utiliser la détente de la vapeur au même degré que la machine modifiée par M. Clapeyron.

Quant à la détente variable, les pièces relatives à la demande du brevet pris par M. Meyer pour son système ont été déposées le 20 octobre 1841. Les seules dispositions tendant à atteindre le même but qui nous soient connues, comme ayant été appliquées à l'étranger ou en France, sont celles de MM. Cabry en Belgique et de R. Stephenson en Angleterre. Les unes et les autres diffèrent d'ailleurs beaucoup des moyens que M. Meyer a mis en œuvre. Les premières offres de M. Cabry au gouvernement de Belgique sont du mois de novembre 1841, et la seconde machine de M. R. Stephenson à laquelle il ait appliqué la détente variable ne fut livrée au Northern and Eastern railway que dans le mois de février 1842. Il résulte de ce qui précède que, bien qu'on cherchât à la fois en Angleterre, en Belgique et en France, la solution du problème si important de la détente variable, notre compatriote n'a été primé par personne, et n'a pu trouver aucun secours dans les recherches faites antérieurement aux siennes, ou en même temps.

En présence de progrès aussi remarquables, nous ne doutons pas que les exploitants de chemins de fer, déterminés par leur intérêt bien entendu, autant que par l'esprit national qui doit les animer, ne demandent à l'avenir aux ateliers français des machines qui ne céderont en rien à celles qui seraient tirées de l'étranger.

Malgré le faible développement de l'industrie des chemins de fer dans notre pays, l'esprit inventif de nos mécaniciens s'est exercé sur les moyens propres à faciliter la circulation dans les courbes, à éviter les chocs et les chances de déraillement, par une meilleure disposition des voitures et des freins.

Nous aurons à signaler en ce genre plusieurs conceptions ingénieuses dont les modèles ont figuré à l'exposition, mais qui sont encore trop récentes pour avoir reçu la sanction de l'expérience.

---

1. *Machines locomotives.*

MÉDAILLES D'OR.

MM. J.-J. MEYER et Cⁱᵉ, à Mulhouse (Haut-Rhin).

M. Meyer est incontestablement le premier qui ait appliqué avec succès, en France, aux machines locomotives, la détente variable de la vapeur, qu'il avait, depuis longtemps, introduite dans les machines fixes de sa construction. C'est le 20 octobre 1841 qu'il demanda un brevet pour ses moyens d'obtenir la détente variable, à la volonté du mécanicien. La machine *l'Espérance* fut terminée en mai 1842, et livrée au service, sur le chemin de fer de Strasbourg à Bâle, dans le mois de juillet suivant.

Pour obtenir une détente variable, M. Meyer a prolongé les fonds du tiroir ordinaire de distribution, en ménageant à travers les prolongements deux conduits à section rectangulaire, par lesquels doit passer la vapeur, pour arriver aux orifices d'admission dans le cylindre. Ce tiroir est mû par un excentrique disposé comme à l'ordinaire. Sur sa face externe glissent deux plaques, vissées sur une tige qui reçoit un mouvement alternatif dirigé en sens inverse de celui du piston. Les plaques, dont la position sur la tige est variable, viennent masquer les ouvertures du tiroir et supprimer l'admission de la vapeur, après que le piston a parcouru une fraction de sa course, d'autant plus petite, que les plaques sont plus écartées l'une de l'autre. Quand elles sont en contact, la vapeur est admise pendant la course entière du piston, et la machine fonctionne sans autre détente que celle qui est due à une légère avance de l'excentrique, et à un faible recouvrement des lumières par les bords du tiroir. La fraction de la course correspondante à l'admission peut être variée, dans la machine qui a été soumise à l'examen du jury, depuis 1/6 jusqu'aux 2/3 de la course totale. Dans d'autres machines, où la tige, qui porte les plaques, est menée par un excentrique, l'admission peut avoir lieu pendant une fraction quelconque de la course du piston, variable depuis zéro jusqu'à l'unité. Au surplus, il est fort peu important

que l'admission de la vapeur puisse avoir lieu pendant
une fraction de la course plus grande que les deux
tiers; il suffit que la machine puisse fonctionner
sans détente au moment du départ, et dans les autres cas où elle doit exercer momentanément un
effort considérable : c'est ce qui a lieu dans toutes
les machines locomotives de M. Meyer, même les
plus anciennes. Dans tous les cas, le mécanicien
obtient à volonté et pendant la marche, le degré
d'écartement des plaques qui convient à la période
d'admission de la vapeur nécessaire à la marche, en
faisant tourner la tige le long de laquelle les plaques marchent en sens contraire, attendu qu'elles
sont engagées, par des écrous taraudés dans leur
épaisseur, dans deux filets de vis à pas contrariés.
Pour tous les degrés de détente, la vapeur est admise au même point de la course du piston, et les
orifices d'admission sont ouverts aussi largement
que si la machine fonctionnait sans détente.

La première locomotive sortie des ateliers de
M. Meyer, l'Espérance, fut mise, avons-nous dit,
en service sur le chemin de fer de Strasbourg à Bâle
en juillet 1842 ; dès le mois d'octobre suivant, des
expériences comparatives faites par ordre de M. le
sous-secrétaire d'état des travaux publics, entre la
locomotive l'Espérance et la meilleure des locomotives françaises qui circulât alors sur le même chemin, montrèrent qu'à charge égale, les quantités de
coke consommées par l'Espérance et la machine à
laquelle on la comparait, étaient, entre elles, dans
le rapport de 5,41 à 8,03 (y compris le coke pour
deux allumages de chacune des machines), et dans

le rapport de 3,90 à 5.19 en ne comptant que le coke consommé en marche. La machine prise pour terme de comparaison fonctionnait, il est vrai, sans détente, et était inférieure, sous ce rapport, aux machines en service sur les chemins de Paris à Saint-Germain et à Versailles, où la détente fixe obtenue par l'avance et un fort *recouvrement* était déjà mise en pratique. Malgré cela, une machine remorquant un train du poids de 76 tonneaux environ, sur niveau, à une vitesse de $12^m,45$ par seconde (près de 45 kilomètres à l'heure), avec une consommation de $3^k,90$ de coke par kilomètre parcouru, était, en 1842, un fait nouveau très-remarquable, et qui excita, à juste titre, l'attention générale.

La machine *Mulhouse*, mise en parallèle, à la fin de 1843, avec l'ensemble des machines locomotives du chemin de fer de Paris à Versailles (rive gauche), qui toutes fonctionnent avec détente fixe obtenue par l'avance du tiroir et un large recouvrement, a consommé $4^k.60$ de coke de Belgique par kilomètre parcouru, tandis que l'ensemble des autres machines a consommé $6^k,65$.

Ces chiffres sont le résultat des consommations observées avec soin, pendant deux mois, par le directeur du chemin de fer de Versailles. Dans deux voyages d'essai faits avec un train ordinaire, sous les yeux d'une commission désignée par le sous-secrétaire d'état des travaux publics, et qui avait pour rapporteur le membre du jury chargé d'exprimer ici l'opinion de ses collègues, la consommation de la Mulhouse a été de $4^k,26$ et $4^k,75$ par kilomètre

parcouru; la moyenne est inférieure encore à celle
que M. Petiet a conclue du relevé des consommations pendant deux mois, en retranchant de la dépense totale de combustible, celle qui devrait être
attribuée aux allumages et aux machines de réserve.

Comparée, sur le chemin de fer d'Orléans, avec
la machine locomotive n° 37 *le Vauban*, sortie récemment des ateliers de R. Stephenson, et fonctionnant aussi à détente variable, d'après le système du constructeur anglais, la Mulhouse a consommé, pour un même travail, à peu près la même
quantité de coke que la machine anglaise (environ 5 kilogrammes par kilomètre parcouru, en
remorquant des trains de 60 à 70 tonnes); mais la
consommation d'eau de la machine française, pour
un même parcours et un même poids remorqué, a
été de 15 à 19 pour cent inférieure à la dépense
d'eau de la machine anglaise.

Il paraît résulter de ces observations, que la machine de M. Meyer est, en elle-même, supérieure
à la machine anglaise, et que l'égalité de consommation de combustible, entre les deux machines,
tient uniquement à ce que la chaudière de la machine anglaise utilise mieux que sa rivale la chaleur développée par la combustion du coke.

Des observations faites, en Autriche, sur le chemin de fer de l'empereur Ferdinand, et en Bavière,
sur le chemin de Munich à Augsbourg, ont été
également favorables aux machines construites sur
le système de M. Meyer, tant sous le rapport de
l'économie du combustible, que sous celui de la

bonne marche et de l'excellente construction de l'ensemble.

Depuis 1842, M. Meyer a livré 8 machines locomotives construites d'après son système, dont 3 seulement en France, et 5 en Allemagne et dans le nord de l'Italie.

Il a réparé et pourvu de nouveaux perfectionnements, 6 anciennes machines de MM. Stehelin et Huber, destinées au chemin de fer de Milan.

8 machines, dont 2 sont terminées, sont en construction dans ses ateliers, pour les chemins de fer de Bavière.

9 autres sont destinées aux chemins du grand duché de Bade.

M. Meyer a traité, pour son système de détente variable avec plusieurs constructeurs étrangers : MM. Kessel, à Carlsruhe, de Maffei, à Milan, Schmid, à Vienne, Sharp et Roberts, à Manchester, Handel Jacobi et Huissen, à Ruhrort (Prusse).

Ainsi, M. Meyer, dans la carrière qu'il a ouverte et où il marche toujours en première ligne, n'a trouvé aucun appui en France ; c'est à l'étranger qu'il a dû chercher des débouchés pour ses produits. Il appartient donc au jury de signaler M. Meyer à l'attention des compagnies de chemins de fer. Il n'hésite pas à proclamer, avec la plus vive satisfaction, que cet habile constructeur est digne à plus d'un titre de la médaille d'or qui lui est décernée. (Voyez le *Rapport sur les machines à vapeur fixes*.)

M. DURENNE, à Paris, rue des Amandiers-Po-
pincourt, 9 et 11,

A exposé une chaudière de machine locomotive,
une caisse de tender et une petite coque de bateau.
Le jury a distingué la chaudière de machine locomotive, dont la construction est irréprochable.

Les ateliers de chaudronnerie de M. Durenne
ont été fondés en 1820; il a concouru pour la première fois, en 1839, aux expositions nationales, et
a été récompensé par une médaille d'argent. Il occupe aujourd'hui dans ses ateliers de cent à cent
soixante ouvriers. Une machine à vapeur de la puissance de six chevaux, douze forges, un four à ré-
chauffer, trois machines à cintrer et à percer, une
machine à chariot et une machine à faire des rivets,
sont les auxiliaires de sa fabrication.

M. Durenne, artisan d'une fortune honorablement acquise par le concours de l'intelligence,
d'une prudente économie et d'un travail soutenu,
est aujourd'hui en première ligne parmi les cous-
tructeurs de chaudières à vapeur de Paris. Plus
que tout autre, il a contribué par les soins minutieux apportés à tous les détails de sa fabrication,
à l'excellente réputation que possède la grande
chaudronnerie de Paris, non-seulement en France,
mais encore dans les pays étrangers, notamment
l'Espagne et ses colonies. Aucune des chaudières
sorties des ateliers de M. Durenne n'a donné lieu à
des accidents, et ce fait mérite d'autant plus d'être
signalé que beaucoup de ces appareils sont construits
sur des dimensions trop petites, mal surveillés et

fatigués par un feu poussé avec une trop grande
activité.

Le jury appréciant la persévérance de M. Durenne, la perfection des produits qu'il a livrés au
commerce, l'habileté avec laquelle il est parvenu à
manier la tôle et à lui donner toutes les formes,
récompense cet industriel par une médaille d'or.

MÉDAILLE D'ARGENT.

MM. ALLCARD et BUDDICOM, au Petit-Quevilly (Seine-Inférieure),

Sont des constructeurs anglais qui sont venus, en
1841, s'établir aux Chartreux, près Rouen, pour
confectionner le matériel du chemin de fer de Paris
à Rouen, et qui depuis ont pris l'entreprise à forfait,
du remorquage sur cette ligne.

Ils ont exposé une locomotive à cylindres extérieurs et inclinés, à détente variable et à roues
couplées, pour le transport des marchandises, avec
son tender. Cette machine, comme toutes celles
qui sortent des ateliers de MM. Allcard et Buddicom, se distingue moins par l'élégance, que par
la solidité, la simplicité de la construction, la bonne
disposition de l'ensemble, le tracé irréprochable des
organes essentiels. MM. Allcard et Buddicom ont
adopté un mécanisme de détente variable, analogue
a celui de la nouvelle machine patentée de R. Stephenson; la détente est obtenue à l'aide d'un seul
tiroir à fort recouvrement; les extrémités des bielles
des deux excentriques de la marche en avant, et de

la marche en arrière, sont réunies par un coulis-
seau dans lequel est engagé le bout d'une manivelle ou levier coudé, qui transmet à la tige du
tiroir de distribution le mouvement rectiligne alternatif. En relevant plus ou moins le système des
bielles des deux excentriques, on fait varier l'amplitude de l'excursion du tiroir, dont les rebords
viennent masquer les orifices d'admission, après un
parcours du piston plus ou moins étendu; les lumières ne sont d'ailleurs entièrement démasquées
que lorsque les excentriques sont dans leur position
la plus élevée ou la plus basse, et que la machine
est réglée pour marcher avec la détente obtenue par
la seule largeur des rebords et l'avance de l'excentrique, comme cela aurait lieu dans une machine à
détente fixe.

Le jury s'est assuré, en examinant dans les ateliers une machine du même modèle que celle qui
figure à l'exposition, que MM. Allcard et Buddicom
ne se sont pas bornés à copier la machine de Stephenson, mais qu'ils ont amélioré le système de la
détente variable, en ce sens que l'avance à l'admission de la vapeur reste la même, pour toutes les positions du bras de relevage et tous les degrés de détente.

MM. Allcard et Buddicom ont confectionné
avec une rapidité merveilleuse, la totalité du matériel nécessaire à l'exploitation du chemin de fer
de Rouen, matériel qui ne comporte pas aujour-
d'hui moins de quarante-sept locomotives. Leurs
ateliers, dans lesquels ils occupent journellement
six cents ouvriers, sont pourvus de toutes les machi-

nes nécessaires pour tourner, raboter, aléser, percer, tarauder, rainer, couper et plier les métaux. Ces appareils ont été importés d'Angleterre. Le moteur est une machine de cinquante chevaux de puissance. Il y existe quarante forges, plusieurs fourneaux à réverbère et à la Wilkinson, un martinet, une scierie mécanique, des machines à raboter et à bouveter les bois.

MM. Allcard et Buddicom ont été jusqu'ici entièrement occupés par la création de leur vaste établissement, et la confection du matériel du chemin de fer de Paris à Rouen. Ils n'ont construit ni machines, ni voitures pour aucune autre ligne, de sorte que les produits de leurs ateliers ne sont pas encore entrés dans le commerce général. Ils concourront probablement à la confection du matériel des chemins de fer qui sont en voie d'exécution. Nous formons des vœux pour que nos capitalistes aient dans nos constructeurs nationaux, qui ont fait leurs preuves, qui ne sont ni moins habiles, ni moins entreprenants que les étrangers, et qui languissent malheureusement à défaut de commandes, la juste confiance que les administrateurs du chemin de fer de Rouen ont placée dans des constructeurs anglais. Le jury, appréciant l'habileté de MM. Allcard et Buddicom, les bonnes qualités de leurs machines locomotives confirmées par une expérience soutenue pendant treize mois, l'activité dont ils ont fait preuve, leur décerne la médaille d'argent.

MENTION HONORABLE.

M. CORNU, à Paris, cité Trévise, 5,

Représentant de M. W. Norris, constructeur de Philadelphie, a exposé des dessins et modèles de locomotives américaines du système de M. Norris.

Les locomotives américaines sont à cylindres extérieurs et inclinés, comme celles du chemin de fer de Paris à Rouen. Elles ont en outre un avant-train mobile, et des articulations dans les pièces du bâtis, qui permettent aux roues de se prêter avec plus de facilité aux dépressions accidentelles dues à un défaut de pose ou à un dérangement des rails. La chaudière est d'une construction plus simple que celle des chaudières usitées en Europe ; le dôme de la boîte à feu est cylindrique, ce qui les rend beaucoup plus résistantes.

Les locomotives américaines sont éminemment propres, par leur construction, au parcours des lignes sinueuses et accidentées. 136 locomotives de M. Norris circulent sur les voies de fer des États-Unis. Elles sont en grande faveur sur les chemins de fer de l'Allemagne, notamment sur ceux de la Prusse et de l'Autriche. Un chemin de fer anglais, celui de Birmingham à Gloucester, est desservi par des machines de ce système.

Elles ne sont connues en France que par les descriptions qui en ont été imprimées en Allemagne et en Amérique. Il est très-désirable qu'elles soient essayées sur nos chemins de fer. M. Cornu aura rendu service, en les faisant connaitre par un modèle et des dessins bien exécutés.

Le jury lui décerne une mention honorable.

---

2. *Chemins de fer. Rails et Voitures.*

RAPPELS DE MÉDAILLES D'OR.

M. PECQUEUR, à Paris, rue Neuve-Popincourt, 11.

L'esprit inventif de M. Pecqueur s'est exercé sur un sujet qui est à l'ordre du jour, la propulsion des convois sur les chemins de fer, par l'action de l'air comprimé ou raréfié à l'aide de machines fixes. Le système auquel il a mis tout récemment la dernière main, et dont le jury a vu un modèle fonctionnant dans ses ateliers, est à peu près l'inverse de celui de MM. Ciegg et Soniuda. La soupape longitudinale à travers laquelle passe, dans ce dernier système, la tige en fer qui lie le piston, poussé par la pression atmosphérique, au convoi remorqué, n'existe pas dans l'appareil de M. Pecqueur. Celui-ci comprime l'air à trois ou quatre atmosphères, dans un tuyau occupant l'axe de la voie et qui forme un réservoir allongé, où la machine locomotive qui remorquera le convoi, puisera, à chaque période, le gaz comprimé nécessaire à l'entretien du mouvement. Une ingénieuse combinaison de soupapes consécutives, qui sont ouvertes en temps utile par des appendices fixées à la locomotive, permet l'entrée de l'air dans la boîte de distribution, celle-ci glisse sur une surface métallique plane, posée sur le dôme du tuyau.

M. Pecqueur emploie, comme locomotive, sa machine à rotation directe. Le waggon qui la porte est pourvu d'une suspension élastique placée dans le moyeu même des roues, construites sur un principe nouveau de son invention.

Le jury ne peut, à défaut d'expérience, que mentionner avec satisfaction la nouvelle invention de M. Pecqueur, et rappeler la médaille d'or décernée précédemment à cet habile mécanicien, qui se montre toujours digne de la même distinction.

MM. STEHELIN frères, à Bitschwiller (Haut-Rhin),

Continuent la fabrication de machines diverses, des roues et essieux de locomotives Depuis la dernière exposition ils ont construit deux machines à vapeur de 220 chevaux pour la marine royale. Ils ont envoyé les plans des ateliers qu'ils construisent en ce moment pour l'exploitation du chemin de fer de Milan à Venise, et qui nous ont paru bien disposés.

La commission des tissus a rendu compte des feutres exposés par ces Messieurs.

Le jury leur vote le rappel de la médaille d'or obtenue en 1839.

NOUVELLE MÉDAILLE D'ARGENT.

M. LAIGNEL, à Paris, rue du Cimetière-Saint-André-des-Arts, 1,

S'occupe depuis longtemps des moyens de rendre plus facile et plus sûre la circulation des voitures sur les chemins de fer. Ses travaux et principalement les moyens qu'il a imaginés, pour franchir les courbes d'un petit rayon, lui ont valu deux médailles d'argent aux expositions de 1834 et de 1839.

C'est encore à l'infatigable persévérance de M. Laignel, que l'on doit le système de freins trèspuissants, qui a été adopté par le gouvernement belge, pour le parcours du plan incliné d'Ans à Liége, et dont un modèle figurait à l'exposition de cette année. Au lieu d'empêcher le mouvement de rotation des roues des voitures, par la pression des freins ordinaires, M. Laignel soulève la voiture entière par un système de patins qui viennent s'appuyer sur les rails. Les roues ne portent plus, et la voiture est ainsi transformée en un traîneau.

L'expérience a montré l'efficacité et la puissance de ce genre de freins. Lors d'une rupture du câble du plan incliné d'Ans à Liége, qui eut lieu le 22 juin dernier, l'action des freins arrêta le convoi, sans que les voyageurs éprouvassent le moindre choc.

On doit enfin à M. Laignel, un petit appareil propre à mesurer la vitesse des courants fluides, et un instrument ingénieusement conçu pour sonder à la mer, sans arrêter la marche des navires.

Le jury décerne à M. Laignel, pour l'ensemble de ces inventions, une nouvelle médaille d'argent.

MÉDAILLES DE BRONZE.

M. SERVEILLE aîné, à Paris, rue d'Amboise, 4,

Qui fut mentionné honorablement par le jury de 1839, pour des rails en bois et en fer, et pour des waggons à larges jantes coniques, est peut être le premier qui ait senti toute l'importance de la conicité des jantes des roues, pour éviter les déraillements, et les pressions des boudins des roues contre les rails.

M. Serveille a exécuté, depuis 1839, plusieurs chemins de fer pour des exploitations de carrières, et des travaux de terrassements. Ces chemins posés sur un sol extrêmement accidenté avec des courbes de rayons très-petits, dont la voie n'était pas de largeur uniforme, ni horizontale dans le sens transversal, étaient cependant parcourus par des chariots à larges roues coniques qui ne sortaient pas de la voie.

Il n'y a pas de système qui se prête aussi bien que celui de M. Serveille au transport des matériaux sur un sol irrégulier et mouvant, comme celui que l'on est exposé à rencontrer dans beaucoup de galeries de mines, et dans des travaux de terrassement. Ce constructeur a également exécuté des trains articulés destinés aux transports des bois, dans l'exploitation des forêts. De longues pièces de bois sont posées et attachées sur deux trains à roues coniques, indépendants l'un de l'autre. L'essieu de chaque train, auquel les roues sont fixées, pivote autour d'une cheville ouvrière ; une commission de la société d'encouragement s'est assurée que, dans les parties courbes, chaque essieu se plaçait normalement à la courbe parcourue, et se maintenait dans cette direction pendant tout le temps que le train cheminait sur la courbe. M. Serveille expose, en outre, un tuyau de bois formé de douves échelonnées et cerclées en fil de fer. Ces tuyaux pourraient être faits à la mécanique et utilement employés dans des contrées où le bois serait à bon marché.

Le jury récompense les utiles travaux de M. Serveille par une médaille de bronze.

M. COMMUNEAU, à Paris, rue Saint-Benoît, 22,

A exposé un modèle des écluses sèches qu'il a fait construire sur le chemin de fer conduisant des mines de houille de Decize au canal du Nivernais. Ce chemin a une longueur totale de 6,200 mètres. Sur la distance de 1900 mètres à partir de la mine, la pente moyenne est de 3 centimètres par mètre, de sorte qu'il rachète une pente de 57 mètres, sur moins de 2 kilomètres de longueur. On pouvait établir pour cela un seul plan incliné, ou des plans inclinés à forte pente, séparés par des paliers horizontaux, ou enfin des puits verticaux séparés par des paliers à peu près horizontaux. C'est ce dernier parti qu'a pris avec raison M. Communeau. Il a réparti la pente à racheter sur 5 puits verticaux, ou écluses sèches séparées par des lignes à peu près horizontales.

La manœuvre de la descente d'un waggon chargé et de l'ascension d'un waggon vide, ou à demi-chargé, s'effectue au moyen de deux plates-formes, réunies par une chaîne en fer, qui se plie sur une poulie à engrenage installée au-dessus du niveau supérieur de l'écluse, la chute du waggon plein détermine l'ascension d'un waggon vide ou à demi-chargé. La vitesse est modérée par un seul homme au moyen d'un frein appliqué sur une grande roue. La résistance du frein est transmise à l'arbre qui porte la poulie à engrenage, par l'intermédiaire d'un pignon et d'une roue dentée. Le passage d'un waggon descendant chargé et d'un waggon vide remontant, par une écluse sèche de 15 à 18 mètres de hauteur, exige à peu près 2 minutes, dont une est employée pour placer les waggons sur les plates-formes, et l'autre au trajet.

Les écluses sèches établies par M. Communeau, sur le chemin de fer de Decize au canal du Nivernais, fonctionnent depuis 6 mois avec régularité et économie.

Le jury reconnaît que le système adopté par M. Communeau est très-convenable pour racheter les pentes sur un chemin de fer où l'on transporte des marchandises à petite vitesse. La construction est bien entendue. Le jury décerne à M. Communeau une médaille de bronze.

MENTIONS HONORABLES.

M. NOZÉDA (Henri), à Mâcon (Saône-et-Loire),

A exposé un waggon pourvu d'un système d'enrayage progressif qui a attiré l'attention de tout le monde. L'appareil de M. Nozéda se compose essentiellement d'une crémaillère horizontale, qui vient par l'effet d'un échappement, déterminé à la volonté du conducteur, se mettre en prise avec un pignon fixé sur l'essieu antérieur de la voiture. Dès que l'engrenage a lieu, la rotation de l'essieu fait avancer la crémaillère ; celle-ci comprime un ressort dont la tension progressive ralentit de plus en plus la rotation de l'essieu qui porte le pignon. La crémaillère continuant à avancer, agit sur d'autres ressorts qui amènent des sabots en bois au contact des jantes des 4 roues. La tension des ressorts et la pression des freins augmentent progressivement, et si le mouvement de rotation des roues n'était pas arrêté par les freins, avant que la crémaillère fût parvenue à l'extrémité de sa course, celle-ci opposerait alors un obstacle absolu à la rotation de l'essieu antérieur.

On fait cesser l'enrayage, en remontant le châssis qui porte la crémaillère ; dès que celle-ci n'engrène plus avec le pignon, l'action des ressorts écarte les freins de la circonférence des roues, et les ramène dans leur position primitive.

La conception de cet appareil est digne d'éloge. On peut lui reprocher d'être compliqué ; cependant il serait peut-être difficile d'obtenir d'une manière plus simple des obstacles progressifs, donnant lieu à un enrayage très-puissant, sans choc brusque. Le frein de M. Nozéda n'a point encore reçu la sanction de l'expérience ; il va être essayé sur les voitures du chemin de fer d'Orléans.

Le jury se plaît à espérer que les résultats répondront à l'attente de l'inventeur auquel il décerne une mention des plus honorables.

M. ECK, à Paris, quai de la Tournelle, 39,

A exposé un appareil pour obtenir un décrochement rapide de la locomotive, à la volonté du conducteur, et projeter en même temps du sable sur les rails.

Ces moyens ont déjà été mis en pratique, par M. Locard, sur le chemin de fer de Saint-Étienne à Lyon. L'appareil de M. Eck est au reste bien entendu et mérite la mention honorable que le jury décerne à son auteur.

CITATIONS FAVORABLES.

M. CHESNEAUX, à Paris, rue Navarin, 13,

A exposé un modèle de waggon articulé destiné à franchir les courbes de petits rayons.

Les deux trains antérieurs et postérieurs sont mobiles et indépendants l'un de l'autre, et chacune des quatre roues est montée sur un demi-essieu particulier. La mobilité des trains permet la convergence des essieux dans les parties courbes. L'indépendance des demi-essieux permet aux roues opposées de prendre des vitesses angulaires différentes. La convergence des essieux dans les courbes est obtenue, au moyen d'un bout de rail de 4 à 5 mètres de longueur seulement, établi au milieu de la voie, et sur lequel monte une poulie fixée sous le train. Celui-ci est soulevé par la poulie qui monte sur le rail et amené dans une situation normale à la courbe. Quand la poulie abandonne le rail directeur, l'avant-train se trouve fixé au train supérieur par une crémaillère et un verrou.

Le moyen par lequel M. Chesneaux obtient la convergence des essieux est simple, et mérite de fixer l'attention des exploitants de chemins de fer. L'indépendance des roues fixées sur quatre demi-essieux nous paraît peu utile. L'on atteint tout aussi bien le but que l'auteur s'est proposé, par la conicité des roues et une pose convenable des rails.

En définitive, le jury exprime le désir que le système de M. Chesneaux soit bientôt mis en expérience, et ne peut aujourd'hui que le citer favorablement.

M. PAQUIN, à Châlons-sur-Marne (Marne),

Est cité favorablement pour un waggon de terrassement versant à volonté dans la direction de la voie ou sur les côtés.

M. MOUSSARD, à Paris, rue du Faubourg-St-Denis, 164,

Mérite la même distinction que le précédent, pour un modèle de locomotive qui présente des dispositions nouvelles et ingénieuses.

SECTION IV.

§ 1. MACHINES A FILER LE LIN, LA LAINE, LE COTON
LA SOIE, ETC. MACHINES A BOUTER LES CARDES
ET MACHINES A IMPRIMER LES ÉTOFFES.

M. Gambey, rapporteur.

I. *Machines à filer le lin, la laine et le coton.*

RAPPEL DE MÉDAILLE D'OR.

MM. SCHLUMBERGER (Nicolas) et Cⁱᵉ, à Gueb-
willer (Haut-Rhin),

Par leurs produits remarquables, se sont placés
au premier rang de nos filateurs.

En 1827 et 1834, ils reçurent, pour la beauté et la
finesse des cotons qu'ils exposèrent, les plus hautes
marques de distinction que puisse accorder le jury.

En 1839, M. Schlumberger, connu alors pour
la perfection de ses métiers à filer le coton, exposa
pour la première fois des machines à filer le lin. La
belle exécution de ces machines fixa l'attention du
jury, et une nouvelle médaille d'or fut décernée à
M. Schlumberger.

Depuis cette époque, M. Schlumberger s'est constamment occupé de la construction de ces sortes
de machines, dont le placement se fait en France et
à l'étranger.

Cette année, M. Schlumberger a exposé une carde
circulaire à étoupes avec 23 tambours; un banc à
broches pour lin et étoupes. La carde circulaire,

construite d'après un nouveau système, nous a paru exécutée dans de bonnes proportions; elle fait honneur à M. Schlumberger.

Le banc à broches, construit avec une grande perfection, a subi une modification qui au premier abord paraît peu importante, et qui cependant contribue à rendre plus parfaits les produits de la machine. Cette modification consiste dans la suppression des collets antérieurs des vis conductrices des peignes, ce qui permet de les rapprocher des cylindres étireurs. Il résulte de cette modification, que la divergence des filaments de lin est d'autant moins grande, que la distance à parcourir entre les cylindres et les peignes est plus petite; et par suite de cette disposition, le fil de lin est plus uni et mieux filé.

Le jury accorde à MM. Schlumberger (Nicolas) et Cie un rappel de médaille d'or.

NOUVELLE MÉDAILLE D'OR.

MM. PIHET (Auguste) et Cie, à Paris, avenue Parmentier-Popincourt, 3.

Nous avons examiné avec soin le banc à broches que M. Auguste Pihet a exposé : nous avons remarqué avec satisfaction que toutes les parties de cette belle machine sont exécutées avec le soin et la perfection qu'on retrouve toujours dans les travaux qui sortent du bel établissement dirigé par M. Auguste Pihet, qui, par ses efforts constants, se rend de plus en plus digne des récompenses qu'il a reçues. (*Voyez* à l'article *Machines-Outils*.)

M. DECOSTER, à Paris, rue Stanislas, 9.

En 1835, M. Decoster commença à fabriquer les premières machines à filer le lin, d'après le nouveau système. Ces machines furent accueillies avec un tel empressement par l'industrie manufacturière, que M. Decoster dut songer à donner de l'extension à son établissement, déjà considérable à cette époque.

Des ateliers élevés sur une grande échelle le mirent bientôt à même de satisfaire aux nombreuses commandes qui lui étaient adressées, et de mener en grand la fabrication de ces nouvelles machines.

Depuis plusieurs années, M. Decoster s'est livré à la construction des machines-outils, machines sans lesquelles il ne peut exister de bonne fabrication. La modicité du prix et la bonne exécution de ces machines ont tellement contribué à leur propagation, qu'elles fonctionnent maintenant dans la plupart de nos ateliers. Les diverses machines exposées cette année par cet habile constructeur sont, pour le lin : une grande carde, un métier à filer à sec, un métier à l'eau chaude, un banc à broches avec régulateur différentiel, un métier à tisser, une machine à peigner et une machine à teiller le lin. Pour les machines-outils : un grand tour à chariot et à filter, une grande machine à raboter le fer, à outil-tournant, une machine à raboter et à canneler, avec plateau mobile, une machine à tailler les écrous, une machine à mortaiser et une machine à percer.

Nous avons trouvé toutes ces machines bien rai-

sonnées, établies sur des principes exacts et dans
de bonnes proportions, enfin d'une exécution aussi
parfaite qu'il est permis de l'exiger dans ces sortes
de machines.

Le jury accorde une médaille d'or à M. Decoster.

NOUVELLE MÉDAILLE D'ARGENT.

MM. PEUGEOT (Constant) et Cie, à Audincourt (Doubs).

Fabriquer, pour les machines à filer de toute
sorte, des broches bien faites et d'un prix peu
élevé, était un problème difficile à résoudre, d'autant plus que les broches peuvent être considérées,
dans la fabrication des métiers à filer, comme étant
la partie qui exige le plus de précision.

Ce n'était qu'en employant des machines et des
outils convenablement disposés pour ce genre de
travail, et surtout en établissant des ateliers spéciaux, qu'on pouvait réussir dans une telle entreprise. M. Peugeot, en envisageant la fabrication, du
point de vue de sa spécialité, a fondé un établissement considérable dans lequel on construit tous les
objets accessoires qui entrent dans la composition
des machines à filer la laine, le lin et le coton.

En 1839, une médaille d'argent fut accordée
pour encourager cette fabrique qui exposa des produits d'une beauté remarquable. Depuis cette
époque, de nouveaux efforts ont été faits : les cylindres cannelés et trempés de M. Peugeot, ainsi
que ses broches, ne laissent rien à désirer, et sont
dignes des plus grands éloges.

Le jury, pour récompenser convenablement cet habile fabricant, lui décerne une nouvelle médaille d'argent.

MÉDAILLES D'ARGENT.

M. BRUNEAU, à Réthel (Ardennes).

Les diverses machines exposées par M. Bruneau, servant à peigner et étirer la laine, sont d'une beauté remarquable; les dispositions en sont bien entendues; les nombreuses pièces dont elles sont composées ont des formes et des proportions parfaitement convenables pour les fonctions qu'elles ont à remplir.

Dans la machine à étirer, la manière de communiquer, par des plans inclinés, le mouvement de translation des cylindres, tandis que ceux-ci tournent sur eux-mêmes, est très-ingénieuse, et nous a paru offrir de grandes facilités pour en régler la marche.

Toutes les pièces qui composent ces métiers sont exécutées avec un soin et une précision qu'on rencontre rarement dans ces sortes de machines.

Le métier Mull-Jenny est d'une exécution aussi parfaite que ceux dont nous avons parlé ci-dessus, et peut être considéré comme un modèle en ce genre.

Le jury accorde une médaille d'argent à M. Bruneau.

M. GRÜN (François-Jacques), à Guebwiller (Haut-Rhin).

Les machines exposées par M. Grün, pour la filature de lin, sont :

Un étaleur,

Un étireur,

Un banc à broches,

Un métier à filer.

Pour la filature de coton :

Une tête de chariot de Mull-Jenny,

Un nouveau mouvement de tambour de métier Mull Jenny à simple et double vitesse,

Plus, une caisse contenant des pièces détachées, des modèles et des instruments divers.

Les machines présentées par M. Grün, faites sans luxe, nous ont paru bien établies, et construites de manière à réunir toutes les qualités que l'on doit rechercher dans les machines bien entendues, c'est-à-dire bonté, simplicité et solidité.

Nous ajouterons que M. Grün a construit plusieurs machines hydrauliques, des transmissions de mouvement dans diverses fabriques d'Alsace, et que toutes ces machines fonctionnent à la grande satisfaction des chefs d'établissements, ainsi qu'en font foi plusieurs certificats que nous avons entre les mains.

Le jury accorde à M. Grün une médaille d'argent.

M. MERCIER (Achille), à Louviers (Eure).

M. Mercier a exposé deux machines à carder, l'une dite carde préparatoire, l'autre appelée carde boudineuse. Ces deux machines, établies d'après un nouveau principe, se recommandent par la simplicité de leur construction, non moins que par

— 189 —

l'avantage qu'elles présentent de régler avec la plus grande facilité toutes les parties qui exigent un certain degré d'exactitude.

Deux métiers à filer ont été également soumis à l'appréciation du jury : l'un de 250 broches, l'autre de 150. Ces machines, destinées à fonctionner dans des ateliers, bien que construites sans luxe, n'en sont pas moins exécutées avec toute la perfection désirable. M. Mercier a introduit dans ces machines un perfectionnement très-important, lequel consiste à faire mouvoir le chariot qui porte les broches avec une vitesse qui décroît en raison inverse du degré de torsion qu'acquiert le fil. Ce mouvement décroissant s'obtient au moyen d'une corde roulée sur la courbe d'une spirale, laquelle fait avancer le chariot dans des rapports de vitesse, reconnus par l'expérience, les plus convenables pour bien filer.

Les proportions bien entendues de ces machines, ainsi que leur bonne exécution, nous ont paru tout à fait dignes de l'approbation du jury.

Le jury accorde une médaille d'argent à M. Mercier (Achille).

NOUVELLE MÉDAILLE DE BRONZE.

MM. SCHEIBEL et LOOS, à Thann (Haut-Rhin).

MM. Scheibel et Loos ont exposé, en 1839, un batteur-étaleur et un banc à broches pour lesquels ils ont obtenu une médaille de bronze.

Cette année ces messieurs ont exposé une machine dite *Self-acting*. Cette machine n'étant point accompagnée d'un mémoire explicatif, et la personne chargée de nous en expliquer le mécanisme n'ayant pu s'acquitter de sa mission, nous avons dû porter notre jugement sur la machine à filer, sans nous préoccuper de l'appareil qui doit la faire agir d'elle-même, ainsi que l'indique le nom de Self-acting.

Nous dirons donc que la machine à filer est bien construite, que les diverses parties qui la composent sont parfaitement entendues, et que, sous ce rapport, MM. Scheibel et Loos méritent une récompense.

Le jury leur accorde une nouvelle médaille de bronze.

MÉDAILLES DE BRONZE.

M. FOURCROY, à Rouen (Seine-Inférieure).

M. Fourcroy a présenté un rota-frotteur d'une belle construction, auquel il a fait subir une modification importante : les galets excentriques et les colliers qui communiquent le mouvement de va-et-vient au tablier et au cylindre, ont été remplacés par un mécanisme simple, offrant moins de résistance que celui employé ordinairement.

Cette modification ne donne lieu à aucune réaction, et permet de régler promptement le mouvement du cylindre et celui du tablier.

En raison de ce perfectionnement et de la bonne exécution de la machine, le jury accorde à M. Fourcroy une médaille de bronze.

MM. STAMM et C⁶, à Thann (Haut-Rhin).

La machine à carder, et le banc à broches pour filer en gros, que MM. Stamm et C⁶ ont présentés, se font remarquer par leur bonne construction, et surtout par la beauté de leur fini.

Le jury leur accorde une médaille de bronze.

M. PELTIER, à Paris, rue Saint-Maur-Popin-court, 36.

M. Peltier, mécanicien constructeur, a exposé des machines de divers genres, parmi lesquelles nous avons remarqué une plate-forme pour tailler les dents des roues d'engrenages, fort bien faite ; plusieurs machines à peigner la laine, d'une bonne exécution, et un moulin à plâtre construit solide-ment.

Le jury accorde à M. Peltier une médaille de bronze.

MENTIONS HONORABLES.

MM. NEVEU et MARION, à Rouen et à Malaunay (Seine-Inférieure).

La tête de mull-jenny, exposée par MM. Neveu et Marion, nous a paru construite dans de bons principes ; les diverses pièces qui la composent sont bien exécutées.

Le jury leur accorde une mention honorable.

M. ANDRÉ (Jacques), à Vieux-Thann (Haut-Rhin).

M. André a exposé un mouvement de friction

servant à conduire des machines à carder. Cet appareil nous a paru devoir mériter à son auteur une mention honorable.

M. BRIEZ, à Friville (Somme).

Les cylindres cannelés, pour filatures de laine et de coton, que M. Briez a présentés, nous ont paru bien faits. Les cannelures sont coupées franchement, et les trous carrés bien estampés.

Le jury lui accorde une mention honorable.

M. OLDRINI, à Rouen (Seine-Inférieure).

La machine à chiner que M. Oldrini a présentée est d'une simplicité remarquable, et remplit parfaitement le but pour lequel elle a été imaginée.

Le jury accorde à M. Oldrini une mention honorable.

———

CITATIONS FAVORABLES.

Le jury cite favorablement :

MM. DUJET et JOSSELIN, à Dinan (Côtes-du-Nord),

Pour leur machine à filer le lin à la main.

M. LESAGE-CASTELAIN, à Lille (Nord),

Pour ses cylindres cannelés.

M. BELLOMET-VARIN, à Raucourt (Ardennes),

Pour ses broches de métier à filer.

M. PAVIE, à Vernouillet (Eure-et-Loire).

Pour un rouet à filer.

M. GERBIER, à Arpajon (Seine-et-Oise),

Pour un rouet à filer.

II. *Machines à filer la soie.*

MÉDAILLE DE BRONZE.

M. MICHEL, à Saint-Hippolyte (Gard).

La machine à filer la soie que M. Michel a présentée à l'exposition, réunit plusieurs avantages importants. Cet appareil simple, solide, quoique léger, n'exige que peu de force pour le mettre en mouvement. Ces précieuses qualités le font rechercher avec empressement par tous les filateurs.

Le jury accorde à M. Michel une médaille de bronze.

CITATIONS FAVORABLES.

Le jury cite favorablement :

M. JAUD, à Paris, rue Saint-Denis, 361.

Pour son dévidoir.

MM. FÉRAUD père et fils, à Nyons (Drôme),

Pour leurs tavelles et leurs purgeoirs.

III. *Machines à bouter les cardes.*

NOUVELLE MÉDAILLE D'ARGENT.

MM. PAPAVOINE et CHÂTEL, à Rouen (Seine-Inférieure).

MM. Papavoine et Châtel ont obtenu, en 1839, une médaille d'argent pour leur machine à bouter les cardes. Ces Messieurs ont exposé cette année une machine du même genre, dont la beauté du travail ne laisse rien à désirer; en outre, une machine à égaliser les cuirs pour carder, à laquelle ils ont ajouté de nouveaux perfectionnements; plus, une machine de leur invention, très-bien faite, pour aiguiser et égaliser les pointes des cardes.

Le jury leur accorde une nouvelle médaille d'argent.

MÉDAILLE DE BRONZE.

M. MICHEL, à Rouen (Seine-Inférieure).

M. Michel a exposé une machine à bouter les plaques de cardes. Cette machine est bien entendue; ses mouvements s'exécutent avec facilité, et les pièces qui la composent sont d'une belle exécution.

Le jury accorde à M. Michel une médaille de bronze.

IV. *Machines à imprimer.*

RAPPEL DE MÉDAILLE D'OR.

M. PERROT, à Vaugirard, rue de Sèvres, 64 (Seine).

Les personnes qui suivent les progrès de l'industrie manufacturière savent apprécier les services que M. Perrot a rendus à l'art d'imprimer à la planche. Avant l'invention des perrotines, les ouvriers imprimaient à la main certains dessins, dont la reproduction ne peut s'obtenir qu'en employant des planches de bois gravées en relief. Cette opération était longue, pénible pour les ouvriers, et ne permettait pas de donner aux planches de grandes dimensions. Aujourd'hui, en employant les machines de M. Perrot, non-seulement les planches sont plus grandes; mais on peut encore en employer jusqu'à six, imprimant simultanément les diverses couleurs qui entrent dans la composition d'un même dessin.

A la dernière exposition, M. Perrot obtint une médaille d'or pour les belles machines qu'il avait soumises au jury. Depuis cette époque, de nouveaux perfectionnements ont été ajoutés à ces machines, qui fonctionnent maintenant à de grandes vitesses, et avec toute la perfection qu'on était en droit d'attendre d'un ingénieur-constructeur aussi habile que M. Perrot.

Le jury lui accorde le rappel de la médaille d'or.

NOUVELLE MÉDAILLE D'ARGENT.

MM. FELDTRAPPE frères, à Paris, rue du Faubourg-Saint-Denis, 152.

MM. Feldtrappe ont exposé, en 1834, des cylindres dont la beauté et la pureté de la gravure fixèrent l'attention du jury. Une médaille d'argent leur fut accordée.

En 1839, MM. Feldtrappe présentèrent de nouveaux cylindres sur lesquels on remarquait des gravures d'une grande délicatesse, obtenues à l'aide de perfectionnements ajoutés à leurs machines à graver. Une nouvelle médaille d'argent leur fut décernée.

Depuis cette époque, ces messieurs ont continué à progresser; ils apportent chaque jour de nouveaux perfectionnements à l'art de graver les cylindres.

Depuis peu de temps, ils sont parvenus à produire sur les étoffes, des fonds d'une dimension considérable, obtenus à l'aide de rainures ondulées, tracées longitudinalement sur le cylindre, au moyen d'un appareil de leur invention.

Le jury accorde à ces exposants une nouvelle médaille d'argent.

MÉDAILLE D'ARGENT.

MM. HUGUENIN et DUCOMMUN, à Mulhouse (Haut-Rhin).

MM. Huguenin et Ducommun reçurent, en 1839, une médaille de bronze. Cette année ils

ont exposé une machine à imprimer les étoffes.
Cette machine imprime quatre couleurs simultanément; elle est d'une composition des plus ingénieuses : le cylindre de pression qui sert à comprimer l'étoffe contre les cylindres gravés, tourne
invariablement sur ses tourillons, et conserve sa
position au centre de la machine; les cylindres
gravés, au contraire, se rapprochent à volonté du
cylindre de pression au moyen d'une détente ; et
lorsque l'impression est terminée, la même détente
sert à les éloigner : des vis de rappel bien entendues et munies d'aiguilles, indiquent sur des
cadrans la marche que doit suivre chaque cylindre
pour que les diverses couleurs coïncident entre
elles. Ces vis peuvent être mises en mouvement
sans qu'il soit nécessaire d'arrêter la machine, ce
qui permet d'effectuer les rectifications avec précision et sans perte de temps.

Les engrenages qui servent à communiquer le
mouvement aux cylindres sont d'une exactitude
remarquable, sans laquelle les dessins imprimés
seraient déformés et diffus.

Cette machine présente des combinaisons très-
ingénieuses, elle fait honneur à MM. Huguenin et
Ducommun.

Le jury leur accorde une médaille d'argent.

MÉDAILLES DE BRONZE.

M. KRAFFT, à Paris, rue du Faubourg-Saint-
Denis, 82.

En 1839, le jury accorda une mention honorable à M. Krafft pour les cylindres gravés qu'il avait exposés. Cette année, cet artiste en a présenté dont la gravure est d'une grande pureté.

Ces cylindres nous ont paru mériter de nouveaux encouragements.

Le jury accorde une médaille de bronze à M. Krafft.

MM. BONAFOUX et GAILLARD-SAINT-ANGE, à Paris, rue du Faubourg-Saint-Denis, 120.

MM. Bonafoux et Gaillard-Saint-Ange ont exposé des cylindres pour imprimer les étoffes, dont le travail nous a paru d'une beauté remarquable, les dessins d'un goût très-recherché, et la gravure faite avec un soin et une délicatesse vraiment dignes d'éloges.

Le jury accorde à ces graveurs une médaille de bronze.

MENTION HONORABLE.

M. ÉLIE, à Saint-Denis (Seine).

M. Élie a présenté une planche, très-bien faite, pour imprimer les foulards à la main, dont le dessin principal se compose de la réunion de plusieurs petits dessins élémentaires, clichés par un nouveau procédé.

Le jury accorde à M. Élie une mention honorable.

§ 2. CARDES. PEIGNES, ETC. FOULAGE DES DRAPS.

M. Griolet, rapporteur.

Cardes, Peignes, etc.

RAPPELS DE MÉDAILLES D'OR.

MM. SCRIVE frères, à Lille (Nord).

Ces exposants présentent une variété de plaques et rubans à carde pour laine, coton et étoupes, boutés sur cuir et sur tissu imperméable. Tous ces produits attestent une grande habileté dans la fabrication, et l'on voit avec plaisir que MM. Scrive frères tiennent à soutenir et augmenter la bonne réputation et les bons exemples qui leur ont été légués avec la fabrique qu'ils exploitent.

M. Ant. Scrive, père des exposants, avait fondé en 1802, de concert avec son frère, l'établissement qu'il a cédé depuis 1839 à ses trois fils aînés, Désiré, Jules et Henry, après les avoir eus pour collaborateurs et associés depuis 1835.

Le jury, appréciant tous les efforts de MM. Scrive frères, pour perfectionner leur établissement, déjà le plus important de France et, d'après leur dire, de l'Angleterre; pour l'augmenter encore d'un atelier consacré à la fabrication des plaques et rubans de cardes en tissu imperméable remplaçant le cuir, portant ainsi le nombre de leurs machines à bouter à cent-vingt-cinq, se plaît à rappeler la médaille d'or, qui avait été rappelée en 1839, alors qu'ils étaient associés dans cette manufacture.

M. HACHE-BOURGOIS (Jacques-Benjamin), à Louviers (Eure),

Possède l'établissement le plus ancien de France pour la fabrique des plaques et rubans de cardes ; il fut fondé en 1778, et M. Bourgois lui avait déjà donné une si bonne direction qu'il obtint des encouragements de Louis XVI en 1786.

Son successeur, M. Hache Bourgois, a suivi les traces du fondateur, et depuis l'exposition de 1806, il a successivement obtenu toute la série des récompenses jusqu'à la décoration, qu'il reçut en 1839.

Les plaques et les rubans présentés à l'exposition témoignent de la bonté des produits de cette fabrique.

Le jury de 1844 se fait un plaisir de lui rappeler de nouveau la médaille d'or.

MÉDAILLE D'OR.

M. MIROUDE, à Rouen (Seine-Inférieure),

A joint à sa fabrication de plaques et rubans de carde pour laine et coton, celle des cardes de lin et de chanvre qu'il produit au moyen de machines mécaniques de son invention.

Jusqu'à présent la confection de ces plaques et rubans avait lieu en coupant le fil de fer à une longueur déterminée, faisant passer la pointe sur une meule (ce qui a le grave inconvénient d'échauffer le fil de fer, et, par suite, de diminuer sa dureté), le ployant ensuite sur un étau, boutant enfin chaque fil un à un dans le cuir percé à l'avance.

Tous ces travaux exécutés séparément ne permettent pas de régularité dans la confection.

La machine de M. Miroude prend le fil de fer, le plie en crochet, forme les pointes qui sont boutées mécaniquement comme les plaques et rubans ordinaires.

M. Miroude est le seul encore, tant en France qu'à l'étranger, qui possède ce procédé, et donne à ses produits une grande perfection que le jury a su apprécier.

Ce fabricant a prouvé depuis plusieurs années, que ses cardes à étoupes surpassent, par la parfaite régularité de la dent et la façon particulière de la pointe, les produits analogues des meilleurs fabricants anglais.

Le jury de 1839, appréciant les efforts et les progrès de M. Miroude, pour le perfectionnement de ses cardes en tout genre, dont il exportait déjà une grande quantité, lui donna la médaille d'argent; depuis cette époque, cet exposant a perfectionné et augmenté sa production. Le jury a remarqué que ses plaques et rubans, soit sur cuir, soit sur étoffe imperméable, étaient d'une confection bien régulière, et désirant récompenser les constants et heureux efforts de cet habile et intelligent manufacturier, dont l'établissement compte actuellement 75 machines à bouter, lui décerne la médaille d'or.

RAPPELS DE MÉDAILLES D'ARGENT.

MM. J. PEROT et A. POITTEVIN, à Liancourt (Oise),

Ont succédé à M. le duc de la Rochefoucauld-

Liancourt, qui, dès 1835, avait donné la direction
de sa fabrique de cardes à M. Perot, ainsi qu'un intérêt dans les affaires.

Les divers échantillons de cardes envoyés à l'exposition, par MM. Perot et Poittevin, sont d'une
très-bonne confection et méritent les éloges du
jury.

Cet établissement a obtenu en 1839 le rappel de
la médaille d'argent, qui lui avait été décernée en
1834, comme continuateurs de cette bonne fabrication à laquelle avaient coopéré, comme intéressés,
ces exposants. Le jury se plaît à leur rappeler la
médaille d'argent.

M. MALMAZET aîné, à Lille (Nord),

Expose une grande variété de rubans et plaques
de cardes pour coton, laine, déchets de laine et
étoupes. Tous ces produits sont bien confectionnés,
aussi sont-ils bien estimés dans le commerce.

M. Malmazet a obtenu en 1834 la médaille d'argent, qui lui a été rappelée en 1839. Le jury de
1844 se plaît à lui en faire un nouveau rappel.

MÉDAILLE D'ARGENT.

M. FUMIÈRE (Victor), à Rouen (Seine-Infé-
rieure).

Le jury de 1839, appréciant la fabrication bien
entendue et bien dirigée de M. Fumière, lui décerna la médaille de bronze.

Depuis cette époque, cet exposant, par des
efforts qui lui ont valu un grand succès dans

le commerce, a beaucoup augmenté son établissement, dans lequel fonctionnent actuellement 96 machines à bouter mues par la vapeur. Une seule fabrique en ce genre est plus importante.

Les produits exposés sont des plaques et rubans de cardes sur cuir et sur tissu imperméable, et tous d'une grande perfection.

Pour récompenser les travaux et la bonne qualité des produits de M. Fumière, le jury lui décerne la médaille d'argent.

MÉDAILLES DE BRONZE.

M. SEHET, à Soubès (Hérault),

A formé sa fabrique de plaques et rubans de cardes dans une localité où l'industrie mécanique n'avait pas encore pénétré, et a eu par conséquent à dresser lui-même tous les ouvriers qu'il occupe.

Les cardes et les rubans envoyés à l'exposition sont d'une très-bonne confection, et le commerce les accueille favorablement. Cet établissement renferme 35 machines.

Pour récompenser les succès obtenus et le soutenir dans la bonne voie qu'il suit, le jury lui décerne la médaille de bronze.

M. FOUCHER (Romain-Augustin), à Rouen (Seine-Inférieure),

Présente des rubans de cardes à étoupes de lin des divers numéros, dont la bonne confection est estimée par les consommateurs.

M. Foucher a une dizaine de machines pour cette

fabrication, en outre 32 machines à bouter des plaques ou rubans de cardes pour laine ou coton.

Les efforts de cet exposant pour perfectionner les rubans à étoupes de chanvre ou lin, ont paru au jury bien mériter la médaille de bronze qu'il lui décerne.

M. DESPLANQUES jeune, à Lisy-sur-Ourcq (Seine-et-Marne),

A exposé plusieurs machines destinées à laver la laine par divers procédés.

1° Le modèle d'une machine à mouvement alternatif pour le lavage des laines cassées, propres à la fabrication des draps;

2° Une machine à laver la laine en conservant la toison entière, ce qui la rend plus propre à l'emploi du peignage.

Cette dernière machine est susceptible de rendre des services dans les contrées où le lavage à dos ne peut s'opérer par divers motifs, et où l'on produit des laines bonnes au peigne. Son action conservant les brins de laine tels qu'ils existaient sur la bête en enlevant la majeure partie du suint, et ne laissant qu'une faible quantité qui est utile pour le dégraissage final, permet de conserver les toisons pendant longtemps, sans avoir à craindre la détérioration de la laine, comme cela a lieu lorsque tout le suint et les saletés restent dans la toison. Le lavage des toisons par ce procédé en permet l'expédition lointaine sans danger, et avec grande économie dans les prix de transport.

Les différents moyens imaginés par cet actif et

intelligent industriel pour arriver à suppléer au lavage à dos des bêtes à laine par son lavage mécanique, méritent les éloges du jury, qui, pour récompenser ses efforts et les succès obtenus, lui décerne la médaille de bronze.

M. HARDING-COCKER, à Lille et à Tourcoing (Nord),

A exposé une grande variété de produits destinés au peignage et à la filature de la laine, du lin, du chanvre et des étoupes.

Ses peignes à peigner la laine à la main sont les plus perfectionnés que l'on fabrique en France.

Ses hérissons, avec pointes sur cuivre percé dans toutes les dimensions qu'il présente, sont d'une grande solidité et appropriés aux préparations du filage du lin, du chanvre et de la laine.

Les broches pour confectionner les peignes sont très-bien établies.

Cet habile et actif manufacturier est un de ceux dont les produits peuvent rivaliser pour la perfection avec les mécanismes que l'on tire d'Angleterre.

M. Harding-Cocker avait obtenu en 1839 la mention honorable.

Pour récompenser ses progrès, le jury lui décerne la médaille de bronze.

MENTIONS HONORABLES.

M. LAGOGUÉE, à Maromme (Seine-Inférieure),

Présente à l'exposition un batteur étaleur qui

réunit toutes les améliorations connues dans les machines de ce genre.

Ce batteur étaleur est d'ailleurs d'un prix modéré. Le jury accorde la mention honorable à M. Lagoguée.

M. PAUILHAC, à Montauban (Tarn-et-Garonne),

Présente à l'exposition une machine à tondre les draps, d'un système pour lequel il a pris un brevet et qui a l'avantage de ne pas faire de coupure lorsque quelque pli se présente sous ses lames.

Il obtient ce résultat au moyen d'une tringle maintenue sur des ressorts, qui s'applique contre la lame fixe de la tondeuse et qui s'abaisse si quelque épaisseur accompagne ou se forme dans l'étoffe, lors de son passage pour être tondue.

Cette machine, nouvellement inventée, a été acceptée par quelques fabricants de draps qui donnent de très-bons témoignages de son travail.

Le jury engage M. Pauilhac à perfectionner encore sa machine, qui est appelée à rendre de grands services à l'industrie, dès qu'elle remplira bien les avantages qu'elle semble promettre : il accorde la mention honorable à son auteur.

CITATIONS FAVORABLES.

M. DYONNET, à Crest (Drôme),

Confectionne à la mécanique les plaques de cardes pour travailler les déchets de soie; ces cardes sont plus solides et à meilleur marché que celles faites à la main.

M. ESPINASSE, à Toulouse (Haute-Garonne).

Le ruban de carde envoyé par cet exposant est le produit de sa fabrique nouvellement montée.

M. LESAGE, à Paris, rue Ménilmontant, 10.

Ses plaques à dents, à former les peignes de cardes pour travailler la laine, sont bien confectionnées.

M. DURANTON, à Aubusson (Creuse).

Cet intelligent maître serrurier a exposé un varlet d'une construction déjà connue.

Son régulateur pour obliger le fileur d'un bely à ne pas tronquer son aiguillée, a été mis en activité dans plusieurs filatures d'Aubusson qui s'en trouvent bien. Son prix de 15 francs le met à la portée de tous les filateurs.

Foulage des Draps.

Considérations générales.

La machine à cylindres pour le foulage des draps a pris naissance en Angleterre il y a douze ans, et fut connue en France par la publication qu'en fit, le 13 août 1833, *The London journal of arts and sciences.* Son inventeur, M. Dayer, ne put parvenir à la faire accepter par les fabricants anglais à cause des imperfections qu'elle présentait. En 1836, MM. John Hall, Powel et Scott importèrent cette machine en France en y faisant quelques améliorations que le jury de 1839 eut soin de constater.

La machine anglaise à fouler fut tellement perfectionnée en France, que des fabricants de draps de Leeds se sont trouvés dans la nécessité de s'adresser aux constructeurs français, pour obtenir l'invention anglaise graduellement améliorée et donnant, enfin, de très-beaux résultats.

Les avantages de ce système de foulage ayant été indiqués dans l'exposé qui précède les rapports sur la draperie, présentés par M. Legentil, nous ne les rappellerons pas ici.

MÉDAILLES D'ARGENT.

M. LACROIX fils, à Rouen (Seine-Inférieure),

Expose une machine rotative à fouler les draps, établie sur le principe de celle inventée en Angleterre par M. Dayer, qui n'avait pu parvenir à la faire accepter par les fabricants anglais, à cause de ses imperfections.

MM. Valery et Lacroix sont parvenus à faire des changements si heureux à cette machine, qu'ils l'ont rendue d'un emploi usuel et économique, de telle façon, qu'en moins de quatre ans, ils ont pu placer, tant en France qu'à l'étranger, plus de deux cents de ces machines au nombre desquelles se trouvent les cinq envoyées à Leeds pour le grand établissement de MM. Goth and Son, et celui de MM. Williams, tous deux fabricants de draps.

Le jury, pour récompenser les efforts et les succès qui ont rendu un aussi grand service à l'industrie drapière, décerne la médaille d'argent à M. Lacroix fils.

MM. BENOIT frères, à Montpellier (Hérault).

Leur foulon à pression modérable a de plus que celui de M. Lacroix, deux galets qui frappent alternativement l'étoffe à sa sortie des cylindres, en passant sur une table que l'on règle plus ou moins haut à volonté.

Ce système de percussion paraît convenir pour le foulage de certains objets de draperie.

MM. Benoit ont vendu assez grand nombre de leurs machines à fouler pour l'étranger, et particulièrement pour les fabriques de draps du bey de Tunis. Depuis trois ans, ils ont établi cent cinquante machines.

Les perfectionnements dus à leurs persévérants efforts pour améliorer leur foulon, ainsi que le développement donné à son placement en France et à l'étranger, les rend dignes d'être récompensés par la médaille d'argent que le jury leur décerne.

MÉDAILLES DE BRONZE.

M. MALTEAU (Auguste), à Elbeuf (Seine-Inférieure),

Expose : 1° une machine rotative à fouler les draps; 2° Une laveuse de laine pour draperie.

Sa machine à fouler les draps est d'une très-bonne construction et présente, pour le travail, autant d'avantages que les meilleures en ce genre.

S'occupant, depuis moins de temps, de la construction des machines à fouler, il n'en a livré encore que soixante environ aux fabricants de draps.

Sa machine à laver la laine est d'une disposition bien entendue : elle imite le travail manuel.

M. Malteau annonce qu'elle peut laver 15,000 kilogrammes de laine en douze heures de travail.

Cette machine, d'une construction récente, a été inventée par M. Nion, ingénieur.

En attendant que l'expérience vienne sanctionner les bons résultats qu'elle paraît promettre, le jury appréciant l'ensemble des constructions de M. Malteau, lui décerne la médaille de bronze.

MM. JOHN HALL, POWEL et SCOTT, à Rouen (Seine-Inférieure),

Avaient obtenu, à l'exposition de 1839, la mention honorable pour les perfectionnements apportés à leur machine à fouler qu'ils avaient récemment importée d'Angleterre.

Ils ont fait depuis cette époque, à leur machine, des modifications très-notables qui suppriment les avaries qu'occasionnait leur ancien système pendant le foulage.

Ces perfectionnements et le succès obtenu par ces machines à fouler qu'on s'accorde à préférer à l'ancien système de foulons à maillet et dont ils ont été les importateurs en France, rendent ces exposants dignes d'une récompense plus élevée ; le jury leur décerne la médaille de bronze.

MENTION HONORABLE.

M. JUSTIN-ANDRÉ, à Lodève (Hérault).

La machine rotative à fouler les draps de M. Justin-André diffère essentiellement des autres systèmes.

Cet exposant a voulu, par ses cylindres, réunir les avantages du système ancien avec le nouveau ; il a imaginé deux cylindres à faces prismatiques entre lesquels passe l'étoffe pour se fouler, de façon que le frottement et le choc se trouvent utilisés.

La simplicité de cette machine permet de l'établir à bien meilleur marché que les autres systèmes exposés. Un certain nombre de fabricants de draps déclarent qu'ils en sont très-satisfaits, que le foulage a lieu plus promptement et donne un meilleur feutrage que celui obtenu avec les cylindres des autres systèmes.

L'invention de M. Justin-André étant toute récente, et les succès obtenus n'étant constatés que par un petit nombre de fabricants, le jury ne peut que faire des vœux pour la réalisation des résultats annoncés; néanmoins pour récompenser M. Justin-André, et dans l'espoir qu'à la prochaine exposition son invention aura reçu la sanction de l'expérience, le jury lui accorde la mention honorable.

CITATION FAVORABLE.

Le jury cite favorablement :

M. DEWARET, à Paris, rue Saint-Amboise-Pépincourt, 3 *bis*,

Pour sa machine à dégraisser les étoffes de laine, en les faisant passer plusieurs fois sous les cylindres après avoir trempé dans le bain.

Sa machine à dérouler et battre les étoffes est ingénieuse.

§ 3. MÉTIERS A TISSER, BATTANTS BROCHEURS, OURDISSOIR, LISAGE, MÉTIERS A BRODER, MÉTIERS A TRICOTS CIRCULAIRES, MÉTIERS A DÉVIDER LA SOIE.

M. Théodore Olivier, rapporteur.

Considérations générales.

En 1844 plusieurs idées nouvelles, relatives aux métiers à tisser les étoffes, ont été soumises à l'examen du jury.

On remarque d'abord le métier (mû méca-

niquement) construit par M. Henry Debergue,
et destiné au tissage des toiles de chanvre ou de
lin. Ce métier, tout nouveau, se distingue par
un battant qui donne deux coups sur la duite : le
premier coup est donné à pas ouvert, le second
coup se frappe à pas croisé.

La maison Debergue est la première qui se soit
occupée, en France, du tissage mécanique de la
toile ; ses premiers essais, qui furent couronnés
de succès, eurent lieu à Voiron, en 1827, par
M. Debergue père ; depuis cette époque, le tissage
de la toile par les machines a pris entre les mains
de M. Debergue (Henry) un grand développement. En ce moment, 100 métiers de son invention fonctionnent à Lisieux, sans parler des tis-
sages montés à Nantes, et qui emploient des
métiers mécaniques construits et montés par cet
habile constructeur.

On remarque ensuite les châles doubles de
MM. Boas frères et ceux de MM. Barbé-Proyart
et Bosquet.

L'idée du châle double n'est pas nouvelle si
on la considère sous un certain point de vue,
puisque ce tissu n'est autre que celui qu'avait
fabriqué Ternaux, et qui est connu sous le nom
de châle sans envers.

Mais sous un autre point de vue, le châle double est un produit industriel nouveau. Ternaux

n'avait songé qu'à faire une étoffe sans envers, M. Boas a pensé que l'on pouvait scier l'étoffe en deux et obtenir ainsi deux châles simples.

Il est évident que la fabrication du châle sans envers, et qui doit rester tel qu'il est après son exécution, ne peut convenir à un châle double qui doit être divisé en deux châles, après avoir été terminé sur le métier destiné à le tisser.

De là, des modifications indispensables à apporter au montage du métier et à la disposition des dessins; et surtout, de là, la nécessité d'inventer une machine qui puisse facilement et sans danger pour l'étoffe, séparer le châle double en deux châles simples.

On voit donc que la fabrication du tissu et la machine à diviser ce tissu, ont entre elles une corrélation inévitable; de sorte que telle machine, en vertu du principe mécanique sur lequel repose sa construction, ne pourra séparer convenablement le tissu double, qu'autant que le fil de trame qui forme le broché sera allongé dans sa course; et telle autre machine, au contraire, pourra séparer avec facilité et sans danger pour l'étoffe, un tissu plus serré et dans lequel les fils brocheurs seraient par conséquent presque verticaux par rapport à la nappe horizontale que forment les fils des deux chaînes. On conçoit, dès lors, très-facilement, que suivant le principe qui aura servi à la construction de la machine à séparer le châle double, on devra, forcément, varier le mode de tissage et par conséquent la mise en carte et le montage du métier.

Deux concurrents sont en présence à l'exposition de 1844 : d'un côté MM. Boas frères et de l'autre MM. Barbé-Proyart et Bosquet.

D'après la date des brevets, l'idée première appartient à MM. Boas frères.

MM. Barbé-Proyart et Bosquet sont venus quelques mois après, mais avec des procédés différents de fabrication.

La machine, à séparer le châle double, inventée par MM. Boas, est sur un principe tout différent de celui sur lequel repose la machine construite par MM. Barbé-Proyart et Bosquet. La machine de MM. Boas n'est point exposée, mais plusieurs membres du jury qui l'ont vue travailler chez l'inventeur, semblent disposés à lui donner la préférence.

Sans aucun doute elle sépare facilement, sans danger et rapidement, une étoffe double et assez serrée ; mais l'on penche aussi par contre à regarder le métier de MM. Barbé-Proyart et Bosquet comme plus simple, puisqu'il n'emploie qu'un seul jeu de cartons pour fabriquer une étoffe double, tandis que MM. Boas emploien sur leur métier deux *Jacquardes* séparées, et, par suite, deux jeux de cartons.

Si l'on réunissait le métier de MM. Barbé-Proyart et Bosquet, à la machine à séparer de MM. Boas, on pourrait peut-être obtenir des produits que MM. Barbé-Proyart et Bosquet hésitent encore à faire, parce que leur machine à séparer ne peut être employée sans crainte pour l'étoffe et sans crainte de débrochage, qu'autant que le dessin satisfait à certaines conditions impérieuses.

Au reste, le temps seul nous apprendra tout le parti que la fabrique doit tirer de cette invention nouvelle, et amènera sans aucun doute des améliorations utiles et aux machines et aux métiers des deux habiles fabricants qui exposent en 1844 des produits très-dignes de l'attention du jury (1).

On remarque ensuite le métier inventé par M. Pascal, et dans lequel il substitue une toile

---

(1) MM. Barbé-Proyart et Bosquet ont exposé leur métier à tisser et la machine à refendre les châles doubles, ainsi que les châles doubles et qui séparés ensuite, sont les produits de ces machines.

MM. Boas frères n'ont exposé que leurs châles doubles et refendus; c'est sur le rapport de la commission des tissus que le jury a décerné à chacun de ces fabricants une médaille d'argent.

métallique aux nombreux cartons employés habituellement.

Depuis longtemps on a songé à remplacer les cartons qui sont très-encombrants dans les ateliers par autre chose plus commode : ainsi, il n'y a pas longtemps qu'on a voulu employer une feuille de papier : cette tentative n'a pas eu de succès, l'auteur l'a peut-être abandonnée trop promptement. Nous croyons cependant devoir rappeler à ceux qui cherchent à remplacer les cartons, qu'ils doivent sans cesse avoir présent à l'esprit que la fabrique des tissus se trouve si bien de l'emploi des cartons, puisqu'elle peut tout oser avec eux, et puisqu'il n'y a pas de dessin, quelle que soit la réduction, qu'elle ne puisse parvenir, avec leur emploi, à exécuter sur les étoffes, qu'elle ne les abandonnera que pour des moyens dont l'effica· é aura été constatée par une longue expérience.

L'invention de M. Pascal est très-ingénieuse et a été examinée avec le plus grand soin ; mais comme elle n'a encore été appliquée qu'à de petits dessins, on doit attendre, pour se prononcer, que cette idée nouvelle ait reçu la sanction du temps et de l'expérience. Ce n'est que depuis quelques mois que M. Pascal a réalisé son idée ; il en est encore aux essais.

Viennent ensuite le battant brocheur de M. Dubos, de Paris, et celui de M. Richard, de Lyon.

Le battant de M. Dubos est un battant brocheur au lancé. Au moyen de ce battant, le tisserand n'a plus besoin, il est vrai, de l'aide qui porte le nom de *lanceur*, et qui, ordinairement, est un enfant chargé de renvoyer les navettes dans l'ordre où il les a reçues ; mais si quelques-uns des fils de la chaîne viennent à se casser, il faut alors qu'il se dérange pour aller les renouer, et c'est ce que fait l'aide lanceur en même temps qu'il est employé au renvoi des navettes.

Il existe déjà un battant brocheur de ce genre qui est très-peu employé et qui est cependant supérieur à celui de M. Dubos, puisque, parmi toutes les navettes, celle portant la couleur voulue vient, au moyen d'un mécanisme particulier que fait fonctionner la Jacquart elle-même, se présenter sous la main du tisserand, en sorte que cette navette se présente au moment exigé par le dessin ; tandis que, dans le battant imaginé par M. Dubos, c'est le tisserand qui fait mouvoir les boîtes qui, mobiles sur tourillons, portent les navettes brocheuses, et il les fait mouvoir à sa volonté et indépendamment du jeu des cartons.

L'ouvrier fera probablement moins d'étoffe, par jour, avec ce battant qu'avec les battants ordinaires; on ne peut croire qu'il puisse y avoir économie à l'employer, l'expérience en décidera. Ce battant n'a encore été employé que par l'inventeur, et cela depuis peu de temps.

Le battant de M. Richard est destiné au brochage par espoulinage. Ce battant pourrait brocher par douze lais ou couleurs différentes, mais les espolins (ou navettes) y fonctionnent mal. Ce métier n'est pas arrivé à l'état de perfection où son auteur peut l'amener. M. Richard doit surtout s'efforcer de le rendre moins lourd à manœuvrer. Il y a là cependant une bonne idée, car on ne connaît que le battant de MM. Godemard et Meynier, et qui ne porte que cinq couleurs; mais M. Richard doit retravailler son invention, et la soumettre à une assez longue expérience; il n'y a qu'une longue pratique qui puisse donner raison à une invention nouvelle.

Que d'inventions qui, au premier abord, séduisent l'esprit, qui paraissent être vraiment conformes à toutes les règles de la théorie, et qui viennent ensuite échouer à l'application, et cela parce que mille petits riens auxquels on n'avait pas songé, se hâtent d'accumuler embarras sur embarras, et très-certainement c'est bien dans le travail de la soie que l'on peut dire avec raison que le mieux est souvent l'ennemi du bien.

Le métier circulaire à faire des tricots a reçu

une modification heureuse dans l'un de ses organes les plus importants; la roue mailleuse a été perfectionnée d'une manière remarquable par M. Jacquin, de Troyes, qui, depuis longtemps, est regardé comme le plus habile constructeur de ces sortes de métiers.

M. Aubry a exposé un métier à broder au crochet. Ce métier mécanique n'a pu être de la part du jury l'objet d'un rapport, puisqu'il n'est employé dans aucun atelier, et que d'ailleurs l'auteur en est encore aux essais. A la prochaine exposition, on sera sans doute à même d'en apprécier les produits.

Parmi les métiers à broder à l'aiguille, on a remarqué tout d'abord celui de M. Rouget-Delisle et ensuite celui de mademoiselle Chanson, qui est bien exécuté et qui se distingue par quelques améliorations heureuses: la récompense que mérite mademoiselle Chanson sera décernée par la commission chargée de l'examen des tapisseries à l'aiguille.

RAPPEL DE MÉDAILLE D'ARGENT.

M. DEBERGUE (Henri), à Paris, rue Neuve-Saint-Nicolas, 32.

Le père de M. Henri Debergue est le premier qui ait établi, en France, un tissage mécanique pour toiles de lin et de chanvre; il éleva sa première fabrique à Voiron, en 1827.

Depuis, cette fabrique a été transportée à Lisieux. M. Henri Debergue a perfectionné les métiers dont le battant ne donnait qu'un coup sur la duite, et aujourd'hui il soumet à l'examen du jury son nouveau métier dont le battant donne deux coups sur la duite; le premier coup est donné à pas ouvert, le second coup se frappe à pas croisé. Le mécanisme qui fait frapper au battant deux coups de chasse est très-simple, très-solide et d'une grande douceur. Une came double, placée à chacune des extrémités de l'arbre et faisant mouvoir deux galets fixés à l'épée de chasse, compose tout le mécanisme. Il a de plus appliqué à son métier un frein qui retient la chaine par derrière; la substitution du frein aux cordes chargées de poids, a l'avantage de régler avec précision la force du tissu.

Cent métiers fonctionnent à Lisieux, et deux établissements où l'on fabrique des toiles à voile et qui sont établis, l'un à Nantes et l'autre aux environs de cette même ville, emploient les métiers de M. Debergue.

M. Henri Debergue a obtenu, en 1834, la médaille d'argent et le rappel lui en a été accordé en 1839. Le Jury récompense en 1844 les travaux de M. Debergue par un nouveau rappel de la médaille d'argent de 1834.

NOUVELLES MÉDAILLES D'ARGENT.

M. DESHAYS, à Paris, rue Bleue, 2.

M. Deshays a exposé une machine à faire des bourses et des mitaines. Cette machine, dont la première idée appartient à M. Pecqueur, avait déjà été remarquée à l'exposition de 1839 à cause des perfectionnements qu'y avait apportés M. Deshays, qui fut alors récompensé par une médaille d'argent.

Depuis cette époque, M. Deshays a encore perfectionné son métier. Celui de 1839 ne faisait que trois points différents, celui de 1844 fait cinq points de nature diverse, et travaille à volonté avec deux fils de la même couleur ou deux fils de couleur différente; de plus il peut exécuter une pièce de forme triangulaire, ce qui permet de fabriquer des mitaines. Le corps de la mitaine s'exécute à part comme les bourses fendues, et le pouce se fait aussi à part; le pouce est une pièce triangulaire terminée par un tricot cylindrique, dont les mailles sont ensuite réunies, à l'aiguille, au corps de mitaine.

M. Deshays a encore exposé une petite machine à refendre les roues en hélices. Cette machine qui est très-ingénieusement conçue et fort bien exécutée peut refendre sous toute inclinaison voulue et quel que soit le nombre de dents demandé.

Le jury décerne à M. Deshays une nouvelle médaille d'argent comme récompense bien méritée par l'ensemble de ses travaux.

MM. DIOUDONNAT et HAUTIN, à Paris, rue
Saint-Maur, 12.

M. Dioudonnat a reçu, en 1839, une médaille
d'argent pour sa fabrique, où il exécutait des métiers
Jacquart et tout ce qui s'y rattache. Depuis cette
époque, réuni à M. Hautin, leurs ateliers ont pris
plus de développement. Tout s'y fait par des machines-outils, mises en mouvement par une machine à vapeur de la force de six chevaux. Ces exposants emploient environ 100 ouvriers, ils ont exposé
un grand lisage d'une construction nouvelle, un
métier à barre pour la fabrication des rubans et un
petit lisage à clavier.

Tous les métiers qui sortent de leurs ateliers
sont construits avec soin et sont bien étudiés dans
leurs détails.

Le jury décerne à MM. Dioudonnat et Hautin
une nouvelle médaille d'argent.

MÉDAILLE D'ARGENT.

M. JACQUIN, à Troyes (Aube).

M. Jacquin est le premier qui ait construit à
Troyes des métiers circulaires pour fabriquer des
bonnets de coton. Il a adapté à son métier les roues
à presser qui, découpées sur leur circonférence,
permettent de faire des dessins variés dans le tricot;
ces roues à presser sont de l'invention de M. An-
drieux qui en a pris le brevet en 1821.

Dans ces derniers temps, M. Jacquin a changé
la construction de la roue *mailleuse*; son per-

fectionnement obvie à la casse fréquente des aiguilles et permet d'employer des fils très-fins. Cette
invention est très-importante.

Le jury décerne à M. Jacquin une médaille d'argent.

_____

MÉDAILLES DE BRONZE.

M. BUFFARD aîné, à Lyon (Rhône).

M. Buffard a soumis à l'examen du jury un
nouveau système d'ourdissage et de pliage pour la
soie. L'invention de M. Buffard a été appréciée
par les hommes du métier, seuls juges réellement
compétents lorsqu'il s'agit du travail de la soie.

Le jury décerne à M. Buffard une médaille de
bronze.

M. PASCAL, à Paris, rue Popincourt, 69.

M. Pascal a exposé un nouveau métier, dans lequel il substitue aux anciens cartons une toile métallique, qu'il recouvre d'un mastic et qu'il perce
ensuite par le procédé du lisage.

Quelque ingénieux que soit ce nouveau système,
et quoique la mécanique, sur un seul rang d'aiguilles,
paraisse remplir toutes les conditions exigées pour
une bonne fabrication, on doit attendre qu'une
plus longue expérience fasse ressortir les avantages
de ces nouvelles idées.

Mais comme M. Pascal ne pouvait se procurer,
dans le commerce, des toiles métalliques parfaitement planes et dont le tissu fût bien régulier, il a
imaginé une machine pour fabriquer lui-même ses

toiles métalliques. Ce métier est bien conçu, il porte un mécanisme ingénieux et sûr, au moyen duquel on peut tendre plus ou moins et indépendamment l'une de l'autre les lisières du tissu métallique.

Le jury récompense, par une médaille de bronze, les efforts de M. Pascal, et surtout la construction de son métier à fabriquer les toiles métalliques.

MENTIONS HONORABLES.

M. PAULY, à Rouen (Seine-Inférieure).

M. Pauly a construit des métiers, destinés à être mus par un moteur mécanique et pour lesquels il a adopté le système autrefois inventé par Paulet, de Nimes. Ces métiers ne peuvent être employés que pour de très-petits dessins. Ils sont établis convenablement et fonctionnent très-bien.

Le jury accorde à M. Pauly une mention honorable.

M. GUIRAUD, à Paris, rue des Trois-Bornes, 16.

M. Guiraud a exposé un métier à tisser, soit des châles, soit des toiles damassées. Il a supprimé les lisses et les a remplacées par une mécanique à lames mobiles.

Ce système n'est pas entièrement nouveau. Les modifications qu'y a apportées M. Guiraud n'ont pas encore reçu la sanction du temps.

Le jury accorde à M. Guiraud une mention honorable.

M. FOUCHER, à Paris, rue de la Bûcherie, 18.

M. Foucher a construit un petit métier pour tresser des chaussons de lisière.

Son invention est bonne et utile. Son métier fonctionne bien et il est très-simple.

Le jury accorde à M. Foucher une mention honorable.

M. TRANCHAT fils, à Lyon (Rhône).

M. Tranchat, de Lyon, a exposé un petit lisage à clavier, qui est bien exécuté.

Il paraît que cet instrument destiné à percer les trous des cartons, avait été inventé à Lyon en 1817 par M. Beily.

La fabrique n'adopta pas à cette époque cette invention, et elle passa en Allemagne.

En 1841 M. Tranchat a rapporté cette machine de la Suisse, et M. Dioudonnat, à peu près à la même époque. l'importa de l'Allemagne, où elle était très-employée.

Maintenant la fabrique a reconnu son utilité pour établir promptement des échantillons sans avoir besoin de recourir à un grand lisage.

Le jury accorde à M. Tranchat une mention honorable.

CITATIONS FAVORABLES.

M. MARY, à Paris, rue des Trois-Bornes, 13 *bis*.

M. Mary a exposé un métier, système Jacquard ordinaire. Ce métier est bien construit. M. Mary est un ancien ouvrier qui commence à travailler pour son compte.

Le jury accorde à M. Mary une citation favorable.

M. LANÉRY, à Paris, rue Ménilmontant, 61.

M. Lanéry a aussi exposé un métier système Jacquard ordinaire, qui est bien exécuté. M. Lanéry est un ancien ouvrier qui travaille à son compte.

Le jury accorde à M. Lanéry une citation favorable.

M. DUBOS père, impasse des Feuillantines, 10,

A exposé un battant brocheur au lancé dont les navettes sont placées dans des boites mobiles.

Le jury accorde à M. Dubos une citation favorable.

Le jury cite encore favorablement :

M. RICHARD, à Lyon (Rhône),

Qui expose un battant brocheur pour espoulinage.

M. JAUD, à Paris, rue Saint-Denis, 361,

Pour un dévidoir (connu dans la fabrique sous le nom de dévidoir à table ronde), qui est bien exécuté et auquel il a apporté quelques améliorations de construction.

Machines à dessiner (pour l'exécution des dessins de fabrique).

RAPPEL DE MÉDAILLE DE BRONZE.

M. ROUGET-DELISLE, à Paris, passage des Petites-Écuries, 15 et 20.

Parmi les divers objets exposés par M. Rouget-Delisle, on a remarqué une machine destinée à fournir au dessinateur des éléments de dessin et en nombre infini. Cet instrument est un kaléidoscope, auquel on a ajouté une petite chambre noire et une lampe munie d'un réflecteur.

Les images viennent se peindre sur un verre dépoli, et l'on peut, en appliquant sur ce verre une feuille de papier transparent et quadrillé, décalquer les traits et les couleurs de chacune de ces images, dont on peut varier à l'infini les formes en faisant tourner le corps du kaléidoscope.

Cet instrument sera utile dans les ateliers de dessin des diverses fabriques de tissus.

M. Rouget-Delisle a perfectionné le métier pour la tapisserie à l'aiguille; il s'est occupé avec une persévérance digne d'éloge, de tout ce qui regarde ce genre de broderie.

Le jury récompense les efforts de M. Rouget-Delisle et l'invention utile de sa machine destinée à fournir une variété infinie d'éléments de dessins, en lui accordant le rappel de la médaille de bronze qu'il a obtenue en 1839.

MÉDAILLE DE BRONZE.

M. GRILLET, à Paris, rue Colbert. 2.

M. Grillet a inventé une machine à dessiner, au moyen de laquelle on peut copier des dessins à toute échelle. Cette machine se compose d'une chambre noire; au-dessus du système dioptrique, existe un verre plat sur lequel on place le dessin exécuté sur papier transparent, et qui est éclairé verticalement, et de haut en bas, par une lampe munie d'un réflecteur parabolique.

Au moyen de crémaillères ingénieusement et solidement établies, on peut changer les relations de hauteur existant entre la lampe, le dessin, la lentille et la table sur laquelle l'image est produite.

Cet instrument, qui est exécuté avec soin et qui est d'une très-grande précision, est appelé, sans aucun doute, à rendre de grands services aux fabricants de tissus.

En ce moment, M. Grillet a déjà vendu 40 machines au prix de 1000 fr. chacune.

Le jury décerne à M. Grillet une médaille de bronze.

NON-EXPOSANT.

MÉDAILLE D'OR.

M. DE GIRARD (le chevalier Philippe), à Paris, rue du Faubourg-Saint-Honoré, 76.

M. Philippe de Girard présente à l'examen du jury des objets très-divers : une machine à peigner le lin, des bois de fusil exécutés mécaniquement, des instruments de musique et des instruments de

météorologie Ces objets seuls seraient suffisants
pour donner à M. Philippe de Girard un rang très-
distingué parmi les inventeurs les plus ingénieux
et les plus dignes de participer aux récompenses
nationales. Cependant ils ne représentent que la
moindre partie des idées fécondes que l'on doit à
son esprit hardi et novateur; à ces titres déjà si
recommandables s'en ajoutent d'autres qui le sont
à un degré bien plus éminent. M. Philippe de Girard est incontestablement l'homme de notre siècle
qui a pris la première et la plus glorieuse part à
l'invention de la filature mécanique du lin. Nous
n'essayerons pas de faire ici l'histoire de cette
grande question, qui eut tant de retentissement
en Europe. On en connaît l'origine : on sait que les
machines à filer le coton et la laine étaient déjà très-
perfectionnées et que le lin se montrait rebelle à
toutes les actions mécaniques que l'on avait tentées.
Alors, en 1810, l'empereur Napoléon jeta en quelque
sorte un défi aux hommes de génie de toutes les nations, en déclarant que la France donnerait un million
à celui qui parviendrait à filer le lin à la mécanique.

Le jury de 1844 ne se fait pas juge de ce concours
extraordinaire, il n'en examine ni les conditions ni
les promesses, il recherche moins encore quelle influence les événements politiques ont pu avoir sur
les droits des concurrents, mais le problème de la
filature du lin est résolu; M. Philippe de Girard a
découvert, publié et appliqué les principes fondamentaux de cette solution, c'est un titre de gloire qui
lui appartient et qui appartient à son pays. Le jury
décerne à M. Philippe de Girard une médaille d'or.

SECTION V.

§ 1. PRESSES TYPOGRAPHIQUES.

PRESSES LITHOGRAPHIQUES. PRESSES A TIMBRER.

M. Amédée-Durand, rapporteur.

I. *Presses typographiques.*

Considérations générales.

Pour la première fois les machines typographiques figurent à l'exposition d'une manière importante, soit par leur nombre, soit par le mérite qu'elles renferment. Ce résultat n'est point de ceux qui s'obtiennent par le simple cours des choses, par l'entraînement du progrès général des arts mécaniques ; il est réellement dû à des efforts considérables de construction, efforts où l'intelligence a eu la plus grande part. Pour en juger, il suffit de considérer la marche qu'a suivie l'art typographique en France. A la fin de l'empire, on n'y connaissait d'autre procédé que l'emploi de la presse à bras, construite en bois, à l'exception d'une platine en cuivre qui, par de rares exceptions, existait chez quelques imprimeurs ; c'est dans ces circonstances ; vers le commencement de 1815, que le mécanicien allemand Kœnig employa, pour la première fois, et à Londres, une machine qui produisait l'impression au moyen de deux cylindres de bois ; cette machine, en même temps, distribuait l'encre sur les caractères, par l'emploi de rouleaux composés d'une matière élastique.

Cette tentative, couronnée de succès, excita l'émulation des mécaniciens anglais. En France on ne resta pas inactif ; mais l'initiative était prise, et il fallut en subir les conséquences. Vers 1824, arrivèrent à Paris les premières machines dues à l'industrie anglaise, qui aient fonctionné d'une manière suivie : les mécaniciens Applegate et Cowper en étaient les auteurs. Alors la distribution mécanique de l'encre dont l'efficacité fut longtemps contestée, s'introduisit, mais non sans peine, dans l'imprimerie à bras. Dès ce moment, une révolution était opérée dans cette industrie. L'intervention du mécanicien était devenue prépondérante, et cette direction des choses a si bien suivi son cours, qu'aujourd'hui il y a telle impression de journal qui se fait moyennant un abonnement avec un constructeur de machines. Ainsi, des anciens éléments d'une imprimerie, l'imprimeur ne fournit plus autre chose que ses formes de caractères et son papier.

On peut juger des travaux qu'ont réalisés nos constructeurs par ce rapprochement : la machine deux cylindres en bois, de Kœnig, tirait en

moyenne 1000 feuilles à l'heure; les machines
françaises actuelles en tirent 3,600 avec le même
personnel. Quant au prix d'établissement, voici
quelle différence s'est établie : la machine Kœnig
coûtait 37,500 fr.; les machines françaises en
coûtent 12,000. Ainsi, la vitesse se quadruplait,
tandis que le prix diminuait des deux tiers. Si
grand que soit ce résultat, comme il ne s'appliquait qu'à l'impression des journaux, il restait
un grand pas à faire, et pendant vingt ans on a
pu douter qu'il fût jamais franchi. Enfin, l'impression des livres a été obtenue, puis encore
celle des ouvrages de luxe; et s'il reste, comme
cela ne saurait être douteux, quelques nouveaux
progrès à obtenir, on peut, sans présomption,
se livrer à la confiance de voir prochainement
l'impression mécanique dépasser tout ce qui a
jamais été fait de mieux à la main. A ce sujet, il
doit être remarqué que les conditions ne sont
plus les mêmes qu'autrefois, et qu'à mesure que
les machines se perfectionnent, le but semble
fuir devant elles, par les nouvelles exigences d'un
art auquel on crée de nouveaux besoins. L'inter-
calation des vignettes dans les textes change entièrement les conditions presque uniformes dans
lesquelles se pratiquait l'imprimerie. Ces tailles
si délicates et si multipliées des gravures en bois
ne sauraient se comparer aux déliés des anciens

caractères. C'est un nouveau mode d'encrage à organiser qui convienne à la fois au texte et aux figures, deux choses d'apparence semblables, mais fort différentes au fond.

En développant les difficultés qui s'offrent aux recherches de nos mécaniciens, il ne faut pas oublier que les progrès obtenus dans d'autres industries leur apportent d'utiles secours. Ainsi, le papier mécanique longtemps rebelle à l'impression, non-seulement la reçoit parfaitement aujourd'hui, mais encore lui offre tous les avantages de son égalité d'épaisseur. Ainsi, la fabrication des caractères a plus d'uniformité ; ainsi des tissus plus perfectionnés fournissent un foulage plus régulier.

Une grande économie sera obtenue le jour où toutes ces choses seront parfaites, et où la mise en train ne produira pas ces longs chômages pendant lesquels une machine d'un prix élevé reste inactive et le personnel qui la dessert peu ou point occupé. Cette circonstance paraît destinée à restreindre pour longtemps l'emploi des machines aux seules impressions qui se tirent à grand nombre. Si la mise en train se réduit, il n'y aura plus de raison pour que tout le travail de l'imprimeur ne soit dévolu aux machines. .

Trois grandes presses à cylindres figuraient à l'exposition ; trois presses à platine et barreau s'y montraient aussi. De ces dernières, deux doivent être citées avec éloge : leur construction les met au niveau des bonnes machines de l'exposition. Dans les grandes machines, deux se trouvent à peu de chose près identiques d'organisation, et là deux prétentions s'élèvent pour la propriété de l'invention ; mais ces prétentions restent muettes devant le jury qui d'ailleurs n'a pas à s'en occuper. Ces deux machines font honneur à leurs auteurs, mais à des titres inégaux, et une préférence s'est trouvée nettement indiquée. Ces deux machines appartiennent à deux imprimeries de journaux de Paris ; le nombre des feuilles qu'elles donnent est de 4,000 à l'heure dans leur plus grande vitesse.

La troisième machine est destinée à l'impression des ouvrages soignés, avec des produits s'élevant à 3,400 feuilles à l'heure. C'est un résultat très-beau, mais dans lequel l'auteur fait, il ne faut pas se le dissimuler, quelques sacrifices à la quantité ; il le peut d'autant plus que sa réputation n'en peut recevoir d'atteinte ; elle est faite par la construction déjà ancienne des machines qui donnent aujourd'hui l'impression la plus parfaite.

En résumé, notre fabrication des machines typographiques est dans un état prospère ; ce qui le prouve, c'est que depuis longtemps nous nous suffisons à nous-mêmes, et que nos exportations couvrent l'Italie, entrent en Sicile, et pénètrent jusqu'à Constantinople. Des imprimeries de Madrid et de Barcelonne sont montées avec nos machines, et cela malgré la concurrence si puissante de l'Allemagne et de l'Angleterre. Ajoutons que ce serait se faire une idée inexacte du mérite réel de nos constructeurs de machines typographiques, que de les juger uniquement d'après ce qu'ils ont exposé. Les besoins de l'imprimerie sont très-variés, et nos mécaniciens n'eussent pu présenter toutes les combinaisons différentes auxquelles ils ont dû se plier. Ces divers travaux, aujourd'hui appréciés par la pratique, répandus dans un grand nombre d'imprimeries, ayant fourni un long temps d'expérience, offriront au jury des appuis accessoires pour baser son jugement.

RAPPEL DE MÉDAILLE D'ARGENT.

M. GAVEAUX, à Paris, rue Traverse-Saint-Germain, 5.

M. Gaveaux père s'était acquis une grande et juste réputation par l'exécution des meilleures presses à bras en métal qui aient été faites en France. Une médaille d'argent à l'exposition de 1834 avait été la récompense de ses travaux. Aujourd'hui M. Gaveaux fils, succédant à son père, a exposé une presse mécanique destinée à l'impression des jour-

naux, et, comm. toutes celles de ce genre, tirant
trois mille six cents feuilles à l'heure. Cette machine
était exécutée pour l'une des imprimeries de Paris,
elle a montré que M. Gaveaux fils peut hardiment
entrer en lice avec ses habiles concurrents. Outre
cette machine, il avait exposé une presse à produire
l'impression de cartons en relief pour l'usage des
aveugles. Cet appareil, d'origine américaine, a dû
être l'objet de quelques modifications qui ont mis
en valeur l'intelligence de M. Gaveaux.

Une petite presse typographique dans les conditions ordinaires de construction, se faisait également remarquer par sa bonne exécution.

La maison Gaveaux a fourni beaucoup de presses
à l'exportation, et, avant d'en prendre la direction,
M. Gaveaux fils avait dès longtemps participé à ses
travaux.

Le jury reconnaît ces mérites en rappelant, en
faveur de M. Gaveaux fils, la médaille d'argent qui
avait été décernée à son père.

NOUVELLE MÉDAILLE D'ARGENT.

M. DUTARTRE, à Paris, avenue de Saxe, 24.

La presse d'imprimerie à tirage double exposée
par M. Dutartre a été remarquée de tous par son
bon aspect, et par la franchise, la pureté de son
exécution; ainsi que par l'entente de ses dispositions
générales, elle a satisfait ceux qui l'ont étudiée. Là
ne se trouve aucune particularité de détail dont on
ne puisse rendre compte; et partout la rigide exé-

cution d'ateliera su s'accommoder aux convenances de la typographie. Cette machine a deux encriers, un à chaque bout de son bâti, et son tirage est double, c'est-à-dire que le cylindre imprime quel que soit le sens dans lequel il tourne. De cette disposition résulte un tirage de quarante feuilles à la minute, mais en même temps un ouvrage moins parfait que quand les deux encriers concourent à garnir une même forme. M. Dutartre a bien compris les difficultés de cette disposition, et il y a opposé des ressources bien entendues qu'il a puisées dans la pratique de ces machines. Par des cylindres auxiliaires, obliques, en sens inverse de ceux ordinairement employés, il produit une répartition de l'encre plus uniforme et mieux assurée.

De semblables machines se jugent moins par l'analyse de leurs fonctions que par les effets qu'elles produisent.

C'est dans l'imprimerie, dans l'expérience fournie par les presses de M. Dutartre, prises dans leur ensemble, que doit être apprécié le mérite de ce constructeur. Il n'y a qu'une voix pour déclarer que les plus belles impressions qui aient encore été obtenues mécaniquement sont dues à ses machines. Par leur emploi, des textes entremêlés de gravures sur bois ont reçu une très-belle exécution et sont venus prendre rang parmi les éditions de luxe.

Il y a cinq ans, M. Dutartre débuta en présentant une presse qui fixa l'attention sur lui, et lui mérita la médaille d'argent. Tout ce que ce début avait fait espérer, M. Dutartre l'a réalisé.

C'est donc avec une vive satisfaction que le jury

décide qu'il est digne de recevoir une nouvelle médaille d'argent.

MÉDAILLE D'ARGENT.

M. NORMAND, à Paris, rue de Sèvres, 97.

Il y a six années que M. Normand prit à son compte un atelier de construction de machines à imprimer, dans lequel il avait travaillé comme ouvrier. Quoique cet atelier fût ancien, sa réputation était encore à faire. M. Normand, très-jeune alors, a surmonté heureusement toutes les difficultés d'une pareille position, et il l'a fait avec le seul appui de son intelligence, car celui de la fortune lui avait manqué entièrement. Aujourd'hui ce constructeur se présente à l'exposition d'une manière très-honorable. La machine à imprimer les journaux qu'il y a produite est d'une très-bonne exécution, et elle justifie pleinement l'excellente réputation dont jouit ce constructeur dans la typographie. Les principaux journaux, *le Siècle*, *la Presse*, *le Constitutionnel*, *les Débats*, et autres, sont munis de ces presses. M. Normand s'est fait une position prépondérante dans ce genre d'impression où la rapidité est le premier mérite. Dans ses machines à impression pour la librairie, il s'est montré également constructeur très-habile, et quatre de ses machines fonctionnent avec distinction dans une des imprimeries qui ont le plus la réputation de se livrer exclusivement aux travaux d'un ordre supérieur.

Le jury décerne avec satisfaction, à M. Normand, la médaille d'argent.

MENTION HONORABLE.

M. DEZAIRS, imprimeur, à Blois (Loir-et-Cher), et M. MIRAULT, mécanicien, à Saint-Aignan (Loir-et-Cher).

M. Mirault a exposé, conjointement avec M. Eugène Dezairs, imprimeur à Blois, un appareil dit *toucheur mécanique*, destiné à distribuer l'encre sur les caractères typographiques dans les presses à bras. Beaucoup de tentatives ont été faites pour atteindre le même but et sont restées sans succès, bien qu'on n'ait pu attribuer ce résultat à l'absence de bonnes combinaisons mécaniques. Toutefois l'appareil de MM. Dezairs et Mirault, bien conçu et convenablement exécuté, offre de nouvelles chances de succès contre des obstacles qui résident surtout dans des habitudes d'atelier, et qu'il serait heureux de voir modifier.

Par ces considérations, le jury accorde au toucheur mécanique de MM. Dezairs et Mirault une mention honorable.

II. *Presses lithographiques.*

Considérations générales.

Les rapides et étonnants progrès que l'art lithographique a su accomplir dans l'espace de trente années, s'étaient tous développés jusqu'à ce jour sur le seul terrain qu'avaient embrassé, dès les premiers jours, les prévisions de Guttenberg. Rien de ce qui a été fait depuis n'avait échappé

à la pensée active et sage de cet homme dont
l'importance grandit chaque jour de l'importance
des travaux de chacun de ses continuateurs : mais
un grand et nouveau problème s'est trouvé posé
le jour où la presse typographique a conquis une
si merveilleuse rapidité par l'invention de la distribution mécanique de son encre. Dès ce moment, une infériorité évidente frappait l'art lithographique, quand il s'appliquait à la reproduction de l'écriture tirée à grand nombre. De
ce fait à la pensée de substituer l'action mécanique à celle de l'homme, il n'y avait plus de
distance : les deux idées se confondaient, mais
les moyens de les réaliser étaient bien différents.
L'encre qu'on applique sur un caractère de métal
n'y rencontre aucun corps étranger qui s'inter-
pose; cette encre a un certain degré de fluidité
qu'on ne peut donner à celle de la lithographie;
et quand il s'agit de l'application de celle-ci, ce
n'est pas une surface déjà préparée par une précédente application qu'on rencontre, c'est la surface la plus rebelle à toute admission de corps
gras qu'il s'agit d'en couvrir. L'intervention inévitable de l'eau dans l'encrage lithographique est
une source de difficultés sans nombre et de la
nature la plus variable.

Deux solutions de ce problème épineux se sont
produites à l'exposition de 1844. Dans l'une se

trouve la réalisation d'une de ces conceptions simples, qui viennent à la pensée de tous, mais que peu savent conduire à bonne fin. L'idée d'employer des cylindres de pierre lithographique remplaçant les pierres plates n'est pas nouvelle. Vers 1832, cette combinaison avait été réalisée. A cette époque, comme aujourd'hui, des cylindres encreurs recevaient leur mouvement du cylindre de pierre. Le tout était animé d'une action continue, et les épreuves devaient sortir sans interruption de la presse ainsi organisée. Malgré des résultats encourageants, cet essai n'eut pas de suite; et ce fait fournit un nouveau motif à la réserve qui est un devoir dans tout jugement, sur une matière si délicate, tant qu'une longue expérience n'a pas prononcé.

L'autre solution prend une nouvelle importance de celle qu'a conquise, à de nombreux titres, son auteur qui, d'ailleurs, n'a plus rien à attendre des récompenses nationales qu'il a toutes épuisées. Cette solution se renferme davantage dans les conditions pratiques de la lithographie, par la conservation des pierres telles qu'elles s'emploient habituellement, et par la reproduction mécanique des opérations manuelles de l'imprimeur lithographe. L'indication de ses remarquables dispositions ne saurait avoir ici sa place, parce qu'elle la trouvera ailleurs

en s'y groupant, avec les descriptions d'autres
grandes machines du même ingénieur. qui réalisent depuis longtemps, sous d'autres formes et
avec un autre but, l'idée de l'impression mécanique.

En dehors de ce but de rénovation complète,
que se proposent ces grandes entreprises, l'art
typographique a encore bien des intérêts de détail à satisfaire. Les constructeurs ont en partie
pourvu à ce besoin par la production de presses
qui suivent le progrès général des travaux mécaniques, et en outre par l'intervention de petits
appareils accessoires qui procurent plus de précision dans le travail, en même temps que plus
d'économie. Au milieu de ces différentes améliorations est venue se placer une conception
nouvelle qui, généralement, a été considérée
comme un perfectionnement. C'est une disposition de l'ancienne presse à pédale qui supprime plusieurs mouvements de l'ouvrier, et
rend le travail tout à la fois plus rapide et moins
fatigant. Cette presse serait propre à tirer tous
les genres de lithographie; mais l'expérience n'a
pu encore justifier les présomptions favorables
qu'elle a fait naître. Il n'en est pas de même
d'une autre presse, uniquement destinée au tirage de l'écriture, et qui est venue se faire remarquer parmi les inventions qui ont figuré à

cette exposition. Organisée en vue de la célérité du tirage, cette presse donne ses épreuves avec une rapidité inconnue avant son emploi. Une longue expérience a prononcé en sa faveur, et des détails sommaires sur son organisation se trouveront dans le compte qui va être rendu des travaux des exposants auxquels le jury a décerné des récompenses.

MÉDAILLES DE BRONZE.

M. THUVIEN, à Paris, place de l'Odéon, 4.

Tout à la fois imprimeur et constructeur, M. Thuvien a exposé une presse lithographique parfaitement appropriée au but qu'il s'est proposé : celui de tirer l'écriture avec la vitesse de cinq cents exemplaires à l'heure; format demi-quarré. Cet effet résulte en partie de l'emploi d'un volant animé d'un mouvement continu, dû à l'application intermittente de la force de l'ouvrier. Un embrayage réunit le train de la presse au volant, au moment où le papier est posé sur la pierre encrée; et le mouvement rétrograde est imprimé par un contre-poids. Le jury a vu avec intérêt cette presse dans laquelle la force de l'homme est judicieusement ménagée et qui n'exige que l'emploi d'un ouvrier aidé d'un apprenti.

M. Thuvien est aussi l'auteur de presses à affiches qui lui permettent d'obtenir, sur des surfaces de plusieurs mètres, des épreuves de gravures en bois, ou de caractères. C'est à ce genre de machines qu'ont été dues ces affiches immenses dont les échantillons figurent à l'exposition et dont, dans ces derniers temps, l'industrie des annonces a fait un grand usage.

Pour l'ensemble de ces travaux, le jury décerne à M. Thuvien la médaille de bronze.

M. BRISSET père, à Paris, rue des Martyrs, 13.

M. Brisset père, après avoir obtenu des succès très-honorables dans la fabrication des presses lithographiques, a cédé son établissement à son fils, dès longtemps associé à ses travaux. Il se livre aujourd'hui exclusivement à la confection d'appareils accessoires à cette industrie. Ainsi on remarque de lui une cisaille bien combinée et bien construite, destinée à couper à angle droit les cartes de visites ; une bonne machine à tirer des lignes parallèles d'une parfaite exécution ; enfin une presse autographique en métal, qui remplit très-bien ses fonctions d'ailleurs facilitées par la disposition du blanchet, qui reste tendu sur le cylindre presseur sans qu'on ait à s'en occuper.

Le jury tenant compte des anciens travaux de M. Brisset père, et appréciant le mérite des différents objets qu'il a exposés, lui décerne la médaille de bronze.

MENTIONS HONORABLES.

M. KOCHER, à Paris, rue du Bouloy, 24.

La presse qu'a exposée M. Kocher reproduit dans

ses dispositions fondamentales celle qu'avait combinée, vers 1832, M. Villeroi; cette presse n'avait existé que sur une petite échelle et à l'état d'essai. Celle de M. Kocher est une machine complète, étudiée au point de vue mécanique dans tous ses détails, et présente sous ce rapport un ensemble de dispositions bien conçues.

Le principe qui domine ce mécanisme est le mouvement de rotation continu appliqué à des cylindres qui forment, l'un la pierre portant le tracé à reproduire, les autres les appareils mouilleurs et encreurs. Quant à ses effets suivis et prolongés, le jury n'a pu en juger, parce que l'expérience n'en a encore été faite que sous forme d'essai.

Dans ces circonstances, le jury faisant application de sa jurisprudence ordinaire à l'égard des inventions qui n'ayant pas fourni d'expérience suffisante, présentent cependant un caractère d'importance réelle, décerne à M. Kocher une mention honorable.

M. BOUYONNET-DUPUY, à Paris, rue du Battoir-Saint-André, 18.

La presse lithographique de cet exposant a attiré l'attention par la nouveauté de plusieurs de ses dispositions. La pédale sur laquelle l'ouvrier appuie pour opérer la pression est perpendiculaire à la presse au lieu d'y être parallèle. Placée ainsi, elle lui évite une attitude gênante quand il agit sur le moulinet et lui donne les moyens de développer une action plus uniforme et moins fatigante.

En outre, le sommier qui porte le racle se renverse derrière le tympan quand ce dernier se relève. Cette innovation produit une économie de temps incontestable, accompagnée d'une réduction dans l'emploi de force que ce travail exige habituellement. D'autres perfectionnements de détail sont contenus dans cette presse que le jury a vue avec intérêt, et à l'égard de laquelle il regrette qu'une expérience prolongée ne l'ait pas mis à même de prononcer d'une manière absolue. Dans ces circonstances, il se contentera de décerner à M. Bouyonnet-Dupuy la mention honorable.

M. BRISSET fils, à Paris, rue des Martyrs, 13.

M. Brisset fils qui succède à son père a exposé deux presses lithographiques : dans l'une d'elles se trouve une disposition nouvelle, bien entendue au point de vue de la dépense de force, mais qui a besoin de la sanction de l'expérience pour ses rapports avec les convenances de la lithographie, eu égard à l'inégalité d'épaisseur des pierres. Les presses de M. Brisset se tiennent au niveau du progrès général des constructions mécaniques, tout annonce qu'il soutiendra dignement la bonne réputation que son père s'était acquise.

Le jury se plaît à lui accorder la mention honorable.

M. ROUSSIN, à Paris, rue de Vaugirard, 57 *bis*.

La presse lithographique exposée par M. Roussin renferme de bonnes combinaisons. Le sommier pivote dans un plan horizontal, un cylindre de petit diamètre, tenant au sommier, produit la pression; la dépense de force est diminuée par cette disposition qui n'exclut pas le racle d'une manière absolue ; celui-ci pouvant remplacer le cylindre suivant le besoin.

M. Roussin a également exposé une machine à chocolat, de son invention. Elle figure ici seulement pour mémoire.

Le jury décerne la mention honorable à M. Roussin, qui a fourni un grand nombre de presses à la lithographie.

M. GAUD-BOVY, à Paris, rue Notre-Dame-de-Recouvrance, 19.

M. Gaud-Bovy a rendu des services réels à l'autographie, les presses qu'il construit sont d'une simplicité et d'un bon marché très-recommandables, ses transports sur feuilles de plomb donnent de très-bons résultats.

Le jury se plaît à récompenser ces mérites en lui décernant une mention honorable.

M. PIERRON, à Paris, rue Saint-Honoré, 123,

Expose une presse autographique applicable aux bureaux, par l'emploi des transports sur zinc. Les services que M. Pierron a rendus par son talent et sa persévérance, méritent d'être mentionnés de la manière la plus honorable.

III. *Presses à timbrer.*

NOUVELLE MÉDAILLE DE BRONZE.

M. POIRIER, à Paris, rue du Faubourg-Saint-Martin, 35.

Outre ses presses à timbre, d'exécution habituellement si soignée, M. Poirier a exposé une presse autographique employant le zinc. Cette machine, montée sur un pied en fonte, se replie sur elle-même dans le sens horizontal, quand on a cessé de s'en servir, et offre ainsi de grandes facilités pour son emploi dans les maisons où on a des écritures à multiplier. On a également remarqué les combinaisons au moyen desquelles les presses à timbre de M. Poirier se démontent pour arriver à être enfermées dans un nécessaire de voyage. Au mérite d'une très-bonne fabrication, ce constructeur joint l'avantage d'une réduction notable dans ses prix, comparativement avec les prix des machines analogues présentées à la dernière exposition.

Le jury témoigne sa satisfaction à M. Poirier en lui accordant une nouvelle médaille de bronze.

MÉDAILLE DE BRONZE.

M. GUILLAUME, à Paris, rue des Vieux-Augustins, 44.

Successeur de M. Beugé, qui s'était fait une belle réputation dans la fabrication des presses à timbre,

M. Guillaume se montre fidèle à de tels précédents. Les produits qu'il expose n'offrent rien qui soit donné au luxe ou à une vaine apparence; l'exécution en est franche, sage et soutenue jusque dans les détails. A ces articles, M. Guillaume joint la fabrication déjà exercée par son prédécesseur, des pressoirs de Révillon, ainsi que celle des machines à broyer le chocolat.

Le jury, considérant M. Guillaume comme exposant nouveau, son prédécesseur n'ayant point figuré à la dernière exposition, lui décerne la médaille de bronze.

MENTIONS HONORABLES.

M. COURSIER, à Paris, passage de l'Industrie, 5.

Cet exposant a offert aux regards du public différents objets d'une utilité réelle. Indépendamment de presses pour les fleuristes, qui se faisaient remarquer par une exécution franche, il a construit des appareils qu'il nomme porte-bosses et qui, disposés pour saisir, sans les endommager, et maintenir dans une position donnée, les modèles en plâtre, à l'usage des artistes, évitera à ceux-ci de grandes pertes de temps et apportera des facilités nouvelles pour les études. De petits tours à fraises pour tailler les crayons, sont également de bons instruments fonctionnant fort bien.

Une mention honorable est accordée aux travaux de M. Coursier.

M. MONTILLIER, à Paris, rue Pierre-Levée, 10 *bis*.

Les presses à timbre de M. Montillier se placent parmi les bons produits qui ont figuré à l'exposition. Le jury, tout en regrettant que sa fabrication se tienne encore entre des limites resserrées, lui accorde une mention honorable.

CITATION FAVORABLE.

M. LESAULNIER, à Paris, passage Radziwill.

La petite presse à timbre due à cet exposant, a cela de particulier, qu'appartenant au système dans lequel la pression est exercée au moyen d'un levier, elle jouit de la propriété de pivoter dans un plan horizontal. De cette manière, elle peut porter successivement le timbre sur un tampon enduit d'une couleur convenable et sur le papier qui doit recevoir l'empreinte.

Le jury accorde à l'auteur de cette presse à timbre une citation favorable.

---

§ 2. APPAREILS DE SONDAGE.

M. Michel Chevalier, rapporteur.

MÉDAILLE D'OR.

M. MULOT, à Épinay (Seine).

M. Mulot a exposé plusieurs assortiments d'outils pour des forages de différents diamètres, et de tubes pour garnir les puits. Parmi ces outils, on compte plusieurs inventions intéressantes qui lui appartiennent; dans le nombre, on peut citer : 1° une caracolle à articulation, qui descend dans un trou de faible dimension, s'agrandit quand elle est au fond, et va chercher la barre qui se serait logée dans une cavité; 2° un taraud à charnière, pouvant de même s'élargir quand il est parvenu à la place qui convient; 3° une cuiller à charnière qui s'élargit aussi de manière à agrandir un trou au-dessous d'un tube, et se contracte ensuite pour sortir; 4° divers coupe-tubes; 5° un verrin pour arracher les tubes ou les sondes fortement engagées; 6° des arrache-tubes à coulisse et à coin.

Outre ces articles, M. Mulot a présenté des outils imaginés antérieurement par lui-même ou par d'autres, et tous d'une exécution soignée; notamment un beau modèle de l'encliquetage Dobo, qui a été extrêmement utile dans le laborieux sondage de Grenelle.

Les ajustements à *pas ronds* de M. Mulot sont dignes d'être signalés. Il y a joint un encliquetage dont le cliquet à genouillère permet aux tiges de sonde de se visser l'une sur l'autre sans solution de continuité, et les empêche de se dévisser quand il est nécessaire de tourner en sens contraire.

M. Mulot s'est servi de tiges en bois ou en fer creux.

En ce moment, M. Mulot pratique plusieurs grands sondages. Dans le Cher, à Sancoins, pour le canal du Berry, il est parvenu à 340 mètres. A Calais, pour donner à la ville de l'eau potable, il est à 317 mètres, et il fonce encore.

Le nombre de ses forages, depuis 1839, est considérable. Dans ce nombre, 26 ont plus de 100 mètres; 11 sont de plus de 200 mètres, 4 de plus de 300 mètres.

M. Mulot fabrique ses outils lui-même.

Il pratique une branche d'industrie annexe au sondage, la vente des outils.

Depuis la dernière exposition, un résultat remarquable a été obtenu, en France, dans l'industrie du sondage. Le puits de Grenelle a été accompli. Foncé à 548 mètres, avec un diamètre de 50 centimètres à l'ouverture et de 17 à l'extrémité; il a rencontré, à la partie supérieure des sables dépendant de la formation du grès vert, une nappe d'eau abondante, qui donne par minute, à 33 mètres 50 centimètres du sol, jusqu'à 800 litres d'une eau de bonne qualité, à 28° centigrades. On conçoit de quelle utilité doit être, dans une ville telle que Paris, cet approvisionnement d'eau parvenant à cette hauteur et possédant cette température.

Ce forage, le plus éclatant de tous les titres que puissent présenter les sondeurs français, est dû à la persévérante et industrieuse activité de M. Mulot. C'est à cette occasion que M. Mulot a enrichi l'art du sondeur de plusieurs outils remarquables, destinés à parer à des besoins nouveaux et à remédier aux accidents qui constituent la plus grande difficulté des sondages profonds.

L'habileté infatigable que déploie M. Mulot, l'esprit de ressource dont il fait preuve, les expédients qu'il a imaginés, et enfin le brillant résultat qu'il a obtenu à Grenelle, le recommandent très-hautement. Quant à l'importance de l'art en lui-même, on reconnaîtra qu'elle est très-grande, si on la mesure aux services qu'il rend, soit à l'industrie minérale pour les recherches des mines de charbon et de sel, qu'on opère aujourd'hui avec une remarquable précision et un degré étonnant de certitude; soit à l'économie domestique, à l'hygiène des villes et à l'industrie manufacturière et agricole, pour les eaux jaillissantes qu'il fournit.

M. Mulot a obtenu, en 1827, une mention honorable; en 1834, une médaille d'argent; en 1839, une nouvelle médaille d'argent.

Le jury lui décerne une médaille d'or.

NOUVELLE MÉDAILLE D'ARGENT.

M. DEGOUSÉE, à Paris, rue de Chabrol, 35.

M. Degousée se distingue par le soin qu'il a apporté à enrichir son pays des inventions imaginées en pays étranger, particulièrement en Allemagne, où l'art du sondeur est porté à une grande perfection. Il se recommande aussi par plusieurs inventions qui lui sont dues personnellement.

Ainsi il se sert de la coulisse de M. d'Oyenhausen, qui simplifie et accélère la manœuvre de la sonde à une certaine profondeur. Il emploie les tiges en bois, dont le célèbre sondage de Cessingen avait démontré les avantages; il en a eu l'initiative en France. C'est à lui qu'appartient l'idée des tiges en fer creux; il a utilisé les nouvelles tiges au sondage de Haguenau (Bas-Rhin), qui a été porté à

290 mètres; à celui de Thivencelle (Nord), de 267 mètres; et à celui de Donchery (Ardennes).

Pour équilibrer la sonde, M. Degousée emploie avec succès un levier agissant à la façon d'une romaine.

Aux treuils ordinaires pour la manœuvre de la sonde, il a substitué des appareils à engrenage et à coussinets mobiles, munis de cames à échappement et d'un appareil d'embrayage mobile.

On lui doit divers outils élargisseurs et une tarière à boulet creux manœuvrée à la corde, qui est excellente dans les terrains de sables.

M. Degousée se sert avec succès, pour le nettoyage des trous de sonde, de câbles en fil de fer.

Il fabrique des outils, et en vend pour une somme de 30,000 à 40,000 fr., par an, aux conseils généraux des départements, aux particuliers et même à l'État. C'est lui qui a fourni plusieurs appareils de sondage en activité maintenant dans la province d'Oran.

Depuis 1839, il a achevé ou commencé 168 puits dont 21 sont parvenus aujourd'hui à plus de 100 mètres. L'un de ces puits, en cours de foncement encore, est celui de Donchery (Ardennes), qui a pour objet de rechercher le terrain houiller en traversant les formations jurassiques et qui est arrivé maintenant à 220 mètres.

Les outils de la fabrication de M. Degousée sont remarquables par leur légèreté, grâce à un judicieux emploi des matières.

M. Degousée a porté hors de France l'exploitation de son art. En ce moment il fonce à Naples, pour la recherche d'eaux jaillissantes, un puits qui est parvenu à 122 mètres.

Les perfectionnements réalisés par cet exposant sont attestés par la baisse de ses prix. Le mètre moyen exécuté par lui, depuis 1828 jusqu'à présent, lui a été payé 65 fr. 60 c.; en ne comptant que les sondages opérés depuis 1839, cette moyenne tombe à 56 fr. 16 c.

M. Degousée a obtenu, en 1839, une médaille d'argent.

Les travaux qu'il a accomplis, les perfectionnements qu'il a réalisés, l'ardeur éclairée avec laquelle il a poursuivi les entreprises dont il s'était chargé, et enfin l'extension de ses affaires, justifiée sur la confiance qu'il a inspirée, le rendent dignes d'une distinction signalée.

En conséquence, le jury lui décerne une nouvelle médaille d'argent.

§ 3. MACHINES-OUTILS.

M. Delamorinière, rapporteur.

Considérations générales.

Au point où l'industrie est parvenue aujourd'hui, il n'est plus possible de se livrer à l'exécution des machines, sans employer un grand nombre d'outils qui étaient pour la plupart inconnus il y a une trentaine d'années.

Pour ne parler que de la construction des moteurs à vapeur, nous ferons observer qu'on a pu
d'abord se borner à augmenter les dimensions
des tours, des machines à aléser, dont le nombre
était, il y a trente ans, encore fort restreint.
Mais il nous faut maintenant des marteaux assez
pesants pour forger des arbres destinés à transmettre jusqu'à la force de mille chevaux, et toutes
les pièces accessoires des moteurs de cette puissance. L'ajustage de ces pièces colossales ne pouvant plus dès lors être confié à la main de l'homme
dont les forces sont limitées, il faut des machines
proportionnées à ces masses pour les dresser, les
percer.

On remarquera encore que, sans aller jusqu'à
la limite extrême où nous sommes parvenus, et
sans rien préjuger sur le terme où l'on s'arrêtera.
la précision qu'on est en droit d'exiger aujour-
d'hui des constructeurs, les oblige à se servir
des tours parallèles, des machines à raboter, etc.

Cette précision, qui est nécessaire au bon service et à la durée des machines, devient d'ailleurs
tout à fait obligatoire dans une foule de circonstances, notamment pour les machines de navigation et les locomotives dans lesquelles la légèreté des organes, la fréquence des mouvements
et les secousses qu'ils ont à supporter, forcent à

réclamer de la matière, des efforts qu'on n'aurait point naguère osé lui faire supporter.

L'emploi des moyens de travail, à la fois plus puissants et plus exacts que ceux qu'on peut attendre de la main de l'ouvrier, conduit en outre à l'économie de la production, et nous permet de lutter contre les efforts de nos concurrents en industrie, quoiqu'ils soient mieux partagés que nous en général, quant au prix des matières premières. Nous plaçons cependant cette considération en dernière ligne, bien qu'elle soit d'une naute importance.

Ce besoin inévitable des machines-outils a dû se faire sentir d'abord chez les Anglais, que nous pouvons regarder comme nos devanciers en mécanique pratique. Aussi a-t-on vu, il y a déjà longtemps, se former chez eux des établissements tels que ceux de Fox, Sharp et Robert, etc., s'occupant presque exclusivement de ce genre de fabrication. Leurs usines, après avoir pris un grand développement, ont vu s'élever, dans le même but, les ateliers de Wilhworth, Nasmith et Gaskeel, Rowan, Collier. Lewis, etc., qui ont été motivés non pas seulement par les demandes nombreuses de leurs compatriotes, mais aussi par celles des divers constructeurs étrangers.

On a dû regretter sans doute de voir porter au dehors, des capitaux qui pouvaient servir à utiliser une foule de bras trop souvent inactifs. Mais il faut dire que nos industriels ont pu être séduits par la facilité qu'ils avaient à se procurer des machines à leur convenance chez le grand nombre de fabricants parmi lesquels ils pouvaient choisir, en même temps que par la modicité des prix, conséquence d'une fabrication déjà très-développée, tandis que les ressources manquaient presque entièrement à la France.

En 1839, nos principaux ateliers s'étaient cependant mis par eux-mêmes en mesure de pourvoir à leurs besoins, mais il n'existait qu'un seul établissement où l'on s'occupât spécialement de l'outillage, et encore sur une petite échelle.

Aussi, lors de la dernière exposition, ne vit-on paraître que deux seules machines-outils, une petite machine à raboter, construite par madame Coilier, et une machine à buriner de dimension moyenne, exécutée par MM. Pihet, pour le port de Toulon.

Indépendamment d'un grand nombre de tours de tous genres, marchant au pied, et dont une partie peut fonctionner au moteur, on a compté cette année dans les galeries de l'exposition :

1 marteau-pilon à vapeur;

4 grands tours parallèles;

1 tour à surfaces de grandes dimensions;

10 machines à raboter, dont une travaille sur
10 mètres de long ;

1 machine à buriner ;

3 machines à diviser les engrenages dans le
bois et les métaux, dont une des plus
grandes dimensions ;

3 découpoirs, dont 2 de première grandeur
peuvent servir comme cisailles ;

Des machines à river les tôles ;

1 machine à tarauder ;

3 machines à faire les pans des écroux ;

2 scies circulaires ;

4 scieries alternatives, pour le débit des bois
courbes, du bois de placage, et le travail
des modèles en bois ;

1 scie pour débiter la pierre, suivant une
surface courbe, etc.

Ces machines, qui ont attiré tous les regards,
non pas seulement par l'imposante masse du plus
grand nombre, mais aussi par leur exécution
remarquable, seraient une indication plus que
suffisante des immenses progrès qui se sont opérés dans la période de cinq années qui vient de
s'écouler, indépendamment même d'un grand
nombre de machines importantes, qui n'ont pas
figuré à l'exposition, et parmi lesquelles on compte
les grands appareils de navigation dont on parle
dans une autre partie du rapport.

Ce progrès remarquable, fait en si peu de temps, est venu combler la lacune que nous avons signalée en commençant, lacune d'autant plus fâcheuse, que tout en laissant à désirer relativement à la bonne exécution, et au prix de nos produits en machines, elle motivait jusqu'à un certain point les demandes d'outils que nous avons adressées à l'étranger, au lieu de faire par nous-mêmes ce qui nous manquait.

Aujourd'hui, à l'exception de quelques spécialités fort rares, on peut affirmer qu'il y aura d'autant plus d'avantage à s'adresser aux fabricants qui nous donnent un si beau spécimen de ce qu'ils peuvent faire, que la plupart des machines-outils qui se font en France présentent des améliorations réelles sur celles qu'on emploie chez nos concurrents.

Ainsi, nous ne pensons pas qu'on puisse contester la supériorité des machines à aléser, verticales, de MM. Cavé, Pihet, Farcot.

Un usage de plusieurs années consécutives a suffisamment démontré que, quel que soit le mode particulier de traction de l'outil adopté par MM. Cavé, Mariotte, Decoster, Calla, qui emploient à peu près exclusivement les machines à raboter à outil mobile, ces machines travaillent avec toute la précision des anciennes machines à outil fixe, et qu'en outre elles ont toutes sur cel-

les-ci des avantages marqués, tels que de ne pas
occuper un espace beaucoup plus considérable
que la plus grande pièce qu'elles doivent travailler, d'où il résulte qu'elles sont moins volumineuses, moins pesantes et moins chères, indépendamment de ce qu'elles peuvent se prêter à
un grand nombre de travaux que les autres machines ne peuvent pas exécuter.

On ne contestera pas non plus la supériorité
des machines à buriner de M. Cavé sur celles de
Sharp et Robert qui sont connues en France,
non-seulement à cause des bonnes dispositions
au moyen desquelles cet habile constructeur a
évité les flexions et les vibrations qui nuisent à
l'exactitude du travail, mais aussi, parce que les
belles machines sont encore utilisées, comme
alésoirs, machines à percer et machines à planer
circulairement.

Nous pouvons encore citer les machines à percer, radiales, du même mécanicien, ses machines
à percer et à cisailler les tôles, etc., aussi bien que
plusieurs machines de MM. Calla, Decoster et
Mariotte, et enfin l'ingénieuse et excellente machine à river de M. Lemaître.

Bien que nous ayons fait voir en commençant
que l'emploi des machines-outils était aujour-
d'hui d'une nécessité absolue, non pas tant pour
arriver à des économies de main-d'œuvre que la

concurrence exige, mais principalement pour
parvenir à la perfection des produits et à la construction des machines colossales, que la main
seule de l'homme ne peut aborder, nous croyons
devoir ajouter quelques mots pour les personnes
étrangères à la mécanique, et qui, sans être ce.
pendant plus que nous préoccupées des intérêts
de la classe ouvrière, pourraient croire que l'emploi des machines-outils surtout, a pour résultat
de réduire le nombre des travailleurs. L'économie dans la main-d'œuvre semble en effet indiquer qu'on appliquera moins d'ouvriers à la
confection des machines; mais il est aisé de comprendre qu'en même temps que leur prix s'abais-
sera on en fera un plus grand nombre.

Les outils qui travaillent seuls, tels que les
tours, n'en exigent pas moins la présence d'un
bon ouvrier, pour monter la pièce à tourner,
affûter, disposer les outils, et surveiller leurs
fonctions. Mais on ne réclame plus alors que son
intelligence, tandis que naguère il était dans
l'obligation de consommer sa force physique,
pendant une longue journée de travail.

La machine à raboter est une de celles qui
semblent principalement paralyser le plus de
bras. Elle peut, en effet, tout en donnant une
exactitude de travail qu'il n'est pas permis à
l'homme d'atteindre manuellement, faire l'ou-

vrage de plusieurs ouvriers. Cela est incontestable, mais le remède est encore ici à côté du mal ; c'est que, s'il est vrai qu'un seul ouvrier employé au rabotage représente plusieurs ajusteurs, on dresse actuellement un grand nombre de parties de machines qui étaient autrefois brutes de forge ou de fonte.

Ceux donc qui sont étrangers aux détails des travaux qui nous occupent s'enorgueilliront avec nous, sans arrière-pensée attristante, du résultat que notre exposition constate aujourd'hui, et ils pourront le faire d'autant mieux, que les consommateurs, nous l'espérons du moins, comprenant que leurs intérêts sont liés à ceux des constructeurs, se borneront à tirer de l'étranger les modèles seuls qui n'existent pas en France, bien que dès à présent nous soyons largement en mesure de satisfaire nous-mêmes à tous nos besoins.

RAPPEL DE MÉDAILLE D'OR.

M. SAULNIER aîné, à Paris, rue Saint-Ambroise-Popincourt, 5.

M. Saulnier aîné a obtenu, en 1834, une médaille d'or pour sa fabrication de machines à vapeur et ses procédés de perçage appliqués à la construction des planches en acier préparées pour la gravure. Depuis cette époque, cet habile mécanicien

n'a cessé de donner de remarquables développements à ses constructions.

Le jury se plaît à le reconnaître toujours très-
digne de la récompense élevée qui lui a été accordée
en 1834, rappelée en 1839, et lui décerne de nouveau ce rappel.

NOUVELLES MÉDAILLES D'OR.

M. PIHET, à Paris, avenue Parmentier-Popin-court, 3.

L'établissement de MM. Pihet frères était déjà
très-remarquable en 1825, époque à laquelle ils
succédèrent à M. Liebermann, puisqu'il renfermait dès lors un tour parallèle propre à fileter,
de 6 mètres, 5 tours à colonnes, un grand nombre
de tours ordinaires, des machines à percer, à man-
driner, et 12 machines à canneler les cylindres des
métiers de filature. Ces outils étaient mis en mouvement par une machine à vapeur de 12 chevaux.

En 1826, cet agent mécanique fut remplacé
par un moteur de 20 chevaux, et le nombre des
outils déjà considérable pour l'époque fut augmenté
d'une partie de l'outillage de la filature d'Ourscamp,
comprenant une machine à raboter capable de
dresser des pièces de 6 mètres de long. C'était la
seule qui existât alors à Paris; appliquée aux travaux de l'établissement, elle fut encore fréquemment employée à dresser à façon, et concourut
puissamment à la formation de l'outillage des
autres ateliers.

Avec de pareils éléments, l'établissement Pihet

se trouvait en mesure d'entreprendre un grand
nombre de travaux étrangers aux machines de fabrique, objet de sa création. C'est ainsi qu'on a vu
construire dans ce bel atelier des moteurs hydrauliques, des presses de tous genres, et qu'après avoir
fait de grandes fournitures de lits militaires, on y
a monté une fabrique considérable d'armes portatives.

Cependant les autres ateliers de mécanique ayant
eu à satisfaire aux besoins de la marine pour les machines navales de grande puissance, s'étaient trouvés
dans l'obligation d'approprier leur outillage encore
incomplet à ces nouvelles exigences.

L'établissement Pihet n'ayant pas concouru à ces
fournitures, a pu se trouver momentanément dépassé par les autres fabricants; mais cette maison
ayant eu à fournir de grands outils pour les arsenaux de la marine, et à construire un appareil
naval de 120 chevaux, elle s'est promptement mise
en mesure de répondre à la confiance qui lui avait
été accordée en construisant elle-même les grands
outils qui lui étaient nécessaires. On trouve aujour-
d'hui dans le nouveau local devenu indispensable
pour développer convenablement l'ancien atelier,
une grande fonderie, un atelier de chaudronnerie
susceptible de faire les appareils évaporatoires les
plus puissants, un atelier de montage, et des ateliers d'ajustage où l'on remarque une machine à
aléser les plus grands cylindres dont l'arbre d'alésoir
a 50 centimètres de diamètre; une machine à raboter de 14 mètres de long, une machine à tailler
les engrenages de la plus forte dimension, sem-

blable à celle qu'on a remarquée à l'exposition.

Avec de pareils moyens, cet établissement est en mesure de répondre à toutes les commandes qui lui seraient adressées

L'appareil de 120 chevaux placé en ce moment sur le bateau-poste, l'*Ajaccio*, qui fait le service de la Corse, a complètement satisfait aux conditions du marché. Sur le refus de plusieurs établissements importants, la maison Pihet a exécuté, dans un délai extrêmement court, des presses hydrauliques pour l'Algérie.

Enfin on a construit l'année dernière, dans ces ateliers, un des plus grands balanciers qui existent, puisque sa cage pèse 16,000 kilogrammes.

On voit donc que l'établissement de M. Pihet, qui a été longtemps un des plus remarquables de Paris, est encore aujourd'hui en première ligne. Le jury lui décerne, en conséquence, une nouvelle médaille d'or.

M. CALLA, à Paris, rue du Faubourg Poissonnière, 92.

L'établissement de M. Calla, fondé en 1806, se fit remarquer dès son origine, par la bonne construction de ses métiers pour la filature, de scieries, etc. Douze ans plus tard, M. Calla père ajoutait à ses travaux habituels une fonderie de fer pour les objets d'arts, qui valut en 1839, à cet établissement, la récompense la plus élevée que le jury puisse décerner.

Dans les derniers temps, M. Calla fils comprenant toute l'étendue de nos besoins en machines-outils, est venu ajouter la fabrication de cet important auxiliaire aux spécialités qu'il a embrassées; il ne s'est pas contenté pour cela d'aller chercher de bons modèles en Angleterre, il s'est encore attaché à les perfectionner. On peut s'en faire une idée par l'inspection du grand tour à surfaces qu'il a exposé et qui est principalement destiné à tourner les roues de locomotives, indépendamment des autres grands travaux auxquels il peut se prêter également. Dans les tours anglais destinés à cet usage, qui ont été introduits en France, on s'est en général borné à grandir la dimension. Il en résulte des poupées très-élevées, exposées par là même, à des vibrations toujours nuisibles à l'exactitude du travail. M. Calla a adopté une disposition plus rationnelle qui doit donner de meilleurs résultats.

Il a exposé en outre trois machines à raboter dont la plus grande peut dresser des pièces de six mètres de long. Ces machines à outil mobile présentent sur celles généralement employées en Angleterre, des avantages que nous avons signalés dans les considérations générales; la plus petite machine fonctionnant à bras, est susceptible d'être employée dans les petits ateliers, et peut ainsi les faire participer aux bienfaits de l'outillage perfectionné.

M. Calla a également présenté à l'exposition deux emporte-pièces d'une grande puissance, propres aux travaux de grosse chaudronnerie. L'un d'eux est muni d'un chariot compteur servant à supporter les tôles, et à percer les trous à égale distance et en ligne droite; chacune de ces belles machines a la

faculté de se transformer en cisailles, au moyen
d'une disposition particulière de lames addition-
nelles inventées par M. Cavé, et qui offre de notables avantages sur les cisailles ordinaires; enfin
une petite machine à buriner.

M. Calla avait acquis à juste titre, depuis longtemps, la réputation d'un bon constructeur. La
belle exécution des objets que nous venons succinc-
tement de passer en revue, fait voir que tout en
agrandissant le cercle de ses travaux, il n'a pas
cessé de marcher vers le progrès. C'est avec une
vive satisfaction que le jury décerne à M. Calla une
nouvelle médaille d'or.

MÉDAILLES D'OR.

M. DECOSTER, à Paris, rue Stanislas, 9.

Lorsque la filature du lin qui avait pris naissance
en France, y revint après avoir été perfectionnée en
Angleterre, les premiers importateurs de cette industrie que nous avions d'abord négligée, gardèrent
pour eux seuls les machines qu'ils avaient introduites. Ce fut alors, en 1835, que M. Decoster se
mit à construire pour l'usage de nos fabricants ces
mêmes machines qu'il était allé étudier, comme
ouvrier, en Angleterre.

Son établissement, formé d'abord sur une petite
échelle, reçut dès la fin de 1838, le grand développement qui le place aujourd'hui en première ligne. Cependant, préoccupé par les commandes
qu'il avait à remplir en 1839, il ne se présenta

pas à l'exposition des produits de l'industrie, où il figure cette année pour la première fois.

Nous n'avons pas à nous occuper dans cette partie du rapport des machines de filature exposées par M. Decoster; nous nous bornerons à dire qu'il peut être à juste titre placé au premier rang pour cette importante fabrication, tant à cause du perfectionnement dont elle lui est redevable, que pour le grand nombre de machines qu'il a livrées à l'industrie, et qui comprennent plus de 36,000 broches, sans compter deux établissements montés en Espagne et plusieurs machines fournies à l'Allemagne et à la Suisse.

En même temps que M. Decoster se livrait à la fabrication des machines à lin, il montait avec ses propres moyens, les machines-outils nécessaires à sa fabrication. Ces outils, conçus dans l'atelier même par un habile constructeur parfaitement au courant des moyens de fabrication les plus perfectionnés, devaient présenter des avantages notables même sur ceux qu'on trouve dans les fabriques d'outils qui existent en Angleterre, aussi furent-ils recherchés par la plupart des constructeurs, qui s'adressèrent de préférence à M. Decoster pour compléter leurs moyens de fabrication.

Cette circonstance le détermina à joindre à ses autres travaux la spécialité des machines-outils, c'est principalement de cette partie que nous devons nous occuper.

M. Decoster a exposé un tour parallèle et à fileter de 5 mètres de long, 2 machines à raboter, l'une de 3 mètres et l'autre de 2. Ces deux machines sont à outil mobile, système à chaîne; nous avons déjà parlé des avantages qu'elles présentent sur les anciennes machines. Il a exposé également une machine à raboter à bras, une machine à percer offrant des dispositions toutes nouvelles, au moyen desquelles elle peut servir à aléser les trous d'un petit diamètre; elle est à la fois simple et solide, et d'un prix peu élevé.

Une machine à refendre les engrenages en bois et en métal, soit au burin, soit à la fraise. Cette machine, dont le diviseur universel repose sur un principe qui n'est pas généralement appliqué, est d'un usage suffisamment exact dans la pratique, et a l'avantage de ne pas donner de grandes erreurs. Son bon usage est constaté par les applications nombreuses qu'elle reçoit dans les ateliers de M. Decoster pour la confection des engrenages des machines à travailler le lin.

Enfin, une machine à faire les pans des écrous sur deux faces à la fois, au moyen de deux fraises.

On peut se procurer chez M. Decoster, 20 espèces de tours depuis 2 mètres de diamètre jusqu'à 20 centimètres de hauteur de pointes, 9 sortes de machines à raboter, travaillant depuis 7 mètres de long jusqu'à 60 centimètres, des machines à tarauder, de tous les calibres, des machines à mortaiser, etc. Ses prix sont en général moins élevés que ceux des machines similaires anglaises rendues en France.

En considération des services rendus à l'industrie par M. Decoster, le jury lui décerne la médaille d'or.

M. THONNELLIER père, à Paris, rue des Trois-
Bornes, 26.

M. Thonnelier avait exposé, en 1839, une presse
monétaire à levier funiculaire, d'une exécution remarquable. Le principe comme la construction de
cette machine avait provoqué toute l'attention du
jury, et M. Thonnelier avait paru digne de la première récompense, mais cette nouvelle presse monétaire n'avait point encore la sanction d'un service
suffisamment prolongé; la prudence que le jury apporte dans la distribution de ses récompenses qui
deviennent des vrais jugements du mérite réel des inventions, lui imposait la loi de différer le témoignage
de toute son approbation à la presse Thonnellier.
Aujourd'hui que toutes les inexactitudes qui avaient
donné des doutes sur l'utilité de son emploi, sont
résolues par l'expérience pratique faite à la Monnaie, et que le rapport des administrateurs de cet
établissement constate d'une façon irréfragable la
supériorité de cette presse sur toutes ses rivales, notamment sur celle de Hulborn acquise à l'étranger,
comme ce qu'il y avait de plus parfait, le jury est
d'avis de ne pas différer plus longtemps la haute
récompense dont M. Thonnellier s'est rendu digne par la construction d'une machine monétaire,
destinée à apporter à la fabrication des monnaies
une partie notable des perfectionnements dont elle
manque, tout en diminuant les frais de mon-
nayage.

En conséquence, il décerne à M. Thonnellier
père la médaille d'or.

RAPPEL DE MÉDAILLE D'ARGENT.

M. HERMANN, à Paris, rue de Charenton, 102.

Indépendamment de plusieurs machines à vapeur, M. Hermann a exposé des machines à broyer le chocolat et les substances colorantes. Ces machines, bien exécutées, justifient pleinement le talent reconnu de M. Hermann, qui n'a cessé de mériter la médaille d'argent obtenue dès 1834, rappelée en 1839, et que le jury se plaît à lui rappeler encore.

MÉDAILLES D'ARGENT.

ÉTABLISSEMENT DE CONSTRUCTIONS MÉCANIQUES, à Graffenstaden, près Strasbourg (Bas-Rhin).

Cet établissement, formé par MM. Rollé et Schwilgué pour la fabrication des instruments de pesage, a reçu depuis quelques années une très-grande extension pour s'occuper de la construction des machines en général. Il en résulte qu'il emploie aujourd'hui un plus grand nombre de bras, et qu'il est en mesure de rendre de grands services dans la localité.

Cette usine a déjà fourni pour les chemins de fer, des accessoires importants, tels que roues et arbres de locomotives et de waggons, et ressorts de trains. Les échantillons de ces divers objets admis à l'exposition, sont construits d'après de bons modèles et très-bien exécutés. Les propriétaires de cet atelier, qui possède un moteur hydraulique d'une grande puissance, se sont adonnés également à la construction des machines-outils; on a vu dans les galeries, indépendamment des instruments de pesage qu'ils continuent à livrer au commerce, des tours, un banc à tirer et un découpoir à flancs, pour la fabrication des monnaies; une presse hydraulique, une petite scie circulaire. Tous ces objets sont fabriqués avec beaucoup de soin, et démontrent suffisamment la capacité de ceux qui dirigent cette usine, et son degré d'utilité.

Le jury pense que l'établissement de Graffenstaden s'est montré digne de recevoir la médaille d'argent.

M. MARIOTTE, à Paris, rue et impasse Saint-Sabin, 12.

Il n'y a pas vingt ans que M. Mariotte, simple ouvrier, ne possédant que quelques outils de peu de valeur, suffisait avec peine à ses besoins et à ceux d'une partie de sa famille. Son intelligence et son habileté dans toutes les professions qui se rattachent à la construction des machines, devaient tôt ou tard porter leurs fruits. M. Mariotte, qui se présente pour la première fois à l'exposition des produits de l'industrie, est aujourd'hui propriétaire d'un bel établissement qu'il a successivement développé avec ses propres moyens. Il le conduit seul avec le plus âgé de ses neveux qu'il a formé dans les diverses parties des travaux. L'agrandissement qu'a reçu cet atelier n'a point donné à ces deux hommes laborieux la tentation de quitter leurs outils; ils en sont restés les premiers ouvriers tout en dirigeant le travail.

M. Mariotte a fourni au département de la marine un grand nombre d'outils de tous les genres et de toutes dimensions, entre autres de petits martinets mis en mouvement par une machine à vapeur, système oscillant : une de ces machines, exposée sous le nom de M. Cart, neveu de M. Mariotte, a mérité l'attention du jury.

M. Mariotte construit des machines à raboter à outil mobile, système à chaîne, depuis 9 mètres de long, jusqu'à la machine à bras de l'ouvrier en chambre. Il a donné comme exemple de sa construction, une de ces machines à raboter, de un mètre. Il expose en outre une machine à faire les pans des écrous et boulons; une scie alternative particulièrement propre au travail des modèles de fonderie, et une scie circulaire dans laquelle la pièce à débiter est poussée par un mécanisme ingénieux fonctionnant bien, quels que soient les défauts d'homogénéité que présente le bois. Ce mécanisme affranchit l'ouvrier d'une grande fatigue quand il doit se livrer à un travail continu. Cette machine est aussi remarquable, par l'application d'un réservoir d'eau destiné à rafraîchir la scie sans cependant la mouiller sensiblement; on évite par là le dérangement de la lame, lorsqu'elle s'échauffe par suite d'un service non interrompu.

Les outils de M. Mariotte, construits sans luxe et sans la moindre recherche, sont tels qu'il les livre habituellement au commerce; par ces motifs, ils sembleraient ne devoir occuper qu'un rang inférieur à côté des beaux modèles de nos grands établissements. Cependant, les services qu'ils rendent de-

puis nombre d'années, notamment dans les arsenaux de la marine royale, les rendent recommandables sous tous les rapports.

Le jury central est heureux de pouvoir récompenser le modeste ouvrier qui, par son intelligence
et son travail persévérant, est parvenu seul au rang
de nos principaux chefs d'établissement; il le juge
digne de la médaille d'argent qu'il lui décerne.

M. BÉRENDORF, à Paris, rue Mouffetard, 300.

M. Bérendorf a imaginé une machine pour battre les cuirs et remplacer, à l'aide d'un moteur,
l'opération fatigante du battage au marteau de
cuivre.

Le problème à résoudre était de comprimer avec
rapidité toute la surface du cuir, les différences
d'épaisseur qui se rencontrent entre les divers points
de la surface exigeant que l'opération ne se fît que
sur une petite étendue à la fois; il fallait, pour que
l'opération fût prompte, que le renouvellement de
l'action du compresseur se fît un grand nombre de
fois dans un temps très-court : c'est ce que réalise
heureusement M. Bérendorf, en joignant à une
manivelle, qui tourne avec rapidité, la bielle qui
fait osciller le balancier, au bas duquel est placé le
piston compresseur.

Le tas sur lequel s'opère la pression est susceptible de se lever ou se baisser à volonté. Pendant le
travail, il est lui-même porté sur une pièce de bois
transversale, de fort échantillon. Cette disposition,
qui permet dans tous les cas une légère flexion,
assure le résultat du battage; car si la pression était

exécutée sans une certaine élasticité dans les organes, le cuir serait parfois désagrégé par l'excès de la force avec lequel il aurait été battu.

Le jury décerne à M. Bérendorf une médaille d'argent.

RAPPELS DE MÉDAILLES DE BRONZE.

M. ROUFFET père, à Paris, rue de Perpignan, 12.

Doué d'une rare intelligence et d'une habileté remarquable dans toutes les professions qui se rattachent aux machines, M. Rouffet père n'a jamais cherché à sortir de sa modeste position. Chargé d'une nombreuse famille, sa laborieuse carrière a cependant produit un résultat qu'il est bon de faire connaître; c'est qu'il a fait de ses fils, élevés à son école, des hommes aussi honnêtes et non moins habiles que lui.

M. Rouffet s'est borné à présenter une machine à percer, destinée à un petit atelier, ou au cabinet d'un amateur, et un des tours tel qu'il les livre habituellement dans le commerce où ils ne paraissent même pas sous son nom.

Le jury se félicite de ce que M. Rouffet, en se bornant à faire pour ainsi dire acte de présence à l'exposition, lui donne le moyen de lui rappeler de nouveau la médaille de bronze dont il n'a pas cessé de se rendre digne.

M. BAUDAT, à Paris, rue de Charonne, 23.

M. Baudat, qui s'occupe spécialement de scierie, a déjà reçu, en 1839, une médaille de bronze pour la bonne exécution de ses machines. Il expose cette année une scierie à bois de placage établie suivant les dispositions ordinaires, mais exécutée avec un soin remarquable. Il a exposé également une scierie verticale dans laquelle le bois à scier est à la fois contenu et porté vers la scie au moyen de quatre rouleaux. Cette disposition, applicable au sciage des bois courbes, est employée également à débiter le feuillet destiné aux *fonçures* des meubles.

Les travaux de M. Baudat sont toujours dignes d'éloges, et il n'a pas cessé de mériter la médaille de bronze que le jury se plaît à lui rappeler.

MM. MARGOZ père et fils, rue de Ménilmontant, 21,

Ont présenté à l'exposition des outils bien faits et continuent à mériter la médaille de bronze qu'ils ont reçue en 1839; le jury s'empresse de leur en voter le rappel.

M. PIAT, à Paris, rue Saint-Maur-Ménilmontant, 38,

A exposé cette année des engrenages presque tous divisés et taillés par procédés mécaniques et dont l'assortiment très-complet est très-utile pour les constructeurs de machines.

Le jury lui accorde le rappel de la médaille de bronze qu'il a obtenue en 1839.

MÉDAILLES DE BRONZE.

M. AUDENELLE, à Paris, rue Geoffroy-l'Asnier, 28.

Les applications du phénomène de la pression atmosphérique faites d'abord sans le connaître aux pompes à élever l'eau, ne se sont pas généralement étendues à des usages essentiellement différent de celui-là. On peut, en conséquence, attribuer le mérite de l'exécution à celui qui parviendrait à l'utiliser d'une autre manière.

Telle est la position de M. Audenelle, qui se sert de la pression atmosphérique comme d'un ressort. Il a réalisé cette pensée en partant de ce principe : que si on a fait le vide derrière un piston, il faut employer pour le déplacer un effort constant d'environ 1 kilog. par chaque centimètre carré de la surface de ce piston.

Pour composer son ressort, il se sert d'un tube fermé à une de ses extrémités, dans lequel il introduit un piston en cuir embouti dont les lèvres sont tournées du côté de l'ouverture du tube. Le piston étant poussé jusqu'au fond du cylindre, l'air trouve facilement à s'échapper en déprimant le cuir, et le vide se trouve formé. Dès ce moment, la machine est prête à fonctionner, et si elle perdait de son énergie par suite d'une rentrée d'air, il suffirait de ramener le piston au fond du tube, pour le remettre dans son état normal.

M. Audenelle a exposé un tour dans lequel son ressort remplace, sous un petit volume, la perche ou l'arc, dont les effets sont constamment variables;

une scie alternative, qui pourrait être établie sur de grandes dimensions; des ressorts pour les portes d'appartement; un jet d'eau et des seringues.

Ces objets, aujourd'hui dans le commerce et conséquemment employés d'une manière utile, ne sont cependant qu'une indication des applications nombreuses qu'il se propose de leur donner.

Le jury, reconnaissant l'utilité de l'appareil simple et ingénieux de M. Audenelle, lui décerne la médaille de bronze.

M. MINIER, à Rouen (Seine-Inférieure).

M. Minier a exposé une petite machine à raboter à bras, qui se manœuvre par l'intermédiaire d'un levier et d'une bielle. Bien que cette machine soit applicable à un grand nombre de travaux, la construction en est aussi simple que possible : c'est l'outil du modeste ouvrier, qui peut en l'employant faire, sur une petite échelle, des travaux aussi précis que ceux des grands ateliers; en même temps qu'il lui permet d'économiser à la fois les limes et surtout le temps.

M. Minier est jugé par le jury digne de recevoir la médaille de bronze.

M. SIMON, à Paris, rue Neuve Saint-Martin, 18.

La machine destinée à cambrer les cuirs, exposée par M. Simon, atteint le but qu'il s'était proposé, et par suite elle se trouve généralement employée. L'idée qui a présidé à sa composition paraît fort simple au premier aperçu; cependant, en examinant ses détails, on remarque quelques dispositions indispensables au succès de l'opération et qui ont probablement exigé des recherches dont on doit tenir compte à son auteur, aussi bien que de la bonne exécution de ce petit appareil.

Le jury accorde à M. Simon une médaille de bronze.

M. VACHÉ, à Paris, rue du Faubourg-Saint-Martin, 285.

Les machines à fabriquer les clous d'épingles, très-répandues aujourd'hui, ne pouvaient se faire remarquer que par les bons principes sur lesquels elles sont fondées et par leur bonne exécution.

La machine de M. Vaché laisse quelque chose à désirer, sous le rapport du fini, mais les organes qui la composent remplissent cependant bien leurs fonctions. Le mouton agissant par la détente d'un ressort pour faire la tête du clou, a l'avantage de donner moins d'usure que lorsqu'on fait cette opération par la pression.

Le jury accorde à M. Vaché une médaille de bronze.

RAPPEL DE MENTION HONORABLE.

M. ROTTÉE, à Paris, rue Popincourt, 30.

M. Rottée, qui s'était fait remarquer, à la dernière exposition, par divers outils bien exécutés, expose cette année une machine à bouter les rubans de cardes, et une machine propre à fabriquer à la fois plusieurs peignes à peigner. Cette petite machine, qui remplit sa destination, est bien exécutée et mérite à M. Rottée le rappel de la mention honorable qu'il a reçue en 1839.

MENTIONS HONORABLES.

M. DELAMARCHE de MANNEVILLE, à Honfleur (Calvados).

M. Delamarche de Manneville a déjà présenté à la dernière exposition une série de machines propres à la fabrication des tonneaux. Ces appareils se trouvaient en concurrence avec ceux de M. David, qui paraît avoir traité la question après lui et avec les ressources industrielles qu'offre la capitale. M. David fut seul distingué.

Aujourd'hui M. Delamarche de Manneville se présente encore après avoir perfectionné une de ses machines.

Tous ces appareils sont faits avec les moyens de la campagne, et laissent beaucoup à désirer sous le rapport de l'exécution pour laquelle on est en droit d'être difficile aujourd'hui, cependant elles remplissent bien les fonctions qu'elles ont à remplir.

On doit remarquer, qu'à moins de se servir du merrain ordinaire refendu au coutre, on ne peut pas avoir, dans la tonnellerie mécanique, la même confiance que dans celle fabriquée à la main, du moins pour contenir les liquides. Cette considération conduirait à attacher peu d'importance à la machine à débiter le bois qui ne devrait être appliquée qu'autant que les tonneaux sont destinés à contenir des substances sèches; quoi qu'il en soit, pour tenir compte à M. Delamarche de Manneville de ses efforts persévérants, le jury lui décerne la mention honorable.

M. KURTZ, à Paris, rue des Gravilliers, 11 et 18.

M. Kurtz a exposé une machine à moirer, et des balanciers ou découpoirs. Ces diverses machines ne présentent rien de particulier dans leur composition, elles sont néanmoins en général bien disposées, et leur bonne exécution mérite à leur auteur la mention honorable que le jury lui décerne.

M. CHARPENTIER, à Paris, rue St.-Jacques, 201.

M. Charpentier a exposé une petite scie à chantourner, mise en mouvement par une roue de tour. La lame est conduite par un double balancier, qui assure à la fois sa verticalité, et permet de la tendre à volonté. Cette lame passe au travers d'une tablette en fonte susceptible de recevoir toute espèce d'inclinaison, ce qui la rend propre à confectionner les modèles en bois.

Cette machine peut être séparée facilement de l'établi qui lui sert de support pour être appliquée à un tour ordinaire, qui devient dès lors son moteur. Réduite ainsi, la simplicité de sa construction permet d'en diminuer le prix, de manière à ce qu'il soit à la portée du simple ouvrier.

D'après ces considérations, le jury accorde à M. Charpentier une mention honorable.

M. MOLLARD, à Vienne (Isère).

M. Mollard a exposé une machine au moyen de laquelle ou peut faire des vis en bois, de tout diamètre. La grosseur du pas est elle-même en quelque sorte illimitée, puisqu'il suffit d'appliquer à la machine un manchon du pas qu'on veut obtenir, tel qu'on les emploie ordinairement, pour fileter au peigne. Cette machine, très simple, peut être établie à peu de frais, en suivant le mode de construction adopté par M. Mollard; le petit nombre de pièces en métal qu'on y remarque, sont disposées avec intelligence et bien exécutées. M. Mollard est soldat au 12e régiment de chasseurs, il est en conséquence d'autant plus digne d'éloge, que le service militaire ne lui a pas fait perdre le goût du travail.

D'après ces considérations, le jury lui décerne une mention honorable.

M. PROST (Jean), à Paris, à l'École-Militaire.

M. Prost a exposé une machine à tailler les limes, qui paraît remplir le but auquel elle est destinée. On ne pourrait cependant en apprécier le mérite qu'autant qu'on l'aurait fait fonctionner pendant un temps suffisamment prolongé. La machine de M. Prost ne peut d'ailleurs tailler que des limes de petites dimensions.

Le jury se borne à accorder à M. Prost une mention honorable, tout en donnant des éloges au travail soigné de ce petit appareil.

M. POGNART, à Chermizy (Aisne).

M. Pognart s'est proposé d'obtenir directement, par le sciage, des dalles de pierre propres à former des conduites d'eau. Pour y parvenir, il a monté la

scie ordinaire à bras sur une sorte de parallélogramme, qui, tout en lui conservant la faculté de
recevoir le mouvement rectiligne alternatif nécessaire à l'opération du sciage, oblige la lame à suivre
une surface cylindrique, dont la courbure est variable suivant la profondeur qu'on veut donner à la
dalle.

L'emploi de cette machine, qui peut facilement
être mise en mouvement par un moteur mécanique,
doit présenter des économies en matière et en
main-d'œuvre.

Le jury juge son auteur digne de la mention honorable qu'il lui décerne.

CITATIONS FAVORABLES.

M. G. CALLAUD-BÉLISLE, à Maumont (Charente).

M. Callaud-Bélisle a exposé une machine nouvelle pour satiner et éplucher le papier.

Cette machine étant à peine terminée, lors du
concours pour l'exposition, le jury départemental
n'a pas pu se prononcer sur les bons effets qu'on
doit en attendre. D'ailleurs, quoique bien entendue
dans sa composition, l'exécution de cet appareil ne
présente rien de remarquable, et il convient d'attendre les résultats d'une expérience suffisamment
prolongée pour l'apprécier à sa juste valeur.

Toutefois le jury, pour tenir compte à M. Callaud-Bélisle des recherches auxquelles il s'est livré,
lui décerne, pour cette machine, une citation favorable. Cet industriel a été jugé digne de la plus
haute récompense pour sa fabrication de papier.

MM. LAUBEREAU et GAULET, à Paris, boulevard du Temple, 50.

La machine à essorer les tissus, présentée par MM. Laubereau et Gaulet, est construite suivant un principe si simple, qu'il serait fort difficile qu'elle se fît remarquer par son exécution.

Son mérite ne peut être apprécié que par les industriels qui en font usage.

Le jury doit, en conséquence, se borner à accorder à MM. Laubereau et Gaulet la citation favorable dont il les juge dignes.

CITATIONS FAVORABLES.

M. PLADIS, à Paris, petite rue du Bac, 15.

Au moyen d'une machine fort simple, et d'un prix peu élevé eu égard aux services qu'elle peut rendre, M. Pladis parvient à cintrer à froid et en employant la force de l'homme, les bandages des roues des plus fortes dimensions.

Le principe de cette machine n'est pas nouveau, c'est celui des machines à cintrer les tôles des ateliers de chaudronneries; il est d'ailleurs appliqué à l'usage auquel son auteur l'a destiné dans plusieurs ateliers de charronnage.

Toutefois, la machine de M. Pladis fonctionne bien et donne des produits d'une parfaite régularité; par ces motifs, le jury décerne à M. Pladis une citation favorable.

M. LEBON, à Paris, rue Sainte-Élisabeth, 4.

M. Lebon emploie pour le broyage des cendres d'orfèvrerie, un moulin de son invention, qui consiste en un cylindre en fonte, cannelé intérieurement, dans lequel il laisse rouler librement un autre cylindre d'un plus petit diamètre également cannelé, de manière à former engrenage avec le premier. On voit d'après cela, que sa machine est une modification du moulin à boulets roulants. M. Lebon ne s'est pas borné à présenter à l'exposition l'appareil dont il s'agit, il a donné, au moyen d'un modèle bien exécuté, un spécimen complet d'atelier de lavage de cendres, semblable à celui qu'il possède à Paris.

Le jury lui décerne une citation favorable.

M. DERAYE, à Paris, rue Corbeau, 12 *ter*.

M. Deraye a exposé une machine à vernir à la fois plusieurs boutons en cuir et en carton. L'appareil est double, de manière à laisser sécher une série de boutons, tandis qu'il opère sur l'autre, au moyen de pinceaux montés sur un armature mobile disposée de manière à puiser le vernis dans l'auge qui le contient, et à le reporter sur chacun des boutons auxquels on imprime un mouvement de rotation.

Le jury juge M. Deraye digne d'une citation favorable.

Machine à faire les briques, tuiles, carreaux, etc.

Considérations générales.

La facilité avec laquelle on peut donner, au moyen d'un moule, à une matière plastique comme l'argile, toutes les formes qu'on désire, a séduit plus d'un inventeur, aussi a-t-on vu paraître, dans presque tous les pays, des machines à mouler des briques, tuiles, carreaux, etc. Ces machines ont presque toutes été successivement abandonnées; il n'est peut-être pas surperflu d'en faire connaître les motifs.

Les argiles ont, en général, beaucoup d'affinité pour l'eau, il en résulte qu'il suffira souvent d'une légère humidité pour que la terre s'attache aux parois du moule, l'opération ne peut plus alors se faire nettement et sans interruption, il n'en faut pas davantage pour déranger toutes les prévisions de l'inventeur et modifier les calculs qu'il a faits sur les produits de sa machine.

Cet inconvénient se présente même avec des terres légèrement humectées et telles qu'elles sortent de la carrière; d'un autre côté, les moulages obtenus de cette manière, auront bien l'avantage d'exiger peu de place et moins de temps pour opérer la dessiccation indispensable avant la cuisson, mais aussi pour arriver à former une masse compacte aussi solide que celle qu'on a préalablement gâchée, il faudra employer de la force qui coûte plus ou moins cher, tandis que le rapprochement des molécules qui a lieu par la dessiccation à l'air ne coûte rien. Le moulage mécanique ne présentera donc pas toujours les avantages qu'on s'était promis. Il est prudent de le réserver pour le cas où il est nécessaire d'avoir des matériaux ayant des formes très-régulières, et principalement pour remplacer l'opération du rebattage, afin d'avoir des produits de qualité supérieure; dans ce cas particulier, l'emploi des machines peut présenter des avantages, parce qu'un moulage plus soigné donnera moins de déchet à la cuisson, mais on s'abuserait peut-être en comptant trop facilement sur l'économie du moulage mécanique, car la diminution de dépense ne portera que sur un des éléments de la fabrication. Il faudra, dans tous les cas, tenir compte de la valeur de la terre, de son extraction, de sa préparation, des divers transports et surtout de la cuisson.

Enfin, lorsqu'on voudra employer les moyens mécaniques pour le moulage des briques, tuiles ou carreaux, il ne faudra pas oublier de tenir compte de la valeur des machines et de l'importance des réparations qu'elles nécessitent. Ainsi, à moins qu'on n'ait en vue d'augmenter la qualité ou la régularité des produits, on ne devra re-

courir aux machines qu'avec une extrême réserve. On peut toutefois les employer avantageusement pour remplacer le rebattage, et dans tous
les cas, on devra donner la préférence à la machine la plus simple.

M. APPARUTI, à Pouilly-sur-Saône (Côte-d'Or).

M. Apparuti a présenté à l'exposition une machine fort simple, destinée au moulage des tuiles
et des carreaux; elle se compose d'un chariot portant un moule en fer et d'un cylindre en bois servant à égaliser la surface de l'objet qu'on moule.

Après avoir placé l'argile déjà moulée grossièrement au moyen d'une première machine établie sur
le même principe, dans le moule en fer fixé à
charnière sur le chariot, on pousse ce chariot sous
le cylindre, on renverse ensuite le moule et la
pièce à charnière, qui lui sert de fond, sur une tablette en tôle placée sur le côté; on relève ensuite
le moule, et la tuile se trouve seule sur la tablette
qui sert à la porter au séchoir au moyen d'un manche, qu'on peut placer ou enlever à volonté. Pour
éviter l'adhérence aux parois, M. Apparuti a eu
l'idée de garnir d'une étoffe de laine le fond du
moule et la surface du cylindre presseur.

Le moulage des carreaux s'opère à peu près de la
même manière, seulement on ne renverse plus le
moule, au fond duquel on a placé une platine destinée à transporter le carreau; mais on se borne à

l'abaisser au-dessous du support de la platine, de manière à pouvoir la saisir avec le manche.

Cette machine très-simple ne coûte que 300 fr. Il résulte d'un certificat dressé par le jury départemental, qu'elle fonctionne depuis plusieurs années. Malgré qu'elle ne soit pas destinée à donner des produits d'une qualité supérieure, le jury pense que cette machine peut être employée avantageusement dans beaucoup de localités, et par ce motif, il juge que M. Apparuti est digne d'une mention honorable.

Dessins industriels.

RAPPELS DE MÉDAILLES DE BRONZE.

M. ARMENGAUD aîné, professeur de dessin industriel au Conservatoire royal des Arts et Métiers, à Paris, rue du Pont-Louis-Philippe. 13.

M. Armengaud aîné a exposé des dessins de moulins à blé et de machines. On doit des éloges, non-seulement à son talent, comme dessinateur, mais encore au soin consciencieux qu'il apporte dans l'exécution de son intéressant recueil intitulé : *Publication industrielle des machines-outils et appareils les plus perfectionnés et les plus récents, employés dans les différentes branches de l'industrie française et étrangère.*

Le jury juge M. Armengand aîné de plus en plus digne de la médaille de bronze qui lui a été décernée en 1839, et lui en vote le rappel avec satisfaction.

M. LEBLANC (Adolphe), professeur de dessin industriel, à Paris, rue Saint-Martin, 285.

M. Adolphe Leblanc a exposé des dessins de bateaux à vapeur et de diverses autres machines. Cet habile dessinateur s'occupe spécialement des dessins et gravures du Bulletin de la société d'encouragement : le soin et le talent qu'il apporte dans ses travaux l'ont fait choisir pour exécuter les tableaux industriels exposés dans les galeries du Conservatoire des arts et métiers.

Le jury accorde à M. Adolphe Leblanc le rappel de la médaille de bronze qu'il a obtenue en 1839, et dont il le reconnait toujours très-digne.

M. TRONQUOY, à Paris, rue du Faubourg-Saint-Denis, 108.

M. Tronquoy a exposé des dessins de machines, et continue à mériter la médaille de bronze qu'il a obtenue en 1839; le jury s'empresse de lui en voter le rappel.

§ 4. MÉCANISMES DIVERS.

M. Amédée-Durand, rapporteur.

1. *Outils pour beaux-arts.*

MÉDAILLE D'ARGENT.

M. RENARD, à Paris, rue des Gravilliers, 28.

M. Renard qui avait été honoré, en 1839, d'une médaille de bronze pour les excellents outils dont il était en possession de fournir les graveurs en taille-douce a, depuis cette époque, donné un grand développement à sa fabrication. L'essor qu'ont pris chez nous la gravure en coquilles, ainsi que la gravure sur bois, a donné lieu à une grande consommation d'outils, et à la création de nouveaux moyens d'exécution. M. Renard a pris une grande part à tous ces travaux par l'invention d'instruments variés répondant aux conditions posées par les artistes. Les progrès qu'a faits chez nous le genre de gravure, dit manière noire, et qui est aujourd'hui modifié de tant de manières, attestent la valeur des procédés nouvellement inventés. C'est une chose bien digne d'intérêt que l'esprit de méthode qui a pénétré dans des travaux qui ne semblaient devoir dépendre à toujours que de l'inspiration de l'artiste. Si nombreux, si variés que soient les effets que présente la gravure en manière noire, ils sont tous réunis et classés par numéros sur un tableau qu'a dressé M. Renard, et qui contient environ une centaine de teintes ou travaux différents. Par suite de cette disposition, le graveur n'a qu'à consulter ce tableau, choisir le genre d'effet qui lui convient, et à telle distance qu'il se trouve de Paris, il le désigne par son numéro d'ordre et reçoit, sans possibilité d'erreur, l'outil qui produit le travail désiré. C'est par des moyens aussi bien raisonnés, que M. Renard est parvenu à exporter de ses outils, en Hollande, en Prusse, en Angleterre et en Italie. Les succès qu'il a obtenus dans une industrie dont il a fait en partie une création, lui méritent la médaille d'argent que le jury se plaît à lui décerner.

MÉDAILLE DE BRONZE.

M. NUMA LOUVET, à Paris, rue Jean-Jacques-Rousseau, 18.

Les outils exposés par M. Numa Louvet consistent dans des séries de poinçons à l'usage des graveurs de cachets. Ces poinçons reproduisent séparément tous les éléments des objets qui se représentent habituellement dans ces sortes de travaux. Ce sont des feuilles de plantes, des pétales de fleurs, des parties d'armoiries, exécutées dans toutes les dimensions, et arrivant à une exiguité microscopique. Ces poinçons très-finement gravés par les mains de M. Numa Louvet, composent un outillage qui est exploité au profit de l'art du graveur de cachets, art qui est exercé à Paris de manière à jouir d'une utile réputation auprès des étrangers.

Le jury accorde à M. Numa Louvet une médaille de bronze.

II. *Machines à refendre les cuirs et les draps feutrés.*

MÉDAILLE D'ARGENT.

M. DUPORT, à Paris, rue des Francs-Bourgeois Saint-Marcel, 14.

M. Duport a exposé les produits de deux machines, l'une à refendre les cuirs, l'autre à refendre les draps feutrés. Bien qu'à la pensée ces deux opérations se présentent comme semblables ou au moins analogues, elles résultent néanmoins de deux

machines complétement étrangères l'une à l'autre.
Ce sont donc deux conceptions distinctes ne s'empruntant réciproquement rien, dont il s'agit de rendre compte.

Nous commencerons par le drap feutre. Ce produit récent existe dans des conditions d'épaisseur telles qu'on a cru devoir les réduire. Ce qu'on n'a pu obtenir de la fabrication, on l'a demandé à un refendage subséquent ; mais cette opération présentait une difficulté grave. La laine se coupe, mais use avec une grande rapidité, le tranchant qu'on y applique. Il fallait donc, avant tout, s'assurer les moyens de conserver toujours au tranchant sa même vivacité, et c'est là une des pensées fondamentales de la machine de M. Duport. Un moyen de réparation d'affûtage continuel de la lame ne peut être appliqué que sur la partie de cette lame qui n'est pas engagée dans la matière. De là la nécessité d'une lame rectiligne qui ait une longueur double de la plus grande largeur d'étoffe qui puisse être soumise à son action. D'où suit pour ce cas qu'il n'y a pas un point de cette lame qui ne puisse être affûté, puisque successivement chacune de ses deux moitiés se trouve entièrement dégagée du feutre. Une autre condition à remplir encore était que la lame n'éprouvât pas plus d'usure dans une place que dans une autre, quelque étroite que fût l'étoffe à laquelle on l'appliquait. M. Duport a résolu toutes ces difficultés de la manière la plus complète, par le déplacement progressif et alternatif de la lame, dans le sens de sa longueur.

Il est facile de comprendre que le feutre est passé

entre deux cylindres qui le poussent verticalement
contre la lame, qui elle-même occupe un plan vertical
passant par le milieu de l'intervalle qui sépare ces
cylindres. C'est donc sur une matière pressée, compacte, résistante que le tranchant agit; ses mouvements sont alternatifs; leur amplitude est de 0^m,25
environ, avec une excursion de 0^m,05 à chaque oscillation, de telle sorte que ces excursions s'additionnant
usqu'à ce que la lame ait entièrement dégagé au
moins l'une de ses moitiés de l'étoffe; cette moitié
reste constamment soumise à l'action réparatrice
de l'affûtage. On voit donc, sans qu'il soit besoin
de pousser plus loin cette description, que la machine à refendre les feutres de M. Duport est la réalisation d'idées bien nettes et bien conçues.

L'inspection de la machine révèle les mêmes
qualités dans son exécution, et s'il faut ne rien
omettre d'important, il reste à dire que même dans
le mode d'affûtage adopté par l'auteur, on retrouve
ces prévisions qui embrassent toutes les phases
d'une opération et ne laissent aucune difficulté sans
solution. Quant aux produits, ils ont été l'objet
d'une attention et d'une surprise générale. La surface du feutre scié est parfaitement unie; et présentant des tronçons de laine tranchée, offre des
facilités toutes particulières pour l'impression en
couleur.

Dans la machine à refendre le feutre, on a vu la
section de la matière opérée par une lame rectiligne; dans la machine à cuir, c'est une fraise à
mouvement circulaire continu qui la produit. Dans
la première, le feutre est amené sous forme de plan

au tranchant. Dans la seconde, le cuir est uniformément scié malgré les inégalités de son épaisseur et les ondulations de sa surface. Ainsi ces machines n'ont de ressemblance que par l'idée générale de l'entretien indéfini des tranchants par un affûtage dépendant de leur action même, mais diffèrent pour chaque machine. S'il faut par quelques mots faire l'appréciation de cette machine, on doit dire que peu de problèmes mécaniques ont présenté autant de difficultés à résoudre. Peu de matières aussi irrégulières par leur essence, par leur forme ou leurs résistances, ont été soumises à l'action régulière de la mécanique, et l'ont été sans préparation d'aucune nature particulière. Le succès d'une pareille entreprise reste toujours un sujet d'étonnement.

Quand on examine les produits, on y retrouve les traces de l'action circulaire qui a opéré leur division. On y voit clairement que cette action a été promenée successivement et par bandes rectilignes dans l'épaisseur du cuir. Au toucher, on ne s'aperçoit pas qu'il y ait de différences d'épaisseur dans la peau enlevée par ces passages successifs de l'organe tranchant. Le résultat est d'une part, pour le côté de la fleur, un cuir uniforme d'épaisseur, et du côté de la chair, un cuir dépourvu de fleur et renfermant à lui seul toutes les inégalités qu'avait la peau avant l'opération.

Par l'invention de la machine à refendre le feutre, M. Duport a créé une industrie nouvelle et rendu à la consommation des produits qui, nouveaux eux-mêmes, ne présentaient jusqu'à présent sans cette ressource qu'une utilité fort restreinte. Sa machine à refendre les cuirs n'a pas créé d'industrie nouvelle; mais elle offre un nouveau moyen d'obtenir un résultat déjà connu et justement apprécié.

En outre, le souvenir de l'un des services les plus remarquables que l'industrie ait rendus aux classes peu fortunées s'attache au nom de M. Duport. C'est lui qui, il y a vingt-cinq ans, perfectionna et fit adopter les socques articulés, qui aujourd'hui constituent cette chaussure saine, commode et économique, dont l'usage est devenu populaire..

Le jury regrette que les deux machines pour lesquelles le nom de M. Duport figure sur la liste des exposants n'aient pas encore reçu une longue application; mais justement empressé de récompenser les efforts heureux et les succès industriels obtenus par leur auteur, il lui décerne la médaille d'argent.

III. *Machines-outils.*

RAPPEL DE MÉDAILLE D'ARGENT.

M. LENSEIGNE, à Paris, rue Saint-Guillaume en l'Île, 5.

Cet exposant, qui a reçu à la dernière exposition une médaille d'argent, n'ayant fait, à peu de chose près, que reproduire ce qu'il avait précédemment offert aux regards du public, le jury lui accorde un rappel de l'ancienne médaille obtenue.

MÉDAILLE D'ARGENT.

M. WALDECK, à Paris, rue des Tournelles, 54,

A exposé un outil qui présente un exemple des vicissitudes qu'offrent les luttes que semblent se livrer les perfectionnements. De nombreuses tentatives avaient été faites pour améliorer les filières à faire les pas de vis sur les tiges métalliques, et M. Waldeck s'était distingué, depuis plusieurs années, par des résultats d'un mérite incontestable. Cependant des machines-outils d'une assez grande valeur s'étaient établis comme solution finale du problème qui consistait à couper entièrement la matière à enlever, sans la refouler en aucun point, à n'employer que la force strictement nécessaire pour couper cette matière et à ne donner que des pas de vis identiques entre eux, d'après leur classement. Les grandes machines, dites machines à fileter, semblaient donc devoir rester seules en possession de donner ce résultat, quand M. Waldeck revenant de nouveau à la charge, a exposé une filière qui a fourni ses expériences et offre la solution la plus simple et la plus économique de toutes.

Suivant cette nouvelle combinaison, les coussinets de l'ancienne filière ne servent plus que de guides, et l'enlèvement de la matière est effectué par un peigne pivotant sur un axe implanté dans l'un des coussinets. Le mouvement du peigne autour de cet axe est peu considérable, et il produit cet effet; suivant que la filière avance ou recule, c'est toujours une arête ou tranchant que ce peigne oppose à la matière. Toutefois il faut faire observer que sans un certain jeu ménagé dans l'articulation du peigne, son mouvement, quelque petit qu'il fût, aurait pour effet de l'empêcher de s'accorder exactement avec les filets des coussinets conducteurs.

M. Waldeck a exposé, comme complément de son invention, des tarauds qui, au moyen de tranchants qui peuvent être avancés progressivement, coupent également bien la matière pour former les écrous.

De l'ensemble de ces perfectionnements, il résulte une économie considérable dans la construction des filières, une amélioration évidente dans la qualité des produits, et une économie de temps qui est d'environ moitié sur les anciens procédés.

L'ensemble et les détails des filières exposées par M. Waldeck sont également bien étudiées et méritent les éloges du jury qui se plaît à lui décerner la médaille d'argent.

***

NOUVELLES MÉDAILLES DE BRONZE.

M. FAN-ZVOLL, à Paris, rue des Marais-du-Temple, 42.

Une médaille de bronze avait été décernée à M. Fan-Zvoll pour les moulures en bois les mieux exécutées qui aient paru à l'exposition de 1839. Depuis cette époque, un incendie a dévoré le bel établissement qu'il avait monté et qu'animait un moteur à vapeur de la force de vingt chevaux. La machine qu'expose aujourd'hui M. Fan-Zvoll est la reproduction, avec perfectionnement, de l'une de celles qu'il avait construites et qui donnaient les beaux produits qui viennent d'être rappelés. Le jury a remarqué la sagesse qui a porté l'habile industriel à recourir au mode d'action le plus éprouvé par l'expérience. L'élément tranchant de son mécanisme est le rabot, découpé suivant le besoin, dans toutes les formes des bouvets. Cet instrument est toujours dirigé dans un même plan ; le bois est élevé au moyen de coins solidaires entre eux et qui reçoivent leur mouvement de chacune des excursions de l'outil. L'opération s'exécute avec tant de précision, que généralement les copeaux s'enlèvent sans discontinuité sur des pièces de bois qui n'ont pas moins de six mètres de longueur.

Le jury non-seulement a vu avec un intérêt particulier la machine à raboter de M. Fan-Zvoll, si sagement et si heureusement conçue dans toutes ses parties, mais encore il se plait à témoigner sa satisfaction en décernant à cet industriel si recommandable, une nouvelle médaille de bronze.

M. CONTAMIN, à Paris, rue Salle-au-Comte, 14.

Dans la construction d'un simple tabouret de piano, M. Contamin a su montrer sa capacité comme mécanicien, capacité, du reste, déjà bien manifestée en 1839 par la construction d'un très-bon tour à portrait perfectionné et qui lui valut une médaille de bronze. Le tabouret de M. Contamin, quoique composé de bronze, fonte et fer, est d'une légèreté apparente et réelle ; il jouit de la propriété de s'élever spontanément lorsqu'une sorte de dent de rochet cesse de le fixer ; il descend à volonté, et avec rapidité ; sans pivoter sur lui-même, on le fait mouvoir tout en étant assis dessus. A ces facilités, il joint un avantage important; c'est celui de porter une échelle graduée et numérotée au moyen de laquelle un maître peut déterminer avec précision l'emploi le plus convenable de ce tabouret par rapport aux habitudes à donner à l'élève.

Avec ce tabouret, M. Contamin a exposé un pupitre à musique également en métal et très-léger. Quoique porté sur trois points pour sa fixité, ce pupitre a la même stabilité que si sa base était circulaire, un tourne-feuillet y est joint, qui est d'une construction légère et d'un effet infaillible. Le jury, reconnaissant dans ces deux meubles l'emploi d'une intelligence mécanique remarquable, et appréciant les bons services qu'ils ont déjà rendus, décerne à M. Contamin une nouvelle médaille de bronze.

MÉDAILLES DE BRONZE.

M. BUISSON, à Tullius (Isère).

Une presse à huile a été exposée par M. Buisson et promptement remarquée du public attentif. Voici en quoi elle consiste, et les avantages qu'elle offre. Une vis verticale y opère la pression, un levier monté à rochet met cette vis en jeu. La pâte de graines oléagineuses est reçue dans un récipient cylindrique en métal faisant partie de la presse : ce récipient supprime l'emploi des sacs de crin, d'abord cause de dépense, ensuite de déficit, dans le produit. Ce plateau supérieur est percé de petits trous, de manière à permettre que, pendant la pression, ne partie du liquide exsude en dessus et trouve un

écoulement, tandis que l'autre partie passe en dessous à travers une sorte de crible d'une résistance
appropriée. Quand la vis remonte, le fond du récipient s'élève et présente à la main un tourteau
solidifié. Pendant l'opération, un courant d'air
chaud emprunté au fourneau qui chauffe la pâte,
circule autour du récipient pour la maintenir constamment à une température convenable.

Tel est l'ensemble de cette presse peu volumi-
neuse et puissante, et dont toutes les parties sont
étudiées avec une entente mécanique qui fait honneur à M. Buisson.

Le jury se plaît à lui témoigner sa satisfaction en
lui décernant une médaille de bronze.

M. ARMAND-CLERC, à Paris, rue du Buisson-Saint-Louis, 16.

La série d'objets exposés par M. Armand Clerc
est nombreuse et de nature très-variée; cela s'explique
par la louable entreprise qu'a formée ce mécanicien
que recommandent beaucoup de travaux antérieurs.
De jeunes orphelins réunis par ses soins sont in-
struits dans la construction des outils nécessaires à
l'horlogerie : leurs premiers essais se font sur des
objets d'un ordre inférieur, tels qu'ustensiles de ménage remarquablement perfectionnés par leur intelligent directeur, et ce n'est que graduellement et
soutenus par une instruction théorique, qu'ils arrivent à produire des instruments tels que ceux qui
ont été remarqués du public. Cette exposition se
composait de tours simples et à guillocher, de tours
à l'archet, d'une machine à fendre et de beaucoup

d'autres outils devenus, dans les mains de M. Armand Clerc, l'objet de perfectionnements particuliers.

Le jury lui décerne la médaille de bronze.

M. ADAM (Eugène), à Colmar (Haut-Rhin).

Sous le nom de coupe-lanière , M. Eugène Adam a exposé un outil parfaitement bien exécuté, et dont l'objet est de convertir en lacet de cuir tout déchet de cette matière, pourvu qu'il ait des dimensions suffisantes pour qu'on puisse le convertir en un disque du diamètre d'une pièce de cinq francs. Sur un point quelconque de la circonférence de ce disque, on commence à tailler un bout du lacet à produire, et d'une longueur de deux centimètres. Le trou formé inévitablement au centre du disque, par la pointe du compas, est utilisé; il reçoit une petite broche appartenant à l'outil. Cette broche peut se mouvoir du centre à la circonférence, guidée par une double rainure. Pour opérer, il suffit d'engager le disque dans l'outil en plaçant l'amorce du lacet en dehors d'un petit tranchant qui permet d'en régler la largeur; cela fait, on saisit cette amorce avec les doigts, on tire, et le lacet se trouve découpé avec toute la promptitude que l'on peut mettre à étendre le bras.

On pourrait objecter que les lacets obtenus ainsi en décrivant une spirale, et redressés pour l'usage à en faire, présentent moins de résistance que ceux qui seraient coupés en ligne droite. Mais comme le cuir a des qualités très-différentes dans son étendue, la rectitude du lacet ne serait pas une garantie complète de sa résistance; et les lacets dé-

coupés par le procédé de M. Adam qui peuvent utiliser des déchets petits, mais de bonne qualité,
offrent un moyen assuré de compensation. Le jury
récompense l'esprit d'invention, la bonne entente
des détails et la bonne exécution qui distingue le
coupe-lanières, en décernant à son auteur la médaille de bronze.

M. BRITZ, à Paris, rue Pierre-Levée, 10.

M. Britz a exposé un tour dans lequel il a développé toute la richesse d'une exécution qui ne s'arrête devant aucune dépense; toutefois, ce tour n'est
pas un specimen de sa fabrication habituelle, qui
est sage et conduite uniquement dans un but d'u-
tilité. M. Britz est un habile constructeur qui rend
à l'industrie des services, suffisamment attestés par
le chiffre important de ses ventes; le nombre des
tours qu'il livre aux ateliers, car c'est pour eux surtout qu'il travaille, ne s'élève pas à moins de 400
par année.

Le jury se plaît à reconnaître le mérite de cette
fabrication en accordant à M. Britz la médaille de
bronze.

M. GENESTE, à Paris, rue Amelot, 52.

La presse exposée par M. Geneste est destinée à
produire les effets énergiques sans lesquels le gau-
frage qu'elle imprime au papier ne pourrait être obtenu; de plus, elle est parfaitement combinée pour
faciliter la rapidité du travail; ainsi elle est composée
d'un bâti robuste, et limitant l'espace dans lequel
doit s'opérer la pression. Ce bâti se compose donc

de deux plateaux reliés par quatre colonnes verticales; le tout étant fondu d'une seule pièce et permettant la facile introduction du papier. La pression est donnée par le jeu d'une bielle que fait mouvoir le coude d'un arbre auquel est transmise l'action d'un moteur quelconque. Il résulte du jeu de cette presse, que six feuilles de papier à lettre sont à la fois festonnées et gaufrées sur tous les bords, et qu'elles reçoivent en même temps telle impression en timbre sec qu'on juge à propos de leur donner.

Cette presse constitue un outil puissant bien conçu, bien étudié et bien exécuté. Le jury récompense ces mérites en accordant à M. Geueste la médaille de bronze.

M. GUENIN, à La Chapelle-Saint-Denis, rue Doudeauville, 4.

La machine à pastilles exposée par M. Guenin a été vue avec intérêt par le jury qui a reconnu, dans les dispositions adoptées par l'auteur, une intelligence remarquable des combinaisons mécaniques. Par l'emploi de cette jolie machine, le sirop contenu dans une bassine pouvant basculer, est versé et en même temps distribué en pastilles qui se fixent sur des feuilles de fer-blanc. Refroidies promptement par leur contact avec le métal auquel elles adhèrent, ces pastilles vont se ranger ensuite par étages dans une boîte placée à l'extrémité de l'appareil. La simple application d'une force légère à une manivelle produit tous ces effets.

Le jury décerne à M. Guenin une médaille de bronze.

MM. COTTON (Michel et Joseph) frères, à la Rochelle (Charente-Inférieure).

Le cric de MM. Cotton frères, destiné à manœuvrer
les vantelles des écluses et à remplacer les crics à
triple engrenage aujourd'hui en usage, est un retour bien entendu à l'emploi des leviers pour tous
les cas où la place facilite leur emploi, et où un
effort considérable ne doit être produit que pendant peu de temps. C'est le principe sur lequel sont
construits les guindeaux des navires, et en faveur desquels l'expérience a prononcé. Le cric de MM. Cotton frères est encore intéressant par sa construction
qui est des plus robustes et se fait remarquer par
une pièce de forge d'une difficulté réelle, et qui
concourt à l'efficacité de l'appareil en le fixant solidement sur la traverse de la porte de l'écluse.

MM. Cotton frères ont également exposé une louve
d'une disposition nouvelle, et qui n'a besoin pour se
fixer à une pierre, que d'un seul trou cylindrique
percé sur l'une de ses faces verticales ; une longue
expérience a prononcé sur les avantages de cette
louve, puisque le jury départemental de la Charente-
Inférieure atteste que 3o,ooo blocs de pierre ont été
placés par son emploi dans les travaux du port de La
Rochelle.

Le jury s'empresse de décerner à MM. Cotton
frères une médaille de bronze.

M. COSNUAU, à Paris, passage Basfour, 12.

Une citation favorable avait été accordée, en
1839, aux mécanismes appartenant aux besoins culinaires, et exposés par M. Cosnuau. Le même fa-

bricant représente aujourd'hui des appareils de même genre, mais il y a joint, ce qui est bien plus digne de remarque, un système de machines au moyen duquel, du fil de laiton placé sur des dévidoirs, en est graduellement enlevé et converti en agrafes à l'usage des vêtements des femmes. Ces produits sont d'une bonne forme, l'exécution en est facile, et le jury se plaît à témoigner sa satisfaction à M. Cosnuau, en lui décernant une médaille de bronze.

M. LEMARCHAND, à Paris, rue des Gravilliers, 29.

L'atelier destiné originairement à la fabrication des tours, qu'a fondé M. Lemarchand, a pris chaque année de nouveaux développements. Les produits qui en sont sortis et qu'on a vus à l'exposition, justifient entièrement ces succès par leur bonne et franche exécution.

M. Lemarchand a bien mérité de l'industrie et surtout des petits ateliers auxquels il fournit un grand nombre de pièces détachées, d'une bonne exécution.

Le jury accorde à M. Lemarchand la médaille de bronze, comme juste récompense de ses travaux.

MM. HAMANN et HEMPEL, à Paris, place Dauphine, 11.

Ces deux mécaniciens, déjà connus avantageusement par la fabrication d'instruments de précision, ont exposé un tour en l'air à contrepointe. Cet instrument, qui a été très-remarqué, contient beaucoup de dispositions nouvelles, qui attestent une intelligence étendue des principes sur lesquels repose sa construction. On y trouve des facilités particulières pour toutes les opérations qu'il comporte. Les démontages des poupées et des supports sont indépendants les uns des autres. La poulie de l'arbre reste dans un même plan avec la roue motrice, tandis que cet arbre peut se mouvoir dans le sens de son axe en conservant son mouvement de rotation suivant le procédé ordinaire. La roue motrice elle-même, qui reçoit son action d'une pédale, a été l'objet de combinaisons nouvelles et bien entendues. Dans presque tous les détails de ce tour, on retrouve la révélation d'études approfondies et d'un esprit d'invention remarquable.

Le jury s'empresse d'accorder à MM. Hamann et Hempel une médaille de bronze.

M. GOUET, aux Thermes (Seine).

M. Gouet, qui s'est occupé constamment et avec succès de l'étude des outils, a exposé un découpoir mû à bras. Cet outil est destiné aux petits ateliers. Sa disposition est telle qu'il peut même se passer de pied et être fixé dans un étau.

Quant à la transmission de la force, elle a lieu au moyen d'un levier agissant sur un excentrique d'une construction simple et originale; il consiste dans deux axes dont l'un est intérieur à l'autre. L'axe extérieur est en fonte de fer, l'axe intérieur en acier, et c'est celui-ci qui, excentré, agit sur la tête de la petite bielle qui fait jouer la glissière.

Le jury est heureux de trouver l'occasion de

mentionner M. Gouet comme ayant rendu déjà
des services à l'industrie; en même temps qu'il le
récompense pour une production actuelle, d'un
mérite remarquable.

Le jury accorde à M. Gouet une médaille de
bronze.

MENTION POUR ORDRE.

M. BOUCHON, à Paris, place Neuve-de-la-Madeleine, 12.

Les moulins à blé qu'a exposés M. Bouchon,
sont portatifs et construits en vue des besoins d'une
armée en campagne. Les meules sont en pierre et
du diamètre de 0^m,22; leur épaisseur, 2 à 3 centimètres, est la moindre qui se puisse employer utilement. La meule supérieure est fixe, l'inférieure
tourne avec une vitesse de 120 tours par minute;
le blé est mesuré à son introduction, en même
temps qu'il est concassé par un système de noix
cannelées semblables à celles des moulins à café.
Si ce moulin, qui est assujetti à des conditions très-
particulières, en raison de la mobilité dont il doit
jouir, sort pour beaucoup de choses des données
ordinaires de la mécanique, il a le grand mérite
d'être approprié à sa destination et d'avoir été
l'objet de commandes importantes et réitérées,
faites pour le service de la guerre.

C'est à l'article des meules à moulins (Voy. 1er
vol., p. 597) que se retrouve l'exposition de titres
plus importants que M. Bouchon a su se créer pour
obtenir les récompenses du jury.

RAPPEL DE MENTION HONORABLE.

M. JULLIEN, à Paris, rue Saint-Denis, 217.

Successeur de M. Coullier qui, en 1839, avait été récompensé par une mention honorable, M. Jullien continue la fabrication des petits appareils propres à la confection des ferrets qui se mettent au bout des lacets. Cette collection de petits outils heureusement groupés sur un même socle a apporté une grande facilité dans le débit que font les merciers, des lacets qui se ferrent à la demande de l'acheteur.

Le jury rappelle en faveur de M. Jullien la mention honorable qu'avait obtenue M. Coullier, son prédécesseur.

MENTIONS HONORABLES.

M. BOLLÉ, à Paris, rue Saint-Martin, 10.

Les tourne-broches à ressort de M. Bollé sont d'une bonne exécution; mais ce qui a été particulièrement remarqué est une jolie presse à façonner les ferrets des lacets. Par l'emploi de cet instrument parfaitement approprié à ses fonctions et aux mains de femmes qui doivent l'employer, un morceau de clinquant de cuivre est coupé, ployé, comprimé et fraisé avec la plus grande facilité. C'est un outil bien conçu et bien exécuté que le jury se plaît à mentionner d'une manière honorable.

M. BITTERLIN, à Paris, boulevard Poissonnière, 14.

L'instrument qu'a exposé M. Bitterlin a pour objet de fournir un moyen, indépendant de l'adresse de la main, pour couper les verres épais, non-seulement suivant des lignes droites, mais aussi suivant des courbes, en se servant de rayons de dimension illimitée.

Cet instrument d'une très-bonne exécution est jugé digne d'une mention honorable.

CITATIONS FAVORABLES.

M. DELAHAYE, à Paris, rue Chapon, 20.

Les outils que construit M. Delahaye pour les orfèvres et bijoutiers, sont d'une bonne exécution. On a distingué ses laminoirs dits débitants ainsi que ses molettes gravées. Le jury se plaît à reconnaître dans M. Delahaye un fabricant habile, et décide que ses travaux seront cités favorablement.

M. CHÉRET, à Paris, rue de Montmorency, 26.

Les filières de M. Chéret sont très-bien exécutées; elles portent trois coussinets de petite largeur et bien évidés au milieu. Leur pénétration dans le métal est facile, et elles offrent des espaces convenables pour que les copeaux trouvent à se loger.

Ces outils méritent d'être cités favorablement.

IV. *Mécanismes divers relatifs aux habitations.*

NOUVELLE MÉDAILLE DE BRONZE.

M. MELZESSARD, à Paris, rue Ménilmontant, **35 *bis*.**

Cet exposant qui, en 1839, avait vu ses travaux honorés par une médaille de bronze, reproduit aujourd'hui ses fermetures de boutiques et de magasins avec des perfectionnements remarquables, et il y ajoute de nouvelles inventions également dignes d'attention. Aujourd'hui ses volets, soit en fer, soit en bois, se relèvent et se développent avec plus de facilité; il en a combiné d'autres qui ont pour objet de clore, pendant la nuit, les plafonds vitrés existant maintenant dans beaucoup de magasins. Des combinaisons ingénieuses mettent le propriétaire à l'abri des tentatives dangereuses qui pourraient venir de son intérieur; enfin, comme pour compléter un système de ferrures qui embrasse presque tous les besoins des magasins de vente, M. Melzessard a imaginé un système de supports pour les bannes: il exclut les arcs-boutants, qui sont un si grand sujet de gêne pour la circulation dans les rues. Ce genre de supports est à tirage, dans le genre des corps de lunette, mais avec des dispositions particulières et indispensables, qui révèlent une intelligence remarquable de ces sortes de travaux.

Le jury accorde avec satisfaction une nouvelle médaille de bronze à M. Melzessard.

MÉDAILLE DE BRONZE.

M. HAVÉ, à Paris, rue Neuve-Saint-Paul, 10.

Le mécanisme au moyen duquel on peut sans sortir d'un appartement, sans ouvrir de fenêtre, en fermer les persiennes, a généralement attiré l'attention du public. M. Havé obtient ce résultat, d'une grande commodité, par des moyens simples et bien combinés. Pour établir une communication de l'intérieur à l'extérieur, il faut au moins une tige, et cette tige est tout simplement celle qui supporte la patère sur laquelle se relève le rideau. La patère par son large diamètre offre un bras de levier suffisant pour que la tige, devenue un moyen de transmission de mouvement, fasse mouvoir par l'intermédiaire de deux roues d'angle, la persienne qui au moyen d'un temps perdu, fort bien combiné, est en même temps décrochée. Les avantages que présente ce mécanisme sont évidents, et ils seront d'autant plus facilement recueillis que le vent gênera moins l'opération.

Le jury, appréciant l'étude intelligente qui se remarque dans toutes les parties de ce mécanisme, et l'utilité réelle qui en résulte, accorde à M. Havé une médaille de bronze.

MENTIONS HONORABLES.

M. JARDIN (Charles-Samson), à Quimper (Finistère).

M. Jardin, chargé, comme architecte, de rendre

complète la clôture des fenêtres battues par la pluie
et les vents de mer, a employé avec un plein succès,
ainsi que l'attestent des certificats officiels, un
moyen qui consiste à rendre mobile la traverse inférieure du dormant de chaque fenêtre, et à faire
que cette traverse s'élève par l'action même qui
ferme la fenêtre. Cette traverse porte une languette
qui pénètre dans une rainure pratiquée à la partie
inférieure des châssis vitrés. Le mouvement élévatoire est produit par la crémone qui, en descendant,
met en jeu deux leviers; ceux-ci élèvent horizontalement la traverse inférieure du bâti. Cette disposition a eu un bon résultat, et mérite d'être mentionnée honorablement.

M. HENRY aîné, rue Poissonnière, 13,

A exposé des pliants d'une bonne fabrication, et
en outre deux objets nouveaux qui ont fixé l'attention. L'un est une persienne à lames de tôle découpées dans un même morceau, ce qui présente
à la fois légèreté, économie et solidité. On a regretté
que cette disposition heureuse ait paru à son auteur
nécessiter l'emploi de châssis composés de deux
feuillets en bois superposés; genre de construction
dans lequel le bois est fort exposé à se disjoindre.
L'autre objet est une jalousie dont les lames, également en feuilles de tôle, sont réunies par des
courroies en cuir; elles s'enroulent autour d'un cylindre au lieu de se replier sur elles-mêmes, comme
cela a lieu habituellement. Ces jalousies sont d'une
légèreté très-remarquable, d'une grande solidité et
d'une manœuvre facile.

Le jury décerne pour ces objets nouveaux et non entrés encore dans les usages, une mention honorable.

M. FADIÉ, à Paris, rue du Faubourg-Poissonnière, 128.

Les tringles pour rideaux qu'a exposées M. Fadié sont de deux sortes : les unes jouissent de la propriété de s'allonger et se raccourcir à volonté, pour s'adapter à toutes les largeurs de croisées ; elles sont destinées à recevoir les petits rideaux ; d'autres, appropriées au service des grands rideaux, contiennent des dispositions dignes de remarque. Ces tringles ne comportent pas d'anneaux les embrassant, et la suspension du rideau est intérieure ; à cet effet, la tringle est formée avec un tube en cuivre, fendu à sa partie inférieure, et livrant par cette fente un moyen de communication entre le rideau et de petits chariots en cuivre montés sur galets. Ces petits chariots courent sans possibilité de dérangement dans l'intérieur du tube. Les moyens de les faire mouvoir, ainsi que ceux de régler la suspension et l'horizontalité des tringles, sont également simples et efficaces.

Le jury accorde à M. Fadié une mention honorable.

M. LOUET, à Paris, rue Royale-Saint-Martin, 18.

Les jalousies organisées par M. Louet, au moyen de chaînettes, ne peuvent qu'être d'un bon usage, et le jury, pour récompenser cette bonne disposition, accorde à son auteur une mention honorable.

CITATIONS FAVORABLES.

M. BELLOY-RODRIGUEZ, à Cherbourg (Manche),

A exposé une collection de poulies en porcelaine avec montures en cuivre, destinées au service des cordons de rideaux. Cette fabrication s'est fait remarquer par une bonne entente générale et des soins de détail qu'on n'est pas accoutumé à rencontrer dans ces sortes de produits.

Le jury la cite favorablement.

M. VINCENT, à Paris, rue des Marais-du-Temple, 54.

La jalousie dans laquelle cet exposant a remplacé les cordons ordinaires par des chaînes et des entretoises en fils métalliques infiniment plus durables, est très-facile à manœuvrer. L'emploi d'une roue à rochet qui permet de fixer la jalousie à quelque hauteur que ce soit, uniquement en suspendant l'action de l'élever, est une bonne disposition. D'après cette indication, on comprend que pour abaisser la jalousie, il suffit de dégager d'une main la roue du rochet et de l'autre d'en modérer le mouvement. Deux cordons sont disposés pour qu'on produise ces deux effets avec facilité. L'ensemble de ces dispositions mérite d'être cité favorablement.

V. *Moyens de maîtriser les chevaux qui s'emportent.*

Considérations générales.

Dans tous les temps beaucoup d'inventeurs se sont présentés pour conjurer par leurs combinaisons les dangers les plus frappants entre ceux qui menacent la vie des hommes. De ces dispositions louables sont nées grand nombre d'inventions impuissantes à combattre les incendies ou à arracher les naufragés aux périls qui les menacent. Il en a été de même des préservatifs contre les catastrophes que peut causer l'emportement des chevaux. Quatre nouvelles inventions de ce genre ont figuré à l'exposition. S'il n'est rendu compte que de deux, il convient de motiver le silence gardé sur les deux autres : tout moyen offensif d'agir sur un cheval emporté, qui ne permet pas de modifier à volonté l'action exercée, ou de la supprimer entièrement et instantanément, est un mauvais moyen. Ainsi, la suffocation par pression sans réserve sur les naseaux, peut faire naître de nouveaux dangers par la défense ou la colère de l'animal. Ainsi également l'expédient qui consiste à faire frapper le nez du cheval par des pointes, est propre à le faire cabrer ou reculer, jusqu'à ce qu'on l'ait débarrassé de ces atteintes dangereuses. Le cheval dressé est une machine à fonctions régulières et faciles, qui ne peut être produite que par ceux qui en ont fait une étude, et ceux-là encore seulement sont en état de tirer un parti avantageux de cette machine, quand elle est devenue défectueuse. Un état permanent de danger peut résulter d'une sécurité trop confiante. Qui ne s'entend pas aux chevaux ne doit en avoir que de bien dressés, et ceux-là seuls qui s'y entendent peuvent tirer un parti avantageux des moyens présentés par les deux exposants dont les productions vont être rapportées.

MENTION HONORABLE.

M. PELLIER, professeur d'équitation, à Paris, rue du Faubourg-Saint-Martin, 11.

S'il est un sujet de recherches qui exige des connaissances pratiques, c'est assurément celui qui a pour objet l'emploi des chevaux : aussi ne doit-on pas être étonné d'avoir vu échouer un grand nombre d'inventeurs qui, sans expérience, cherchaient du fond de leur cabinet à dompter ces animaux, et aussi doit-on trouver tout naturel qu'un homme de cheval des plus expérimentés, ait rencontré un moyen très-simple et très-efficace de les maîtriser dans leurs emportements. M. Pellier, frappé de la puissance avec laquelle les maquignons se rendent maîtres des chevaux entiers les plus fougueux par le simple croisement de deux longes qui compriment à la fois les barres, les lèvres, et un peu les barbes du cheval, chercha à produire un effet analogue : il en trouva les moyens dans le filet ordinaire sans rien changer à ses éléments. Il lui a suffi, pour atteindre ce résultat, de passer la rêne de droite dans l'anneau de gauche, et, réciproquement, la rêne de gauche dans l'anneau de droite. De cette manière, les deux rênes se trouvent croisées sous les barbes ; elles agissent chacune du côté opposé au point où elles sont fixées au mors brisé, et quand elles sont tirées fortement, elles font agir celui-ci de manière à faire éprouver au cheval, la douleur qui donne tant de puissance aux maquignons sur ceux qu'ils dirigent. On comprend facilement que ce système ne comporte aucun mécanisme, qu'il est applicable aux chevaux de selle comme de voiture, et que son action se modère à volonté et même cesse entièrement sitôt qu'on le juge convenable.

Le jury prenant en considération les avantages incontestables attachés à l'invention de M. Pellier, mais sans juger qu'elle soit d'une efficacité absolue pour tous les cas, décerne à son auteur la mention honorable.

CITATION FAVORABLE.

MM. NIEPCE et ÉLOFFE, à Paris, rue des Vieux-Augustins, 23.

L'objet que se sont proposé MM. Niepce et Éloffe a été d'aveugler subitement les chevaux qui s'emportent. Le moyen adopté par les auteurs s'applique uniquement aux chevaux de voiture, ne pouvant être employé qu'à la faveur des œillères qui, dans ce cas, sont parties obligées de la têtière. Sur la face interne de ces organes est appliqué un diaphragme plissé à la manière des lanternes de papier. Une détente comprime le ressort qui développe le diaphragme et l'applique au besoin sur l'œil. Un cordon allant jusqu'à la voiture met l'action de la détente à la disposition de celui qui conduit le cheval. Le jury pense que ce moyen produira son effet dans un grand nombre de cas, mais il craint aussi qu'au milieu des petits accidents si variés qui se produisent dans le harnais des chevaux, le cordon ne se trouve quelquefois agir sans convenance et avec danger; car il pourrait arriver qu'un cheval fût privé de la vue dans le moment même où on aurait le plus besoin de la rapidité de sa course. A part cette considération, le jury a trouvé le mécanisme de MM. Niepce et Eloffe fort bien combiné : il juge qu'il peut être cité favorablement.

VI. *Indicateurs à cadran.*

MENTION HONORABLE.

M. JANIN, à Paris, rue du Rocher, 20.

Le jury se plaît à rendre justice au talent remarquable dont a fait preuve M. Janin, dans l'instrument indicateur qu'il a construit pour compléter les fonctions que l'on donne aux sonnettes de service.

Les numéros qu'il fait paraître arrivent isolément ou par groupes en un point central, sans qu'il en puisse résulter de confusion. Ils disparaissent avec facilité. Ce mécanisme qui semble compliqué ne se compose cependant que d'un petit nombre de pièces, nombre répété pour chacun des numéros qu'on veut faire paraître.

La conception et l'exécution très-soignée de cet instrument méritent que le jury mentionne M. Janin de la manière la plus honorable.

CITATIONS FAVORABLES.

M. BARBOU, à Paris, rue Montmartre, 58.

Les indicateurs de M. Barbou fonctionnent bien; les numéros paraissent avec exactitude quand l'appareil est bien posé.

Un timbre annonce l'apparition de chacun d'eux. Ce mécanisme est l'objet d'une citation favorable.

M. REDARCE, à Paris, rue de la Boucherie (Gros–Caillou), 9.

L'indicateur remplaçant les sonnettes qu'a construites M. Redarce, est un instrument utile; cependant on peut regretter que les numéros s'y fassent disparaître réciproquement, ce qui ne serait pas sans inconvénients, dans le cas nécessairement fréquent où plusieurs demandes seraient faites dans le même moment.

Le cadran qui accompagne cet instrument a son degré d'utilité, et l'ensemble mérite d'être cité favoblement.

VII. *Travail manuel.*

M. POLLIART, à Rouen (Seine-Inférieure).

M. Polliart, qui s'était déjà fait remarquer à la précédente exposition, s'est représenté à celle-ci avec des ouvrages de tour, appartenant à la tabletterie. La bonne exécution qui les distingue s'est fait particulièrement remarquer dans une collection de pièces en ivoire et dans une table de travail.

Le jury lui décerne une mention honorable.

M. ROUILLARD, rue du Puits-Saint-Laurent, 7, à Belleville (Seine).

En exposant des produits de tonnellerie obtenus manuellement et d'une confection parfaite, ce fabricant a donné un de ces exemples qui agissent toujours utilement sur les progrès d'une industrie.

On a particulièrement remarqué un broc d'une exécution très-soignée, ainsi que des bouteilles en bois, qui, garnies intérieurement en étain, fournissent aux liquoristes des récipients parfaitement appropriés par leur solidité et par leur imperméabilité, à la conservation des liquides spiritueux.

Le jury décide que M. Rouillard, praticien recommandable par de longues années de travail, recevra une mention honorable.

VIII. *Carrosserie.*

Considérations générales.

Cette industrie, si considérable à Paris, n'a été représentée à l'exposition que par un petit nombre de voitures. Celui des constructeurs qui, il y a cinq ans, avait mérité la récompense la plus élevée qui ait été décernée, ne s'est pas représenté dans le même genre de productions : son exposition se faisait remarquer par d'excellents produits résultant d'une grande fabrication de ressorts de voitures. Il y a cinq ans, le jury, dans son rapport, avait exprimé le désir que les constructeurs de diligences vinssent soumettre leurs conceptions à l'appréciation du public. Une seule personne a répondu à cet appel ; mais malheureusement étrangère par ses travaux habituels à ce genre de construction, elle n'a produit qu'un système de voiture, remarquable par son originalité, même par une hardiesse qu'on ne saurait louer et qui atteste l'absence de pratique chez cet inventeur. Il n'en sera donc fait aucune autre mention. Une voiture à six roues, dont les éléments principaux avaient déjà été produits à la dernière exposition, figurait encore à celle-ci. Tout le temps écoulé depuis cette première époque n'ayant pas produit d'expérience suffisante pour que l'opinion du jury pût se former avec certitude, il ne devait pas en être question au rapport.

L'attention publique s'est concentrée sur deux voitures très-différentes entre elles, mais toutes deux ayant des mérites qui leur ont valu des récompenses.

___

NOUVELLE MÉDAILLE DE BRONZE.

M. FIMBEL, à Mours (Seine-et-Oise).

Très-habile constructeur de voitures, M. Fimbel avait obtenu, en 1839, une médaille de bronze pour avoir exposé une voiture en blanc, d'une parfaite exécution.

A la présente exposition, il s'est contenté de produire neuf ressorts à pincettes de différents modèles, et pour application à des voitures diverses. Ces produits ont été également remarqués et ont rehaussé encore la juste réputation qu'a acquise M. Fimbel dans la carrosserie. Cette fabrication spéciale de ressorts qui occupe un grand nombre d'ouvriers, est située à Mours, près Beaumont-sur-Oise, et doit une partie de sa puissance à une chute d'eau de la force de quinze chevaux.

Le jury décerne avec satisfaction à M. Fimbel une nouvelle médaille de bronze.

___

MÉDAILLES DE BRONZE.

M. WAIDÈLE, à Paris, rue du Jardin-du-Roi, 9.

La voiture qu'a exposée M. Waidèle était en blanc;

dès lors on a pu juger de la partie la plus intime de sa fabrication, celle qui en constitue la solidité et en garantit la durée. Bien que cette fabrication, soignée dans tous ses détails, ait fixé l'attention du public, une chose l'a éveillée plus vivement encore, c'est le caractère d'invention qu'a présenté la voiture exposée; alternativement cabriolet à quatre roues et calèche de famille, elle subit cette transformation avec une facilité très-remarquable, puisque deux minutes suffisent pour obtenir ce résultat. Dans ce dernier état, le train a besoin de plus de longueur. car entre les roues de devant et celles de derrière, il faut trouver place pour l'ouverture de la portière et le développement du marchepied. Cette dernière condition est remplie au moyen de quelques tours de manivelle qui ont pour effet de faire glisser en arrière l'essieu des grandes roues et de le fixer dans cette dernière position. Les choses étant dans cet état, la capote, qui d'abord placée en avant couvrait le cabriolet, s'est trouvée transportée en arrière et en glissant sur deux espèces de rails tout en entraînant le siége avec elle. Les nouveaux éléments qui composent la voiture ainsi développée sont renfermés dans la caisse du cabriolet, de sorte que partout on peut opérer cette transformation. Le mérite de cette disposition trouve sa sanction dans l'accueil qu'elle a reçu du public et qui est attesté par les nombreuses commandes qui ont suivi l'exposition de M. Waidèle.

Le jury lui accorde la médaille de bronze.

M. DAMERON, à Paris, rue du Dragon, 25 et 31.

La carosserie bien faite, sous deux états distincts, offre un intérêt à peu près égal : les uns aiment qu'elle se montre en blanc pour pénétrer mieux dans les garanties de solidité qu'elle présente; d'autres préfèrent qu'elle se montre finie et dans toute sa splendeur. C'est ce dernier parti qu'a choisi M. Dameron. La voiture qu'il a exposée est une voiture d'apparat; aussi y a-t-il développé toutes les ressources du plus grand luxe.

La forme générale répond très-bien à ce but, tous les détails attestent une exécution consciencieuse et telle qu'on est accoutumé à l'attendre de cette maison, dont la réputation est ancienne et bien fondée. Cette voiture est particulièrement l'œuvre de M. Dameron fils, qui débute ainsi sous d'heureux auspices.

Le jury, appréciant le mérite de cette exécution, décerne à M. Dameron la médaille de bronze.

MENTIONS HONORABLES.

M. CORBIN, à Paris, cour des Petites-Écuries, 5,

A exposé des essieux droits et coudés ordinaires ainsi que d'autres suivant le modèle des malles-postes. Il y a joint des boîtes de roues en fer forgé.

Le jury se plaît à rendre justice à la très-bonne fabrication de ces différentes pièces.

Il décerne à M. Corbin la mention honorable.

M. BINDER, à Paris, rue d'Anjou-St-Honoré, 56.

Le cric que M. Binder a exposé est fait pour les

voitures de voyage et bien approprié à cette destination.

Comme il importe généralement, quand l'occasion se présente d'employer un pareil outil, de
n'avoir à dépenser que peu de force, à la charge
de dépenser plus de temps ; M. Binder a fort bien
fait de se servir d'une vis sans fin, engrenant avec
la roue portant le pignon qui mène la crémaillère
du cric.

Le jury accorde à M. Binder une mention honorable.

M. VIGOUREUX, à Paris, Champs-Élysées, rond-point, 4.

M. Vigoureux avait, en 1839, été cité favorablement pour un cric destiné aux voitures de
voyage. Cet outil, très-important dans des circonstances données, a reçu de son auteur d'utiles perfectionnements. A la vis simple qui en faisait une
sorte de vérin, il a substitué une vis à pas à droite
et à gauche, qui double la rapidité de la manœuvre
sans nécessiter d'efforts extraordinaires. A cela il a
ajouté des hausses ou tubes en bois de frêne, convenablement frettées, pour atteindre à toutes les hauteurs voulues.

Aujourd'hui le cric de M. Vigoureux est devenu
un outil puissant et léger, et très-bien approprié à
sa destination.

Le jury se plaît à le mentionner honorablement.

CITATIONS FAVORABLES.

M. SERRE, à Pont-à-Mousson (Meurthe).

Les produits exposés par M. Serre se composent généralement de pièces dans lesquelles le filetage joue le rôle principal.

Dans les boîtes ou écrous pour enrayage de charrettes, les filets ne sont plus brasés, suivant l'ancien usage qui comportait beaucoup d'irrégularités et de manques de soudure. Il y a donc progrès dans la fabrication de M. Serre, qui emploie de 15 à 20 ouvriers.

Le jury lui accorde une citation favorable.

MM. CHOMEAU et CHAMPION, à Paris, avenue de Lamotte-Picquet, 1.

Les essieux de ces exposants ont donné une opinion avantageuse de leur fabrication.

Le jury leur accorde une citation favorable.

§ 5. SERRURERIE DE PRÉCISION.

M. Théodore Olivier, rapporteur.

Considérations générales.

En 1839, la serrurerie de précision s'était distinguée à l'exposition des produits de l'industrie; en 1844, elle se présente avec des améliorations nouvelles.

L'emploi des machines-outils s'est répandu dans les ateliers, ce qui a permis d'obtenir des produits mieux faits et à meilleur marché. Aussi la baisse de prix est remarquable, car elle va presque jusqu'à moitié.

On conçoit sans peine que lorsque, dans une industrie, l'esprit d'invention s'est fortement manifesté à une certaine époque, il reste stationnaire pendant quelque temps; alors on cherche à améliorer ce qui a été inventé : c'est ce qui s'est fait remarquer à l'exposition de 1844.

Ainsi, parmi les objets exposés, on a trouvé beaucoup de perfectionnements, une construction mieux entendue, des pièces mieux faites et mieux ajustées, une confection, en général, plus soignée, une fabrication plus réglée et plus économique, mais peu d'idées vraiment nouvelles.

Les divers principes sur lesquels repose la construction des serrures exposées en 1844, sont les mêmes que ceux employés en 1839. Ainsi : le principe de Bram ou serrure à pompe; le principe de Schubb ou serrure à gorges mobiles; le principe des combinaisons sur lequel reposait l'ancien cadenas à chiffres; le principe des clefs à panneton mobile; mais tous ces principes ont été modifiés d'une manière heureuse.

Pour donner plus de sécurité, on a imaginé les doubles pompes, les combinaisons que l'on ne peut tâter en s'appuyant sur le pêne, des clefs à panneton mobile se développant, lorsqu'il est arrivé dans l'intérieur de la serrure, et s'y divisant en plusieurs pannetons.

Lorsqu'une industrie est arrivée à un certain degré de perfection, il n'est plus aussi difficile d'imaginer des perfectionnements et même d'inventer du nouveau. Aussi le jury de 1844 doit-il plutôt récompenser la bonne confection, l'extension des affaires commerciales et le bon marché de produits bien fabriqués, que les idées dites nouvelles, à moins toutefois que l'idée nouvelle soumise à son examen ne soit une véritable invention, et non une modification heureuse apportée à une combinaison de pièces, déjà connue. Il est moins difficile aujourd'hui d'avoir une idée nouvelle en serrurerie qu'il y a 25 ans, car on est enseigné maintenant par un grand nombre de belles et bonnes inventions connues de tous et qui sont tombées dans le domaine public.

MÉDAILLE D'ARGENT.

M. LEPAUL, à Paris, rue de la Paix, 2.

L'établissement de serrurerie de M. Lepaul a pris une grande extension depuis 1839. En ce moment, il a trois ateliers: le premier, rue de la Paix, où il emploie 33 ouvriers; le second, à Chaillot, où travaillent 48 ouvriers; et le troisième, rue Sainte-Hyacinthe-Saint-Honoré, où il a 29 ouvriers.

Il fait environ pour 150,000 fr. d'affaires par an et il fabrique de 100 à 150 caisses dites coffres-forts et de 2 à 3 mille serrures à pompe (système Bram) chaque année. Il fait des envois en Angleterre et il expédie pour les deux Amériques. Il est l'inventeur du système dit à double pompe. Ce système offre une grande sécurité. Tout se fait dans ses ateliers par machines-outils, ce qui lui a permis de réduire ses prix de moitié.

M. Lepaul a obtenu la médaille de bronze en 1827, le rappel de cette médaille en 1834, une nouvelle médaille de bronze en 1839. Le jury accorde, en 1844, à M. Lepaul, la médaille d'argent.

RAPPELS DE MÉDAILLES DE BRONZE.

M. GRANGOIR, à Paris, rue de Cléry, 80.

M. Grangoir a obtenu, en 1834, une médaille de bronze et une nouvelle médaille de bronze en 1839.

Depuis la dernière exposition, cet habile serrurier a continué à mériter la confiance du public par la bonne confection de ses produits. M. Grangoir est un fabricant consciencieux.

Le jury se plaît à accorder, en 1844, à M. Grangoir, le rappel de ses deux médailles de bronze de 1834 et de 1839.

M. FICHET, à Paris, rue Richelieu, 77.

M. Fichet a obtenu, en 1834, une médaille de bronze, et le rappel de cette médaille en 1839.

Le jury accorde encore, en 1844, à M. Fichet le rappel de la médaille de bronze de 1834.

MÉDAILLES DE BRONZE.

M. DORVAL, à Paris, rue Neuve-Montmorency, 1.

M. Dorval est un ouvrier qui s'est établi en 1839.

Il s'est alors occupé de la confection des caisses coffres-forts, ayant travaillé, comme ouvrier, dans cette partie.

Avec de l'ordre et de l'intelligence, il a prospéré.

Il a imaginé un système à double pompe qui offre plus de sécurité que le système simple de Bram. Le système de M. Dorval est différent de celui inventé par M. Lepaul, mais il est plus compliqué; il consiste en deux pompes placées l'une dans l'autre et concentriques.

M. Dorval fait exécuter à Feuquière, près Valines (département de la Somme), presque toutes ses pièces en blanc; il occupe dans ses ateliers de Paris une trentaine d'ouvriers qui ajustent et finissent.

Les pièces qui sortent des ateliers de M. Dorval sont faites avec soin, et sont livrées au commerce à des prix modérés.

Le jury décerne à M. Dorval une médaille de bronze.

M. PAUBLAN, à Paris, rue Saint-Honoré, 366.

M. Paublan, dont l'établissement remonte à 1829, a reçu, en 1839, une mention honorable pour un nouveau principe de son invention.

En 1839, le jury s'exprimait ainsi dans son rapport sur la serrurerie de précision.

« M. Paublan a exposé une serrure à combinai-
» sons dans laquelle il a tenté avec bonheur de se
» préserver du danger du tact. Il est parvenu à at-
» ténuer tellement les indications fournies par la
» résistance du pène ou du va-et-vient, qu'il est per-
» mis d'espérer que ce nouveau moyen sera une res-
» source de plus dont pourra s'enrichir l'art du ser-
» rurier. »

Depuis la dernière exposition, M. Paublan a développé et perfectionné son invention, et elle satisfait maintenant à toutes les exigences de construction, de combinaison et de sécurité, tout comme les autres principes définitivement adoptés.

Le jury décerne à M. Paublan une médaille de bronze.

MENTIONS HONORABLES.

M. VERSTAEN, à Paris, rue Beaujolais-du-Temple, 6 et 7.

M. LELOUTRE, à Paris, rue du Caire, 10.

Le jury leur accorde une mention honorable pour leurs coffres-forts qui sont bien exécutés, et pour leurs serrures à combinaisons dont le travail est digne d'éloge.

M. LEMOITRE, à Paris, boulevard des Italiens, 17 et 19.

M. Lemoitre a exposé des coffres-forts dont l'exécution est très-bonne, et ses serrures à combinaisons présentent un travail fini qui se fait aussi remarquer dans ses serrures de bâtiments.

Le jury accorde à M. Lemoitre une mention honorable.

M. HUE, à Paris, rue du Faubourg-Saint-Martin, 61.

M. Hue, horloger, a inventé un petit système qui peut s'appliquer à toutes les serrures en perçant verticalement le pène. Au moyen du mécanisme inventé par M. Hue, on fait glisser une tige de fer dans le trou pratiqué dans le pène, en sorte que la serrure se trouve condamnée.

Ce petit système est fondé sur le principe des lames mobiles, mais la disposition nouvelle, imaginée par M. Hue, offre une grande sécurité, et son exécution est extrêmement facile.

Il y a là une idée vraiment nouvelle.

Le jury accorde à M. Hue une mention honorable. A l'exposition prochaine, on espère revoir ce système ayant reçu la sanction de l'expérience et tous les développements dont il paraît susceptible.

M. DOYEN, à Paris, rue Saint-Guillaume, 5.

M. Doyen a exposé divers objets de serrurerie; on a remarqué sa serrure, système de Schubb modifié. En 1843, il a présenté à la société d'encouragement pour l'industrie nationale, une serrure construite d'après ce système, mais celle qu'il expose aujourd'hui a reçu des perfectionnements utiles.

Le jury accorde à M. Doyen une mention honorable.

CITATIONS FAVORABLES.

Le jury cite favorablement :

M. HUET, à Paris, rue du Faubourg-St-Martin. 99,

Pour une serrure à clef, à panneton mobile, faisant mouvoir trois pênes l'un après l'autre.

M. MONESTÈS (François). à Paris, rue Contrescarpe-Saint-Antoine, 14,

Pour un nouveau système de serrures.

MM. TRINTZIUS, aux Batignolles-Monceaux, rue d'Antin, 14, et **BRETON**, à Paris, rue du Jour, 6,

Pour leurs serrures à panneton mobile.

Le panneton de la clef se divise en deux pannetons après l'introduction de la clef dans la serrure.

M. MÉRIET, à Paris, rue Saint-Marc, 31,

Pour la bonne exécution de ses coffres-forts et de ses serrures à combinaisons.

SECTION VI.

CONSTRUCTIONS CIVILES ET NAVALES.

§ 1. CONSTRUCTIONS CIVILES.

M. Michel Chevalier, rapporteur.

Barrage mobile accompagné d'une écluse à grande ouverture.

MÉDAILLE D'OR.

M. THÉNARD, ingénieur en chef des ponts-et-chaussées, chargé de la navigation de l'Isle, à Abzac (Dordogne).

Le barrage mobile de M. Thénard se compose de volets en bois attachés à charnières sur la face horizontale d'un radier. Ces volets, appelés hausses, sont larges de $1^m.18$ ordinairement, et ont, dans la dimension perpendiculaire à l'axe des charnières, la longueur nécessaire pour que, relevés, ils soient un peu dépassés par le niveau qu'on veut donner à l'eau, à l'étiage. On en a construit de $1^m.70$, et M. Thénard pense qu'on pourrait aller jusqu'à 3 et 4 mètres. La série continue de ces volets forme le barrage. Sur la face d'aval, un arc-boutant en fer fixé par une charnière à la partie supérieure du volet, vient s'appuyer, quand le barrage est dressé, contre un arrêt établi sur le radier. La manœuvre de ce barrage s'opère par le moyen de diverses pièces accessoires.

Pour abattre le barrage, on se sert d'une barre en

fer plat qui traverse la rivière, couchée sur le radier, en amont du pied des arcs-boutants. Elle porte, en saillie, des mentonnets en nombre égal aux arcs-boutants, espacés de manière qu'en faisant glisser la barre sur la ligne qu'elle occupe, les mentonnets viennent, non pas simultanément, mais l'un après l'autre, heurter le pied des arcs-boutants et abattre ceux-ci. Le mouvement de va-et-vient de la barre s'effectue à l'aide d'un pignon vertical placé sur le rivage dans l'épaisseur de la maçonnerie de la culée, et engrenant avec une crémaillère par laquelle se prolonge la barre.

Pendant la saison des hautes eaux, et en tout temps lorsqu'on le veut, le barrage reste ainsi couché d'amont en aval, c'est-à-dire les hausses étant en aval de leurs charnières.

Quand on veut le relever, on fait usage d'une autre série de volets semblable à la première, placée en amont sur le même radier. C'est ce que M. Thénard appelle des contre-hausses. Les contre-hausses se rabattent contrairement aux volets du barrage, c'est-à-dire d'aval en amont. Entre les deux lignes de charnières, répondant l'une aux hausses, l'autre aux contre-hausses, on laisse une distance de 3o centimètres. Quand les contre-hausses sont couchées, un loquet à ressort retient chacune d'elles sur le radier contre l'action du courant qui tend à les relever.

Ces loquets s'ouvrent ou se ferment par le moyen d'une barre en fer plat, semblable à celle qui agit sur les arcs-boutants des hausses et se manœuvrant de même. Quand on ouvre les loquets, les contre-hausses se relèvent successivement et prennent l'une après l'autre une position verticale dans laquelle on les retient par le moyen d'une chaine bifurquée, scellée au massif du radier, en amont. Sans cette chaine le courant rabattrait les contre-hausses en aval de leurs charnières. Les contre-hausses constituent donc, pour ainsi dire, en un clin d'œil un véritable barrage de retenue, et jusqu'à ce que l'eau se soit mise au niveau du bord supérieur des contre-hausses, l'éclusier a le temps, dans les rivières très-basses, de relever presque à pied sec les hausses ou volets du barrage proprement dit, ainsi que les arcs-boutants qui leur servent de support. En cas d'eaux plus hautes, un mécanisme fort simple permet d'arriver au même résultat. A la partie supérieure du contre-barrage formé par les contre-hausses, est un petit pont de service, le long duquel on transporte un treuil portatif destiné à relever les hausses et qui se porte sur des appuis ménagés à cet effet sur les contre-hausses. On se sert aussi, dans cette manœuvre, d'un croc.

Pour entraîner les graviers et les galets qui auraient pu séjourner en amont des contre-hausses, à côté d'elles, ou pour remplir rapidement, si on le désire, l'espace compris entre les hausses et les contre-hausses, ces dernières sont munies de ventelles. Des ventelles correspondantes sont placées au bas des hausses, afin de nettoyer le fond et chasser les graviers qui auraient pu recouvrir la barre de fer motrice.

Ce système a été employé pour hausser plusieurs

barrages établis dans la rivière d'Isle, d'une longueur de 50 mètres. Mais ces barrages étant à chevrons brisés, les barres motrices sont doubles et n'ont qu'une longueur égale à la moitié du barrage. Chaque barre partielle se manœuvre de la culée attenante. On relève ainsi le plan d'eau de 80 centimètres seulement. Mais peu importe cette faible hauteur. Du moment que le mécanisme fonctionne bien en cette circonstance, il est certain qu'avec une profondeur double on aurait le même succès. Au surplus, au barrage Saint-Antoine, une longueur de 8^m.30 est ainsi occupée par des hausses de 1^m.70 de hauteur verticale et par leurs contre-hausses, et l'appareil fonctionne bien.

Ainsi l'expérience a garanti l'efficacité du barrage mobile de M. Thénard.

On aurait pu craindre que le jeu des ferrures placées sous l'eau ne fût gêné par les graviers, par des branchages; jusqu'à présent rien de pareil n'a eu lieu, quoique depuis plusieurs années cette construction soit en usage.

Les tentatives de M. Thénard datent de 1831. Dès cette époque, le barrage de Saint-Seurin fut muni de hausses mobiles d'après le plan de cet ingénieur. Plus tard, en 1839, le système fut complété, et M. Thénard, avec une modestie qui lui fait honneur, attribue à M. Mesnager, inspecteur divisionnaire des ponts-et-chaussées, l'idée première des contre-hausses avec lesquelles il a complété son œuvre, et le système ainsi amélioré a été appliqué aux trois barrages de la Caillade, de Coly-Lamelette, et de Fontpeyre. Il a été l'objet d'un examen spécial par une commission d'ingénieurs qui en a constaté l'efficacité et la facile manœuvre.

On voit d'ailleurs que ce système est peu dispendieux. On conçoit aussi qu'au moyen de piles en maçonnerie, espacées de 40 à 50 mètres, on pourrait l'appliquer à des fleuves très-larges.

M. Thénard a eu récemment la pensée d'y joindre une écluse à grande largeur qui aurait pour porte d'aval le barrage proprement dit, c'est-à-dire les hausses, et pour portes d'amont les contre-hausses. Une écluse ainsi établie pourrait être de telle largeur qu'on désirerait. Des expériences en petit montrent que le passage d'une écluse s'opérerait avec une rapidité extrême, et le remous de l'eau dans l'intérieur de l'écluse simplifierait la manœuvre.

En résumé, M. l'ingénieur en chef Thénard présente par son barrage mobile une solution neuve d'un problème difficile qu'un autre ingénieur des ponts et chaussées, M. Poirée, avait abordé avec un succès qui lui valut, du jury de 1839, une médaille d'or. Il est possible que l'expérience et la pratique apportent des améliorations au mécanisme de M. Thénard ; mais, dès à présent, on est autorisé à le considérer comme tout à fait satisfaisant.

Le jury exprime le vœu que le barrage de M. l'ingénieur en chef Thénard reçoive des applications nouvelles et que son écluse soit essayée. Il signale ce système comme fort approprié à la navigation à vapeur qu'il importe d'établir sur nos rivières, et comme pouvant être employé plus efficacement qu'un autre à produire l'irrigation des terres.

Il décerne à l'auteur une médaille d'or.

MÉDAILLES D'ARGENT.

M. BORREL (Félix), ingénieur des ponts-et-chaussées, à Toulouse (Haute-Garonne).

M. Borrel a exposé le modèle d'une machine à dégravoyer nommée aussi *chasse-mobile*, pour approfondir les passes des rivières torrentielles, à fond de gravier, et y faciliter ainsi la navigation.

Dans toutes les rivières, après l'écoulement des plus grandes eaux des crues, il s'établit un état d'équilibre dépendant de la pente, de la forme et de la résistance du lit et des berges. Cet équilibre est tel qu'une rivière, dans toute l'étendue de son cours, se trouve divisée en gouffres ou biefs, qui sont plus ou moins profonds et où la pente est très-faible, séparée par des bancs de graviers sur lesquels l'eau a peu de hauteur, et où la pente et le courant, pendant l'été notamment, sont beaucoup plus forts qu'ailleurs.

Pour amoindrir les bancs de gravier et y creuser des passes dans l'intérêt de la navigation sur les rivières telles qu'est la Garonne, à Toulouse et au-dessous, dans le département de la Haute-Garonne, on ne peut se servir que d'appareils légers analogues aux dragues à la main, petites et grandes, qui opèrent avec lenteur et chèrement. Sur la Garonne, dont avait à s'occuper M. Borrel, en amont et en aval de Toulouse, avant 1832, on employait la petite drague; la grande drague n'y avait été essayée qu'en peu de points. M. Borrel a eu l'idée de recourir à la force même du courant pour déblayer le lit là où il est encombré, et pour ménager, dans les bancs de sable et de gravier qui séparent les divers bassins suffisamment profonds entre lesquels est partagé le cours du fleuve, des passages qui offrissent un mouillage convenable aux bateaux.

Cet appareil consiste en un vannage vertical qu'on oppose au courant de la rivière, et sous lequel le courant est contraint de passer, de manière à opérer un affouillement. Ce vannage est composé d'une partie fixe de 3 mètres de large sur 1 mètre de hauteur environ, et de deux parties mobiles autour de charnières, verticales aussi, de 1 mètre en carré, placées à droite et à gauche de la partie fixe. Ce sont deux ailes qui peuvent varier d'inclinaison depuis 0° jusqu'à 90° sur la partie fixe, de manière à modifier la largeur du vannage entre 3 mètres et 5 mètres.

Le vannage est retenu contre le courant à l'aide de deux cordes attachées chacune à deux piquets d'amarre, solidement plantés dans le gravier, à l'amont et de chaque côté de la passe. Des barres de fer percées de trous pour la partie supérieure, et une corde qui relie les deux ventelles dans la partie inférieure, servent à immobiliser le système du vannage, quelle que soit l'inclinaison que l'on veuille donner aux ventelles.

Les montants verticaux, sur lesquels sont enroulées les cordes directrices, dépassent la traverse inférieure du vannage, de 15 à 18 centimètres; l'expérience ayant appris que l'espacement de 15 à 18 centimètres, entre le fond du lit et le vannage, était celui qui donnait le plus d'effet.

La partie fixe du vannage se trouve percée, à ses deux extrémités, dans le voisinage des ventelles mobiles, de deux ouvertures que l'on peut agrandir ou amoindrir à l'aide de deux petites vannes verticales.

Ce vannage est porté par un bateau auquel il est fixé, à l'arrière.

Quand la machine fonctionne, il s'établit une différence de niveau de l'amont à l'aval du vannage. La pression due à cette différence de niveau détermine, sous le vannage, un courant qui affouille le gravier; d'autres courants agissant sous les petites vannes, chassent en aval les graviers affouillés; enfin, deux grands courants, s'établissant à droite et à gauche des ventelles, entraînent le gravier accumulé derrière le vannage ou chassé par les courants des petites vannes, et le déposent à droite et à gauche de la passe qu'on approfondit, ou l'amènent à l'aval des passes, dans des gouffres où il ne gêne plus le passage des bateaux.

Le but de cette manœuvre est tout simplement d'affouiller le gravier dans les points où il gêne, et de le chasser de proche en proche dans les points où il ne gêne pas.

Cette machine fait donc l'effet d'une petite écluse de chasse qu'on promène dans toute l'étendue de la passe à ouvrir, en larguant peu à peu les cordes directrices. De là le nom de *chasse-mobile* que les ouvriers lui ont donnée.

Il est rare qu'on n'ait pas à répéter plusieurs fois la descente de la *chasse-mobile* pour approfondir convenablement une passe. La remonte de la machine s'opère très-facilement : il suffit, quand on est arrivé à l'extrémité de la passe, de soulever le vannage hors de l'eau, à l'aide de la grue fixe placée en tète du bateau, jusqu'à l'origine de la passe ou de la partie qui n'est pas assez approfondie, en s'aidant des cordes directrices.

Arrivés à l'amont de la passe, pour recommencer la manœuvre, les hommes de l'équipage enroulent les cordes directrices autour des montants verticaux, lâchent la corde du tour, laissent tomber le vannage, et redescendent, comme la première fois, jusqu'à ce que la passe ait partout la profondeur voulue.

Ce mécanisme fort simple et fort ingénieux a été mis en usage sur la Garonne, dès 1833; il y a donné et il continue d'y donner d'excellents résultats. On a pu ainsi porter le mouillage à 70 centimètres sur des bancs de gravier où il n'y a que 30 centimètres à l'étiage.

On a de l'avantage à l'employer toutes les fois que la pente est de *trois millimètres par mètre* ou que les courants ont une vitesse d'*un mètre onze centimètres*, par seconde. L'effet même en est sensible dès que la pente est de 2 millimètres et la vitesse d'un mètre. Au-dessous de 3 millimètres de pente, on emploie la grande drague.

La machine de M. Borrel est très-économique. La chasse, le bateau avec le matériel accessoire, perches, avirons, cordes, piquets d'amarre, reviennent à 1,100 francs, et l'entretien annuel de ce matériel n'est que de 80 francs. Six hommes suffisent par équipage. Le travail utile mesuré par le cube de creusement définitivement opéré dans le banc de gravier revient, par mètre cube, à 26 centimes. Avec les dragues à main, la dépense de premier achat du matériel et celle d'entretien sont plus que doubles, et le même travail utile coûte 2 fr. 25 cent., soit neuf fois plus cher. Avec la grande drague, les frais de premier établissement et d'entretien, quoique moindres qu'avec la petite drague, sont de même beaucoup plus élevés qu'avec la chasse-mobile, et le coût du travail utile est de 74 centimes par mètre cube, c'est-à-dire à peu près triple.

Comme il convient de ne pratiquer sur les bancs de graviers que des passes fort étroites, afin de ménager l'écoulement de l'eau, la dépense par passe devient très-modique. Sur la Garonne, où on leur donne 10 mètres de largeur, on a pu ainsi creuser des passes à raison de 15 fr. l'une.

Le mécanisme de M. Borrel (décrit dans les *Annales des Ponts-et-Chaussées* dès 1836) a frappé l'attention de l'administration qui, comme il vient d'être dit, l'a mis en usage; il a eu l'assentiment du corps des ponts-et-chaussées qui lui a accordé la médaille d'or décernée annuellement par le vote des ingénieurs à l'auteur du meilleur mémoire inséré dans les *Annales* de ce corps savant. C'est une invention utile qui fait beaucoup d'honneur à cet ingénieur, et dont les applications pouvaient être plus multipliées qu'elles ne l'ont été.

Avant M. Borrel, deux ingénieurs distingués du corps des ponts-et-chaussées, MM. Fouache et Masqueler, s'étaient occupés avec succès de machines fondées sur le même principe, celui de l'action affouillante du courant ou de l'eau resserrée dans une petite section entre le fond du lit et la partie inférieure du vannage ou barrage mobilisé. C'est grâce à son appareil, que M. Fouache, en levant des déblais jusqu'à la profondeur de 4 mètres sous l'eau, a pu approfondir, d'Abbeville à Saint-Valery, le lit de la Somme, au point de permettre aux navires de 200 tonneaux de remonter jusqu'au port d'Abbeville.

Mais quelques caractères bien tranchés distinguent la machine de M. Borrel de celle de M. Fouache : tandis que cette dernière enlève les déblais qu'elle a détachés en labourant le fond et les talus; celle de M. Borrel les rejette, par des jeux de courant convenablement ménagés à droite et à gauche de la passe. Ainsi de même la machine de M. Fouache agit dans des eaux à peu près tranquilles où l'on est presque le maître de la chute qu'on veut obtenir, et celle de M. Borrel agit sur les plus forts courants des rivières où l'on ne peut disposer de la chute que dans des limites fort restreintes.

M. Borrel a exposé aussi un modèle des portes d'écluses en barres de fer laminé, exécutées d'après ses dessins sur le canal latéral à la Garonne à l'écluse n° 8, entre Toulouse et Montauban.

La convenance de rechercher un bon système de portes en fer est évidente. Les portes en fer sont plus légères que celles en bois, et leur centre de gravité est plus voisin du centre de rotation des vantaux, ce qui facilite la manœuvre. Conçues comme l'entend M. Borrel, elles sont beaucoup plus solides et plus légères que celles en fonte et préférables à celles en forte tôle qui ont été proposées et essayées. Leur poids est de 15,000 kilog.; sur le canal latéral, les écluses en bois pèsent 30,000 kilog.; les écluses en forte tôle avec poteau en fonte pèsent 20,000 kilog. Le prix est de 15,000 fr.; celles en bois ne coûtent que 10,000 fr., mais ces dernières se détruisent rapidement et leur prix s'accroît sans cesse, tandis que celui du fer diminue : l'excellent fer de l'Ariége, première qualité, employé par M. Borrel, revient à 75 centimes le kilog., ce qui est très-élevé; de bon fer laminé s'obtiendrait aisément à 40 cent., ce qui mettrait les portes en fer du système Borrel au même prix à peine que les portes en bois, à Toulouse.

Dans le système de M. Borrel, les poteaux-tourillons eux-mêmes sont en fer, et non en fonte. Ces poteaux et toutes les pièces de la charpente sont en barres du même calibre, laminées, sans qu'il y ait rien à forger ni à limer. Il n'y a de fonte que pour les plaques d'assemblage des entretoises et des poteaux-tourillons. Un bordage en tôle recouvre le tout; des boulons relient entre elles toutes les pièces de la charpente et n'en font qu'un même corps.

Les portes en fer, ainsi construites en fer laminé, pourraient s'appliquer à des écluses de plus de 6 mètres d'ouverture sans grande augmentation dans le poids des fers.

Des dispositions sont prises pour empêcher les fuites de l'eau.

En un mot, les portes d'écluses en fer de M. Borrel

présentent des avantages sur celles qui ont été essayées précédemment.

M. Borrel s'est fait remarquer, dans le corps distingué auquel il appartient, par la multiplicité et la bonne exécution des travaux qui lui ont été confiés, par l'esprit d'économie qu'il y a apporté. C'est avec une vive satisfaction, que le jury lui décerne une médaille d'argent, pour la chasse-mobile et pour les portes d'écluses en fer.

M. NÉVILLE, constructeur de ponts, à Paris, rue d'Angoulême, 25.

Le système de ponts en fer de M. Néville a été inspiré par le système des ponts en treillis en bois, qui a rendu de si grands services en Amérique, et qui jusqu'à présent a été peu appliqué en Europe, quoique de minutieuses descriptions en aient été données.

C'est un système rigide où il n'entre que des pièces droites, et qui se réduit à un petit nombre de pièces.

Les fermes du système Néville se composent de triangles consécutifs, dont le sommet est sur la ligne supérieure de la ferme et la base sur la ligne inférieure. Ces triangles sont resserrés, c'est-à-dire que la base en est beaucoup moindre que les côtés latéraux. Les pièces latérales qui se présentent comme des diagonales à cause de leur inclinaison uniforme à droite pour les uns, à gauche pour les autres, sont en fer. Diverses séries de pièces horizontales, les unes en fer, les autres en fonte, relient les diagonales en fer les unes avec les autres.

La ferme reposant par ses deux extrémités sur deux culées ou piles et étant chargée de poids, tend à prendre une flexion en vertu de laquelle sa partie supérieure est comprimée et sa partie inférieure étendue. De là la nécessité de pièces placées horizontalement comme des cales au haut de la ferme, et de plates-bandes inférieures. Des moises intermédiaires servent à empêcher de fléchir, les diagonales en fer qui forment les triangles.

Le pont de M. Néville n'exerce à peu près aucune poussée sur ses appuis. Il permet, à la rigueur, de placer le tablier à tel point qu'on veut de la hauteur des fermes. Les moises sont toutes de la même forme, savoir : une cale en fonte qui se place entre deux diagonales consécutives, et qui est munie de rebords entre lesquels s'incruste de chaque côté une plate-bande en fer qui règne sur toute la longueur de la ferme, en embrassant les cales et les diagonales; cet assemblage est maintenu au moyen de boulons.

La ferme ne présente toute sa résistance qu'autant qu'on a assuré sa rigidité dans le sens horizontal par l'emploi de contre-forts, ou d'entretoises et de contre-vents, tant dans le sens vertical que dans le sens horizontal. L'expérience a prouvé qu'on donnait ainsi à la ferme une grande force.

L'emploi du fer, dans cette construction, comme matière dominante, la rend plus propre à résister aux chocs que les fermes en fonte, considération importante pour les viaducs de chemins de fer.

Le pont de M. Néville existe en plusieurs localités : 1° à Raconigi, en Piémont, où il se présente avec une longueur de 30 mètres en deux travées larges de 4 mètres; 2° à Hirson (Aisne), en deux travées de 12 mètres de portée; 3° à Calais, sur un des fossés de la place; 4° à Aubervilliers, sur le canal Saint-Denis; en ce point, c'est un pont très-biais de 18 mètres de portée; 5° actuellement on reconstruit dans ce système, aux frais de l'État, le pont de Bezons sur la Seine, sur les anciennes piles qui supportaient les arcs en bois.

Ces ponts sont d'une grande rigidité, aisés à construire, peu lourds, et peu susceptibles de s'altérer.

Le jury décerne à M. Néville une médaille d'argent.

MÉDAILLES DE BRONZE.

M. ROGER, architecte, à Paris, quai Malaquais, 15.

Machine à broyer le mortier. Machine à mélanger le béton.

La machine à broyer le mortier, de M. Roger, consiste en un tonneau vertical dans lequel se meut un axe portant des pièces en fer qui servent de broyeurs. Elle diffère des tonneaux ordinaires par le nombre et la forme des broyeurs, qui sont les uns droits, les autres courbes. Au fond du tonneau est un disque enarbré sur l'axe et portant des rayons courbes. Le tonneau se vide continuellement par des ouvertures ménagées au fond. Il se charge de même, d'une maniere continue, par une trémie.

La machine à béton est une sorte de tonneau un peu évasé, couché horizontalement.

Les appareils de M. Roger ont été essayés, ou, pour mieux dire, pratiqués en grand, aux fortifications de Paris et dans les grands travaux de Cherbourg. Ils ont de même été adoptés à Alger. Ils donnent, avec beaucoup d'économie de main-d'œuvre, du mortier parfaitement broyé, ainsi qu'il résulte de nombreux certificats délivrés à M. Roger, par les officiers du génie et par les ingénieurs des ponts-et-chaussées.

Le jury décerne à M. Roger une médaille de bronze.

MM. DEVICQUE et Cⁱᵉ, à Paris, rue Martignac, 12.

Système de pavage en bois dit stéréotomique.

Le pavage en bois a été jusqu'à ce jour peu employé à Paris, mais il est usité à Londres sur la plus grande échelle, et il y couvre aujourd'hui une immense superficie. Quoique les transports intérieurs de Paris s'exercent habituellement par plus grandes masses que ceux de Londres et dans des chariots plus lourds, il paraît impossible que ce système de pavage ne s'étende pas à Paris et dans nos autres cités, et qu'il ne soit pas, pour notre patrie, d'une utilité réelle. Si sur la voie publique il a eu jusqu'à présent peu de faveur en France, dans les cours et sous les portes cochères on y a recours avec un succès incontesté.

Le système stéréotomique du pavage en bois,

exposé par MM. Devicque et Cie, est celui qui a la préférence à Londres, et il paraît au surplus constaté qu'il est d'invention française, et dû à M. de Lisle, qui a conservé un intérêt dans l'exploitation faite par MM. Devicque et Cie. C'est celui qu'on peut voir rue Neuve-des-Petits-Champs et rue Richelieu, près du Théâtre-Français.

Le jury, jugeant à propos de signaler l'utilité du pavage en bois, qui est mal appréciée encore, et reconnaissant les efforts qui ont été faits à l'occasion du système exposé par MM. Devicque et Cie, décerne à ces exposants une médaille de bronze.

Madame veuve FLEURET et fils, entrepreneurs de constructions en fer, à Paris, passage Saulnier, 4.

La maison veuve Fleuret et fils a exposé le modèle de la toiture en fer de l'Hôtel-de-Ville qu'elle a exécutée.

Ce système de toiture est d'une bonne exécution. Il est remarquable par les dimensions de l'espace à recouvrir.

En 1834 et en 1839, la maison Fleuret a été mentionnée honorablement. Le jury lui décerne aujourd'hui une médaille de bronze.

M. JACQUEMART (Guillaume), entrepreneur de serrurerie, à Paris, rue du Faubourg-Saint-Denis, 88,

A exposé des combles en fer et en tôle fort légers. Le jury lui décerne une médaille de bronze.

M. DOENS, à Paris, boulevard d'Enfer, 6 *ter*.

Machine à élever les fardeaux.

M. Doens a exposé une machine à élever les fardeaux, dans laquelle il emploie, comme puissance
motrice, le poids des hommes agissant sur des pédales, et transmettant, par leur action alternative sur
deux pédales parallèles, le mouvement à un treuil,
sur lequel vient s'enrouler la corde à laquelle le corps
à soulever ou les poulies moufflées sont suspendus.
Une disposition analogue est en usage depuis longtemps pour la manœuvre des appareils appelés *sa-
pines*, que l'on emploie dans la construction des
édifices ; mais, dans ce dernier cas, les marches ordinaires tournent autour d'un axe placé à l'une de leurs
extrémités, et il s'ensuit que si deux ou plusieurs
manœuvres sont montés sur ces marches, ils n'élèvent
et n'abaissent successivement le poids de leur corps
que de quantités proportionnelles à leur distance
horizontale de la verticale, qui passe par l'axe de
rotation, et, par conséquent, ne développent pas
tous le même travail moteur à chaque oscillation.

M. Doens a heureusement remédié à cet inconvénient, en disposant les marches et la transmission
de leur mouvement à l'axe du treuil, de telle manière que chaque marche soit le côté supérieur d'un
parallélogramme articulé et reste toujours horizontale dans les oscillations, d'où il résulte que quelle ·
que soit sa place sur leur longueur, chaque homme
doit monter et descendre de la même quantité.

De plus, par une disposition simple, le chef de

manœuvre peut changer le rapport des bras de levier de l'appareil ou celui des chemins parcourus par les points d'application de la puissance et de la résistance, de façon qu'avec le même nombre d'hommes, on puisse, entre des limites suffisamment étendues, faire varier le poids ou la vitesse du fardeau à élever.

Le jury, reconnaissant dans cette machine des perfectionnements utiles à l'art des constructions, accorde à M. Doens une médaille de bronze.

M. GIRAULT, à Paris, rue d'Ulm, 20,

A exposé un pont en fer et en fonte d'après un système de son invention. Il consiste en diverses séries de demi-cercles placés bout à bout, tangentiellement les uns aux autres. L'idée est fort ingénieuse et mérite d'être citée comme telle. Le système de M. Girault a été l'objet d'un rapport favorable à l'Académie des sciences et au conseil général des ponts-et-chaussées. En ce moment, l'administration fait construire un pont d'après ce modèle sur la rivière de Marne.

Le jury décerne à M. Girault une médaille de bronze.

RAPPEL DE MENTION HONORABLE.

M. FÉRAGUS, à Paris, rue de Bréda, 27.

M. Féragus a exposé un modèle de comble en fer. Cet exposant se livre avec succès à l'art des constructions en fer et en fonte.

Il a été l'objet d'une mention honorable en 1834. Le jury se plaît à la lui renouveler.

MENTIONS HONORABLES.

MM. NOËL père et Cie, à Paris, rue Buffault, 19.

Couvertures oropholithes.

MM. Noël père et Cie ont exposé diverses applications d'un composé de sable, d'huile de lin, de litharge, de blanc d'Espagne, dont ils forment un mastic qu'ils étendent sur une toile au moyen d'un chariot en fonte, et qu'ils lissent avec un polissoir; la toile enduite est alors étendue au séchoir, pour laisser prendre de la consistance au mastic, après quoi on donne une seconde couche de l'autre côté de la toile.

Les réparations se font parfaitement et très-facilement; le mastic adhère au zinc, au fer, au bois; il fait corps avec la pierre. C'est un bon préservatif contre le salpêtre dans les localités humides; MM. D'Arcet et Pelouze en ont fait usage à la Monnaie, et ils en ont été satisfaits; leurs témoignages sont d'un grand poids dans la décision du jury.

Le corps-de-garde construit dans le jeu de paume, à l'exposition, a été couvert avec l'oropholithe; il n'y a eu aucune avarie lors de l'orage du mois de juin, pas une seule goutte d'eau n'a pénétré dans ce corps-de-garde.

Ce mastic procure une grande économie de charpente, plus de chevrons pour les combles; une pente de 5 à 6 centimètres par mètre suffit; des panneaux légers posés de mètre en mètre, sur lesquels on pose des voliges de 2 centimètres d'épaisseur, dans le sens même du chevronnage, composent tout le comble d'un bâtiment.

La peinture est parfaite sur l'oropholithe; elle est brillante et solide.

L'oropholithe peut être verni au four, à une chaleur de 90 degrés; on en a poussé un morceau jusqu'à 114 degrés, et il n'a pas coulé, ce qui prouve qu'on peut employer cette couverture en Algérie et dans les pays les plus chauds.

On peut fabriquer, selon le même principe, des enduits sur toiles imitant les tapis; mais jusqu'ici M. Noël n'en a fait qu'à titre d'échantillon.

Le jury décerne une mention honorable à MM. Noël père et Cie.

M. MONTET, ingénieur en chef des ponts-et-chaussées, à Toulouse (Haute-Garonne).

Système de plan incliné pour les canaux.

Sur les canaux, les pentes se rachètent par les écluses. Une écluse rachetant une pente de 2^m,50 moyennement, coûte de 75,000 à 100,000 fr. Quand une pente considérable se présente sur un point, non-seulement la dépense s'élève en raison de la multiplicité des écluses qu'il faut accumuler les unes sur les autres, mais encore on éprouve beaucoup de difficultés pour distribuer les écluses convenablement et pour en assurer l'approvisionnement d'eau. De là, l'idée de substituer aux écluses, des plans inclinés le long desquels glisseraient les bateaux pour passer, de l'un à l'autre, de deux biefs séparés par une grande différence de niveau. Les plans inclinés ont été essayés avec succès, en Angleterre, pour de petites navigations souterraines. En Amérique, ils ont été adoptés sur le canal Morris, ligne de 161 kilomètres, entre Philadelphie et New-York, où la pente et contre-pente à racheter était de 510^m,57. Ce canal, en pleine activité depuis plus de douze ans, offre vingt-trois plans inclinés dont l'un rachète une pente de 30^m,50, et qui rachètent ensemble 438^m,89, le reste étant suppléé par des écluses au nombre de vingt-cinq.

L'idée de recourir aux plans inclinés a été émise, en France, à l'occasion de canaux à exécuter dans les Pyrénées. Elle y serait appliquée fort à propos, et généralement elle permettrait de rendre des services à toutes les régions montagneuses du territoire français, qui occupent une si grande superficie dans le centre du royaume.

Chargé de l'étude de canaux fort intéressants dans les Pyrénées, après avoir construit celui de la Baïse, M. Montet a présenté, comme l'un des fruits de ses travaux, un système de plans inclinés différent de ce qui existe en Angleterre et en Amérique. Dans ces deux pays, le bateau est retiré de l'eau et placé par des moyens fort simples, en échouage sur un chariot qu'il quitte de même très-commodément une fois qu'il est parvenu à l'autre bief. Cette disposition aurait l'inconvénient, si le bateau était grand et large, de l'exposer à se déformer, non que le moyen par lequel il sort de l'eau ou s'y replonge

lui fasse subir la moindre secousse, mais par l'effet
du seul échouage, à cause de la suppression momentanée de la pression de l'eau sur ses flancs. Aussi
sur le canal Morris s'était-on d'abord limité à des
bateaux d'une charge de 25 tonneaux qu'on a doublée
depuis, ce qui permet de satisfaire à beaucoup de
besoins.

M. Montet s'est proposé de résoudre le problème
pour des bateaux pesamment chargés, tels que
ceux qui naviguent sur nos canaux à grande section. En conséquence, il a voulu maintenir constamment le bateau en flottaison, même pendant la traversée sur le plan incliné.

A cet effet, le voyage s'opère dans un bassin portatif long et étroit, placé horizontalement sur une
caisse trapézoïdale qui s'appuie sur le plan incliné,
au moyen d'un grand nombre de roues. Ce bassin
n'est, à proprement parler, qu'un sas mobile. Son
fond vient successivement se mettre au niveau du
plat-fond du bief supérieur et du bief inférieur. Il
est clos à ses deux extrémités par des demi-portes
qu'il suffit de soulever, en même temps qu'on ouvre les portes qui ferment les biefs, pour que le sas
mobile soit en communication avec celui des deux
biefs contre lequel il est venu se buter.

Le plan incliné offre deux voies de fer; chaque
voie a son sas mobile. Les deux sas sont solidaires.
Celui qui descend fait remonter l'autre, qui redes-
cend ensuite à son tour. Le mouvement est déterminé
par le poids de l'eau dont on remplit la caisse trapézoïdale servant de support au sas mobile descendant. On en règle la rapidité au moyen d'un frein

aisé à manœuvrer depuis la plate-forme qui entoure l'extrémité du bief supérieur.

Le plan de M. Montet est digne d'attention. Une expérience en grand peut seule décider si le poids considérable qu'aurait la masse descendante ou même la masse montante, ne serait pas un obstacle à une manœuvre régulière et sûre, et si la sorte d'embouchure élastique, donnée par M. Montet au bief inférieur, ne se détériorerait pas rapidement.

Le jury considérant l'importance qu'il y aurait à introduire les plans inclinés en France dans la pratique des travaux publics sur les lignes de navigation, dans l'intérêt des parties montagneuses du territoire, et tenant compte de l'utilité qu'il y aurait dans quelques cas à les appliquer à des lignes fréquentées par de grands bateaux, non moins qu'à celles où le commerce se contenterait de bateaux de 40 à 50 tonneaux, appelle de ses vœux l'essai du système de M. Montet, et se plaît à mentionner très-honorablement le nom de cet ingénieur, ainsi que les dispositions ingénieuses par lesquelles il a donné corps à ses idées.

M. MESNIL, à Nantes (Loire-Inférieure).

Pont-tournant à grande ouverture.

M. Mesnil a exposé un pont tournant pouvant se prêter à de très-grandes ouvertures, ainsi qu'il en faut aux portes des bassins maritimes. Le système de M. Mesnil est destiné à s'adapter à des passages de 20 à 25 mètres.

Il repose de chaque côté sur deux potences qui se

rabattent sur les culées; un poteau-valet soutient
le tablier mobile du côté de la culée. On dégage le
poteau en tournant une barrière placée sur le chemin des piétons; le tablier pèse alors de ce côté:
on le fait tourner par un système de rouages, et,
pendant la rotation, un levier rabat les potences.

Ce mécanisme est bien conçu, il n'a pas reçu
d'application. Le jury décerne à M. Mesnil une
mention honorable.

M. BONNIOT, conducteur des ponts-et-chaussées, à La Rochelle (Charente-Inférieure).

Machine à enlever les déblais.

M. Bonniot a exposé une machine à enlever les
déblais des tranchées, par ascension directe, en évitant les rampes qu'on est obligé de ménager ordinairement. Aux brouettes hissées à bras pénible-
ment sur des rampes d'un sixième, M. Bonniot a
substitué un cabrouet d'une contenance beaucoup
plus grande, que des hommes conduisent facilement
sur les parties horizontales et auquel d'autres hommes font gravir les pentes en agissant sur une roue
à marcher. L'appareil de M. Bonniot a été essayé
avec succès sur le canal de La Rochelle à Niort, et
l'ingénieur des ponts-et-chaussées chargé des travaux, déclare qu'il procure une *économie considérable.*

Le jury décerne une mention honorable à
M. Bonniot.

CITATIONS FAVORABLES.

M. JOMEAU (Louis), serrurier, à Paris, rue Cloche-Perce, 12,

A exposé un modèle de passerelle reposant sur une charpente en fer.

M. BRUNETTE, à Paris, rue du Dragon, 15,

A exposé un cabestan, une grue, avec une machine à godets et un appareil propre aux travaux de terrassements et d'épuisement sans mouvement rétrograde du moteur.

M. MORT, entrepreneur de charpente, à Paris, rue Popincourt, 94,

A exposé une passerelle en bois, à grande portée.

---

§ 2. CONSTRUCTION ET NAVIGATION DES BATEAUX ET DES NAVIRES A VAPEUR.

M. le baron Charles Dupin, rapporteur.

Considérations générales.

Nous avons à signaler deux ordres très-distincts de travaux et de progrès relatifs à la navigation par la force de la vapeur. Les premiers se rapportent à la navigation des rivières; les seconds se rapportent à la navigation maritime.

Dans un intervalle de quatre années, depuis 1838, immédiatement avant la dernière exposition jusqu'à 1842, époque des derniers comptes officiels, le nombre des bateaux et des navires à vapeur a presque tiercé ; leur tonnage s'est accru plus rapidement encore. C'est ce que démontre le tableau suivant :

PROGRÈS DE 1838 A 1842,

Dans le nombre et le tonnage des bateaux à vapeur construits pour le service du commerce tant intérieur que maritime.

ANNÉES.	Nombre de bateaux.	Force en chevaux.
1838	160	7,493 tonn.
1842 (1)	229	11,856
Progrès en quatre ans	40 p. 100	58 p. 100

Un autre changement capital s'est produit dans la nature même des transports opérés au moyen des bateaux et des navires à vapeur, par le progrès du mouvement des marchandises, progrès incomparablement plus rapide que celui des voyageurs.

---

(1) 1842 est la dernière année pour laquelle des comptes officiels aient encore été publiés.

ANNÉES.	Voyageurs transportés.	Marchandises transportées.	Marchandises par voyageur.
1838	1.418,189	274,808 tonn.	1,936 kil.
1842	2.513,691	996,826	3,962
Progrès en quatre ans.	77 p. 100	363 p. 100	104 p. 100

TRANSPORTS

Opérés dans une année, par cheval de vapeur.

ANNÉES.	Voyageurs.	Marchandises.
1838	169 personnes	36,675 kil.
1842	216	85,521
Progrès du travail utile par force de cheval, en quatre ans	28 p. 100	130 p. 100

PREMIÈRE PARTIE.

Des bateaux à vapeur construits pour le service des fleuves et des rivières.

Les chemins de fer commencent à faire éprouver aux bateaux à vapeur une concurrence redoutable, parallèlement à certaine partie de nos rivières. Cette concurrence deviendra beaucoup plus étendue et plus à craindre, lorsqu'on aura construit tous les chemins de fer projetés le long de la basse et de la haute Seine, le long du canal de Bourgogne, de la basse Loire, de la Saône, du Rhône, etc.

Ce sera le transport des marchandises qui sauvera les entreprises de bateaux à vapeur; ce sera surtout le progrès de l'industrie pour la construction plus économique et plus avantageuse de ces bateaux et de leurs mécanismes.

Il faut expliquer la marche de l'art depuis l'époque de la dernière exposition.

Nous avons à caractériser des inventions très-distinctes, sur quatre fleuves essentiellement différents par le régime de leurs eaux et par les difficultés particulières qu'ils présentent à surmonter.

La Seine.

Dans le rapport de 1839, nous avons signalé les constructions remarquables de M. Cochot, pour la navigation de la haute Seine, avec des bateaux ayant seulement 40 centimètres de tirant d'eau. Il est à regretter que ce mécanicien n'ait rien exposé cette année. Nous nous contenterons de faire observer que ses bateaux remplissent parfaitement leur destination.

La Loire et l'Allier.

La Loire, au-dessus de Tours, présente à la navigation, lors des basses eaux, des difficultés incomparablement plus grandes que la Seine, par le peu de profondeur et l'extrême sinuosité du lit navigable, au milieu des bancs de sable mobiles qui caractérisent ce fleuve.

Avec un rare esprit d'invention, M. Gâche, ingénieur mécanicien de Nantes, a triomphé de ces difficultés. Il a construit des bateaux en fer si légers, que chargés de leur machine à vapeur et portant 80 voyageurs avec leurs effets, ils ne tirent que 26 centimètres d'eau.

Pour arriver à ce résultat il a fallu supprimer partout la fonte; il a fallu tirer un habile parti de la force élastique et de la résistance à l'extension du fer et de la tôle, dans la structure des bateaux et des machines à vapeur.

La machine dite inexplosible, et qui l'est en effet par une ingénieuse combinaison adaptée à sa chaudière, est si légère qu'elle pèse avec la chaudière remplie d'eau, 278 kilogrammes seulement par force de cheval. C'est le moindre poids qu'on ait jamais obtenu.

Les bateaux de M. Gâche permettent de remonter la Loire depuis Tours jusqu'à Nevers, et l'Allier jusqu'à Moulins. Ces bateaux remorquent gratuitement les embarcations d'un corps nouveau de cantonniers établi sur la Loire pour maintenir un balisage qui change perpétuellement comme le courant navigable ; c'est un service public rendu, dans une étendue de cent vingt-quatre lieues, aux mariniers du fleuve. La navigation générale du fleuve est en effet, par là, rendue incomparablement plus facile et plus sûre.

On doit encore à M. Gâche, de bons bateaux remorqueurs, qui rendent les plus grands services sur ce même fleuve où le halage est impossible : c'est une importante amélioration pour les transports de la Loire, et personne avant cet habile constructeur ne l'avait encore obtenue.

Il a construit quatorze bateaux à vapeur qui naviguent aujourd'hui sur la Moselle Française et Prussienne, sur le Mein, sur le Necker, le Danube, etc., jusqu'à Trèves.

Le plus considérable de ces bateaux ne tire que 35 centimètres d'eau ; sa machine a la force de 30 chevaux : chargé de sept tonneaux, marchandises ou voyageurs, il parcourt à la remonte 11 kilomètres par heure, à la descente 21 kilomètres. Ces vitesses sont extrêmement remarquables sur des rivières à faible tirant d'eau.

Le service des bateaux inexplosibles de M. Gâ-

che sur la Moselle, la Meurthe, le Necker, le
Mein et le haut Danube, s'est fait remarquer
surtout en 1842, année d'extrême sécheresse et
de basses eaux extraordinaires, pendant lesquelles
ils ont seuls pu continuer de naviguer sur des
rivières qui, nous le répétons, n'avaient jamais
eu d'aussi basses eaux.

Les Anglais ont essayé de faire concurrence à
M. Gâche, pour les bateaux à vapeur très-légers,
et d'un très-faible tirant d'eau ; mais jusqu'à ce
jour ils n'ont pas réussi dans leurs tentatives.

La Saône et le Rhône.

La compagnie du Creusot, représentée par
MM. Schneider, est la seule qui figure à l'exposition, parmi les établissements constructeurs de
mécanismes à vapeur pour la navigation de la
Saône et du Rhône.

La Saône.

MM. Schneider ont construit pour la Saône,
depuis la dernière exposition, deux bateaux remorqueurs.

Le premier, *Gondole* n° 3, de la force de 60
chevaux, construit en 1839, à basse pression et
à balancier, devait soutenir la concurrence contre
sept remorqueurs Anglais. Ces derniers sont

obligés de prendre des chevaux pour les aider à remonter les courants ou rapides entre Trévoux et Lyon. La *gondole* du Creusot franchit les mêmes obstacles, sans chevaux de renfort, en remorquant à la fois huit bateaux chargés.

En 1843, MM. Schneider ont construit pour la haute Saône, le bateau, *la ville de Gray*, avec tous les perfectionnements dont nous allons parler dans un moment, au sujet de la navigation du Rhône. Ce bateau, construit sur des dimensions qui permettent le passage à travers les barrages et les écluses de la haute Saône, accomplit ce service en remorquant jusqu'à 10 et 11 bateaux, ayant la charge ordinaire des bateaux qui naviguent sur cette rivière. Chaque cheval de vapeur remorque environ quatre tonneaux de marchandises.

Le Rhône.

Le Rhône par l'extrême rapidité de son cours présentait à la navigation par la vapeur, de grandes difficultés dont MM. Schneider ont habilement triomphé.

Dès 1839, quatre compagnies établies pour cette navigation, possédaient 32 bateaux dont les appareils moteurs avaient tous été demandés à l'Angleterre : telle était la concurrence que le Creusot allait avoir à soutenir, lorsqu'il entreprit, pour MM. de Bonnardel, de construire *le Crocodile* et *le Marsouin*. Chacun de ces bateaux a la force de 60 chevaux; le système des machines est à moyenne pression, avec détente et condensation; la transmission de la force s'opère directement, sans balancier: enfin les chaudières sont perfectionnées avec des tubes cylindriques d'un petit diamètre, empruntés aux locomotives qui ne consomment par heure que 4 kilogrammes de combustible, pour chaque cheval de force. Ces bateaux, ayant un mètre de tirant d'eau, portent 80,000 kilogrammes de charge; ils remontent d'Arles à Lyon en 34 à 35 heures effectives, sur un parcours de 320 kilomètres. Les compagnies qui faisaient usage des machines anglaises, prenaient 40 fr. par 1,000 kilogrammes, à la remonte d'Arles à Lyon, et faisaient médiocrement leurs affaires; la compagnie Bonnardel prenant seulement 35 fr., a pu faire des bénéfices considérables qui lui ont permis de développer rapidement ses moyens de transport.

En 1840 et 1841, cette compagnie fit construire au Creusot, deux nouveaux bateaux à vapeur, ayant chacun la force de 100 chevaux, au lieu de 80 qu'avaient les précédents. Ces bateaux portent 100,000 kilogrammes, et remontent d'Arles à Lyon en 30 heures, au lieu de 35.

En 1842, MM. Bonnardel ont fait construire

deux nouveaux bateaux ayant la force de 120 chevaux et portant 130,000 kilogrammes. Ils remontent d'Arles à Lyon en 29 heures, et souvent même en 28 heures : parcourant ainsi plus de 11 kilomètres par heure. Dans ces trajets à la remonte, les frais réels de transport, y compris les frais généraux, ne s'élèvent qu'à 1 fr. 70 c., par quintal métrique. C'est une diminution de 50 pour 100 sur les dépenses de cette navigation; diminution que les progrès de l'art ont obtenue dans le court espace de quatre ans.

De tels perfectionnements ont été, pour la maison Bonnardel et Four, une occasion de bénéfices auxquels elle a dû la fortune la plus rapide, tout en abaissant les prix de transport.

Enfin en 1843, MM. Schneider frères ont construit, pour remorquer les bateaux chargés, à la remonte du Rhône supérieur, le bateau *le Dragon*, ayant la force de 80 chevaux, et pouvant remorquer sur ce fleuve rapide huit à dix bateaux chargés de marchandises.

Aujourd'hui le Creusot exécute pour le Rhône des travaux qui surpassent tous ceux que nous venons d'énumérer. Cet établissement construit cinq machines de 200 chevaux, pour des bateaux dont la longueur aura 75 mètres, c'est-à-dire beaucoup plus que la longueur d'un vaisseau de guerre.

Il faut attribuer les succès que nous venons de signaler à l'emploi combiné des machines à vapeur de moyenne pression, à détente variable, qui produisent une économie notable du combustible, et qui permettent de développer une grande force accumulée pour franchir avec une vitesse acquise considérable, les passages difficiles, espèces de rapides si fréquents sur le Rhône.

Les perfectionnements des chaudières empruntés aux locomotives avec des tubes d'un petit diamètre et fort nombreux, en multipliant les surfaces de chauffe, permettent de produire beaucoup plus de vapeur avec une chaudière d'un volume et d'un poids donné.

Ces perfectionnements, introduits d'abord dans les bateaux de rivière, se sont également étendus aux navires employés à la mer, ainsi que nous l'expliquerons dans la deuxième partie.

Le Rhin et ses affluents.

Les travaux de M. Cavé pour la navigation du Rhin, méritent au plus haut degré de fixer notre attention.

Il a construit pour naviguer sur le haut Rhin. entre Strasbourg et Bâle, un bateau de 40 chevaux, un autre de 50 ; le premier tirant 60 centimètres ; le second 65 centimètres d'eau ; le premier qui transporte 20,000 kilogrammes et le second 25,000 kilogrammes.

Le premier de ces bateaux parcourt à la remonte, en dix-sept heures, le trajet de Strasbourg à Buch, et le second en quinze heures (il y a quarante lieues): la descente se fait en six heures.

M. Cavé a construit pour naviguer sur le bas Rhin deux remorqueurs, l'un de 70 et l'autre de 100 chevaux. Ce dernier parcourt le fleuve entre Rotterdam et Cologne; il remorque de 7 à 800 tonneaux en quarante heures, parcourant ainsi 10 kilomètres par heure à la remonte : ce bâtiment obtient la supériorité la plus décidée sur tous les remorqueurs anglais employés sur le Rhin; souvent même il lutte avantageusement avec les bateaux à vapeur employés au transport des voyageurs.

Aujourd'hui M. Cavé construit un remorqueur ayant la force de 150 chevaux, qui devra tirer seulement 90 centimètres d'eau, et qui devra naviguer sur le Rhin en traînant au moins 1200 tonneaux de marchandises à la remonte.

Les remorqueurs de M. Cavé brûlent du menu charbon dans une forte proportion, ce que n'ont pas fait encore les autres bateaux à vapeur. Il en résulte une très-grande économie dans les frais de combustible. Cet exemple devrait être imité

— 374 —

dans la marine française, et pour l'État et pour le
Commerce.

Résultats généraux.

Les perfectionnements si remarquables et si
nombreux des constructions à vapeur sur les
grands fleuves et sur leurs affluents, ont produit
des résultats extrèmement considérables.

Si nous comparons les deux années qui précèdent les expositions de 1839 et de 1844, nous
verrons que le nombre des voyageurs s'est accru
de quatorze cent mille à deux millions cinq cent
mille; et que la quantité de marchandises trans-
portées s'est accrue de 275 mille tonneaux à un
million. C'est une révolution commerciale occasionnée par la rapidité, la régularité, la constance obtenues dans un genre de transports qui
péchait auparavant par les défauts opposés ; avec
tous ces avantages, les transports rendus plus
réguliers et plus rapides, s'opèrent moyennant
une réduction très-sensible dans les prix. Tels
sont nos progrès pour la navigation par la vapeur, sur nos fleuves et nos rivières.

DEUXIÈME PARTIE.

Navires à vapeur construits pour le service de la mer.

L'ensemble des arts qu'exige l'application de
la vapeur à la navigation maritime, nous a pré-

senté, depuis la dernière exposition, les progrès les plus remarquables, les plus importants en eux-mêmes, et les plus influents sur les progrès généraux des arts mécaniques.

En 1839, MM. Schneider ont construit pour le port de Marseille un remorqueur de 40 chevaux, à haute pression avec cylindres oscillants; il sert principalement à remorquer les bateaux chargés de sel qui viennent de l'étang de Berre. Il sert aussi pour aller au-devant des navires du commerce extérieur, et les remorquer dans le port de Marseille.

En 1839, les ingénieurs français n'avaient encore construit que des navires à vapeur dont les plus grandes machines motrices, empruntées à l'étranger, avaient au maximum la force de 220 chevaux.

Avant la même époque, l'industrie française n'avait encore exécuté, pour notre navigation, que des machines motrices ayant la force de 160 chevaux, sauf une seule exception.

Enfin, jusqu'à cette époque, nos navires à vapeur servaient seulement pour de courts voyages à l'embouchure de nos fleuves, le long de nos côtes, et pour le cabotage général de la Méditerranée.

En 1840, MM. Schneider ont exécuté pour la Marine royale, l'appareil du *Platon*, navire de

220 chevaux, construit suivant l'ancien système à basse pression, avec balancier et chaudière à conduits rectangulaires. Ce bâtiment est considéré comme le meilleur marcheur de tous ceux de même force que possède le Gouvernement; on a trouvé sa vitesse plus grande que celle de tous les bateaux anglais, excepté le Yacht de la reine d'Angleterre, lorsque S. M. est venue visiter à Eu le Roi des Français. Il est juste de remarquer que la supériorité du *Pluton* doit beaucoup à la rare habileté de M. le commandant Janvier.

En 1841, MM. Schneider ont construit, pour la marine royale, *l'Archimède* de 220 chevaux, à basse pression comme *le Pluton*, mais à détente qu'on a rendue variable. Comme ce navire était destiné pour les mers de Chine, on a construit sa coque avec une grande solidité. On a fait avec ce navire une expérience d'un très-haut intérêt pour la navigation par la vapeur.

Après avoir éteint le feu d'une des deux chaudières, puis celui d'une partie des grilles restantes, on a fait usage de la vapeur avec détente, pour aller de Lisbonne à Gorée. On a parcouru 425 lieues en 10 jours; en réduisant la consommation de 23,000 kilogrammes à 7,000 : c'est-à-dire à un kilogramme de charbon, par force de cheval, en filant 6 nœuds. C'est la vitesse moyenne de très-bons navires à voiles.

Cependant nos rivaux d'Outre-Manche venaient de résoudre un grand problème nautique. Ils avaient compris qu'en accroissant tout à coup considérablement la force de leurs bâtiments à vapeur, ils pouvaient obtenir des navires d'assez grandes dimensions pour transporter le combustible nécessaire à de très-longues traversées, et laisser encore un excédant de charge disponible suffisant pour le transport d'un grand nombre de voyageurs et de quelques marchandises.

Ils sont parvenus à construire des navires qui, partis de Bristol ou de Liverpool, ont traversé l'Océan et se sont rendus dans les ports des États-Unis, d'abord en 17 jours, puis en 16 jours, puis en 15, en 14 jours, et qui maintenant accomplissent en 13 jours cette grande traversée.

La France ne pouvait rester spectatrice indifférente de semblables résultats.

Dès 1840, une loi fut votée pour établir la navigation par la vapeur entre les grands ports de France, et les ports des États-Unis, des Antilles, de la Guyane et du Brésil.

La loi même spécifiait que la majeure partie des machines motrices devrait être construite par l'industrie nationale.

L'État, d'une part dans son grand établissement d'Indret, de l'autre trois industriels éminents, MM. Cavé, Hallette et Schneider, ont entrepris ces travaux. Deux seulement figuraient à l'exposition. Bientôt nous parlerons de leurs succès.

Il faut avant tout expliquer la marche de l'art des constructions navales, pour résoudre le problème de la navigation transatlantique.

Le législateur a voulu que les bâtiments destinés au service de malle-poste et de commerce, pour cette navigation, pussent au besoin être employés comme bâtiments de guerre, et fussent, même en temps de paix, commandés par des officiers de la marine militaire, qui de la sorte acquerront une grande expérience de la navigation par la vapeur.

Il ne fallait donc pas uniquement, par des constructions navales d'une extrème légèreté, chercher à résoudre le problème de la plus grande vitesse. Il fallait satisfaire à d'autres conditions de solidité, de durée, de résistance aux efforts de la mer, conditions qu'exige impérieusement toute marine militaire.

Et ces résultats, il fallait les obtenir sans tomber dans le défaut des constructions trop pesantes et trop massives.

Les progrès encore récents de l'architecture navale ont permis de résoudre ce double problème.

La charpente oblique des vaisseaux, dont les avantages ont été démontrés, et *l'usage* demandé

pour notre marine dès 1816 (1), a fini par devenir d'un *usage* général pour nos bâtiments de
guerre. Employée d'abord dans les navires à
voiles, elle a surtout présenté de grands avantages dans les navires à vapeur.

Elle a permis de diminuer l'épaisseur totale
des fonds et de la muraille des navires, par le
croisement intelligent des bordages, longitudi-
naux à l'extérieur, obliques à l'intérieur : le tout
relié par des bandes de fer d'obliquité différente.

C'est par ce moyen qu'on a rendu considérable
la force longitudinale des carènes pour résister
aux plus grands efforts des lames de la mer, que
le navire fend et frappe successivement.

Aussi les constructions françaises n'ont pas à
déplorer, comme celles des nations moins pru-
dentes, la perte de navires à vapeur dans le sein
des hautes mers : c'est un succès que l'humanité
doit chérir.

Indépendamment des navires à vapeur où le
bois entre comme élément principal, nous avons
entrepris d'employer le fer à la construction de
grands navires à vapeur : nous aurons bientôt à

(1) Un mémoire qui démontre les avantages de ce système,
rédigé par M. le baron Charles Dupin, a reçu l'honneur de l'in-
sertion dans les *Transactions philosophiques de la Société
royale de Londres pour* 1817.

signaler les travaux très-remarquables de M. Cavé pour résoudre ce problème.

Déjà chacun des trois habiles mécaniciens que nous avons signalés a construit les machines à vapeur et les mécanismes moteurs pour quatre bâtiments transatlantiques, ayant la force de 450 chevaux.

Pour passer tout à coup, dans la construction des navires à vapeur, des machines ayant la force de 200 chevaux à des machines ayant la force de 450 chevaux, il fallait un nouvel outillage qui réunît la puissance à la précision. Il fallait introduire en France les grands outils-machines, propres à planer, à tourner, à forer les métaux.

Il fallait chercher des moyens nouveaux, plus énergiques et plus efficaces, pour forger les grandes pièces de fer formées de barres d'assemblage.

Ces difficultés nombreuses ont été surmontées avec bonheur par les trois principaux constructeurs français auxquels est confiée la confection des machines de 450 chevaux.

Ainsi le progrès commandé par l'architecture navale a réagi sur l'une des parties les plus importantes de l'industrie nationale; il réagira de la manière la plus avantageuse sur les grands travaux des arts civils.

Le perfectionnement des travaux de forge mé-

rite surtout d'être signalé. Un emploi plus judicieux des marteaux mécaniques, et des combinaisons ingénieuses de la vitesse ainsi que du
poids de ces marteaux, ont conduit à des résultats
qui désormais ne laissent plus rien à désirer.

M. Cavé s'est servi des marteaux et des martinets ordinaires ; mais avec des cames et des mentonnets mus par la force de la vapeur. Auparavant, pour emboutir les grandes chaudières en
tôle, il avait fait usage d'un marteau-pilon.

Cependant il y a loin de cette première application au puissant marteau-pilon à vapeur,
construit au Creusot, en 1840, pour battre les
principales pièces de forge, nécessaires aux
grands mécanismes des paquebots transatlantiques.

On doit l'invention et l'exécution de ce marteau-pilon à M. Bourdon, l'habile ingénieur qui
dirige les travaux du Creusot.

Des réclamations tardives et peu fondées ont
été faites par un Anglais, M. Nay, pour contester
à l'ingénieur français son droit d'invention. Nous
avons pris connaissance de documents authentiques qui constatent que l'établissement du
Creusot avait construit et mis en usage son marteau à vapeur, avant que les Anglais eussent exécuté le leur ; et que la conception de ce bel instrument a précédé le voyage de MM. Bourdon et

Schneider en Angleterre, au printemps de 1840.

Le marteau à vapeur monte et descend, avec une régularité parfaite, sans oscillations possibles. La vitesse et l'amplitude des mouvements de hausse et de baisse du marteau, varient à volonté par le jeu de la vapeur, au gré d'un bras de levier que fait mouvoir la main d'un ouvrier.

Nous avons tous admiré l'arbre puissant qui doit transmettre aux roues motrices la force d'un paquebot transatlantique de 450 chevaux; il est impossible de concevoir une identification plus parfaite des barres de fer soudées par la force, pour en former un arbre unique ayant plus d'un mètre de circonférence.

Pourquoi dans la navigation transatlantique n'introduirait-on pas les perfectionnements auxquels sont dus les résultats si remarquables obtenus pour la navigation du Rhône?

En employant la vapeur à moyenne pression, par exemple à deux atmosphères, l'on réduit de plus de moitié, par force de cheval, le poids total de la machine et des chaudières, avec de petits tubes cylindriques. Il faut joindre à cet avantage la suppression des balanciers et la transmission immédiate de la force motrice.

Avec un poids ainsi *réduit*, dans les chaudières et les mécanismes, on obtiendra la *diminution* bien plus précieuse du combustible nécessaire pour produire un même effet total. On pourra donc avoir un navire de moindres dimensions et par conséquent de moindre poids.

Des perfectionnements successifs opérés dans la distillation de l'eau de mer, ont fini par rendre avantageuse, du moins pour les bâtiments de la marine royale, de supprimer l'approvisionnement de l'eau, pour la remplacer par un septième en poids du combustible nécessaire à cette distillation. Cet avantage est certainement considérable, pour les bâtiments destinés à de longues traversées et qui portent de nombreux équipages avec des voyageurs ou des troupes embarquées.

Par l'ensemble des allégements, que nous venons d'énumérer, si la force motrice restait la même, elle aurait à mouvoir un poids total beaucoup moindre. Alors la vitesse serait plus grande et les traversées moins longues : nouvelles sources d'économie dans le combustible, servant soit aux machines, soit à la distillation de l'eau ; par suite, aussi, nouvel allégement du navire.

Si l'on veut au contraire, obtenir les moindres bâtiments à vapeur qui puissent exécuter des traversées très-rapides entre l'Europe et l'Amérique, tout en conservant la plus grande vitesse obtenue déjà, l'on peut réduire à la fois dans une proportion considérable les dimensions du navire, la force de son équipage et par conséquent le poids des vivres, sans cesser d'avoir une faculté suffisante de chargement, soit en passagers, soit en marchandises.

Tels sont les progrès de l'art naval qui doivent aujourd'hui donner une face nouvelle à la navigation transatlantique, et permettre au commerce français de l'entreprendre avec des navires à vapeur de 250, ou tout au plus de 300 chevaux au lieu de 450.

MM. Schneider frères vont exécuter le mécanisme d'un navire à vapeur où seront réunis tous ces perfectionnements, le navire est construit au Havre par M. Normand, habile ingénieur du commerce. La force, au lieu d'être transmise par le jeu des roues à aubes, le sera par le jeu d'une hélice.

On évalue que dans ce nouveau système, le poids total de la machine à vapeur, de la chaudière et de l'eau qu'elle contient ne sera pas de 500 kilogrammes par force de cheval. On espère faire en moins de douze jours la traversée du Havre à New-York, et dans quinze jours faire la traversée de France aux Antilles, en supposant que les vents et les courants présentent une somme égale de chances favorables ou contraires.

On voit, par les explications qui précèdent, quelle impulsion puissante a donnée la commande des mécanismes des paquebots transatlantiques pour égaler les Anglais du côté des travaux de forge, de rabotage forage, de perçage et d'ajustage des métaux. Nous ne craignons pas d'affirmer qu'aujourd'hui, sous ces divers points de vue, la perfection de l'industrie britannique est égalée par l'industrie française.

Les mécanismes du Creusot ayant été les premiers achevés et installés, sur cinq coques de paquebots transatlantiques, ont été mis à l'épreuve; ensuite sont venus ceux de M. Cavé. L'on procède en ce moment à l'examen de ceux du troisième constructeur, M. Hallette, d'Arras.

Le Labrador, premier paquebot transatlantique de 450 chevaux, construit par MM. Schneider du Creusot, sert depuis plus d'une année à la correspondance entre Alger et Toulon : il peut porter 1200 hommes de troupes avec leurs armes et bagages, et faire la traversée en 39 heures. Chargé seulement de 800 hommes, il a fait en 36 heures le voyage de France en Algérie.

Dans une tempête de l'hiver dernier, lorsque tous les navires à vapeur alors en mer étaient obligés de relâcher en des ports de refuge, *le Labrador* a pu continuer sa route, et rentrer à Toulon avec une vitesse de six nœuds.

Quatre autres grands navires à vapeur, *le Canada*, *le Caraïbe*, *l'Orénoque* et *l'Albatros*, ont eu leurs mécanismes de 450 chevaux fabriqués au

Creusot : trois de ces bâtiments, éprouvés par les officiers de la marine royale, ont donné dix nœuds et demi pour vitesse moyenne, le quatrième n'est pas encore installé sur le navire qui doit le recevoir.

Il est facile de se former une idée de la vitesse comparée de ces paquebots avec ceux que les Anglais emploient à leur navigation transatlantique.

Il y a de Liverpool à New-York sept fois la distance d'Alger à Toulon, sept fois trente-neuf heures égalent deux cent soixante-treize heures c'est-à-dire onze jours et neuf heures. Les Anglais mettent de douze à treize jours pour effectuer leurs meilleures traversées.

Le problème de la vitesse de nos grands paquebots transatlantiques se trouve ainsi résolu de la manière la plus satisfaisante.

Les expériences ont surpassé l'attente des ingénieurs de la marine royale. Aussi longtemps qu'on voudra se borner à l'ancien système des chaudières à tuyaux quarrés, des roues à aubes, et des machines à vapeur à basse pression, l'on ne peut pas espérer une solution plus parfaite, une exécution meilleure que celle obtenue par les constructeurs français.

En présence des progrès de la marine à vapeur, on a dû se demander naturellement s'il ne serait pas possible d'adapter dans nos grands navires à voiles des machines motrices à vapeur, qui leur imprimassent une vitesse suffisante lors des calmes plats, ou lorsque règnent des vents extrèmements faibles.

La solution d'un tel problème suffit en effet pour conserver à l'État, un matériel dont la valeur pour la marine militaire française est supérieure à cent millions de francs.

Des flottes, des escadres, des bâtiments isolés, par l'adaptation dont nous parlons, acquerront tout à coup une force navale incomparablement supérieure.

On exécute, en ce moment, dans l'arsenal de Lorient, un premier essai de ce genre sur les plans d'une frégate du premier rang allongée seulement de cinq mètres à son maître couple, sans d'ailleurs altérer les formes de la carène. On construit ainsi *la Pomone*, dont la cale va recevoir un appareil à vapeur de 200 chevaux. On a jugé cette force suffisante pour imprimer à la frégate, à sec de voiles, une vitesse d'au moins cinq nœuds, vitesse qui passera très-probablement six nœuds. L'allongement de la frégate est calculé pour correspondre à l'augmentation des poids de tout l'appareil à vapeur et du combustible jugé nécessaire.

Les mécanismes seront construits par MM. Mazeline, de Graville auprès du Hàvre, suivant le système perfectionné que nous avons signalé ; c'est-à-dire suivant le système de moyenne pression, à détente variable, à transmission immédiate, etc. La force de la vapeur fera mouvoir directement, non pas des roues à aubes établies latéralement au-dessus de la flottaison ; mais une hélice, dont l'axe horizontal sera plongé dans la mer à l'arrière du bàtiment.

Cette disposition permettra de conserver à la frégate le système entier de sa màture et de sa voilure.

Dans les combats, le mécanisme de la vapeur se trouvant tout entier invisible au-dessous de la flottaison ne pourra pas être atteint et mis hors de service par les boulets de l'ennemi.

Lorsque cette expérience aura donné des résultats favorables, que la science et l'art se réunissent pour démontrer comme plus que probables, on n'aura plus qu'à généraliser cette belle application de la vapeur, aux corvettes, aux frégates et aux vaisseaux.

NOUVELLES MÉDAILLES D'OR.

M. CAVÉ, à Paris, rue du Faubourg-Saint-Denis, 214.

Depuis dix ans, M. Cavé figure au premier rang

parmi les constructeurs qui font honneur à l'industrie française. Dès 1834, il obtenait la médaille d'or : pour les perfectionnements qu'il a procurés à la composition et à la construction des machines à haute pression, et à cylindres oscillants sans balancier et sans parallélogrammes; pour ses bateaux en fer, et pour beaucoup d'autres inventions appliquées aux besoins des arts civils.

M. Cavé, d'abord simple ouvrier, doit sa fortune à lui-même et ses succès à son génie. Il occupe, aujourd'hui, suivant l'activité des travaux, sept cents, huit cents et jusqu'à neuf cents ouvriers. Ses établissements, dans l'enceinte de Paris, couvrent trois hectares de terrain. Les mouvements mécaniques y sont donnés par dix machines à vapeur; les unes font mouvoir des martinets et des marteaux dont le plus lourd pèse trois mille kilogrammes (1); les autres servent pour planer, forer, percer et tourner les pièces des mécaniques qu'il construit.

Les travaux de forge, dans les ateliers de M. Cavé, sont portés à un degré de perfection qu'aujourd'hui les Anglais mêmes ne surpassent pas. Son grand outillage réunit la solidité, la combinaison ingénieuse et la précision nécessaires pour l'exécution parfaite des plus grandes machines à vapeur. Une seule chaudière produit la vapeur nécessaire aux nombreuses machines motrices qu'elle va chercher par des tuyaux de conduite. Une seule cheminée, haute de 50 mètres, reçoit, par d'autres tuyaux, les gaz dé-

(1) La machine à vapeur qui le fait mouvoir a la force de quarante chevaux.

gagés des nombreuses combustions du vaste établissement où s'opèrent tous les travaux, depuis la fusion de la fonte et le travail de la forge, jusqu'aux
derniers ajustages.

On croit voir un des grands ateliers imité des
plus intelligents de l'Angleterre. Rien n'est bâti
pour le luxe ni pour la montre ; on tire parti de
tout, dans la position la plus appropriée pour chaque besoin nouveau, sans recherche d'architecture.
La simplicité, l'économie, sont les seuls ornements
qui se fassent distinguer aux yeux du véritable observateur.

M. Cavé a construit successivement les mécanismes de trente-cinq bateaux ou navires à vapeur
destinés au commerce sur la Seine, la Somme, le
Rhin et deux grands lacs de la Suisse. Il a construit,
pour la marine royale, les mécanismes de quinze
navires à vapeur depuis la force de soixante jusqu'à
celle de quatre cent cinquante chevaux.

Il achève à présent la coque en fer de la corvette
à vapeur, *le Chaptal*, forte de deux cent vingt
chevaux, qui sera mue par une hélice, pour remplacer les roues à aubes ordinaires. La carène
de ce navire est subdivisée par cinq cloisons en
fer pour empêcher qu'il coule bas dans le cas
où s'ouvrirait même la plus large voie d'eau dans
une partie quelconque. La construction de cette
carène est remarquable par la précision vraiment géométrique des formes données au fer de
la membrure. Les membres des extrémités sont
dévoyés suivant les meilleures méthodes de construction. Il faut remarquer aussi la simplicité et

la solidité des assemblages des membres avec la bordure, et du pont avec la carène.

La machine employée par M. Cavé, pour percer, à des distances parfaitement égales, les contours curvilignes des feuilles de bordure et leur joint d'about rectiligne, est la plus parfaite qu'on ait encore imaginée.

Afin de déterminer les formes les plus convenables à l'hélice qu'on va placer à l'avant du gouvernail entre deux étambots, M. Cavé a fait, sur la Seine, une série d'expériences hydrauliques qui conduisent à des conséquences remarquables; elles montrent que M. Cavé sait éclairer son génie inventif, par les lumières de l'observation et les calculs qui la fécondent.

Tels sont les titres nombreux et du premier ordre qui justifient la nouvelle médaille d'or que le jury décerne à M. Cavé.

MM. SCHNEIDER frères et Cⁱᵉ, au Creusot (Saône-et-Loire).

L'établissement du Creusot avait perdu son ancienne célébrité, et sa prospérité commerciale, lorsqu'il y a quelques années, il changea de mains pour recevoir l'habile direction de MM. Schneider frères. Un premier et très-grand succès fut de procurer à la fonte ainsi qu'au fer, par des mélanges habilement combinés, et par un bon système de fourneaux, des qualités nouvelles, en faisant disparaître les défauts qu'on reprochait auparavant à la matière des produits de cet établissement.

Un second progrès consistait à renouveler l'outillage pour exécuter, avec une précision désormais indispensable, la construction des machines les plus grandes et le plus compliquées.

Parmi les outils-machines établis au Creusot depuis 1840, il faut citer le marteau-pilon à vapeur, que déjà nous avons signalé. Il réunit les propriétés les plus diverses; la plus grande puissance de choc; la vitesse et la multiplicité des coups; la cessation instantanée de l'action; et son changement en simple pression, aussi lente, aussi modérée qu'on puisse le désirer.

La compagnie Schneider fait travailler au Creusot et dans les environs trois mille ouvriers. Elle a construit un chemin de fer, afin de conduire ses produits jusqu'au canal du Centre, qui joint la Saône à la Loire, pour les envoyer jusqu'à nos côtes de l'Océan ou de la Méditerranée.

La magnifique bielle et sa traverse pour un navire à vapeur de 450 chevaux, qui figurait à l'exposition, suffirait pour montrer à quel degré d'excellence sont parvenus au Creusot les travaux de grande forge, de tournage et d'ajustage des métaux.

MM. Schneider frères ont perfectionné la navigation et le remorquage à vapeur sur les grands cours d'eau de la France, particulièrement sur le Rhône: le plus rapide et par là le plus difficile de tous. Ils appliquent à la navigation maritime le progrès qu'ils ont fait faire à la navigation fluviale. Ils ont obtenu tout le succès qu'il était possible d'espérer pour le système qui leur était imposé dans les mécanismes de 450 chevaux que la marine royale leur a commandés.

Depuis 1839, ils ont entrepris la construction de mécanismes à vapeur et d'un grand nombre de bateaux en fer, pour une force totale de 3,950 chevaux, appliquée à la navigation.

Des succès si nombreux et d'une telle importance, obtenus depuis la dernière exposition, justifient la nouvelle médaille d'or que le jury décerne à MM. Schneider frères.

MÉDAILLES D'OR.

M. GÂCHE fils aîné, à Nantes (Loire-Inférieure).

M. Gâche a le rare mérite d'avoir complétement résolu le problème de la construction des bateaux à vapeur d'un très-faible tirant d'eau pour naviguer sur nos fleuves et nos rivières, dans le temps des grandes sécheresses comme en toute autre saison. Il a vaincu d'extrêmes difficultés, soit pour la construction des navires, soit pour la construction des chaudières et des machines. Les étrangers, les Anglais même, n'ont pu soutenir la concurrence avec M. Gâche pour ce genre de navigation à faible tirant d'eau.

Le jury lui décerne la médaille d'or.

MM. MAZELINE frères, à Graville (Seine-Inférieure).

MM. Mazeline frères sont aujourd'hui les principaux constructeurs de mécanismes à vapeur établis dans nos ports de l'Océan. Leurs travaux sont très-variés ; ils exécutent les grands appareils nécessaires à la fabrication des sucres coloniaux ; ils confectionnent les machines à vapeur pour la navigation maritime. Leurs travaux, conduits avec beaucoup d'intelligence, ont pris un développement considérable : ils emploient maintenant 350 ouvriers.

MM. Mazeline ont les premiers exécuté des chaudières tubulaires pour la navigation maritime. Ils s'occupent actuellement d'une entreprise qui fera prendre un nouvel essor à notre navigation transatlantique ; c'est de construire, pour le commerce, de grands navires à voiles, avec machine à vapeur de 70 chevaux, pouvant porter 550 tonneaux, soit en marchandises, soit en voyageurs, et faire la traversée entre nos colonies des Antilles et le Hâvre, en 24 jours : sans exiger un fret plus élevé que le fret actuel par la navigation purement à voile .

La marine royale a montré toute l'estime qu'elle accorde à MM. Mazeline frères en les chargeant de combiner et d'exécuter le mécanisme à vapeur de 220 chevaux, pour l'appliquer à nos frégates de guerre ; ainsi que déjà nous l'avons mentionné. Les plans de ce travail sont conçus avec une rare intelligence.

Tous ces titres justifient la médaille d'or que le jury accorde à MM. Mazeline frères.

RAPPEL DE MÉDAILLE D'ARGENT.

M. BABONEAU, à Nantes (Loire-Inférieure).

En 1839 M. Baboneau reçut la médaille d'argent pour l'excellente fabrication de ses chaînes-câbles et des ancres appropriées au service de ces câbles. Il a depuis cette époque agrandi ses ateliers et ses travaux ; il fabrique des machines à vapeur pour la navigation. Il a construit une machine de 70 chevaux dont la force se transmettra par le système de l'hélice, sur un navire à vapeur. M. Baboneau continue de mériter la médaille d'argent qu'il a reçue à la précédente exposition.

———————

MÉDAILLE D'ARGENT.

M. NILLUS, constructeur de machines à vapeur, au Hâvre (Seine-Inférieure).

M. Nillus possède, au Hâvre, des ateliers considérables. Il est constructeur de machines à vapeur et de grands mécanismes pour l'industrie manufacturière et pour la navigation. Il a le premier réimporté d'Angleterre la substitution de l'hélice aux roues à aubes, dans la transmission de la force motrice de la vapeur, à bord des navires ; c'est ce qu'il a fait pour le bâtiment de commerce, *le Napoléon*.

M. Nillus expose une hélice en bronze, remarquable par son excellente exécution.

M. Nillus occupe habituellement de 180 à 200

ouvriers; ses établissements couvrent près d'un hectare de terrain. La force motrice est donnée dans ses ateliers, par quatre machines à vapeur, dont une, celle des forges, est de 60 chevaux.

M. Nillus embrasse toutes les opérations, depuis les travaux de fusion et d'étirage à l'anglaise, et depuis le laminage du fer et du cuivre, jusqu'aux dernières opérations de construction et d'ajustage. Il a fabriqué lui-même tous les mécanismes de ses ateliers.

L'ensemble de ces travaux mérite à M. Nillus une médaille d'argent.

MENTION HONORABLE.

M. LOTZ fils aîné, à Nantes (Loire-Inférieure).

M. Lotz est un ancien ouvrier qui, par son intelligence et son esprit d'économie, est devenu chef d'un établissement considérable, dans lequel il construit des bateaux et des navires en fer. S'il continue de suivre cette voie de progrès, il méritera, dans l'exposition suivante, une plus haute récompense.

---

§ 3. CONSTRUCTIONS NAVALES A VOILES.

Embarcations, toiles à voile, moyens de sauvetage, cordages.

M. Minerel, rapporteur.

Considérations générales.

Les produits qui font l'objet ce ce rapport sont quelques embarcations en bois et en fer, un modèle de vaisseau, des toiles à voile, un scaphandre et des cordages.

Nous allons, sans nous trop écarter des limites étroites qu'ils nous tracent, indiquer, par un aperçu rapide, quelques-uns des progrès que les constructions navales ont vus se réaliser dans ces derniers temps.

A l'aspect des embarcations exposées, l'une en bois si fine et si légère, les autres en feuilles de tôle si mince, on conçoit qu'on a voulu leur assurer une grande vitesse. La pensée se reporte alors naturellement sur ce qui a été fait aussi depuis quelques années pour accroître autant que possible la vitesse de certaines espèces de bâtiments de mer. On les a allongées, on a rendu plus aiguës leurs formes de l'avant, on s'est attaché à restreindre de plus en plus le poids des coques et de l'armement indispensable. Pour ce qui est des coques en bois, on a amoindri leur poids en diminuant les échantillons des pièces qui les composent ; mais comme on affaiblissait ainsi chaque partie isolément, on a consolidé l'ensemble en augmentant la solidarité de toutes les parties. A cet effet, on a établi le revêtement intérieur, autrement dit le *vaigrage*, en direction croisée avec le bordage qui forme la carène. On a de plus croisé le vaigrage avec de fortes bandes de fer qui descendent du dessous du pont jusqu'aux carlingues, et le tout a été joint par un fort chevillage allant de part en part, et traversant la membrure. Ce système de liaison a parfaitement réussi ; nos bâtiments ainsi construits ont fait de longues et rudes campagnes sans se déformer ; ils ont supporté de violents échouages sans qu'aucune voie d'eau se manifestât, et loin de se démolir sur les rochers, ils ont plus d'une fois rapporté dans leurs flancs des blocs de la roche qui les avait pénétrés. C'est que tout en allégeant les coques, on s'était arrêté là où la solidité pouvait commencer à être sérieusement compromise.

Pour avoir des coques plus légères encore, on les a faites en fer. Depuis longtemps nous en voyions flotter sur nos rivières, et leur construction alors ne constituait pas une industrie spéciale : elle se confondait dans la nomenclature des travaux de chaudronnerie. Sur les rivières, la

carène immergée n'éprouve pas de dénivellation
d'une de ses extrémités à l'autre, la force de la
poussée de l'eau, toujours à peu près constante,
est faible partout. Dès lors on peut se passer d'un
ensemble étudié de liaisons; mais sur mer quelle
différence! Souvent une des extrémités du bâtiment, plongée dans la lame, soutient comme
suspendue l'autre extrémité qui s'émerge; d'autres fois les deux extrémités seules sont appuyées,
supportant le poids du bâtiment qui menace de
se rompre par le milieu. Quand la mer est mauvaise et qu'elle brise avec force, elle multiplie ses
assauts pour écraser cette frêle enveloppe, et la
tordre dans tous les sens ; on conçoit bien que
pour ne pas succomber sous de tels efforts, il
faille un système complet de résistances bien
combinées, et ce système, c'est au constructeur
de vaisseau qu'il faut le demander. C'est toujours
le même but à atteindre que dans les constructions en bois ; toujours les mêmes études,
toujours les mêmes méthodes de tracé et d'exécution, sauf les modifications qu'impose la différence des matériaux employés.

Nous laissons à un autre rapporteur le soin
d'entrer dans de plus amples détails sur la construction des coques en fer qui semblent jusqu'à
ce jour être presque exclusivement spéciales pour
les bâtiments à vapeur. Nous nous bornerons à

dire qu'après divers essais on est à peu près fixé maintenant sur le rapport de poids à établir entre les coques en bois et les coques en fer, pour avoir toute garantie de solidité. On a fait les premiers bâtiments en fer très-légers: ils ployaient, ils fatiguaient beaucoup à la mer. On a voulu plus de rigidité, et, comme il arrive souvent, on a dépassé le but en outrant le poids. Enfin on en est venu à un moyen terme qui réduit d'un tiers au moins le poids qu'auraient les coques en bois construites sur les mêmes plans.

On pourrait, pour supputer l'importance du nouveau débouché qui s'ouvrirait ainsi à l'industrie des fers, demander si les coques en fer conviennent pour toute espèce de bâtiments, notamment pour les bâtiments de guerre proprement dits, les bâtiments de combat. L'examen approfondi d'une telle question exigerait des développements qui ne peuvent trouver leur place ici; mais sans engager en rien l'avenir, nous pouvons dire que les constructions actuelles en fer auraient des chances bien désavantageuses à encourir dans le combat. Des expériences récentes ont appris que les ravages du boulet sont tout autres dans la tôle que dans le bois. Le boulet tiré normalement à la surface, à forte charge et à petite distance, dans des tôles épaisses, fait un trou égal au moins à son grand cercle; à grande dis-

tance ou à petite charge, il se fait passage par
une très-large ouverture en déchirant la tôle.
Tiré obliquement à la surface, il laboure la tôle
en longs sillons qui, à la flottaison, ouvriraient
une voie d'eau capable de couler le bâtiment en
peu d'instants. Il faut que le système de construction soit bien modifié avant que les chances
redeviennent égales pour les coques en fer en
présence des coques en bois. Peut-on assurer
qu'on y arrivera sans trop perdre de cet avantage
de légèreté comparative, qui fait aujourd'hui rechercher les coques en fer ; la question est à l'étude
et probablement elle aura bientôt une solution.

Pour ne pas trop étendre ce rapport, nous
voulions nous restreindre à ne parler que des
modifications apportées aux constructions navales
dans le but d'alléger les coques ; mais nous ne
pouvons passer sous silence un fait nouveau qui
doit exercer une influence marquée sur l'armement des bâtiments de mer, en en réduisant
notablement le poids habituel : c'est l'emploi de
l'eau de mer distillée en remplacement de l'eau
douce naturelle qu'on embarque toujours pour
la consommation journalière de l'équipage. Il
a fallu bien du temps avant de faire accueillir
ce changement. L'opinion générale le repoussait
dans la persuasion que l'eau de mer distillée était
pernicieuse à la santé. Vainement citait-on comme

preuve du contraire, l'essai passablement prolongé qu'avait fait le capitaine Freycinet sur la frégate *l'Uranie*, pendant sa campagne autour du monde, et d'autres essais ultérieurement entrepris dans nos ports: la prévention était incrédule et obstinée. Un autre obstacle était qu'on ne connaissait pas d'appareil convenable pour opérer la distillation à la mer, en grand et avec économie. Il y a environ neuf ans, MM. Peyre et Rocher présentèrent au ministère de la marine un appareil distillatoire qui de suite attira l'attention. Dans cet appareil, la vapeur se rendant de la chaudière au serpentin, traversait un espace réservé pour faire la cuisine de l'équipage. La chaleur dont elle se dépouillait dans ce trajet, suffisait pour cuire bien et vite tous les aliments. Les dispositions de l'appareil étaient simples et n'avaient rien à redouter des grands mouvements de la mer. La place qu'il occupait était à peu près la même que pour les cuisines réglementaires de bord. On promettait de faire à la fois la distillation de la quantité d'eau nécessaire pour la consommation quotidienne et la cuisine de tout l'équipage, en ne dépensant en combustible que ce qui est réglementairement alloué pour la cuisine seule. De premiers essais eurent lieu à Paris. Divers incidents empêchèrent d'en rien conclure, et les inventeurs furent autorisés à les aller continuer au port de Rochefort. Là, le succès fut complet : on obtint sept litres d'eau distillée pour chaque kilogramme de charbon consumé : les aliments étaient très-bien cuits : on reconnut qu'on pourvoirait aisément aux besoins de chaque jour pour la consommation en eau. Plusieurs appareils de ce genre furent alors commandés : le premier qui fit campagne était établi sur la corvette de charge *l'Aube*; allant dans l'Océanie : le commandant avait été invité à procéder graduellement aux essais avec circonspection, mais aussi avec persévérance. Bientôt on apprit que l'équipage s'était habitué sans répugnance à l'usage de l'eau de mer distillée, et qu'il se portait bien ; mais en même temps plusieurs inventeurs élevèrent des réclamations, affirmant qu'ils avaient reconnu dans l'eau de mer distillée des principes pernicieux dont l'effet ne se faisait sentir fâcheusement qu'à long intervalle de temps, et dont on ne pouvait bien la débarrasser que par un procédé qu'ils venaient proposer. La publicité répandait ces réclames, qui pouvaient de nouveau inquiéter et égarer l'opinion; on sentit la nécessité d'en finir en donnant à cette question le cachet de l'autorité de la science. M. Chevreul, invité par le ministre de la marine à faire une analyse, aussi approfondie que possible, de l'eau de mer distillée, prêta son concours avec ce généreux empressement qui lui est habituel pour tout ce qui touche à l'utilité publique. La conclusion de son important travail fut que l'eau de mer distillée ne contient aucun des principes pernicieux qu'on prétendait y avoir découverts; qu'on n'y trouve que ce qui se rencontre dans les eaux de source bien pures, et qu'il suffit d'aérer cette eau pour qu'elle soit aussi salubre que celle des meilleures aiguades. L'expérience prolongée à bord de l'*Aube* a pleinement confirmé ces conclusions; après trois années consécutives d'usage de l'eau de mer distillée, l'équipage de ce bâtiment est rentré en France dans un état de santé parfaite.

Les grands bâtiments à vapeur de l'État, *le Gomer* et *l'Asmodée*, avaient aussi reçu des appareils semblables, à peu près à la même époque: ils ont constaté des résultats aussi satisfaisants.

La marine marchande aussi faisait ses essais à peu près dans le même temps; elle attachait un grand prix à pouvoir, sans autre dépense que celle de première installation, cesser d'encombrer les cales de ses navires par l'approvisionnement d'eau douce qu'elle devait jusque-là embarquer pour ses longues campagnes. Plusieurs bâtiments de Nantes et de Bordeaux sont allés aux Antilles et à l'île Bourbon, et en sont revenus sans avoir consommé d'autre eau que l'eau de mer distillée, des capitaines ont attesté qu'à Bourbon, notamment, leur équipage avait demandé à ne pas aller faire d'eau douce à terre, préférant continuer l'usage de l'eau de mer distillée, comme dans le cours de la traversée.

Un grand bâtiment de la marine royale va partir pour une destination lointaine, emportant un de ces appareils-*cuisine distillatoire*. En rade, l'équipage et les officiers préfèrent l'eau de mer distillée à l'eau douce un peu trouble que renferment les caisses de la cale; cette eau convenablement aérée n'a aucune saveur qui puisse la faire distinguer des autres eaux pures.

L'emploi de l'eau de mer distillée est un grand progrès pour la navigation, et c'est pour cela, c'est afin d'éclairer l'opinion publique sur cette question longtemps controversée, que nous avons cru devoir entrer dans les détails qui précèdent.

Les embarcations, canots, chaloupes, etc., n'ont qu'un rôle secondaire en navigation, mais un rôle de grande importance. Ce n'est que par le *batelage* que les navires peuvent communiquer entre eux et avec la terre. Une petite embarcation qui veut affronter la mer doit satisfaire à bien des conditions; il faut que sans être lourde elle soit solide et bien résistante dans toutes ses parties; que par ses formes et ses proportions, elle soit assez stable pour qu'une lame qui la prendrait en travers, ne la fasse pas chavirer ; il faut qu'elle puisse s'élever et glisser pour ainsi dire sur la lame, qui autrement l'aurait bientôt remplie. On ne réussit pas partout au même degré ces bateaux pilotes, qui vont hardiment, par le gros temps, attendre les bâtiments à grande distance au large, pour les entrer dans le port ; le succès n'est assuré qu'à une longue habitude d'observation à la mer, et dans les chantiers de construction des ports.

Partout, depuis un petit nombre d'années, les perfectionnements ont été notables dans le travail des embarcations qui sont aujourd'hui plus légères et mieux installées. Nous citerons surtout les baleinières du Havre : ce sont des bateaux à la fois élégants et sûrs, qui dans le mauvais temps ont une vitesse supérieure à celle de tous les autres. A Terre-Neuve et dans les pêches de la mer du Sud ils ont fait leurs preuves de manière à justifier la confiance qui leur est généralement accordée.

Une amélioration très-recommandable commence à se répandre : on s'étudie à rendre les embarcations insubmersibles pour qu'elles flottent encore debout sur la quille en portant leur équipage, quand la lame les a entièrement remplies. On y parvient en répartissant dans toute l'étendue des embarcations des corps spécifiquement plus légers que l'eau, ou bien en établissant des coffres imperméables remplis d'air seulement à l'avant, à l'arrière et sous les bancs des rameurs. Ces dispositions doivent être combinées avec soin, pour que le service de l'embarcation n'en éprouve aucun embarras, aucun obstacle.

Si la généreuse pensée qui se préoccupe ainsi d'un moyen de sauvetage pour les marins, trouve une utile application dans les embarcations en bois, qui cependant surnagent encore quand elles sont remplies d'eau, elle se porte bien plus sérieusement sur les embarcations en fer, qui dans les mêmes circonstances couleraient inévitablement à fond. Faisons des vœux pour qu'on les munisse habituellement de flotteurs suffisants; c'est une condition de sécurité que nous recommandons aux constructeurs d'embarcations.

MENTIONS HONORABLES.

M. HÉDOUIN, à Paris, quai Pelletier, 8,

Construit des bateaux de plaisance pour la Seine. L'embarcation qu'il a exposée est la copie d'une de ces jolies pirogues qu'on voit sur le bord de la Tamise et dans quelques-uns de nos ports. Elle est d'une très-grande légèreté. Sous ce rapport, elle semble toucher aux limites que la sécurité impose. Il faut bien se garder de la franchir en cherchant à séduire par la grâce et la finesse des formes les imprudents qui se jettent au-devant d'un danger qu'ils ne connaissent pas. La pirogue de M. Hédouin est travaillée avec beaucoup de soin et d'adresse. La membrure, le bordage à clin, les bancs, tout jusqu'aux pagayes, est d'un fini remarquable. L'ensemble justifie la vogue dont jouit M. Hédouin, et lui donne des titres à la mention honorable que le jury lui accorde.

M. HARDY, à Paris, rue d'Anjou Saint-Honoré, **14**,

A exposé un modèle de vaisseau de premier rang tout accastillé, mâté, gréé, doublé et complétement armé. Il faut être très-habile ouvrier pour exécuter aussi bien une œuvre aussi complexe. Le jury accorde à M. Hardy une mention honorable.

Toiles à voiles.

La lutte industrielle s'est engagée récemment entre les toiles de chanvre et les toiles de lin spécialement fabriquées pour la voilure des bâtiments de mer. Les premières étaient depuis longtemps en possession du marché; les toiles de lin, en y apparaissant il y a quelques années, ont pris une belle position qu'il semble désormais difficile de leur disputer. Un mot sur cette question.

Depuis longtemps, la marine Russe fait usage

de toiles à voile en lin, cet usage se répand en
Angleterre. En France, on a tardé à faire des essais, tant la confiance était acquise aux toiles
confectionnées avec nos excellents chanvres d'Anjou et de Bretagne. En 1837, MM. Malo-Dickson
et Cie, de Dunkerque, montèrent dans leur établissement de filature de lin, quelques métiers à
tisser la toile à voile. Ils débutèrent par une production d'environ 36,000 mètres par an ; leurs
toiles furent si favorablement accueillies par les
capitaines de navires, qu'ils développèrent rapidement cette nouvelle branche d'industrie sur
une très-grande échelle ; leur production, qui
dépasse actuellement 400,000 mètres, s'écoule
au fur et à mesure dans tous les ports du commerce, qui la recherchent pour la souplesse et la
régularité du tissu, ainsi que pour sa longue durée dans le service à la mer. La marine royale,
il faut le dire, n'a pas suivi cet entraînement : les
premiers essais qu'elle a faits n'ont pas été con-
cluants comme ceux de la marine marchande, et
la raison en est simple : les toiles de chanvre
fabriquées pour la marine royale sont bien supérieures en qualité à celles qu'emploient les bâtiments du commerce, et c'est avec les avantages
de cette supériorité qu'elles ont été mises en
comparaison avec les toiles de lin. On leur a
trouvé plus de force qu'à ces dernières, mais

aussi on a reconnu que leur tissu était moins souple et moins régulier.

La souplesse et la régularité du tissu des toiles de lin ont été en grande partie attribuées à ce que leurs fils étaient filés à la mécanique, tandis que ceux des toiles en chanvre étaient filés à la main. Cette opinion engagea quelques fabricants de toiles de chanvre, à faire usage de fils à la mécanique, et le progrès fut tellement remarquable qu'aujourd'hui par une clause de ses cahiers des charges, la marine royale impose aux adjudicataires l'obligation de n'employer que des fils de cette sorte. Quant aux toiles de lin, avant de se prononcer, la marine royale veut en appeler à de nouveaux essais comparatifs sur une large échelle; ces essais seront prochainement entrepris, et on a pu voir à l'exposition une superbe pièce de toile de lin qui doit y concourir. Elle provient de la manufacture de MM. Malo-Dickson et Cie.

Voilà donc un nouveau débat qui s'engage; il s'agit de constater si la toile de lin qui l'a emporté dans , ports du commerce sur les toiles en chanvre fabriquées avec des fils à la main, l'emportera encore sur les toiles en chanvre fabriquées avec des fils à la mécanique: c'est une question qu'on ne peut préjuger et qui doit être réservée.

Mais cette réserve ne saurait préjudicier en rien

au succès de MM. Malo-Dickson et Cⁱᵉ ; ce succès est basé sur de très-grands progrès dans la fabrication. Une production irréprochable, immense. et suffisant, néanmoins, à peine à la demande des consommateurs, voilà un titre puissant en faveur de MM. Malo-Dickson et Cⁱᵉ ; un autre titre aussi puissant, c'est que MM. Malo-Dickson et Cⁱᵉ se trouvent, par le fait, les promoteurs du grand progrès réalisé dans l'industrie des toiles à voiles en chanvre. A ce double titre, ils ont bien mérité la médaille d'or que le jury leur décerne, sur les propositions réunies de la commission des tissus et de la commission des machines.

Le rapporteur de la sous-commission des lins s'est chargé, au nom des deux mêmes commissions, de signaler les autres exposants de toiles à voile, qui ont aussi des titres aux récompenses décernées par le jury central.

Moyens de sauvetage.

MENTION HONORABLE.

M. PORET, à Saint-Sauveur-le-Vicomte (Manche),

A exposé un scaphandre ou cuirasse en liége avec laquelle un homme flotte en conservant toute la liberté de ses mouvements. C'est un moyen de sauvetage que M. Poret a déjà proposé à la marine, depuis plus de deux années. Les essais qui en out été faits au port de Cherbourg et à la mer ont été favorables. Les commissions qui y ont assisté se sont accordées dans cette conclusion que le scaphandre de M. Poret pouvait être d'une très-grande utilité, et qu'il serait à désirer que les grands bâtiments fussent pourvus d'un certain nombre de ces appareils pour en revêtir l'équipage des embarcations qu'on devrait envoyer par le mauvais temps, soit à terre, soit en communication avec d'autres bâtiments.

Deux sortes de flotteurs soutenant les hommes dans l'eau, sont souvent présentés comme moyens de sauvetage : les uns composés de matières spécifiquement plus légères que l'eau, les autres formés de tissus imperméables qu'on remplit d'air au moment de s'en servir. Cette opération préalable est un grave inconvénient quand il faut agir avec la plus grande promptitude ; mais si l'on pense, en outre, qu'un défaut de jonction dans les flotteurs à air, une déchirure, le plus petit trou paralysent immédiatement leur efficacité, au péril de ceux qui s'y confient, on conçoit pourquoi la marine n'en a employé aucun jusqu'à présent et pourquoi, en principe, elle s'est montrée disposée à les repousser tous.

Les flotteurs composés de matières spécifiquement plus légères que l'eau, sont les seuls qui puissent inspirer toute confiance ; encore faut-il que ces matières soient de facile conservation et ne se laissent pas trop promptement entamer ou briser par les frottements et les chocs. Le liége remplit si bien ces conditions qu'il a souvent été mis en usage pour confectionner des scaphandres analogues à celui de M. Poret. M. Poret n'a pas inventé : il a perfectionné. Son scaphandre est formé de lames de liége qui entourent le corps, et sont divisées en plusieurs morceaux dans la hauteur de la poitrine. Toutes ces lames, renfermées dans une enveloppe de laine ou d'autre tissu, sont séparés par des coutures qui leur constituent de véritables articulations et leur permettent de s'infléchir suivant les mouvements du corps. Le scaphandre se revêt par des ouvertures de manche, et se maintient par trois courroies bouclées sur la poitrine. Il est très-léger. Son épaisseur autour du corps ne dépasse nulle part quatre centimètres. Le dessous des bras est évidé de manière à laisser toute liberté d'action. Quand il est roulé il n'occupe que très-peu de place. Il a été étudié dans toutes ses parties avec persévérance et succès. Les essais cités plus haut prouvent qu'il est devenu utilement pratique. D'après ces considérations le jury accorde à M. Poret une mention honorable.

Fabrication des cordages.

Il y a vingt-cinq ans environ, tous les travaux de corderie, préparation du chanvre, filage, confection des torons et commettage, s'exécutaient à bras d'hommes. A cette époque, M. l'ingénieur Hubert, aujourd'hui directeur des constructions navales à Rochefort, introduisit dans les arsenaux de la marine royale, un procédé

mécanique pour confectionner les torons, imaginé, d'après les documents rapportés tout nouvellement d'Angleterre, par M. le baron Charles
Dupin. Ce procédé, qui porte le nom de son inventeur était un grand perfectionnement dans
l'art de la corderie; son but et son résultat sont
de tendre également tous les fils qui composent
le toron en donnant à chacun d'eux une longueur
relative à la place qu'il y occupe. Précédemment
tous les fils, ourdis d'une même longueur, formaient un faisceau qu'on tordait par les deux
bouts en sens inverse; après la torsion, les fils,
placés à la circonférence du toron étaient fortement tendus. Ceux du centre étaient au contraire
refoulés sur eux-mêmes; l'effort qu'avait à faire
le toron ne se répartissait ainsi que sur un très-
petit nombre de fils; le nouveau procédé accrut
considérablement la force des cordages en même
temps qu'il apportait plus de régularité dans la
fabrication.

Malgré ses avantages incontestables, il rencontra d'abord de l'opposition dans la routine;
maintenant il est en usage dans les grandes cor-
deries de nos ports du commerce et dans quelques-
unes de l'intérieur où se fabriquent en grande
quantité des cordages pour la navigation de
rivière. Mais il n'a pu pénétrer dans les petits
établissements, qui, ne fabriquant que rarement

de gros cordages, n'ont pas voulu faire la dépense
de l'outillage qu'il exige; ni dans ceux qui ne
confectionnent que de très-petits cordages et des
ficelles, parce que ses avantages ne sont plus assez
sensibles, quand il s'agit de petits torons,
pour motiver la dépense des installations nouvelles.

Depuis quelques années, on s'attache avec persévérance, en Amérique et en Angleterre, à perfectionner divers systèmes de machines qui préparent le chanvre, l'étirent en mèches de grosseur
voulue, et confectionnent avec ces mèches les fils
qui composent les cordages. Il n'existe encore en
France aucun de ces systèmes, mais la marine
royale, qui a étudié soigneusement cette question
pour faire son choix en parfaite connaissance de
cause, ne tardera pas à faire un essai de quelque importance dans l'un de ses arsenaux.

On a imaginé aussi une machine qui exécute
le commettage par enroulement sur un cylindre
de très-grand diamètre. Ainsi l'art de la corderie
subit à son tour l'entraînement général; dans
tous ses détails de travaux, il tend à remplacer le
travail des bras par le travail plus perfectionné
et plus économique des machines. Si les essais
qui se poursuivent conduisent tous à de bons
résultats, les diverses opérations de corderie
pourront s'accomplir dans des espaces assez res-

treints, et on n'aura plus besoin de ces longs ateliers qui coûtaient si cher à établir.

La fabrication des cordages a fait de tels progrès dans tous nos ports qu'elle peut hardiment soutenir la comparaison avec les meilleurs produits étrangers de ce genre.

Outre les cordages en chanvre, l'exposition présentait différentes sortes de cordages en fil de fer.

L'emploi des cordages en fil de fer sur les bâtiments de mer et sur les bateaux de rivières, a été de courte durée; il n'est à considérer que comme un essai malheureux, on y reviendra probablement avec plus de succès.

Il paraît que dans l'exploitation des mines et des carrières, ces cordages sont assez recherchés; mais dès lors l'examen de la question rentrant dans le domaine des constructions civiles, le soin de la traiter a été dévolu à un autre rapporteur.

MÉDAILLE D'ARGENT.

MM. MERLIÉ-LEFEBVRE, au Havre (Seine-Inférieure),

Ont fondé leur établissement de corderie, il y a peu d'années, sur une échelle jusque-là inusitée en ce port. Ils l'ont tout d'abord pourvu de l'outillage nécessaire pour fabriquer les gros cordages d'après les méthodes les plus perfectionnées. Ils ont dirigé leurs travaux avec un zèle et une intelligence qui ont amené de rapides progrès. Ils emploient, pour les diverses opérations de leurs ateliers, trois machines à vapeur de la force ensemble de 15 chevaux et habituellement une centaine d'ouvriers indépendamment des marins en grand nombre occupés à préparer les gréements.

Leur production par année est de 300 à 350,000 kilogrammes de cordages de toute espèce. L'étendue et l'outillage de l'établissement permettraient, au besoin, d'accroître cette production.

Les cordages exposés par MM. Merlié-Lefebvre sont très-bien confectionnés, et cependant on peut remarquer qu'ils n'ont reçu aucun soin extraordinaire. Ce sont des produits de fabrication courante. Les fils en sont beaux, leur arrangement dans les torons est très-régulier, la torsion des torons exécutée par le procédé *Hubert*, et le commettage, attestent une grande pratique de la profession du cordier. Les cordages de MM. Merlié-Lefebvre sont fort estimés. Encore quelques progrès et ils pourront le disputer à ceux qui se confectionnent dans les établissements les plus renommés des ports du commerce.

MM. Merlié-Lefebvre, en fondant un établissement aussi considérable et en le faisant progresser aussi rapidement, ont rendu un véritable service au port du Havre, qui auparavant était tributaire des autres contrées pour une partie des cordages que réclament ses armements. Dans cette pensée, le jury départemental les a félicités du succès de leurs efforts. Le jury central les récompense en leur décernant une médaille d'argent.

NOUVELLE MÉDAILLE DE BRONZE.

M. JOLY aîné, à Saint-Malo (Ille-et-Vilaine).

L'établissement de corderie de M. Joly occupe une centaine d'ouvriers et quatre chevaux. Sa fondation date de 1835. En 1839, il a obtenu une médaille de bronze. Sa production annuelle est d'environ 105,000 kilogrammes de cordages. Les cordages qu'il expose cette année sont dignes d'attention. Les torons y sont faits par la méthode *Hubert*, et le commettage, exécuté d'après le même procédé modifié, est très-bien réparti. On pourrait dire cependant que M. Joly emploie des fils trop fins dans la fabrication des gros cordages. La main-d'œuvre est ainsi augmentée sans compensation réelle. Nonobstant cette remarque, M. Joly a su bien conserver sa position ; il l'a même améliorée par l'adoption de divers perfectionnements, notamment dans le commettage. Le jury central lui décerne une nouvelle médaille de bronze.

MÉDAILLE DE BRONZE.

M. LEBŒUF, à Paris, rue des Lombards, 17.

A créé son établissement en 1839. Il fabrique des cordes de toutes espèces, mais surtout des cordages greliués, de très petit diamètre. A côté des produits qu'il livre habituellement à la vente, il a exposé deux petits archigrelius composés d'une grande quantité de fils, et qui sont extrêmement remarquables pour l'adresse avec laquelle ils ont été confectionnés. La production annuelle de M. Lebœuf est très-considérable pour ce genre d'industrie ; elle s'élève à 95,000 kilog. représentant une valeur de plus de 300,000 fr. Elle place son établissement dans un rang fort distingué et rend M. Lebœuf digne de la médaille de bronze que le jury lui accorde.

RAPPELS DE MENTIONS HONORABLES.

M. BOUCHARD, à Nevers (Nièvre),

Fabrique annuellement avec quatre ouvriers, et parfois, en outre, quelques hommes de peine, environ 20,000 kilog. de cordages, qu'il livre aux usines et exploitations diverses de la localité. Son établissement, qui ne date que de 1829, est trop peu important pour faire usage de l'outillage mécanique. Les torons de ses cordages sont encore ourdis d'après la méthode ancienne ; mais la torsion et le commettage sont répartis avec un soin qui supplée, autant que possible, au manque de procédés plus perfectionnés. L'établissement de M. Bouchard est fort utile pour la localité. Ses produits sont fort estimés. Ces considérations lui ont valu, à l'exposition de 1839, une mention honorable que le jury central de 1844 se plaît à lui rappeler.

M. LUCAS, à Versailles (Seine-et-Oise),

A exposé divers produits aussi bien fabriqués que peut le faire un petit établissement qui n'emploie aucun procédé mécanique. Avec trois ouvriers et trois apprentis, il confectionne annuellement 12,000 kilog. environ de cordages de différentes sortes pour traits de chevaux, de carrières, etc. Le jury central lui rappelle avec plaisir la mention honorable qu'il a obtenue à l'exposition de 1839.

MENTION HONORABLE.

M. SORIN fils, à La Chapelle-Saint-Denis (Seine), et à Paris, rue des Fossés-Montmartre, 31.

A exposé un cordage grelin et quelques autres objets de corderie en chanvre qui sont bien travaillés. Il présente de plus une grande variété de cordages et de produits divers en aloès. C'est pour cette spécialité surtout qu'il mérite que l'attention se porte sur lui. L'aloès est moins fort, moins souple que le chanvre; mais aussi, comme il est plus lisse, plus brillant et moins extensible, il lui est préféré comme moyen de suspension et d'attache dans les appartements et pour la confection d'une foule de petits objets de fantaisie. Les produits de M. Sorin sont très-soignés. Sa fabrication en aloès seulement s'élève à 12,000 kilogr. annuellement. Le jury lui accorde une mention honorable pour l'ensemble de ses produits.

CITATION FAVORABLE.

M. LEFÈVRE, à Paris, rue de Sèvres, 4,

A fondé sa corderie en 1840. Le jury central lui accorde une citation favorable pour sa bonne fabrication de cordages de chanvre et d'étendelles de crin.

QUATRIÈME COMMISSION.

INSTRUMENTS DE PRÉCISION.

Membres de la Commission.

MM. POUILLET, président, DELAMORINIÈRE, GAMBEY, MATHIEU, OLIVIER, SAVART, le baron SÉGUIER.

SECTION PREMIÈRE.

HORLOGERIE.

M. le baron Séguier, rapporteur.

Considérations générales.

L'horlogerie, l'une des gloires de la France, cet art dans Paris jadis si florissant, avait eu, au commencement de ce siècle, à souffrir d'une concurrence étrangère.

Les consommateurs, séduits par un bon marché apparent, avaient accepté les produits de la Suisse au grand détriment de notre industrie nationale. La belle horlogerie française, moins demandée, était devenue plus rare, et nos habiles artistes, inoccupés, découragés, se voyaient avec peine supplantés par de simples courtiers de produits étrangers.

Un tel état de chose ne pouvait durer dans un pays où la science a de nombreux échos, où l'instruction professionnelle est largement distribuée par l'état lui-même, où, dès lors, les connaissances nécessaires pour apprécier la qualité d'un produitdescendent dans les masses. Les consommateurs s'aperçurent bientôt que le bas prix qui les avait captés n'était que fictif ; une machine à mesurer le temps doit pouvoir fournir, chaque jour, pendant de longues années, des indications précises ; pour qu'il en puisse être ainsi, il est indispensable que la conservation des organes soit assurée par une consciencieuse exécution. Des réparations fréquentes deviennent bientôt plus dispendieuses que l'intérêt d'un capital un peu plus considérable, mis en dehors pour premier prix d'acquisition d'une pièce d'horlogerie fidèlement établie.

Les avantages de bonnes machines à mesurer le temps, bien compris, la belle et bonne production ne devait pas se faire attendre, aussi voyons-nous dans tous les comptes rendus des expositions, depuis 1819, l'horlogerie en constants progrès. A chaque concours, des artistes plus nombreux viennent prendre part à la lutte,

et si la renommée des pièces françaises de haute
précision n'a jamais faibli, nous sommes heureux de reconnaître que la production de l'horlogerie civile a fait chez nous de tels progrès,
que bientôt la concurrence avec la Suisse
n'aura plus que les avantages d'une utile émulation.

Ces heureux résultats sont dus en grande partie
à la fondation de la manufacture de Versailles ;
d'habiles ouvriers étrangers furent appelés en
France pour servir de noyau à cet établissement,
et former des élèves ; à leur sortie de la fabrique,
ils se fixèrent dans la capitale, et y créèrent des
ateliers particuliers ; ainsi fut démontrée la possibilité d'établir à Paris, de toutes pièces, de
bonne horlogerie à des prix même inférieurs à
ceux des bons produits suisses.

Nous sommes heureux de provoquer l'intérêt
sur ces petits centres de fabrication, et nous espérons que les récompenses, justement distribuées aux artistes qui ont eu le courage d'entrer
ainsi en lutte avec une industrie rivale, contribueront puissamment à exonérer la France du
lourd tribut qu'elle a consenti à payer jusqu'ici
à des producteurs étrangers.

Pour apporter quelque méthode dans l'examen et l'appréciation des nombreux produits
d'horlogerie qui figuraient cette année dans les

salles de l'exposition, nous les classerons en quatre grandes catégories :

La première division embrassera l'horlogerie de haute précision, c'est-à-dire les montres marines, les chronomètres de poche, les pendules astronomiques, les régulateurs, les compteurs pour observations.

La seconde se composera des grands mécanismes d'horlogerie, tels que les horloges publiques.

La troisième embrassera toute l'horlogerie civile ; ainsi, les pendules de cheminées et de voitures, les pièces dites réveils, les horloges de surveillance, les montres de poches, seront réunis dans cette catégorie.

La quatrième division, enfin, renfermera toutes les branches d'horlogerie de fabrique ; l'établissement des blancs de pendules et de montres ; les ébauches de tous genres de rouages. La confection des machines-outils spécialement destinées au travail des horlogers, sera aussi l'objet des rapports de cette dernière division.

§ 1. HORLOGERIE DE HAUTE PRÉCISION.

Le jury voit avec satisfaction les fruits de l'émulation qui s'est emparée des artistes en chronomètres. Un abaissement notable de prix

dans cette branche d'horlogerie, de première nécessité pour la navigation au long cours, permettra
désormais aux armateurs de généraliser l'emploi
des montres marines sur tous leurs navires. La
qualité de ces produits, c'est-à-dire la précision
de la marche et la constance dans la régularité
des fonctions des pièces marines, n'a point eu à
souffrir de cette diminution dans la valeur de
leur main-d'œuvre. Des simplifications suggérées
par une discussion plus judicieuse et plus approfondie de chacune des parties, l'abandon d'un
luxe d'exécution complétement inutile, l'emploi
enfin de quelques machines accélératrices ont
procuré cet important résultat.

Les produits de l'horlogerie nautique sont
presque tous restés, cette année, en dépôt à l'observatoire pour y subir le contrôle des observations quotidiennes ; cette absence motivée ne nous
empêche pas d'appeler sur leurs auteurs toute
l'attention du jury, car, plus que jamais, ils se
montrent dignes d'éloges. Le nombre des concurrents, dans cette branche si difficile de la rigoureuse mesure du temps, s'est accrue depuis
la dernière exposition. Commençons à payer
notre dette de reconnaissance à ceux qui ont si
bien continué de se montrer à la hauteur des
récompenses de premier ordre dont ils ont été
honorés. Nous nous plairons ensuite à signaler

les efforts plus récents suivis d'incontestables succès; c'est donc avec un véritable bonheur que nous proclamons, encore cette année, MM. Berthoud, Breguet, Motel, Winnerl, comme de plus en plus dignes des médailles d'or qu'ils ont précédemment obtenues.

RAPPELS DE MÉDAILLES D'OR.

M. BERTHOUD, à Argenteuil (Seine-et-Oise).

Des observations toutes spéciales sur l'isochronisme des spiraux permettent à M. Berthoud d'abréger singulièrement le temps nécessaire au réglage des chronomètres. La communication de cette méthode, qui lui est propre, fait partie de l'enseignement que M. Berthoud donne avec tant de zèle aux élèves du gouvernement placés à son excellente école. Les produits très-remarquables de ces jeunes artistes, au milieu desquels le nom de Berthoud est dignement soutenu par le propre neveu du professeur, font autant d'honneur aux élèves qu'à leur habile maitre.

MM. BREGUET neveu et Cⁱᵉ, à Paris, place de la Bourse, 4, et quai de l'Horloge, 79.

L'horlogerie semble jouir du privilége de transmettre des illustrations héréditaires, et si les noms de Ferdinand Berthoud, de Louis Berthoud continuent de nos jours à être si honorablement portés,

celui de Breguet n'a pas cessé d'être justement célèbre. A la connaissance théorique et pratique de
l'art de l'horlogerie, le descendant de l'habile artiste qui eut l'honneur d'être membre de l'Institut,
M. Breguet fils, réunit aujourd'hui une instruction profonde dans les sciences physiques; grâce
à ces études variées, ce savant horloger peut faire,
dans l'intérêt de leurs progrès, les plus utiles
applications de l'art de construire les machines
de haute précision; c'est ainsi qu'un thermomètre
métallique, mis par lui en relation avec un appareil
chronométrique, permet d'enregistrer, sans le secours d'aucun observateur, heure par heure, minute par minute, à chaque instant si on le désire,
les variations de la température. L'application d'un
aimant voltaïque à un chronographe a permis à
M. Breguet de noter avec certitude la durée des
phénomènes les plus courts, comme ceux qui accompagnent la combustion d'une matière déto-
nante ou le passage d'un projectile; nous disons
avec certitude, à juste raison, puisque l'observation
de la durée du phénomène n'est pas la conséquence
du plus ou moins de soin apporté dans la constatation
du fait étudié, mais bien le résultat direct du phénomène lui-même : sa seule production établit ou
supprime le courant galvanique qui donne au barreau magnétique la vertu attractive à l'aide de laquelle la fonction du chronographe est provo-
quée.

On remarque encore au milieu des nombreuses
pièces sorties des ateliers de la maison Breguet neveu et Cie, un mécanisme à grande vitesse pour im-

primer à un petit miroir des milliers de tours à la seconde ; cet appareil doit bientôt servir à trancher l'une des questions les plus controversées et les plus ardues de la physique, celle de savoir quelle est la vitesse de la lumière au travers des milieux de réfrangibilité différente. Mais l'exacte mesure du temps, l'objet principal de l'art de l'horlogerie, n'est pas abandonnée par M. Breguet pour se livrer exclusivement à ces constructions nouvelles. Des chronomètres, continuellement en dépôt à l'observatoire, constatent que cet artiste s'efforce de soutenir dignement le nom qu'il a l'honneur de porter.

M. MOTEL, à Paris, rue de l'Abbaye, 12.

Exclusivement adonné à la pratique de l'art qu'il exerce avec tant de succès, M. Motel continue à construire d'excellents chronomètres; le concert d'éloges donnés par les navigateurs aux montres marines de cet artiste, prouve avec quels soins et quelle conscience il exécute ses remarquables ouvrages.

La bonne disposition de ses pendules astronomiques portatives mérite d'être particulièrement signalée; leurs balanciers composés de tringles de zinc et d'acier, sont d'une exactitude de compensation remarquable. Aussi scrupuleux qu'habile, M. Motel ne place jamais dans une pièce marine, ne suspend jamais à une pendule astronomique, un balancier sans l'avoir préalablement soumis à des essais nombreux et dans des limites extrêmes, pour reconnaître la certitude de ses fonctions. M. Motel,

par l'excellence de ses produits, fait voir qu'il comprend toute la responsabilité qui pèse sur l'artiste en
horlogerie nautique.

M. WINNERL, à Paris, passage Lorette, 3.

M. Winnerl, par l'application d'outils spéciaux
à la confection de chacune des pièces qui entrent
dans la construction d'un chronomètre, est parvenu,
le premier, à les confectionner d'une façon si identique, qu'elles peuvent indifféremment se permuter
d'un chronomètre à l'autre, et se remplacer les
unes par les autres. Ce mode de travail en rendant
l'exécution plus rapide et plus sûre, lui permet de
fournir aux armateurs, des montres marines d'une
haute précision de marche, à des prix réduits. Un
plein succès a couronné les efforts faits, pendant
plus de dix années, pour obtenir un tel résultat.
Sept chronomètres déposés à l'Observatoire pour le
dernier concours, se maintiennent tous dans les
limites difficiles du programme. Déjà plusieurs
sont sortis victorieux de la sévère épreuve, ceux
qui restent encore et qui n'ont plus que quelques
semaines à fournir, persistent dans une régularité
de marche, qui permet de regarder un nouveau succès comme certain. M. Winnerl, honoré à son début, lors de l'exposition dernière, de la médaille
d'or, a, depuis cette époque, prouvé chaque jour
davantage combien cette haute faveur était méritée; ses chronomètres de poche, petit modèle, par
leur composition raisonnée et leur fidèle exécution,
démontrent la possibilité d'obtenir encore la rigou-

reuse mesure du temps avec une machine d'un bien petit volume.

L'esprit d'invention et l'habileté de main de cet artiste se font remarquer dans des cor.pteurs à doubles aiguilles, les plus commodes de tous ceux qui ont été jusqu'ici construits. Une légère pression du doigt sur la queue de la montre arrête une des aiguilles au commencement d'une observation, une seconde pression fixe l'autre aiguille au moment où l'observation finit. La distance angulaire entre les deux aiguilles ainsi successivement arrêtées, indique la durée du fait observé, la simple introduction de l'ongle sous un petit bouton placé sur le côté de la pièce suffit pour rétablir la coïncidence entre les aiguilles, et chose digne de remarque, elles vont, à l'instant même, prendre la place précise qu'elles occuperaient si elles n'eussent pas été arrêtées.

Cette disposition toute spéciale conserve à ces compteurs les propriétés d'excellentes montres, puisque malgré les observations auxquelles ils ont pu être momentanément employés, ils n'en continuent pas moins à fournir l'indication précise de la marche du temps. Un tel problème était difficile à résoudre. L'heureuse solution qu'en a trouvée M. Winnerl, prouverait à elle seule les ressources mécaniques dont son esprit dispose, si cet artiste n'avait déjà, depuis longues années, fait ses preuves alors qu'il travaillait pour les premières maisons de la capitale, et qu'il ne lui était pas encore donné de signer, de son propre nom, ses remarquables produits.

MÉDAILLE D'OR.

M. ROBERT (Henri), à Paris, rue du Coq-Saint-Honoré, 8.

A cette liste d'habiles constructeurs de chronomètres, nous sommes heureux de pouvoir ajouter le nom de M. Henri Robert ; pour être entré plus tard dans l'arène, cet horloger n'en a pas moins cueilli les plus honorables palmes. Récompensé par une médaille d'argent en 1834, pour les perfectionnements qu'il avait apportés à l'horlogerie civile, une seconde médaille d'argent lui a été décernée en 1839, pour ses pièces de haute précision. Depuis cette époque, M. Robert s'est livré à de consciencieuses études sur la composition la plus convenable du mécanisme d'un chronomètre ; la nature des fonctions de chacun de ses organes a été l'objet d'observations toutes spéciales, pour en assurer la durée et la régularité ; c'est ainsi que, par un travail soutenu, il a perfectionné des œuvres déjà fort remarquables. Le succès qui a couronné ses efforts est attesté par la belle marche de ses montres marines en dépôt à l'Observatoire ; l'administration de la marine a fait choix de plusieurs de ses chronomètres sortis victorieux de la difficile épreuve du concours. Le jury juge M. Henri Robert digne, cette année, de la médaille d'or.

RAPPEL DE MÉDAILLE D'ARGENT.

M. A. JACOB, à Saint-Nicolas-d'Aliermont (Seine-Inférieure).

Nous ne pourrions clore, sans être accusé d'oubli, la liste de nos habiles constructeurs de chronomètres sans rappeler le nom de M. Jacob. D'excellentes pièces marines ne sont pas les seuls titres de cet horloger à la bienveillance du jury; les amateurs de l'exacte mesure du temps n'ont pas perdu le souvenir de ses régulateurs de prix réduit, livrés par souscription. A l'exemple de M. Perrelet, M. Jacob a aussi établi des compteurs à doubles aiguilles, mais comme lui il s'est borné à arrêter l'une d'elles pour indiquer le commencement de l'observation; l'aiguille ainsi entravée dans sa marche, redevenue libre après l'observation, va par le plus court chemin, c'est-à-dire tantôt en avançant, tantôt en rétrogradant, se remettre en coïncidence parfaite avec celle qui n'avait pas cessé de marcher. Le jury rappelle, avec une véritable satisfaction, la médaille d'argent dont M. Jacob a été précédemment jugé très-digne.

POUR MÉMOIRE.

MM. PONS DE PAUL, BENOIT et GARNIER.

Nous devons encore placer sur cette liste le nom de M. Pons de Paul, fondateur de la fabrique d'horlogerie de Saint-Nicolas-d'Aliermont; son génie inventif semble avec les années redoubler de fécondité; le nom de M. Benoit, directeur de la fabrique de Versailles, récompensé, en 1839, pour un chronomètre à échappement à force constante; celui de M. Garnier doit aussi être cité parmi ceux des horlogers de haute précision, une pendule à échappement libre, à chevilles et à ancre, un chronomètre aussi à échappement libre et à force constante, nous en feraient un devoir. Mais les principaux titres de ces habiles artistes se rencontrent dans leur fabrication d'horlogerie civile. Nous attendrons pour rappeler ou provoquer à leur égard les récompenses dont ils se montrent dignes, d'en être arrivés à l'examen des produits classés dans cette catégorie.

MÉDAILLES D'ARGENT.

M. DELÉPINE, à Paris, rue Coquillière, 27.

Nous terminerons la nomenclature des noms des horlogers qui cette année ont exposé des pièces de haute horlogerie, par celui de M. Delépine. Un chronomètre de poche bien exécuté, ainsi qu'un ingénieux compteur pour observation, attestent l'habileté de cet horloger dans la pratique de l'art qu'il exerce depuis longtemps pour le compte d'autrui; aujourd'hui M. Delépine se présente directement. Le jury le juge très-digne d'une médaille d'argent.

M. CALLAUD, à Paris, rue Montesquieu, 6.

M. Callaud a déposé aussi à l'observatoire une montre-marine, le jury regrette de n'avoir pu apprécier le mérite de cette pièce par le contrôle de sa marche ; cette circonstance, indépendante de la volonté de l'artiste, n'empêchera pas le jury de lui rendre justice. Déjà jugé digne d'une médaille de bronze aux précédentes expositions, pour une pendule qui enregistrait, heure par heure, les variations météorologiques, M. Callaud, depuis cette époque, n'a point cessé de faire de persévérants efforts pour les progrès de son art ; parmi ces travaux on trouve des compteurs pour observation. Le jury lui décerne cette année une médaille d'argent.

M. BROSSE, à Bordeaux (Gironde).

L'horlogerie de haute précision n'est point un art cultivé seulement dans la capitale. Bordeaux nous envoie, cette année, les produits d'un artiste du premier mérite en ce genre ; vétéran de l'horlogerie, M. Brosse a utilement employé une longue carrière à la recherche de tous les moyens qui peuvent assurer une rigoureuse mesure de temps. Une connaissance approfondie de toutes les règles théoriques de son art lui a permis de sortir complétement des sentiers battus avant lui, sans que ces nombreuses innovations, toutes marquées au coin d'un jugement aussi droit qu'indépendant, puissent le faire taxer de témérité. Son pendule, composé d'un anneau de métal suspendu à une lame étroite d'acier à ressort, son échappement libre à force constante, attaqué par la lentille même du pendule au centre de laquelle il est disposé, ont paru au jury d'ingénieuses constructions basées sur une rigoureuse application des vrais principes. Des éloges sont dus à sa compensation opérée par des lames soumises précisément aux mêmes efforts de traction que ceux qu'éprouve la lame compensée. Sa pendule astronomique de voyage se fait remarquer par sa simplicité et son petit volume. Le balancier est formé d'une lame de ressort chargée d'un cylindre de fer rempli de mercure en guise de lentille, l'échappement de cette pièce ne se compose que d'un petit triangle attaché sur la lame même du balancier, faisant sur ses deux côtés, fonctions des plans inclinés d'une double ancre, l'originalité de cette disposition et de plusieurs autres a prouvé au jury que M. Brosse était familier avec toutes les constructions d'horlogerie de haute précision et l'a fait juger très-digne d'une médaille d'argent.

M. RIEUSSEC, à Saint-Mandé (Seine).

A M. Rieussec appartient l'ingénieuse invention de l'aiguille poseuse d'encre qui forme la pensée principale de presque tous les mécanismes chronographiques. M. Rieussec a ainsi trouvé le moyen d'apprécier avec une grande exactitude et une extrême facilité, des fractions très-minimes de temps pendant la durée d'une expérience. Dans son chronographe, l'aiguille pointeuse chemine comme une aiguille de seconde, dite *trotteuse*, réglée dans sa marche par un échappement à ancre ou à cylindre; cette allure de l'aiguille permet à l'observateur d'inscrire entre deux divisions de secondes, une série de points; l'espace de temps correspondant se trouve donc ainsi divisé en autant de fractions qu'il y a eu de points déposés. M. Rieussec s'est efforcé de réduire le prix de ces chronographes pour en généraliser l'emploi si commode pour les observateurs. Pour atteindre ce résultat, il a eu l'heureuse pensée de munir de bonnes montres civiles, d'aiguilles poseuses d'encre; en réunissant deux instruments en un seul, le prix du chronographe se trouve naturellement diminué de toute la valeur de la montre. Le jury se plaît à reconnaître combien l'invention de M. Rieussec a été féconde en utiles applications, et s'empresse de faire un acte de justice en lui décernant une médaille d'argent.

M. PEUPIN, à Paris, rue Chapon, 14.

M. Peupin concourt pour la première fois. La belle exécution de ses régulateurs, tous construits suivant les vrais principes de la bonne horlogerie, a fixé l'attention. Le jury a pu se convaincre que les pièces exposées avaient été confectionnées au moyen de machines inventées ou modifiées par M. Peupin. Pour dignement récompenser cet artiste, l'un des mieux montés de la capitale en outils-machines pour l'exécution de ses remarquables produits, le jury n'hésite pas à lui décerner, dès son début aux expositions, une médaille d'argent.

MEDAILLES DE BRONZE.

M. ROBERT, à Paris, boulevard Saint-Denis, 19.

M. Robert appelle l'attention du jury sur des produits variés. Son exposition se compose de pendules, de régulateurs, de chronomètres, de montres civiles, d'une exécution digne d'éloges.

Le jury regrette que les pièces marines de cet exposant n'aient point été suivies dans leur marche; ce moyen seul eût permis de les apprécier à tout leur mérite, en constatant que la régularité de leurs fonctions se réunissait à l'habileté de main dont l'artiste a fait preuve dans leur exécution. M. Robert, pour l'ensemble de ses produits, est jugé digne d'une médaille de bronze.

M. BOCQUET, à Paris, rue du Temple, 103.

M. Bocquet a mis en œuvre la pensée de M. Pécheloche, d'Épernay, qui consiste à opposer aux inégalités d'un ressort, le ressort lui-même. L'espèce d'équilibre qui s'établit en faisant tirer, en sens inverse, sur un même rouage, les deux bouts d'un ressort, est détruit par l'addition d'un petit poids placé en plus, d'un des côtés; le ressort, dans cette construction, se débandera et relèvera le petit poids moteur à la façon d'un mécanisme de remontoir, jusqu'à ce qu'il ne soit plus armé que d'une force égale au poids additionnel, auquel cas l'équilibre s'établissant entre tous les organes, la machine cessera de fonctionner. Le jury juge M. Bocquet digne d'une médaille de bronze, pour la bonne exécution du régulateur dans lequel il a fait l'application de cette pensée nouvelle.

M. NEUMANN, à Paris, rue de Seine, 56.

M. Neumann est un artiste instruit qui exécute des mécanismes d'horlogerie destinés à enregistrer et à totaliser les résultats d'observations successives; il fait aussi de petits moulinets, dits de Voltmann, modifiés par M. Combes, pour mesurer la vitesse du vent et apprécier ainsi les volumes d'air déplacés, notamment dans l'aérage des mines. Le jury lui décerne, pour l'ensemble de ses produits, une médaille de bronze.

CITATION FAVORABLE.

M. FRAIGNEAU, à Paris, Palais-Royal, galerie de Valois, 114.

M. Fraigneau a exposé des chronomètres de poche; ces pièces paraissent d'une bonne construction, mais n'ayant été soumises à aucun contrôle authentique pour établir la régularité de leur marche, le jury ne peut, bien à regret, accorder à leur auteur qu'une citation favorable pour leur belle exécution.

NON EXPOSANT.

MENTION HONORABLE.

M. PÉCHELOCHE, à Épernay (Marne).

M. Pécheloche n'expose pas directement, cependant il s'est fait inscrire parmi les personnes formant la seconde catégorie de celles auxquelles les récompenses du jury peuvent être étendues.

Le jury décerne donc à M. Pécbeloche, pour l'invention du mécanisme original que M. Bocquet a exécuté, une mention honorable.

§ 2. GRANDS MÉCANISMES D'HORLOGERIE.

Horloges publiques.

MÉDAILLES D'OR.

M. WAGNER neveu, à Paris, rue Montmartre, 118.

La fabrication des grandes horloges est en véritable progrès. Les pièces d'horlogerie de ce genre, qui figuraient dans les salles de l'exposition, se sont fait toutes remarquer par une bonne exécution et une composition rationnelle; parmi elles cependant, on distingue à un fini parfait, à d'ingénieuses dispositions, les belles productions des ateliers de M. Wagner neveu. Les efforts de cet artiste, en grosse horlogerie, ont eu pour but d'amener la précision et la durée des fonctions, de faciliter le montage et le démontage; il s'est proposé surtout d'arriver à une diminution de prix par l'économie des frais de main-d'œuvre. Un examen attentif a prouvé au jury que M. Wagner avait complétement réussi.

Pour assurer la régularité de marche, il importait de soustraire les horloges aux effets produits par les variations de température sur la longueur de leur pendule, il fallait combattre les variations de la force motrice elle-même, soit par les modifications survenues dans les parties frottantes des mobiles par usure ou épaississement d'huile, soit par le fait de l'action du vent sur les aiguilles; cette influence, toute spéciale aux horloges publiques, se fait sentir avec d'autant plus d'énergie que leurs aiguilles, destinées à être aperçues de loin, sont de grande dimension, et que la place élevée qu'elles occupent dans les monuments ne leur permet pas d'être abritées.

Pour faciliter la construction, le montage et le démontage, M. Wagner donne à chaque mobile des paliers particuliers; la réunion de tous ces paliers, supportant chacun leur arbre respectif, tel que, arbre de tambour, arbre de roue moyenne, arbre de roue d'échappement, constitue, sur une base unique, l'horloge complète. Le mécanisme de la sonnerie est traité de la même manière, tous les organes rendus ainsi indépendants les uns des autres, peuvent s'ajouter ou se supprimer pour composer une horloge avec ou sans sonnerie, avec sonnerie d'heure et de demie ou avec grande sonnerie, et répétition même avant l'heure et aux quarts.

Un système de roues de fonte de fer, fondues avec leurs pignons, est employé par M. Wagner dans les mécanismes de sonnerie; cette simultanéité d'exécution pour le moulage de la roue et du pignon, assure la concentricité, rend le clavetage sur l'arbre, facile et solide, et contribue ainsi puissamment au bon marché de ces pièces, si remarquables par leur parfaite main-d'œuvre.

La modification du rouage de sonnerie à l'aide d'une vis sans fin ajoute encore à la simplicité, d'autant plus que par l'ingénieuse pensée d'un pignon à dents obliques, la roue engagée dans le pas de la vis sans fin peut elle même, par l'intermédiaire de ce pignon, entrer en relation avec les autres mobiles du mécanisme. Dans la composition des horloges exposées par M. Wagner neveu, on remarque des remontoirs à roues satellites dont le levier d'arrêt prend son point d'appui sur un plan incliné, combiné de façon à ce que l'effort de pression qui tendrait à ralentir la marche de l'échappement, se décompose en force d'impulsion qui annule les variations de la force motrice ; on y retrouve aussi d'ingénieux échappements, qui, pour n'être pas complétement nouveaux dans leur principe, n'en ont pas moins le mérite d'une exécution qui ajoute souvent à leur valeur réelle. Les moyens de compensation adoptés par M. Wagner, soit directement aux tiges des balanciers de ses horloges, soit appliqués aux appareils de suspension, sont combinés de façon à rendre leurs fonctions compensatrices aussi certaines et aussi précises que possible.

L'esprit inventif de cet habile artiste ne s'est pas exercé seulement sur les machines à mesurer le temps, on le retrouve dans la composition d'un appareil nouveau, destiné à enregistrer simultanément et sans le concours d'un observateur, les variations dans les hauteurs des marées et les hauteurs barométriques en rapport avec elles ; enfin il se fait voir jusque dans les objets les plus minimes, tels que l'application du principe de la clepsydre pour régler la chute d'un poids destiné à imprimer, pendant sa descente, le mouvement rotatif à une broche de cuisine.

M. Wagner, précédemment récompensé d'une médaille d'argent, se montre cette année, et par les connaissances théoriques dont il a fait preuve dans la composition de tous ses mécanismes, et par le talent de construction qu'il a développé dans leur parfaite exécution, très-digne de la médaille d'or.

NON EXPOSANT.

M. SCHWILGUÉ père, à Strasbourg (Bas-Rhin).

Le jury départemental n'a pas pensé que les produits de M. Schwilgué père pussent sans inconvénients être transportés à Paris; le jury central a été ainsi privé du plaisir de juger par lui-même du haut mérite des œuvres nombreuses de ce savant constructeur d'appareils de précision.

Les connaissances théoriques et pratiques de M. Schwilgué père sont trop bien attestées par la fécondité de sa longue carrière industrielle, pour que les plus hautes récompenses du jury décernées dans de telles circonstances puissent rencontrer de la part de personne la plus légère critique; qui oserait contester la médaille d'or décernée cette année au reconstructeur de l'horloge de la cathédrale de Strasbourg, à l'inventeur du *Toposcope*, à l'ingénieux créateur d'une foule d'outils basés sur la plus rigoureuse application des principes mathématiques?

M. Schwilgué père, alors qu'il était l'associé de
la maison Rollé, s'était fait remarquer aux précédentes expositions par la construction de grands
instruments de pesage. Des horloges publiques
avaient aussi attiré l'attention du jury, qui avait
jugé les deux associés très-dignes successivement
de médaille de bronze, et de médailles d'argent
plusieurs fois renouvelées.

En 1839, l'absence de M. Schwilgué eût excité
de vifs regrets, si le jury n'eût appris qu'exclusivement adonné à la reconstruction de la grande horloge astronomique, cet habile artiste ne faisait défaut que pour élever un monument qui attesterait
à la fois le haut savoir de son auteur, et le zèle si
digne d'éloges des administrateurs qui ont mis son
talent à si rude épreuve.

L'énumération des nouveaux travaux de M. Schwilgué serait aussi longue que difficile.

Fondateur d'une fabrique de grosse horlogerie,
il a commencé par créer pour son propre atelier des
outils dont la propagation sera un véritable bienfait.
Parmi eux tous, nous nous bornerons à citer la machine dite *épicycloïdale*, pour donner aux roues
d'engrenage, par le fait seul de l'exécution mécanique de leur denture, les courbes théoriques qui leur
conviennent, et sa machine à pignon jouissant des
mêmes propriétés. M. Schwilgué a pourvu la tour
du guetteur de la ville qu'il habite d'un bien précieux instrument nommé par lui *Toposcope*. Désormais le point précis où un incendie éclate est
reconnu par la seule observation de la lueur qui en
résulte, au moyen du *toposcope*.

L'esprit inventif de M. Schwilgué père s'est encore exercé sur les moyens de tracer en tous lieux et sans calculs préalables, les méridiennes ou cadrans solaires, et pour la solution de ce problème, il a inventé une machine qu'il désigne par le nom d'*équatorial*; enfin de nouvelles machines à calculer ont été par lui ajoutées à la nombreuse série de ces mêmes mécanismes dont l'illustre Pascal avait eu aussi la pensée.

Tant de travaux, tant de succès, suffisent bien pour justifier la haute récompense dont M. Schwilgué absent, mais cependant inscrit régulièrement sur la liste des exposants, a été jugé digne cette année.

NOUVELLE MÉDAILLE D'ARGENT.

M. WAGNER (Bernard-Henri), **rue du Cadran, 39.**

Le nom de Wagner est à la grosse horlogerie ce que les noms de Berthoud, de Breguet, sont à l'horlogerie de précision; aussi, le jury est-il heureux de pouvoir encore cette année faire porter son examen sur les œuvres de M. Bernard-Henri Wagner. Des horloges à remontoir, à grande sonnerie, où les connaissances d'un artiste habile dans la pratique de son art se font remarquer, soit dans l'exécution, soit dans la disposition de toutes les parties, rendent M. B.-H. Wagner de plus en plus digne des récompenses qu'il a déjà obtenues, qui lui ont été rappelées, et que le jury croit devoir renouveler en lui décernant, cette année encore, une médaille d'argent.

MÉDAILLES D'ARGENT.

M. VÉRITÉ, à Beauvais (Oise).

M. Vérité a exposé une horloge destinée au palais de justice de la ville de Beauvais. Un seul rouage, placé dans l'une des salles principales, doit faire marquer l'heure sur neuf cadrans différents, et dont plusieurs sont distants du moteur principal de plus de 200 mètres. De simples vergettes de sapin, à la façon de celles employées dans les mécanismes des grandes orgues, doivent servir d'intermédiaire; un appareil de remontoir doit fournir la force nécessaire à leur traction. Toutes les vergettes étant équilibrées, l'effort ne sera que très-minime et sans influence sur la marche de l'horloge dont la régularité est obtenue à l'aide d'une très-ingénieuse disposition d'échappement, toute de l'invention de M. Vérité. L'échappement à force constante de la nouvelle horloge de cet artiste, pour avoir quelque analogie apparente avec celui d'une petite pendule précédemment exposée par lui, est pourtant différent. L'auteur, dans cette dernière construction, s'est efforcé de combattre jusqu'aux plus légères influences résultant des petites variations dans l'effort nécessaire pour opérer le dégagement du levier d'arrêt du remontoir. La puissance, ainsi inévitablement dépensée, avait été jusqu'ici, dans toutes les constructions dites à force constatée et à échappement libre, variable comme la force motrice elle-même, toujours sujette à des irrégularités de plus d'un genre, soit qu'elle provienne d'un poids ou d'un ressort. Un examen attentif du mécanisme délicat de M. Vérité permet d'espérer que toutes ses prévisions, théoriquement vraies, seront pratiquement justifiées. Le jury, pour reconnaître dignement les efforts que M. Vérité ne cesse de faire pour les progrès de l'art qu'il cultive avec amour, et le récompenser du désintéressement dont il a fait preuve en souscrivant à un prix extrêmement réduit la construction de l'horloge du palais de justice de Beauvais, lui décerne cette année une médaille d'argent.

M. GOURDIN (Julien), à Mayet (Sarthe).

M. Gourdin avait envoyé, en 1839 à l'exposition, des horloges dont la belle et bonne exécution lui valaient de prime abord une médaille de bronze; cette année cet artiste s'est surpassé. Beauté d'exécution, qualité et modicité de prix, sont les trois titres de ses nouveaux produits. Le jury a remarqué sur le cylindre où s'enroule la corde du poids d'une de ses horloges, une disposition mécanique ingénieuse et qui a pour but d'arrêter l'opération du remontage; dès que le poids est arrivé au haut de sa course, la corde qui le supporte en pressant sur un petit levier, au dernier tour d'envidage sur le tambour, fait cesser l'action de la manivelle sur le cylindre. La machine se trouve ainsi à l'abri des perturbations qu'elle aurait à subir de la part d'un monteur maladroit ou malveillant. Le jury, pour mettre la récompense en rapport avec les nouveaux efforts de M. Gourdin, lui décerne une médaille d'argent.

NOUVELLE MÉDAILLE DE BRONZE.

M. NIOT, à Paris, rue Mandar, 10.

M. Niot expose cette année une horloge dont le poids moteur est remonté par le rouage de sonnerie à chaque déclic. Cette pièce, d'une exécution très-satisfaisante, est établie à un prix modéré. Il en est de même des autres produits de la fabrication de cet horloger-mécanicien, tels que ses tournebroches qui se recommandent aux consommateurs par la certitude d'un long service sans réparations. Le jury décerne à M. Niot, pour l'ensemble de ses produits, une nouvelle médaille de bronze.

MÉDAILLES DE BRONZE.

MM. LAMY et LACROIX, à Morez (Jura).

L'importance de la fabrication de MM. Lamy et Lacroix mérite de fixer l'attention du jury. Ces industriels exposent des pendules, des tournebroches, des montures de lunettes; ils établissent ce dernier produit sur une très-grande échelle; c'est-à-dire qu'ils construisent annuellement plus de 40,000 douzaines de montures de lunettes. Ils livrent leurs articles au prix le plus modique : c'est ainsi qu'ils versent dans le commerce des pendules à 36 fr. Le jury leur décerne, pour l'ensemble de leur fabrication et le bon marché de leur production, une médaille de bronze.

M. LAMY-JOZ, à Morez (Jura).

M. Lamy-Joz fabrique des tournebroches, et

fait aussi des ressorts pour les horloges; c'est lui
qui a développé à Morez cette industrie; il a ainsi
affranchi les nombreux horlogers de cette ville, de
l'obligation où ils étaient, de tirer de Paris ce genre
de fourniture. Le jury décerne à M. Lamy-Joz une
médaille de bronze.

M. DORLÉANS, à Paris, rue du faubourg du Temple, 110.

Le jury décerne une médaille de bronze à
M. Dorléans, pour une horloge publique consciencieusement exécutée. Au nombre des titres de M. Dorléans à la bienveillance du jury, est une machine à
piquer les dessins qui doivent être reproduits par
l'opération dite du ponçage, c'est-à-dire au moyen
d'une poussière colorée déposée au travers de trous
faits dans le papier par la machine.

MM. CHAVIN frères, à Morez (Jura).

MM. Chavin frères ont envoyé à l'exposition des
pendules dites *comtoises* et des tournebroches; tous
les produits de ces industriels paraissent au jury
d'une bonne exécution, malgré l'extrême modicité
de leur prix. L'importance de la fabrication de ces
exposants, qui s'élève annuellement à plus de
4,000 horloges, les fait juger digne d'une médaille
de bronze.

M. FUMEY, à Morez (Jura).

Étranger à la ville de Morez, M. Fumey est venu
s'y fixer; il a contribué puissamment à y développer l'industrie à laquelle il se livre avec succès :

celle des tournebroches et des mécanismes de miroirs à alouettes. Le jury, pour récompenser les
services rendus par M. Fumey à l'industrie de la
ville de Morez, lui décerne une médaille de bronze.

MENTIONS HONORABLES.

MM. REYDOR frères, à Paris, rue Saint-Martin,
155.

MM. Reydor frères ont exposé des horloges dites
comtoises bien confectionnées; les ornements en
cuivre verni imitant la dorure, qui décorent la de-
vanture de leurs horloges et servent de lunette au
cadran, sont d'une seule pièce, emboutie dans des
matrices dont les sujets appartiennent exclusivement à MM. Reydor frères, qui les ont fait établir.
Le jury leur décerne une mention honorable.

MM. BAILLY-COMTE père et fils, à Morez
(Jura).

Le jury décerne à MM. Bailly-Comte père et
fils une mention honorable pour leurs horloges de
clocher, suffisamment bien établies, quoiqu'à très-
bon marché.

M. VANDELLE, à Choisy-le-Roi (Seine).

Le jury accorde une mention honorable à M. Vandelle, pour des tournebroches bien confectionnés à
des prix très-modiques.

§ 3. HORLOGERIE CIVILE.

Montres.

Considérations générales.

La fabrication des montres, monopolisée par la Suisse pendant longtemps, commence enfin à se développer sur plusieurs points de la France; c'est ainsi que Besançon fait une très-utile concurrence à La Chaudefond et à Genève. La ville de Rochefort a une école naissante; Mâcon en possède une autre; Versailles voit cette industrie s'accumuler dans ses murs; Paris réunit plusieurs centres de production. Tout en proposant de récompenser les artistes qui ont eu la noble pensée d'affranchir leur pays du lourd tribut payé à l'étranger, nous allons faire connaître avec plus de détails la nature et l'importance des produits de ces divers établissements.

RAPPEL DE MÉDAILLE D'OR.

MM. BENOIT et Cᵉ, à Versailles (Seine-et-Oise).

A la tête de la fabrication des montres civiles en France, s'est placé l'établissement jugé digne du titre de *manufacture royale d'horlogerie*; la bonté, la beauté des produits sortis des ateliers que dirige si habilement M. Benoit ne laisse rien à désirer; ses montres à cylindres en pierre, ses montres à échappement à ancre, ses pièces à secondes fixes, par un mécanisme simplifié et qui n'exige plus un barillet spécial, sont dignes du suffrage du jury; l'élégance des boîtes, le goût qui préside à leur décoration, forme des produits de la manufacture royale de Versailles, de véritables bijoux capables de satisfaire ceux pour qui la mesure précise du temps n'est pas la seule condition qu'ils prétendent rencontrer dans une machine horaire. Les efforts de MM. Benoit et Cie, pour naturaliser la fabrication des montres en France dès leur début, ont été couronnés de succès et jugés dignes de la plus haute récompense. Le jury voit cette année, avec une vive satisfaction, que cet établissement a tenu tout ce que le talent de son chef avait fait espérer; c'est donc avec bonheur qu'il lui rappelle la médaille d'or qui lui a été précédemment décernée.

RAPPEL DE MÉDAILLE D'ARGENT.

M. LEROY, à Paris, Palais-Royal, galerie Montpensier, 13 et 15.

M. Leroy n'a pas voulu rester en arrière; lui aussi a désiré contribuer aux progrès de la fabrication française, en réunissant plusieurs ouvriers blanquiers, quadraturiers, faiseurs d'échappement, tourneurs de pierres, et en leur assurant un travail continu; il est parvenu à faire établir à Paris, de toutes pièces, d'excellents produits, déjà précédemment récompensés par une médaille d'argent; le zèle de M. Leroy pour le développement de

— 452 —

la production de l'horlogerie, en France, semble de plus en plus digne de cette distinction; le jury la lui rappelle avec empressement.

MÉDAILLES D'ARGENT.

M. J.-J. BEUCLER fils, à Besançon (Doubs).

Nous disions en commençant que Besançon faisait une utile concurrence à la Suisse. D'après le rapport du jury départemental, 70,000 montres sortent annuellement des ateliers de cette ville pour se répandre dans le commerce. M. J.-J. Beucler fils est un des plus rudes antagonistes de l'industrie rivale; ses produits ne le cèdent en rien à ceux de la Suisse; il soutient la lutte avec succès et pour la qualité et pour l'élégance; la bonne disposition de ses calibres, le fini de ses boîtes, l'heureux choix de ses guillochages, assurent la vente de ses produits. Nous remarquons plus particulièrement parmi les nombreux échantillons qu'il a envoyés à l'exposition, des montres calibre à la Lépine, boîte en or, cylindre en pierre, huit trous, au prix de 123 francs; des pièces à quatre trous, au prix de 95 francs, des montres dites *savonnettes* en argent ciselé à échappement à roue de rencontre, au prix de 30 francs et au-dessous. Le jury décerne à M. J.-J. Beucler fils une médaille d'argent.

M. RODANET, à Rochefort (Charente-Inférieure).

Depuis 1839, M. Rodanet ne cesse de développer, par tous les moyens en son pouvoir, l'industrie de l'horlogerie, au sein de la ville de Rochefort. Après avoir exercé de jeunes enfants du pays à la construction des pendules de voyage, les avoir ainsi familiarisés avec l'exécution de pièces moins délicates que celles qui entrent dans la composition d'une montre; il a fini par les appliquer à ces dernières constructions. Le succès a couronné sa tentative; les produits qu'il soumet au jury peuvent, au point de vue de la qualité et du prix de revient, lutter sans infériorité avec des montres suisses de même nature; le jury se plaît à reconnaître la persévérance dont M. Rodanet a fait preuve, le félicite de la marche prudente qu'il a suivie pour obtenir de tels résultats, et le récompense par une médaille d'argent, du service qu'il a rendu à la ville de Rochefort, en dotant cette contrée d'une industrie nouvelle.

MM. BERROLLA frères, à Paris, rue de la Tour, 2.

MM. Berrolla frères se sont placés à Paris à la tête d'un de ces petits centres de production sur lesquels nous avons appelé toute la bienveillance du jury. Les produits que ces artistes établissent de toutes pièces dans leurs ateliers, à Paris, sont aussi remarquables par leur belle exécution que par la modicité de leur prix; la nombreuse exposition de MM. Berrolla frères se composait de pièces de voyage, de chronomètres nautiques et de poche, de régulateurs d'appartement; le jury a plus particulièrement distingué : 24 montres à échappement à ancre garnie de pierre que MM. Berrolla affirment pouvoir livrer au prix de 200 fr. Les travaux de ces horlogers, précédemment jugés dignes d'une médaille de bronze, sont un véritable progrès et méritent bien cette année la médaille d'argent.

MÉDAILLES DE BRONZE.

M. SAUNIER, directeur de l'école d'horlogerie, à Mâcon (Saône-et-Loire).

La ville de Mâcon a aussi son école d'horlogerie. M. Saunier s'efforce d'y exercer de jeunes enfants aux travaux délicats qui concourent à la confection des montres. L'insuccès des tentatives antérieures pour implanter une fabrique d'horlogerie à Mâcon ne le décourage pas; par une direction plus habile, par une administration plus prévoyante et mieux entendue, le nouveau directeur se flatte d'être plus heureux que ses devanciers. L'administration locale prête à M. Saunier un bienveillant appui; celui du jury ne lui fait pas défaut. Une médaille de bronze paraît être une juste récompense à décerner à son école, et le jury la lui accorde avec satisfaction.

M. FLAUST-CORNET, à Saint-Lô (Manche).

M. Flaust-Cornet a exposé des montres qui se sont fait remarquer par leur belle exécution. Le jury a distingué, parmi les belles pièces envoyées par cet exposant, une montre calibre Breguet, dont l'exécution du cylindre est digne d'éloges; d'autres pièces, calibre Breguet et calibre Lépine, à échappement libre, prouvent toute l'habileté de cet artiste; les connaissances que cet horloger possède dans la pratique de son art sont attestées par les moindres dé-

tails : un piton d'une disposition particulière, pour
tenir le ressort spiral, a été par lui placé dans sa
montre à échappement libre, calibre Breguet, pour
rendre le réglage de cette pièce plus prompt et
plus facile.

Lorsque le jury a su que M. Flaust-Cornet,
loin des ressources qui ne se rencontrent que dans
les centres de productions, exécute de ses propres
mains toutes les parties de ses montres, à la seule
exception de leurs grands ressorts, il l'a reconnu
très-digne d'une médaille de bronze.

M. CAPT, à Paris, rue d'Alger, 13.

Les mouvements de montres exposés par M. Capt
sont remarquablement bien exécutés ; l'adresse de
main de cet horloger se signale par l'exiguïté de
ses constructions. Le jury, sans encourager des
pièces d'aussi petites proportions, se plaît à reconnaître l'aptitude de M. Capt pour l'exécution des
organes mécaniques les plus délicats. Il lui décerne
une médaille de bronze.

M. PHILLIPE, à Paris, rue Thibautodé.

M. Philippe est un établisseur qui confectionne
pour les horloges des pièces de fantaisie ; il a exposé,
en son propre nom, des montres dont le grand ressort se monte par un bouton molleté, placé sur la
queue de la pièce ; les aiguilles peuvent aussi recevoir du même bouton leur mouvement pour la mise
à l'heure ; il suffit d'enfoncer ou de retirer un peu
le bouton pour le rendre apte à produire l'une ou
l'autre de ces fonctions. Les montres de M. Philippe

sout d'une bonne exécution. La disposition du mécanisme spécial dont nous venons de parler est bien conçue; le peu de place dont l'artiste avait à disposer ne nuit pas à la solidité. Le jury décerne à M. Philippe une médaille de bronze.

M. REDIER, à Paris, place du Châtelet, 2.

M. Redier, est un ancien élève du gouvernement, chez M. Perrelet. Par les diverses pièces qui composaient son exposition, il prouve qu'il a appris à bonne école l'art qu'il cultive avec bonheur. Ses produits sont remarquables par leur belle exécution. Parmi eux, l'on a distingué des pièces marines dont nous regrettons de n'avoir point la marche observée. M. Redier a composé un nouveau calibre de montre, dans lequel le barillet est établi de façon à pouvoir contenir le ressort le plus haut possible dans une pièce plate. Des outils de précision remarquablement bien exécutés, ainsi qu'un modèle de machine à vapeur, attestent la supériorité de main de M. Redier. Le jury lui décerne une médaille de bronze.

M. THOURET, à Paris, place de la Bourse, 31.

M. Thouret a exposé une seule pièce, mais par son ingénieuse construction, elle est digne de fixer l'attention du jury. Son œuvre consiste en une montre à secondes à force constante. Au lieu d'embarrasser son mouvement par les fonctions de l'aiguille de secondes, qu'il faut mettre en marche aux dépens de la force motrice générale, à moins d'avoir, comme dans certaines dispositions, un barillet

spécial pour le mécanisme des secondes, M. Thouret dispose les choses de façon à ce que son moteur
unique arme sans cesse un petit ressort additionnel : celui-ci, en se détendant à chaque seconde,
donne l'impulsion à l'aiguille et fournit à l'échappement de la montre une force périodiquement
constante. La bonne disposition de tous les organes
qui composent cette pièce rend M. Thouret très-
digne d'une médaille de bronze.

M. NOBLET, à Paris, rue du Grand-Chantier, 1.

M. Noblet a exposé des montres et des ébauches
de montres, en nickel. Ces produits paraissent
très-bien confectionnés. La fabrique de M. Noblet
est un de ces centres de production sur lesquels
ncus avons cru utile d'appeler toute la sollicitude
du jury. M. Noblet établissant en France, soit à
Paris , soit à Besançon , de toutes pièces, un
grand nombre de montres, mérite du jury une récompense : aussi est-il jugé digne d'une médaille de
bronze.

M. FONGY (François), à Besançon (Doubs).

M. Fongy s'est imposé , comme problème à résoudre, le perfectionnement de l'échappement à
ancre. Son but a été d'éviter un frottement à rebrous-
sement, qui s'opère dans cet échappement sur la
levée d'entrée, et finit par ébranler les axes et par détériorer les organes qui en constituent le mécanisme.
Pour triompher de cette difficulté, M. Fongy a
renversé l'ancre, l'entrée se fait dès lors sans inconvénient. L'échappement à ancre ainsi modifiée n'est

pas d'une exécution plus difficile et plus dispendieuse que l'ancien. Le jury, pour récompenser le succès qui a couronné la tentative de M. Fongy, lui décerne une médaille de bronze.

MENTION HONORABLE.

M. MUZEY, à L'Isle–sur–le–Serein (Yonne).

M. Muzey a cherché à faire marcher les montres plates avec le plus de précision possible, il a pensé que pour atteindre ce résultat, il fallait substituer à l'échappement à cylindre un nouvel échappement; il présente une construction qui aurait besoin, pour être appréciée à toute sa valeur, de la sanction du temps; cependant comme on y rencontre l'application des vrais principes de l'horlogerie, le jury, pour en récompenser la pensée, mentionne favorablement son auteur.

CITATIONS FAVORABLES.

M. TROULLIER, à Besançon (Doubs).

M. Troullier a envoyé à l'exposition une montre à échappement à repos modifié; la disposition de cet échappement est si simple, que la valeur de la roue et de l'échappement n'est que de 2 francs. L'auteur de cette invention pense qu'elle est de nature à appeler d'utiles perfectionnements dans la construction des montres. Le jury regrette qu'un usage prolongé de ce mécanisme n'ait pas encore contrôlé les prévisions de son auteur; le jury lui décerne, en attendant, une citation favorable.

M. MAXE, à Bar-le-Duc (Meuse).

M. Maxe a soumis au jury un mouvement de montre dont toutes les pièces sont groupées de façon à permettre de rechercher les meilleures conditions d'engrenage de la roue de champ avec la roue de rencontre, sans être obligé de monter et démonter la montre. Le jury accorde à cette heureuse disposition une citation favorable.

M. LEDUC à Breteuil (Oise).

M. Leduc s'est aussi exercé sur les échappements, il en présente un qui, sans avoir la sanction d'une expérience suffisamment prolongée, ne paraît pas sans mérite. Le jury accorde à M Leduc une citation favorable.

Pendules civiles.

MÉDAILLE D'OR.

M. GARNIER (Paul), rue Taitbout, 6 et 8 *bis*.

Les titres de M Paul Garnier à tout l'intérêt du jury sont nombreux. Déjà récompensé par une médaille d'argent dès l'exposition de 1837, cet habile horloger s'était montré très-digne en 1834 et en 1839 du rappel de cette honorable distinction.

Ses efforts pour atteindre la plus haute des récompenses dont le jury dispose, depuis cette époque, ne se sont pas ralentis un seul instant; aussi cette année sommes-nous très-heureux de signaler ses travaux comme dignes de la médaille d'or. Parmi les belles pièces qui composaient son exposition, on a remarqué une pendule à échappement libre, à chevilles, d'une disposition qui pour n'être pas complétement nouvelle, n'en est pas moins très-digne d'éloges; l'intérêt du jury s'est surtout porté sur des pendules de voyage à échappement à repos. Cet échappement, imaginé par M. Garnier dès 1830, avait déjà attiré l'attention du jury aux précédentes expositions, mais la prudence faisait désirer que tous les avantages que la bonne disposition des organes faisait présager fussent assurés par un long temps d'épreuve. Aujourd'hui, le mérite de cet échappement est devenu tellement incontestable, qu'il est l'objet d'une imitation servile de la part des fabricants suisses; ils le placent dans des montres expédiées pour l'Amérique, comme produits anglais. On distinguait encore un chronomètre à échappement libre, à force constante, disposé de façon à pouvoir se passer d'huile aux organes d'impulsion; cette pièce marine, précédemment exposée, revient cette année avec l'épreuve de cinq ans de marche, sans détérioration des parties frottantes.

L'esprit inventif de M. Garnier est attesté par des créations mécaniques de plus d'un genre, ses compteurs combinés avec des horloges pour enregistrer simultanément le nombre des battements d'une machine et la durée du temps pendant lequel ils ont été opérés, permettent de faire une foule d'observations dont le résultat sera de fournir un

compte plus exact du travail utile des machines et
des diverses circonstances au milieu desquelles elles
ont développé leur action.

La parfaite exécution de tous les produits de
M. Garnier se fait notamment remarquer dans la
confection des indicateurs de Watt, à la construction desquels il se livre avec succès. M. Garnier a
bien compris que des instruments dans lesquels ce
qui se passe sur un piston de quelques centimètres
de diamètre doit faire apercevoir, par comparaison,
ce qui arrive dans un cylindre souvent de plus d'un
mètre de diamètre, ne sauraient être débarrassés avec
trop de soin, de tous frottements inutiles.

M. Garnier est, comme on le voit, tout à la fois
habile horloger et bon constructeur d'appareils de
physique; il est aussi ingénieux mécanicien; il exécute mécaniquement une foule de pièces détachées
employées en horlogerie, tels que piliers de cage de
pendule, porte-soie, bouchons excentriques, plots
pour emboîtage, qu'il livre au commerce par
grosses, et aux plus bas prix. Les grandes horloges
sont aussi confectionnées par lui avec une haute précision : celles des salles du conseil d'État et de la
Cour des comptes sont la preuve de sa supériorité
en ce genre.

En résumé, M. Garnier est inventeur de plusieurs
échappements dont l'un est devenu la base de toute
une fabrication, et a eu les honneurs d'une con-
trefaçon étrangère; il construit d'utiles appareils
d'observation avec ou sans mouvement chronométrique; il fabrique par milliers, à l'aide d'intéressantes machines de son invention, des pièces déta-

chées qu'il livre à vil prix. Le jury, en ajoutant
une médaille d'or aux médailles d'argent précédemment obtenues, récompense en la personne
de cet artiste, tout à la fois l'horloger instruit et le
mécanicien ingénieux.

RAPPEL DE MÉDAILLE D'ARGENT.

M. BROCOT, à Paris, rue d'Orléans, 15, au
Marais.

M. Brocot est aussi habile dans l'art du quadra-
turier que dans celui du faiseur d'échappements; la
sonnerie des pendules lui doit d'utiles perfectionnements, la régularité de la marche des pendules civiles a été assurée par la bonne disposition de son
échappement à demi-cylindre. En ménageant à la
roue d'échappement un léger recul, M. Brocot a su
faire approcher les oscillations de son pendule, de
l'isochronisme.

Cet horloger s'était, en 1839, fait remarquer par
l'invention d'un appareil destiné à déterminer rapidement la longueur convenable d'un pendule
pour faire dans un temps donné un certain nombre
précis d'oscillations. Le jury avait vu aussi avec satisfaction les appareils de compensation applicables
aux porte-soie et aux ressorts de suspension des
balanciers des pendules de commerce. M. Brocot,
jugé digne alors de la médaille d'argent, continue
cette année à la mériter plus que jamais. Le jury
lui rappelle avec satisfaction cette honorable distinction.

MÉDAILLES DE BRONZE.

M. BOURDIN, à Paris, rue de la Paix, 24.

M. Bourdin, précédemment honoré d'une mention honorable, a soumis cette année à l'examen du jury une série de pièces d'horlogerie, d'un travail très-soigné : on a distingué, parmi elles, des pendules de voyage. un régulateur à balancier circulaire, des pièces de haute horlogerie, telles que des chronomètres de poche, des montres de précision. Aucune de ces dernières pièces n'ayant été déposée et suivie à l'Observatoire, le jury regrette de ne pouvoir en constater la marche ; néanmoins leur belle exécution fait juger leur auteur très-digne d'une médaille de bronze.

MM. BRUNEL et BIENAYMÉ, à Dieppe (Seine-Inférieure).

MM. Brunel et Bienaymé ont inventé une nouvelle disposition de quantième applicable à toutes les pendules.

Divers cadrans pourvus d'aiguilles indiquent, à l'aide d'un moteur spécial, le nom des jours, celui des mois, le quantième. Ce mécanisme, tout à fait indépendant du mouvement de la pendule dans le socle de laquelle on le place, est mis seulement en relation avec le rouage de sonnerie, une fois toutes les vingt-quatre heures ; il en reçoit un déclic qui permet à son moteur spécial de faire sauter une division à chaque aiguille sur tous les cadrans. Une heureuse application du mécanisme de la roue de compte des sonneries ordinaires permet de faire

sauter l'aiguille du cadran de quantième du 3o au 1ᵉʳ.
pour les mois qui n'ont pas le 31ᵉ jour; le 29ᵉ jour
de février est également supprimé ou maintenu.
suivant que l'année est bissextile ou non. Cet appareil de quantième a le mérite de ne pas entraver la
marche du mouvement de la pendule; il peut
s'appliquer dans le socle de toutes les pièces déjà
établies; le jury le juge digne d'une médaille de
bronze.

M. DUSSAULT, à Paris, passage Choiseul, 17.

M. Dussault a exposé un échappement à cylindre
disposé de telle façon que la roue d'échappement
peut se placer dans le plan vertical de l'axe du balancier.

La tuile de l'échappement est pratiquée au bout
même de l'axe, le pivot se trouve placé au centre
de cette tuile; il repose sur une petite console assez
réduite pour s'insérer dans le cercle décrit par la
tuile durant l'oscillation. La roue d'échappement
dont les plans inclinés sont dans la prolongation
les rayons tourne immédiatement au-dessous de la
tuile qui lui est comme tangente; cette installation a paru ingénieuse au jury; elle est d'une exécution très-facile et commode dans bien des cas,
elle mérite donc d'être signalée. M. Dussault a aussi
soumis à l'examen du jury un échappement à chevilles, à vibrations libres; une médaille de bronze
lui est décernée pour l'ensemble de ses travaux.

MENTIONS HONORABLES.

M. DÉJARDIN, à Paris, rue du Perche, 14.

Le jury accorde une mention honorable à M. Déjardin, pour des mouvements de tableaux-horloges et des mécanismes dits *d'angelus* et *de lointain*, ainsi que pour sa clef brisée, à l'aide de laquelle on peut facilement et sans le secours d'échelle, remonter les mouvements des tableaux-horloges.

M. CÉSAR, à Paris, rue Charlot, 19.

Le jury fait la même faveur à M. César, pour des mouvements de pendules, destinés à des tableaux-horloges répétant l'heure, soit à chaque quart et demie, soit à la demie seulement, et sonnant à volonté.

M. FATOUX, à Paris, rue du Cadran, 25.

M. Fatoux a exposé des pendules à échappement à chevilles et à échappement à rouleau ; ce dernier mécanisme a beaucoup d'analogie avec un échappement précédemment exposé par M. Deshayes. Le jury décerne à M. Fatoux, pour la bonne exécution de ses diverses pièces d'horlogerie, une mention honorable.

M. NÉDELLEC, à Paris, quai de l'Horloge, 53.

M. Nédellec a exposé des pendules à 75 fr. se mettant d'échappement d'elles-mêmes, l'ancre n'étant montée qu'à frottement sur son axe, et pouvant ainsi prendre une position moyenne par rapport aux dents de la roue d'échappement, quelle que soit la position de la pendule. Cette disposition n'est pas nouvelle, mais elle est commode ; M. Nédellec s'efforce de la vulgariser. Le jury le juge digne d'une mention honorable.

M. JACQUIN, à Paris, rue de la Feuillade, 3.

M. Jacquin applique aux pendules de commerce le mécanisme indicateur de la quantité de tours dont le grand ressort est bandé ; les seules pièces de haute précision en étaient jusqu'ici pourvues. Profitant de l'excès de force des barillets de sonnerie, il augmente le nombre des chevilles qui lèvent le marteau, et par une légère modification dans le rouage, il double la durée des fonctions, et convertit ainsi, à peu de frais, une pendule qui ne marchait qu'une huitaine, en une pendule qu'on ne remonte plus que tous les quinze jours. Le jury lui décerne une mention honorable.

M. BALLY, à Paris, rue Notre-Dame-de-Nazareth, 25.

M. Bally a exposé des pendules à boîte en cuivre poli, découpées à jour ; on distingue parmi ses pendules un mécanisme de quantième simplifié, et qui tient compte dans sa révolution des années bissextiles. Le jury lui décerne, pour l'ensemble de ses travaux, une mention honorable.

CITATIONS FAVORABLES.

M. CALMELS, à Paris, rue Neuve-des-Bons-Enfants, 21.

M. Calmels transforme de simples mouvements de pendule en mouvements de pendules portatives, en mettant, à l'aide d'un petit secteur denté, l'échappement à ancre ordinaire dont elles sont pourvues, en relation avec un balancier circulaire placé horizontalement. Cette disposition, qui permet à une pendule d'être déplacée sans cesser de marcher, qui la maintient toujours d'échappement, quel que soit le défaut d'horizontalité de son socle, rend M. Calmels digne d'une citation favorable.

M. CHATELAIN, à Paris, rue du Pont-aux-Choux, 21.

M. Chatelain s'est efforcé de dissimuler des mouvements d'horlogerie dans des emblèmes religieux, pour introduire aussi des pendules dans des lieux d'où ces appareils sont ordinairement exclus comme meubles de luxe.

Ses produits satisfont à une nature de besoins dont personne ne s'était occupé avant lui; le jury cite favorablement M. Chatelain.

§ 4. HORLOGERIE DE FABRIQUE.

Mouvements de pendules ou de montres.

RAPPELS DE MÉDAILLES D'OR.

MM. JAPY frères, à Beaucourt (Haut-Rhin).

La maison Japy, fondée en 1780, déjà si souvent et si honorablement couronnée à toutes les expositions pour ses produits de petite et grosse quincaillerie, tient toujours, comme fabrique d'horlogerie, le rang honorable auquel elle s'est depuis longtemps placée. Les mouvements de pendules, les mouvements de montres, les blancs ou ébauches de montres de calibres divers se font toujours admirer par le rapprochement de leur bonne exécution et de l'extrême modicité de leur prix. Le jury est heureux de pouvoir cette année déclarer, au point de vue de l'horlogerie, la maison Japy de plus en plus digne de la médaille d'or qu'elle a précédemment obtenue et qui lui a déjà plusieurs fois été rappelée.

M. PONS DE PAUL, à Saint-Nicolas d'Aliermont (Seine-Inférieure).

Honoré d'une médaille d'argent dès 1819, de nouveau jugé digne de la même distinction en 1823, la fabrique de mouvements de pendules élevée par M. Pons de Paul à Saint-Nicolas d'Aliermont, fut couronnée, en 1827, de la médaille d'or. A cette haute récompense deux fois rappelée, en 1834 et en 1839, une plus élevée encore fut ajoutée à la dernière exposition. M. Pons de Paul reçut pour ses admirables produits, la croix de la Légion d'honneur; ainsi couronné de tous les honneurs auxquels il pouvait prétendre et dont il s'est montré si digne, cet habile horloger manufacturier n'a pas ralenti ses efforts; ses travaux incessants ne se bornent pas à apporter le plus de perfection possible aux nombreux produits que sa fabrique verse annuellement dans le commerce : peu satisfait d'avoir confectionné les mouvements de pendules civiles les plus parfaits de tous ceux qui figuraient dans les salles de l'exposition, l'esprit aussi ingénieux que fécond de M. Pons de Paul, tant de fois attesté par ses mécanismes de sonnerie simplifiée, s'exerce sans cesse sur des combinaisons nouvelles d'échappement qui ont toutes pour but une mesure plus rigoureuse de la durée du temps. Sans entrer dans tous les développements nécessaires pour bien décrire les nombreux échappements inventés par M. Pons de Paul et déjà par lui présentés aux précédentes expositions, reproduits cette année, soit d'une manière identique, soit avec d'heureuses modifications, nous nous bornerons à signaler une toute nouvelle combinaison d'échappement libre à double impulsion qui permet au balancier de faire sur lui-même autant de révolutions que l'élasticité du ressort spiral le comporte sans jamais décompter. Le jury retrouve avec satisfaction dans cette construction la réalisation d'un principe fondamental trop souvent méconnu, c'est-à-dire, celui de l'application au balancier d'une force suffisamment énergique dans le temps le plus court possible, afin d'amoindrir les irrégularités d'impulsion résultant des variations de la force motrice elle-même et de rendre moins sensibles les influences qui proviennent du changement des contacts par l'épaississement des huiles. Le jury rappelle avec bonheur, pour la troisième fois, à M. Pons de Paul, la médaille d'or dont il continue à se montrer toujours si digne.

NOUVELLE MÉDAILLE D'ARGENT.

MM. VINCENTI et Cie, à Montbéliard (Aube).

La fabrique de mouvements de pendules établie à Montbéliard en 1823 par MM. Vincenti et Cie, a exposé cette année une série de mouvements de diverses formes et calibres tous bien établis; l'importance de cette fabrique l'avait fait juger digne, dès 1834, d'une médaille d'argent, cette honorable distinction lui a été rappelée en 1839. La bonne direction qu'elle reçoit de son nouveau chef, M. Roux, qui continue son exploitation sous la raison sociale Vincenti et Cie, est attestée par les progrès qui se font remarquer dans la qualité et le bon marché des produits. Le jury croit se montrer juste en décernant cette année une nouvelle médaille d'argent à cette intéressante fabrique.

MÉDAILLE D'ARGENT.

M. BAROMÉ DELÉPINE, à Dieppe (Seine-Inférieure).

L'influence du développement donné à la fabrication de l'horlogerie, à Saint-Nicolas d'Aliermont

par l'habile et actif M. Pons de Paul, se fait heureusement sentir, et nous pouvons dire que par les
lumières qu'il a répandues à profusion, il s'est vo-
lontairement créé de dangereux rivaux. M. Baromé
Delépine s'est livré, à son exemple, à la fabrication des mouvements de pendules : ce nouveau con-
current se distingue par la bonté et la beauté de
ses pendules. Les divers mouvements qu'il a exposés
sont très-dignes d'éloges; et le jury lui décerne une
médaille d'argent.

POUR MÉMOIRE.

M. JAPY (Louis), à Berne, commune de Selon-
court (Doubs).

M. Louis Japy a exposé des mouvements de pendules de diverses formes et grandeurs ainsi qu'une
série de pignons, comme pièces détachées; une
lampe mécanique d'une construction très-simple
a été aussi présentée par lui. L'importance de la fabrication de M. Louis Japy, ainsi que l'extrême modicité du prix de vente de ses produits, tous d'une
bonne exécution, le rendrait très-digne d'une médaille d'argent si la commission des métaux ne l'a-
vait, cette année, honoré de cette même récompense. (Voir le *Rapport de M. Goldenberg*,
t. I, p. 824.)

MÉDAILLE DE BRONZE.

M. MARTI (Samuel), à Montbéliard (Doubs).

M. Marti a exposé des mouvements de pendules

bien exécutés à des prix très-réduits; l'importance de sa production et la bonté de sa fabrication le fait juger digne d'une médaille de bronze.

MENTION HONORABLE.

M. DUCRET, à Épinal (Vosges).

M. Ducret présente à l'examen du jury des mouvements de pendules dans lesquels les tiges et les assiettes des roues sont supprimées par le montage de la roue sur le pignon lui-même; la bonne disposition de toutes les parties de ces mouvements confectionnés par M. Ducret, à l'aide de procédés mécaniques, le rend bien digne d'une mention honorable.

Outils d'horlogerie et pièces détachées.

MÉDAILLES D'ARGENT.

M. ROBERT-HOUDIN, à Paris, rue de Vendôme, 9.

M. Robert-Houdin ne s'est pas complu inutilement dans l'exécution de quelques pièces mécaniques difficiles; la branche qu'il exploite avec succès est devenue en ses mains une véritable industrie. Ce ne sont donc pas des chefs-d'œuvre curieux qu'il soumet au jury, ce sont les produits habituels et plusieurs fois répétés de ses ateliers. Le jury se plaît à reconnaître l'intelligence et l'habileté dont M. Robert-Houdin a fait preuve dans l'emploi et le groupement des divers organes mécaniques qui concourent à la confection de ses ingénieux automates; ses pendules sympathiques ne sont pas seulement de mystérieuses constructions; grâce à la bonne disposition des transmissions de mouvement et à la parfaite exécution du moteur, ce sont encore d'utiles machines à mesurer le temps avec exactitude. Le jury décerne à M. Robert-Houdin une médaille d'argent.

M. HOUDIN, à Paris, rue Bergère, 19.

M. Houdin se livre depuis longtemps avec succès à la construction des régulateurs; il a établi d'ingénieuses machines pour confectionner mécaniquement diverses parties des pendules et des montres; tels sont ses outils à tailler les pignons, à fendre les roues, celles d'échappement à la Duplex notamment, jusqu'aux plus petits modèles. Le jury, pour l'ensemble de ses travaux, juge M. Houdin digne d'une médaille d'argent.

M. VALLET, à Paris, rue Neuve-Bourg-l'Abbé, 2.

M. Vallet se consacre à l'instruction des sourds-muets dans la pratique de l'art qu'il cultive avec une haute distinction. Son exposition renfermait d'ingénieux outils, soit pour estimer la force des ressorts spiraux, soit pour déterminer le placement des divers organes des échappements, soit pour régler les plans inclinés des roues de cylindre. On y trouvait comme produits sortis de ses propres mains et de celles des sourds-muets, ses élèves, des montres de divers calibres, d'une exécution remarquable et

digne d'éloges sous tous les points. Le jury, pour
l'ensemble de ses travaux, pour encourager surtout
son généreux dévouement envers les sourds-muets,
lui décerne avec satisfaction une médaille d'argent.

M. BASELY, à Paris, place Dauphine, 11.

M. Basely a transporté, de Suisse à Paris, sa fabrique d'aiguilles de montres; d'ingénieux outils
servent dans ses ateliers à découper avec une délicatesse infinie les aiguilles les plus fines. Les produits de la fabrique de M. Basely ne laissent rien à
désirer au point de vue de l'élégance et de la perfection d'exécution; l'importance de sa fabrication s'é-
lève jusqu'à sept cents grosses d'aiguilles par année.
Nos horlogers peuvent désormais trouver dans son
assortiment très-varié de quoi satisfaire à tous leurs
besoins. Le jury, pour récompenser cette importation, en France, d'une industrie nouvelle et qui
s'exerçait naguère à l'étranger, décerne à M. Basely
une médaille d'argent.

MM. MONTANDON frères, à Paris, rue Fran-
çois-Miron, 8.

MM. Montandon frères se livrent avec grand succès à la fabrication des ressorts de pendules. Leur
fabrication met en œuvre 90,000 kilogrammes d'a-
cier styrien et 2,000 kilogrammes d'acier fondu,
qu'ils convertissent annuellement en 40,000 paires
de ressorts de pendules, 15,000 ressorts de montres et 300 ressorts de chronomètres.
Les produits de leurs ateliers se recommandent

tout à la fois par leur qualité et par leur bon marché.
Déjà récompensés par une mention honorable à une
précédente exposition, ces fabricants se montrent
très-dignes cette année d'un témoignage plus élevé
de la satisfaction du jury, qui leur décerne une médaille d'argent.

MÉDAILLES DE BRONZE.

M. BARON (Joseph), aux Gras (Doubs).

M. Baron se livre exclusivement à la confection
des roues d'échappement à cylindre et à ancre, c'est
par milliers de douzaines que ces pièces sortent annuellement de sa fabrique. Cité favorablement
en 1839, ce fabricant paraît cette année au jury, par
le développement qu'il a su donner à sa production, digne d'une médaille de bronze.

MM. GARNACHE-BARTHOD (Juvénal et Isi-dore), aux Seignes-des-Gras (Doubs).

MM. Garnache-Barthod ont soumis à l'examen
du jury des machines à fendre, des tours universels,
des compas pour les engrenages et d'autres outils
destinés à l'horlogerie; ces produits sont tous d'une
fidèle exécution. Déjà cités en 1834 et 1839, le jury
récompense leurs persévérants efforts par une médaille de bronze.

MENTIONS HONORABLES.

M. CHATAIN, à Paris, rue du Vieux-Colombier, 19.

M. Chatain a exposé une ingénieuse machine à

tailler les roues de cylindre et à planter les rouages dans les montres de divers calibres. Des règles divisées et des cadrans gradués permettent d'estimer, d'une manière précise, les distances auxquelles les divers mobiles sont espacés entre eux. L'appareil de M. Chatain est destiné à rendre service aux horlogers, alors surtout que son auteur l'aura dépouillé de son caractère d'universalité en le subdivisant en plusieurs outils spéciaux.

Le jury décerne à M. Chatain une mention honorable.

M. DUBOIS, aux Gras (Doubs).

M. Dubois est un ouvrier doreur très-habile dans la pratique de sa profession ; ses dorures et argentures sont d'une fixité remarquable ; l'horlogerie de Besançon se félicite de son concours.

Le jury le juge digne d'une mention honorable.

M. CHAVINEAU, à Paris, rue Chapon, 12.

M. Chavineau, autrefois horloger, s'occupe maintenant avec succès de la confection des pierres fines destinées à la pendule. Le jury, parmi les pièces exposées, a porté son attention sur des levées d'échappement circulaire en agate et sur des ancres taillées d'une seule pièce dans un morceau de la même matière. M. Chavineau façonne aussi des verres ronds biseautés pour les lunettes de pendules ; il chanfreine aussi les glaces carrées destinées à garnir les faces des pendules de voyage. Le jury lui accorde une mention honorable.

M. CALLIER-DERVAUX, à Gien (Loiret).

M. Callier-Dervaux est un artiste intelligent qui aime son art; le désir de voir répandre plus généralement la connaissance de l'équation entre le temps vrai et le temps moyen, lui a suggéré la pensée d'établir une clef de montre à cadran indiquant chaque jour l'équation entre le temps vrai et le temps moyen. Dans ce but, il a confectionné un modèle de clef à encliquetage donnant l'indication du nom du mois et du quantième, ainsi que la différence entre le temps vrai et le temps moyen; le mécanisme dont il a fait choix pour réaliser son projet, a paru simple et ingénieux au jury, qui l'a jugé digne d'une mention honorable.

M. GLORIOD (François), aux Seignes-des-Gras (Doubs).

M. Gloriod a été cité en 1834, et mentionné honorablement en 1839 pour sa fabrication d'outils d'horlogerie; le jury lui accorde en 1844 une nouvelle mention honorable.

MM. GAUTHIER père et fils, aux Cerneux-des-Gras, près Morteau (Doubs).

M. Gauthier, cité favorablement en 1834, continue à donner aux enfants de la commune qu'il habite, et pendant le temps où ils ne peuvent pas se livrer aux travaux de culture, une occupation profitable en les employant dans ses ateliers à la confection d'outils d'horlogerie. Le jury témoigne

son approbation à M. Gauthier pour sa louable conduite en lui accordant une mention honorable.

M. VALLANGIN (Louis), aux Gras (Doubs).

Les nombreux outils d'horlogerie exposés par ce
fabricant, ont tous paru d'une fidèle exécution malgré leur bon marché. Le jury lui décerne de nouveau la mention honorable qu'il avait précédemment méritée sous une autre raison sociale en 1839.

CITATION FAVORABLE.

M. GRANDVOINNET (Jean-Baptiste), au Grand-mont-des-Gras (Doubs).

M. Grandvoinnet a exposé une série de chalu-
meaux à l'usage des horlogers. La bonne confection de ces instruments et leur prix très-minime,
méritent à M. Grandvoinnet une citation favorable.

SECTION II.

INSTRUMENTS DE PRÉCISION.

PREMIÈRE DIVISION.

M. Pouillet, rapporteur.

§ 1. INSTRUMENTS DE PHYSIQUE ET D'OPTIQUE.

RAPPELS DE MÉDAILLES D'OR.

M. LEREBOURS, à Paris, place du Pont-Neuf, 13.

Depuis longtemps, le nom de M. Lerebours figure avec éclat dans nos expositions; il se trouve associé à beaucoup de travaux considérables pour la science, et particulièrement aux efforts si heureux qui ont été faits en Europe, et surtout en France, pour le perfectionnement des grandes lunettes astronomiques. M. Lerebours, le père, avait pris à ces succès l'une des parts les plus importantes: son fils, quoique très-jeune en 1839, avait été jugé digne de partager avec lui une récompense du premier ordre, le rappel de la médaille d'or. Depuis cette époque, M. Lerebours fils n'a pas cessé un instant de soutenir, par son intelligence et par ses efforts, un nom devenu si recommandable et à tant de titres. Le travail des grandes lunettes devient de plus en plus difficile, parce que la science devient elle-même de plus en plus exigeante. Il y a à peine vingt ans que des lunettes de douze ou quinze centimètres, passablement bonnes, étaient de véritables chefs-d'œuvre; aujourd'hui les grandes difficultés que présentait la fabrication de la matière elle-même, sont complétement résolues; nos habiles verriers peuvent livrer aux opticiens des objectifs de Crown et de Flint, des plus grandes dimensions, de quarante, cinquante, soixante centimètres; et sans doute on ne hasarde rien en disant qu'ils arriveraient probablement à un mètre. Il appartient maintenant à l'optique de mettre habilement en œuvre de tels matériaux. L'entreprise est grande et difficile; l'astronomie en attend le succès. De telles recherches exigent beaucoup d'essais et beaucoup de temps. Tout en s'occupant d'autres travaux qui ne sont pas sans importance, M. Lerebours s'occupe aussi de cette belle question : les grands objectifs qu'il a présentés à l'examen du jury, n'étaient pas encore parvenus à leur dernier degré de perfection; mais il est permis d'espérer, qu'avec le zèle et l'intelligence dont M. Lerebours a déjà fait preuve, il sera des premiers à dépasser, dans ce genre, tout ce qui a été obtenu jusqu'à ce jour.

Le jury appréciant ses efforts, fait en sa faveur rappel de la médaille d'or.

M. CHEVALIER (Charles), à Paris, Palais-Royal, 163.

M. Charles Chevalier est toujours l'un de nos plus habiles opticiens pour la construction des lunettes

terrestres, des appareils de toute espèce, et surtout
des microscopes. Les perfectionnements considérables qu'il avait apportés dans ces derniers instruments, lui valurent la médaille d'or en 1834. Le
rappel de cette distinction lui fut accordé en 1839,
pour quelques perfectionnements nouveaux et pour
des dispositions ingénieuses qu'il avait introduites
dans plusieurs appareils. L'exposition de 1844 constate que M. Charles Chevalier ne cesse pas d'être
en progrès. Ses microscopes comptent toujours
parmi les meilleurs qui se construisent en France
et à l'étranger; il en a varié avec beaucoup d'intelligence les dimensions, les formes et l'ajustement,
pour les approprier à tous les usages et à toutes les
recherches. Il a donné de nouveaux développements
à l'idée qu'il avait eue de construire des lunettes à
deux objectifs, et l'on peut espérer qu'elle recevra
de lui d'utiles applications. Les nombreux appareils
qu'il a présentés à l'examen du jury, comme machines pneumatiques, Daguerréotypes, etc., sont
tous remarquables, ou par la sagacité avec laquelle
ils sont conçus, ou par la précision avec laquelle ils
sont exécutés.

Le jury rappelle de nouveau en faveur de
M. Charles Chevalier la médaille d'or qu'il a reçue
en 1834.

MÉDAILLE D'OR.

M. BURON, à Paris, rue des Trois-Pavillons, 10.

M. Buron avait obtenu, en 1834, une médaille

d'argent pour ses instruments de physique et d'optique, et particulièrement pour les longues vues et
les lunettes marines de très-bonne qualité, dont il
fabriquait les verres et les montures, et qu'il livrait
au commerce à des prix très-modérés. En 1839,
une nouvelle médaille d'argent lui fut accordée :
ses ateliers avaient pris beaucoup d'extension ; le
mérite soutenu et toujours croissant de ses divers
produits, et surtout de ses lunettes marines, lui avait
ouvert à l'étranger des débouchés considérables. Aujourd'hui l'établissement de M. Buron est au premier rang ; il n'y en a aucun en France, et peut-être
il n'y en a aucun ailleurs qui jouisse d'une réputation mieux méritée et plus solidement établie ; il
n'y en a aucun dont les produits soient partout ac-
ceptés avec plus de confiance ; il est vrai aussi que
depuis longues années, M. Buron s'applique avec
intelligence et avec une persévérance digne des plus
grands éloges, à perfectionner sans cesse ses moyens
de fabrication. Dans ses ateliers, où il y a une machine à vapeur pour force motrice, et un grand
nombre d'ouvriers pour le travail de précision et
d'ajustage, tout s'ordonne avec méthode, tout
s'exécute avec la plus ponctuelle régularité. Rien ne
se peut faire de médiocre là où il y a une aussi
bonne direction et une si active surveillance.

Après avoir obtenu un succès aussi complet dans
la fabrication des instruments et des lunettes de
toute espèce, destinées à la marine, ou en général
aux observations ordinaires, M. Buron s'est livré,
depuis quelque temps, à la construction des lunettes
astronomiques de grandes dimensions ; il a présenté

à l'examen du jury des objectifs de treize centimètres, et six objectifs de vingt centimètres. Les essais
qu'il nous a été possible d'en faire sur le ciel, sont
très-satisfaisants, et ils nous donnent la confiance
que, dans ce genre de travail, M. Buron ne restera
pas au-dessous de son excellente réputation.

Le jury accorde à M. Buron la médaille d'or.

NOUVELLES MÉDAILLES D'ARGENT.

M. DELEUIL, à Paris, rue du Pont-de-Lodi, 8.

M. Deleuil a successivement obtenu la médaille de
bronze en 1834, et la médaille d'argent en 1839; il
s'est montré de plus en plus digne de ces encouragements par son activité et son intelligence. Il n'est
pas seulement l'un de nos plus habiles constructeurs
pour tout ce qui tient aux appareils ordinaires de
physique et de chimie; mais il lui arrive souvent de
perfectionner ces appareils, soit en les modifiant
dans leur construction, soit en les exécutant avec
une telle justesse, qu'ils rendent les observations
plus faciles et plus sûres. On doit à M. Deleuil plusieurs appareils nouveaux qui sont de son invention,
ou qu'il a été des premiers à importer de l'é-
tranger.

Le jury accorde à M. Deleuil une nouvelle médaille d'argent.

M. BUNTEN, à Paris, quai Pelletier, 30.

M. Bunten s'est acquis une réputation véritablement européenne par l'habileté dont il a fait preuve dans la construction d'un grand nombre d'appareils, et surtout dans la construction des baromètres et des thermomètres; les baromètres de Bunten sont presqu'exclusivement adoptés par les voyageurs de tous les pays; et ils ont servi dans toutes les contrées du globe à déterminer les hauteurs des montagnes ou à faire les plus grandes opérations de nivellement barométrique. Ses thermomètres sont aussi fort appréciés pour la parfaite exactitude de leur graduation. M. Bunten donne sans cesse de nouvelles preuves de son ingénieuse sagacité, par les perfectionnements qu'il apporte dans la construction de ses baromètres, de ses thermomètres et de ses sympiézomètres; les instruments de nouvelle forme, et l'on pourrait dire de nouvelle invention, qu'il a présentés à l'examen du jury, sont très-remarquables; c'est une importante acquisition pour la physique et pour la météorologie.

Le jury accorde à M. Bunten une nouvelle médaille d'argent.

———

MÉDAILLES D'ARGENT.

M. RUHMKORFF, à Paris, rue des Orfèvres, 6.

M. Ruhmkorff paraît pour la première fois à l'exposition, et les travaux qu'il y a présentés le font connaître tout d'abord pour un très-habile ouvrier. Ses appareils sont si bien proportionnés, si parfaitement finis, que l'on pourrait croire qu'il y a mis une recherche particulière à cause de l'expo-

sition; mais ceux qui ont eu l'occasion de visiter
son atelier, ou de faire usage de ses instruments,
savent que c'est là le caractère habituel de tout ce
qui sort de ses mains. Il a surtout construit, dans
ces derniers temps, les appareils destinés aux recherches les plus récentes sur la chaleur et l'électro-
magnétisme, et personne n'est parvenu à leur donner la même perfection que lui.

Le jury accorde à M. Ruhmkorff une médaille
d'argent.

M. SOLEIL, à Paris, rue de l'Odéon, 35.

M. Soleil a rendu de véritables services à la
science de la lumière, par le zèle intelligent qu'il
a mis à construire tous les appareils d'optique et
surtout les appareils de polarisation et de diffrac-
tion. Il ne s'est pas seulement montré habile à
tailler les cristaux, et à répéter les expériences connues, mais il a imaginé lui-même plusieurs instruments très-ingénieux, soit pour rendre les phénomènes plus apparents et plus faciles à observer,
soit pour en mesurer les éléments avec une nouvelle
précision. C'est par un esprit judicieux, des expériences multipliées et une persévérance à toute
épreuve, que M. Soleil a pu arriver à ces résultats.

On peut dire que parmi ses inventions il y en a
qui ont en quelque sorte changé l'enseignement de
la physique, car elles permettent de faire voir à un
nombreux auditoire des phénomènes de polarisation, qui auparavant ne pouvaient être vus qu'indi-
viduellement.

Le jury accorde à M. Soleil une médaille d'argent.

MM. LECOMTE et BIANCHI, à Paris, rue Mignon, 2.

M. Lecomte avait obtenu la médaille de bronze à l'exposition de 1839, pour divers instruments de physique et surtout pour des balances de précision très-bien faites; il s'est associé depuis peu avec M. Bianchi, qui a fait aussi preuve de talent dans la construction de ces appareils.

MM. Lecomte et Bianchi ont présenté à l'exposition de grandes balances qui pèsent le kilogramme, à moins de 1 milligramme, et des balances d'essais pour la chimie, des boussoles électromagnétiques, etc..... Tous ces instruments sont exécutés avec des soins qui annoncent d'utiles progrès.

Le jury décerne à MM. Lecomte et Bianchi une médaille d'argent.

MÉDAILLES DE BRONZE.

M. SCHWEIG, à Paris, rue Richelieu, 18.

M. Schweig a présenté à l'examen du jury, des électromètres, des condensateurs et quelques autres appareils électriques, qui ne sont pas seulement d'une exécution irréprochable, mais qui annoncent dans M. Schweig une habileté peu commune.

Le jury décerne à M. Schweig une médaille de bronze.

M. VILA-KŒNIG, à Paris, rue des Gravilliers, 7.

M. Vila-Kœnig, a exposé un assortiment considérable de lorgnettes de spectacle; il se livre spécialement, et presque exclusivement à ce genre de fabrication. Aussi est il parvenu à y obtenir une incontestable supériorité, tant pour les verres que pour les montures. Les verres sont très-bien travaillés et d'un achromatisme qui ne laisse rien à désirer. Les montures sont diversifiées à l'infini, mais qu'elles soient riches ou simples, elles sont toujours élégantes et commodes.

Le jury accorde à M. Vila-Koenig une médaille de bronze.

M. FROMENT, à Paris, rue du Bouloi, 23.

M. Froment, ancien élève de l'École Polytechnique, s'est livré par goût à la construction des appareils de physique et de chimie. Dans les premiers essais qu'il a présentés à l'exposition, l'on reconnaît qu'il est guidé par des connaissances théoriques approfondies. Son électromoteur, destiné à utiliser la force motrice que développe le courant électrique, est composé d'après les vrais principes et exécuté avec un talent qui semble promettre un constructeur du premier ordre.

Le jury accorde à M. Froment une médaille de bronze.

MM. BRETON frères, à Paris, rue du Petit-Bourbon-Saint-Sulpice, 9.

MM. Breton ne se bornent pas à exécuter avec soin la plupart des appareils de physique, ils mettent aussi beaucoup de zèle à les modifier, dans plusieurs occasions, ils sont parvenus à d'ingénieux perfectionnements. Nous pouvons citer comme exemples, les machines pneumatiques, les balances et le microscope solaire qu'ils ont présentés à l'exposition; ces ouvrages se font d'ailleurs remarquer par une bonne exécution; nous citerons surtout leurs appareils électro-magnétiques, où l'on distingue quelques dispositions qui sont dignes d'intérêt.

MM. Breton avaient obtenu une mention honorable en 1839; le jury voit avec plaisir leur progrès, et il leur accorde une médaille de bronze.

M. BODEUR, à Paris, place Dauphine, 2 et 4.

M. Bodeur travaille le verre très-habilement; il est parvenu à appliquer à ses instruments des échelles d'émail qui en garantissent la durée, sans porter atteinte à la précision; dans l'assortiment de baromètres, thermomètres, aréomètres, etc., qu'il a présenté à l'exposition, on distingue plusieurs pièces qui sont heureusement combinées.

Le jury lui décerne une médaille de bronze.

M. NACHET, à Paris, quai aux Fleurs, 17.

M. Nachet s'est distingué parmi les habiles ouvriers qui travaillent les verres d'optique; et particulièrement les lentilles des microscopes. Les divers instruments qu'il a présentés à l'exposition, sont une preuve de ses succès dans ce genre. Son microscope se fait remarquer d'abord par une chambre claire qui, dans beaucoup de circonstances, peut offrir de notables avantages, et il se fait remarquer surtout par une nouvelle combinaison de lentilles, qui, jointe à un achromatisme parfait, présente une grande clarté et beaucoup de netteté, même pour les grossissements considérables.

Le jury accorde à M. Nachet une médaille de bronze.

M. RADIGUET, à Paris, boulevard des Filles-du-Calvaire, 17.

M. Radiguet fabrique les verres à faces parallèles avec une exactitude qui n'a été surpassée par personne. Ces verres, destinés à des appareils de physique, et surtout aux cercles et aux divers instruments à réflexion, leur donnent une justesse qui était infiniment désirable.

Le jury accorde à M. Radiguet une médaille de bronze.

M. LEYDECKER, à Paris, quai des Augustins, 55.

M. Leydecker a exposé des thermomètres, des baromètres, des aréomètres, qu'il exécute lui-même, à la lampe d'émailleur, avec une rare habileté. A ce talent, si précieux pour la science, il joint beaucoup de zèle et une appréciation très-juste du degré d'exactitude qu'il faut apporter dans ces sortes d'ouvrages.

Le jury accorde à M. Leydecker une médaille de bronze.

M. BOURGOGNE, à Paris, rue Constantine, 6, et rue des Marmousets, 17.

M. Bourgogne a acquis dans les préparations microscopiques une supériorité incontestable ; personne n'a porté au même degré l'art si délicat d'ajuster entre deux verres, et de conserver pendant longtemps, les insectes, les animalcules, les organes séparés, et en un mot, tous les éléments infiniment petits des trois règnes qui ne peuvent être étudiés qu'au microscope. Les collections qu'il a présentées à l'exposition sont d'un grand intérêt.

Le jury décerne à M. Bourgogne une médaille de bronze.

MENTIONS HONORABLES.

Le jury accorde des mentions honorables à

M. BERNARD, à Paris, quai du Marché-Neuf, 30,

Pour ses microscopes achromatiques et ses chambres claires.

M. BEYERLÉ, à Paris, rue Mazarine. 48,

Pour ses lunettes de lentilles à surfaces cylindriques, toujours travaillées avec une grande précision.

M. BIET, à Paris, passage du Grand-Cerf, 7,

Pour ses pompes, machines pneumatiques et instruments divers.

M. CHEVALIER (Victor), à Paris, quai de l'Horloge, 77 ter,

Pour ses manomètres, baromètres et daguerréotypes.

M. LANIER, à Nantes (Loire-Inférieure),

Pour son *hydromètre universel*, ou aréomètre gradué pour déterminer la densité des liquides; cet appareil, dont la construction a exigé des soins infinis, est exécuté avec une rare précision.

M. LEBRUN, à Paris, rue Grénetat, 4,

Pour ses instruments d'optique, et pour les bonnes dispositions qu'il a adoptées dans quelques instruments d'arpentage.

M. LEROY, à Paris, rue des Fossés-Saint-Germain-l'Auxerrois, 29,

Pour la série intéressante d'aréomètres de platine et d'argent qu'il a présentée à l'exposition.

M. GARCIN, à Paris, rue de la Sannerie, 7,

Pour une balance d'essai très-bien exécutée.

M. GROSSE, à Paris, rue du Milieu-des-Ursins, 1,

Pour ses aréomètres métalliques.

M. LOISEAU, à Paris, quai de l'Horloge, 75,

Pour ses microscopes et ses appareils électromagnétiques.

M. PLAGNIOL, à Paris, rue Pastourelle, 5,

Pour son photographe.

MM. SIMON et GIROUX, à Paris, rue Montmorency, 39,

Pour les lorgnettes jumelles qu'ils ont exposées.

M. TAVERNIER, à Paris, rue du Four-Saint-Germain, 17,

Pour son baromètre de fer, et ses thermomètres propres à marquer avec exactitude le point d'ébullition de l'eau.

M. WALLET, à Paris, quai de l'Horloge, 73,

Pour ses miroirs concaves et convexes exécutés avec précision et économiquement.

M. WINCKELMANN, à Paris, rue des Saints-Pères, 10,

Pour ses baromètres, ses balances et autres instruments de physique.

_____

CITATIONS FAVORABLES.

Le jury accorde des citations favorables à

M. BOURBOUZE, à Paris, rue des Maçons-Sorbonne, 26,

Pour ses miroirs destinés aux expériences sur le calorique rayonnant, et pour ses piles de Daniell très-bien construites.

M. RICHEBOURG, à Paris, quai de l'Horloge, 60,

Pour ses instruments d'optique et d'arpentage.

M. SEDILLE, à Paris, rue du Coq-Saint-Jean, 8.

Pour ses thermomètres, baromètres et microscopes.

§ 2. PHARES.

Considérations générales.

Depuis 25 ans, une grande et importante réforme s'est accomplie dans l'établissement des phares. C'est en France que cette réforme a pris naissance et qu'elle s'est développée; c'est à l'un de nos grands physiciens de l'Académie des sciences, à Fresnel, qu'en revient la gloire. Maintenant toutes les nations maritimes ont pu apprécier les immenses avantages de cette découverte ; et les habiles artistes qui ont travaillé sous la direction de l'inventeur ou sous la direction de son frère, M. Fresnel, membre si distingué de la commission des phares, ont conservé une incontestable supériorité sur les artistes étrangers qui ont fait des efforts pour arriver aux mêmes résultats.

MÉDAILLES D'OR.

M. FRANÇOIS jeune, à Paris, rue du Faubourg Poissonnière, 24.

M. François est gendre et successeur de M. Soleil,

qui avait construit d'abord les phares de Fresnel:
élevé en quelque sorte au milieu de ces premiers
essais d'un travail délicat et difficile, il avait, dès
l'origine, saisi habilement les principales conditions
qui pouvaient rendre l'exécution plus précise et
plus parfaite. Avec le temps, et au moyen de quelques sacrifices, il est parvenu à réaliser progressivement toutes ses idées, soit pour le moulage des
verres dans la fabrique, soit pour le travail mécanique qui se fait dans ses ateliers. Aujourd'hui
M. François possède un système complet de fabrication pour les phares des plus grandes dimensions, et
les pièces remarquables qu'il a présentées à l'examen
du jury, sont exécutées avec tant de soin et d'exactitude, et par des moyens mécaniques si bien combinés, qu'il paraît difficile de porter plus loin la
perfection économique à laquelle il est parvenu.

Le jury, qui avait accordé à M. François une médaille d'argent à la dernière exposition, voit avec
plaisir ses progrès, et lui décerne une médaille
d'or.

M. LEPAUTE (Henri), rue Saint-Honoré, 247.

M. Lepaute (Henri), très-habile horloger de Paris, s'est livré aussi, depuis quelque temps, à la
construction des phares, pour laquelle il avait obtenu, à l'exposition dernière, la médaille d'argent.
Après avoir perfectionné d'abord les mécanismes
d'horlogerie qui impriment le mouvement aux systèmes lenticulaires destinés aux éclipses, après avoir
perfectionné les moyens d'éclairage par une très-
bonne alimentation de combustible, M. Lepaute

s'est livré aussi au travail mécanique des verres, et
il l'exécute avec une grande précision. Le phare
présenté à l'examen du jury ne laisse rien désirer.

Le jury décerne à M. Lepaute (Henri) une médaille d'or.

---

§ 3. GRANDES BALANCES ET APPAREILS A PESER
ADOPTÉS POUR LE COMMERCE.

MÉDAILLES D'ARGENT.

MM. GEORGE père et fils, à Paris, rue de
l'Orme, 9.

MM. Georges, père et fils, ont exposé des grues de
grandes dimensions propres à peser les fardeaux
qu'elles enlèvent, des pèse-sacs, et divers systèmes
de balances destinées aux objets de commerce. Les
grues de MM. Georges reposent sur des principes
justes et ingénieusement combinés, elles offrent
une heureuse application de ces principes, et il est
permis d'espérer qu'elles rendront à l'industrie
d'importants services. Il en est de même des autres
instruments de pesage, imaginés et exposés par
MM. Georges.

Le jury leur accorde une médaille d'argent.

M. LASSERON et LEGRAND, à Niort (Deux-
Sèvres).

MM. Lasseron et Legrand, ingénieurs mécaniciens, à Niort, ont présenté à l'exposition le modèle
d'une grue-balance à double bec pour laquelle ils

ont pris un brevet d'invention. Cette grue est destinée à peser le fardeau qu'elle enlève et à s'équilibrer d'elle-même ; de plus, elle est transportable, et peut, par exemple, se monter sur un waggon de chemin de fer.

Les diverses combinaisons réalisées dans cet appareil pour atteindre le but proposé, sont simples et ingénieuses, on voit qu'elles appartiennent à des hommes pratiques et intelligents. On ne peut pas douter que ces combinaisons ne s'appliquent avec succès aux grues des plus grandes dimensions.

Le jury décerne à MM. Lasseron et Legrand une médaille d'argent.

M. PARENT, à Paris, rue des Arcis, 33.

M. Parent a concouru d'une manière efficace au travail de précision qui a été nécessaire pour l'établissement des nouveaux types des mesures métriques destinées au commerce. Ce titre serait à lui seul une puissante recommandation ; mais M. Parent se montre très-digne de cette confiance par les divers appareils qu'il a présentés à l'examen du jury. Ses balances ordinaires pour peser le kilogramme sont très-bien exécutées, il en est de même de ses balances qui pèsent jusqu'à vingt-cinq kilogrammes ; nous avons remarqué aussi la bonne façon et tous les soins de scrupuleuse exactitude qu'il a donnés à toutes les pièces qui composent son *nécessaire du vérificateur de poids et mesures*; les grandes et petites séries de poids.

Le jury accorde à M. Parent une médaille d'argent.

M. CHARPENTIER fils, à Paris, rue de la Féronnerie, 10 et 12.

M. Charpentier fabrique des balances et des bascules; le modèle de pont bascule destiné à peser le bétail par tête ou par troupeau, est d'une composition bien raisonnée et d'une parfaite exécution : ces qualités remarquables se retrouvent à peu près au même degré dans tous les autres appareils qui sortent de ses ateliers. Il n'y avait guère autrefois que les véritables instruments de physique qui fussent construits avec un tel soin; grâce aux progrès de nos artistes, il n'y a pas une boutique en France qui ne puisse être aujourd'hui munie d'instruments de pesage plus précis peut-être que ceux que l'on trouvait, il y a moins d'un siècle, dans la plupart des cabinets de physique de l'Europe. M. Charpentier contribue puissamment à ce progrès.

Le jury accorde à M. Charpentier une médaille d'argent.

MM. BÉRANGER et Cⁱᵉ, à Lyon (Rhône).

M. Béranger a formé à Lyon un établissement considérable dans lequel il fabrique des balances, des bascules pour tous les usages, et des ponts-bascules de toutes les dimensions; on lui doit, dans la disposition de quelques-uns de ces appareils, des perfectionnements intéressants; ils se font d'ailleurs remarquer par une bonne construction. Le jury se plaît à encourager les efforts qui se font dans les diverses parties de la France pour arriver à répandre partout de bons appareils de cette sorte, et il accorde à M. Béranger et Cⁱᵉ une médaille d'argent.

MM. SAGNIER (Louis) et Cie, à Montpellier (Hérault).

M. Sagnier avait obtenu la médaille de bronze à l'exposition dernière. Depuis cette époque, il a fait des progrès dans la construction de ses divers appareils de pesage. Les bascules-romaines de diverses dimensions qu'il a présentées à l'examen du jury, se font remarquer par une bonne exécution et par divers perfectionnements qui ne sont pas sans intérêt. On ne doit pas s'étonner qu'elles aient été adoptées à l'étranger, et qu'elles y soient accueillies avec une faveur marquée.

Le jury décerne à MM. Sagnier et Cie une médaille d'argent.

MÉDAILLES DE BRONZE.

M. DUTREIX, à Limoges (Haute-Vienne).

M. Dutreix a établi à Limoges des ateliers assez étendus dans lesquels il construit en gros, et par des procédés économiques, des romaines particulièrement destinées au petit commerce. Ces appareils sont fidèlement exécutés et paraissent de nature à être durables et à conserver leur exactitude.

Le jury décerne à M. Dutreix une médaille de bronze.

M. GARAT aîné, à Caen (Calvados).

M. Garat fabrique à Caen des balances-bascules dont toutes les parties sont exécutées avec soin ; le jury départemental fait connaître qu'elles conservent toute leur sensibilité après un très-long usage; l'examen que nous avons pu faire de celles qu'il a présentées à l'exposition, confirme pleinement la bonne réputation que M. Garat s'est acquise.

Le jury lui accorde une médaille de bronze.

M. JUNOT, à Paris, rue Ménilmontant, 94.

M. Junot, déjà cité favorablement en 1839, a présenté des balances-bascules et des crics en fer qui prouvent que ce fabricant a fait d'heureux efforts pour donner à ses travaux tous les caractères d'une bonne et fidèle exécution.

Le jury accorde à M. Junot une médaille de bronze.

M. MARS, à Paris, rue de la Cerisaie, 9.

M. Mars a imaginé de réunir dans un seul appareil le cric et la balance à bascule; le cric élève le sac ou en général le fardeau à la hauteur convenable, et la balance à bascule en donne le poids. Plusieurs appareils de cette espèce fonctionnent avec succès depuis plusieurs années, et peuvent rendre de véritables services dans une foule de circonstances.

Le jury décerne à M. Mars une médaille de bronze.

MENTIONS HONORABLES.

Le jury accorde des mentions honorables à

M. DONNAY-BAICRY, à Fond-de-Givonne (Ardennes),

Pour sa grande fabrication de fléaux de balances exécutés avec soin.

M. MARTEL, à Fressin (Pas-de-Calais),

Pour sa romaine de précision, qui annonce dans l'auteur, simple ouvrier, de l'intelligence et de l'habileté.

M. MEURS (Benoît), à Valenciennes (Nord),

Pour ses balances à bascule.

MM. OUSTY et DURAND, à Limoges (Haute-Vienne,

Pour leurs romaines et romaines oscillantes.

M. TARPIN-BRÉMAL, à Lyon (Rhône),

Pour sa balance de précision.

M. VIARD, à Rouen (Seine-Inférieure),

Pour ses balances.

----

§ 4. MESURES DIVERSES. COMPTEURS ET MACHINES A CALCULER.

RAPPEL DE MÉDAILLE D'ARGENT.

M. REYMONDON-MARTIN, à Paris, passage Basfour, 15.

M. Reymondon, associé aux conceptions et aux travaux de son beau-père, M. Martin, lors de l'exposition, a partagé aussi avec lui l'honneur de l'invention et de l'exécution d'un dynamomètre très-remarquable qui fut récompensé d'une médaille d'argent. Cet appareil, qui a été habilement décrit dans le rapport de 1839, est reproduit à l'exposition de 1844 par M. Reymondon avec des perfectionnements intéressants qui le rendent tout à fait complet. M. Reymondon présente, en outre, des dynamomètres usuels, des pesons à ressorts et des indicateurs de pression pour les cylindres des machines à vapeur, qui prouvent à la fois son intelligence et son habileté comme mécanicien.

Le jury rappelle, en faveur de M. Reymondon, la médaille d'argent qui avait été, en 1839, accordée à MM. Martin et Reymondon.

MÉDAILLES DE BRONZE.

M. SALADIN, à Mulhouse (Haut-Rhin).

M. Saladin doit être compté parmi nos ingénieurs mécaniciens et dessinateurs qui ont rendu de réels services à l'enseignement de la mécanique industrielle. Attaché pendant longues années à la maison André Koechlin de Mulhouse, il a introduit d'utiles perfectionnements dans les métiers à filer; il a imaginé des compteurs remarquables et des encliquetages à pressions alternatives qui trouvent leur application dans un grand nombre de machines; c'est à ces deux derniers titres que M. Saladin se trouve rangé dans la catégorie qui nous occupe en ce moment.

Mais nous devons ajouter que l'on doit aussi à M. Saladin une collection, et sans contredit la plus complète qui existe, de toutes les machines simples et des diverses transformations de mouvement. Il a fait exécuter en fonte, pour l'enseignement de la mécanique pratique, des modèles qui représentent une grande partie de ces mécanismes élémentaires dont plusieurs sont de son invention. Le désir de faire une collection complète, et cependant à un prix modéré, ne lui a pas permis de donner à ces modèles le degré de fini et de belle apparence que quelques personnes peuvent souhaiter; mais tels qu'ils sont, ils faciliteront certainement l'étude de la mécanique. Au reste, M. Saladin a fait une collection de dessins correspondante, qui a toute la correction désirable et qui peut, dans quelques circonstances, remplacer avantageusement celle des modèles.

Le jury appréciant les services rendus par M. Saladin, lui accorde une médaille de bronze.

MM. SIRY, LIZARS et Cie, à Paris, rue Lafayette, 7.

MM. Siry, Lizars et Cie, exposent une collection intéressante de compteurs à gaz de diverses dimensions. Ces appareils ne sont pas seulement exécutés par des moyens économiques très-précis; on y remarque divers perfectionnements qui ont le double avantage d'en simplifier la construction et d'en assurer la fidélité.

Le jury accorde à MM. Siry, Lizars et Cie, une médaille de bronze.

M. BARDONNAUD jeune, à Limoges (Haute-Vienne).

La maison Bardonnaud, de Limoges, a une existence séculaire, elle se continue de père en fils depuis deux cents ans, et M. Bardonnaud jeune soutient dignement une réputation si honorablement acquise. La série des mesures de capacité qu'il a présentée à l'examen du jury, annonce un travail régulier et bien ordonné; tout est simple, solide et de bonne façon; on reconnaît qu'une intelligence consciencieuse dirige cette importante fabrication.

Le jury accorde à M. Bardonnaud jeune une médaille de bronze.

M. ROTH, à Paris, boulevard des Capucines, 21.

Le docteur Roth a présenté à l'examen du jury des machines arithmétiques de son invention; les unes destinées seulement aux deux premières règles; les autres plus complètes opérant aussi la multiplication et la division; il a présenté, en outre, des compteurs pour les machines à vapeur, et d'autres appareils analogues. Aucune de ces machines n'est nouvelle quant au but qu'elle se propose; mais le docteur Roth a résolu ces divers problèmes par des moyens simples et dignes d'intérêt.

Le jury accorde au docteur Roth une médaille de bronze.

MENTIONS HONORABLES.

Le jury accorde des mentions honorables à

M. CARON, à Paris, place des Victoires, 5,

Pour ses contrôleurs de ronde.

M. ANDRÉ-MICHAUX, à Paris, rue des Fossés-Saint-Germain-l'Auxerrois,

Pour son hydromètre modèle.

M. LECOENTRE, aux Batignolles-Monceaux, rue de l'Église, 16 (Seine),

Pour son appareil *sondeur*, destiné à mesurer l'espace qu'il parcourt verticalement du haut en bas dans la mer.

M. POITRAT, à Paris, rue Croix-des-Petits-Champs, 55,

Pour son *calculateur commercial*.

M. RICHARD, à Paris, rue Saint-Fiacre, 3,

Pour ses machines à calculer.

M. THOMAS, à Paris, rue du Helder, 13,

Pour ses machines à calculer.

M. BONNET, à Paris, rue Grénetat, 16,

Pour ses mesures linéaires sur ruban.

M. JOFFRIN, à Morvilliers (Aube),

Pour son *dendromètre*.

M. PASCAL, à Bourges (Cher),

Pour son *échelle-équerre*.

- 505 -

CITATIONS FAVORABLES.

Le jury accorde des citations favorables à

M. BERTRAND fils, à Paris, rue Saint-Jacques, 286,

Pour son *équerre-tarif*, propre à mesurer les bois en grumes.

M. BLEVY, à Passy, rue de l'Église, 15 (Seine).
Pour sa chaîne décamètre.

M. LAVERGNE, à Poitiers (Vienne),

Pour son *somatomètre*.

DEUXIÈME DIVISION.

M. Gambey, rapporteur.

§ 1. INSTRUMENTS D'ASTRONOMIE, DE MARINE ET DE GÉODÉSIE.

MÉDAILLE D'OR.

M. BRUNNER, à Paris, rue des Bernardins, 34.

M. Brunner, qui, à la dernière exposition, obtint une médaille d'argent, a depuis cette époque redoublé de zèle et d'activité. Les instruments qu'il a présentés cette année sont très-bien faits et lui font le plus grand honneur. Parmi ces instruments nous avons remarqué un petit théodolite pour le levé des plans, dont la construction est fort ingénieuse ; une boussole avec cercle pour mesurer les angles verticaux, pouvant remplacer avec avantage les instruments dont se servent les mineurs; un microscope d'une construction nouvelle, lequel nous a paru, par sa simplicité, mériter l'attention des amateurs. Mais ce qui fait le plus d'honneur à M. Brunner, c'est un très-beau cercle astronomique de soixante centimètres de diamètre qu'il a soumis cette année au jugement du jury. Le plan de cet instrument repose sur des principes exacts, et les pièces qui le composent sont exécutées avec une rare habileté. Les axes, en acier trempé, sont ajustés avec une grande précision et offrent peu de résistance au mouvement des cercles. Nous avons examiné la graduation qui marque les secondes de trois en trois, avec la plus scrupuleuse attention, et notre examen nous a prouvé que ses erreurs ne dépassent pas trois ou quatre secondes. Toutes les parties mobiles de cet instrument sont parfaitement équilibrées et se meuvent avec la plus grande facilité. Nous ajouterons que l'ensemble est d'un aspect agréable, que toutes les parties en sont faites avec goût, et que ce beau travail place M. Brunner aux premiers rangs parmi nos artistes.

Le jury accorde une médaille d'or à M. Brunner.

RAPPEL DE MÉDAILLE D'ARGENT.

M. LEGEY, à Paris, rue de Verneuil, 54.

M. Legey s'est distingué aux expositions précédentes par divers perfectionnements introduits dans les instruments qu'il a présentés, et qui lui ont valu la médaille d'argent et le rappel de cette médaille.

Cette année, M. Legey a exposé plusieurs instruments, parmi lesquels nous avons remarqué un appareil qu'il nomme *équazénithal* ou cercle astronomique de Legey. Cet instrument, comme le dit M. Legey, n'a pas été composé dans le but de remplacer les instruments en usage dans les observatoires : il n'a eu d'autre intention que de procurer aux amateurs d'astronomie un appareil à l'aide duquel on puisse observer tous les phénomènes célestes, sans avoir recours à d'autres instruments.

Nous citerons encore, de M. Legey, un théodolite à lunette prismatique et un niveau à lunette d'une composition très-simple. Nous ajouterons que tous les instruments dont nous venons de parler sont établis sur de bons principes, construits avec soin, et que sous tous les rapports ils font honneur à M. Legey.

Le jury rappelle de nouveau à cet artiste la médaille d'argent qu'il a obtenue en 1834 et qui lui a été rappelée en 1839.

MÉDAILLE D'ARGENT.

M. SCHWARTZ, rue Saint-Honoré, 283.

M. Schwartz a exposé divers instruments de marine et de géodésie, parmi lesquels nous avons distingué un niveau de pente d'une belle exécution.

Plusieurs sextants très-bien faits et un cercle à réflexion construit avec exactitude, et d'un fini re-

marquable, nous ont paru mériter l'approbation
du jury.

Le jury décerne à M. Schwartz une médaille
d'argent.

POUR MÉMOIRE.

M. TRÉSEL, à Saint-Quentin (Aisne).

M. Trésel, fabricant de mesures linéaires, a présenté un grand assortiment de mesures métriques,
parmi lesquelles nous avons remarqué des mètres à
coulisses bien exécutés, et d'une dimension peu
embarrassante lorsque les coulisses sont rentrées
les unes dans les autres. Des calibres de diverses
formes ont attiré notre attention et nous ont paru
réunir toutes les qualités que l'on doit rechercher
dans ces sortes d'instruments.

Nous ajouterons que les mesures de M. Trésel
sont généralement bien faites, que le prix en est
peu élevé, et que sous ce rapport elles mériteraient
des encouragements, si M. Trésel n'avait pas d'autres titres à la bienveillance du jury. (V. le *Rapport
de M. Pou...et sur les Machines à vapeur*, p. 143.)

§ 2. INSTRUMENTS DE MATHÉMATIQUES.

MÉDAILLES DE BRONZE.

M. MAUDUIT, rue du Faubourg-du-Temple, 68.

L'exactitude dans l'art de dessiner d'après nature,

repose entièrement sur la faculté que possède le dessinateur d'apprécier et de comparer, par son coup d'œil, les diverses parties de l'objet qu'il veut représenter. La valeur angulaire de chacune des parties qui composent son dessin n'étant pas mesurée par un procédé pratique, ne peut être, quel que soit le talent de l'artiste, d'une exactitude rigoureuse.

Dans le but de surmonter cette difficulté, beaucoup d'instruments ont été imaginés; mais tous ces appareils avaient le défaut de donner des images déformées, lorsque l'artiste se plaçait près du modèle pour obtenir des images d'une dimension un peu grande; ou des images trop petites, lorsqu'il se plaçait à une distance convenable pour que la déformation ne parût plus sensible.

M. Mauduit, pour obvier à cet inconvénient, a imaginé un instrument composé d'un arc de cercle, ayant pour centre le point de vue de l'objet qu'on veut représenter. Cet arc est fixé par son milieu sur un axe, de telle sorte, qu'en faisant une révolution, l'axe décrit une surface sphérique dont le centre est au point de vue. Sur la partie de l'arc qui est à la droite du dessinateur, est adapté un viseur glissant sur l'arc depuis le centre jusqu'à son extrémité; sur la partie de l'arc qui est à la gauche, est adapté un crayon, lequel peut se mouvoir de la même manière que le viseur, mais en sens inverse, au moyen d'un fil de soie qui rattache le viseur au crayon.

D'après ces dispositions, en plaçant tangentiellement à la partie de l'arc qui porte le crayon, un

plan sur lequel sera tendue une feuille de papier,
le crayon tracera sur ce plan le dessin en sens inverse de l'objet, dont on suivra les contours avec le
viseur. Par ce moyen, la dimension du dessin est
telle que pourrait l'obtenir le dessinateur ayant
l'œil placé au centre de l'arc de cercle. La dimension de l'objet que l'on copie dépend de deux conditions: la distance à laquelle on se place du modèle, et la longueur du rayon de l'arc du cercle. Si
le rayon était infiniment grand, l'arc de cercle deviendrait une ligne droite, et quelle que fût la
distance à laquelle on se plaçât de l'objet qu'on
aurait l'intention de reproduire, la dimension du
dessin serait rigoureusement égale à celle du modèle.

D'après la description que nous venons de donner de cet ingénieux appareil, nous pensons qu'il
sera d'une grande utilité pour les personnes qui ont
à faire des copies réduites d'une exactitude rigoureuse.

Le jury accorde une médaille de bronze à
M. Mauduit.

M. GAVARD (Adrien) fils, rue Ventadour, 6.

Parmi les instruments que M. Gavard fils a exposés, nous avons remarqué un très-beau pantogra-
phe et un diagraphe dont M. Gavard père est
l'inventeur, et pour lequel il a reçu une médaille
d'argent.

M. Gavard fils a ajouté un perfectionnement à
ce diagraphe, lequel consiste à remplacer le viseur
par un microscope, ce qui donne la faculté de faire

des images amplifiées de l'objet que l'on place au foyer du microscope.

Cette amplification n'est pas le résultat du grossissement de l'objet; elle est la conséquence des rapports de la distance du point d'articulation où se meut l'objectif, au point mobile du diagraphe qui transporte l'oculaire du microscope; et de la distance du point d'articulation de l'objectif à l'objet.

Ces instruments sont bien faits; ils se distinguent par l'élégance de leur forme, et plus encore par leur précision.

Le jury accorde une médaille de bronze à M. Gavard fils.

MM. MOLTENI et Cᵉ, à Paris, boulevard Saint-Denis, 13.

MM. Molteni et Cᵉ, dont la bonne réputation est établie en France et à l'étranger, ont exposé divers instruments de géodésie, de physique et de marine, parmi lesquels nous avons remarqué des graphomètres, de niveaux à lunette, et des sextants.

Ces instruments, qui se vendent à des prix peu élevés, sont d'une simplicité remarquable; ils nous ont paru bien faits et dignes de la bonne renommée dont jouissent MM. Molteni et Cᵉ.

Le jury décerne une médaille de bronze à MM. Molteni et Cᵉ.

M. GUENET, à Paris, rue Folie-Méricourt, 25.

M. Guenet a présenté un appareil basé sur un

principe de trigonométrie rectiligne, ayant pour but de tracer des lignes parallèles à des distances voulues, et servant à subdiviser un espace en un certain nombre déterminé de parties égales.

Cet instrument se compose de deux règles, sur l'une desquelles sont adaptées une crémaillère et une boîte qui glisse sur toute sa longueur; un petit levier, au moyen d'un cliquet qui engrène dans la crémaillère, fait, à chaque pulsation qu'on lui communique, avancer la boîte d'une ou plusieurs dents, selon que l'amplitude du mouvement du levier est plus ou moins grande. La seconde règle est adaptée à la boîte par une charnière ayant la forme de la tête de compas. Cette seconde règle s'applique contre la première ou s'écarte de manière à former des angles dont l'ouverture peut varier à volonté.

D'après ces dispositions, lorsqu'on veut tracer des parallèles à des distances déterminées, on doit considérer la crémaillère comme étant le rayon d'un cercle, et former un angle entre les deux règles, dont le sinus soit à ce rayon ce que les dents de la crémaillère sont aux distances des parallèles qu'on veut tracer.

Par des moyens graphiques simples et ingénieux, M. Guenet évite l'emploi des tables; il est parvenu à rendre son instrument d'un usage très-facile et presque indispensable, surtout pour les personnes qui veulent dessiner l'architecture ou les machines, avec précision.

Le jury accorde une médaille de bronze à M. Guenet.

M. BODIN, à Metz (Moselle).

M. Bodin a exposé un niveau à bulle d'air et à lunette d'une grande simplicité. Nous avons remarqué dans cet instrument le moyen ingénieux employé par M. Bodin pour établir le parallélisme du niveau avec l'axe optique de la lunette.

Les autres objets présentés par M. Bodin, sont des instruments de topographie construits d'une manière ingénieuse et se renfermant dans le plus petit espace possible; qualité très-précieuse, surtout pour les ingénieurs militaires.

Le jury accorde à M. Bodin une médaille de bronze.

M. CIECHANSKI, à Paris, rue des Bernardins, 34.

Nous avons remarqué, parmi les divers instruments présentés par M. Ciechanski, un sphéromètre d'une très-belle exécution, servant à déterminer la convexité et la concavité des verres employés en optique. Nous avons en outre examiné un goniomètre à réflexion établi sur un principe que nous n'approuvons pas, principe imposé par la personne qui a commandé l'instrument. Du reste, nous avons trouvé ce goniomètre exécuté avec un soin et une précision qui font honneur à M. Ciechanski.

Le jury accorde une médaille de bronze à M. Ciechanski.

M. GRAVET, à Paris, rue Cassette, 14.

M. Gravet a présenté un niveau à réflexion auquel M. Leblanc, officier supérieur du génie, a fait subir de nouvelles modifications qui rendent ce petit instrument très-utile dans les travaux du génie militaire. M. Gravet a présenté en outre une boussole dite de Messiat, exécutée avec un soin et une précis on vraiment remarquables. Ses règles à calculer sont tellement en faveur aujourd'hui, que nous croyons pouvoir nous dispenser d'en faire ici l'éloge.

Le jury décerne à M. Gravet une médaille de bronze.

MENTIONS HONORABLES.

M. DERICQUEHEM, à Paris, rue Jacob, 18.

M. Dericquebem a présenté à l'exposition plusieurs instruments parmi lesquels nous avons remarqué un géodésimètre à simple division, et un chronoscope solaire pour jardins. Ces instruments sont d'une construction simple et très-bien exécutés.

Le jury accorde une mention honorable à M. Dericquebem.

MM. SALLERON et WAGNER, à Melun (Seine-et-Marne).

MM. Salleron et Wagner ont exposé deux compteurs à seconde, en forme de montre, et un compteur s'adaptant à l'objectif d'un daguerréotype, au moyen duquel on peut limiter d'avance la durée de l'opération.

Le jury décerne une mention honorable à MM. Salleron et Wagner.

MM. HAMANN et HEMPEL, à Paris, place Dauphine, 11.

MM. Hamann et Hempel ont présenté un compas elliptique d'une nouvelle forme, et un cadran solaire portatif. Ces instruments sont d'une construction ingénieuse et méritent d'être mentionnés honorablement.

M. GIRARD, à Paris, rue Saint-Martin, 84 et 86.

M. Girard a présenté à l'exposition plusieurs boites de mathématiques avec compas à réductions, et des boussoles de poche. Ces instruments sont d'une exactitude suffisante pour les travaux auxquels ils sont destinés, et méritent d'être mentionnés honorablement.

CITATION FAVORABLE.

M. POUGEOIS, à Paris, rue Saint-Sauveur, 30 bis.

M. Pougeois a présenté à l'exposition plusieurs cadrans indicateurs servant à vérifier le nombre des voyageurs qui entrent dans les voitures omnibus; ces indicateurs renferment des combinaisons ingénieuses qui méritent d'être citées favorablement.

§ 3. MACHINES A GRAVER, A TAILLER, A DIVISER.

MÉDAILLE D'ARGENT.

M. NEUBER, à Paris, rue Sainte-Avoye, 14.

M. Neuber est connu depuis longtemps pour la construction des machines à graver; la réputation qu'il s'est acquise dans ce genre de travail, le place à un haut degré parmi les constructeurs d'instruments de précision.

Les tours à guillocher et les tours à graver que cet habile artiste construit, ne sont pas moins recherchés que ses autres machines.

Le tour à graver que M. Neuber a présenté cette année à l'exposition est d'une exécution vraiment remarquable; les nombreuses pièces qui le composent sont faites avec un soin et une exactitude que l'on ne rencontre que très-rarement dans les machines de ce genre.

Des dessins d'une extrême délicatesse, exécutés sur ce tour, suffisent pour donner une juste idée de la précision de ses mouvements qui, selon nous, ne laisse rien à désirer.

Le jury accorde à M. Neuber la médaille d'argent.

_____

NOUVELLE MÉDAILLE DE BRONZE.

MM. VANDE et JEANRAY, à Paris, rue des Guillemites, 2.

MM. Vande et Jeanray ont présenté cette année un assortiment de cuivre et d'acier étirés de toutes formes, un composteur pour timbre, parfaitement exécuté, des boites de pendules de voyage construites avec goût, et divers autres objets, tels que règles parallèles, mesures à coulisse, et niveaux à bulle d'air. La construction de ces divers produits ajoute encore à la bonne réputation que ces Messieurs se sont acquise dans ce genre d'industrie, et mérite une récompense.

Le jury décerne une nouvelle médaille de bronze à MM. Vande et Jeanray.

MENTION POUR ORDRE.

M. BOQUILLON, à Paris, rue Saint-Martin, 208.

Nous regrettons sincèrement que M. Boquillon n'ait pas eu le temps de perfectionner, comme il en avait l'intention, la machine à tailler les engrenages hélicoïdes qu'il a exposée cette année. Nous ne doutons pas que cette machine, lorsqu'elle aura reçu les dernières améliorations projetées par son auteur, ne soit digne de la bonne réputation dont il jouit.

Toutefois, en considérant cette machine telle qu'elle a été présentée, nous pouvons affirmer que le principe sur lequel elle est établie est rigoureusement exact; que nous l'avons vue fonctionner, et qu'elle remplit le but qu'on s'était proposé.

(Voir, pour les récompenses, le *rapport de M. Dumas, sur les applications de l'électricité,* tome I, p. 676.)

MENTION HONORABLE.

M. PÉTREMENT, à Paris, rue Neuve-Popincourt, 10.

M. Pétrement a exposé des calibres servant à déterminer en fractions décimales du mètre, les diamètres des fils étirés à la filière. Jusqu'à présent, ces calibres avaient été faits d'une manière à peu près arbitraire, chaque pays de fabrique ayant son calibre particulier, et quelquefois même chaque fabricant.

L'idée de n'employer que des calibres basés sur le système métrique nous a paru très-heureuse. M. Pétrement, en la mettant à exécution, s'est acquis des droits aux suffrages du jury.

Le jury accorde une mention honorable à M. Pétrement.

---

§ 4. DAGUERRÉOTYPES ET INSTRUMENTS GRAPHIQUES.

MÉDAILLE DE BRONZE.

M. SCHIERTZ, à Paris, rue de la Huchette, 29.

M. Schiertz a présenté trois daguerréotypes et trois pieds dont la construction nous a paru bien entendue, et d'autant plus digne d'éloges, que c'est à l'aide d'outils de son invention que M. Schiertz construit ces appareils.

Le jury décerne une médaille de bronze à M. Schiertz.

MENTIONS HONORABLES.

M. TACHET, à Paris, rue Saint-Honoré, 274.

M. Tachet a présenté plusieurs instruments et appareils servant à l'art du dessin. Parmi ses instruments, nous avons remarqué un pupitre portatif pour dessiner, un beuveau très-bien exécuté, dont l'angle s'ouvre à volonté, et de manière à pouvoir décrire des arcs de cercle de grands rayons sans en connaitre le centre. Nous avons en outre porté notre attention sur une planchette à lever des plans, très-bien faite, et sur un bel assortiment de règles et d'équerres d'une grande précision.

Le jury accorde une mention honorable à M. Tachet.

M. ROUVET, à Paris, rue de Chartres, 19.

M. Rouvet a présenté un grand assortiment d'instruments en bois pour le dessin linéaire. Nous avons remarqué une planchette très-bien faite, dont les quatre côtés sont divisés; mais ce qui a le plus particulièrement fixé notre attention, c'est un petit instrument, basé sur un principe de trigonométrie rectiligne, servant à tracer des parallèles à des distances déterminées.

Les instruments de M. Rouvet sont bien entendus, faits avec précision, et méritent, sous tous les rapports, l'approbation du jury qui accorde à M. Rouvet une mention honorable.

M. REINE, à Paris, place du Vieux Marché Saint-Martin, 11.

Les daguerréotypes de M. Reine sont bien faits;

leurs mouvements s'exécutent facilement ; et les pieds destinés à les supporter, quoique très-légers, sont d'une solidité et d'une rigidité remarquables.

Le jury accorde une mention honorable à M. Reine.

M. VAILLAT, à Paris, Palais-Royal, 43.

Le jury accorde une mention honorable à M. Vaillat, opticien, pour la bonne exécution de ses daguerréotypes.

CITATIONS FAVORABLES.

M. BLONDEAU, à Paris, rue Montesquieu, 6.

Les pantographes de M. Blondeau, construits sans luxe, sont d'une simplicité remarquable, suffisamment bien faits, et dignes d'être cités favorablement.

M. MORIN, à Paris, rue Saint-Martin, 29.

Les daguerréotypes de M. Morin sont bien construits.

Une citation favorable est décernée à M. Morin.

MM. ALLEVY frères, à Paris, rue Croix-des-Petits-Champs, 12.

MM. Allevy frères ont exposé un cadran à quantième perpétuel, une table pour la conjugaison des verbes, un daguerréotype de leur système et des épreuves daguerriennes.

Nous les citons favorablement pour l'ensemble de leurs produits.

TROISIÈME DIVISION.

CARTES GÉOGRAPHIQUES. GLOBES TERRESTRES ET CÉLESTES. CARTES EN RELIEF. MODÈLES TOPOGRAPHIQUES EN RELIEF. PLANÉTAIRES.

M. Théodore Olivier, rapporteur.

Considérations générales.

L'établissement d'une bonne carte est très-coûteux et demande non-seulement une instruction solide, mais encore le goût d'un artiste.

C'est avec plaisir que le jury a vu que les maisons Picquet et Andriveau-Goujon ne négligeaient rien pour que leurs cartes fussent *bonnes*, et ainsi toujours au courant de la science et des découvertes nouvelles, et *belles* par leur exécution (1).

_____

(1) Pour qu'une carte soit réellement utile, il faut qu'elle représente, au moment de sa publication, l'état réel du pays, la délimitation actuelle, et les noms des lieux correctement écrits et avec l'orthographe du jour. Il serait donc à désirer que l'on pût parvenir à empêcher la fraude qui se fait journellement, soit en France, soit à l'étranger, sur les cartes géographiques, fraude qui consiste à enlever le millésime ancien pour y placer un millésime nouveau; aussi voit-on exposées sur nos quais des cartes qui portent le millésime de 1844 et qui existaient au temps du consulat.

Cette fraude nuit au commerce des bonnes cartes, et peut propager des erreurs géographiques parmi les gens peu aisés, qui doivent nécessairement rechercher les cartes à très-bas prix.

L'enseignement, en se servant de modèles en relief, devient plus facile : l'élève comprend plus vite et mieux les démonstrations ; mais il faut, tout en exécutant bien les modèles de ce genre, les donner à des prix modérés.

Le jury a vu avec plaisir que les globes terrestres et célestes se sont maintenus aux prix modérés où ils étaient arrivés en 1839, malgré les améliorations nouvelles qu'il a remarquées dans l'exécution des globes sortis des ateliers de M. Delamarche et de ceux de M. Dien.

Les machines planétaires, comme le disait en 1839 le savant rapporteur feu Savary, de l'Académie royale des Sciences de l'Institut de France, ne peuvent jamais arriver à donner une représentation exacte du système céleste ; ce que l'on doit donc chercher dans l'exécution des machines de ce genre, c'est la plus grande simplicité et, en même temps, des combinaisons de construction qui permettent au professeur de démontrer à ses élèves le plus grand nombre possible de phénomènes célestes avec la même machine. Le planétaire présenté par M. Rozé est très-satisfaisant sous ce point de vue, et il sera utile dans les écoles primaires et les collèges ; son prix est peu élevé.

RAPPELS DE MÉDAILLES D'ARGENT.

M. PICQUET, à Paris, quai Conti, 17.

Les travaux de M. Picquet ont été récompensés en 1834 et en 1839 par une médaille d'argent. Depuis la dernière exposition des produits de l'industrie nationale, M. Picquet a fait établir plusieurs cartes nouvelles qui sont dignes d'éloge, et de la réputation qui, dans le commerce, est acquise depuis longtemps à la maison Picquet.

Le jury décerne à M. Picquet le rappel de la médaille d'argent de 1839.

M. ANDRIVEAU-GOUJON, à Paris, rue du Bac, 17.

M. Andriveau-Goujon a fait établir, depuis 1839, plusieurs cartes nouvelles : on a remarqué un plan géométral de Paris et des communes environnantes. Cette carte manquait dans le commerce.

Les travaux consciencieux de M. Andriveau-Goujon sont dignes d'éloge.

Le jury décerne à M. Andriveau-Goujon le rappel de la médaille d'argent de 1834, dont il avait déjà obtenu le rappel en 1839.

RAPPEL DE MÉDAILLE DE BRONZE.

M. BAUERKELLER et Cⁱᵉ, à Paris, rue Saint-Denis, 380 (passage Lemoine).

M. Bauerkeller a continué sa fabrication des

cartes en relief qu'il a importées de l'Allemagne en France, et, depuis 1839 il a fait établir plusieurs cartes nouvelles.

L'exécution a gagné, il est vrai, et sous ce rapport on doit des éloges à M. Bauerkeller; mais le mode de fabrication qui consiste à imprimer sur une feuille plane, les noms des lieux, le tracé des rivières, et ensuite de placer cette feuille dans la planche de métal servant de matrice pour l'y gauffrer, laisse toujours quelque chose à désirer.

Le jury accorde à M. Bauerkeller le rappel de la médaille de bronze de 1839.

NOUVELLES MÉDAILLES DE BRONZE.

M. DELAMARCHE, à Paris, rue du Battoir Saint-André, 7.

M. Delamarche a exposé cette année des globes terrestres et célestes très-bien fabriqués et à un prix modéré. On a remarqué un globe terrestre de soixante-six centimètres, dressé d'après les déterminations les plus récentes et contenant tous les voyages de Dumont-d'Urville et ses nouvelles découvertes.

M. Delamarche a aussi mis sous les yeux du jury un nouvel atlas pour l'histoire du moyen-âge, composé de douze cartes grand in-4°. Cet ouvrage manquait dans le commerce, et M. Delamarche l'a fait établir à la demande des professeurs d'histoire des collèges de Paris. C'est un travail digne d'éloge.

M. Delamarche a de plus exposé un planisphère

céleste, spécialement destiné à la marine; cette carte a été adoptée par M. le ministre de la marine pour l'enseignement de l'astronomie dans toutes les écoles spéciales.

Le jury décerne à M. Delamarche une nouvelle médaille de bronze.

M. DIEN, à Paris, rue Hautefeuille, 13.

On a remarqué une sphère céleste de cinquante centimètres et à pôles mobiles. Ce globe a été exécuté sur la demande du bureau des longitudes; M. Dien y a indiqué les étoiles jusques à celles de la septième grandeur. Depuis 1839, M. Dien a publié : un atlas des phénomènes célestes donnant, pour les années 1841, 1842 et 1843, le tracé des mouvements apparents de toutes les planètes parmi les étoiles.

M. Dien a encore fait construire un planisphère mobile simplifié et donnant l'aspect du ciel à un moment donné. Il a publié plusieurs cartes célestes utiles à la marine.

Le jury décerne à M. Dien une nouvelle médaille de bronze.

MÉDAILLES DE BRONZE.

M. OBER-MÜLLER (Guillaume), rue des Postes, 54.

M. Ober-Müller s'est mis depuis peu de temps (un an environ) à fabriquer des cartes en relief; son procédé diffère de celui importé en France par M. Bauerkeller.

Il grave le nom des lieux, le tracé des rivières, etc., dans la planche en métal servant de matrice. Ensuite, par un procédé qui lui est particulier, il charge la planche des couleurs voulues, et enfin il moule dans cette planche une pâte qu'il enlève ensuite, et il obtient ainsi sa carte toute imprimée.

Par ce moyen, les noms sont bien placés, le cours des rivières exactement tracé dans les vallées.

Le jury décerne à M. Ober-Müller une médaille de bronze.

M. BARDIN, à Paris, rue du Faubourg du Roule, 77 *bis*.

M. Bardin, ancien officier d'artillerie, et ancien professeur aux écoles royales de l'artillerie, a exposé les fronts en relief de Cormontaigne et le front adopté aujourd'hui par le comité du génie militaire. Ces modèles sont d'une exécution très-soignée, et l'on n'a jusqu'à présent rien fait d'aussi parfait en ce genre.

M. Bardin a de plus exposé le relief du Saint-Quentin, près Metz ; ce modèle a été exécuté d'après des levés exacts. Ce travail est très-remarquable.

La collection topographique de M. Bardin se compose de plusieurs reliefs et de dessins accompagnant chaque modèle. Il serait à désirer que l'on introduisît dans un établissement public cette collection qui est très-belle.

Le jury accorde à M. Bardin une médaille de bronze.

MENTIONS HONORABLES.

M. ROZÉ, à Paris, quai des Ormes, 2.

M. Rozé a exposé une machine planétaire d'une construction très-simple et d'un prix très-modéré; au moyen de ce planétaire, on parvient à donner une idée de divers phénomènes célestes, que M. Rozé a formulés ainsi qu'il suit :

1° La formation de l'équation du temps, fournie par l'obliquité du plan du mouvement diurne sur celui de l'écliptique ;

2° La durée de l'aurore et celle du crépuscule, selon les latitudes et les saisons ;

3° Les hauteurs opposées et extrêmes du soleil et de la pleine-lune vers les solstices ;

4° Les variations irrégulières de l'amp'itude et de l'heure des levers et couchers du soleil et de la lune, déterminant le phénomène de la lune d'automne.

5° L'amplitude des levers et couchers du soleil et de la lune.

6° L'apparence de la lune visible successivement à diverses heures.

7° La hauteur opposée et extrême de cet astre sur l'horizon à chaque lunaison ;

8° La position de la partie visible de la lune sur l'horizon ;

9° La direction apparente de l'équateur solaire;

10° L'apparence et la position de l'anneau de Saturne sur l'horizon, etc., etc.

Le jury accorde à M. Rozé une mention honorable.

M. DE SAULCY, à Saint-Veran (Isère).

M. de Saulcy a imaginé un cadran solaire auquel il a donné le nom de *régulateur-solaire*. Au moyen d'un instrument dont le mécanisme est assez simple, et qui est annexé au cadran solaire, on peut avoir à chaque apparition du soleil l'heure du temps *moyen*, le style du cadran donnant l'heure du temps *vrai*.

Le jury accorde à M. de Saulcy une mention honorable.

CITATION FAVORABLE.

M. BASTIEN, à Paris, rue Saint-André-des-Arcs, 60.

Les *jeux* sont très-propres à donner aux enfants des notions élémenaires et sans les fatiguer.

Les cartes géographiques découpées et connues sous le nom de *jeu de patience*, sont exécutées avec soin dans les ateliers de M. Bastien ; il livre aussi, au commerce, des globes terrestres et célestes dont la confection est bonne et à des prix modérés.

Le jury accorde à M. Bastien une citation favorable.

SECTION III.

INSTRUMENTS DE MUSIQUE.

1. INSTRUMENTS A CORDES, A CORDES ET A ARCHET, A VENT EN CUIVRE ET EN BOIS, ETC.

M. Savart, rapporteur.

Considérations générales.

En 1844, le nombre des instruments de musique s'est trouvé plus considérable qu'à aucune des expositions précédentes. La commission a dû examiner la construction et comparer les qualités sonores de :

263 pianos de formes diverses ;

  89 instruments à cordes et à archet ;

  15 harpes ;

  12 guitares ;

112 instruments à vent, en cuivre ;

217 instruments à vent, en bois ;

Plusieurs carillons ou boîtes à musique, etc.

Pour procéder à l'essai et à la comparaison d'un aussi grand nombre d'instruments, la commission a désiré s'adjoindre des membres pris parmi les compositeurs et les artistes les plus éminents. Le jury, par l'intermédiaire de son président, ayant prié MM. Auber, Habeneck aîné et Gaiay, de vouloir bien lui prêter le secours de leurs lumières. tous les jugements furent prononcés avec le concours de ces hautes capacités musicales.

Comme en 1839, la comparaison des instruments eut lieu dans les salles du palais Bourbon, et les noms des facteurs, inconnus aux membres de la commission pendant la durée des essais, n'ont été lus qu'après que le classement fut arrêté pour chaque espèce d'instruments. Ainsi, dans cette partie du jugement, on n'a eu égard qu'aux effets sonores; mais auparavant, pendant le cours de l'exposition, la commission avait réuni avec soin tous les autres éléments dont il faut aussi tenir compte pour apprécier le mérite des facteurs sous toutes ses faces : tels sont la bonne confection des instruments, le fini du travail, les perfectionnements apportés à la construction, l'importance et la durée des établissements.

§ 1. INSTRUMENTS A CORDES.

Pianos.

Les pianos ont été divisés en huit classes, comprenant :

21 grands pianos à queue ;
22 petits pianos à queue ;
33 pianos carrés à trois cordes ;

27 pianos carrés à deux cordes :

57 pianos droits à cordes obliques :

88 pianos droits à cordes verticales :

10 grands pianos droits ;

  5 pianos exceptionnels.

En 1839, les pianos ne formaient que cinq classes ; mais, depuis cette époque, les petits pianos à queue ont pris rang dans la facture et se sont montrés en assez grand nombre pour nécessiter la création d'une nouvelle classe. Les pianos droits de haute dimension, qui, dans des circonstances données, peuvent être recherchés des acquéreurs, nous ont paru aussi mériter un examen à part. Enfin, nous avons compris sous la dénomination de pianos exceptionnels, ceux de ces instruments qui par la nature de leur construction ne peuvent être comparés aux pianos ordinaires.

Parmi les pianos à queue et les pianos carrés, plusieurs étaient à frappement par-dessus. Le son de ces derniers instruments a paru net, suave, facile et prompt ; mais, comparé à celui des pianos à frappement par-dessous, il laissait à désirer plus de force et de rondeur. Ce fait mérite l'attention des facteurs ; en en recherchant les causes, ils parviendront sans doute à réunir dans un seul instrument les propriétés particulières à ces deux espèces de pianos.

La tàche difficile, longue, pénible, d'essayer tous les pianos, autant de fois qu'il a été nécessaire pour que la commission parvînt à les classer par ordre de mérite, a été remplie par M. Auber avec un zèle qui prend sa source dans l'intérèt que porte aux progrès de la musique ce célèbre compositeur.

Dans ce concours, les pianos de MM. Érard, Pape et Pleyel ont mérité d'être placés au premier rang, honneur qu'ils avaient déjà obtenu aux expositions précédentes. Cette supériorité est d'autant plus remarquable qu'elle s'est maintenue malgré les progrès de plusieurs facteurs qui ont fait preuve d'habileté. Le jury a entendu la signaler en mettant hors ligne les instruments présentés par MM. Érard, Pape et Pleyel.

RAPPELS DE MÉDAILLES D'OR.

M. ÉRARD (Pierre), à Paris, rue du Mail, 13 et 21; rue Saint-Maur, 3 et 87.

M. Pierre Érard se montre toujours le digne successeur du célèbre Sébastien Érard. Sous son habile direction, l'établissement créé par son oncle a reçu de nouveaux accroissements. Plus de trois cents ouvriers y sont occupés à la confection de toutes es pièces du piano et de la harpe.

Les instruments qui sortent des ateliers de M. Érard viennent de prouver encore une fois qu'ils méritent à tous égards la réputation dont ils jouissent. Ils ont été, d'une voix unanime, placés au premier rang par la commission.

Le jury décerne à M. Pierre Érard le rappel de la médaille d'or, qui lui a été accordée en 1839.

M. PAPE, à Paris, rue des Bons-Enfants, 19.

La construction du piano doit à M. Pape plusieurs innovations importantes; nous citerons entre autres le changement que cet ingénieux artiste a apporté dans la garniture des marteaux, en remplaçant la peau par le feutre. Avant l'adoption de ce procédé, il était très-difficile d'obtenir une égale intensité de son dans toute l'étendue du piano.

Les instruments confectionnés par M. Pape sont en général à frappement par-dessus, et renferment des mécanismes très-simples. La table d'harmonie y présente une disposition nouvelle qui assure la durée de cet organe essentiel de l'instrument.

Les pianos carrés à deux cordes, les *pianos-tables* et les *pianos-consoles* qui se construisent dans cet établissement, ont une puissance de son fort remarquable, eu égard à leur petit volume.

Le jury décerne à M. Pape le rappel de la médaille d'or, qu'il a reçue en 1839.

MM. PLEYEL et Cᵉ, à Paris, rue Rochechouart, 20.

L'établissement dirigé par M. Pleyel se fait distinguer par son importance : on y fabrique annuellement neuf cents pianos, une partie desquels, envoyés à l'étranger, contribuent à étendre la réputation des produits de la facture française.

Cette maison a exposé des pianos à queue de grand et de petit modèle, des pianos carrés à trois et à deux cordes, des pianos droits à cordes obliques et à cordes verticales. Ces instruments ont une belle qualité de son, et prouvent que la grande étendue de la fabrication n'est pas un empêchement au fini du travail.

M. Pleyel a fait entendre à la commission un piano à queue dit *à double percussion*. Dans cet instrument, par le moyen d'un mécanisme, on peut à volonté, en posant le doigt sur une touche, faire entendre la note et une de ses octaves. Quelques effets nouveaux résultent de cette disposition: mais c'est au temps qu'il appartient de prononcer sur sa valeur.

L'établissement de M. Pleyel se montre de plus en plus digne de la médaille d'or qui lui a été décernée aux précédentes expositions; le jury est heureux de lui en accorder le rappel.

MM. ROLLER et BLANCHET, à Paris, rue Hauteville, 26.

MM. Roller et Blanchet ont exposé trois pianos droits de différents formats. Ces instruments, par leur construction soignée et par la beauté des sons qu'ils émettent, prouvent que l'établissement où ils ont été confectionnés maintient la réputation qu'il s'est acquise depuis plus de vingt ans. En 1823, cette maison obtenait déjà la médaille d'argent pour ses pianos carrés, et c'est en 1827 que

M. Roller créait le piano droit, dont l'usage est devenu général. Par cette invention, il a contribué d'une manière remarquable au développement de l'industrie des pianos et à l'extension du goût de la musique. Depuis lors, MM. Roller et Blanchet ont fait de constants efforts pour apporter des perfectionnements dans la facture. Leur établissement est toujours digne de la médaille d'or qu'il a méritée aux expositions précédentes.

MÉDAILLES D'OR.

MM. KRIEGELSTEIN et PLANTADE, à Paris, boulevard Montmartre, 8.

MM. Kriegelstein et Plantade ont présenté un piano à queue qui fut placé au troisième rang dans les essais comparatifs, un piano à queue de petit format mis au cinquième rang ; un piano carré à trois cordes qui a mérité le premier rang, ainsi qu'un piano droit à cordes obliques ; enfin, un piano droit à cordes verticales, qui a obtenu le deuxième rang.

M. Kriegelstein, dans un piano à queue à frappement par-dessus, a introduit une nouvelle disposition de la pointe qui sert de centre aux touches du clavier. Cette innovation paraît heureuse, en ce qu'elle rend le toucher plus facile et permet de régler la touche avec une grande précision.

Les instruments construits dans les ateliers de MM. Kriegelstein et Plantade ne laissent rien à désirer pour la perfection du travail. Cet établissement avait obtenu une médaille d'argent en 1834 et une nouvelle récompense du même ordre en 1839; les progrès qu'il a faits depuis la dernière exposition portent le jury à lui décerner une médaille d'or.

MM. BOISSELOT et fils, à Marseille (Bouches-du-Rhône).

Près de quatre cents pianos sortent annuellement des ateliers de MM. Boisselot et fils. Établis à Marseille, ces fabricants se trouvent favorablement placés pour l'exportation. Aussi, cent cinquante de leurs pianos sont-ils répartis chaque année entre l'Italie, l'Espagne, le Levant et les colonies.

Cette maison a exposé un piano à queue, qui, dans la comparaison des instruments de même espèce, a mérité d'être mis au premier rang; un piano à queue de petit format et un piano carré à deux cordes, qui l'un et l'autre ont obtenu le second rang.

MM. Boisselot ont présenté en outre un piano dans lequel on fait entendre l'octave d'une note avec la note même, en ne frappant qu'une seule touche, et un autre piano où les étouffoirs sont indépendants l'un de l'autre. Ce dernier effet s'obtient par une disposition qui ne complique nullement la construction de l'instrument.

Le jury, prenant en considération l'importance manufacturière et commerciale de l'établissement de MM. Boisselot et fils, le chiffre élevé de leurs exportations et le rang distingué obtenu par leurs pianos dans les essais comparatifs, décerne une médaille d'or à ces habiles facteurs.

M. HERZ (Henri), à Paris, rue de la Victoire, 38.

L'établissement de M. Henri Herz a pris un grand développement depuis 1839 ; on y fabrique maintenant quatre cents pianos par an.

Parmi les instruments exposés par cet artiste, un piano à queue de petit format et un piano carré à deux cordes ont obtenu au concours d'être placés au premier rang ; un piano droit à cordes obliques a été mis au second rang ; un piano carré à trois cordes, au troisième rang ; un piano droit à cordes verticales, au quatrième rang.

Ce résultat du concours, bien que favorable à M. Henry Herz, n'était pas de nature à lui faire accorder une récompense de l'ordre le plus élevé, s'il n'eût en même temps présenté un piano dont les sons se prolongent et se nuancent à volonté. Cet instrument remarquable, dont la construction est fondée sur un principe nouveau imaginé par M. Isoard, fait l'objet d'une autre partie du rapport, où l'on peut voir qu'il a mérité toute l'approbation de la commission.

Le jury décerne une médaille d'or à M. Henry Herz.

MM. WÖLFEL et LAURENT, à Paris, rue des Martyrs, 26 et 27,

Ont exposé un piano à queue qui a été mis au cinquième rang des instruments de cette espèce ;

Un piano droit à cordes obliques, mis au troisième rang;

Un piano droit à cordes verticales, mis au premier rang.

MM. Wölfel et Laurent ont en outre présenté un grand piano à queue avec clavier en forme d'arc de cercle, et un second piano droit à cordes verticales qui s'est fait remarquer par la beauté et l'égalité des sons; mais comme cet excellent instrument avait un peu plus de hauteur qu'on ne l'admet d'ordinaire, et que ses notes aiguës étaient garnies de quatre cordes, la commission a pensé qu'elle devait le ranger dans la classe des pianos exceptionnels.

Ces facteurs ont modifié la disposition de la table d'harmonie, et ils remplacent dans quelques-uns de leurs pianos les chevilles ordinaires par des chevilles mécaniques dont l'objet est de faciliter l'accord.

Les instruments qui sortent des ateliers de MM. Wölfel et Laurent sont d'une exécution très-soignée dans l'ensemble et dans les plus petits détails.

Le jury décerne une médaille d'or à MM. Wölfel et Laurent, qui avaient obtenu une nouvelle médaille d'argent à l'exposition de 1839.

NOUVELLE MÉDAILLE D'ARGENT.

M. SOUFLÉTO, à Paris, rue Montmartre, 171.

M. Soufléto a exposé un piano à queue mis au second rang dans les essais comparatifs; un piano carré et deux pianos droits, dont un, à cordes obliques, a été placé au quatrième rang. Ce facteur distingué occupe quarante ouvriers dans ses ateliers et fabrique chaque année cent quatre-vingts instruments qui se font remarquer par leur bonne exécution.

Le jury avait accordé en 1834 et en 1839 une médaille d'argent à M. Soufléto, il lui décerne une nouvelle récompense du même ordre.

MÉDAILLES D'ARGENT.

M. GAIDON jeune, à Paris, rue Montmartre, 121.

M. Gaidon jeune a exposé un piano carré à trois cordes et un piano droit à cordes verticales : ces instruments ont mérité d'être placés, le premier au quatrième rang, le second au cinquième rang.

Le soin extrême avec lequel ce facteur construit ses pianos est une garantie du bon service qu'on doit en attendre.

M. Gaidon jeune avait été récompensé en 1839 d'une nouvelle médaille de bronze; le jury lui décerne une médaille d'argent.

M. HATZENBÜHLER, à Paris, rue Fontaine-Saint-Georges, 8.

Parmi les pianos de genres divers présentés au concours par M. Hatzenbühler, un grand piano à queue a obtenu le quatrième rang, et un piano droit à cordes verticales a été mis au dixième rang.

Ce facteur occupe de soixante à soixante-dix ouvriers.

Le jury décerne une médaille d'argent à M. Hatzenbühler.

M. MERCIER, à Paris, boulevard Bonne-Nouvelle, 31.

M. Mercier occupe trente ouvriers et fabrique cent quarante pianos. Les instruments qui sortent de ses ateliers sont construits avec soin et présentent beaucoup de solidité.

Ce facteur distingué a soumis à l'examen de la commission un piano par le moyen duquel on peut transposer de un, deux, trois, quatre et cinq demi-tons, au-dessous ou au-dessus du ton naturel de l'instrument. Le mécanisme qui donne au piano cette précieuse propriété a paru nouveau, simple et ingénieux.

Un des pianos ordinaires de M. Mercier, présenté au concours, a été placé au sixième rang.

M. Mercier avait obtenu une médaille de bronze en 1839; le jury lui décerne une médaille d'argent.

M. SCHOEN, à Paris, rue Basse-du-Rempart, 46.

M. Schoen a exposé un piano à queue de grand format, qui a obtenu le sixième rang au concours, et un piano droit à cordes obliques placé au onzième rang. Il confectionne quatre-vingt-dix pianos par an et occupe vingt-deux ouvriers.

M. Schoen est un artiste habile qui mérite à tous égards la médaille d'argent que le jury lui décerne.

RAPPELS DE MÉDAILLES DE BRONZE.

M. WETZELS, à Paris, rue des Petits-Augustins, 9.

M. Wetzels fabrique cent pianos par an et occupe trente ouvriers. Honoré en 1827 d'une médaille de bronze qui lui fut rappelée en 1834 et en 1839, le jury lui accorde de nouveau le rappel de cette distinction.

M. KOSKA, à Paris, rue du Foin-St-Louis, 6.

M. Koska a exposé un piano carré et un piano droit. Ces instruments, construits avec le plus grand soin, témoignent de l'habileté du facteur. M. Koska fait de quinze à dix-huit pianos par an, et occupe quatre ouvriers dans ses ateliers.

Le jury accorde à M. Koska le rappel de la médaille de bronze qu'il a reçue en 1839.

M. BUSSON, à Paris, rue Montmartre, 84.

M. Busson a exposé un piano carré à *frapper* par-dessus, et un piano droit. Trente pianos sortent chaque année de ses ateliers.

M. Busson a obtenu une médaille de bronze en 1839; le jury lui accorde le rappel de cette récompense.

NOUVELLES MÉDAILLES DE BRONZE.

M. MERMET, à Paris, rue Hauteville, 36.

M. Mermet occupe douze ouvriers dans ses ateliers. Il a exposé un piano droit à cordes obliques, un piano triangulaire et un piano à queue vertical. Le premier de ces instruments a mérité dans le concours d'être placé au septième rang.

M. Mermet a obtenu une médaille de bronze en 1839; le jury lui décerne une nouvelle récompense du même ordre.

M. BERNHARDT, à Paris, rue Saint-Maur, 17.

Ce fabricant confectionne près de trois cents pianos par an. Il a exposé un piano à queue, un piano carré et un piano droit à cordes verticales; ce dernier instrument a obtenu le quinzième rang dans le concours. Honoré d'une médaille de bronze en 1827, en 1834 et en 1839, M. Bernhardt est jugé digne d'une nouvelle récompense du même ordre.

MÉDAILLES DE BRONZE.

M. MULLIER, à Paris, rue de Tracy, 5.

Cet artiste confectionne cent pianos par an. Il a présenté au concours deux pianos carrés; l'un à trois, l'autre à deux cordes. Le premier a mérité d'être placé au cinquième rang, le second a été jugé digne du troisième rang.

Le jury décerne une médaille de bronze à M. Mullier.

M. BORD, à Paris, rue du Sentier, 11,

A exposé deux pianos à queue; un de ces instruments, de petit format, a mérité d'être placé au troisième rang dans le concours.

Le jury décerne une médaille de bronze à
M. Bord.

M. DUSSAUX, à Paris, rue Bourbon-Villeneuve, 31,

A exposé un piano carré à trois cordes, placé au
sixième rang; un piano droit à cordes verticales,
placé au neuvième rang.

Le jury décerne une médaille de bronze à
M. Dussaux.

M. NIEDERREITHER, à Paris, rue du Faubourg-
Poissonnière, 109 *bis*,

A exposé un piano à queue, un piano carré à
trois cordes, et un piano droit. Son piano carré a
été jugé digne d'être placé au second rang dans le
concours des instruments de même espèce.

Le jury décerne une médaille de bronze à M. Niederreither.

M. ESLANGER, à Paris, rue Montorgueil, 8,

A exposé un piano à queue, un piano carré à
trois cordes, un piano droit à cordes obliques et un
piano droit à cordes verticales. Son piano carré a été
placé au septième rang dans le concours. Les instruments présentés par M. Eslanger sont d'une
bonne construction.

Le jury décerne une médaille de bronze à cet
artiste.

M. MONTAL, à Paris, rue Dauphine, 36,

A exposé des pianos de tous genres, parmi les-

quels un piano droit à cordes obliques s'est trouvé
placé au cinquième rang, et un piano droit à cordes
verticales au treizième rang. Ce facteur distingué
confectionne chaque année quatre-vingt-dix pianos.

Le jury décerne une médaille de bronze à
M. Montal.

M. HESSELBEIN, à Paris, rue Jean-Jacques-
Rousseau, 8.

Ce facteur occupe vingt ouvriers dans ses ateliers
et fabrique cent-vingt pianos par an. Il a présenté
au concours un piano carré à trois cordes mis au
huitième rang ; un piano droit à cordes verticales,
mis au septième rang.

Le jury décerne une médaille de bronze à
M. Hesselbein.

MM. FAURE et ROGER, à Paris, rue de l'Université, 151, et rue Richelieu, 108.

Cette maison fabrique deux cents pianos par an.
Elle a présenté deux pianos à queue et deux pianos
droits à cordes verticales. L'un de ces deux derniers
pianos a obtenu le troisième rang au concours.
L'instrument qui a mérité cette place honorable
offrait des particularités dans sa construction, notamment en ce qui concerne le barrage de la caisse.

Le jury décerne une médaille de bronze à
MM. Faure et Roger.

MM. ISSAURAT-LEROUX et Cⁱᵉ, à Paris, rue
Basse-du-Rempart, 18.

Ces fabricants ont exposé des pianos de divers

genres, et entre autres un petit piano à queue qui a mérité d'être placé au quatrième rang dans le concours des instruments de cette espèce.

MM. Issaurat-Leroux et Cie sont dignes à tous égards de la médaille de bronze que le jury leur décerne.

RAPPELS DE MENTIONS HONORABLES.

M. GRUS, à Paris, rue Saint-Louis, 60, au Marais,

A exposé un piano droit à cordes obliques. M. Grus a été, en 1839, jugé digne d'une mention honorable; le jury lui accorde le rappel de cette distinction.

M. ROSELLEN, à Paris, rue Saint-Nicaise, 1,

A exposé des pianos droits à cordes verticales. Un de ces instruments porte une seconde table destinée à renforcer le son des cordes graves en leur donnant plus de longueur. Le jury accorde à M. Rosellen le rappel de la mention honorable qui lui a été décernée en 1839.

M. ROGEZ, à Paris, rue de Seine-Saint-Germain, 32.

Cet artiste distingué apporte beaucoup de soin dans la construction de ses pianos. Le jury accorde à M. Rogez le rappel de la mention honorable qui lui a été décernée en 1839.

NOUVELLE MENTION HONORABLE.

M. GIBAUT, à Paris, rue de la Chaussée-d'Antin, 58 *bis*,

A exposé des pianos droits à cordes obliques. M. Gibaut confectionne chaque année deux cent-cinquante de ces instruments, et occupe dans ses ateliers trente-cinq ouvriers Les pianos qui sortent de cet établissement se font remarquer par les soins apportés à leur construction.

Le jury décerne une nouvelle mention honorable à M. Gibaut.

MENTIONS HONORABLES.

M. le Chevalier Philippe de GIRARD, à Paris, rue du Faubourg-Saint-Honoré, 76 ,

A exposé un piano à queue, dit *trémolophone*, et un piano droit dans lequel on peut faire entendre, par le mouvement d'une seule touche, la note et son octave grave. Le mécanisme qui sert à produire cet effet est d'une grande simplicité.

Le jury mentionne honorablement M. le chevalier Philippe de Girard, qui, d'ailleurs, a des droits à une récompense d'un ordre plus élevé pour une autre partie de son exposition.

M. MAGNIÉ (Isidore), rue du Faubourg-Poissonnière, 15,

A exposé des pianos droits : l'un, à cordes obliques, a été placé dans le concours au neuvième rang; l'autre, à cordes verticales, a obtenu le quatorzième rang.

Le jury accorde une mention honorable à M. Magnié.

M. VANDEVENTER, à Paris, rue du Faubourg-Saint-Denis, 88,

A exposé un piano à queue, un piano droit à cordes verticales et un piano droit à cordes obliques qui a mérité d'être placé au dixième rang dans le concours.

Le jury décerne une mention honorable à M. Vandeventer.

M. MONNIOT, à Paris, rue Richelieu, 64,

A exposé un piano droit à cordes verticales et un piano droit à cordes obliques qui a été mis au douzième rang.

Le jury accorde une mention honorable à M. Monniot.

MM. HERCE père et fils, à Paris, rue du Faubourg-Saint-Antoine, 15.

Ces artistes ont exposé des pianos droits à cordes obliques et à cordes verticales, présentant quelques innovations dans la construction, et notamment dans la manière de couder les cordes sur le chevalet. Ils ont appliqué ce nouveau système de coudage à un piano droit à cordes verticales qui, dans le concours, s'est trouvé mis au sixième rang.

Le jury décerne une mention honorable à MM. Herce et fils.

M. HERZ (Jacques), à Paris, rue de la Paix, 7.

M. Jacques Herz confectionne soixante-dix pianos par an et occupe vingt-quatre ouvriers, tant chez lui qu'au dehors. Un piano droit à cordes verticales sortant de ses ateliers, a obtenu le huitième rang au concours.

M. Jacques Herz est digne de la mention honorable que lui décerne le jury.

M. RINALDI, à Paris, boulevard St-Denis, 13,

A exposé un piano à queue et un piano droit à cordes verticales qui, au concours, a été mis au douzième rang. Ce fabricant occupe vingt-cinq ouvriers dans ses ateliers et confectionne chaque année cent quatre-vingts pianos.

Le jury décerne une mention honorable à M. Rinaldi.

M. SCHULTZ, à Marseille (Bouches-du-Rhône).

M. Schultz est un artiste expérimenté qui, avant de s'établir à Marseille, a travaillé longtemps chez les facteurs les plus renommés de Paris. Il confectionne des pianos de toutes espèces; ceux qu'il a exposés prouvent non-seulement que ce fabricant donne beaucoup de soin à la construction de ses instruments, mais aussi qu'il est capable d'innover et de faire faire des progrès à son art.

Le jury décerne une mention honorable à M. Schultz.

M. WIRTH, à Lyon (Rhône).

Cet exposant occupe quinze ouvriers dans ses

ateliers et confectionne soixante pianos par an. Il a présenté un piano carré à double échappement et à frappement par-dessus, dans lequel on remarque une nouvelle disposition des étouffoirs.

Le jury accorde une mention honorable à M. Wirth.

CITATIONS FAVORABLES.

Le jury cite favorablement :

M. BARTHÉLEMY, rue Paradis-Poissonnière, 29,

Pour un procédé propre à faciliter l'accord du piano, consistant dans l'emploi de vis de rappel tellement faciles à établir que le prix de l'instrument n'en est point augmenté.

M. BRAZIL, à Rouen (Seine-Inférieure),

Pour son piano dit *harmonomètre*, dont le clavier est disposé de telle sorte que le doigté reste le même pour toutes les gammes; d'où résulte ce très-grand avantage qu'à l'aide de l'instrument de M. Brazil, une pièce de musique peut être exécutée indifféremment dans un ton ou dans un autre, et qu'en conséquence la transposition ne présente plus aucune difficulté. Un clavier semblable avait déjà été construit, il y a plusieurs années, par M. Grillet de Lyon; mais on ne peut qu'applaudir aux efforts que fait M. Brazil pour en répandre l'usage.

M. MARTIN, à Paris, place de la Bourse, 13,

Pour l'appareil auquel il a donné le nom de *chirogymnaste*, qui sert à exercer les doigts du pianiste, sans fatiguer son oreille et sans user le mécanisme du piano.

M. BELL fils, à Paris, rue Saint-Denis, 356,

Pour la bonne construction de ses pianos. M. Bell, quoique très-jeune encore, dirige avec distinction l'établissement qui lui a été légué par son père.

M. GUÉRIN jeune, à Paris, rue d'Enghien, 1.

Le jury classe tout à fait à part le *pianographe* de M. Guérin. L'appareil que cet habile mécanicien adapte au piano pour procurer à cet instrument la faculté d'écrire avec une exactitude parfaite tout ce que le pianiste exécute, est sans doute d'une simplicité très-remarquable ; mais comme M. Guérin n'a encore construit qu'un petit nombre de pianographes, il faut que le temps fasse connaître les avantages que les compositeurs de musique peuvent en retirer.

NON EXPOSANTS.

MÉDAILLES D'ARGENT.

M. ROHDEN, à Paris, rue Saint-Maur, 61.

M. Rohden est un fabricant de mécanismes pour pianos. Cet artiste habile et entreprenant, qui occupe dans ses ateliers trente-deux ouvriers, a imaginé et construit plusieurs machines propres à accélérer son travail et en même temps à le rendre plus exact. Ces divers appareils sont mis en mouvement par une machine à vapeur. M. Rohden confectionne par an neuf cents mécanismes de pianos, et en envoie une partie à l'étranger, notamment en Allemagne. L'amélioration qui se manifeste depuis quelques années dans l'ensemble de la facture, trouve une de ses causes dans la perfection des produits de cette fabrique et de quelques autres établissements du même genre.

M. Rohden, qui n'a pas exposé en son nom, était recommandé par le jury d'admission du département de la Seine; le jury central saisit avec empressement cette occasion de récompenser le mérite d'un artiste aussi distingué, et décerne une médaille d'argent à M. Rohden.

M. GIESLER, à Paris, rue Folie-Méricourt, 32.

Les claviers de pianos qui sortent de l'atelier de M. Giesler se font remarquer par le fini et la précision du travail. Pour atteindre à une aussi grande perfection, cet habile ouvrier emploie plusieurs machines fort ingénieuses. Ses claviers sont recherchés par les facteurs de Paris, de Bruxelles, de Hambourg, de Berlin, de Vienne, de Copenhague, etc.

M. Giesler n'a pas pu exposer isolément les produits de son industrie; mais le jury d'admission a pris soin de les signaler.

Les claviers fabriqués par M. Giesler contribuant d'une manière remarquable à la bonne exécution des pianos, et pouvant être présentés aux facteurs comme des modèles à imiter, le jury central décerne à ce fabricant une médaille d'argent.

§ 2. Instruments a cordes et a archet.

Les instruments à cordes et à archet, divisés en quatre classes, comprenant les violons, les altos, les basses et les contre-basses, ont été examinés sans que les noms des luthiers fussent connus des membres de la commission.

28 violons, 10 altos, 13 basses, 3 contre-basses et un grand nombre d'archets ont été présentés au concours.

NOUVELLE MÉDAILLE D'OR.

M. VUILLAUME, à Paris, rue Croix-des-Petits-Champs, 46.

M. Vuillaume a présenté au concours un violon qui a été mis au premier rang, un alto au second et une basse au troisième. Ses archets, examinés et essayés avec beaucoup de soin par M. Habeneck, ont paru bien faits et supérieurs en qualité à ceux des autres facteurs.

Dans son rapport de 1839, le jury avait appelé l'attention des luthiers sur la construction des altos et des contre-basses, auxquels on ne donne pas en général les dimensions indiquées par les lois de l'acoustique. M. Vuillaume a seul répondu à cet appel. Il a soumis aux épreuves de la commission deux contre-basses remarquables par la régularité des formes et par le fini du travail; l'une, de grande dimension, montée de trois cordes, est destinée à la

musique d'orchestre ; l'autre, plus petite, à quatre
cordes, est destinée à la musique des salons. Le
premier de ces instruments, comparé à une des
meilleures contre-basses de Paris, émettait des sons
plus faciles et plus nerveux.

On doit en outre à cet habile luthier une innovation importante. Il a conçu et fait exécuter une
machine au moyen de laquelle on façonne en très-
peu de temps les tables et les fonds des instruments. Il obtient ainsi, avec une précision qui ne
laisse rien à désirer, des formes semblables à celles
d'un modèle donné. En substituant des procédés
rigoureux aux tâtonnements ordinaires du luthier,
M. Vuillaume a fait faire un grand pas à son art.

Le jury décerne une nouvelle médaille d'or à
M. Vuillaume.

RAPPELS DE MÉDAILLES D'ARGENT.

M. CHANOT, à Paris, rue de Rivoli, 26.

Un violon de M. Chanot a été placé, dans les
essais, au sixième rang, et un alto au troisième
rang. Cet habile luthier, qui occupe vingt ouvriers,
tant chez lui qu'au dehors, envoie à l'étranger une
partie de ses produits et contribue à répandre la
réputation de la facture française.

M. Chanot a obtenu une médaille d'argent en
1839; le jury l'en juge aussi digne qu'à cette époque.

M. THIBOUT, à Paris, rue Rameau, 8,

A exposé plusieurs violons et un quatuor complet. Un de ses violons a été placé au troisième rang. Les instruments de M. Thibout sont d'une bonne construction. Cet artiste a été honoré en 1827 d'une médaille d'argent; le jury lui en accorde le rappel.

MÉDAILLES D'ARGENT.

M. BERNARDEL, à Paris, rue Croix-des-Petits-Champs, 23.

Un violon de M. Bernardel a été mis au quatrième rang; un alto et une basse au premier rang. Cet artiste habile avait obtenu une médaille de bronze en 1839; le jury lui décerne une médaille d'argent.

M. RAMBAUX, à Paris, rue du Faubourg-Poissonnière, 18.

Un violon de M. Rambaux a mérité d'être placé au second rang dans le concours. La table de cet instrument, dite *à fil droit*, présente une particularité dans sa construction.

Le jury décerne une médaille d'argent à M. Rambaux.

MÉDAILLES DE BRONZE.

MM. SYLVESTRE frères, à Lyon (Rhône),

Ont exposé des violons, un alto et une basse. Un de leurs violons a été mis au cinquième rang, et la basse au second. Ces instruments étant d'ailleurs bien confectionnés, le jury décerne une médaille de bronze à MM. Sylvestre frères.

M. PECCATTE, à Paris, rue d'Angivilliers, 18.

M. Peccatte a exposé des archets de tous genres, très-bien faits et de bonne qualité. Il en confectionne un nombre considérable.

Le jury accorde une médaille de bronze à M. Peccatte.

RAPPEL DE MENTION HONORABLE.

M. DERAZEY, à Mirecourt (Vosges).

M. Derazey fabrique chaque année six cents instruments à archet. Le prix des violons varie entre cinq et cent cinquante francs.

L'établissement de M. Derazey mérite, par son importance et la bonne exécution des instruments, le rapp.l de la mention honorable qu'il a obtenue en 1839.

MENTIONS HONORABLES.

M. MAUCOTEL, à Paris, galerie Vivienne, 4.

M. Maucotel est récemment établi : il a présenté un quatuor complet, dont la basse a été mise au quatrième rang dans le concours.

Le jury accorde une mention honorable à M. Maucotel.

M. SIMON, à Paris, rue Croix-des-Petits-Champs, 13.

Les archets qu'a exposés M. Simon se font remarquer par le fini du travail. Le jury accorde une mention honorable à cet habile ouvrier.

Harpes.

10 harpes ont été présentées à notre examen; elles étaient de trois facteurs différents.

POUR MÉMOIRE.

M. ÉRARD (Pierre), à Paris, rue du Mail, 13 et 21; rue Saint-Maur, 3 et 87.

Les harpes à double action de M. Pierre Érard ont obtenu le premier rang au concours. Ces beaux instruments se sont fait distinguer par leurs qualités sonores, par le fini du travail, et par la solidité du mécanisme.

NOUVELLE MÉDAILLE D'ARGENT.

M. DOMÉNY, à Paris, rue du Faubourg-Saint-Denis, 107.

Les harpes de M. Domény ont mérité le second rang; elles sont fort bien construites. La commission a remarqué aussi les pianos de ce facteur, qui paraissent solidement établis.

M. Domény est digne d'une nouvelle médaille d'argent.

MÉDAILLE DE BRONZE.

M. DE LACOUX, à Paris, rue de l'Oratoire-du-Roule, 9.

M. de Lacoux a cherché à apporter quelques perfectionnements à la facture de la harpe. Les instruments qu'il a présentés émettent des sons agréables.

Le jury accorde une médaille de bronze à M. de Lacoux.

Guitares.

RAPPELS DE MÉDAILLES DE BRONZE.

M. LACOTE, à Paris, rue Louvois, 10.

Il a exposé plusieurs guitares heptacordes parfaitement exécutées et ayant une belle qualité de son. Elles ont été placées au premier rang dans le concours. M. Lacote est un luthier fort distingué. Le jury lui accorde le rappel de la médaille de bronze qu'il a obtenue en 1839.

M. LAPRÉVOTTE, à Paris, rue Neuve-des-Petits-Champs, 79.

Une guitare de M. Laprévotte a obtenu le second rang; le fond de cet instrument n'est pas une surface plane comme dans les guitares ordinaires;

M. Laprévotte lui a donné la forme des fonds de violons.

Le jury décerne à ce luthier distingué le rappel de la médaille de bronze qui lui a été accordée en 1827.

§ 3. INSTRUMENTS A VENT EN CUIVRE.

La commission eut à examiner un grand nombre d'instruments à vent en cuivre, qu'elle a rangés dans six classes différentes, comprenant les *cors*, les *cornets*, les *ophicléides*, les *trompettes*, les *bugles* et les *clavicors*. Elle a dû, en outre, distinguer et comparer entre eux ceux de ces instruments qui étaient avec ou sans pistons.

MÉDAILLE D'OR.

M. RAOUX, à Paris, rue Serpente, 11.

Quatre instruments sortant des ateliers de M. Raoux ont été placés au premier rang dans le concours, savoir : un cor ordinaire ou sans pistons ; un cor, un cornet, et un ophicléide, tous trois avec pistons. Un pareil succès trouve son explication dans les soins apportés à la construction de ces instruments, et peut-être aussi dans la nature des procédés employés par M. Raoux, qui continue à se servir du marteau pour façonner ses cuivres.

Cet artiste distingué avait été honoré d'une mé-

— 559 —

daille d'argent en 1839 : le jury lui décerne une
médaille d'or.

MÉDAILLES D'ARGENT.

M. GUICHARD aîné, à Paris, rue du Cloître-
Notre-Dame, 6 et 8.

Parmi les nombreux instruments exposés par ce
fabricant, la commission a distingué un cor ordinaire et un cornet à pistons qu'elle a placés, dans le
concours, au second rang. M. Guichard aîné occupe
dans ses ateliers deux cent dix ouvriers, et fait chaque
année pour sept cent mille francs d'affaires.

Le jury décerne une médaille d'argent à M. Guichard aîné.

MM. SAX et Cⁱᵉ, à Paris, rue Neuve-Saint-
Georges, 10.

Une trompette à pistons, un bugle et un clavicor,
présentés par MM. Sax et Cⁱᵉ, ont été mis au premier
rang. Cette maison, par cela seul, aurait des droits
à une récompense; mais on peut voir, dans une
autre partie du rapport, qu'elle ne se borne pas à la
fabrication des instruments de cuivre, et que ses
clarinettes ont aussi mérité l'honneur d'être placées
en première ligne.

Les perfectionnements apportés par MM. Sax à la
construction des instruments à vent, les rendent
dignes de la médaille d'argent que le jury leur décerne.

MENTIONS HONORABLES.

M. LABBAYE, à Paris, rue du Caire, 17.

M. Labbaye a exposé des instruments à vent en cuivre de diverses espèces et construits avec beaucoup de soin.

Le jury accorde à M. Labbaye une nouvelle mention honorable.

M. BESSON, à Paris, rue Tiquetonne, 14.

M. Besson a exposé un cor à piston et un bugle placés au second rang, un cor ordinaire mis au troisième rang. Ces instruments n'étaient pas entièrement achevés; néanmoins, le jury prenant en considération le rang élevé qu'ils ont obtenu au concours, accorde à M. Besson une mention honorable.

CITATION FAVORABLE.

Le jury cite favorablement :

M. COEFFET, à Chaumont (Oise),

Pour avoir introduit dans les instruments de cuivre un système de pistons qui paraît devoir bien fonctionner et être d'un entretien facile.

§ 4. INSTRUMENTS A VENT EN BOIS.

En 1839, les flûtes construites d'après les principes de M. Boehm étaient encore assez peu répandues en France pour que le jury, tout en approuvant cette innovation, n'ait pas jugé possible de les comparer entre elles. Depuis cette époque, les facteurs ont confectionné un grand nombre de ces instruments, et, à l'exposition de 1844, il était devenu indispensable d'en faire une classe particulière. Les clarinettes et les hautbois, construits dans un système analogue à celui de M. Boehm, ont également mérité d'être admis à concourir.

MÉDAILLE D'ARGENT.

M. TULOU, à Paris, rue des Martyrs, 27.

Une flûte et un hautbois ordinaires, exposés par M. Tulou, ont été placés en première ligne. Ces instruments étaient bien faits et d'une grande justesse.

Le jury décerne une médaille d'argent à M. Tulou.

POUR MÉMOIRE.

MM. SAX et Cie, à Paris, rue Neuve - Saint - Georges, 10.

MM. Sax et Cie, auxquels le jury décerne une médaille d'argent pour l'ensemble de leur exposition (voir à la section des instruments à vent en cuivre), ont présenté une clarinette ordinaire et une clarinette basse qui ont obtenu l'une et l'autre d'être mises au premier rang.

Ces artistes sont en outre les inventeurs d'une clarinette contre-basse, à laquelle ils ont donné le nom de *saxophone*, et qui s'est fait remarquer par la justesse et la beauté des sons. Cet instrument pourrait trouver place dans nos orchestres et y produire des effets nouveaux.

La commission a encore remarqué une flûte de MM. Sax, dans laquelle les clefs paraissent disposées de manière à favoriser la pureté des sons.

RAPPELS DE MÉDAILLES DE BRONZE.

M. LEFÈVRE père, à Paris, rue Saint-Honoré, 221,

A présenté plusieurs clarinettes bien confectionnées. M. Lefèvre se montre toujours digne de la médaille de bronze qu'il a reçue en 1827; le jury lui en accorde le rappel.

MM. MARTIN frères, à Paris, rue du Petit-Carreau, 23,

Ont exposé des clarinettes, des flûtes, des hautbois et des flageolets qui sont d'une bonne construction.

Le jury accorde à ces fabricants le rappel de la médaille de bronze obtenue par M. Martin en 1834.

M. WINNEN, à Paris, rue Bourbon-Villeneuve, 35,

A exposé des instruments bien faits, et entre autres un basson dit *bassonore*, qui se distingue par l'intensité des sons.

Le jury accorde à M. Winnen le rappel de la médaille de bronze qui lui a été décernée en 1834.

NOUVELLES MÉDAILLES DE BRONZE.

M. GODEFROY aîné, à Paris, rue Montmartre, 63,

A exposé des flûtes ordinaires, des flûtes de Boehm, des clarinettes, des hautbois et des flageolets d'une belle exécution. Cet habile facteur a été placé au premier rang pour ses flûtes de Boehm, et au second rang pour ses flûtes ordinaires.

Le jury décerne une nouvelle médaille de bronze à M. Godefroy aîné.

M. BUFFET jeune, à Paris, rue du Bouloi, 4.

M. Buffet jeune a mérité le premier rang pour un hautbois et une clarinette du système Boehm; le second rang pour une flûte construite d'après le même principe et pour une clarinette ordinaire. En simplifiant le mécanisme de ces instruments, il en a rendu le doigté plus facile.

M. Buffet avait obtenu une médaille de bronze en 1839; le jury lui décerne une nouvelle récompense du même ordre.

M. ADLER, à Paris, rue Mandar, 8,

A exposé un basson d'orchestre, un basson de nouvelle construction pour musique militaire, et un contre-basson. Le second de ces instruments est remarquable par l'intensité des sons qu'on en obtient.

M. Adler est digne de la nouvelle médaille de bronze que le jury lui décerne.

MÉDAILLES DE BRONZE.

M. BUFFET-CRAMPON, à Paris, passage du Grand-Cerf, 22,

A exposé une petite flûte de Boehm et un flageolet placés au premier rang, une flûte ordinaire et une clarinette ordinaire placées au troisième rang. Artiste intelligent et plein de zèle pour son art, M. Buffet-Crampon est digne de la médaille de bronze que le jury lui décerne.

M. BRÉTON, à Paris, rue Jean-Jacques-Rousseau, 28,

A exposé des flûtes ordinaires et des flûtes de Boehm très-remarquables par le fini du travail. M. Bréton confectionne ses instruments dans leur entier, sans recourir à des ouvriers étrangers à son atelier, soit pour les mécanismes, soit pour la perce des bois. La petite flûte de Boehm qu'il a présentée au concours eût été placée au second rang, si la commission avait classé deux instruments de cette espèce.

M. Bréton mérite à tous égards la médaille de bronze que le jury lui décerne.

RAPPELS DE MENTIONS HONORABLES.

MM. HÉROUARD frères, à la Couture (Eure),

Ont exposé des flûtes, des clarinettes et des flageolets. Ces fabricants sont à la tête d'un établissement considérable dans lequel ils emploient quarante ouvriers. Les instruments qui sortent de leurs ateliers sont livrés à des prix très-bas; nous citerons des flûtes à cinq clefs, en argent, bien confectionnées, qui ne coûtent que 3o francs.

Le jury confirme à MM. Hérouard frères la mention honorable qu'ils ont obtenue en 183g.

M. LEROUX aîné, à Paris, rue du Nord, 4, faubourg Poissonnière,

A exposé des clarinettes, des flûtes et des hautbois d'une construction soignée.

M. Leroux aîné continue à mériter la mention honorable qui lui a été décernée en 183g.

---

§ 5. INSTRUMENTS ACOUSTIQUES.

RAPPEL DE MENTION HONORABLE.

M. PASSERIEUX, à Paris, rue des Vinaigriers, 25,

A exposé des tuyaux flexibles destinés à transmettre la voix à de grandes distances dans les appartements. M. Passerieux est toujours digne de la mention honorable qui lui a été décernée en 1839.

MENTIONS HONORABLES.

M. GATEAU, à Paris, rue de Grenelle-Saint-Germain, 52.

M. Gâteau expose des cornets acoustiques de très-petite dimension, qui s'adaptent à la conque de l'oreille et s'y maintiennent d'eux-mêmes. Ces appareils, dont on doit l'invention à M. Gâteau, sont d'un usage très-commode, et produisent dans certains cas des effets qu'on ne pourrait obtenir des cornets acoustiques ordinaires.

Cet artiste ingénieux mérite la mention honorable que le jury lui décerne.

M. DÉON, à Paris, rue de la Paix, 4 *bis*,

A exposé des cornets acoustiques qui paraissent tout à fait semblables à ceux que construit M. Gâteau. Le jury accorde une mention honorable à M. Déon.

§ 6. CORDES D'INSTRUMENTS DE MUSIQUE.

RAPPEL DE MÉDAILLE DE BRONZE.

M. SAVARESSE (Martin), à Nevers (Nièvre),

A exposé des chanterelles pour violon, harpe et guitare. En 1826, M. Savaresse a reçu de la société d'encouragement pour l'industrie nationale une médaille d'or de première classe. En 1827, il a obtenu à l'exposition une médaille de bronze qui lui a été rappelée en 1834 et en 1839, et que le jury lui rappelle de nouveau.

MÉDAILLES DE BRONZE.

M. SANGUINÈDE, à Paris, rue du Sentier, 26,

A exposé des cordes en acier trempé, destinées à remplacer dans le piano les cordes d'acier non trempé dont on se sert maintenant et qui nous viennent presque toutes d'Angleterre.

Ces nouvelles cordes constituent une innovation qui peut avoir une grande importance : car il est prouvé que par leur moyen on obtiendra plus d'intensité dans le son et plus de fixité dans l'accord des instruments. Quant aux autres qualités non moins essentielles du son, tout ce qu'il est permis de dire en ce moment, c'est que parmi les pianos qui furent placés en première ligne aux concours qui viennent d'avoir lieu, plusieurs étaient montés avec des cordes de M. Sanguinède.

Le jury décerne une médaille de bronze à cet artiste, tout en regrettant de ne pas lui accorder une récompense plus élevée; mais son industrie est trop récente, et il faut laisser au temps à prononcer sur la valeur de son invention.

M. SAVARESSE fils, à Paris, rue St-Martin, 241,

A exposé des cordes à boyau pour toutes les sortes d'instruments.

Cet industriel occupe vingt ouvriers dans sa fabrique, où se trouve une machine à vapeur de la force de huit chevaux, employée à la distribution de l'eau dans les diverses parties de l'établissement.

M. Savaresse a présenté des cordes de contrebasse dont la cannetille se trouve au centre et enveloppée par le boyau. Elles offrent cet avantage que le boyau en séchant ne peut pas se séparer de la cannetille, séparation qui a presque toujours lieu par le filage ordinaire. M. Savaresse a aussi imaginé et il met en pratique un mode d'empaquetage qui empêche les cordes de se tortiller par la chaleur et par l'humidité, et qui permet par conséquent de leur faire traverser les mers sans les exposer à perdre l'aspect qui en facilite la vente.

MENTION HONORABLE.

M. SAVARESSE (Henri), à Grenelle, près Paris, avenue Saint-Charles, 32,

A exposé un assortiment de cordes à boyau très-bien faites et des chanterelles en soie d'une belle apparence. Ces dernières cordes sont exactement cylindriques et ne laissent rien à désirer pour la justesse. M. Henri Savaresse a trouvé le moyen de leur donner une sonorité qui approche de celles des cordes à boyau.

Le jury accorde une mention honorable à M. Henri Savaresse.

---

§ 7. BOÎTES A MUSIQUE.

MENTION HONORABLE.

MM. CLÉMENT père et fils, à Belleville, près Paris, rue des Bois, 12.

Cette maison a exposé un assortiment de boîtes à musique remarquables par le fini du travail. Toutes les pièces nécessaires à la construction de ces instruments sont confectionnées dans l'établissement même. Une des boîtes présentées par MM. Clément contenait un cylindre de cinquante centimètres de longueur et un clavier de deux cent quatre-vingt dents. Le prix de ces carillons est très-peu élevé.

Le jury décerne une mention honorable à MM. Clément père et fils.

II. ORGUES.

M. Delamorinière, rapporteur.

Considérations générales.

Dans le rapport du jury de l'exposition de 1839, on a fait remarquer que les orgues, dont la construction avait été à peu près abandonnée en France, reparaissaient alors en quelque sorte pour la première fois.

On constatait dans le rapport, que ce puissant

instrument, dont la fabrication était autrefois à peu près exclusivement pratiquée par les corporations religieuses, n'avait pas reçu depuis long-temps de notables modifications. On citait cependant déjà une partie des améliorations qu'on y a apportées depuis qu'on s'est de nouveau occupé de sa construction. On aurait pu, dès ce moment, rappeler une innovation qui a pour but de donner l'expression au jeu d'anches libres; elle remonte déjà à plusieurs années et est due au célèbre Sébastien Érard. Elle est reproduite aujourd'hui par son neveu, digne chef de cette grande maison.

Le jury a eu à examiner cette année un grand orgue dit de trente-deux pieds, deux orgues d'église dits de seize pieds et quatre orgues de chapelle, indépendamment d'un grand nombre d'instruments nouveaux, dont il sera parlé plus bas, établis suivant le principe des anches libres employées par feu Grenié dans ses beaux instruments appelés orgues expressives, et que construit maintenant M. Muller, élève et successeur de cet homme ingénieux. Un de ces orgues figurait à l'exposition.

Les perfectionnements dont nous avons parlé en commençant étaient dus à M. A. Cavaillé, et consistaient en une nouvelle espèce de jeux qu'il appelle jeux harmoniques, parce qu'ils sont embouchés de manière à faire entendre les sons harmoniques des tuyaux, au lieu de donner le son fondamental. Cette innovation est d'autant plus importante, qu'il n'est guère possible, en se bornant à l'emploi des anciens jeux, d'obtenir des qualités de son plus parfaites que celles des bonnes orgues construites par nos devanciers.

On doit encore au même facteur une amélioration d'un ordre plus élevé, parce qu'elle se rattache à la soufflerie, la partie essentielle de l'orgue qui laisse beaucoup à désirer, même dans les orgues des meilleurs auteurs, d'ailleurs irréprochables sous beaucoup d'autres rapports, et particulièrement pour la qualité des sons, ainsi que nous venons de le faire remarquer.

Cette imperfection des anciens instruments, tient à ce que jusqu'à présent tous les jeux qui les composent sont alimentés par le même vent, et ce vent, qui doit être faible pour faire parler convenablement les notes graves, ne suffit plus pour les sons aigus, qui sont alors couverts par les basses. Le perfectionnement dont nous voulons parler, consiste à disposer la soufflerie de manière à avoir des tensions variables et en rapport avec le timbre de chaque jeu, dont on peut, d'après cela, percevoir toutes les notes, quel que soit le nombre des basses dont on fait usage. Cette innovation a de plus l'avantage de faire disparaitre les secousses et les altérations de vent qu'on remarque dans presque toutes les anciennes orgues.

Un progrès non moins important a été obtenu par M. Barker ; il consiste dans l'application d'un appareil qu'il nomme levier pneumatique, et avec lequel les soupapes des plus grandes dimensions s'ouvrent instantanément, à la volonté de l'organiste, au moyen de la pression même du vent de la soufflerie. On obtient ainsi des claviers d'autant plus faciles à jouer, qu'il n'est plus nécessaire d'augmenter le foulage des touches, ainsi qu'on était obligé de le faire autrefois.

Une autre amélioration consiste dans l'emploi de boîtes acoustiques qui donnent l'expression selon qu'on ouvre ou qu'on ferme les parois dont elles sont composées. Cette innovation, contestée aujourd'hui, a déjà été employée par Sébastien Érard. Quoi qu'il en soit, elle n'en est pas moins acquise à l'art important qui nous occupe.

Nous pouvons encore citer un système particulier de pédales, dû à M. A. Cavaillé, et qui permet à l'organiste de faire entrer ou de supprimer entièrement les combinaisons de jeux qu'il aura préalablement disposées.

Enfin, on doit à M. Barker un nouveau moyen d'expression qu'il obtient en faisant varier par une pédale, la pression de l'air qui alimente certains jeux, lesquels sont nécessairement à anches libres, suivant le principe de Grenié.

L'examen relatif aux orgues a eu lieu, aussi bien que celui des autres instruments, avec l'assistance de MM. Auber, Habeneck aîné et Galay. M. Lefébure a bien voulu encore, cette année, toucher chaque instrument, les détails de la fabrication ayant été préalablement étudiés avec soin chez les fabricants eux-mêmes.

MÉDAILLES D'OR.

M. HERZ (Henri), à Paris, rue de la Victoire, 38.

Avant de parler des orgues expressives qui devraient suivre immédiatement les grandes orgues, nous aurons à nous occuper d'un instrument nouveau dont la place est d'ailleurs marquée ici, non-seulement parce qu'il peut être considéré comme un instrument à vent, mais aussi parce que les espérances qu'il fait concevoir nous amène à le classer en première ligne. Cette invention, qui reçut dès les premiers essais auxquels elle a donné lieu, les encouragements du savant M. Savart, a depuis été examinée avec intérêt par l'Académie des sciences.

Le principe de cet instrument, imaginé par M. Isoard, consiste à approcher d'une corde de piano, une embouchure qui laisse passer de l'air dès l'instant qu'une soupape en relation avec la touche correspondante du clavier est ouverte par suite du mouvement de cette touche. Les vibrations de la corde déterminant celles de la colonne d'air qui s'échappe par l'embouchure, on entend indépendamment du son propre à cette corde frappée par le marteau, celui d'un instrument à vent dont le son se prolonge pendant toute la durée de l'ouverture de la soupape et avec une intensité proportionnée à la pression de l'air qu'on fait varier à volonté par les pédales. On voit, en résumé, que la corde du piano remplit ici la fonction de la languette de l'anche libre avec la différence que cette languette se trouve, par le fait même de la construction du piano, fixée par ses deux extrémités. L'ensemble de ce nouvel instrument consiste dans un piano ordinaire d'abord, auquel on ajoute un sommier portant les embouchures correspondant à chaque corde, et garni intérieurement d'autant de soupapes qu'il y a d'embouchures; enfin d'une soufflerie que l'on fait agir au moyen de deux pédales.

Cet appareil si simple peut s'appliquer à presque tous les pianos et les transformer en pianos-orgues avec l'avantage bien remarquable, que toutes les fois que le piano sera d'accord, l'instrument à vent se trouvera dans la même condition puisque toutes les notes correspondantes des deux instruments sont parfaitement à l'unisson. Bien que cet instrument soit tout nouveau, il possède déjà pour la majeure partie des notes, un timbre à la fois pur et d'une belle qualité, qui devra encore s'améliorer lorsque la facture en sera arrivée au développement qu'il paraît destiné à prendre.

La construction de l'instrument que nous devons au génie inventif de M. Isoard, jointe aux autres titres que M. Herz s'est acquis par la bonne qualité des pianos qu'il a présentés au concours, ont paru des motifs suffisants pour qu'il lui soit décerné la récompense de premier ordre dont il est question à l'article des pianos.

M. CAVAILLÉ-COLL père et fils, à Paris, rue Pigale, 22.

MM. Cavaillé-Coll sont facteurs d'orgues de père en fils. Dans le midi de la France surtout, on peut citer des instruments remarquables dus à leurs ancêtres. On compte même dans les ordres religieux, des facteurs célèbres appartenant à cette famille, nous avons de beaux instruments établis par le dominicain Joseph Cavaillé.

A l'époque où la fabrication des orgues fut interrompue en France, ces facteurs ne continuèrent pas moins de s'y livrer en allant s'établir en Espagne.

Mais la récompense que nous avons à leur décerner aujourd'hui ne concerne pas seulement les bonnes traditions qu'ils ont été dans le cas de conserver; elle a aussi pour objet les notables perfectionnements que nous avons sommairement indiqués en commençant, et qui sont dus à M. Aristide Cavaillé.

Les travaux de MM. Cavaillé n'ont pas pu être appréciés à leur juste valeur lors de la dernière exposition. Depuis cette époque, ils ont achevé le grand orgue de St.-Denis auquel ils ont appliqué toutes leurs améliorations que l'on trouve également dans l'orgue de St.-Roch qu'ils viennent de reconstruire.

Ces beaux travaux ont dû être examinés par le jury, aussi bien que les plans du grand orgue de la Madeleine, en ce moment en cours d'exécution dans leurs ateliers, et d'après lequel on peut se faire une idée du soin minutieux qu'ils apportent dans toutes les parties de ces importants travaux, destinés d'ailleurs à traverser les siècles.

MM. Cavaillé n'étaient représentés à l'exposition que par un petit orgue dit de huit pieds, à deux claviers de mains, avec pédales seize pieds.

Le premier clavier se compose de. . . . 9 jeux.
Le deuxième de. 7
Le clavier de pédale comprend 1 contre-basse ou flûte de 16 pieds, 1 bombarde douce. 2

En tout 18 jeux formés par 785 tuyaux.

La soufflerie de cet instrument est à diverses pressions, suivant le système imaginé par M. Cavaillé, dans le but d'alimenter, comme nous l'avons dit, les basses des divers jeux séparément des dessus, et de donner par l'intensité du vent fourni aux sons élevés de l'instrument, une puissance en rapport avec celle des basses.

Sept pédales, dont l'une est affectée à la boite acoustique qui donne l'expression aux jeux du deuxième clavier de mains, servent encore, à la volonté de l'organiste, à faire toutes les combinaisons de jeux nécessaires aux effets qu'il veut rendre, et lui permettent de produire des *crescendo* qui font obtenir des nuances auxquelles les orgues ne se prêtent pas ordinairement.

Indépendamment des particularités que nous

venons d'indiquer sommairement, ce petit orgue d'église qui rentre dans la fabrication habituelle de MM. Cavaillé, se distingue également par une qualité de sons très-remarquable.

La somme des talents indispensable pour mener à bonne fin la construction d'un instrument aussi compliqué qu'un grand orgue dont les qualités exigent d'ailleurs des connaissances si variées, jointe aux perfectionnements obtenus dans ces derniers temps par M. A. Cavaillé, dont la carrière à peine commencée nous promet encore de nouveaux progrès dans son art, paraissent au jury des titres suffisants pour justifier la médaille d'or qu'il décerne à MM. Cavaillé-Coll.

MÉDAILLE D'ARGENT.

MM. GIRARD et Cie, à Paris, rue Saint-Maur-Saint-Germain, 17.

La compagnie Girard qui a succédé à la maison Daublaine et Callinet, est par conséquent d'une origine fort récente, elle se recommande néanmoins par de beaux résultats de fabrication.

Cette société, à laquelle s'intéressent des artistes du premier mérite, a confié la direction artistique de son établissement à M. Danjou, et celle de ses ateliers à M. Barker, auteur de l'invention capitale du levier pneumatique qui n'avait pas pu être exécutée en Angleterre, où elle a pris naissance, et fut enfin réalisée chez MM. Cavaillé pour le grand orgue de l'église St.-Denis.

Les orgues qui sortent de cette fabrique présentent naturellement les perfectionnements dus à son chef de travaux ; on y applique également l'invention non moins remarquable de la soufflerie à diverses pressions de M. Aristide Cavaillé ainsi que ses nouveaux jeux harmoniques, dont il n'a pas jugé convenable de se réserver la jouissance exclusive.

Il en résulte qu'on trouve dans les orgues de la compagnie Girard tous les perfectionnements auxquels on est parvenu aujourd'hui.

Cette société présente, comme titres aux récompenses dont le jury peut disposer, le grand orgue de St.-Eustache, qu'elle vient de reconstruire, et un grand orgue dit de seize pieds, mis à l'exposition.

Ce bel instrument est à trois claviers de mains et 1 clavier de pédales.

Sur le premier clavier dit du positif, on a placé. . . . . 6 jeux.
Sur le deuxième clavier du grand orgue. 8 —
Sur le troisième clavier de récit. . . . 10 —
Dont deux jeux d'expression aux pédales. . . . . 5 —

En tout. . . . . 29 jeux.

On a remarqué dans cet établissement, un jeu de trompettes d'une intensité supérieure aux jeux ordinaires résultant de l'application du système de soufflerie à diverses pressions, dont on a cru cependant devoir changer les dispositions tout en suivant néanmoins le même principe.

On a remarqué également une nouvelle invention de M. Barker, pour obtenir l'expression des jeux d'anches libres par l'intermédiaire d'une pédale. Cette invention, dont le mécanisme est imité de celui qu'on emploie pour régler l'écoulement du gaz d'éclairage, laisse encore quelque chose à désirer. Les effets de pression ont lieu par secousse, d'où il résulte une altération dans l'accord et la qualité du son.

On peut espérer que dans des mains habiles, cette invention ne tardera pas à se perfectionner.

Quoi qu'il en soit, ce grand et bel instrument fait beaucoup d'honneur à ses auteurs, auxquels le jury décerne une médaille d'argent.

MÉDAILLES DE BRONZE

M. SURET, à Paris, rue du Faubourg Saint-Martin, 119.

M. Suret, qui était un des premiers ouvriers de la maison Daublaine et Callinet, s'en sépara lorsqu'elle devint société Girard et compagnie.

Il a exposé un petit orgue à un clavier composé de six jeux; une flûte ouverte dite de huit pieds, un bourdon, un violoncelle, un prestant, une trompette et un hautbois.

Cet instrument n'était pas bien placé pour faire juger la qualité des sons, qui ont paru un peu faibles, peut-être par ce seul motif.

La nature de ces sons et la construction de l'orgue, sont néanmoins très-satisfaisantes et le rendent digne de la médaille de bronze qui lui est décernée par le jury.

M. POIROT, à Paris, rue Saint-Denis, 374.

M. Poirot construit des orgues de chapelle, auxquelles il adapte à volonté des cylindres notés qui les transforment en orgues à manivelles pour ceux qui ne savent point se servir du clavier. Le placement de ces cylindres s'opère plus facilement que par le moyen dont on fait généralement usage.

Cet instrument se compose de six jeux parmi lesquels on compte une flûte dite de huit pieds et un jeu de hautbois d'une jolie qualité de son. Les bouches de ce jeu sont en bois au lieu d'être faites, comme de coutume, en étain.

Les orgues de M. Poirot sont construites avec soin et sont d'un prix peu élevé. Le jury lui accorde une médaille de bronze.

Orgues expressives.

L'orgue expressif, que nous devons à Grenié, depuis plus de 30 ans, est encore aujourd'hui ce que nous avons de mieux en ce genre, pour la qualité du son aussi bien que pour l'étendue de l'expression.

Cependant on a construit, depuis quelques années, des instruments fondés sur le même principe de l'anche libre, qui remplacent avantageusement l'orgue de chambre connu anciennement sous le nom de *Régale*.

Cette industrie, toute nouvelle, occupe déjà un grand nombre d'ouvriers; ses produits se sont améliorés en se développant; le petit volume de l'instrument, la modicité de son prix, le font rechercher malgré quelques inconvénients. On peut, entre autres, lui reprocher l'absence de moyens faciles pour rétablir l'accord, lorsqu'il vient à se déranger, et aussi de ne pas être doué d'un degré suffisant d'expression.

Quoi qu'il en soit, ces instruments, imparfaits sans doute quant à présent, méritent des encouragements, parce qu'indépendamment du grand nombre de bras qu'ils occupent, ils concourent à répandre le goût de la musique religieuse.

Le point de départ des progrès de ces instruments, a été l'emploi du sommier s'ouvrant à la manière d'un livre, que MM. Cavaillé-Coll, avaient appliqué au *poïkilorgue*, qu'ils construisaient il y a une dizaine d'années, et à la disposition des chambres d'air empruntée aux *accordéons*.

Toutefois, les facteurs actuels ont eu le mérite d'obtenir par la disposition de ces chambres et la distribution du vent de la soufflerie, des qualités de son agréables, et ce qui est surtout remarquable, des timbres très-différents avec la même anche, de manière à imiter assez bien les instruments de l'orchestre.

On a vu reparaître à l'exposition un instrument de ce genre, le *mélophone*, que les cessionnaires du brevet Leclerc ont cherché à perfectionner en diminuant son volume et en rendant le toucher du clavier plus facile.

Enfin, un autre instrument tout nouveau, appelé par son auteur, *orgue expressif à percussion*, a mérité tout l'intérêt du jury.

MÉDAILLES DE BRONZE.

M. MÜLLER, à Paris, rue de la Ville-l'Évêque, 42.

Tout en respectant la facture de l'orgue expressif que nous devons à Grenié, M. Müller n'a point cessé d'en perfectionner les détails. Il a présenté à l'exposition, un nouvel instrument construit en Allemagne sous la direction d'un célèbre organiste Neucomm, et qu'il a appelé *orgue expressif de voyage* parce qu'il a la faculté de se replier sur lui-même; et bien qu'il ait six octaves d'étendue, de ne plus présenter qu'un volume d'un mètre environ sur 3o centimètres en largeur et en hauteur.

Ce petit orgue, exécuté avec beaucoup de soin, est facile à visiter; il présente d'ailleurs peu de chances de dérangement, à cause de sa grande simplicité; son prix est très-peu élevé.

Les soins consciencieux de M. Müller, et le nouvel instrument qu'il vient de naturaliser en France, meritent la médaille de bronze que le jury lui décerne.

M. MARTIN, à Provins (Seine-et-Marne).

L'orgue expressif de M. Martin, qui a été présenté non achevé devant le jury, renferme des éléments tout nouveaux qui paraissent dignes d'un grand intérêt.

Basé comme toutes les orgues expressives sur le principe de l'anche libre, il en diffère cependant par une disposition toute particulière de la languette, et aussi parce que la lame vibrante est frappée par un marteau à échappement toutes les fois qu'on ouvre une soupape en posant le doigt sur une des touches du clavier; tant que la soupape reste ouverte, l'air comprimé par la soufflerie continue à faire résonner la note avec une intensité de son proportionnée à la pression du vent qu'on fait varier à volonté. La double action du marteau et du vent se fait remarquer par une instantanéité qu'on n'a jamais obtenue dans aucun instrument de ce genre.

Il en résulte que cet instrument sera également propre à la musique légère et à la musique grave de l'orgue.

Les notes de la basse surtout, sont remarquables par l'intensité et la rondeur des sons, elles jouissent, en outre, d'une qualité très-précieuse qui rendra le jeu de la soufflerie très-facile, c'est que les sons graves exigent une dépense d'air beaucoup moins considérable que les anches libres ordinaires.

En exprimant sa satisfaction à M. Martin, le jury lui décerne la médaille de bronze avec l'espoir qu'à la prochaine solennité industrielle, il aura apporté à son instrument, des perfectionnements qui lui mériteront une récompense d'un ordre plus élevé.

M. FOURNEAUX, à Paris, galerie Vivienne 64 et 70.

M. Fourneaux a exposé un orgue expressif à deux claviers, un orgue du même genre avec jeu de flûte; un orgue à cylindre et à clavier avec jeux de flûtes et d'anches libres.

Ces divers instruments, qui ont une bonne qualité de son, sont très-bien exécutés, la combinaison de leur mécanisme est bien entendue.

L'alliance des jeux de flûtes et des jeux d'anches est d'un heureux effet, mais il est à craindre que les influences particulières sous lesquelles se trouvent ces deux instruments, établis sur des principes différents, ne tendent à altérer l'accord.

Les soins apportés dans la fabrication des instruments de M. Fourneaux, qui est un des plus anciens en ce genre, lui méritent une médaille de bronze comme récompense de ses constants efforts.

M. DEBAIN, à Paris, rue Vivienne, 53, et rue de Bondy, 76 et 78.

M. Debain a exposé plusieurs instruments susceptibles de produire des effets très-variés entre les mains d'un artiste exercé; mais cet avantage n'est obtenu que par un peu de complication dans le mécanisme, la qualité de son laisse aussi quelque chose à désirer sous le rapport de la pureté et de la rondeur.

Il faut dire cependant que l'exécution remarquable de M. Debain, indique un ouvrier habile, dont la construction bien entendue porte le cachet d'une grande régularité, conséquence des moyens mécaniques qu'il emploie.

Le jury accorde la médaille de bronze à M. Debain.

MM. ALEXANDRE père et fils, à Paris, boulevard Bonne-Nouvelle, 10.

MM. Alexandre construisent des orgues du même système que M. Debain; leurs instruments sont bien exécutés et ont une bonne qualité de son.

Le jury décerne la médaille de bronze à MM. Alexandre père et fils.

MENTIONS HONORABLES.

M. DARCHE, à Paris, rue des Fossés-Montmartre, 7.

M. Darche a exposé un orgue de chapelle et un jeu de trompette très-puissant, susceptible d'être entendu à une grande distance, et qu'on se propose, d'après cela, d'employer à transmettre des signaux.

Les applications de ce jeu de trompette peuvent être utiles. M. Darche a exposé également des timbales dont on peut changer le ton au moyen d'une pédale. Avant de se prononcer sur le mérite de cette invention toute récente, elle a besoin de recevoir la sanction de l'expérience.

On a remarqué encore parmi les instruments exposés par M. Darche, des grosses caisses dont le volume a été réduit autant que possible, ainsi qu'un moyen de tendre la peau des caisses sans employer la corde.

Par ces divers motifs, le jury accorde une mention honorable à M. Darche.

M. DUBUS, à Paris, rue Basse-du-Rempart, 34.

M. Dubus construit le petit orgue à anches libres si répandu aujourd'hui ; son instrument est sagement conçu et possède une jolie qualité de son ; il a employé un mécanisme fort simple pour obtenir et supprimer l'expression, ainsi que pour faire entrer les divers jeux dont il est composé.

M. Dubus est digne de la mention honorable que le jury lui décerne avec satisfaction.

M. PELLERIN, à Paris, rue Meslay, 58 bis.

M. Pellerin, un des cessionnaires du brevet Leclerc pour l'instrument appelé mélophone, a cherché à rendre la touche de cet instrument plus facile, et il est parvenu à en diminuer considérablement le volume.

M. Pellerin a appliqué les anches libres, et le mécanisme du mélophone à la composition d'un orgue expressif à clavier, qu'il pourra livrer à très-bas prix. L'instrument que le jury a eu à examiner étant le premier qui ait été construit, il n'est pas possible de se prononcer sur son mérite.

M. Pellerin a paru digne de recevoir la mention honorable.

CITATIONS FAVORABLES.

M. BRUNI, à Paris, rue de Breteuil, 6.

M. Bruni a présenté un piano vertical, auquel il a ajouté un jeu d'anches libres. Cette idée n'est pas nouvelle; on a fait, il y a longtemps, des pianos organisés. MM. Müller, Cavaillé ont construit les instruments les plus remarquables en ce genre; mais ils ont dû renoncer à cette idée, par suite de l'inconvénient qu'on ne peut éviter pour la tenue de l'accord, qu'il est fort difficile, pour ne pas dire impossible, de conserver, à cause des conditions différentes dans lesquelles se trouve chacun des instruments.

En présence de l'instrument imaginé par M. Loard, et qui est complétement exempt de ce défaut, il serait désirable que les facteurs cessassent de rentrer dans cette voie essentiellement vicieuse.

Le jury regrette que M. Bruni, qui est un homme intéressant, ne se soit pas borné à construire un piano ordinaire, qui aurait pu être comparé à ceux qui ont concouru et dont il a dû être séparé comme exceptionnel, et l'aurait peut-être mis dans le cas de recevoir une récompense plus élevée que la citation favorable que le jury lui décerne.

M. WENDER, à Paris, rue Saint-Martin, 199.

M. Wender fabrique une très-grande quantité d'instruments dits accordéons; il s'est attaché à les perfectionner et s'occupe à leur appliquer des claviers ordinaires, qui permettent aux personnes qui connaissent la musique, de les employer.

M. Wender est jugé digne de la citation favorable.

SECTION IV.

ARQUEBUSERIE ET FOURBISSERIE.

§ 1. ARQUEBUSERIE.

M. Théodore Olivier, rapporteur.

Considérations générales.

L'arquebuserie a exposé des armes à feu, soit de chasse, soit de guerre.

Les armes de chasse ne peuvent pas être examinées du même point de vue que les armes de guerre; ces dernières doivent être d'une exécution facile et prompte, elles doivent être simples dans leurs formes et peu compliquées dans leur mécanisme. De plus, les armes de guerre doivent être construites sur un modèle unique; de là la nécessité de cette circonspection si prudente que l'on doit apporter, lorsqu'il s'agit d'accepter des inventions nouvelles, car aussitôt que quelques changements sont reconnus bons et utiles, c'est par plusieurs centaines de mille francs que l'on doit compter la dépense exigée pour les modifications à introduire dans les armes de guerre.

Peu importe que dans une réunion de chasseurs chacun d'eux se présente avec un fusil d'un système particulier et se chargeant d'une manière spéciale. Mais dans les armes de guerre on conçoit qu'il est d'une impérieuse nécessité que toutes soient du même modèle et se chargent de la même manière.

Les exigences du commerce et surtout les caprices de la mode, et aussi certains goûts particuliers des acheteurs, obligent l'arquebusier à varier les formes et la richesse de ses armes de chasse.

La variété qui s'est fait remarquer à l'exposition dans les produits de l'arquebuserie est une chose heureuse; l'on voit avec plaisir l'esprit d'invention se développer dans l'industrie des armes, comme il s'est développé à un si haut degré dans l'industrie des machines, car les modifications des armes de chasse amènent presque toujours les perfectionnements des armes de guerre; et cela doit être, puisque ces dernières ne peuvent être utilement modifiées que lorsqu'une longue expérience a fait reconnaître l'importance d'une idée nouvelle et l'utilité de son adoption.

Le luxe des armes de chasse est aussi une bonne chose, mais il ne faut pas fabriquer des armes qui ne soient que très-riches; il faut que le dessin des ornements ciselés, des sculptures et des incrustations soit d'un goût pur et sévère; il faut, en un mot, que l'arme sortie des mains de l'arquebusier soit à la fois, et une œuvre d'artiste et une bonne arme.

Pour qu'une industrie soit prospère, il faut, sans nul doute, que ses produits soient variés de manière à pouvoir satisfaire les besoins de toutes les classes de la société; toutefois, il nous semble que les arquebusiers doivent éviter l'excès de fabrication dans les armes de luxe.

C'est avec une grande satisfaction que le jury a remarqué les armes bien confectionnées et d'un prix modéré.

Saint-Étienne entre dans une voie nouvelle, il cherche à enlever à *Liége* le monopole des armes à bon marché et dites *armes de traite*.

La vie étant meilleur marché à *Liége* qu'à *Saint-Étienne*, et aussi la matière première étant d'un prix plus élevé en France qu'en Belgique, les fabricants français devront chercher les moyens d'arriver aux *mêmes prix* sans réduire le salaire de leurs ouvriers, car le jury ne consentirait pas à encourager une industrie qui enrichirait le fabricant à la condition de laisser l'ouvrier dans la

misère. Dans chaque branche d'industrie il faut
que l'ouvrier, avec de l'ordre et de l'économie,
puisse vivre de son travail.

Le jury voit avec un grand plaisir que plusieurs arquebusiers de province ont envoyé des
produits dignes d'éloges.

L'arquebuserie a occupé dignement sa place à
l'exposition de 1844. Quarante-huit fabricants
ont été admis au concours par les jurys départementaux; le jury central a dû être sévère dans la
distribution des récompenses, et les exposants ne
doivent point oublier que l'admission de leurs
produits dans le palais de l'exposition est déjà
une récompense, puisqu'elle est un certificat ou
de la bonne fabrication, ou de l'utilité, ou de
l'ingénieuse nouveauté des produits industriels
exposés.

Depuis l'exposition de 1839, l'arquebuserie a
fait des progrès, et il est utile de signaler ses perfectionnements les plus importants.

La carabine de guerre de M. Delvigne a été perfectionnée par son auteur, qui a imaginé, en
outre, une balle d'une forme nouvelle. Les expériences qui ont eu lieu à Vincennes ont démontré
que les nouveaux projectiles à forme cylindro-
conique donnaient à l'arme une supériorité de
portée et une justesse de tir que l'on ne peut

obtenir avec les anciennes balles de forme sphérique.

La fabrication des canons rubannés a été modifiée par trois canonniers habiles et expérimentés
dans leur art.

M. Albert Bernard qui, en 1839, avait présenté
au jury des canons formés de deux rubans enrou-
lés en hélice et dans le même sens, superposés
l'un sur l'autre *joint sur plein* et soudés l'un à
l'autre de *plat*, a présenté cette année des canons
fabriqués de la même manière et qui ont résisté
à des épreuves *énormes* : tous les canons essayés
ont supporté, sans altération, une charge de
30 gram. de poudre et de 120 gram. de plomb,
ce qui équivaut à neuf charges ordinaires.

M. Gastine-Renette a imaginé, plus tard, de
donner aux rubans la forme prismatique. La section transversale du ruban de M. Albert Bernard
est un rectangle, mais cette section est un triangle pour le ruban employé par M. Gastine-Renette.

C'est M. Gastine-Renette qui, le premier, a appelé ses confrères à des épreuves publiques pour
constater la force et la résistance des canons de
fusil. Cet appel a été entendu par M. Albert Bernard et par son frère cadet M. Léopold Bernard,
qui a employé une autre manière de fabriquer les
canons rubannés. Il enroule aussi en hélice deux

rubans à section transversale rectangulaire, mais l'un des rubans tourne de droite à gauche, pendant que l'autre ruban tourne en sens inverse et ainsi de gauche à droite. Nous devons toutefois faire remarquer que M. Albert Bernard avait exposé, en 1827, des canons fabriqués suivant cette méthode, et qu'il obtint à cette époque une mention honorable qui lui fut accordée par le jury central. Les épreuves subies par les canons forgés par MM. Albert Bernard, Gastine-Renette et Léopold Bernard, ont démontré l'excellence des produits sortis des ateliers de ces trois habiles fabricants.

Les procès-verbaux de ces diverses épreuves ont été publiés dans les comptes rendus de l'Académie royale des sciences, de l'Institut de France.

Toutefois, nous croyons devoir faire remarquer aux arquebusiers que la grande résistance que présentent maintenant leurs canons de fusil, ne doit pas les engager à en diminuer le poids. Il ne faut pas rendre un fusil trop léger.

M. Philippe de Girard a exposé cette année ses bois de fusil confectionnés par machines.

Ce fut lors de la résistance héroïque de la Pologne, que M. de Girard imagina et établit à Varsovie les diverses machines qui ont exécuté les bois de fusil qu'il présente aujourd'hui. Cet ha-

bile et industrieux inventeur avait déjà envoyé
en 1832, des échantillons des produits de ses machines à la société d'encouragement pour l'industrie nationale. M. Grimpé avait, à cette même
époque, imaginé et établi à Paris des machines
propres à la solution du même problème. Il y a
des points de similitude, comme cela devait être,
mais aussi des dissemblances notables sur plusieurs autres points, entre les machines de M. de
Girard et celles de M. Grimpé.

L'honneur de la solution du problème de la fabrication des bois de fusil par des procédés mécaniques, appartient donc à la fois et à M. de Girard et à M. Grimpé.

Mais comme les machines employées par M. de
Girard n'existent encore qu'à l'étranger, tout en
mentionnant ici, et de la manière la plus honorable, la belle invention d'un Français, le jury se
voit forcé, quoiqu'à regret, de mettre M. de Girard hors de concours pour la fabrication des bois
de fusil par machines.

Mais les services signalés que M. de Girard a
rendus à l'industrie, par la découverte si importante des principes fondamentaux de la filature
du lin par machines, ne seront point oubliés par
le jury de 1844.

MÉDAILLE D'OR.

M. DELVIGNE, à Paris, rue de Chartres-du-Roule, 21.

M. Delvigne a reçu une médaille d'argent à l'exposition de 1834, et le jury lui a décerné une nouvelle médaille d'argent en 1839.

Ces récompenses furent accordées à M. Delvigne pour la construction de la carabine qui porte son nom et pour l'invention des balles-obus.

Depuis cette époque, M. Delvigne n'a pas cessé un seul instant de s'occuper des perfectionnements à apporter aux armes de guerre, et il a surtout perfectionné la forme de la balle cylindro-conique.

Des expériences faites à Vincennes ont montré que la justesse du tir était plus grande avec l'arme et la nouvelle balle de M. Delvigne, et avec une charge moindre, à la distance de six cents mètres, que celle du fusil de munition à la distance de trois cents mètres; on a reconnu aussi que le recul de l'arme était insensible.

M. Delvigne a inventé un mousqueton de cavalerie qui est rayé, et dont la forme toute particulière permet au soldat de le tirer en ne se servant que de la main droite. Le centre de gravité de cette arme est placé de telle manière que le cavalier peut à son gré se servir de son arme comme d'un pistolet, et sans épauler la crosse, ou comme d'un mousqueton en épaulant.

Les diverses armes imaginées par M. Delvigne ont été longuement expérimentées, soit au tir à la cible, soit à la guerre, et leurs avantages ont été reconnus par tous ceux qui s'en sont servi.

Les longs et constants efforts de M. Delvigne, et les beaux résultats auxquels il est parvenu, sont dignes d'une haute récompense, car il est d'une très-grande utilité d'avoir des armes d'une longue portée et d'une justesse de tir dont on soit assuré.

Le jury décerne à M. Delvigne une médaille d'or.

RAPPEL DE MÉDAILLE D'ARGENT.

M. LEPAGE-MOUTIER, à Paris, rue Richelieu, 13.

M. Lepage-Moutier a fait des efforts pour soutenir la réputation de l'ancienne maison Lepage. Les armes qu'il a exposées sont dignes d'éloge.

M. Lepage-Moutier a aussi fabriqué des épées et des armes de luxe; pour quelques-unes de ces pièces bien confectionnées d'ailleurs, le bon goût aurait peut-être quelque chose à dire, mais nous devons ajouter aussitôt que ces divers objets ont été commandés à M. Lepage-Moutier.

Le jury accorde à M. Lepage-Moutier le rappel de la médaille d'argent qu'il a obtenue en 1839.

MÉDAILLES D'ARGENT.

M. BERNARD (Albert), à Paris, avenue de Lamothe-Piquet, 8.

M. Albert Bernard est le premier canonnier qui

se soit, à Paris, occupé de la fabrication des canons par machines.

Son exposition est remarquable, puisque tous les canons présentés à l'examen du jury, ont subi des épreuves énormes et inusitées jusqu'à ce jour.

M. Albert Bernard a aussi exposé une canardière composée de trois canons assemblés en triangle. Cette pièce, qui lui a été commandée par un amateur, doit être remarquée, mais seulement comme œuvre de canonnier; elle dénote une grande habileté de fabrication.

Les produits sortis des ateliers de M. Albert Bernard sont très-appréciés par ses confrères.

Le jury décerne à M. Albert Bernard une médaille d'argent.

M. GASTINE-RENETTE, à Paris, rond-point des Champs-Élysées, 1.

M. Gastine-Renette fabrique lui-même ses canons qu'il monte ensuite dans ses ateliers. Les canons de fusils construits d'après le procédé qui lui appartient, ont subi des épreuves énormes et inusitées jusqu'à ce jour.

M. Gastine-Renette a aussi exposé des armes (fusils et pistolets) d'une fabrication digne d'éloge. On a distingué, comme idée ingénieuse, un mousqueton portant son amorçoir.

Plusieurs pistolets se font aussi remarquer par des ornements ciselés et d'un bon goût.

Le jury décerne à M. Gastine-Renette une médaille d'argent.

M. BERNARD (Léopold), à Paris, rue Marbeuf. 22.

M. Léopold Bernard a dignement marché sur les traces de son frère aîné; ses canons de fusil ont, comme ceux de MM. Albert Bernard et Gastine-Renette, subi des épreuves énormes et inusitées jusqu'à ce jour.

Les produits de ces trois habiles canonniers sont dignes d'éloge, et doivent être placés sur la même ligne.

Le jury décerne à M. Léopold Bernard une médaille d'argent.

M. BÉRINGER, à Paris, rue du Coq-Saint-Honoré, 6.

M. Béringer a perfectionné les diverses inventions qui furent, en 1839, récompensées par une médaille de bronze.

On ne doit point oublier que M. Béringer est le premier avec Lefaucheux qui a imaginé le culot métallique pour fermer hermétiquement toute issue aux gaz produits par l'inflammation de la poudre; l'utilité de cette invention a été reconnue par tous les arquebusiers, et ils se sont empressés de l'accepter : l'exposition de 1844 en fait foi.

C'est encore M. Béringer qui, le premier, a montré la possibilité de lancer une balle avec de la poudre fulminante, sans détruire les armes, et cela en laissant une chambre remplie d'air entre la matière explosive et le projectile. Cette idée a été féconde en utiles applications.

Les armes construites d'après ces divers principes, et que M. Béringer a soumises, en 1844, à l'examen du jury, sont supérieures à celles qu'il avait
présentées en 1839, et d'un prix moins élevé.

Le jury décerne à M. Béringer une médaille
d'argent.

M. GAUVAIN, à Paris, boulevard Mont-Par-
nasse, 47.

M. Gauvain a exposé des armes d'un prix modéré
et bien confectionnées : le bois est peu creusé pour
recevoir le canon ; cette manière de monter le fusil
est avantageuse, puisqu'elle laisse plus de bois et
donne plus de solidité à l'arme.

M. Gauvain a en outre exposé une paire de pistolets en acier fondu, et ciselés avec un talent des
plus remarquables d'après les dessins de M. Liévard.
C'est une œuvre d'artiste, et la plus belle pièce de
l'arquebuserie de luxe.

Ce qui donne surtout un grand prix aux armes
de luxe de M. Gauvain, c'est qu'elles se font distinguer moins par la richesse de la matière que par
le fini pur et artistique de l'exécution.

Le jury décerne à M. Gauvain une médaille d'argent.

RAPPELS DE MÉDAILLES DE BRONZE.

M. CLAUDIN, à Paris, rue Joquelet, 1.

M. Claudin qui, en 1839, a mérité une médaille
de bronze, ne s'est point montré au-dessous de lui-
même en 1844. Son exposition est digne d'éloge.

Le jury accorde à M. Claudin le rappel de la médaille de bronze obtenue en 1839.

M. CAMILLE-JUBÉ (ancienne maison Lefaucheux), à Paris, rue de la Bourse, 10.

La maison Lefaucheux soutient dignement sa réputation.

Le jury accorde à M. Camille-Jubé le rappel de la médaille de bronze de 1839.

M. DESNYAU, à Paris, rue Jean-Jacques-Rousseau, 5.

M. Desnyau a présenté des fusils se chargeant par la culasse (système Robert modifié et perfectionné); on a remarqué un mécanisme ingénieux au moyen duquel la cartouche, après le coup tiré, est repoussée hors de l'âme du canon, lorsque l'on fait agir la bascule pour pouvoir recharger l'arme; c'est une nouvelle solution d'un problème qui est déjà résolu de plusieurs manières différentes.

Le jury accorde à M. Desnyau le rappel de la médaille de bronze qu'il a obtenue en 1839.

M. PERIN-LEPAGE, à Paris, rue de la Chaussée-d'Antin, 24.

Le jury accorde à M. Perin-Lepage le rappel de la médaille de bronze qu'il a obtenue à l'exposition de 1834, et dont il avait obtenu le rappel en 1839.

NOUVELLE MÉDAILLE DE BRONZE.

M. PRÉLAT, à Paris, rue Neuve-des-Petits-Champs, 103.

M. Prélat a exposé des fusils dont les canons sont à *tonnerres renforcés*. Les armes de M. Prélat sont exécutées d'une manière consciencieuse, et il les livre à des prix modérés.

M. Prélat a aussi exposé des pistolets à cinq coups dont le mécanisme est ingénieusement disposé.

L'arquebuserie est redevable à M. Prélat de plusieurs idées utiles relativement aux armes à percussion.

M. Prélat n'a pas exposé en 1839, mais il s'est toujours fait remarquer aux expositions précédentes; et à celle de 1834, il a obtenu la médaille de bronze.

Le jury décerne à M. Prélat une nouvelle médaille de bronze.

MÉDAILLES DE BRONZE.

M. DELAIRE, à Paris, rue Férou, 28.

M. Delaire a exposé six fusils exécutés sous sa direction par M. Cordouan, arquebusier, et chacun d'eux présente une idée nouvelle. M. Delaire a exposé, en outre, une balle-cartouche qui permet de charger facilement son arme lorsque l'on est à cheval.

Les diverses inventions de M. Delaire sont dignes d'éloge, car elles sont bonnes en elles-mêmes.

On ne doit pas récompenser seulement les inventions qui de proche en proche s'étant répandues, ont fini par être adoptées par tous; on doit aussi récompenser l'esprit d'invention lorsque les produits que présente leur auteur sont rationnels.

Le jury décerne à M. Delaire une médaille de bronze.

M. PIDAUT, aux Batignolles-Monceaux (Seine), clos des Cerisiers, 9.

M. Pidaut a exposé une platine pour fusil de munition, et qui est telle qu'on ne peut concevoir rien de plus simple. Cette platine se compose d'un chien-marteau, d'un grand ressort et d'un corps de platine remplissant l'office de la noix; trois pièces en tout composent donc la batterie. Cette idée, tout à fait nouvelle, est digne de récompense, car la platine de M. Pidaut est la plus simple que l'on ait imaginée jusqu'à ce jour.

Le jury décerne à M. Pidaut une médaille de bronze.

M. LEFAURE, à Paris, boulevard Poissonnière, 9.

M. Lefaure a mérité, en 1839, une mention honorable; en 1844, il s'est montré digne d'une récompense plus élevée, et pour la bonne exécution de ses platines, et pour le travail de lime remarquable de ses garnitures.

Le jury décerne à M. Lefaure une médaille de bronze.

MENTIONS HONORABLES.

M. PORQUET, à Pontoise (Seine-et-Oise).

M. Porquet a exposé deux carabines et quatre fusils de chasse.

L'une des carabines à canon en acier fondu, est à double ou simple détente à volonté ; elle est à guidon et hausse mobiles et gradués.

La seconde carabine porte double détente, aiguille avec support et double ponté réductible à l'aide d'une vis de pression ; guidon et hausse mobiles et gradués.

Ces armes sont bien exécutées.

Le jury accorde à M. Porquet une mention honorable.

M. HOULLIER-BLANCHARD, à Paris, rue de Cléry, 36.

M. Houllier-Blanchard a exposé des armes bien exécutées ; on a remarqué une paire de pistolets de luxe dont les ornements sont d'un très bon goût.

Le jury accorde à M. Houllier-Blanchard une mention honorable.

M. DEVISME, à Paris, boulevard des Italiens, 26.

M. Devisme a exposé des armes dignes d'éloge.

Le jury accorde à M. Devisme une mention honorable.

M. CARON, à Paris, passage de l'Opéra, 20.

M. Caron a exposé des fusils (à coupe anglaise)

bien confectionnés ; on a remarqué un fusil riche-
ment décoré.

Le jury accorde à M. Caron une mention honorable.

M. GUÉRIN, à Honfleur (Calvados).

On a remarqué avec intérêt un petit mécanisme
ingénieux inventé par M. Guérin, et qui sert, par
une combinaison nouvelle, à arrêter le jeu des gâchettes lorsque l'arme est hors des mains du chasseur.

Le chasseur, au moment où il met en joue,
désembraye les gâchettes et tout naturellement par
la seule pression de la main sur la poignée du fusil, et
cela au moment où il porte le doigt sur la gâ-
chette.

Le jury accorde à M. Guérin une mention honorable.

M. GODDET, à Paris, rue Saint-Lazare, 124.

M. Goddet, canonnier, a présenté des canons
de fusil connus dans le commerce sous le nom de
canons de Paris.

Ces canons sont bien fabriqués et ont résisté à
des épreuves très-fortes ainsi que le constatent des
procès-verbaux signés par plusieurs arquebusiers.

En 1839, M. Goddet avait obtenu une citation
favorable.

Le jury lui accorde, en 1844, une mention honorable.

M. ALIX, à Paris, rue Pastourelle, 8. (Système de M. le baron Heurteloup.)

M. Alix a exécuté le fusil inventé par M. le baron Heurteloup ; ce travail est digne d'éloge.

Le jury accorde à M. Alix une mention honorable.

M. JALABERT-LAMOTTE aîné, à Saint-Étienne (Loire).

M. Jalabert-Lamotte aîné a cherché à rivaliser avec *Liége* pour la fabrication des armes à bon marché, et dites *armes de traite*. Les premiers essais de M. Jalabert doivent être encouragés par le jury ; car il est utile d'appeler l'attention du commerce d'exportation sur certains produits de l'industrie française.

Le jury accorde à M. Jalabert-Lamotte aîné une mention honorable.

M. MARTIN, à Paris, rue Phelippeaux, 36.

Le jury accorde une mention honorable à M. Martin pour le mécanisme de son amorçoir inhérent au fusil.

CITATIONS FAVORABLES.

Le jury cite favorablement :

M. GOSSE, à Paris, rue Neuve-des-Mathurins, 19,

Pour son fusil se chargeant par la culasse.

M. BERTONNET, à Senlis (Oise),

Pour ses fusils bien fabriqués et à des prix modérés.

M. JOURJON, à Rennes (Ille-et-Villaine),

Pour un fusil bien exécuté et sculpté avec recherche.

M. SCHMITT, à Châlons-sur-Marne (Marne),

Pour un fusil à secret.

M. LORON, à Versailles (Seine-et-Oise),

Pour un fusil de luxe d'une belle exécution.

Fabrication des capsules-amorces, des poires à poudre et des cartouches.

MÉDAILLE D'ARGENT.

M. BOCHE, à Paris, rue du Faubourg Saint-Ma ı, passage du Désir, 89.

En 1839, M. Boche, fabricant de poires à poudre, a obtenu une médaille de bronze. Depuis cette époque, M. Boche a perfectionné ses produits, et sa vente s'est beaucoup augmentée. Les chasseurs ont adoptés son nouveau sac à plomb, à charge genouillère-lunette, ainsi que son amorçoir-navette, dont le mécanisme est aussi simple qu'ingénieux.

Les poires à poudre qu'on a remarquées dans les

nécessaires des arquebusiers admis cette année à l'exposition, sortent toutes des ateliers de M. Boche; les arquebusiers les ont ensuite gravés, ciselés, ornés suivant leur goût.

Tous les produits exposés par M. Boche sont de fabrication courante, et ils se font remarquer par une excellente execution.

Le jury décerne à M. Boche une médaille d'argent.

NOUVELLE MÉDAILLE DE BRONZE.

Madame veuve GÉVELOT et fils, à Paris, rue Notre-Dame-des-Victoires, 24.

En 1839, la fabrication des capsules-amorces de M. Gévelot fut récompensée par une médaille de bronze. Depuis cette époque, ce fabricant est mort, et c'est sa veuve et ses fils qui continuent à diriger la fabrique établie à Issy, près Paris, pour la confection de la poudre fulminante, et les ateliers de Paris où l'on fabrique les capsules.

Depuis 1839, madame veuve Gévelot a imaginé une nouvelle forme de capsule qui est exposée pour la première fois en 1844. La nouvelle capsule a la forme prismatique, cette forme la rend d'un emploi plus commode, on peut mieux la saisir, elle roule moins dans les doigts du chasseur.

Depuis 1839, madame veuve Gévelot a perfectionné les divers détails de sa fabrication, et ses produits sont toujours très-recherchés par le commerce. La maison Gévelot fabriquait bien en 1839, elle fabrique beaucoup mieux en 1844.

Le jury décerne à madame veuve Gévelot une nouvelle médaille de bronze.

MÉDAILLES DE BRONZE.

MM. GAUPILLAT, ILLIG, GUINDORFF et MASSE, aux Bruyères-de-Sèvres (Seine-et-Oise).

MM. Gaupillat, Illig, Guindorff et Masse ont établi aux Bruyères, près Sèvres, une fabrique de capsules-amorces dont les produits sont bons; ces fabricants, frappés des dangers que courent habituellement les ouvriers chargés de placer le fulminate dans les capsules, ont imaginé un bouclier qui met l'ouvrier à l'abri des petites explosions.

Cette pensée utile et heureusement réalisée, est digne de récompense.

Le jury décerne à MM. Gaupillat, Illig, Guindorff et Masse, une médaille de bronze.

M. CHAUDUN, à Paris, rue du Faubourg-Montmartre, 4.

M. Chaudun s'est particulièrement occupé de la fabrication des cartouches. Il a imaginé des cartouches en papier qu'il rend hydrofuge par une préparation particulière. L'auteur a donné à son papier préparé le nom de *papier-contractile*, parce que, lorsque le coup est tiré, le papier de la cartouche est grippé, et elle se retire très-facilement avec le doigt, de l'âme des canons qui se chargent par la culasse.

M. Chaudun a construit une nouvelle cheminée de fusil, qui est telle, qu'elle empêche tout éclat de capsule au moment du tir ; il a inventé divers instruments destinés à rendre la fabrication des cartouches-Robert très-facile aux chasseurs.

Les inventions de M. Chaudun sont dignes d'éloge.

Le jury décerne à M. Chaudun une médaille de bronze.

§ 2. FABRICATION DES LAMES EN ACIER DAMASSÉ. FOURBISSERIE.

Considérations générales.

Après nos campagnes d'Égypte, le goût des armes en acier damassé s'était répandu parmi les officiers.

Depuis notre conquête de l'Algérie, ce goût est devenu plus vif. Jusqu'à présent, malgré les travaux de Clouet et de M. Bréant, la fabrication de ces lames, si recherchées et auxquelles les orientaux accordent une si haute estime, n'avait pu s'introduire parmi nous. On faisait bien des lames en damas, mais elles étaient bien loin de celles d'Orient pour la richesse et la variété du damassé.

D'ailleurs les procédés n'étaient pas fixés de manière à servir à une fabrication courante et régulière.

L'exposition de 1844 nous a montré des produits remarquables en ce genre, et nos armuriers pourront facilement fabriquer des lames-damas aussi belles que celles venues de l'Orient; tous les procédés leur ont été généreusement abandonnés.

Les lames-damas ne seront jamais que des armes de luxe, car leur prix sera toujours forcément élevé.

Mais enfin nous ne serons plus tributaires de l'Orient, et notre industrie vient de conquérir un nouveau produit.

La fourbisserie a fait des progrès notables.

Elle fait mieux et à meilleur marché ; les objets qu'elle confectionne sont recherchés à l'étranger, surtout au Brésil et dans l'Amérique Méridionale. C'est à Paris qu'elle a son principal siége.

Fabrication de lames en acier damassé.

MÉDAILLE D'ARGENT.

M. le duc de LUYNES, rue Saint-Dominique-Saint-Germain, 38.

M. le duc de Luynes a exposé trente lames de sabres et des armes blanches de formes diverses, en acier damassé.

Après les travaux de Clouet, qui furent suivis de ceux de M. Bréant, on ignorait encore les véritables procédés suivis par les orientaux dans la fabrication de leurs *damas*. M. le duc de Luynes s'est proposé la solution de ce problème, établir d'une *manière industrielle* la fabrication des *lames-dumas*; et il l'a parfaitement résolu.

Les lames en acier corroyé contenant du nickel, ont surtout fixé l'attention du jury. Le large damassé, moiré et ondulé, de ces sabres produit beaucoup d'effet par le contraste de ses veines blanches et noires.

M. Le duc de Luynes ayant la conviction qu'il avait en sa possession des procédés de fabrication qui pouvaient rivaliser avec ceux des Orientaux, a fait un voyage au Caire et à Damas pour montrer ses produits aux fabricants de ces contrées. Là, il a acquis la certitude qu'il avait bien en effet résolu le problème qu'il s'était posé; et de retour dans son pays, il a communiqué aux armuriers français, avec autant de simplicité que de générosité, la marche de toutes ses opérations métallurgiques; car M. de Luynes *n'avait entrepris ce travail que dans l'espoir de le voir un jour servir aux progrès de l'industrie.*

La solution du problème relatif à la fabrication courante des *lames damassées* est sans doute une chose digne d'intérêt, mais l'industrie française n'en retirera pas les avantages dont on la dotera, le jour où on lui apprendra à fabriquer, avec nos meilleurs fers, de l'acier fondu égal à celui que l'on est forcé de tirer d'Angleterre.

Espérons donc que M. le duc de Luynes se livrera tout entier, avec sa persévérance habituelle et son dévouement si connu aux progrès des arts et de l'industrie, à la solution du nouveau problème posé. Ses premiers travaux l'ont déjà mis sur la route; qu'il achève, et il aura bien mérité de l'industrie de son pays.

Il est beau de descendre dans la lice, avec les *travailleurs*, lorsque l'on possède une position élevée dans la société et une grande fortune patrimoniale. M. le duc de Luynes a donné un noble exemple en suivant le précepte qui dit : *les travaux industriels et artistiques ennoblissent même les plus nobles.*

A la fabrication des lames en acier damassé, le jury accorde, en 1844, la seconde de ses récompenses ; mais tout nous porte à croire que dans cinq ans, le problème, sur l'acier fondu, sera résolu ; et le jury serait sans doute heureux d'accorder la médaille d'or à l'auteur d'une fabrication aussi utile.

Le jury décerne à M. le duc de Luynes la médaille d'argent.

Fourbisserie.

MÉDAILLES DE BRONZE.

M. MARTIN, à Paris, rue Phelippeaux, 36.

M. Martin, fourbisseur et fabricant d'armes de tous genres, a exposé des sabres richement montés et remarquables par le bon goût des ornements et le fini du travail, qui est dû moins au ciseleur qu'à l'emploi bien entendu des procédés mécaniques. On a distingué les lames montées dans le genre oriental ; mais ce qui a surtout fixé l'attention du jury, c'est la bonne confection des armes simples et qui sont livrées au commerce à des prix très-modérés.

Par les perfectionnements apportés dans sa fabrication, M. Martin peut livrer à 15 fr. et 25 fr. ce qui ne pouvait se livrer qu'à 35 fr. et 40 fr.

Maintenant on fait mieux et à meilleur marché, il y a donc un progrès réel dans l'art du fourbisseur.

Le jury décerne à M. Martin une médaille de bronze.

M. DELACOUR, à Paris, rue aux Fers, 20.

M. Delacour, fourbisseur, a exposé un grand nombre de sabres et d'épées de modèles différents; ces armes sont montées, les unes très-simplement, les autres très-richement.

L'art du fourbisseur a vraiment fait de grands progrès; les poignées ont des formes moins lourdes et les ornements sont d'un bon goût. Les armes riches sont livrées au commerce à des prix bien inférieurs à ceux exigés il y a plusieurs années, et le prix des sabres destinés aux officiers d'infanterie est vraiment si réduit que l'on a lieu d'en être surpris; ainsi M. Delacour livre un sabre dont la poignée est en cuivre *composé de manière à imiter le vermeil* et n'ayant nullement besoin d'être doré, pour la somme de neuf francs.

On a remarqué un mécanisme ingénieux et tout nouveau, imaginé par M. Delacour, au moyen duquel un officier peut, en ne se servant que du pouce de la main droite, faire relever la coquille de garde au moment où il tire son épée; et cela, par une simple pression sur un bouton. Ce moyen sera généralement adopté, car il est bien préférable à celui usité, et qui presque toujours exige que l'officier se serve de ses deux mains, ce qui est gênant et dis-gracieux, surtout lorsqu'on est à cheval.

M. Delacour emploie beaucoup de lames qu'il fait venir de Solingen parce qu'elles sont plus riche-ment décorées que celles qui sortent de nos fabri-ques de Klinginthal et Châtelleraut; ces lames sont montées dans ses ateliers et expédiées, pour la plu-part, au Brésil.

Le jury décerne à M. Delacour la médaille de bronze.

Fabrication de couteaux de chasse.

MENTION HONORABLE.

MM. DUMONTHIER et CHARTRON, à Houdan, près Mantes (Seine-et-Oise).

MM. Dumonthier et Chartron ont exposé des couteaux de chasse-pistolets.

La crosse du pistolet sert de manche au couteau; ces armes peuvent être utiles dans certaines chasses; elles sont bien confectionnées.

Le jury accorde à MM. Dumonthier et Chartron une mention honorable.

CITATION FAVORABLE.

Le jury cite favorablement :

M. A. GILBERT, ancien sous-lieutenant au 57e de ligne, à Paris, rue des Saints-Pères, 12,

Pour une giberne d'infanterie qui est ingénieuse-ment combinée.

SECTION V.

ÉCLAIRAGE.

M. Pouillet, rapporteur.

Considérations générales.

L'éclairage, considéré d'une manière générale, est d'une très-haute importance économique : il absorbe annuellement des capitaux considérables; et cette énorme dépense pèse à la fois sur toutes les conditions de l'état social, sur le pauvre comme sur le riche, sur les populations éparses et isolées dans nos campagnes, comme sur les populations réunies dans nos grandes cités.

Les moindres épargnes dans les méthodes d'éclairage, deviennent donc, en se multipliant sur toute l'étendue du pays, un véritable élément de richesse, sans compter que les perfectionnements dans la construction des appareils peuvent contribuer encore à réduire peut-être les causes d'incendie et les dommages qui en résultent. C'est surtout dans les questions de cette espèce qu'il est permis de dire qu'il n'y a pas de petites économies : plus une consommation est impérieuse pour le peuple, plus il importe d'y satisfaire à peu de frais. Aussi, depuis un demi-siècle, de-

puis que les sciences expérimentales ont donné
à l'industrie un nouvel essor, la question de l'é-
clairage a-t-elle fait d'immenses progrès : on a
vu de toutes parts d'habiles inventeurs s'en occuper avec prédilection et avec un rare bonheur;
les premières et les plus importantes découvertes
en ce genre, se rattachent, en France, aux noms
d'Argand, de Quinquet, de Bordier-Marcet, de
Carcel et Carreau, de l'ingénieur Lebon; et, en
Angleterre, au nom d'un illustre chimiste : de
Davy.

Les perfectionnements ont été de deux sortes :
les uns se rapportent au choix et à la préparation
des combustibles qui donnent la lumière; les autres se rapportent aux appareils de combustion.

Combustibles d'éclairage.

Autrefois, comme combustibles, on ne connaissait guère que la cire, l'huile et le suif; la découverte du gaz d'éclairage, par Lebon, a été le
prélude de nouvelles découvertes non moins importantes : la chimie a bientôt reconnu que les
carbures d'hydrogène étaient le principe essentiel de tout éclairage, et que ces carbures pouvaient non-seulement se présenter sous les formes
les plus diverses, mais qu'ils pouvaient aussi se
tirer des sources les plus différentes. De là une

série de découvertes qui sont industriellement très-dignes d'attention. Les carbures propres à l'éclairage ont été tirés successivement des matières schisteuses, de la résine et de ses dérivés, des eaux savonneuses qui infectaient les rues de certains pays de fabrique, de l'alcool, du bois, et même des goudrons ou autres matières provenant des distillations de la houille, du bois et de diverses matières organiques. C'est ainsi que dans l'espace de quelques années, le nombre des matières propres à fournir un brillant éclairage, s'est prodigieusement accru, par cela seul qu'on est parvenu à bien constater quels sont les éléments chimiques qui produisent économiquement la lumière par leur combustion dans l'air.

Parmi ces moyens quels sont ceux qui prévaudront, soit pour l'éclairage public, soit pour l'éclairage domestique? C'est une question qui n'est pas susceptible d'une solution absolue; l'économie est dépendante des industries diverses qui se trouvent liées à l'exploitation de ces divers produits; ce sont autant d'enchaînements de fabrications qui réagissent les unes sur les autres, et qui se font une concurrence utile pour arriver à une production de lumière très-économique. (Ce sujet appartient plus spécialement à une autre partie de nos rapports. Voyez le *Rapport* de *M. Payen sur les combustibles d'éclairage*, page 822.)

Appareils.

Les appareils d'éclairage peuvent aujourd'hui se séparer en trois catégories distinctes :

1° Les lampes à huile qui brûlent le liquide au moyen d'une mèche.

2° Les lampes à gaz qui brûlent des carbures gazeux formés dans l'appareil lui-même au moyen de la chaleur de la flamme.

3° Les appareils à gaz qui reçoivent d'un gazomètre des carbures gazeux préparés d'avance.

Lampes à huile. — Dans les lampes proprement dites, en laissant de côté la forme plus ou moins élégante et les ornements d'un goût plus ou moins parfait qui les décorent, il n'y a en réalité que deux choses à considérer, savoir : *le bec* et *l'alimentation*. Et chacune de ces deux parties fondamentales de la lampe a été, vers le commencement de ce siècle, l'objet d'une découverte qui a produit dans l'éclairage une véritable réforme.

Argand a inventé, en 1786, le bec à double courant d'air, qui seul peut donner une bonne combustion et une flamme vive, sans mélange de rouge vers le sommet ; Carcel et Carreau ont inventé, en 1799, l'alimentation mécanique qui, en renouvelant le liquide assez rapidement, ne permet pas à la mèche de se charbonner.

C'est à l'une ou à l'autre de ces inventions primitives que viennent se rattacher tous les perfectionnements réels que les lampes ont éprouvés depuis Argand et Carcel.

La forme du bec n'a pas, toutefois, donné naissance à autant d'essais de perfectionnements que l'alimentation. Si l'on excepte les moyens mécaniques d'élever ou d'abaisser la mèche, qui ont été assez variés, on ne peut guère signaler que deux modifications importantes : l'une qui consiste à faire des becs de très-petite dimension, et par conséquent extrêmement économiques, ce qui présentait de grandes difficultés ; l'autre qui consiste à faire arriver le courant d'air extérieur entre deux calottes très-ingénieusement disposées : c'est ce qui constitue la lampe dite *Solaire* qui figurait à l'exposition.

Quant à l'alimentation, elle a été l'objet d'une foule de perfectionnements de deux genres différents. Les uns se rattachent aux principes d'hydrostatique, tels sont, par exemple, ceux qui se remarquent dans les lampes de MM. Girard, de Thilorier et Serrurot, et surtout dans les procédés si ingénieux de M. Robert, pour alimenter un grand nombre de becs au moyen d'un seul réservoir. Les autres se rattachent aux principes de mécanique; parmi les inventeurs quelques-uns ont conservé le mécanisme d'horlogerie de Carcel, et se sont appliqués seulement à changer le système des pompes qui élèvent le liquide; d'autres ont essayé de simplifier le mécanisme lui-même; d'autres enfin ont supprimé le mécanisme pour conserver le moteur seulement, c'est-à-dire le ressort, et pour cela il lui ont donné les formes et les dispositions les plus variées; ces derniers perfectionnements sont les plus récents, l'exposition en offrait plusieurs exemples, que le jury a regardés comme dignes d'intérêt et d'encouragement, parce qu'ils permettent de livrer à la consommation de bonnes lampes à un prix qui atteint à peine le quart du prix des bonnes lampes de Carcel.

Lampes à gaz. — Ce système de lampe est nouveau, c'est en quelque sorte pour la première fois qu'il paraît à l'exposition. D'après ce que nous avons déjà dit, on peut juger qu'ici aucun mécanisme n'est nécessaire. L'alimentation se fait simplement par la capillarité d'une mèche de coton, qui élève le liquide vers la partie supérieure du bec, où il est volatilisé par la chaleur de la flamme; ce gaz, ainsi formé, s'échappe par de petites ouvertures tout à fait analogues à celles des becs de gaz. Le problème consistait donc :

1° à emprunter à la flamme, pour le conduire au liquide, le calorique nécessaire à la volatilisation ; 2° à bien disposer les ouvertures d'échappement et la forme de la cheminée ; 3° enfin, à se donner des moyens sûrs de régler la formation du gaz, de modérer la flamme et de l'éteindre. Ces difficultés ont été résolues de la manière la plus satisfaisante.

Le liquide que l'on peut brûler de la sorte, doit nécessairement être un carbure suffisamment volatil ; il se compose en général d'alcool et d'essence de térébenthine, ou d'alcool et d'huiles diverses, ou enfin d'autres mélanges où l'alcool peut lui-même être suppléé. Mais que ce soit un *alcoolat* ou un autre carbure, ce liquide est toujours de telle nature qu'il prend feu au contact de la flamme, et que s'il vient à se répandre, il faut craindre d'y mettre le feu, il brûlerait comme de l'alcool ou de l'eau de Cologne.

Il est fort à désirer que cette circonstance ne devienne pas dans la pratique un inconvénient grave, car il serait alors permis d'espérer que l'alcool, qui s'obtient maintenant à si bas prix, ne tarderait pas à devenir l'un des éléments de l'éclairage domestique.

D'autres carbures, analogues aux précédents, mais moins purs, et beaucoup plus économiques, peuvent servir à l'éclairage extérieur ;

cette invention récente de M. Rouen, paraît s'annoncer comme tout à fait digne d'attention. Cependant elle présente une difficulté de plus, c'est celle de faire arriver le liquide en proportion convenable dans la partie du bec où il doit être vaporisé.

Appareils à gaz. — L'emploi du gaz, soit pour l'éclairage public, soit pour l'éclairage particulier. exige de nombreux appareils, savoir : les appareils de production et d'épuration, les gazomètres proprement dits, les conduites ou en général les moyens de transport, les compteurs, les robinets et les becs. Il n'y a aucun de ces systèmes d'appareils qui n'ait reçu des perfectionnements récents et qui ne soit susceptible d'en recevoir encore. Cependant les becs, les robinets et les compteurs, s'exécutent maintenant avec beaucoup de précision et d'économie, et ce n'est pas là sans doute où l'on peut espérer prochainement de grandes et utiles réformes.

NOUVELLE MÉDAILLE D'ARGENT.

M. ROBERT, à Paris, rue Poissonnière, 18.

M. Robert a le double mérite d'avoir étudié pratiquement et avec succès les deux parties si distinctes de la question de l'éclairage : celle qui se rapporte à la préparation des combustibles et celle qui se rapporte au perfectionnement des appareils.

Pour les lampes à huile, il a imaginé un système d'alimentation hydrostatique qui lui permet d'établir de simples becs, fixes ou mobiles, dans les diverses pièces, et même dans les divers étages d'un édifice ou d'un atelier, tandis qu'un réservoir unique, convenablement placé, fournit, avec juste mesure, à la consommation de chacun, et reçoit l'excédant par des retours habilement combinés.

Pour les lampes à gaz, il est parvenu à extraire et à composer de nouveaux carbures, qui, dans certaines circonstances, peuvent remplacer avec avantage le carbure résultant du mélange de l'essence de térébenthine avec l'alcool déshydraté; en même temps, il a introduit des perfectionnements importants dans la construction de sa lampe à gaz, destinée à brûler des carbures volatils.

Le jury décerne à M. Robert, pour l'ensemble de ses travaux, une nouvelle médaille d'argent.

MÉDAILLES D'ARGENT.

M. BREUZIN, à Paris, rue du Bac, 13.

M. Breuzin construit avec autant de goût que de précision, tous les appareils destinés à l'éclairage des appartements, et il parait être l'un des premiers qui se soient appliqués avec persévérance et avec un succès réel à l'invention des lampes à gaz.

Comme ces lampes peuvent être alimentées par des carbures qui diffèrent en volatilité et même en composition, l'on comprend que les becs destinés à brûler ces mélanges divers, doivent aussi présenter des différences plus ou moins essentielles. L'habileté consiste à remplir dans chaque cas les conditions voulues, pour que la combustion se règle et se maintienne entre certaines limites, et en même temps pour qu'elle soit toujours parfaitement complète et sans aucune odeur. M. Breuzin possède à un haut degré l'art de trouver ces combinaisons heureuses qui triomphent des plus grandes difficultés.

L'exposition de 1839 lui avait valu une médaille de bronze ; pour récompenser ses nouveaux succès le jury lui accorde une médaille d'argent.

M. ROUEN, à Paris, rue Neuve-Saint-Martin, 5 *bis*.

M. Rouen a présenté à l'examen du jury une invention qui parait destinée à produire une importante réforme dans l'éclairage public. Il s'agit de remplacer le gaz courant et toutes les servitudes qu'il

entraine, par des *lanternes à gaz*, brûlant des
huiles essentielles, ou des carbures tirés de la distillation des menus de houille bitumineuse, ou
même des goudrons de houille. Il y a là tout une
question d'économie publique, dont personne ne
peut méconnaître la portée. Les essais qui ont été
faits pendant environ un an dans quelques rues de
Paris, dans des gares de chemins de fer, et ceux
que l'on a pu voir dans les trente-deux lanternes qui éclairaient le palais de l'industrie
pendant l'exposition, permettent d'espérer que ce
nouveau système a réellement de l'avenir. S'il
reste encore quelques perfectionnements à introduire dans l'appareil de combustion, M. Rouen
qui a déjà porté si loin la solution de ce grand
problème, ne tardera pas sans doute à la rendre
complète.

Le jury voit avec satisfaction les efforts de
M. Rouen, et il lui accorde une médaille d'argent.

MM. CHABRIÉ et NEUBURGER, à Paris, rue de la Monnaie, 9, et rue Vivienne, 4.

MM. Chabrié et Neuburger ont de grands ateliers
de construction où se fabriquent avec soin et
précision toutes les pièces des appareils d'éclairage.

La lampe *dite solaire* qu'ils ont présentée à
l'examen du jury, est sans aucun mécanisme
pour l'alimentation : la capillarité seule élève le
liquide à la mèche; sous ce rapport elle a donc
toute la simplicité des lampes anciennes; ce qui la

distingue c'est la forme du bec et le mode de combustion. Le courant d'air intérieur s'établit comme dans la plupart des becs d'Argant, mais le courant d'air extérieur ne ressemble à rien de ce que l'on avait tenté jusqu'à présent ; c'est une innovation remarquable, et l'expérience a prouvé qu'elle était heureuse. Ainsi la lampe solaire réalise un perfectionnement qui pouvait être regardé comme peu probable, elle supprime toute alimentation artificielle soit par les moyens mécaniques, soit par les moyens hydrostatiques, et en même temps elle montre que jusqu'à présent l'on n'avait pas suffisamment apprécié toutes les ressources que l'on peut tirer de la direction et de l'intensité des courants d'air qui déterminent la combustion.

Le jury accorde à MM. Chabrié et Neuburger une médaille d'argent.

NOUVELLES MÉDAILLES DE BRONZE.

M. GOTTEN, à Paris, place des Victoires, 3.

M. Gotten est l'un des plus anciens et des plus habiles lampistes de Paris ; il fut des premiers à modifier la lampe de Carcel, en y introduisant ingénieusement la pompe dite *pompe des prêtres*, en simplifiant le mécanisme, en assurant sa régularité, et en rendant les fermetures plus parfaites. Ces inventions diverses, toutes utiles, ingénieuses et bien raisonnées, lui valurent plusieurs médailles de bronze aux expositions précédentes ; M. Gotten a présenté aujourd'hui des perfectionnements nouveaux et particulièrement un moyen de supprimer les vis sans fin dans le mécanisme de la lampe.

Le jury se plaît à reconnaître les services rendus par M. Gotten, et il lui accorde une nouvelle médaille de brouze.

M. JOANNE, à Paris, rue Sainte-Avoye, 63.

M. Joanne est l'un des premiers qui ait obtenu quelques succès en substituant une simple pression mécanique au mouvement d'horlogerie qui détermine l'alimentation du bec. Ses lampes successivement perfectionnées, soit par des dispositions qui règlent d'une manière plus sûre l'écoulement du liquide, soit par des appareils qui modèrent les courants d'air, reparaissaient à l'exposition avec des perfectionnements nouveaux dont l'importance est bien constatée.

Le jury accorde à M. Joanne une nouvelle médaille de bronze.

M. SERRUROT, à Paris, rue Richelieu, 89.

M. Serrurot, ancien associé de M. Thilorier, pour l'exploitation des lampes *hydrostatiques*, où l'huile s'élève par la pression d'une colonne de sulfate de zinc, a reproduit ces lampes à l'exposition. Il en a rendu la construction plus précise et plus économique; il y a de plus introduit quelques dispositions nouvelles qui ne sont pas sans avantages.

Le jury décerne à M. Serrurot une nouvelle médaille de bronze.

MÉDAILLES DE BRONZE.

M. CHATEL jeune, à Paris, rue des Trois-Pavillons, 18, au Marais.

M. Chatel jeune a présenté à l'exposition divers objets, parmi lesquels le jury a surtout remarqué une lampe dite *carcel perfectionnée*, où tout le mécanisme se réduit à un large ressort, formant une longue spire conique quand il est débandé, et une spire cylindrique quand il est tendu. Ce ressort pousse un piston garni de cuir embouti, qui soulève toute la colonne d'huile, pour la faire successivement arriver au bec. Les régulateurs d'écoulement, les tubes qui donnent issue à l'air ou qui lui permettent de rentrer sous le piston, sont ingénieusement disposés, et la lampe de M. Chatel jeune, dont le prix ne dépasse pas 14 ou 15 francs, paraît fonctionner avec régularité, même quand elle brûle des huiles communes.

Le jury décerne à M. Chatel jeune une médaille de bronze.

MM. TRUC et BRISMONTIER, à Paris, rue Porte-Foin, 3.

MM. Truc et Brismontier ont présenté, sous le nom de *néo-carcel*, une lampe dont tout le mécanisme se compose pareillement d'un ressort et d'un piston à cuir embouti. Ici le ressort est fixé dans un barillet vertical, en dehors du réservoir d'huile; le piston porte deux chaînes attachées, l'une à sa face supérieure, l'autre à sa face inférieure; la première s'enroule au-dessous du bec, sur un axe horizontal qui sert de remontoir; la seconde s'enroule sur une poulie qui fait corps avec l'axe mobile du barillet, et ne peut pas se dérouler sans bander le ressort. Il en résulte que dans sa position naturelle, le piston est au bas de sa course, et reçoit l'huile sur sa face supérieure lorsqu'on fait la lampe; alors en tournant le remontoir, le piston se lève, le ressort se bande, et l'huile passe au-dessous du piston, par le cuir embouti, qui fait en même temps l'office de garniture périphérique et de soupape. L'action du ressort rappelle le piston, mais le liquide fait obstacle et reçoit sa pression : c'est là ce qui l'oblige à monter par un petit tube fixe partant du fond du réservoir et s'élevant jusqu'au bec en traversant le piston, par une garniture convenable. Une longue cremaillière, descendant jusqu'au bas de ce tube ascensionnel, et liée au porte-mèche, sert en même temps à élever la mèche, à régler l'écoulement du liquide, et à nettoyer le tube lui-même.

Cette construction est économique et paraît donner d'assez bons résultats. Le jury accorde à MM. Truc et Brismontier une médaille de bronze.

M. DUBRULLE (André-Narcisse), à Lille (Nord).

M. Dubrulle a fondé à Lille un établissement intéressant pour les principaux travaux de ferblanterie et pour la construction des lampes; il s'est montré ingénieux et habile par plusieurs perfectionnements dont le jury départemental a constaté les avantages. La lampe de Davy, que M. Dubrulle a présentée à l'exposition, ne se fait pas seulement

remarquer par sa bonne construction ; elle est tellement disposée qu'elle permet à un ouvrier d'être
imprudent, ce qui n'est pas un médiocre avantage ;
si on l'ouvre, elle s'éteint à coup sûr.

Le jury, appréciant les efforts intelligents de
M. Dubrulle, lui accorde une médaille de bronze.

M. NICOLLE, à Paris, rue Amelot, 64.

M. Nicolle est à la tête d'un établissement considérable, où il fabrique tout ce qui appartient au
mécanisme et à la décoration des appareils d'éclairage. Les lustres, les lampes, les lanternes de cours
et les robinets qu'il a présentés à l'examen du jury,
sont d'une très-bonne exécution. Les perfectionnements qui se font remarquer dans ses divers ajustements sont dignes d'intérêt.

Le jury accorde à M. Nicolle une médaille de
bronze.

M. RÖCKEL-DUBUT, à Metz (Moselle).

M. Röckel-Dubut, de Metz, se recommande à la
fois par les excellents témoignages du jury départemental, et par les objets divers qu'il a présentés à
l'exposition. Ses bouilloires à robinet et à bec, ses
lampes en fer-blanc verni et en cuivre estampé,
prouvent qu'il dirige sa fabrication avec intelligence.
Sa lampe à piston, quoique d'un prix fort modique,
est cependant très-bien conçue et très-bien exécutée.

Le jury accorde à M. Röckel-Dubut une médaille
de bronze.

MENTIONS HONORABLES.

Le jury accorde des mentions honorables à :

M. CABEU, à Paris, rue de la Grande-Friperie, 21,

Pour ses nouvelles lampes à lyre et à niveau constant.

M. DECOURT, à Paris, passage Choiseul, 28 et 30,

Pour ses *lustres, vases-candelabres*, et *vases-lampes.*

M. DESBEAUX, à Paris, galerie Delorme, 27 et 29,

Pour ses lampes et appareils d'éclairage.

M. DOMBROWSKI, à Paris, rue Saint-Honoré, 343,

Pour ses lampes Carcel toujours très-bien construites.

M. LÉCUYER, à Paris, rue Montmartre, 63,

Pour ses lampes dites *oléostatiques.*

MM. LEVENT et LAMY, à Paris, rue Montmartre, 14,

Pour ses lampes dites *oléarigaz*, ses lampes à réflecteurs, ses manchons et lanternes.

M. MARIE, à Paris, rue Bleue, 3 *bis*,

Pour sa lampe où l'huile monte par un ressort de pendule.

MM. PARIZOT et Cie, à Paris, rue du Faubourg-
du Temple, 7,

Pour leurs robinets à gaz.

M. ROUCHE, à Paris, rue Sainte-Avoie, 63,

Pour ses lampes à gaz hydrogène.

M. SILVANT, à Paris, rue Croix-des-Petits-
Champs, 43,

Pour ses lampes et appareils d'éclairage.

CITATIONS FAVORABLES.

Le jury accorde des citations favorables à :

MM. BAPTEROSSE et FELDTRAPPE, à Paris,
rue du Faubourg-Saint-Denis, 152,

Pour leur coupe-mèche circulaire.

M. DEHENNAULT, à Paris, rue Neuve-Vivienne,
30,

Pour ses lampes de divers modèles.

M. GILLET, à Paris, rue du Port-Mahon, 14,

Pour sa lampe.

M. GRISON, à Paris, rue Salle-au-Comte, 8,

Pour sa fabrication de mèches.

MM. HÉLYOTTE et CHWEBACK, à Paris, rue de
Bréda, 21,

Pour ses lampes de divers modèles et son assortiment de becs.

M. MATHIEU, à Chaillot (Seine), rue des Ba-
tailles, 5,

Pour sa lampe.

M. MOULIN, à Paris, rue du Faubourg-Saint-
Antoine, 75,

Pour ses robinets de sûreté et appareils fumi-
vores.

M. VALSON, à Paris, rue des Nonaindières, 2,

Pour sa lampe à nouveau bec.

M. VINCOURT, à Paris, rue Rambuteau, 27,

Pour sa fabrication de mèches.

CINQUIÈME COMMISSION.

ARTS CHIMIQUES.

Membres de la Commission.

MM. Thénard (Baron), président; D'Arcet, Berthier, Brongniart. Chevreul, Combes, Dumas, Payen, Péligot, Pouillet.

SECTION PREMIÈRE.

SUBSTANCES ALIMENTAIRES, SAVONS, COLLES ET GÉLATINES.

M. D'Arcet, rapporteur.

§ 1. PRÉPARATION ET CONSERVATION DES SUBSTANCES ALIMENTAIRES.

Considérations générales.

Les produits dont nous avons à nous occuper dans ce chapitre, servant à la nourriture de toutes les classes de la société, méritent, au plus haut degré, de fixer notre attention. Ces produits sont, il est vrai, bien loin de représenter toutes

les opérations qui ont pour but de préparer
et de conserver les substances alimentaires,
mais il n'en aurait pu être autrement sans
compromettre l'institution, par l'encombrement
qu'occasionnerait, dans un local relativement
très-restreint, la réunion de toutes les productions dues à ces nombreuses branches d'industrie.

L'administration a essayé, à chaque exposition, de régulariser cette partie du travail, mais
les difficultés qu'il y avait à bien établir la ligne
de démarcation entre les substances alimentaires
qui pourraient être admises et celles qu'il fallait
refuser, se sont jusqu'ici opposées à ce que tous les
jurys départementaux interprétassent de la même
manière la prescription faite par M. le ministre de
l'agriculture et du commerce dans sa circulaire en
date du 15 décembre 1843. De là sont résultés
de graves embarras pour les jurys départementaux et pour le jury central. Ces difficultés ont
donné naissance à quelques réclamations fondées;
elles sont cause que divers produits nouveaux
n'ont pas été envoyés à l'exposition et que d'autres, qui y ont été présentés, n'ont pu y être
admis. Néanmoins nous avons remarqué avec un
vif intérêt, dans cette partie de l'exposition, le
grand développement donné au procédé d'Appert, à la préparation des pâtes alimentaires, à

celle des farines de légumes cuits, aux salaisons,
à l'étuvage des farines, à la préparation des légumes secs décortiqués, etc.

Quant aux objets nouveaux mis à l'exposition,
ils ont été peu nombreux. Ici nous avons cependant à citer l'extraction du gluten frais dans
la fabrication de l'amidon, et l'emploi de cette
substance alimentaire azotée dans plusieurs industries culinaires; les travaux faits pour reconnaître le mélange de la fécule avec la farine
de blé et pour estimer la qualité de cette farine
considérée sous le rapport de la panification; la
fabrication économique de la farine de pomme de
terre cuite; de nouveaux procédés de bouchage
des vases à grandes ouvertures; l'amélioration
des fromages d'Auvergne et les produits qui ont
ramené l'attention publique sur les procédés de
l'incubation artificielle.

Ajoutons que ce qui caractérise l'exposition actuelle, dans la partie qui nous occupe, c'est une
tendance générale à augmenter la quantité des
produits, tout en améliorant leur qualité et en
diminuant leur prix. Sous ce triple rapport le
succès a été presque général, et tout fait espérer
qu'une aussi bonne direction ne sera pas abandonnée, et que le jury central de l'exposition suivante aura encore à constater, en faveur de tous
les consommateurs, le développement constant

et régulier de la branche d'industrie qui fait le sujet de ce rapport.

RAPPEL DE MÉDAILLE D'OR.

M. PRIEUR-APPERT, à Paris, rue Folie-Méricourt, 4.

M. Prieur-Appert a exposé une collection remarquable de substances alimentaires conservées par le procédé dont M. Appert avait fondé et généralisé l'emploi, et pour lequel il avait obtenu la médaille d'or à l'exposition de 1827. Le jury central saisit avec empressement l'occasion qui se présente d'honorer la mémoire de M. Appert pour le service qu'il a rendu à l'économie domestique, et croit juste de rappeler en faveur de son successeur, et comme il l'a fait en 1839, la médaille d'or accordée à l'inventeur, lors de l'avant-dernière exposition.

RAPPELS DE MÉDAILLES D'ARGENT.

M. RAYBAUD, à Paris, rue Saint-Denis, 125.

M. Raybaud, qui obtint une médaille de bronze à l'exposition de 1834, et une médaille d'argent en 1839, a présenté cette année de beaux échantillons de vermicelle, de macaroni, de fécule de pomme-de-terre, de gluten et d'amidon; il fabrique en outre du savon de résine à 54 francs les 100 kilog., et de la moutarde qui est mise par son bas prix à la portée des classes pauvres.

Ce qui caractérise la fabrication de M. Raybaud,
c'est le grand développement qu'il a su lui donner
tout en ne livrant au commerce que des produits de
première qualité. M. Raybaud a exposé des échantillons d'amidon remarquables par leur blancheur
et par la beauté de leurs formes dites *cristallisation
en aiguilles*; il a fait un emploi judicieux du gluten
frais dans la fabrication de ses pâtes, façon d'Italie;
et il livre à la classe pauvre, de bon savon à bas
prix. Le jury central se plaît à reconnaître que
M. Raybaud est de plus en plus digne de la médaille d'argent qu'il a obtenue à l'exposition de 1839,
et qui est rappelée en faveur de cet habile fabricant.

MM. F. BERTRAND et A. FEYDEAU, à Nantes (Loire-Inférieure).

MM. Bertrand et Feydeau sont à la tête de l'une
des plus importantes fabriques de conserves alimentaires. Leur prédécesseur, M. Lesdig, avait obtenu
une médaille de bronze en 1834, et la médaille
d'argent leur fut décernée lors de la dernière exposition. Les produits qu'ils ont présentés ont particulièrement pour but de signaler les progrès qu'ils
ont fait faire au bouchage des bouteilles dans lesquelles ils renferment leurs préparations. Cette
partie du procédé d'Appert mérite maintenant une
attention sérieuse à cause du prix toujours croissant
auquel revient le bon liége propre à fabriquer de
grands bouchons.

MM. Bertrand et Feydeau ont envoyé à l'exposition des bouteilles en verre blanc, en verre noir et
en grès à larges ouvertures, et fermant à *l'émeri,*

par le moyen de bouchons en verre ou en grès ; ils
ont, en outre, exposé un modèle de fermeture en fer-
blanc, et se présentent avec une longue expérience
de ces procédés qu'ils emploient en grand depuis
quelques années. Le jury a vu avec beaucoup d'intérêt les produits de MM. Bertrand et Feydeau; il
apprécie l'importance des résultats qu'ils ont obtenus, et s'empresse de rappeler en leur faveur la
médaille d'argent qu'ils ont obtenue à l'exposition
de 1839.

NOUVELLES MÉDAILLES D'ARGENT.

M. GRENET fils, à Rouen (Seine-Inférieure).

M. Grenet, fabricant de gélatine comestible et
de diverses espèces de colles animales, continue à
occuper le premier rang dans ce genre de fabrication. Ses gélatines blanches, parfaitement pures,
sont employées de préférence par les cuisiniers des
principaux restaurateurs et des grandes maisons.
Quant à ses feuilles de colle blanche ou nuancées
de couleurs diverses, elles sont aussi d'une grande
transparence et remplacent la colle de poisson dans
tous les usages où l'ichthyocolle n'est employée
qu'après avoir été mise en dissolution dans l'eau
bouillante.

M. Grenet fils a joint à son envoi un grand nombre d'échantillons, d'applications diverses des
feuilles de gélatine blanche ou colorée, afin de
donner toute l'impulsion possible à ce genre d'industrie, et l'on peut dire qu'il n'est pas resté au-
dessous de sa réputation dans cette partie de ses

produits. Le jury central, regardant M. Grenet fils comme étant de plus en plus digne de la médaille d'argent qui lui a été accordée en 1834, et qui lui a été rappelée à l'exposition de 1839, prenant en outre en considération le développement considérable que M. Grenet fils a su donner au commerce de la gélatine comestible, des colles fines, des encollages et des colles préparées pour bains et différents apprêts, accorde une nouvelle médaille d'argent à cet habile fabricant.

M. MAGNIN, à Clermont-Ferrand (Puy-de-Dôme).

M. Magnin a obtenu une médaille de bronze en 1834, et une médaille d'argent à l'exposition de 1839; il se présente cette année avec de nouveaux titres à l'estime publique. Non-seulement il a soutenu la bonne réputation de ses produits, mais il en a perfectionné quelques-uns, en a créé de nouveaux, et en outre est parvenu à diminuer les prix tout en améliorant la qualité.

Le jury du département du Puy-de-Dôme affirme, comme il l'avait fait en 1839, que la majeure partie des améliorations introduites en Auvergne dans la fabrication des pâtes, façon de Gênes et d'Italie, est due à M. Magnin; que ses produits, mis en première ligne, ont donné une grande impulsion à ce genre d'industrie qui, employant les blés rouges et glacés du pays, se trouve être ainsi tout autant agricole que manufacturière.

M. Magnin a ajouté une chute d'eau de la force de quarante chevaux aux anciens moyens de production de son usine; il fabrique maintenant, outre ses pâtes alimentaires et ses farines de légumes cuits, des farines de riz et de châtaignes, et il a organisé une amidonnerie dans laquelle il obtient tout le gluten dont il fait usage pour améliorer la fabrication de ses macaronis, vermicelles et autres pâtes alimentaires.

M. Magnin a le premier appliqué les blés *glacés* du pays à la fabrication des pâtes; il a ainsi donné une grande valeur à ces blés qui, avant lui, se vendaient moins cher que le blé ordinaire, et n'achète plus de blés durs de Taganrog et d'Italie que lorsqu'il ne peut se procurer des blés durs d'Auvergne.

En 1844 comme en 1839, M. Magnin avait exposé des noudles remarquables par leur translucidité et leur bonne fabrication. Cette sorte de pâtes, plus délicate que le macaroni, est fort recherchée en Allemagne et en Alsace; elle se prépare avec de la semoule et des œufs. On n'en a pas vu de plus belle que celle exposée cette année.

Le jury central appréciant les services rendus à notre industrie et à notre agriculture par M. Magnin, décerne une nouvelle médaille d'argent à cet habile manufacturier.

MÉDAILLE D'ARGENT.

M. MARTIN (Émile), à Grenelle, quai de Javelle, près Paris (Seine), et à Paris, cité Trévise, 18.

M. Émile Martin, ancien fabricant d'amidon à

Vervins, est le premier parvenu à séparer économiquement le gluten de la farine de blé et à l'obtenir non altéré et propre à divers usages, tout en
préparant en grand de l'amidon de bonne qualité;
ce procédé, vérifié avec soin, valut à M. Émile
Martin le prix de 3,000 francs fondé par la Société
d'encouragement, pour la solution de cet important problème industriel et sanitaire. Une longue
expérience ayant depuis confirmé ces heureux résultats, l'Académie royale des sciences a décerné à
M. Émile Martin un prix de 4,000 francs pour avoir
complétement assaini la principale opération de
l'art de l'amidonnier.

M. Émile Martin avait établi à la Villette, près
Paris, une grande fabrique dans laquelle il avait
réuni son procédé d'extraction du gluten et de l'a-
midon à la fabrication des pâtes, façon d'Italie,
avec addition convenable de gluten, mais des difficultés locales se sont opposées à ce que ce bel établissement fût mis en activité. M. Martin a organisé
une petite fabrique à Grenelle, près Paris, et y a
mis ses procédés en pleine exécution.

Le jury central, appréciant les difficultés que
M. Émile Martin eut à vaincre, et les heureux résultats qu'il a obtenus sous le triple rapport de l'assainissement de l'art de l'amidonnier, de la conservation du gluten et de la possibilité d'utiliser de
diverses manières cette substance éminemment
nutritive, dans le régime alimentaire de l'homme,
décerne à M. Émile Martin la médaille d'argent
pour le récompenser de ses utiles travaux.

RAPPELS DE MÉDAILLES DE BRONZE.

M. GROULT, à Paris, rue Sainte-Apolline, 16.

M. Groult, l'un des meilleurs fabricants de farines de légumes cuits, est le successeur de M. Duvergier, créateur de cette branche d'industrie : M. Groult prépare des farines de légumes cuits pour potages et purées ; il fabrique aussi la farine de châtaignes cuites et beaucoup d'autres préparations du même genre ; il a rassemblé, en outre, dans son dépôt, les substances analogues demandées dans le commerce ; tous ces produits sont de bonne qualité et vendus à des prix modérés.

Le jury central désirant récompenser une industrie aussi complète et dont les produits sont utiles à la classe moyenne, accorde à M. Groult le rappel de la médaille de bronze qu'il a obtenue en 1839.

MM. PELLIER frères, au Mans (Sarthe).

MM. Pellier frères ont succédé à M. Coneau qui avait obtenu une médaille de bronze à l'exposition de 1834 pour la bonne préparation de ses conserves alimentaires. Le jury du département de la Sarthe dit que MM. Pellier frères suivent avec succès les bonnes traditions de cet établissement, et qu'ils ont donné une grande extension à leur commerce.

Le jury central rappelle la médaille de bronze décernée à cet établissement en 1834.

M. CHOMEAU, à Paris, rue Quincampoix, 63.

M. Chomeau est l'un de nos principaux fabricants de chocolat; dans ses ateliers, les diverses opérations sont faites au moyen de mécanismes très-bien organisés ayant pour moteur une machine à vapeur de la force de douze chevaux.

Le jury central lui confirme la médaille de bronze qu'il avait obtenue à l'exposition de 1839.

NOUVELLE MÉDAILLE DE BRONZE.

M. BOUDET-DRELON, à Clermont-Ferrand (Puy-de-Dôme).

La fabrique de M. Boudet-Drelon est l'une des premières où l'on se soit occupé avec succès de la fabrication des pâtes alimentaires dans le département du Puy-de-Dôme; elle était alors sous la direction éclairée de M. Auguste Drelon, beau-père de l'exposant.

M. Boudet-Drelon, qui a obtenu une médaille de bronze en 1839, fabrique par jour jusqu'à mille kilogrammes de produits, et fait un usage raisonné des blés *glacés* récoltés dans le département du Puy-de-Dôme; il regarde ces blés comme préférables, sous différents rapports, aux blés de Taganrog, résultat important pour l'agriculture du pays.

Le jury central, conformément à l'opinion émise par le jury du département du Puy-de-Dôme, place M. Boudet-Drelon sur la même ligne que M. Séjournet fils, et lui décerne une nouvelle médaille de bronze.

___

MÉDAILLES DE BRONZE.

MM. THÉBAUD frères, à Nantes (Loire-Inférieure).

MM. Thébaud frères ont exposé des échantillons de farines étuvées et de biscuits d'embarquement.

Leur fabrique, très-importante pour la marine de Nantes, a pour moteur une machine à vapeur de la force de vingt chevaux; ils étuvent par jour huit mille kilogrammes de farine, et font dans le même espace de temps quinze cents kilogrammes de biscuits, quantités qui pourraient être doublées, en cas de besoin, par un travail de nuit; dans l'état actuel des choses, le montant de leur vente s'élève à près d'un million de francs par année.

Parmi les certificats d'armateurs qui se trouvent dans le dossier de MM. Thébaud frères, il en est un qu'il faut citer, car il constate que des farines étuvées par ces fabricants ont supporté 27 mois de mer sans être détériorées, et que les barils restant au retour de ce voyage, pourraient être sans aucune inquiétude réembarqués pour une seconde campagne et servir à l'alimentation de l'équipage.

Le jury du département de la Loire-Inférieure, témoin journalier des heureux résultats obtenus par MM. Thébaud frères, donne, dans son rapport, des détails étendus fort intéressants sur cette importante fabrique.

Le jury central, admettant l'exactitude de ces

renseignements, récompense les utiles travaux de MM. Thébaud frères en décernant la médaille de bronze à ces habiles manufacturiers.

M. CORNILLIER aîné, à Nantes (Loire-Inférieure).

Les produits exposés par M. Cornillier aîné proviennent d'une industrie des plus importantes pour la marine et les colonies; établi à Nantes, le jury du département de la Loire-Inférieure s'est trouvé en mesure d'en apprécier les résultats; il lui a consacré un long article dans son rapport : on y voit que M. Cornillier a étudié l'art des salaisons dans les pays où elles se font le mieux, et qu'à force de soins et de persévérance, il est parvenu à surpasser les plus habiles en ce genre. La bonté de ses procédés est d'ailleurs attestée par de nombreux certificats d'armateurs, et surtout par l'accroissement considérable et rapide de ses ventes.

Le jury central, suffisamment éclairé par les renseignements qui précèdent et qui sont fournis par des juges bien compétents, apprécie les travaux de M. Cornillier aîné, comme ils méritent de l'être, et lui décerne la médaille de bronze.

M. PORCHERON (Gaspard), à Dijon (Côte-d'Or).

M. Porcheron est l'un des plus anciens fabricants de farines de légumes cuits. Il obtint, pour ces préparations, une mention honorable à l'exposition de 1834; mais il a depuis transporté son industrie à Dijon, où il fabrique, en outre, des légumes secs décortiqués et de la farine de pommes de terre cuites et en quelque sorte égrenées.

Cette farine, facile à préparer et à conserver, présente le moyen le plus assuré d'obvier à la chèreté et même à la disette du blé. La société d'encouragement a accordé à M. Porcheron une médaille d'argent et 1000 francs de récompense pour la préparation de sa farine de pommes de terre cuites, après s'être assurée de la facilité avec laquelle ce produit pouvait être préparé, et après avoir constaté qu'on pouvait obtenir de bon pain, bien levé, se conservant frais pendant plusieurs jours, en introduisant dans la pâte ordinaire, et par un procédé de panification dû à MM. Porcheron et Voinchet boulanger à Dijon, depuis $\frac{1}{5}$ jusqu'à $\frac{1}{4}$ de pâte préparée avec la farine de pommes de terre cuites.

Nous ajouterons qu'il paraît constant que M. Porcheron a fortement contribué au perfectionnement de la fabrication des pâtes alimentaires dans le département du Puy-de-Dôme.

Le jury central récompense des travaux si utiles et dont l'importance est si bien démontrée, en accordant à M. Porcheron la médaille de bronze.

M. ROBINE, à Paris, rue de l'Arcade, 33.

M. Robine s'occupe avec succès du perfectionnement de l'art du boulanger; la Société d'encouragement lui a accordé une somme de 1000 fr. en 1840, et un prix de 3000 francs en 1842 pour ses procédés d'essai des farines, et la même société lui décerna une médaille de bronze en 1844 pour la panification de la pomme de terre.

Le procédé d'essai des farines proposé par M. Robine, est loin d'être parfait, mais il donne le moyen de reconnaître et de choisir avec une exactitude suffisante les farines les plus favorables à la panification; de telle manière, qu'en réunissant ces procédés d'essai à ceux de M. Boland, on peut dire qu'en pratique, il ne reste que peu de choses à désirer à ce sujet.

Le jury central ayant égard aux services rendus par M. Robine, lui décerne une médaille de bronze.

M. BRANSOULIÉ (Jean-Pierre) fils, à Nérac (Lot-et-Garonne).

M. Bransoulié fils a présenté à l'exposition une collection de farines de minot et de farines de maïs étuvées et non étuvées : ce sont les produits d'une grande et belle fabrique organisée avec toutes les ressources de la mécanique, et livrant chaque année au commerce des quantités très-considérables de farines.

M. Bransoulié fils dessèche ses farines de minot et de maïs en leur faisant parcourir un long chemin dans une étuve chauffée de 75° à 80° centésimaux, au moyen de chaînes à godets qui les remontent mécaniquement et plusieurs fois dans le haut de l'étuve, et de plans inclinés qui les ramènent d'abord à plusieurs reprises vers le sol, et qui, en dernier lieu, les versent toutes chaudes dans les tonneaux où elles doivent être embarillées; ce nouveau moyen de dessiccation qui remplit complétement le but que l'on doit se proposer dans la préparation des farines étuvées, a en outre l'avantage d'éviter aux ouvriers le grave inconvénient d'un travail dans des étuves fortement échauffées, dont l'air contient toujours en suspension de la farine très-fine et sèche.

M. Bransoulié fils opère sur deux cents hectolitres de blé par jour, et emploie, en tout, cent vingt et un ouvriers.

Le jury central, appréciant toute l'importance de l'industrie que M. Bransoulié a développée dans le département de Lot-et-Garonne, et qui fut constatée par l'examen du jury départemental, le juge digne de la médaille de bronze qu'il lui décerne.

M. PARANT (François-Alexandre), à Limoges (Haute-Vienne).

L'établissement de M. Alexandre Parant se distingue par la perfection des produits qu'il livre à la boulangerie du département; on doit à ce fabricant l'importation dans la Haute-Vienne, et depuis 1830, du nouveau système de mouture; sa fabrique a pour moteur une machine hydraulique de la force de seize chevaux; et le mécanisme général de cette usine est si bien entendu, que M. Parant n'emploie que deux manœuvres pour diriger la mouture de soixante hectolitres de froment par 24 heures.

M. Parant avait obtenu une médaille de bronze en 1823, et une mention honorable en 1827 pour des travaux métallurgiques; le jury central s'empresse d'ajouter à ces titres honorables, une médaille de bronze, comme récompense du nouveau service rendu à son pays par M. A. Parant.

M. SÉJOURNET fils, à Clermont-Ferrand (Puy-de-Dôme).

M. Séjournet fils est l'un des principaux fabricants de pâtes alimentaires du département du Puy-de-Dôme; il a présenté à l'exposition de 1844 une collection de pâtes françaises, de farines de riz, de semoules de maïs et de noudles aux œufs; ce dernier produit pourrait devenir fort intéressant s'il était fabriqué en grand et dans un pays où les œufs seraient à très-bas prix, attendu qu'il donnerait le moyen de transporter au loin et où le besoin s'en ferait sentir, une nourriture très-animalisée à bas prix et n'exigeant que dix minutes de cuisson.

Nous ajouterons à ces détails, que M. Séjournet emploie les blés glacés récoltés dans le pays, et que sa fabrication est aussi remarquable par la bonne qualité de ses produits que par le bas prix auquel il les livre au commerce.

Le jury central, partageant l'opinion du jury du département du Puy-de-Dôme, met M. Séjournet sur la même ligne que M. Boudet-Drelon, et lui décerne la médaille de bronze.

M. BOLAND, à Paris, rue et île Saint-Louis, 60.

M. Boland, qui a obtenu une mention honorable à l'exposition de 1839, pour les procédés qu'il avait établis dans le but d'essayer les farines et d'y reconnaître la présence de la fécule de pomme de terre, a continué à s'occuper avec succès du perfectionnement de l'art de la boulangerie; il présente à l'exposition de 1844 un appareil qu'il nomme *aleuromètre* et qui sert à apprécier les propriétés panifiables de la farine de froment ; le procédé d'essais dans lequel on se sert de cet instrument, indique la quantité de gluten frais et sec qui se trouve dans la farine essayée, la nature plus ou moins élastique de ce gluten et le degré de gonflement qu'il peut acquérir sous l'influence de la vapeur, une élévation brusque à la température de cent cinquante degrés centigrades, ce qui fournit aux boulangers des données approximatives, mais suffisantes, pour les diriger dans les achats des farines qu'ils emploient et pour les garantir du rendement convenable à la bonne fabrication de leurs pains.

Le jury central est loin de considérer l'*aleuromètre* comme étant un instrument de précision, mais il pense que cet instrument présente déjà assez d'exactitude pour remplir le but utile que s'est proposé M. Boland, et il voit avec satisfaction que les espérances qu'il avait conçues et exprimées en 1839, en accordant une mention honorable à cet exposant, se trouvent bien réalisées : il regarde M. Boland comme étant digne de la médaille de bronze et lui décerne avec empressement cette récompense.

MM. MACQUET et RAMEL, à Paris, rue de la Roquette, 35 et 37.

Ces fabricants ont mis à l'exposition une belle collection de légumes secs décortiqués : ce sont les plus beaux et les meilleurs produits de ce genre, qui aient été exposés en 1844. La manufacture de MM. Macquet et Ramel est bien organisée ;

elle a pour moteur une machine à vapeur faisant tourner quatre moulins décortiqueurs, avec les tamiseurs et les tarares nécessaires à cette fabrication.

MM. Macquet et Ramel livrent déjà annuellement huit mille hectolitres de légumes de toutes espèces, parfaitement préparés.

Le jury central considérant MM. Macquet et Ramel comme étant très-avancés dans ce genre de fabrication, leur décerne la médaille de bronze pour les récompenser des progrès qu'ils ont fait faire à l'utile industrie de la préparation des légumes secs décortiqués.

M. GILLET, au Kernevel, près Lorient (Morbihan).

Le jury du département du Morbihan n'a donné aucun renseignement au sujet de la fabrique de M. Gillet, et l'on n'a, d'abord, trouvé à l'exposition que quatre boîtes de conserves alimentaires envoyées par cet exposant; mais, vers la fin de juin, la collection de M. Gillet a été beaucoup augmentée, et il a été envoyé un rapport fort important, adressé au jury central par MM. les administrateurs, les membres de la chambre de commerce et les principaux habitants de l'arrondisssement de Lorient. Ce rapport est revêtu de douze signatures légalisées par un conseiller municipal et par M. le sous-préfet qui certifie, en outre, l'exactitude des attestations favorables données à M. Gillet, au sujet de ses établissements industriels.

M. Gillet a exposé une collection de conserves de viandes, de poissons, de légumes et de fruits;

les aliments contenus dans trois de ces boîtes qui ont été ouvertes, ont été trouvés en très-bon état de conservation; quant au rapport cité plus haut, on y voit :

1° Que l'industrie introduite par M. Gillet à Kernevel, localité aride et n'ayant qu'une population pauvre, s'est constamment développée depuis son établissement;

2° Que, depuis lors, la journée de travail a été portée, à Kernevel, de 75 cent. à 2 fr. 50 cent. et 3 fr.

3° Que l'industrie introduite à Kernevel, par M. Gillet, a procuré une telle aisance aux habitants, qu'un joli village bien bâti existe maintenant autour de la fabrique et sur cette plage autrefois stérile et déserte;

4° Que M. Gillet prépare la *totalité* des substances alimentaires qui lui sont apportées et qu'il paye même des primes pour augmenter ses approvisionnements;

5° Qu'il ne refuse jamais d'ouvrage aux ouvriers honnêtes;

6° Que lorsque les pêcheurs du département sont retenus à la côte par le mauvais temps, M. Gillet les emploie à lui apporter la pierre à chaux et l'argile nécessaire pour le service d'un four à chaux et d'une briqueterie établis dans ce but.

On trouve, en outre, vers la fin du rapport dont nous donnons l'analyse, cette phrase remarquable : « Cette excitation au travail, cet élan de » production donné à nos Bas-Bretons est pour eux, » en même temps, un profit assuré et une éduca-

» tion précieuse qui résulte de l'industrie que
» M. Gillet est venu fonder parmi eux. »

On voit que M. Gillet est non-seulement un bon
fabricant, mais qu'il s'est fait le bienfaiteur de toute
la population pauvre qui entoure, à une grande
distance, son établissement. On voit aussi que sa
belle conduite a déjà eu une influence heureuse
sur la civilisation des habitants et sur la production agricole et industrielle de Kernevel et de
ses alentours. Le jury central trouvant ici un bon
exemple à présenter à l'industrie manufacturière,
félicite M. Gillet et lui décerne la médaille de
bronze, pour le récompenser du bien qu'il a fait
et le soutenir dans la bonne voie qu'il s'est ouverte
et qu'il parcourt avec tant de succès.

RAPPELS DE MENTIONS HONORABLES.

M. de VILLENEUVE, à Paris, rue de l'Ouest, 5.

M. de Villeneuve a exposé une collection de
produits alimentaires fabriqués avec beaucoup de
soin, et présentant l'aspect le plus agréable; sa collection se compose de lait, de café au lait et de thé
au lait, le tout solidifié et mis sous formes de poudres et de plaques.

M. de Villeneuve, qui avait obtenu une mention
honorable en 1839, a, depuis cette époque, augmenté sa fabrication et diminué très-notablement
le prix de ses produits; on voit que c'est ici une fabrication bien dirigée, et qui pourrait avoir des
résultats utiles pour les voyageurs et pour les approvisionnements de la marine, si M. de Villeneuve

établissait sa fabrication au centre d'un pays où le lait serait produit en grande quantité et à très-bas prix. Le jury central rappelle en faveur de M. de Villeneuve la mention honorable qui lui fut accordée lors de la dernière exposition.

M. MAGNOL-DUMAS (Joseph), à Limoges (Haute-Vienne).

Le jury du département de la Haute-Vienne dit dans son rapport : que les procédés de fabrication qui ont valu à M. Dumas une mention honorable à l'exposition de 1839 ont reçu des perfectionnements qui pourraient mériter de nouveaux encouragements; mais quelques-uns des chocolats envoyés par M. Dumas ont perdu, par leur exposition à l'air, la couleur, le poli et le grain qu'ils avaient au commencement de l'exposition. Dans cet état de choses, le jury central ne peut que rappeler, en faveur de M. Dumas, la mention honorable qui lui a été donnée à la dernière exposition.

MM. GAILLET et Cⁱᵉ, à Clermont-Ferrand (Puy-de-Dôme).

La fabrication du chocolat a pris un grand développement dans le département du Puy-de-Dôme; cette substance alimentaire y est bien fabriquée et s'y livre à des prix tels, que la vente au dehors y a pris un grand développement; le jury du Puy-de-Dôme cite MM. Gaillet et Cⁱᵉ comme ayant fortement contribué à donner une grande impulsion à cette industrie. Le jury central rappelle en faveur de MM. Gaillet et Cie la mention honorable qu'ils ont obtenue à l'exposition de 1839.

MM. CHARRIER-BARBETTE frères, à Niort (Deux-Sèvres).

MM. Charrier-Barbette frères représentent à l'exposition de 1844 une industrie qui a reçu de grands développements à Niort. Ces fabricants ont exposé des échantillons d'angélique, confits avec soin.

Le jury du département des Deux-Sèvres dit dans son rapport, que ce qui distingue les produits de MM. Charrier-Barbette frères, c'est le perfectionnement de leur procédé de fabrication, qui permet de conserver pendant longtemps à la matière son aspect de fraîcheur et sa belle couleur verte nuancée, tandis que, préparée par les procédés ordinaires, l'angélique se durcit, se couvre de cristallisation et prend en peu de temps un aspect désagréable.

Le jury central, prenant en considération ce perfectionnement, qui n'a pas empêché un abaissement notable dans les prix, rappelle en faveur de MM. Charrier-Barbette frères la mention honorable qui leur fut accordée à l'exposition de 1839.

M. DEZOBRY, à Paris, rue du Faubourg-Poissonnière, 4.

M. Dezobry continue à occuper un rang distingué parmi les fabricants de conserves alimentaires. Le jury central le regarde comme toujours digne de la mention honorable qu'il a obtenue à l'exposition de 1839.

MENTIONS HONORABLES.

MM. SAINTOIN frères, à Orléans (Loiret).

Le jury du département du Loiret déclare, dans son rapport, que la fabrique de chocolat de MM. Saintoin frères est établie sur une grande échelle, qu'elle fonctionne au moyen d'une machine à vapeur qui fait mouvoir tous les appareils, que ses produits sont répandus dans un grand nombre de départements, qu'elle emploie cinquante ouvriers, et que ses chocolats peuvent soutenir la concurrence avec ceux des grandes fabriques de Paris, à raison de leurs bas prix. Le jury central, ayant égard à l'importance de cette fabrique pour la localité où elle est établie, accorde une mention honorable à MM. Saintoin frères.

M. BUISSON, à Salinas, près Pontgibaud (Puy-de-Dôme).

M. Buisson, pharmacien, à Lyon, connaissant la propriété qu'ont les terrains volcaniques qui entourent Salinas, d'abaisser considérablement la température des caves creusées dans le sol de ce pays, et ayant étudié la fabrication des fromages à Roquefort (Aveyron), où de semblables caves contribuent à donner aux fromages de lait de chèvre et de brebis la valeur qu'ils ont dans le commerce, s'appliqua à convertir les fromages d'Auvergne, fabriqués avec du lait de vache, en fromages façon de Roquefort, il est parvenu à créer et à organiser cette nouvelle branche d'industrie.

Les fromages d'Auvergne, qui valaient 40 fr. les 50 kilogrammes, convertis en fromages façon de Roquefort, se vendent aujourd'hui environ 90 fr. les 50 kilogrammes; leur valeur se rapproche donc beaucoup de celle des fromages fabriqués dans les caves rafraîchissantes de Roquefort.

Le jury central, voyant dans le travail dont il s'agit, l'origine d'une industrie agricole importante pour le département du Puy-de-Dôme, décerne une mention honorable à M. Buisson.

M. DUCHEMIN, à Tours (Indre-et-Loire).

M. Duchemin a envoyé à l'exposition un grand nombre de conserves de fruits, préparées par les procédés d'Appert. Le jury du département d'Indre-et-Loire a déclaré, dans son rapport, que ces préparations, quoique exposées à l'air, conservent leur parfum et la bonne qualité qui les caractérisent.

Les expériences faites, à ce sujet, par le jury central, sans lui avoir démontré la complète exactitude du fait avancé, ont cependant donné d'assez bons résultats pour qu'il y ait lieu de récompenser M. Duchemin; c'est dans ce but que le jury central décerne une mention honorable à ce fabricant.

MM. ANNAT et CHABASSIER, à Clermont-Ferrand (Puy-de-Dôme).

Les pâtes d'abricots et les fruits confits exposés

par MM. Annat et Chabassier, paraissent estimés
dans le département du Puy-de-Dôme, car le jury
de ce département a déclaré que ces fabricants mé-
ritaient une récompense pour le développement
qu'ils ont donné à leur industrie et pour la perfection de leurs produits.

Le jury central accorde une mention honorable
à MM. Annat et Chabassier.

MM. HOUYET aîné et Cie, à Lille (Nord).

Le jury du département du Nord a dit, en faisant mention des produits exposés par MM. Houyet
aîné et Cie, que l'établissement de ces fabricants est
organisé sur une grande échelle et paraît réunir
des éléments de succès; ces produits se composent
d'orge perlé et mondé, et de légumes décortiqués.

Le jury central, prenant en considération l'importance de cette fabrique et la bonne qualité des
produits qu'elle livre au commerce, accorde une
mention honorable à MM. Houyet aîné et Cie.

MM. GUILLAUMERON et TURPIN, à Paris, rue Richelieu, 28 et 28 bis.

MM. Guillaumeron et Turpin sont propriétaires
d'une fabrique de chocolat fort importante et parfaitement organisée; ils occupent soixante-dix ouvriers et emploient pour moteur une machine à vapeur de la force de huit chevaux, mettant en jeu
huit appareils broyeurs, une pilerie et un moulin
servant à broyer le cacao.

Cette maison fait annuellement pour 500,000 fr. d'affaires, dont 95,000 fr. pour l'exportation.

MM. Guillaumeron et Turpin fabriquent les pastilles par des procédés très-simples et très-économiques ; ils possèdent une grande collection de moules divers, et ce sont eux qui fabriquent en chocolat les bonbons de luxe les plus chers et qui imitent le mieux les objets naturels dont ils sont la copie.

Le jury central accorde une mention honorable à ces habiles fabricants.

RAPPEL DE CITATION FAVORABLE.

M. LEMOYNE, à Paris, rue des Lombards, 50 et 52.

Les pièces en sucre et les bonbons divers exposés par M. Lemoyne sont très-bien fabriqués, et lui méritent le rappel de la citation favorable qu'il a obtenue à l'exposition de 1839.

CITATIONS FAVORABLES.

M. BIR, à Courbevoie (Seine).

M. Bir a mis à l'exposition un appareil à incubation artificielle, chargé d'œufs et ayant fonctionné ; il y a joint une cage renfermant des petits poulets et des jeunes canards nés dans cet appareil et très-bien portants ; ces objets ont vivement excité l'attention du public, et ce n'est pas sans raison, car, indépendamment de leur nouveauté aux expositions, ils représentent une industrie importante qui nous manque et dont le besoin se fait de plus en plus sentir; quelques mots suffiront pour justifier cette manière de voir.

On sait que l'homme, pour développer toutes ses forces et pour arriver au plus haut degré d'énergie physique et morale auquel il puisse atteindre, a besoin d'aliments riches en matière animale; on sait, d'un autre côté, qu'en France, la viande de boucherie devient de plus en plus rare et augmente continuellement de prix; on sait encore que la division des propriétés met obstacle à la production des grands bestiaux. En remarquant, en outre, que la multiplication des bateaux à vapeur rend partout la pêche moins productive; que la nouvelle loi sur la chasse s'oppose à la vente journalière et régulière du gibier, et que l'exportation des œufs et le grand emploi qu'on en fait dans diverses industries, en enlève une quantité énorme à la consommation culinaire; on reconnaît qu'il y a peu à espérer de voir augmenter par les moyens ordinaires la quantité de matières animales qui entre maintenant dans le régime alimentaire de l'homme, et l'on conçoit que les procédés de l'incubation artificielle, s'ils étaient dirigés avec le secours des connaissances scientifiques et industrielles acquises à ce sujet, et s'ils étaient pratiqués en grand comme ils le sont en Égypte et dans l'Inde, pourraient produire à eux seuls une grande amélioration dans l'alimentation de l'homme, tout en devenant la source de grands bénéfices pour la petite propriété agricole.

Le jury central, admettant la valeur de ces considérations, sachant, en outre, combien les procédés de l'incubation artificielle ont été perfectionnés en France, et désirant attirer l'attention du gouvernement sur cette industrie agricole, accorde à M. Bir une citation favorable pour le récompenser de ses travaux et pour en bien constater l'utilité (1).

M. MULOT, à Paris, rue Grange-aux-Belles, 57.

M. Mulot a présenté une collection d'eaux aromatiques extraites par distillation et destinées à remplacer les légumes frais dans la préparation du bouillon, et à aromatiser les autres aliments.

L'essai de ces préparations a donné des résultats assez avantageux pour faire bien augurer de cette nouvelle branche d'industrie, mais ce n'est ici qu'une affaire qui commence, et le jury croit devoir se borner à citer favorablement les nouveaux produits exposés par M. Mulot.

M. FEYEUX, à Paris, rue Taranne, 10.

M. Feyeux a envoyé à l'exposition une collection de pâtes et de farines de légumes cuits; mais ce qui se distingue particulièrement dans l'envoi de cet exposant, ce sont les différentes applications qu'il a faites de la châtaigne; on remarque dans

---

(1) MM. Sorel et Lemare, qui ont aussi exposé des appareils d'incubation artificielle, n'ont pas été cités dans cet article, parce qu'ils ont présenté beaucoup d'autres objets à l'exposition et parce que ces autres produits leur ont mérité, à diverses reprises, des récompenses d'un ordre supérieur, qui seront probablement rappelées en faveur de ces habiles fabricants.

ces produits de la farine de châtaigne ; du vermicelle fait avec cette farine ; du vermicelle fait en
ajoutant des œufs à la farine de châtaigne ; de
la semoule de châtaigne et quelques autres préparations faites avec cette même farine. Ces divers
aliments, préparés avec intelligence par M. Feyeux,
indiquent que les pays où on récolte les châtaignes
en très-grande quantité pourraient s'ouvrir une
nouvelle branche de commerce, en convertissant
en de pareils produits l'excédant de châtaignes
qu'ils récoltent et qui, exporté de ces pays sous
ces diverses formes, fournirait ailleurs des aliments
tout sucrés et nutritifs. Le jury central, appréciant
les travaux de M. Feyeux sous ce dernier rapport,
croit devoir lui accorder une citation favorable.

M. MAGNÉ (Célestin), à Rouen (Seine-Inférieure).

Le jury du département de la Seine-Inférieure
dit, dans son rapport, que M. Magné est le con-
fiseur le plus en réputation à Rouen, et qu'il a cru
devoir admettre ses produits comme spécimen d'un
genre de préparation dans lequel la ville de Rouen
excelle. Le jury central accorde à M. Magné une
citation favorable.

M. GUÉRIN-BOUTRON, à Paris, boulevard Poissonnière, 27.

M. Guérin-Boutron a très-bien organisé sa fabrique de chocolat ; il occupe 35 ouvriers et a
pour moteurs de ses appareils de pulvérisation, de

tamisage et de broyage, un manége et une machine à vapeur de la force de six chevaux ; sa fabrication s'élève à 600 kilog. par jour, et ces produits sont vendus en gros à des prix très-modérés.

Le jury central accorde une citation favorable à M. Guérin-Boutron pour la bonne direction dans laquelle il a organisé et maintenu son établissement.

M. HUET-BESNIER (Louis), à Beaumont-sur-Sarthe (Sarthe).

Le jury du département de la Sarthe a dit dans son rapport que la conservation des fruits par le procédé d'Appert est une industrie nouvelle dans ce département, et qu'elle y présente beaucoup d'intérêt par l'importance qu'elle tend à y prendre et par les progrès qu'elle y fait faire à la culture des arbres fruitiers.

Le jury central, s'appuyant sur ces considérations, accorde une citation favorable à M. Huet-Besnier.

M. BOUCHARLAT aîné, à Reims (Marne).

M. Boucharlat aîné a établi à Reims une fabrication de vermicelle de bonne qualité et recherché par la consommation locale qui y trouve une réduction de prix de 20 pour 100.

Le jury du département exprime, dans son rapport, le désir de voir encourager les efforts de cet industriel utile, modeste et laborieux.

Le jury central accorde une citation favorable à M. Boucharlat aîné.

M. RICHELME (François), à Marseille (Bouches-du-Rhône).

M. François Richelme a exposé une collection complète de conserves alimentaires, de viandes, de légumes et de fruits, dans laquelle on distingue des boîtes à trois, à quatre et à douze compartiments, contenant, chacune, des aliments de diverse nature.

Le jury du département des Bouches-du-Rhône fait remarquer que la fabrication de M. Richelme a une grande importance dans un port de mer tel que Marseille, qu'il vend déjà annuellement, pour 40,000 fr. de ses produits, et qu'il a le mérite d'avoir employé des boîtes à plusieurs compartiments, mais, considérant que M. Richelme n'emploie, maintenant, que cinq ouvriers ; que ses ventes ne s'élèvent encore qu'à une faible valeur; qu'il n'est pas l'inventeur des boîtes à plusieurs compartiments, et qu'il n'est d'ailleurs pas prouvé que la réunion d'aliments divers, dans la même boîte, soit un bon procédé de fabrication, le jury central ne peut accorder qu'une simple citation favorable à ce fabricant.

M. GUIRAUD, à Paris, rue du Faubourg-Saint-Martin, 164.

L'emploi du liége à bouchons s'est tellement accru depuis une vingtaine d'années, que cette matière devient rare et qu'il est souvent difficile de se procurer de grands bouchons de première qualité, même en les payant très-cher. L'on sait que dans

la fabrication des eaux gazeuses, le bouchon qui
bouche la bouteille coûte plus que le liquide qu'elle
contient, et que la cherté des grands bouchons de
première qualité est la principale cause qui s'oppose au grand développement que la préparation
des conserves alimentaires est appelée à recevoir.

M. Guiraud a cherché à remplacer le liége, en
tout ou en grande partie, dans le bouchage des
bouteilles à vin de Champagne, à eaux gazeuses et
à conserves alimentaires; il a mis à l'exposition
une collection de bouteilles bouchées par ses procédés, et y a joint les outils qu'il emploie pour fabriquer les goulots des bouteilles comme il les lui
faut; les ustensiles qui lui servent à maintenir les
bouchons à leur place pendant le bouchage et le
débouchage des bouteilles, et un nouveau siphon
à robinet servant à vider sans inconvénient les bouteilles de vin de Champagne et d'eau gazeuse.

On voit que M. Guiraud cherche à créer une industrie fort importante. Le jury central regrette
que ses produits déjà très-satisfaisants n'aient pas
encore subi l'épreuve nécessaire d'une grande fabrication et d'un grand débit, mais il regarde
M. Guiraud comme étant sur une bonne voie, et
croit juste de lui décerner une citation favorable.

M. BILLY, à Paris, rue Pigale-Saint-Georges, 30.

M. Billy a exposé des produits propres à faire
partie de ses desserts; il les nomment *biscuits de
Chine*. Leur préparation, facilitée déjà par des
moyens mécaniques, pourrait donner lieu à une
fabrication importante : cette considération a

permis au jury d'accorder une citation favorable à
M. Billy.

§ 2. SAVONS.

Considérations générales.

Le jury central de l'exposition de 1839 avait
témoigné dans son rapport le regret de n'avoir
pas vu figurer, parmi les produits de l'art du
savonnier, ceux provenant de Marseille et des
environs de cette ville. Ces savons continuent
à occuper le premier rang dans le commerce,
par suite de l'importance des savonneries du
Midi et parce que ces fabriques fournissent
encore la plus grande partie des savons employés en France. Cependant un seul savonnier
de Marseille s'est présenté à l'exposition de 1844 ;
mais l'examen de ses savons a prouvé que les
fabricants du Midi, obligés par la concurrence
de produire des savons à plus bas prix que ne
le sont les savons d'huile d'olive pure, entraient
dans une bonne voie en abandonnant l'emploi
des huiles de graines et en mélangeant à l'huile
d'olive de l'huile de palme, du suif ou tout autre
corps gras riche en stéarine et facilement sapo-
nifiable.

Quant aux savonneries de l'intérieur on y suit
de plus en plus la marche tracée par leur posi-

tion, et que les divers jurys avaient eu grand
soin de signaler à la suite des expositions précédentes. La fabrication des savons de ménage, qui
s'est répandue et localisée, livre de bons produits
à des prix très-modérés. Là où l'industrie avait
besoin de savons spéciaux à base de soude ou de
potasse, il s'est établi de petites savonneries
suffisant à tous les besoins de leur voisinage ; et
dans les grandes villes l'on s'est plus occupé, en
outre, de la fabrication des savons ordinaires,
de celle des savons de toilette, branche de l'art
du savonnier dans laquelle nos fabricants, ceux
de Paris surtout, ne redoutent aucune concurrence. En fait de savons, nous avons remarqué
comme faits nouveaux, à l'exposition actuelle,
le grand développement donné, avec succès, à la
fabrication du savon d'acide oléique ; l'emploi de
l'huile de palme décolorée, dans la fabrication des
savons de ménage marbrés ou non marbrés, l'introduction de la pierre ponce, en poudre fine, dans
la préparation d'un savon de toilette spécial ; enfin
la matière dite *savon hydrofuge* de M. Menotti. Nous
ajouterons que ce qui résulte de tout ce que nous
avons vu dans cette partie des produits exposés,
et ce qui est bien satisfaisant, c'est que la fabrication des savons à base de graisse, d'huile de
palme et de résine, a pris un grand développement ; c'est que cette fabrication fournit ac-

tuellement de bons savons de ménage à 54 centimes le kilog., et que les savons de toilette,
vendus à raison de 25 à 30 centimes le pain, peuvent déjà introduire dans les habitudes de la
classe ouvrière des idées de propreté et de luxe,
qui n'avaient pu jusqu'ici y pénétrer. En résumé, il y a eu, depuis 1839, grande augmentation dans la fabrication des savons de ménage et
des savons de toilette; amélioration dans la qualité de ces produits et diminution très-notable de
leurs prix, ce qui est approcher du but que l'industrie manufacturière doit toujours avoir en vue
dans le cours de ses travaux.

RAPPELS DE MÉDAILLES D'ARGENT.

M. OGER, à Paris, rue Culture-Sainte-Catherine,
17.

Dans la manufacture de M. Oger ont été organisées en premier lieu, vers 1809, la fabrication
des bons savons de toilette et celle des savons
de ménage préparés avec le suif ou avec l'huile
de palme, les graisses et la résine. M. Oger, successeur de MM. Decroos et Roëlant, a su maintenir la réputation de cette ancienne maison. Le
jury central rappelle en sa faveur la médaille d'argent décernée à M. Decroos en 1810, qui, depuis,
a été rappelée à toutes les expositions, et qui l'a
déjà été, en 1839, au nom de M. Oger, possesseur
actuel de cette fabrique.

M. SICHEL-JAVAL, à Paris, rue Bourg-l'Abbé, 41.

M. Sichel-Javal a succédé à MM. Laugier et Renaud. M. Laugier avait obtenu une médaille d'argent à l'exposition de 1834, pour la bonne fabrication de ses savons de toilette et de ménage. Cette médaille fut rappelée en 1839 en faveur de M. Renaud, successeur direct de M. Laugier. Le jury central pense qu'il est juste d'accorder un nouveau rappel de cette médaille d'argent en faveur de M. Sichel-Javal, qui maintient cette ancienne fabrique à la hauteur où M. Laugier avait su la porter.

RAPPELS DE MÉDAILLES DE BRONZE.

Madame BOURBONNE-FILLION, à la Villette, (Seine).

Madame Bourbonne-Fillion a succédé à l'ancienne maison Demarson qui avait obtenu une médaille de bronze à l'exposition de 1823, pour la bonne fabrication de ses savons marbrés. Cette médaille fut rappelée en 1827 pour la maison Demarson, et en 1834 et 1839 au nom de madame Bourbonne-Fillion.

Le jury central de l'exposition de 1844 accorde de nouveau le rappel de cette médaille de bronze en faveur de madame Bourbonne-Fillion.

MM. DEMARSON et Cie, à Paris, rue Saint-Martin, 15.

MM. Demarson et Cie ont mis à l'exposition divers savons de toilette et de ménage; ils font un emploi convenable de l'acide oléique, de l'huile de palme et de la résine, et maintiennent leur maison à un rang distingué parmi les savonniers de Paris.

Le jury central rappelle, en faveur de ces fabricants, la médaille de bronze qu'ils ont obtenue à l'exposition de 1839.

MÉDAILLES DE BRONZE.

MM. MESNY et FAVARD, à Vienne (Isère).

La fabrication des draps ayant pris un très-grand développement dans le département de l'Isère, y a nécessité l'emploi d'une grande quantité de savons propres au foulage et au dégraissage des étoffes de laine; ce sont des savons à base de potasse, mous, et connus sous le nom de savons verts qui servent à cet usage, dans ce département et dans une partie du midi de la France, et ce sont MM. Mesny et Favard dont les savons verts sont les plus estimés dans cette localité.

La collection de savons verts qu'ils ont exposée, indique qu'ils ont embrassé leur industrie dans tout son ensemble, et que la réputation dont ils jouissent est bien méritée.

Ces fabricants avaient obtenu une mention honorable en 1839; le jury central pense que le développement de leur industrie, joint à l'amélioration et à l'abaissement de prix de leurs savons, leur mérite une médaille de bronze et leur décerne cette récompense.

M. MONPELAS, à Paris, rue Saint-Martin, 129.

M. Monpelas, fabricant de savons de toilette et de ménage, a mis à l'exposition de 1844 les savons les mieux marbrés de ceux qui y ont été présentés; ses savons de toilette sont également bien préparés, et les produits qui sortent de sa maison prouvent qu'il connaît bien et qu'il emploie convenablement toutes les ressources de l'art du savonnier. M. Monpelas avait obtenu une citation favorable à l'exposition de 1834; cette récompense lui fut confirmée en 1839.

Le jury central, prenant en considération les progrès faits par ce fabricant, le grand nombre d'ouvriers qu'il emploie (de cent à cent cinq), et le développement qu'il a donné à la vente de ses produits, lui décerne une médaille de bronze.

RAPPEL DE MENTION HONORABLE.

M. VIOLET, à Paris, rue Saint-Denis, 317.

M. Violet, qui a exposé une collection de savons de toilette et de ménage, a obtenu une citation favorable en 1827, sous la raison de commerce Violet et Guénot; une nouvelle citation en 1834, étant associé à M. Monpelas, et une mention honorable *personnelle* en 1839.

M. Violet fabrique bien les différents savons qui peuvent se faire avec avantage à Paris, et comme tous ses concurrents, il a réalisé une grande diminution dans les prix de ses produits. Le jury central rappelle en sa faveur la mention honorable qu'il a obtenue *personnellement* en 1839.

MENTIONS HONORABLES.

M. MENOTTI, à Batignolles-Monceaux, près Paris, rue de la Paix, 12.

M. Menotti a eu l'heureuse idée de solidifier et de mettre en pains la composition hydrofuge due à Akerman, dont Vauquelin a publié la recette en 1804, et qui, depuis, a été très-souvent citée dans les livres, mais sans qu'on eût jamais pu rendre ce procédé usuel dans l'économie domestique.

M. Menotti, mettant en pains le *savon hydrofuge*, a beaucoup facilité l'emploi de ce produit, et a pris le moyen le plus facile de procurer aux classes pauvres, qui ont le plus à souffrir des mauvais temps, l'avantage de rendre leurs vêtements imperméables. M. Menotti, ayant présenté son savon hydrofuge à l'Académie des sciences, en a obtenu un rapport favorable; il a, depuis, cherché à propager l'emploi de cette composition en en améliorant la fabrication, et en en diminuant le prix, mais jusqu'ici la routine des consommateurs s'est opposée au développement de cette industrie.

Le jury central pensant que l'on rendrait un grand service aux militaires, aux marins, et en général à tous les hommes qui sont obligés de rester exposés aux intempéries de l'air, si l'on parvenait à leur procurer, à bas prix, des vêtements imperméables à l'eau; remarquant que les procédés propres à

donner l'imperméabilité aux étoffes n'en élèvent pas
sensiblement le prix ; considérant, en outre, que
M. Menotti est, dans cette direction, sur une bonne
voie, croit devoir le récompenser de ses utiles travaux en lui décernant une mention honorable.

MM. SAISSE fils (Hippolyte) et Cie, à Marseille (Bouches-du-Rhône).

L'art du savonnier, pratiqué en grand à Marseille, ne se trouve représenté, pour cette ville, à
l'exposition, que par les savons de MM. Saisse
et Cie, mais ces produits prouvent que les savonniers de Marseille, malheureusement obligés par la
concurrence, d'abandonner la fabrication des savons d'huile d'olive pure, reconnaissent que les
huiles de graines conviennent mal pour la fabrication des savons durs, et commencent à y substituer
de l'huile de palme et d'autres matières grasses analogues. Cette direction étant favorable aux consommateurs, et devant en outre ramener et maintenir,
autant que possible, l'ancienne réputation des savons de Marseille, le jury central croit devoir des
éloges à MM. Saisse et Cie pour la direction qu'ils
suivent, et il leur décerne une mention honorable.

M. LEGRAND, à Paris, rue Saint-Merry, 28.

La collection de savons de ménage et de savons
de toilette, exposée par M. Legrand, donne une
idée exacte de la direction que devraient suivre les
savonniers de Paris; on remarque en effet dans
cette collection des savons à bas prix que l'on peut

fabriquer en employant le suif, l'huile de palme, l'acide oléique et la résine. On y voit des savons de toilette à 115 francs les cent kilogrammes, et des savons jaunes qui, vendus à raison de 53 centimes le kilogramme, se trouvent être à la portée des plus petites fortunes. Le jury central, approuvant une si bonne direction, accorde à M. Legrand une mention honorable.

RAPPEL DE CITATION FAVORABLE.

M. CUVELLIER (Louis-Pascal-Henri), à Blangy (Seine-Inférieure).

M. Cuvellier Séré, pharmacien à Blangy, qui a obtenu une citation favorable en 1839 pour les savons à bas prix qu'il livrait au commerce, a continué à fabriquer cette espèce de savon dont on est très-content dans la localité, où il se vend à raison de 45 francs les cent kilogrammes, mais M. Cuvellier n'ayant pas pu, à cause des exigences de son état, donner un plus grand développement à sa fabrique de savon, le jury central ne peut que rappeler en sa faveur la citation favorable qu'il a obtenue en 1839.

CITATION FAVORABLE.

M. COTTAN, à Neuilly (Seine), cité de l'Étoile, 24, et à Paris, rue Jean-Jacques Rousseau, 5.

Le commerce anglais nous a envoyé, il y a une dizaine d'années, des savons qui contenaient jusqu'à 20 pour cent de silice en poudre très-fine, et qui

furent d'abord considérés comme des savons fre-
latés par l'addition de cette substance minérale;
mais l'on sut bientôt que la silice n'avait pas été introduite par fraude dans ces savons, et qu'elle n'y
avait été mise que dans le but utile d'ajouter au savon la propriété de *râper*, pour ainsi dire, la
peau, et d'en détacher mécaniquement les ordures
que le savon ordinaire ne pourrait enlever. Nos savonniers imitèrent alors ce produit, et c'est ainsi
qu'on vit M. Raybaud envoyer des savons à la silice,
à l'exposition de 1839.

M. Cottan a cru devoir employer, au lieu de silice,
la pierre ponce en poudre fine; il a pris un brevet à
ce sujet, et a donné un grand développement à la
fabrication de cette espèce de savon. Le jury central,
prenant en considération ce qu'il peut y avoir d'utile
dans cette fabrication, mais remarquant qu'en général le prix du savon mis dans le commerce par
M. Cottan se trouve trop élevé pour être à la portée
de la classe ouvrière qui a le plus besoin de s'en
servir, pense qu'il n'y a lieu, pour le moment, qu'à
donner une simple citation à ce fabricant.

§ 3. COLLES ANIMALES.

Considérations générales.

La fabrication des colles animales, à peine
connue en France lors de la première exposition
des produits de l'industrie, en 1798, est arrivée

à une perfection telle, qu'elle ne laisse plus rien d'essentiel à désirer, soit sous le rapport des quantités produites, soit sous celui des diverses qualités que les différentes colles doivent avoir, soit quant aux prix auxquels on les trouve maintenant dans le commerce. L'impulsion générale que reçurent les arts chimiques à la fin du XVIIIe siècle, et les avis, ainsi que les récompenses données à la fabrication des colles par la Société d'encouragement, firent promptement améliorer la fabrication des *colles fortes*; mais c'est à l'emploi de la gélatine extraite des os par le moyen des acides, et à la fabrication de la gélatine comestible, que cette industrie doit le dernier perfectionnement des procédés qui la constituent et le haut point de perfection auquel elle est arrivée. Les colles fortes, façon de Givet, et les belles colles dites *de Flandre*, qui seront citées dans ce chapitre, jointes aux beaux produits exposés par M. Grenet, fourniraient une collection qui justifierait complétement le jugement favorable porté plus haut, et qui ne laisserait à espérer, pour l'avenir de cette industrie, que l'augmentation du nombre des meilleures fabriques de gélatines et de colles animales, et, par suite, un plus grand abaissement de prix dans ceux de ces produits qui seraient de première qualité.

Si nous n'avons pas parlé de M. Grenet dans
ce chapitre, c'est parce qu'il nous a paru plus
juste de le mettre au premier rang comme fabricant des plus belles gélatines de luxe et comestibles, que de le classer parmi les fabricants de
colle animale, où il ne pourrait occuper ce premier rang que sous le rapport de la fabrication
des colles fines.

Nous avons encore, ici, à faire remarquer que
la société de Bouxwiller aurait certainement obtenu l'une des récompenses accordées à la fabrication des colles animales, pour les colles de
très-bonne qualité qui se trouvent parmi les nombreux produits chimiques exposés par M. Schattenmann, mais la grande importance et le mérite
de ces derniers produits exposés, ainsi que les
colles, sous le même numéro, nous a fait penser
que le jury devait accorder à l'honorable directeur de la fabrique de Bouxwiller, une récompense d'un ordre supérieur pour l'ensemble de
ses produits.

———————

RAPPELS DE MÉDAILLES D'ARGENT.

M. ESTIVANT fils aîné, à Givet (Ardennes).

M. Estivant fils aîné, fabricant de colle, a envoyé
à l'exposition des échantillons de colles fortes con-

nues sous le nom de *colles de Givet*; échantillons
de colles blanches et blondes et des petites colles,
façon de Hollande, tous produits de bonne qualité.

Ce fabricant a obtenu une médaille de bronze
en 1806; une médaille d'argent en 1819 et le rappel de cette médaille aux expositions de 1824,
1827, 1834 et 1839.

Le jury central, remarquant combien cette manufacture, qui a été l'une des premières à fabriquer de bonne colle forte en France, a su maintenir
la bonté et la réputation de ses produits, pense qu'il
est juste de rappeler en faveur de M. Estivant
fils aîné la médaille d'argent donnée à son père et
dont il a déjà obtenu personnellement le rappel
en 1839.

M. ESTIVANT-DONAU, à Givet (Ardennes).

M. Estivant-Donau a envoyé à l'exposition une
belle collection de colles fortes de première qualité
et fort estimées dans le commerce, où elles sont
connues sous le nom de *colles de Givet*.

La fabrique de M. Estivant-Donau existe depuis
1800, et jouit depuis cette époque d'une réputation
bien méritée. Ce fabricant a obtenu une médaille
d'argent en 1827; cette médaille fut rappelée en
sa faveur à l'exposition de 1839. Le jury central lui
confirme de nouveau cette récompense.

RAPPELS DE MÉDAILLES DE BRONZE.

M. LANDINY (Victor), à Grenoble (Isère).

M. Landiny (Victor) a exposé une collection de colles de Flandre de cinq qualités différentes, mais ne présentant pas le degré de perfection auquel il paraissait être arrivé en 1839, et qui en le rapprochant de M. Grenet, lui valut la médaille de bronze à l'exposition de cette année : cependant, le jury du département de l'Isère a dit dans son rapport qu'il constatait avec une vive satisfaction les progrès considérables que l'exposant a faits dans son art ; que la bonté des colles, leur limpidité aussi bien que la modicité des prix ne laissent rien à désirer ; qu'il ne croyait pas qu'il fût possible d'atteindre à un plus haut degré de perfection et que l'exposant était digne des plus grands encouragements.

Le jury central, ne trouvant pas dans les produits exposés, cette année, par M. Landiny, la confirmation de l'opinion favorable émise par le jury du département de l'Isère, ne peut, dans cet état de choses, que rappeler en faveur de M. Landiny la médaille de bronze qui lui a été décernée en 1839.

MM. LEFÉBURE frères et fils, à Paris, rue de Charenton, 100.

MM. Lefébure frères et fils possèdent l'une des plus anciennes fabriques de colle de Paris ; ils ont envoyé à l'exposition de 1844 un bel assortiment d'échantillons de colles fortes. Le jury central rappelle en faveur de ces fabricants la médaille de bronze, qu'ils ont obtenue en 1834.

MÉDAILLE DE BRONZE.

M. SIGNORET (Édouard), à Marseille (Bouches-du-Rhône).

M. Édouard Signoret est fils d'un ancien fabricant de colle de Marseille, qui a obtenu une mention honorable en 1819, et frère de M. Augustin Signoret qui, pour des produits analogues, a reçu une médaille de bronze à l'exposition de 1839.

M. Édouard Signoret a envoyé à l'exposition actuelle une collection de colles fortes, de colles de Flandre et de colles, façon de Cologne.

Le jury du département des Bouches-du-Rhône dit, dans son rapport, que les produits de M. Édouard Signoret annoncent un progrès réel dans cette fabrication, progrès qui du reste est prouvé par l'extension que cette fabrique prend chaque jour, et il ajoute qu'elle est une des plus importantes de Marseille et qu'elle livre annuellement au commerce cent mille kilogrammes de colle forte ordinaire et quatre-vingt mille kilogrammes de colle de Flandre.

Le jury central, prenant en considération le grand développement de la fabrication des colles fortes dans le midi de la France, dû en grande partie aux travaux de la famille Signoret, et s'appuyant sur la bonté des produits envoyés par l'exposant, croit juste de placer M. Édouard Signoret sur la même ligne que son frère, et il lui décerne, dans ce but, la médaille de bronze.

RAPPELS DE MENTIONS HONORABLES.

M. TESSON, à Colombes (Seine).

M. Tesson continue à fabriquer de la colle forte de très-bonne qualité et de l'huile de pieds de bœuf très-bien clarifiée, comme le faisait M. Bataille, à qui il a succédé dans cette fabrique.

M. Tesson a reçu, en 1827, une mention honorable dont il a obtenu le rappel aux expositions de 1834 et 1839. Le jury central, considérant que ce fabricant s'est bien maintenu sur la ligne qui lui a valu ces récompenses, le regarde comme en étant encore digne, et rappelle en sa faveur la mention honorable citée plus haut.

M. FIRMENICH, à Saint-Julien-lès-Metz (Moselle).

M. Firmenich fabrique de très-bonne colle forte, façon de Cologne, très-peu soluble dans l'eau froide et bien convenable pour le placage des meubles, ainsi que pour la fabrication des instruments à archet. Le jury central considère M. Firmenich comme étant de plus en plus digne de la mention honorable qu'il a obtenue à l'exposition de 1839.

MENTIONS HONORABLES.

MM. BAUD et JOVINET, à Colombes (Seine).

La fabrique de MM. Baud et Jovinet paraît être la mieux montée de celles qui existent dans le département de la Seine. Ces fabricants font un grand usage de *gélatine*, extraite des os par le moyen de l'acide hydrochlorique, et préparent leur dissolution de colle au moyen du bain-marie et de la vapeur. Ils ont mis à l'exposition une belle collection de gélatine, de feuilles de colle blanche et de colle, façon de Flandre; ils livrent au commerce 40,000 kilogrammes de leurs produits par année, et emploient jusqu'à soixante ouvriers.

Le jury central, appréciant l'importance de la fabrique et la bonne qualité des produits de MM. Baud et Jovinet, leur décerne une mention honorable.

MM. BOITEL (Amédée) et Cie, à Nemours (Seine-et-Marne).

MM. Boitel et Cie n'ont commencé à s'occuper de la fabrication des colles animales qu'en 1843, mais ils se sont élevés vite à l'un des premiers rangs de cette industrie; les matières premières qu'ils emploient sont les os, l'acide hydrochlorique et les rognures de peaux provenant des tanneries de Nemours et des départemens environnants. Cette fabrique, qui n'a qu'un peu plus d'une année d'existence, a déjà livré pour 37,000 fr. de produits : tout indique que MM. Boitel et Cie pourront donner promptement à leur fabrication le grand dévelop-

pement dû à la bonne qualité de leurs gélatines et
de leurs colles animales, et qu'à la première exposition ils obtiendront une récompense d'un ordre
supérieur.

Le jury central accorde une mention honorable
à MM. Boitel et Cⁱᵉ.

M. DENISON, à Grenelle, quai de Javelle (Seine).

M. Denison extrait en grand la gélatine des os
par le moyen de l'acide hydrochlorique, et emploie
cette matière animale pour améliorer les colles
qu'il fabrique avec les débris de peaux et les autres
matières premières qu'on emploie ordinairement à
cet usage; parmi les échantillons qu'il a envoyés à
l'exposition, on remarque deux plaques de colle
blonde, bien transparente, d'une belle couleur et
provenant d'une dissolution de colle parfaitement
clarifiée. Le jury central accorde une mention honorable à M. Denison.

M. PITOUX, à Paris, rue Pavée, 24, au Marais.

Ce fabricant a envoyé à l'exposition divers objets
parmi lesquels se trouvent de belles feuilles de gélatine colorées, un assortiment de pains à cacheter
transparents en gélatine, de la colle à bouche et des
feuilles de gélatine propres à différents usages. En
ne considérant dans les produits exposés par M. Pi-
toux que ceux qui se rattachent à la fabrication des
colles, le jury central regarde ce fabricant comme
méritant une mention honorable, et lui décerne
cette récompense.

M. BUREAU, à Paris, rue Coquillère, 22.

M. Bureau, qui a sa manufacture établie à Nan-
terre, a mis à l'exposition des échantillons de
colles fortes, de colles blanches et de gélatine.
Ce fabricant emploie concurremment les rognures
de peaux passées à la chaux, et la gélatine extraite
des os par le moyen de l'acide hydrochlorique; il
livre annuellement au commerce de 35 à 40,000
kilogrammes de colle forte et 2,500 kilogrammes
de gélatine; ses produits sont bien fabriqués et de
bonne qualité. Le jury central lui décerne une
mention honorable.

SECTION II.

COULEURS. CONSERVATION DES BOIS. TISSUS IMPERMÉABLES.

M. Dumas, rapporteur.

§ 1. COULEURS.

RAPPEL DE MÉDAILLE D'OR.

M. GUIMET (Jean-Baptiste), à Lyon (Rhône).

M. Guimet, à qui l'industrie doit la remarquable
découverte de l'outremer artificiel, a déjà reçu
toutes les récompenses qu'il soit possible d'accorder
à l'occasion de l'exposition. Cependant, les efforts

de cet habile et savant industriel ne s'en sont pas ralentis.

Depuis la dernière exposition, l'outremer fabriqué par M. Guimet a beaucoup gagné en richesse colorante et en intensité. Mais sous le point de vue industriel, il importait que le prix de cette couleur fût encore réduit. Ce but a été atteint par la grande extension que M. Guimet a donnée à sa manufacture; il est parvenu à livrer au commerce, à raison de 10 fr. le kilogramme, une qualité supérieure à celle qui se vendait 24 fr. en 1839.

Il est résulté de cette baisse considérable dans les prix un accroissement correspondant dans la consommation; de nouvelles industries ont pu en faire usage, et tout fait espérer que cette belle couleur sera encore livrée par la suite à meilleur marché et recevra les emplois les plus étendus.

En même temps que M. Guimet perfectionnait son produit, des fabriques d'outremer s'élevaient en Allemagne et même en France pour lui faire concurrence. Ce résultat, très-favorable pour les consommateurs, et dont M. Guimet s'est applaudi, a permis cependant de constater, par l'expérience comparative, que les bleus allemands, fort beaux en apparence, n'avaient pas dans les emplois les plus importants les mêmes propriétés que l'outremer-Guimet. Ces bleus sont durs, smaltiques, de sorte que pour la peinture, ils se mêlent difficilement avec les huiles ou colles, et ne conviennent pas pour cet emploi autant que le bleu-Guimet, qui est tendre et moelleux. Une autre conséquence de ce fait, c'est que la richesse colorante

de ces bleus est bien inférieure à celle de l'outremer-Guimet. C'est une considération très-importante pour l'azurage des papiers, mousselines,
toiles, etc., qui forme une branche très-importante
de consommation.

La lithographie en couleur par application de couleurs en poudre sur le papier y fait seule exception ;
les bleus de fabrication allemande conviennent très-
bien pour cet emploi, parce qu'ils sont à grains
durs et grossiers, ce qui les empêche de tacher le
papier. Dans ce cas seul, les qualités de l'outremer-
Guimet, qui le rendent si précieux pour la peinture, lui sont contraires.

Le jury rappelle donc, avec une nouvelle satisfaction, la médaille d'or décernée à M. Guimet en
1834, et rappelée déjà en 1839.

RAPPELS DE MÉDAILLES D'ARGENT.

M. LANGE-DESMOULIN, à Paris, rue du Roi-
de-Sicile, 32.

C'est une des plus anciennes et des plus recommandables maisons de couleurs de Paris, tant par
l'importance de ses opérations que par la qualité
supérieure de ses produits.

M. Lange-Desmoulin fabrique des quantités considérables de jaune de chrôme, de carmin, de laques
carminées, de vert mitis et de vermillon obtenu par
la voie sèche, qui lutte déjà avec avantage avec
le vermillon d'Allemagne ; tout porte à croire que
les perfectionnements nouveaux que cet habile fa-

bricant vient d'apporter à cette fabrication nous affranchiront, avant peu, de l'impôt que la France a payé jusqu'ici à l'étranger pour ce produit.

Le jury considère M. Lange-Desmoulin comme toujours digne de la médaille d'argent qu'il a obtenue en 1834 et qui a déjà été rappelée en 1839.

Madame GOBERT, à Paris, rue d'Enfer, 13.

Les magnifiques laques de garance de Mme Gobert avaient vivement frappé le jury central lors de l'exposition de 1839, qui lui accorda la médaille d'argent. Cette année, elle a exposé des produits qui ne le cèdent en rien à ceux de l'exposition précédente; elle a même ajouté quelques nouvelles nuances à sa palette déjà si riche.

S'il avait pu rester quelques doutes sur la solidité des laques de madame Gobert, le fait suivant serait bien capable de les faire disparaître. Un store fait entièrement avec ces couleurs, admis à l'exposition de 1839, est resté depuis cette époque cloué à une fenêtre et soumis à l'action du soleil. Sous cette influence, l'air a détruit le tissu, sans altérer en rien l'éclat et la fraîcheur des couleurs.

Madame Gobert se servait, dans l'origine, des garances du Levant; aujourd'hui, elle n'emploie plus que les garances d'Alsace exclusivement.

Madame Gobert mérite plus que jamais la médaille d'argent qui lui a été décernée en 1839.

MM. LEFRANC frères, à Paris, rue du Four-Saint-Germain, 23.

Le jury central décerna, en 1839, une médaille

d'argent à MM. Lefranc frères pour l'importante fabrique de couleurs qu'ils avaient créée à Grenelle, et dans laquelle de puissants moyens mécaniques leur avaient permis de réunir deux avantages importants : le bas prix et une excellente qualité.

Depuis la dernière exposition, la fabrication de MM. Lefranc a pris beaucoup d'extension. Ils occupent aujourd'hui soixante-douze ouvriers; il y a peu de maisons qui en occupent plus de trente ou quarante parmi les fabricants de couleurs. Ils ont une machine à vapeur de huit chevaux.

Leurs principaux produits sont : les jaunes de chrôme, pour lesquels on leur accorde une supériorité incontestable. Leurs prix sont toujours au-dessous de ceux des autres fabricants, et ils en font de très-grandes quantités. Ils livrent aussi au commerce les carmins de cochenille ou de garance, les laques carminées et les laques jaunes, le bleu de Prusse, etc.

Enfin ils viennent d'aborder une fabrication de la plus haute importance, celle des encres d'imprimerie, que l'on fait venir d'Angleterre pour l'impression des beaux ouvrages. Aujourd'hui, MM. Lefranc sont arrivés à faire aussi bien que les manufacturiers anglais, plusieurs essais ont été faits et ont parfaitement réussi. MM. Lacrampe et Cⁱᵉ ont fait usage de cette encre, et ils ont reconnu qu'elle est d'un aussi beau noir et qu'elle s'emploie aussi bien que l'encre anglaise. MM. Schneider et Cⁱᵉ en portent le même témoignage après s'en être servis pour le tirage de divers ouvrages illustrés.

Ces renseignements prouvent que MM. Lefranc

frères auraient eu droit à de nouvelles récompenses, si un plus long emploi de cette encre en avait constaté les qualités.

En l'état actuel des choses, le jury se borne à déclarer que MM. Lefranc frères sont toujours très-dignes de la médaille d'argent qui leur fut décernée en 1839.

M. MILORI, à Paris, rue Barre-du-Bec, 4.

Le jury central de 1839 décerna à M. Milori une médaille d'argent pour son importante fabrication de couleurs. Depuis cette époque, sa maison a pris encore une extension considérable; des produits nouveaux, des améliorations, des perfectionnements dans la fabrication des anciens produits, tels sont les titres que le jury se plaît à reconnaître à cet habile fabricant, toujours digne de la médaille d'argent qui lui fut accordée à la précédente exposition.

MM. PANIER et PAILLARD, à Paris, rue Vieille-du-Temple, 75.

Ces habiles fabricants ont obtenu en 1819 une médaille d'argent; depuis lors, ils ont considérablement développé leurs moyens et leurs ressources de fabrication en tout genre; ils s'occupent activement de perfectionner les couleurs pour la miniature et pour l'émail, pour lesquelles leur prédécesseur, M. Cossard, était avantageusement connu déjà des artistes.

Leur fabrique de couleurs fines, dites de *Lambertye*, a pris un plus grand essor, et ils se livrent en outre à la fabrication de crayons à dessiner, et de pastels inventés par M. Lemoine, dont les produits étaient justement estimés.

MM. Panier et Paillard ont tenté la fabrication de l'encre de Chine, et quoique leurs produits soient encore loin de la perfection, ils méritent d'être récompensés pour n'avoir pas craint de s'engager dans une voie où il faut se livrer à de nombreuses expériences pour atteindre un résultat satisfaisant.

MM. Panier et Paillard offrent une grande variété de produits au commerce; ils en préparent de qualités très-diverses; mais on reconnait dans toute leur fabrication, une remarquable intelligence de ce genre d'industrie.

Ils se montrent donc toujours dignes de la médaille d'argent qui leur fut décernée en 1839.

MÉDAILLES D'ARGENT.

M. COLCOMB-BOURGEOIS, à Paris, quai de l'École, 18.

Les couleurs que ce fabricant a soumises à l'examen du jury, se font remarquer par la fixité et la richesse des tons.

La fixité qu'il annonce est garantie par vingt années d'expérience, et attestée par nos peintres les plus célèbres MM. Ingres, Ary-Scheffer, Granet, Eugène Lacroix, Winterhalter, Aligny, Chazal, Larivière, etc., qui les ont jugées, tant par les différents essais à la lumière, que dans leurs combinaisons entre elles.

Voici en particulier comment s'exprime M. Ingres: « Je recommande à la justice du jury, M. Col-
» comb, qui, par ses belles couleurs et le soin qu'il
» donne à tout ce qui est à l'usage de la peinture,
» se distingue si bien, que, ne nous eût-il donné que
» son seul carmin fixe de garance, il aurait droit à
» notre reconnaissance ; car nous en étions aupara-
» ravant réduits à la laque de cochenille et autres la-
» ques très-douteuses et toutes privées de la teinte
» violette. »

Le carmin fixe de garance découvert en 1816 est
surtout recommandé par les artistes comme offrant
le principe pur de la garance, dégagé entièrement du
principe fauve, et contenant sous un très-petit volume, une grande quantité de principe colorant,
ce qui le rend d'une grande vigueur de ton et d'une
extrême facilité à l'emploi.

Depuis deux ans, M. Colcomb-Bourgeois obtient,
par un procédé nouveau, du carmin de garance
d'un ton qui le rapproche de la couleur pourpre,
tout en lui conservant les avantages du premier.

Il croit que ce procédé sera utile pour apprécier
la quantité de principe pur que contiennent les garances, car on sépare entièrement le principe
fauve.

Les *mars* ou oxydes de fer de M. Colcomb-Bourgeois, outre leur fixité, contiennent six fois plus
de principe colorant que les autres, n'étant pas combinés avec des terres qui en altèrent la pureté ;
aussi malgré leur prix plus élevé, obtiennent-ils
la préférence.

Le bleu de cobalt de M. Colcomb, très-colorant

est aussi pur que l'outremer lapis, et conserve cette qualité avec le blanc.

Son vert de cobalt est bien préparé; c'est un vert précieux par sa fixité, il peut se combiner avec toutes les couleurs, c'est le seul vert tout à fait inaltérable.

Les laques de garance rose et foncée, la laque jaune de Gaude, sont également fabriquées avec le plus grand soin.

Depuis plus de vingt-cinq ans, M. Colcomb-Bourgeois s'occupe spécialement de la préparation des couleurs, et il a fait une étude particulière du mélange des couleurs entre elles, et des différents résultats qu'il procure.

C'est en considération de cette longue expérience, de son application constante à produire des couleurs douées d'une fixité convenable que le jury décerne à M. Colcomb-Bourgeois une médaille d'argent.

M. HUILLARD aîné, à Paris, rue de la Vannerie, 38,

A exposé de l'orseille, du sulfate d'alumine et du carmin d'indigo; il fabrique ces produits sur une grande échelle. Les procédés qu'il emploie pour la fabrication de l'orseille donnent des résultats certains et d'une qualité constante; ils sont très-estimés des teinturiers. M. Huillard est le fabricant de Paris qui produit le plus d'orseille, et en même temps celui qui consomme la plus forte proportion d'ammoniaque liquide.

Le sulfate d'alumine de M. Huillard, fabriqué à

l'aide d'une argile très-peu ferrugineuse, est exempt de fer et ne contient qu'un léger excès d'acide libre ; il est employé avec avantage par les fabricants de papiers et par les teinturiers.

Le jury, voulant récompenser la fabrication perfectionnée de produits dont la qualité a longtemps laissé beaucoup à désirer, décerne à M. Huillard aîné une médaille d'argent.

RAPPELS DE MÉDAILLES DE BRONZE.

M. FERRAND, à Paris, rue Mongalet, 7,

A exposé du jaune de cadmium, du bleu de cobalt, du vert de chrôme, du vert de cobalt, du vert de scheële, etc.

Il a exposé, en outre, du bleu d'outremer dont le procédé tenu secret par tous les fabricants, a été communiqué par celui-ci à la société d'encouragement.

M. Ferrand s'occupe de la préparation de tous les produits nécessaires aux opérations du daguerréotype.

Enfin, il remet sous les yeux du jury, avec quelques perfectionnements, les divers produits relatifs à la peinture à la cire qu'il avait déjà exposés en 1839.

Le jury juge M. Ferrand toujours digne de la médaille de bronze qui lui fut décernée en 1839.

M. JANNET, à Paris, rue des Trois-Bornes, 1,

A exposé de l'orseille faite avec des lichens tirés de

Bourbon et du cap Vert; ces lichens nous arrivent maintenant en assez grande quantité.

M. Jannet a exposé, en outre, des carmins d'orseille à quinze et trente degrés de concentration; ces carmins s'emploient pour l'impression sur laine, où l'on a besoin de colorants riches et purs; la consommation en est considérable en France; l'Angleterre, l'Allemagne et la Russie en reçoivent beaucoup de nos fabricants.

Le jury rappelle avec distinction à M. Jannet, la médaille de bronze qu'il a reçue en 1839.

NOUVELLES MÉDAILLES DE BRONZE.

M. GIROUY, à Paris, rue de la Cité, 26 et 28.

Le prédécesseur de ce fabricant de couleurs, M. Poinsot, avait obtenu une médaille de bronze en 1839 pour les couleurs fines qu'il avait soumises au jury.

Aujourd'hui, M. Girouy se présente recommandé par un grand nombre d'officiers de la direction du génie qui ont reconnu une véritable supériorité à ses couleurs. Sa fabrication s'est développée; il emploie une machine à vapeur pour son broyage: il a élargi le cercle de ses affaires.

Le jury lui décerne une nouvelle médaille de bronze.

M. RICHARD, à Paris, rue Planche-Mibray, 6.

En 1839, la fabrique dont il s'agit avait obtenu la médaille de bronze. Depuis qu'elle a changé de nom, ses produits ont conservé toutes leurs qualités et se classent aujourd'hui dans l'opinion des artistes, parmi les meilleurs qui soient fabriqués à Paris. Le coloriage des grands ouvrages d'histoire naturelle se fait habituellement avec les couleurs fournies par M. Richard, qui pour cet usage sont même préférées aux couleurs anglaises, pourtant beaucoup plus chères.

Le jury central décerne à M. Richard une nouvelle médaille de bronze.

MÉDAILLES DE BRONZE.

M. A. COLSON, à Paris, rue du Dragon, 3 et 5.

La maison de M. Colson est l'une des plus estimées des artistes, et ses produits sont très-recherchés par eux ; c'est lui qui le premier a eu l'idée de préparer des toiles pour pastels ; celles qu'il a exposées ont paru au jury convenir parfaitement à leur emploi. Il fabrique également tous les objets employés par les peintres, tels que toiles, cadres, etc. Tous ces articles sont établis avec le plus grand soin.

Le jury déclare que M. Colson mérite la médaille de bronze.

M. VALLÉ, à Paris, rue de l'Arbre-Sec, 3,

A exposé divers produits dignes de fixer l'attention du jury, savoir :

Un enduit hydrofuge, des toiles hydrofuges, des

couleurs à bases de fer dites *couleurs mars*, préparées avec soin;

Un brun obtenu par les résidus de garance épui-
sés et abandonnés par les indienneurs, et destiné à
remplacer le bitume dont la fugacité est nuisible
aux peintures;

Un violet composé à base de garance, et qui doit
être très-solide;

Un chromate rouge de plomb obtenu par le sulfate de plomb provenant des fabriques. C'est le
plus beau de l'exposition;

Un blanc de plomb nouveau;

Des couleurs à la cire, des toiles panneaux à la
cire;

Des toiles panneaux pour pastels qui permettent
les retouches, l'empâtement, et qui donnent au
pastel une demi-fixité qu'on peut rendre complète
du reste par une préparation ultérieure au moyen
de fixatifs résineux et mucilagineux; ces fixatifs
s'appliquent par aspersion sur la partie antérieure
des dessins;

Des vernis au copal, à l'essence, à l'huile, au
mastic, à l'Elémi; un vernis hydrofuge au caoutchouc, un vernis à l'eau, incolore pour les tableaux
fraîchement peints, et qui ne les altère pas.

M. Vallé est dans une très-bonne voie; nul doute
qu'il ne parvienne à des résultats importants dans
une industrie qu'il aborde maintenant avec le secours de connaissances chimiques très-solides. En
conséquence, c'est à la fois comme récompense et
comme principe d'émulation, que le jury lui accorde aujourd'hui une médaille de bronze.

M. DUTFOY jeune, à Paris, rue du Plâtre-Saint-Jacques, 28.

M. Dutfoy jeune avait obtenu une mention honorable en 1839, et depuis cette époque, a obtenu des améliorations dans sa fabrication qui sont constatées; car on en recommande l'emploi à messieurs les officiers du génie dans le mémorial du génie imprimé par les ordres de M. le ministre de la guerre. En outre, pour quelques-uns des vélins du muséum, on a reconnu que les couleurs de M. Dutfoy offraient une transparence supérieure à celle des couleurs analogues sorties de fabriques très-estimées.

Par ces motifs, le jury central lui décerne une médaille de bronze.

MM. DELARUELLE et LEDANSEUR, à Paris, cité Boufflers, 21, et rue du Petit-Thouars, 20 (enclos du Temple),

Ont exposé des pastels, qui, en 1839, leur avaient déjà valu une mention honorable. Ces pastels peuvent se tailler, tout en conservant le moelleux du pastel mou. Aujourd'hui, les produits de ces exposants ont reçu de véritables améliorations excitées par la faveur dont la peinture au pastel a été l'objet depuis quelques années. Tous les artistes qui s'en occupent s'accordent pour les recommander, comme offrant une fermeté de touche, une richesse et une vivacité de couleurs qui ne laissent plus rien à désirer.

Le jury accorde à MM. Delaruelle et Ledanseur une médaille de bronze.

M. VIARD, à Paris, rue Saint-Martin, 54,

A exposé une préparation destinée à préserver les murs de l'humidité.

L'application en a été faite chez M. Jacquenot, propriétaire, rue Rambuteau, 43; elle y a parfaitement réussi, ainsi que dans plusieurs salles basses très-humides de sa maison de campagne, à Meudon, dans lesquelles un grand nombre d'essais avaient été auparavant tentés sans aucun succès.

Comme cette préparation est à très-bon marché puisqu'elle ne coûte que 60 centimes le mètre à deux couches, comme elle peut être appliquée très-facilement, et que par ces divers motifs elle doit être fort utile dans un très-grand nombre d'habitations, M. Viard a rendu un service qui a paru digne au jury d'une médaille de bronze.

RAPPELS DE MENTIONS HONORABLES.

MM. TRICOTEL et CHAPUIS, à Paris, rue Paradis Poissonnière, 40,

Ont exposé de nouveau la peinture qu'ils appellent *hydroléine*. Le jury rappelle la mention honorable qui leur fut décernée, en 1839, pour cet objet.

M. MACLE, à Paris, rue Michel-le-Comte, 23,

A exposé des couleurs fines qui ont été l'objet d'une mention honorable, en 1839, sous la raison Longchamps, Macle et C⁹. Le jury rappelle cette mention avec intérêt.

MENTIONS HONORABLES.

Le jury mentionne honorablement :

M. MICHEL, à Puteaux (Seine),

Pour ses extraits de bois de teinture.

M. STEVERLYNCK, à Lille (Nord),

Pour son cobalt vitrifié et son bleu de tournesol qu'il fabrique en grand.

M. COURTIAL, à Besançon (Doubs),

A exposé du bleu d'outremer artificiel.
Il fabrique par jour :
25 kilog., belle qualité à 10 fr. le kilog.
25 kilog. cendres d'outremer à 3 fr. le kilog.
Ces prix sont pour les ventes en gros, et subissent encore des remises qui vont souvent jusqu'à 10 pour 100.
Il obtient à volonté le bel outremer, *foncé* ou *clair*, *dur* ou *tendre*, suivant les exigences de la lithographie qui le veut dur, et de la peinture à l'huile qui l'exige tendre; dans l'azurage des papiers, la dureté a l'avantage de le rendre plus résistant à l'alun. Quant à l'azurage des tissus, c'est aux consommateurs à prononcer; mais ce qu'il y a certainement de plus avantageux en ce cas, c'est l'intensité de la couleur. Cependant, quelques fabricants de papier repoussaient celui de M. Courtial comme trop foncé. Aujourd'hui, l'outremer factice de M. Courtial pourrait, peut-être, rivaliser avec celui de M. Guimet. Mais le jury central faisant la diffé-

rence entre le premier inventeur et celui qui a suivi une voie déjà ouverte, quoiqu'il ait été obligé de découvrir la route lui-même, doit se borner à lui accorder une mention honorable.

MM. G. MIRABAL et MOREAU, à Paris, rue Fontaine-au-Roi, 59,

Pour diverses couleurs économiques propres à la peinture des lieux humides ou pour la mise en couleur des parquets.

M. PRÉVEL, au petit Charonne (Seine),

A exposé du vermillon qu'il fabrique lui-même et qu'il livre au commerce à un prix très-bas. Il mérite l'approbation du jury qui lui accorde avec intérêt une mention honorable.

M. BAUBE, à Paris, rue de la Tixeranderie, 25,

A exposé ses couleurs à l'alcool, dites *anosmiques*, qui, en 1839, ont été l'objet d'une citation favorable. Quelques perfectionnements ajoutés à sa fabrication lui donnent aujourd'hui droit à une mention honorable.

MM. MONMORY aîné et RAPHANEL, à Paris, rue Neuve-Saint-Merry, 9.

Sous le nom de *siccatif brillant*, MM. Monmory aîné et Raphanel ont exposé un vernis qui, mêlé de diverses couleurs à bas prix, sert à peindre les parquets, carreaux, escaliers, etc. L'expérience faite par les soins du jury a été assez favorable à ce produit pour justifier la mention honorable qui lui est accordée.

M. CHEVALLIER-VUILLIER, à Dôle (Jura),

A exposé des bleus d'indigo pour azurage, des bleus de Prusse, des verts à l'eau, du jaune de chrôme. Ces couleurs sont bien préparées.

M. A. MARTIN DE SAINT-SEMMERA, rue des Francs-Bourgeois-Saint-Marcel, 11,

A exposé des laques de garance et de gaude qu'il fabrique avec soin; du bleu de Prusse, un chromate de plomb orangé d'une belle nuance. Cette fabrique naissante a mérité l'attention du jury.

M. SERPINET, à Paris, rue Plumet, 4,

A exposé du carmin d'indigo pour la teinture et l'impression; il s'occupe depuis longtemps de la fabrication de ces produits, pour lesquels il a obtenu la confiance des teinturiers et des imprimeurs de Paris.

M. CHÉROT, à Paris, rue de la Chopinette, 12,

Pour des toiles à peindre et pour des couleurs au blanc de baleine.

MM. WUY et BUTET, à Paris, rue de la Verrerie, 54,

Pour des bleus à azurer le linge et pour du bleu de Prusse en tablettes.

CITATIONS FAVORABLES.

M. MOND'HER, à Paris, rue du Val-Sainte-Catherine, 14,

Fabrique des couleurs en tablettes qui sont accueillies avec faveur.

M. CHONNEAUX, à Paris, rue Jean-Robert, 6,

A exposé divers produits obtenus au moyen du carthame, tels que rouge-vert en plaques, rouge liquide, rouge en poudre. Il fabrique aussi du blanc de fard.

MM. MULLER fils et Cie, à Paris, rue du Faubourg Saint-Martin, 115,

Ont exposé des couleurs et des vernis bien préparés. Ils fabriquent des panneaux, des toiles et des portefeuilles pour les artistes. Tous ces produits sont d'une très-bonne confection.

Le jury accorde à MM. Muller fils et Cie une citation favorable.

---

§ 2. CONSERVATION DES BOIS.

NON EXPOSANT.

MENTION HONORABLE.

M. BRÉANT, vérificateur général des essais à la Monnaie.

M. Bréant, l'un de nos plus habiles chimistes manufacturiers dont le nom se rattache très-honorablement aux procédés industriels de la liquation des bronzes, de l'épuration et du travail du platine, vient de rendre un nouveau service à l'industrie en mettant dans le domaine public son procédé de pénétration des bois.

Chacun peut apprécier les résultats d'un essai concluant sur des planches en sapin pénétrées d'huile de lin siccative, et restées pendant dix ans sans altération sur les trottoirs du pont Louis-Philippe. Cet essai démontre l'efficacité des procédés de M. Bréant et permet au jury d'émettre son opinion sur le mérite de ce mode de pénétration qui a pour effet non-seulement d'introduire dans toutes les parties saines et vivantes du bois, des substances souvent difficiles à liquéfier, si ce n'est par la chaleur, mais encore d'en saturer des parties défectueuses ou déjà attaquées par la pourriture sèche, et d'arrêter celle-ci instantanément.

Il est déjà à la connaissance de plusieurs membres du jury que l'appareil de M. Bréant consiste en un grand cylindre en fonte, pourvu d'une fermeture autoclave et dans lequel on introduit les bois; à ce cylindre est adapté une pompe de presse hydraulique servant à injecter le liquide conservateur au fur et à mesure de son absorption.

Une expérience qui remonte déjà à dix années prouve que des bois déjà fortement avariés ont par là reçu un véritable préservatif, puisque la carie n'avait plus fait aucun progrès. Ce n'est pas aux liquides préservateurs en eux-mêmes qu'on attribue la plus grande part dans ce résultat, mais bien au mode de pénétration, mode énergique dont l'effet ne saurait être douteux. Sans aucun doute, la chimie arrivera à trouver des agents conservateurs efficaces et à bon marché; pour le moment, l'attention du jury se fixe sur la puissance pénétrante de ce procédé qui permet de lancer, dans chaque partie du bois, des matières oléagineuses qui, essayées à grands frais en Angleterre, n'avaient pu pénétrer que d'une quantité véritablement insignifiante.

Ajoutons même qu'il résulte de nombreuses expériences que les meilleurs résultats sont obtenus par un mélange d'huile de lin et de résine de térébenthine chauffée à 100°. On conclura naturellement qu'un tel agent de préservation ne saurait être introduit par l'absorption naturelle, et qu'il faut en aider la pénétration par une pression artificielle considérable.

M. Bréant, recommandé par le jury du département de la Seine, n'ayant pas mis son procédé en exploitation, le jury central doit se borner à lui donner un témoignage de son estime pour les talents distingués qu'il a mis au service de l'industrie de son pays, et de sa reconnaissance pour le désintéressement avec lequel il veut faire profiter la société de ses découvertes.

MENTION HONORABLE.

M. BOUCHERIE, à Bordeaux (Gironde).

M. Boucherie a imaginé un moyen précieux d'injection pour les bois; il le met à profit dans le but de rendre les bois plus durables, de varier leurs teintes à volonté; de les rendre moins sensibles aux variations hygrométriques, enfin de les rendre incombustibles.

Les pièces exposées démontrent que M. Boucherie a résolu les principales questions qu'il s'était posées.

Il a exposé en effet des madriers de chêne et des cerceaux de châtaignier pénétrés de pyrolignites mélangés de chlorures, il y a plus de cinq ans, et qui constatent l'efficacité de ces matières conservatrices. Le chêne, dont l'aubier est si rapidement altérable, est intact dans toutes ses parties, quoiqu'il n'ait cessé d'être placé dans des lieux humides, et les cerceaux portent en eux-mêmes la preuve de l'action des substances introduites; car certains d'entre eux ont été préparés en arrêtant la pénétration à la moitié de leur longueur, et ils ont été piqués par les insectes jusqu'à la limite de la pénétration.

Ce résultat, tout en faisant préjuger la conservation des bois d'un volume plus considérable, ne permet du moins plus le doute sur les avantages que le commerce des vins pourra retirer de son application, et dès cette année, une exploitation considérable aura lieu à Bordeaux où la destruction des cercles de barriques par les vers, occasionne une perte annuelle d'un million de francs.

Sous le rapport de la coloration des bois, M. Boucherie s'est montré prodigue de teintes; car il a essayé d'obtenir, et il a produit en effet des teintes bleues, jaunes, rouges, vertes, violettes, qui sont d'un effet douteux; mais à côté de ces couleurs trop crues, il expose des tons bruns, fauves, gris plus ou moins foncés, d'un effet capable de répondre aux exigences du goût le plus scrupuleux. L'ébénisterie trouvera donc, dans ces procédés, de nombreuses ressources, puisqu'on lui offre des bois colorés et durs obtenus avec des essences qui par elles-mêmes n'eussent fourni que des bois tendres et sans couleur.

La résistance des bois au jeu, et la possibilité de les mettre en œuvre peu de temps après l'abattage, sont mis en évidence par de grandes portes et par une selle confectionnés avec du bois de hêtre abattu depuis trois mois, et pénétré de matières (chlorure de calcium et pyrolignite de fer) qui n'ont que faiblement augmenté sa valeur. Cette question était importante à résoudre, et pour apprécier son utilité pratique, il suffit de se rappeler que le hêtre, si commun en France, d'une croissance si rapide, a été exclu jusqu'à ce jour de la charpente, de la menuiserie et de l'ébénisterie solide, et que, dès à présent, il peut remplacer avec avantage le chêne beaucoup plus rare, d'un prix plus élevé, et qui ne peut être employé qu'après plusieurs années de séjour dans les chantiers. Des expériences récentes et officielles ont démontré que le hêtre ainsi préparé est supérieur en force au meilleur chêne ; que d'ailleurs, ce bois possède alors une coloration grise qui le rend propre à tous les emplois de boiserie intérieure, tels que parquets, panneaux, lambris, portes, etc. L'incombustibilité des bois pénétrés d'eaux mères des marais salants est facile à juger *à priori* ; cependant, ajoutons qu'elle a été constatée publiquement à Compiègne par des expériences spéciales. Quand on sait à quels affreux malheurs les voyageurs sont exposés par la combustibilité des bois employés pour construire les voitures qui circulent sur les chemins de fer,

on se demande si l'administration ne devrait pas
exiger que ces bois fussent rendus incombustibles,
soit par le procédé de M. Boucherie, soit par tout
autre moyen.

M. Boucherie a exploité quatre cents mètres cubes
de bois dans les forêts de l'État pour les besoins de
la marine, grâce au concours de l'administration,
qui s'est chargé de constater les améliorations qu'a-
vaient subies les bois expérimentés. Le temps qu'il
a fallu pour s'assurer de l'efficacité des diverses matières conservatrices éprouvées, explique pourquoi
M. Boucherie a dû attendre jusqu'à ce moment
pour mettre ces procédés en exploitation. Il aurait
pu s'y déterminer plutôt, il a préféré continuer ses
études, multiplier ses expériences et acquérir ainsi
des convictions maintenant partagées par les personnes qui ont vu ses produits et étudié ses procédés.

Si la marche suivie par M. Boucherie le prive des
récompenses que le jury central aurait été heureux
de lui décerner, hâtons-nous de reconnaître qu'elle
puise sa source dans des sentiments si droits et si
nobles, que le jury peut sans crainte appliquer à la
conduite comme aux produits de M. Boucherie,
une mention honorable.

§ 3. TISSUS IMPERMÉABLES.

RAPPEL DE MÉDAILLE D'OR.

MM. RATTIER et GUIBAL, à Paris, rue des
Fossés-Montmartre, 4.

L'importance des affaires de cette maison est à
peu près la même qu'en 1839 ; ayant autorisé tous

les passementiers de France à fabriquer le tissu
élastique, elle s'est créé une immense concurrence,
mais en compensation elle vend, chaque année, à
ces mêmes passementiers une grande quantité de
fil élastique, pour la fabrication de leurs tissus,
industrie qui a pris un immense développement,
et dont les produits sont préférés sur tous les marchés étrangers.

MM. Rattier et Guibal sont restés en première
ligne dans les belles qualités de tissus élastiques,
mais ils n'ont pu suivre la concurrence des fabriques de Rouen et de Saint-Chamond, dans les qualités communes.

Ils ont apporté de grands perfectionnements dans
la fabrication du fil élastique; lors de la dernière
exposition, ils avaient de la peine à obtenir une
finesse de 8 à 10 mille mètres au kilog.; aujourd'hui
ils obtiennent 30 à 32 mille mètres, et cela en
gomme régénérée; ils ont été poussés à atteindre
cette finesse par les fabricants de tulle qui, aujourd'hui, mêlent le caoutchouc à leurs produits.

L'art de recomposer la gomme est parvenu entre
leurs mains à une grande perfection, puisque
MM. Rattier et Guibal peuvent en refaire du fil, qui,
dans les numéros fins surtout, vaut le fil de gomme
naturelle. A l'aide d'une nouvelle machine, ils peuvent fournir des bandes de gomme qui ont jusqu'à
150 mètres de long sur 33 centimètres de large;
jusqu'à ce moment on n'a obtenu des feuilles de
gomme que de 40 centimètres sur 30 centimètres.

Les fabricants de papier français étaient tributaires de l'Angleterre pour les courroies des machi-

nes à papier, courroies qui exigent une grande
force, qui ne doivent jamais s'étendre, et qui doivent être sans point de jonction. MM. Rattier et
Guibal ont exposé des courroies qui sont de tout
point comparables aux meilleures courroies anglaises.

En mêlant le caoutchouc à des substances blan-
châtres qui ont l'avantage de lui ôter son adhérence,
ils sont parvenus à former une pâte qui a à peu près
la couleur du papier de Chine, et qu'ils appliquent
sur un tissu. Cette toile ainsi préparée reçoit les
impressions les plus fines, les plus délicates. Ces
essais ont de l'intérêt, mais l'industrie n'a tiré
encore aucun parti de ce produit. Il n'en est pas
de même d'un cuir factice qui a un grand emploi
chez les fabricants de cardes.

MM. Rattier et Guibal ont perfectionné leurs produits et en ont diminué le prix, depuis la dernière
exposition. Leur vernis a toujours un peu d'odeur
qui provient de l'huile essentielle qui sert à dissoudre
le caoutchouc; toutes leurs tentatives pour détruire
cette odeur, après l'application, ont nui à l'imperméabilité des tissus, et souvent en ont amené une
prompte décomposition. Ils persistent donc à faire
usage de procédés dont un long emploi leur garantit
la bonté, tant qu'une expérience décisive n'aura pas
prononcé en faveur des autres moyens de dissolution.

Le jury central, prenant en considération les
services constants rendus à l'industrie des tissus imperméables par MM. Rattier et Guibal, les juge
toujours très-dignes de la médaille d'or qui leur fut
décernée en 1839.

MÉDAILLE D'ARGENT.

MM. GUÉRIN jeune et Cⁱᵉ, à Paris, rue des Fossés-Montmartre, 11.

Le jury de 1839, en signalant les résultats intéressants obtenus par l'emploi du caoutchouc dans diverses applications industrielles, se plaignait de ce que dans la fabrication des tissus rendus imperméables, à l'aide du caoutchouc dissous dans les huiles essentielles, on n'était pas parvenu à supprimer l'odeur nauséabonde qui en limitait considérablement l'emploi. Les efforts de tous les fabricants ont donc tendu vers la solution de ce problème ; s'ils n'ont pas complétement atteint le but, ils en ont plus ou moins approché : MM. Guérin jeune et Cⁱᵉ s'en sont particulièrement occupés.

Leurs tissus imperméables sont presque entièrement exempts d'odeur ; ce résultat est dû à la rectification parfaite des huiles essentielles qu'ils emploient pour dissoudre le caoutchouc.

MM. Guérin jeune et Cⁱᵉ ont fait une nouvelle application du caoutchouc, qui pourra être d'une grande importance : c'est un cuir artificiel pour remplacer le cuir dans les usines où la transmission de mouvement s'opère par des courroies. Le cuir artificiel est composé de plusieurs toiles à chaîne très-forte, réunies entre elles par le caoutchouc. Ce cuir artificiel a été aussi employé avec succès pour la fabrication des rubans et plaques de cardes.

Le jury, considérant que les efforts de MM. Guérin jeune et Cⁱᵉ pour améliorer leur industrie et lui créer des applications nouvelles sont dignes des plus grands éloges, leur décerne la médaille d'argent.

RAPPEL DE MÉDAILLE DE BRONZE.

M. MEYNADIER (Hippolyte), à Montrouge (Seine), et à Paris, rue Grange-Batelière, 1.

M. Meynadier applique sur les tissus de soie et à plus forte raison sur d'autres tissus, une préparation qui les rend imperméables, sans que cette préparation soit sensiblement visible sur l'étoffe apprétée, à laquelle il conserve beaucoup de souplesse; la souplesse et la légèreté de ces tissus permet d'en faire des applications utiles que les tissus au caoutchouc ne peuvent recevoir, tels que manteaux préservatifs contre la pluie, qui pliés sont si peu volumineux qu'ils peuvent se placer dans la poche ou dans le fond du chapeau.

Il ne manque à cet industriel qu'un développement plus considérable de ses produits pour se rendre digne d'une récompense plus élevée. En l'état des choses, le jury doit se borner à rappeler la médaille de bronze qu'il a reçue en 1839.

NOUVELLE MÉDAILLE DE BRONZE.

M. GAGIN, à Clignancourt, commune de Montmartre (Seine).

M. Gagin a fait de nombreuses applications du caoutchouc fondu; pour la plupart, elles ont eu un succès complet; ainsi, il a exposé des havresacs et manteaux pour soldats, en toile rendue imperméable par ce moyen, qui ont parfaitement résisté aux variations de température de l'Algérie.

La même matière, appliquée sur les chaussures,

les rend imperméables et en prolonge presque in-définiment la durée; employée dans la préparation des cuirs vernis, elle les rend souples, imperméables, et empêche le vernis de s'écailler.

Le jury déclare que M. Gagin est digne d'une nouvelle médaille de bronze.

MÉDAILLES DE BRONZE.

M. LEDOUX, à Bonny-sur-Loire (Loiret).

M. Ledoux fabrique sur une grande échelle les divers objets dans lesquels entre le caoutchouc, tels qu'étoffes pour tabliers de nourrices et manteaux; clysoirs, coussins à air, etc. Il fabrique également une grande quantité de buses d'acier recouverts d'un tissu imperméable qui les préserve de la rouille.

M. Ledoux a beaucoup perfectionné tous ses produits, ce qui ne l'a pas empêché d'en diminuer le prix d'une manière très-sensible, et par ce moyen d'en augmenter considérablement l'écoulement.

Ses tissus imperméables sont parfaitement fabriqués et pour ainsi dire sans odeur.

Le jury lui décerne la médaille de bronze.

MM. BLANCHARD et CABIROL, à Paris, rue des Fossés-Montmartre, 7,

Ont exposé des tissus et objets rendus imperméables par le caoutchouc, dans lesquels ils ont cherché à faire perdre aux matières nécessaires à la dissolution du caoutchouc, l'odeur qu'elles portent avec elles. Ils ont en outre cherché à rendre au caoutchouc son élasticité première, qu'il perd dans la dissolution.

Leurs tissus réunissent à l'imperméabilité une grande souplesse.

Ils ont exposé :

1° Un bateau de sauvetage en tissu caoutchouc à air, avec tous ses agrès, se montant et se démontant à volonté, et dont le poids total n'est que de 20 kil.;

2° Une baignoire flottante avec tubes à air ayant un filet pour fond, avec ancre, rame, etc.;

3° Un pantalon de pontonnier pour passer l'eau sans se mouiller;

4° Une bouée de sauvetage;

5° Un manteau de bivouac contenant un matelas, oreiller, etc., et pouvant au besoin servir de radeau;

6° Une feuille de caoutchouc laminé qu'ils peuvent faire à trente-cinq mètres de longueur;

7° Ils ont construit le ballon dont l'ascension a eu lieu le 13 juin; l'élasticité qu'ils conservent au caoutchouc est remarquable, puisqu'en déchirant le tissu, le caoutchouc s'étend sans se rompre.

Les produits de ces exposants sont remarquables par la parfaite homogénéité du caoutchouc, sa faible odeur, son élasticité; à tous égards, leurs procédés semblent dignes des récompenses du jury.

Mais comme il s'agit d'une fabrication naissante, le jury craindrait de la classer dès à présent, et il se borne à lui décerner une médaille de bronze.

RAPPEL DE MENTION HONORABLE.

M. BECKER, à Paris, rue Neuve-St.-Augustin, 4.

M. Becker, l'un des premiers, s'est occupé avec succès de rendre imperméables, par des agents chimiques, les draps et diverses étoffes, sans altérer leur couleur, et sans leur ôter toute leur perméabilité pour l'air. Ces applications n'ont pas encore pris une extension notable, quoique l'auteur ait depuis lors rendu ce procédé plus économique.

Le jury le trouve toujours digne de la mention honorable obtenue en 1839, et la lui rappelle.

MENTIONS HONORABLES.

M. GALIBERT, à Paris, rue J.-J.-Rousseau, 20,

S'applique spécialement à la fabrication des tubes en caoutchouc pour conduire les liquides et les gaz. Il fournit ainsi le moyen d'obtenir des niveaux d'eau d'une grande longueur, pour le tracé des routes et des chemins de fer.

Il fournit aussi à la chirurgie des instruments précieux qui paraissent généralement bien fabriqués, et qui ont été souvent mis à profit. Il fabrique aussi un assortiment complet d'instruments hygiéniques d'un usage très-sûr.

MM. BRIOUDE-SANREFUS et Cⁱᵉ, à Paris, rue de l'Asile-Popincourt, 43,

Ont exposé diverses applications du caoutchouc à la papeterie, à la fabrication des balles, ballons, etc.

MM. Ch. BOULANGER et Cⁱᵉ, à Paris, rue Hauteville, 35.

MM. Boulanger et Cⁱᵉ sont parvenus à donner à divers tissus employés pour vêtements extérieurs, depuis les blouses en toile jusqu'aux manteaux en drap, une imperméabilité suffisante pour prévenir l'infiltration de la pluie, lorsque la chute de l'eau n'est pas, pour ainsi dire, torrentielle. Sans doute ils obtiendraient une imperméabilité plus complète, s'ils ne trouvaient, avec raison, convenable de laisser aux étoffes qu'ils préparent une certaine perméabilité qui permette un renouvellement d'air salubre en effet.

Le jury, admettant l'utilité des résultats obtenus par MM. Ch. Boulanger et Cie, et dont quelques épreuves ont constaté l'efficacité, leur accorde une mention honorable.

SECTION III.

PRODUITS CHIMIQUES. VERNIS. CIRES A CACHETER. CIRAGES.

M. Peligot, rapporteur.

§ 1. PRODUITS CHIMIQUES.

Considérations générales.

L'examen des produits chimiques qui figurent dans les salles de nos expositions nationales ne suffit nullement pour faire apprécier le mérite et l'importance de l'industrie qui les a créés : sauf quelques exceptions, ce seul examen ne permet pas d'en constater les progrès. Employés comme matières premières dans la plupart des autres industries, présentés sous une forme transitoire qu'ils quittent dès qu'ils sont mis en œuvre, les produits chimiques sont dépourvus le plus souvent des caractères qui peuvent établir leur valeur réelle et les progrès de leur fabrication; ces caractères se traduisent d'ailleurs, dans la plupart des cas, moins encore par la pureté du produit que par son prix de revient; quelquefois, en effet, cette pureté ne laissait déjà plus rien à désirer; souvent elle importe peu aux principaux usages auxquels le produit est destiné; tandis que l'abaissement du prix de revient ouvre de nouveaux débouchés, provoque de nouveaux emplois et tourne au profit de toute l'industrie manufacturière.

Cette nature un peu exceptionnelle des produits chimiques, au point de vue de nos expositions, rend délicate et difficile la tâche du jury chargé de leur examen; elle l'oblige à s'entourer de renseignements authentiques sur la nature et sur les méthodes de fabrication de ces produits; elle donne une grande importance aux rapports des jurys départementaux concernant les fabriques de produits chimiques, et elle rend nécessaires les notices détaillées dans lesquelles les exposants signalent eux-mêmes les faits nouveaux qu'ils ont observés, les améliorations qu'ils ont introduites dans leur travail et qu'ils croient propres à leur mériter les suffrages du jury central.

Depuis l'exposition de 1839, l'industrie chimique a fait plusieurs progrès notables. Outre une amélioration générale dans la qualité du plus grand nombre des produits, outre un abaissement quelquefois très-considérable dans leur prix de revient, outre l'introduction dans la pratique des arts, notamment dans la teinture, de nombreux produits qui n'étaient jusqu'alors que des produits de laboratoire, nous avons à signaler plusieurs faits d'une haute importance pour le présent ou pour l'avenir de cette grande industrie.

La fabrication de l'acide sulfurique doit à M. Gay-Lussac un grand perfectionnement. Cet illustre chimiste est parvenu à économiser les trois quarts du nitrate de soude ou de l'acide nitrique qui sont nécessaires à la conversion du soufre en acide sulfurique. Son procédé, mis en pratique dans la belle usine de Chauny, rend la fabrication de l'acide sulfurique moins insalubre et moins incommode, en même temps qu'il réalise une importante économie.

L'eau de la mer commence à être exploitée pour le sulfate de soude et les sels de potasse qu'elle contient, après qu'elle a servi à l'extraction du sel marin; les eaux mères des salines deviennent une source nouvelle et inépuisable de ces sels, qui sont eux-mêmes la base de plusieurs grandes industries.

La fabrication des sels ammoniacaux a subi, depuis quelques années, d'importantes modifications; elle a pris un développement considérable; le prix de l'ammoniaque liquide et de ses composés

salins a éprouvé une très-forte baisse. Il en est résulté que la combustion des gaz et des vapeurs dans
la calcination des matières animales balance aujourd'hui, par l'économie de combustible qu'elle
procure, la perte des produits ammoniacaux. Aussi,
le procédé de la carbonisation des os en vases clos,
qui fournissait en même temps des liqueurs ammoniacales et du noir animal, a-t-il fait place au
traitement des eaux qui se condensent dans la
fabrication du gaz de la houille. Ces eaux, qui
contiennent quelques centièmes d'ammoniaque,
et qui ont été pendant longtemps un grand embarras pour les fabriques de gaz et une source
d'infection pour le voisinage, sont aujourd'hui
précieusement recueillies, et fournissent immédiatement, par des opérations simples et économiques, l'ammoniaque liquide que consomment
en grande quantité les fabriques d'orseille. Le prix
de l'ammoniaque liquide a baissé de 45 pour cent
depuis quelques années. La condensation de ce
corps au moyen des dissolutions métalliques qui
servent en même temps à purifier le gaz de l'éclairage, commence à se pratiquer également avec succès. La fabrication de l'ammoniaque semble être
annexée désormais à celle du gaz de l'éclairage; elle
offrira toutes les conditions désirables d'économie
lorsqu'elle sera installée dans les usines mêmes
où s'opère la distillation de la houille. Enfin les

eaux vannes fournissent également de grandes quantités d'ammoniaque et de sels ammoniacaux.

L'extension considérable que prend la fabrication des produits ammoniacaux fait désirer que de nouveaux débouchés s'ouvrent devant cette branche de l'industrie chimique. Les expériences faites sur une grande échelle dans plusieurs localités, ne permettent plus de révoquer en doute l'efficacité des sels ammoniacaux employés comme engrais; il est donc probable que dans un avenir peu éloigné, l'emploi de ces sels, devenu général, contribuera puissamment au développement de notre richesse agricole.

En même temps que la production des sels ammoniacaux prend un grand accroissement, l'emploi du sulfate d'ammoniaque tend à diminuer, par suite de l'introduction dans l'industrie d'un nouveau sel, le sulfate d'alumine. Ce composé, qui remplace en partie l'alun dans quelques industries, notamment dans la fabrication du papier, semble destiné à occuper désormais une place importante parmi les produits chimiques. Il figurait à peine à l'exposition de 1839; il est maintenant l'objet d'une fabrication assez étendue.

Néanmoins les opinions sont partagées sur la valeur réelle de ce produit. L'impossibilité où l'on est de le produire en cristaux réguliers, lui ôte le caractère qui assure aux produits chimiques, notamment à l'alun, une composition constante. La difficulté que l'on éprouve à lui conserver une entière solubilité dans l'eau, y fait introduire quelquefois un excès plus ou moins grand d'acide sulfurique. De là plusieurs inconvénients : le dosage de ce sel devient incertain; ce sulfate, déjà très-soluble dans l'eau quand sa composition indique qu'il est neutre, absorbe l'humidité de l'air et tombe en déliquescence sous l'influence de cet excès d'acide : il faut donc ou le conserver dans des vases hermétiquement fermés, ce qui est peu praticable en fabrique, ou modifier à chaque instant son dosage, à cause de l'eau qu'il emprunte continuellement à l'air. Enfin cet excès d'acide devient une cause de détérioration pour les machines, quand le sulfate d'alumine est employé dans les fabriques de papier; il nuirait beaucoup aussi dans diverses opérations de la teinture auxquelles il semble être destiné.

À la vérité, ces inconvénients sont largement compensés par les avantages que l'emploi de ce sel présente dans le cas où la quantité d'alumine qu'il contient est notablement plus grande que celle qui existe dans l'alun, en admettant que le prix de ces deux composés salins soit le même; ou bien, dans le cas où le sulfate d'alumine et l'alun, étant employés concurremment en même quantité, le premier fournit, dans le collage du papier ou dans les opérations de la teinture, un effet utile plus grand que le second.

Les fabricants de sulfate d'alumine et les industriels qui consomment ce sel n'étant point d'accord sur la quantité d'alumine qu'il contient, il nous a semblé qu'il pourrait être utile aux uns comme aux autres de fixer par des analyses précises la composition des principales sortes de sulfate d'alumine qui se vendaient à Paris à l'époque de l'exposition. Les analyses qui suivent ont été exécutées sur des produits de première qualité, annoncés comme étant entièrement exempts de fer; ils ne contenaient, en effet, aucune trace appréciable de ce métal.

	n° 1.	n° 2.	n° 3.	n° 4.	n° 5.	n° 6.
Acide sulfurique.	32,9	34,1	36,1	33,2	32,1	37,7
Alumine.	11,2	12,6	13,8	12,5	10,6	11,3
Eau.	55,9	53,3	50,1	54,3	57,3	51,0
	100,0	100,0	100,0	100,0	100,0	100,0

La composition de ces échantillons de sulfate d'alumine diffère beaucoup de celle qu'attribuent à ce composé la plupart des manufacturiers qui s'occupent de sa fabrication, et qui y admettent l'existence d'une proportion d'alumine notablement plus forte; la bonne foi de ces fabricants, qui portent tous des noms honorables, ne saurait être révoquée en doute. Mais il est à craindre qu'ils n'aient été induits en erreur par les résultats que fournit le procédé d'analyse dont

on fait usage quelquefois pour doser l'alumine
contenu dans le sulfate de cette base ; ce procédé
consiste à calciner simplement un poids donné
de sel ; en opérant ainsi on obtient un résidu qui
est de l'alumine pure quand le sulfate est lui-même
pur : or tel n'est pas le cas des sulfates qui ont été
analysés; plusieurs de ces sels contenaient une
certaine quantité de sulfate de potasse ou de soude,
dont l'origine est facile à comprendre pour qui-
conque connaît les détails de cette fabrication ;
ces sulfates, dont la quantité s'est élevée dans
trois des analyses qui précèdent jusqu'à 4 à 6
pour cent du poids des sels, restent avec l'alumine après la calcination du sulfate et rendent
inexact le dosage de cette base. Dans nos analyses,
la potasse ou la soude se trouvent confondues avec
l'eau; dans toutes l'acide sulfurique a été dosé,
comme à l'ordinaire, à l'état de sulfate de ba-
ryte; quant à l'alumine, elle a été précipitée de
la dissolution d'un poids donné de sel par un
excès de carbonate d'ammoniaque ou d'ammoniaque caustique; l'excès de ces corps a été ensuite chassé des liqueurs au moyen d'une ébullition suffisamment prolongée. On a constaté qu'en
opérant ainsi, le carbonate d'ammoniaque et l'am
moniaque fournissent des résultats identiques.

Les analyses que nous avons exécutées dans le
but d'éclairer les fabricants sur la nature d'un pro-

duit qui résulte d'une industrie naissante qui a
surmonté déjà des difficultés fort sérieuses, montrent ce qui reste à faire pour améliorer cette
fabrication; elles font voir que le sulfate d'alumine qu'on fabrique aujourd'hui contient un
excès plus ou moins grand d'acide sulfurique;
en effet, ce sel, tel qu'on l'obtient à l'état neutre dans les laboratoires, ou tel qu'on le rencontre accidentellement dans la nature, est composé
de trois équivalents d'acide sulfurique (1503),
un équivalent d'alumine (643) et dix-huit équivalents d'eau (2025); l'acide et la base s'y trouvent par conséquent dans le rapport de 30,0 à
12,8, tandis que, dans les analyses n°ˢ 2, 3 et 6,
les rapports sont de 34,1 à 12,6; de 36,1 à 13,8;
de 37,7 à 11,3.

Il nous a été permis de constater l'exactitude
de la composition théorique que nous venons
d'assigner au sulfate d'alumine neutre et cristallisé, en analysant un bel échantillon de sulfate
d'alumine naturel. L'origine de ce sel, qui s'est
trouvé pendant quelque temps dans le commerce
de Paris, nous est restée inconnue. Ce produit
n'absorbe nullement l'humidité de l'air; il est
sous la forme de masses blanches et soyeuses; il
contient une petite quantité de sel marin; il est
exempt de fer. On peut le considérer comme un
type que doit chercher à imiter, tant pour sa

composition que pour ses caractères chimiques, la fabrication perfectionnée du sulfate d'alumine.

Son analyse a fourni les résultats numériques qui suivent :

Acide sulfurique.	35,7
Alumine.	15,7
Eau et traces de sel marin.	48,6
	100,0

La composition théorique du sulfate d'alumine à trois équivalents d'acide sulfurique, un équivalent d'alumine et dix-huit d'eau, est représentée par les nombres suivants :

Acide sulfurique.	35,9
Alumine.	15,5
Eau.	48,6
	100,0

Cette composition est d'ailleurs identique avec celle que M. Boussingault a assignée à l'alumine sulfatée de Saldana et à celle du volcan de Pasto.

Après avoir fait connaître la composition des sulfates d'alumine qu'on rencontre aujourd'hui dans le commerce; après avoir montré que la quantité d'alumine que renferment ces composés est peu différente de celle qui existe dans l'alun (1), il nous reste à émettre le vœu que des expériences comparatives, faites avec soin, viennent constater ce fait, attesté par divers consommateurs de sul-

(1) L'alun de potasse contient 10,8, et l'alun ammoniacal 11,3 d'alumine pour 100 parties.

fate d'alumine, qu'à poids égal il produit dans leurs opérations un effet utile plus grand que celui qui résulte de l'emploi de l'alun; cette assertion a besoin d'être vérifiée sans doute, mais elle n'est pas sans quelque vraisemblance; il est possible, en effet, que l'action de l'alumine soit moins prompte et moins efficace quand cette base est engagée dans un sel de nature complexe comme l'alun, que lorsqu'elle se trouve dans un composé qui, comme le sulfate d'alumine, offre une composition plus simple.

RAPPELS DE MÉDAILLES D'OR.

ADMINISTRATION DES MINES DE BOUXWILLER, à Bouxwiller (Bas-Rhin).

La manufacture des produits chimiques de Bouxwiller a commencé, en 1809, par l'exploitation des lignites qui se trouvent en abondance dans cette localité et qu'on essaya d'abord d'employer comme combustible; ces lignites, très-riches en soufre, en fer et en alumine, n'étant nullement propres à cet usage, devinrent l'origine d'une exploitation de sulfate de fer et d'alun. Une nouvelle société formée en 1818, a établi sur les bases les plus larges la fabrication des principaux produits chimiques réclamés par le développement et par les progrès de notre industrie.

Le vaste établissement de Bouxwiller occupe deux cents ouvriers à l'extraction de son minerai, et cent cinquante dans ses ateliers. Il produit annuellement:

6000 quintaux métriques de sulfate de fer,
8000 » » d'alun épuré et ordinaire,
3oo » » de vitriol de Salzbourg.

La fabrication du prussiate de potasse, qui a pris naissance dans cet établissement, y reçoit une extension toujours croissante; elle n'est pas moindre aujourd'hui de 13o,ooo kilog. par an : elle était de 5o,ooo kilog. en 1839.

Le bleu de Prusse de Bouxwiller jouit dans le commerce d'une réputation ancienne et méritée. Il en est de même de la colle d'os dont cet établissement fabrique annuellement quatre-vingt mille kil. Ce produit, sous le rapport de la qualité, peut prétendre au premier rang parmi les colles fortes ordinaires, façon de Flandre.

La fabrication du phosphore a pris également beaucoup d'extension depuis 1839; elle est maintenant de 5,ooo kilogr. par an, quoique le prix de ce produit ait baissé de moitié depuis cette époque.

La prospérité toujours croissante de l'établissement de Bouxwiller est due aux efforts persévérants de son directeur, M. Schattenmann, qui vient d'ajouter à sa réputation d'habile et d'infatigable industriel par d'importants travaux sur les engrais ammoniacaux et sur l'empierrement des routes. Cette année, comme en 1839, le jury départemental du Bas-Rhin a été unanime pour signaler au jury central les longs et importants services de M. Schattenmann.

La manufacture qu'il dirige a obtenu, en 1839, la médaille d'or : le jury se plaît à reconnaître qu'elle est toujours digne de cette haute distinction.

Madame veuve BOBÉE et M. LEMIRE, à Choisy-le-Roi (Seine).

Dirigée depuis vingt-neuf ans par M. Lemire, l'usine de Choisy-le-Roi est, dans son genre, la plus importante de celles qui existent en France; elle occupe journellement quatre-vingts à cent ouvriers; elle carbonise par an dix-sept cent cinquante décastères de bois qui fournissent à peu près deux millions deux cent mille litres d'acide pyroligneux brut, et soixante mille litres d'esprit de bois rectifié. La majeure partie de l'acide pyroligneux est employée à la fabrication des acétates de plomb, de cuivre, de fer, que les fabriques d'indiennes et les teintureries consomment aujourd'hui en si grandes quantités.

M. Lemire livre depuis longtemps au commerce des verts de Schweinfurt et des verts mitis très-estimés; il fabrique également les sulfates de cuivre, l'éther sulfurique, l'émétique, et plusieurs autres produits destinés aux arts ou à la pharmacie.

L'usine de Choisy-le-Roi se distingue par la disposition heureuse de son ensemble et de ses détails; déjà très-remarquable en 1839, elle a reçu, depuis cette époque, des améliorations importantes; elle offre un bel exemple des résultats qu'on peut attendre d'un industriel qui joint à un grand sens pratique un remarquable esprit d'observation. Les procédés de Choisy-le Roi sont aujourd'hui d'une admirable simplicité; ils fournissent des produits dont le prix diminue à mesure que leur qualité s'améliore et que leur consommation augmente.

Une médaille d'or a été décernée en 1839 à

MM. Bobée et Lemire; le jury central reconnait que M. Lemire est de plus en plus digne de cette récompense.

MM. ROARD DE CLICHY et Cⁱᵉ, à Clichy-la-Garenne, près Paris (Seine), et à Paris, rue du Faubourg-Montmartre, 18.

Tout le monde connait les services rendus par M. Roard dans l'art de fabriquer la céruse; tout le monde sait qu'il a puissamment contribué au développement de cette branche d'industrie en France qu'il pratique depuis plus de trente ans avec une rare persévérance et une grande loyauté.

M. Roard emploie aujourd'hui dans sa fabrication le procédé de la précipitation et le procédé hollandais; malgré la faible différence qui existe depuis quelques années, entre le prix du plomb et celui de la céruse, différence qui oblige la plupart des fabricants à faire des céruses de deuxième et de troisième qualité, M. Roard a maintenu sa fabrication pure de tout mélange, et a constamment fourni au commerce des céruses ne contenant aucune substance étrangère.

La bonne qualité du minium de Clichy est reconnue depuis longtemps; pendant nombre d'années, M. Roard a fourni à la belle cristallerie de Saint-Louis tout le minium nécessaire à sa fabrication; il a su satisfaire aux exigences toujours croissantes des fabricants de cristaux, et il leur livre actuellement, à un prix très-réduit par suite de la concurrence, des miniums qui ne contiennent pas au delà de 1/100 millième de cuivre, et qui proviennent de plombs qui renferment une beaucoup plus forte proportion de ce métal : les cristalleries de Choisy, de Clichy et de Bercy témoignent, par la beauté de leurs produits, des soins constants apportés par M. Roard à la fabrication du minium.

La fabrique de Clichy livre annuellement au commerce douze à treize cent mille kilogrammes de céruse, minium, mine orange et litharge.

M. Roard a obtenu une médaille d'or en 1819; Cette médaille a été honorablement rappelée en sa faveur à chacune des expositions suivantes. Le jury reconnaissant les services que cet habile manufacturier a rendus et continue à rendre à notre industrie, appréciant le noble exemple de loyauté et de persévérance qu'il donne depuis longues années, déclare qu'il se montre toujours digne de la récompense de premier ordre qui a été rappelée en sa faveur aux précédentes expositions.

MÉDAILLES D'OR.

M. BALARD, professeur à la Faculté des sciences de Paris, à Montpellier (Hérault), et à Paris, rue Saint-Victor, 10.

Cet habile chimiste, auquel on doit la découverte du brôme, a exposé les produits que l'on extrait des eaux mères des salines par des procédés qu'il a mis le premier en grande exploitation. Ces produits ont fixé au plus haut degré l'attention du jury.

Dans les salines du Midi, la récolte du sel marin qui a cristallisé par l'évaporation partielle et spontanée de l'eau de la mer, est précédée de l'écoulement complet des eaux qui recouvrent le sol; ces eaux, qui constituent *les eaux mères des salines*, sont riches en sels variés.

L'eau de la mer en effet contient en dissolution des chlorures et des sulfates; elle renferme non-seulement des sels de soude, mais aussi des sels de potasse, de magnésie et de chaux. Les essais tentés dans le but de retirer les composés salins qui restent après l'extraction du sel marin n'avaient eu pour résultat que l'extraction pour l'usage pharmaceutique de petites quantités de sulfate de magnésie; cette extraction était même tombé en désuétude depuis nombre d'années, lorsque M. Balard fut conduit, par un examen attentif des eaux mères des salines dont il avait su déjà extraire un nouveau corps simple, le brôme, à retirer de ces résidus, du sulfate de soude, du sulfate de potasse, du chlorure de potassium, c'est-à-dire les sels dont la production économique importe le plus à l'industrie chimique. Cette exploitation, due à M. Balard, présente la plus haute portée; elle crée pour le pays une nouvelle richesse minérale.

Les procédés de M. Balard sont mis en œuvre, depuis 1840, dans plusieurs salins de l'Hérault, de l'Aude, et du Gard. Dans les essais en grand qui ont été exécutés dans les salins du Bagnas, près d'Agde, d'une surface de deux mille hectares, on a obtenu, depuis quelques années, quatre millions de kilogr. de sulfate de soude et de sels de potasse et de magnésie. Chaque hectare de ce salin fournit annuellement deux mille cinq cents kilogr. de sulfate de soude au moins. La surface que les côtes seules de nos départements méridionaux présentent en étangs peu profonds et en terrains salés qui seraient propres à cette exploitation et à cette exploitation seulement, est bien supérieure à celle qui serait nécessaire à la production des cinquante millions de kilog. de sulfate de soude qu'on fabrique chaque année en France. Cette nouvelle source de sulfate de soude peut être considérée comme inépuisable, d'autant mieux qu'avec quelques modifications, le procédé de M. Balard serait probablement exécutable sous toutes les latitudes.

Le prix de revient du sulfate de soude extrait des eaux salées, est beaucoup moins élevé que celui du sulfate fabriqué par les procédés ordinaires; car une grande partie de ce prix de revient est supportée par l'extraction même du sel marin.

Il est probable que dans un avenir prochain, la quantité considérable de sulfate de soude qu'on fabrique sans utiliser l'acide hydrochlorique, pourra être empruntée avec avantage à l'eau de la mer; les sels de potasse proviendront également de cette source inépuisable. Il est inutile de faire remarquer que la création de cette nouvelle industrie doit amener une diminution notable dans les prix des sels de soude, des savons, etc.

Le jury, appréciant toute l'importance de cette exploitation nouvelle, décerne à M. Balard la médaille d'or.

MM. KUHLMANN frères, à Loos-lès-Lille (Nord).

En 1839, le jury a décerné à MM. Kuhlmann une médaille d'argent. Depuis cette époque, l'impor-

tance de leur manufacture a beaucoup augmenté;
outre les produits qu'ils fabriquaient alors, ils font
aujourd'hui de l'acide nitrique, du sulfate d'ammoniaque et de la gélatine d'os; ils produisent par an
onze cent mille kilogr. d'acide sulfurique; trente-
cinq mille kilogr. d'acide nitrique; cinq à six cent
mille kilogr. de sulfate de soude pour les verreries;
cinq à six cent mille kilogr. d'acide hydrochlorique;
quatre millions cinq cent mille kilogr. de noir animal, neuf, revivifié, en grain ou en poudre; vingt
mille hectolitres de résidus ammoniacaux pour engrais; cent mille kilogr. de gélatine d'os, etc. La
moitié de leur acide hydrochlorique est employée
à cette dernière fabrication, et la moitié de leur
acide sulfurique à celle du sulfate de soude.

Ils occupent cent soixante ouvriers en été, et
deux cents en hiver; ils utilisent la force d'une machine à vapeur de vingt-cinq chevaux; l'importance
de leurs ventes annuelles est de 1,100,000 francs
à 1,200,000 francs.

La manufacture de MM. Kuhlmann est remarquable par la bonne disposition des appareils qui y
fonctionnent; en un mot, elle est digne de M. Kuhlmann dont le mérite et les services comme chimiste et comme professeur sont connus et appréciés depuis longtemps. Dans une occasion toute
récente, M. Kuhlmann s'est créé un nouveau
titre à la bienveillance du jury central par la
publication du rapport du jury départemental du
Nord, dont il était le secrétaire actif et éclairé. Ce
travail peut être cité comme un modèle et comme
un exemple à suivre par les jurys d'admission, dont

les documents doivent aider le jury central à accomplir la tâche qui lui est confiée.

Le jury, prenant en considération l'importance de la fabrique de MM. Kuhlmann, la bonne qualité des produits qui en sortent, son utilité pour les nombreuses industries de nos départements du Nord, décerne la médaille d'or à ces habiles manufacturiers.

MM. Th. LEFEBVRE et Cie, aux Moulins-lès-Lille (Nord).

L'établissement de M. Th. Lefebvre est, dans son genre, le plus grand qui existe en France; il est au premier rang pour la beauté et la qualité de la céruse qu'il produit.

Il occupe cent vingt à cent trente ouvriers; il utilise la force de deux machines à vapeur, l'une de vingt, l'autre de douze chevaux; il livre annuellement au commerce quinze à seize cent mille kilogr. de céruse en pains et en poudre.

Les ateliers sont spacieux et bien aérés; dès l'origine de leur fabrique, MM. Th. Lefebvre et Cie se sont attachés à rendre leur industrie moins dangereuse pour la santé de leurs ouvriers : le travail du battage des lames est remplacé depuis deux ans par un système mécanique à cylindres cannelés, placé dans une chambre hermétiquement fermée; une autre machine sert à pulvériser la céruse détachée des lames de plomb, qui, broyée grossièrement, tombe dans une grande cuve contenant de l'eau qui se trouve au-dessous de cet appareil. Ces machines, outre qu'elles font disparaître les opérations manuelles les plus dangereuses de la fabrication, réalisent une importante économie de main-d'œuvre : M. Lefebvre, qui en est l'inventeur, les a généreusement communiquées à plusieurs fabricants de céruse chez lesquels elles fonctionnent actuellement.

A l'exposition de 1827, une médaille d'argent a été décernée à M. Lefebvre; de nouvelles médailles lui ont été données en 1834 et en 1839.

Le jury, voulant récompenser l'habileté de M. Lefebvre, les améliorations qu'il n'a cessé d'introduire dans son industrie, et les soins qu'il a pris constamment afin de la rendre moins dangereuse pour la santé de ses ouvriers, lui décerne la médaille d'or.

RAPPELS DE MÉDAILLES D'ARGENT.

SALINE et FABRIQUE DE PRODUITS CHIMIQUES de Dieuze (Meurthe), appartenant à M. le comte de Yumury.

Cet établissement, l'un des plus anciens et des plus importants de France, a exposé les produits de sa fabrication courante; ces produits jouissent dans le commerce d'une réputation bien acquise : les sels de soude, de Dieuze, sont remarquables par leur pureté.

L'état longtemps provisoire des salines de l'Est et la date récente de la nouvelle administration qui dirige cette vaste entreprise, ne permet pas au jury de formuler un jugement sur la position de ces établissements; il se contente de rappeler en leur faveur la médaille d'argent qui a été décernée, en 1834, à la compagnie des salines de l'Est.

MM. COURNERIE et Cᵉ, à Cherbourg (Manche).

M. Cournerie est directeur gérant de la compagnie qui exploite, à Cherbourg, les produits de l'incinération des varechs. Connus sous le nom impropre de *soude de varech*, ces produits fournissent au commerce, du sel marin, du sulfate de potasse, du chlorure de potassium, de l'iode et du brôme.

L'usine de Cherbourg met annuellement en œuvre douze cent mille kilogrammes de soude brute qui se fabriquent sur les côtes du département de la Manche : la récolte des varechs et leur incinération occupe la population pauvre de plus de trente communes du littoral.

La quantité de sels qu'on extrait de cette soude s'élève à cinq cent mille kilogrammes environ, et leur valeur totale, jointe à celle de l'iode et du brôme, est de 300,000 francs.

Les produits exposés par l'usine de Cherbourg sont d'une beauté remarquable; ils attestent les nouveaux progrès de cette fabrication depuis 1839. Le jury se plaît à le reconnaître; il déclare que MM. Cournerie et Cᵉ se montrent de plus en plus dignes de la médaille d'argent qui leur a été décernée à la dernière exposition; il rappelle cette médaille en leur faveur.

MM. MÉNIER et Cᵉ, à Paris, rue des Lombards, 37.

M. Ménier a commencé en 1819 avec un simple

moulin à bras, la mouture et la pulvérisation de quelques produits pharmaceutiques ; il est aujourd'hui à la tête d'une vaste usine hydraulique à Noisiel, et son chiffre d'affaires dépasse 2 millions de francs.

Trois genres de fabrications sont mis en pratique à l'usine de Noisiel :

La pulvérisation de toutes les substances pharmaceutiques ;

La fabrication des orges perlés que nous fournissait la Hollande et des gruaux de qualité supérieure ;

La fabrication du chocolat ; M. Ménier a beaucoup contribué à augmenter la consommation de cet aliment ; il en fabrique plus de mille kilogrammes par jour.

Le jury rappelle en faveur de M. Ménier les médailles d'argent qui lui ont été décernées en 1834 et en 1839.

M. LEROUX, pharmacien, à Vitry-le-Français (Marne),

Auquel on doit la découverte de la salicine, expose de beaux échantillons de cette matière dont il fabrique annuellement pour 15 à 20,000 francs. Le jury rappelle en faveur de M. Leroux la médaille d'argent, qui lui a été décernée à l'exposition de 1834.

NOUVELLES MÉDAILLES D'ARGENT.

MM. DELACRETAZ, à Grasville-l'Heure (Seine-Inférieure), DELACRETAZ, FOURCADE et Cie, à Vaugirard (Seine).

L'établissement de M. Delacretaz à Grasville, fondé en 1838, fournit seul aujourd'hui les quatre-vingt-dix mille kilogrammes de bichromate de potasse qui sont nécessaires à l'industrie française.

Le minerai de chrome qu'on y exploite vient de l'Inde, de l'Oural, et principalement des États-Unis d'Amérique ; sa consommation est de deux à trois cent mille kilogrammes, selon sa qualité. L'usine de Grasville occupe trente ouvriers ; elle possède une machine à vapeur de la force de huit chevaux.

Le bichromate de potasse de M. Delacretaz est d'une grande pureté, ainsi que l'atteste sa belle cristallisation ; il est très-apprécié des consommateurs.

MM. Delacretaz, Fourcade et Cie ont, à Vaugirard, une grande fabrication d'acide sulfurique et d'acides stéarique et oléique.

Une nouvelle médaille d'argent est accordée à ces habiles industriels, pour leur fabrication des acides gras. (Voir le *rapport de M. Payen*, p. 812.)

MM. KESTNER père et fils, à Thann et à Bellevue, près Giromagny (Haut-Rhin),

Ont exposé une belle et nombreuse collection de produits chimiques destinés à l'impression, à la teinture, au blanchiment et à la savonnerie ; la majeure partie de ces produits, dont la bonne qualité est depuis longtemps appréciée, est consommée dans les nombreuses manufactures de l'Alsace ; la sixième partie environ est expédiée à l'étranger, notamment en Suisse.

L'importance de cet établissement est considérable ; il occupe deux cents ouvriers ; l'usine de Thann utilise la force d'une machine à vapeur de six chevaux ; dans celle de Bellevue, on produit spécialement l'acide pyroligneux et les divers acétates employés dans la fabrication des toiles peintes.

Une médaille d'argent a été décernée en 1839 à ces habiles fabricants ; le jury, appréciant les nouveaux progrès qu'ils ont faits dans leur industrie, leur accorde une nouvelle médaille d'argent.

MM. HOUZEAU-MUIRON et VELLY, à Reims (Marne).

Ces honorables industriels ont, les premiers, doté la ville de Reims d'une fabrique de produits chimiques ; ils occupent vingt à trente ouvriers ; ils ont une machine à vapeur de la force de cinq chevaux et un manége de celle de trois chevaux. Ils ont exposé du prussiate de potasse, des sels ammoniacaux, du noir animal, de la colle gélatine, du suif d'os, du noir animalisé pour engrais.

M. Houzeau-Muiron a rendu à l'industrie plusieurs services signalés ; on lui doit la première application du procédé de M. D'Arcet pour utiliser les eaux savonneuses, résidus du dégraissage des laines. Il a créé en 1827 une usine à Reims pour fabriquer le gaz portatif non comprimé ; cette usine alimente aujourd'hui dix-huit cents becs et lutte encore avec avantage contre le gaz courant ; il est breveté, depuis 1829, pour un système de tissus propres à contenir et à transporter le gaz de l'éclairage.

Il a pris, en 1836, un autre brevet pour l'emploi des sels métalliques à la purification du gaz de l'éclairage ; le sulfate de fer, notamment celui qui provient du lessivage des cendres pyriteuses, est indiqué par M. Houzeau, comme propre à cet usage ; le gaz se trouve ainsi dépouillé d'acide hydro-sulfurique et d'ammoniaque ; le sulfure de fer qui prend naissance est de nouveau exposé à l'air et converti en sulfate ; le sulfate d'ammoniaque, qui se produit en même temps, est évaporé et livré au commerce ; la fabrique de produits chimiques de MM. Houzeau et Velly utilise les produits ammoniacaux que fournit la purification du gaz de l'usine créée par M. Houzeau-Muiron.

En 1834, une médaille d'argent a été accordée à M. Houzeau-Muiron pour l'emploi des eaux savonneuses à la fabrication des huiles et du savon : elle a été rappelée, en 1839, en faveur de MM. Houzeau et Velly.

Le jury accorde à ces industriels une nouvelle médaille d'argent.

MÉDAILLES D'ARGENT.

M. FOUCHÉ-LEPELLETIER, à Javel, près Paris (Seine).

La fabrique de M. Fouché-Lepelletier est, dans son genre, une des plus anciennes de France ; depuis 1776, l'acide sulfurique s'y produit sans interruption ; plus de deux millions de kilogrammes de cet acide sortent annuellement de l'usine de Javel.

Depuis plusieurs années, M. Fouché-Lepelletier fabrique une grande quantité d'acide sulfurique entièrement privé d'acide nitrique ; cet acide, recherché par les teinturiers et par les épurateurs d'huile, remplace celui de Saxe pour la dissolution de l'indigo, et coûte dix fois moins cher.

Plusieurs perfectionnements introduits dans la fabrication du sulfate de soude, permettent à M. Fouché-Lepelletier de livrer au commerce, à un prix très-bas, l'acide hydrochlorique exempt de fer et d'acide sulfureux ; la condensation des vapeurs acides dans cet établissement ne laisse rien à désirer.

Outre ces produits, on fabrique encore, dans cette vaste usine, de l'acide nitrique, de la soude artificielle, de la gélatine brute et du savon ; de grandes quantités de ce dernier produit, façon de Marseille, sont livrées depuis quatre ans au commerce de Paris à 25 et 30 pour 100 au-dessous du cours de Marseille.

L'établissement de M. Fouché-Lepelletier occupe, par l'importance de sa fabrication, le premier rang parmi les usines de Paris et des environs. Il est remarquable par la bonne disposition de ses appareils, par l'économie de la main-d'œuvre et des frais généraux.

Le jury, voulant reconnaître le mérite de M. Fouché-Lepelletier et récompenser l'habileté dont il fait preuve dans la direction de l'usine de Javel, lui décerne la médaille d'argent.

MM. POISAT oncle et Cie, à la Folie-Nanterre, près Paris (Seine).

Cette manufacture, l'une des plus anciennes et des plus importantes des environs de Paris, produit annuellement deux millions de kilog. d'acide sulfurique dont le quart est consommé dans l'établissement pour la préparation des acides gras, et des sulfates de soude, d'alumine et de zinc; l'acide sulfurique de MM. Poisat oncle et Cie ne contient pas d'acide nitrique; il est employé avec avantage pour la dissolution de l'indigo.

On fabrique à la Folie-Nanterre environ trois cent mille kilog. d'acide stéarique et deux cent mille d'acide oléique; l'acide stéarique, qui provient de matières premières de qualité supérieure, est d'une blancheur qui ne laisse rien à désirer.

La fabrication du sulfate d'alumine a pris naissance dans cette usine en 1836; elle y a pris un grand développement; en 1837, M. Poisat a livré à la consommation neuf mille kilog. de ce sel; la vente a augmenté d'année en année; elle a atteint en 1843 le chiffre de trois cent cinquante mille kilog.

Le jury apprécie les efforts persévérants de M. Poisat, pour la préparation du sulfate d'alumine et pour l'amélioration progressive de la qualité de ce sel; il récompense les travaux de cet honorable fabricant en lui décernant la médaille d'argent.

M. DUCOUDRÉ, à Paris, rue Saint-Maur, 5 *bis*.

Le prussiate jaune de potasse, exposé par M. Ducoudré, est d'une beauté remarquable; après l'administration des mines de Bouxviller, la fabrique de M. Ducoudré est la plus ancienne; elle est la seule, avec celle de Bouxviller, qui ait travaillé sans interruption depuis quinze années, dans les bons comme dans les mauvais jours de cette fabrication difficile.

En ajoutant du sang et d'autres détritus animaux au résidu charbonneux qui résulte de la calcination des matières azotées avec la potasse, M. Ducoudré compose un engrais qui se classe, par sa teneur en azote, au-dessus du bon noir des raffineries, d'après l'analyse qui en a été faite par M. Payen. Depuis trois ans, trente mille hectolitres de cet engrais sont sortis des ateliers de M. Ducoudré; les témoignages les plus honorables attestent son efficacité.

M. Ducoudré fabrique aussi des bleus de Prusse estimés du commerce.

Cet industriel a été mentionné honorablement en 1834; une médaille de bronze lui a été décernée en 1839. Le jury, voulant récompenser sa persévérance et son habileté, lui décerne une médaille d'argent

M. DELONDRE (Auguste), à Nogent-sur-Marne (Seine), et à Paris, rue Vieille-du-Temple, 19.

Tous les chimistes savent combien la préparation du prussiate rouge de potasse à l'état cristallisé présente de difficultés; aussi, malgré les avantages incontestables que son emploi, sous cette forme, présenterait dans la teinture, on a été obligé, jusqu'à ce jour, de suppléer à l'impossibilité de le produire à bas prix, en employant à sa place la liqueur dont on l'extrait et qu'on obtient en faisant passer un courant de chlore dans une dissolution de prussiate jaune de potasse.

M. Auguste Delondre a exposé des échantillons de prussiate rouge de potasse en très-beaux cristaux. Après beaucoup de tentatives infructueuses, il est arrivé à le produire sous cette forme par des procédés manufacturiers, et il le livre à un prix qui permet aux teinturiers et aux imprimeurs sur étoffes de l'employer dans leurs opérations. Depuis deux mois, il a versé dans le commerce environ 1,000 kilog. de prussiate rouge cristallisé à 10 fr. 50 cent. le kilog. Il est, sans contredit, le premier fabricant qui soit parvenu à produire ce sel en abondance et à un prix aussi peu élevé. Il est permis d'espérer d'ailleurs qu'il ne s'arrêtera pas dans cette bonne voie, qu'il arrivera à baisser encore le prix de ce produit et à lutter victorieusement contre le prussiate liquide auquel le sel cristallisé est supérieur par la qualité.

Au moyen de son prussiate rouge, M. Delondre est arrivé à produire des teintures sur soie et sur laine qui ne laissent rien à désirer par l'éclat de la nuance et par la bonne conservation de la matière textile.

M. Delondre est en outre un des premiers manufacturiers qui se soient livrés à la fabrication du sulfate de quinine sur une grande échelle. Depuis quinze ans il a traité, pour l'extraction de ce sel, un million de kilog. de quinquina. En 1839, il était associé avec Pelletier et M. Levaillant. Le jury a décerné une médaille d'or à Pelletier, auquel l'art de guérir est redevable ainsi qu'à M. Caventou, de la découverte de ce précieux fébrifuge; il a en outre rappelé en faveur de MM. Delondre et Levaillant, la médaille de bronze qui leur a été accordée en 1834.

M. Delondre s'étant créé, par la préparation manufacturière du prussiate rouge de potasse, un nouveau titre aux récompenses que le jury décerne, il lui est accordé une médaille d'argent pour l'ensemble de ses travaux.

MM. CARTIER fils et GRIEU, à Pontoise (Seine-et-Oise), à Amiens (Somme), et à Paris, rue de Paradis, 12, au Marais,
CARTIER fils et Cie, à Nantes (Loire-Inférieure).

MM. Cartier fils et Grieu fabriquent à Pontoise environ un million trois cent mille kilogrammes de produits chimiques par an ; ces produits consistent en acides sulfurique, nitrique, et en alun. Ils possèdent à Amiens une seconde fabrique du même genre. M. Cartier est en outre copropriétaire d'un autre établissement situé à Nantes, qui joint à la fabrication des acides minéraux celle de la soude, du chlorure de chaux et du chlorate de potasse.

L'habileté reconnue de MM. Cartier et Grieu, comme fabricants de produits chimiques, leur a valu une médaille de bronze en 1827, un rappel en 1834, et une nouvelle médaille de bronze en 1839. Le jury rappelle en leur faveur cette dernière médaille.

L'établissement de Nantes présente plusieurs procédés particuliers qui sont signalés par le jury de la Loire-Inférieure, comme des perfectionnements.

Le jury, voulant reconnaître les améliorations introduites, à diverses époques, dans l'industrie chimique par M. Cartier, notamment dans la fabrication de l'acide sulfurique et dans celle de l'alun, décerne à ce manufacturier une médaille d'argent pour l'ensemble de ses travaux.

MM. BERGERON fils et COUPUT, à Vaugirard, et à Paris, rue Ste-Croix-de-la-Bretonnerie, 9.

Ces fabricants ont exposé diverses sortes de bleus d'indigo pour le linge et l'azurage des toiles, des bleus de Prusse pour la peinture, du prussiate de potasse, des produits ammoniacaux, du borax, de la fécule torréfiée, du camphre et des soufres raffinés, des produits mercuriels, etc.

Ces divers produits sont le résultat d'une fabrication avancée et habilement conduite; leur qualité ne laisse rien à désirer.

On a remarqué en outre, parmi les produits de l'usine de Grenelle, un bel échantillon de prussiate obtenu sans l'emploi des matières animales, par l'action de l'azote atmosphérique sur le charbon et la potasse.

Ce procédé, rendu manufacturier par MM. Possoz et Boissière, est mis en œuvre depuis quelques mois dans les ateliers de M. Couput; si les résultats qu'il promet répondent à l'attente de ceux qui l'em-

ploient, il deviendra l'un des faits les plus importants qui se soient révélés depuis longtemps dans
l'industrie chimique et agricole ; outre qu'il permettra de rendre à l'agriculture les matières animales que la fabrication toujours croissante des
prussiates lui enlève en si grande quantité, il créera
pour l'industrie une source inépuisable des produits
du cyanogène ; il fournira aussi, sans doute, des sels
ammoniacaux, car on sait que sous l'influence de
l'oxygène atmosphérique, le cyanure de potassium
se transforme facilement en cyanate, lequel devient
du carbonate d'ammoniaque lorsqu'il est mis en
contact avec l'eau. Ainsi, deux problèmes, la production des cyanures et celle de l'ammoniaque,
seraient résolus parmi les trois grands problèmes
industriels qui préoccupent depuis longtemps les
chimistes ; ces problèmes sont la combinaison de
l'azote atmosphérique avec le carbone pour produire les cyanures, avec l'hydrogène pour donner
naissance à l'ammoniaque, avec l'oxygène pour
engendrer l'acide nitrique.

Le jury central regrette que l'établissement tout
récent de ces procédés de fabrication ne permette
pas d'établir avec exactitude le prix de revient des
prussiates fabriqués avec l'air, pour le comparer à
celui des prussiates obtenus par les procédés ordinaires. Fidèle à sa jurisprudence, il laisse au temps
le soin de prononcer sur la valeur manufacturière
de ce mode de fabrication, tout en mentionnant
honorablement MM. Possoz, Boissière et Couput,
pour leurs efforts dans le but de réaliser les espérances que fait naître ce nouveau procédé.

Il accorde à MM. Bergeron fils et Couput une médaille d'argent pour l'ensemble de leur fabrication.

MM. MALÉTRA et fils, au Petit-Quevilly, près Rouen (Seine-Inférieure),

Ont exposé une belle série de produits chimiques de tous genres, destinés à l'industrie rouennaise; ils occupent cent cinquante ouvriers; l'importance des produits fabriqués et vendus est d'un million de francs.

Le jury d'admission signale l'établissement de MM. Malétra et fils, comme l'un des plus anciens et des plus considérables du département de la Seine-Inférieure; les produits de cette usine sont estimés.

Le jury décerne à ces industriels la médaille d'argent.

M. Ch. MAIRE, à Strasbourg (Bas-Rhin),

A envoyé des échantillons d'acétates obtenus par un procédé de son invention qu'il mit en œuvre peu de temps avant l'exposition de 1839; à cette époque, le jury, regardant cette industrie comme naissante, ne put accorder à M. Maire qu'une simple citation; les produits présentés cette fois par cet industriel, sont fabriqués à l'aide du même procédé qui a reçu la sanction du temps, et que le jury départemental du Bas-Rhin signale à l'attention du jury central comme réalisant une importante économie de combustible et de main-d'œuvre dont s'est ressenti le prix de l'acétate de plomb sur le marché alsacien.

Le jury central, appréciant ces résultats, décerne à M. Ch. Maire une médaille d'argent.

RAPPEL DE MÉDAILLE DE BRONZE.

M. GUICHARD, à Chantenay, près Nantes (Loire-Inférieure),

Fabrique annuellement deux à trois mille kilogrammes de céruse en pains ou en poudre; il occupe trente ouvriers, et il utilise la force d'une machine à vapeur de douze chevaux.

Il a introduit dans sa fabrication divers procédés mécaniques, notamment pour la séparation du plomb carbonaté d'avec le métal qui n'a pas été attaqué; cette opération, qui est dirigée par un seul ouvrier, remplace le battage des lames, travail fort insalubre, qui exigeait, dans cette fabrique, le concours de dix ouvriers.

M. Guichard a obtenu une médaille de bronze que le jury rappelle honorablement en sa faveur.

NOUVELLE MÉDAILLE DE BRONZE.

MM. DELAUNAY et Cⁱᵉ, à Portillon, près de Tours (Indre-et-Loire).

L'usine de Portillon met annuellement en œuvre neuf cent mille kilogrammes de plomb d'Espagne qu'elle convertit en céruse, en minium et en mine orange. Elle travaille par le procédé de la précipitation qui réalise, d'après ces industriels, une importante économie dans la main-d'œuvre et dans la durée des opérations.

MM. Delaunay et Cie ont les premiers livré au commerce, des céruses en poudre assez fine pour qu'elles puissent servir à préparer instantanément la peinture sans le secours de la molette.

Ils produisent des certificats de plusieurs médecins de l'hôpital de Tours et de la ville, qui attestent qu'un très-petit nombre de leurs ouvriers est affecté chaque année de maladies saturnines.

Une médaille de bronze a été décernée en 1834 à l'usine de Portillon, sous la raison sociale Pallu jeune et fils; le jury, appréciant les efforts de MM. Delaunay et Cie pour rendre leur industrie moins insalubre, leur décerne une nouvelle médaille de bronze.

————

MÉDAILLES DE BRONZE.

MM. BOYVEAU, PELLETIER et Cie, à Paris, rue des Francs-Bourgeois-Saint-Michel, 8.

Cet établissement, fondé par Robiquet, se livre à la fabrication des produits chimiques destinés aux recherches scientifiques et à l'enseignement de la chimie. On y fabrique les oxydes métalliques employés dans la fabrication des verres colorés, des émaux et des couleurs pour la porce-

laine; on y prépare les principaux produits pharmaceutiques, notamment les alcalis végétaux.

Toutes les personnes qui se livrent à des études
chimiques connaissent les produits de cette maison
et apprécient les soins qui sont apportés à leur préparation.

Le jury accorde à MM. Boyveau, Pelletier et Cⁱᵉ
une médaille de bronze.

MM. MALLET et Cⁱᵉ, rue de Marseille, 7, à la Villette (Seine),

Se livrent à la fabrication de l'ammoniaque liquide et des sels ammoniacaux qu'ils tirent des eaux
de condensation et de lavage du gaz de la houille.

M. Mallet a pris un brevet pour l'épuration du
gaz de la houille au moyen du chlorure de manganèse, résidu de la fabrication du chlore; ce procédé
est pratiqué depuis trois ans dans l'usine à gaz de
Saint-Quentin, qui fournit annuellement douze
mille kilogrammes de sel ammoniac.

L'alcali volatil que M. Mallet livre au commerce
en grande quantité, est le résultat du traitement
direct des eaux ammoniacales du gaz; son prix
de vente est très-bas, mais sa qualité laisse encore
quelque chose à désirer.

M. Mallet est un habile et ingénieux fabricant
auquel l'industrie est en grande partie redevable des
changements heureux qui s'opèrent dans la fabrication de l'ammoniaque et des sels ammoniacaux,
et qui tendent à augmenter considérablement la
production de ces sels en même temps que leur
prix de revient diminue dans une forte propor-

tion; le jury lui décerne avec éloge une médaille
de bronze.

MM. LAMING et Cᵉ, à Clichy-la-Garenne, près Paris (Seine),

Ont exposé de l'alcali volatil et du carbonate
d'ammoniaque extraits des eaux provenant de la
fabrication du gaz de la houille, à l'aide de procédés particuliers pour lesquels ils ont pris un
brevet d'invention.

Leur établissement, de fondation récente, a contribué à produire une baisse de 45 pour 100 dans le
prix de l'alcali volatil; leurs appareils, montés sur
une grande échelle, peuvent, avec ceux que
M. Fouché-Lepelletier établit à Javel, fournir
aux besoins actuels de la consommation de l'ammoniaque et des sels ammoniacaux pour toute la
France. Il est très-désirable que les heureux effets
qui résultent de l'emploi de ces sels dans l'agriculture, soient confirmés par de nouveaux essais, et
qu'ils ouvrent pour eux de nouveaux débouchés en
rapport avec leur production qui semble désormais
pouvoir être presque illimitée.

Le jury accorde à MM. Laming et Cᵉ la médaille
de bronze.

MM. E. JARRY et Cᵉ, à Paris, rue Lafayette, 89,

Ont exposé, sous le nom de *glu marine*, un produit importé d'Angleterre qui paraît destiné à

des applications nombreuses, variées et dignes d'intérêt.

La glu marine est une substance essentiellement tenace et élastique; elle est insoluble dans l'eau et d'une entière imperméabilité; on la livre au commerce à l'état solide ou à l'état liquide; solide, elle entre en fusion vers 120°; elle paraît convenir particulièrement au collage des bois, au calfatage des bâtiments, à la confection d'enduits imperméables sur le bois ou la maçonnerie qui séjournent dans l'eau; liquide, elle peut être employée comme les peintures hydrofuges, et elle rend imperméables les cordages, toiles, papiers, cartons, etc.; elle conserve à ces substances leur souplesse, et elle n'augmente pas sensiblement leur poids.

Des expériences nombreuses faites en France et en Angleterre prouvent que cette matière, employée au collage des bois, présente une force d'adhérence très-considérable. La traction et le choc appliqués à des pièces de bois jointes à son aide, déterminent presque toujours la rupture des bois sans produire la séparation au point de jonction des parties collées.

Quoique MM. E. Jarry et Cⁱᵉ aient déjà livré au commerce environ cent mille kilogrammes de glu marine, ce produit est d'origine trop récente pour que le jury puisse se prononcer sur sa valeur réelle et sur les services qu'il peut rendre, qu'il rendra probablement à la marine et à l'art des constructions; néanmoins, prenant en considération les résultats très-favorables déjà fournis par cette substance, tenant compte des améliorations introduites dans sa fabrication et dans sa qualité depuis qu'elle a été importée d'Angleterre, le jury décerne à MM. E. Jarry et Cie une médaille de bronze.

M. RINGAUD jeune, rue de la Roquette, 73.

Les principaux produits exposés par ce fabricant étaient du prussiate de potasse, diverses sortes de bleu de Prusse, du verdet, des verts de Schweinfurt et des verts mitis. Ces produits jouissent dans le commerce d'une bonne réputation.

Le vert de Schweinfurt de M. Ringaud mérite une mention particulière; il est d'une beauté remarquable. M. Ringaud le fabrique depuis 1828, et est le premier qui soit parvenu à préparer en France cette qualité de produit qu'on tirait d'Allemagne. Cette matière colorante a acquis une grande importance par suite de son emploi dans la marine, dans la peinture en bâtiments et dans la fabrication des papiers peints. M. Ringaud en verse annuellement dans le commerce cent mille kilogrammes.

L'établissement de M. Ringaud est intéressant par la stricte économie qui préside à toutes les opérations; les gaz qui se dégagent des fours à calcination sont le seul combustible qu'il emploie à la préparation de son prussiate de potasse.

Le jury central, appréciant les résultats obtenus par cet habile fabricant, lui décerne la médaille de bronze.

MM. AMELINE et Cie, à Courbevoie (Seine).

Ces fabricants produisent annuellement six cent

mille kilogrammes de céruse. Ils emploient un mode de fabrication perfectionnée, qu'ils ont importé d'Angleterre et qui obvie à la plupart des causes d'insalubrité du procédé ordinaire.

Ils vendent une grande partie de leur céruse broyée à l'huile; ils économisent ainsi la mise en pots, et la dessiccation lente des pains dans les séchoirs; ils épargnent aux peintres la pulvérisation des pains et le broyage à l'huile, et ils leur offrent une économie importante en vendant dans Paris la céruse broyée à l'huile au même prix que les céruses en pains et en poudre des autres fabriques.

Ces améliorations, dans une fabrication aussi insalubre que celle de la céruse, rendent MM. Ameline et Cie dignes de la médaille de bronze que le jury leur décerne.

MM. BERGERAT et LETELLIER, à Vaugirard (Seine), et à Paris, rue de la Vieille-Monnaie, 9.

Ces exposants fabriquent sur une grande échelle divers produits chimiques destinés à la pharmacie et à la teinture. Ces produits sont estimés; ils représentent un chiffre considérable d'affaires. MM. Bergerat et Letellier occupent vingt-cinq ouvriers. Le jury leur décerne une médaille de bronze.

MM. BERTHE frères, à Honfleur (Calvados).

L'usine de ces exposants livre annuellement au commerce cinq cent cinquante mille kilogrammes de sulfate de fer; ce sel est fait de toutes pièces au moyen du fer et de l'acide sulfurique fabriqué dans le même établissement; il est recherché par les teinturiers à cause de sa pureté.

Le jury accorde à MM. Berthe, frères, une médaille de bronze.

M. MARSUZI DE AGUIRRE, à Paris, rue Royale-Saint-Honoré, 4,

A exposé, sous le nom de *Chanvre imperméable*, des produits que leur forme et leurs usages placeraient dans la commission des beaux-arts ou des arts divers, si la nature particulière de la substance qui sert à leur confection ne justifiait leur rang parmi les produits chimiques. Cette substance est composée de filaments végétaux agglomérés par un mélange de corps gras, résineux et bitumineux; douée d'une certaine flexibilité à la température ordinaire, elle se ramollit par l'action de la chaleur; devenue alors plastique et malléable, elle peut recevoir, à l'aide du balancier, des empreintes qu'elle conserve fidèlement après son refroidissement.

Le chanvre imperméable résiste bien aux intempéries de l'air et aux variations atmosphériques; la bonne conservation des ornements en chanvre imperméable appliqués tant à l'intérieur qu'à l'extérieur des salles de l'exposition, démontre que cette matière peut recevoir sans être altérée des torrents d'eau pluviale.

M. Marsuzi a exposé une grande variété d'objets confectionnés en chanvre imperméable, notamment des ornements d'architecture, des plaques pour les compagnies d'assurance et pour l'indication des rues ou des numéros des maisons, des lettres en relief pour enseignes, des échantillons de bordures pour glaces et tableaux, des feuilles destinées à la couverture des maisons, d'autres feuilles remplaçant le cuir pour la carrosserie et la confection des malles, des pots, tasses, soucoupes, seaux à incendies, etc.; la plupart de ces objets sont d'un bon emploi; leur prix est peu élevé.

Plusieurs toitures en feuilles de chanvre imperméable posées depuis 1839, n'ont subi de la part du temps aucune altération; appliqué à cet usage, ce produit a l'avantage de donner une couverture imperméable, économique, très-légère; conduisant mal la chaleur; l'agriculture peut en tirer un heureux parti pour couvrir les hangars, les bergeries, les meules, etc.

Cette industrie, dont le développement date seulement de dix-huit mois, a déjà présenté cette année une vente de 350,000 fr. environ.

Le jury, appréciant les services que peut rendre à l'industrie ce nouveau produit, décerne à M. Marsuzi une médaille de bronze.

RAPPELS DE MENTIONS HONORABLES.

M. FAURE (Louis), à Wazemmes-lès-Lille (Nord).

La fabrique de cet exposant est une des premières qui se soient occupées en France de la fabrication de la céruse par le procédé hollandais.

Le jury rappelle en faveur de M. Faure les mentions honorables qui lui ont été décernées en 1834 et en 1839.

M. DUPRÉ, à Forges-les-Eaux (Seine-Inférieure),

A exposé du sulfate de fer extrait des terres vitrioliques de Beaubec-la-Rosière; il occupe pendant six mois de l'année vingt ouvriers tant à l'extraction de ces terres qu'à celle de la tourbe qui sert de combustible dans son usine; dix autres ouvriers sont employés toute l'année à la fabrication du sulfate de fer dont il livre annuellement au commerce douze à quinze cents quintaux métriques. Ce sel est employé dans les ateliers de teinture et de toiles peintes du département de la Seine-Inférieure.

Une mention honorable a été accordée en 1839, à M. Dupré; le jury, appréciant les services qu'il continue à rendre à sa localité, la rappelle en sa faveur.

M. SIMONIN (François), à Nancy (Meurthe),

Continue à fabriquer avec succès le sulfate de magnésie; il en livre au commerce vingt-cinq à trente mille kilogrammes par an. Il occupe 6 ouvriers.

Le jury lui confirme la mention honorable qui fut accordée en 1839 à MM. Simonin et Tocquaine.

M. BÉZANGER, à Paris, rue Saint-Jacques, 22,

A obtenu en 1839 une mention honorable pour la fabrication d'une encre alcaline propre à la con-

servation des plumes métalliques. Cette encre, qui
contient, comme principe colorant, du charbon
très-divisé, n'est pas altérée par les agents chimiques qui détruisent les encres ordinaires ; elle est
même indélébile lorsqu'elle est employée sur du
papier mal collé ou un peu humide. Il est à regretter que l'emploi de cette encre ait présenté
quelques inconvénients qu'une fabrication plus
étendue eût sans doute fait disparaître.

Néanmoins, le jury, voulant encourager les
efforts persévérants de M. Bézanger, rappelle en sa
faveur la mention honorable qui lui a été décernée
en 1839.

MENTIONS HONORABLES.

MM. DESMOUTIS, MORIN et CHAPUIS, à Paris, rue Richelieu, 31, et rue Montmartre, 64,

Ont exposé un vase de platine destiné à la concentration de l'acide sulfurique ; ce vase est d'un seul
morceau, à bords recouverts, et d'une capacité de
deux cents litres. C'est la plus belle pièce de platine
forgé qui ait jamais été exécutée ; ses dispositions
sont bien entendues.

La réputation de MM. Desmoutis, Morin et Chapuis comme fabricants de platine, est depuis longtemps établie ; ils sont presque seuls en possession
de fournir les fabriques de produits chimiques et
les laboratoires de France et de l'étranger des vases
et des ustensiles nécessaires à leurs travaux.

La qualité de leur platine ne laisse rien à dési-

rer ; ils ont apporté dans l'art de travailler ce métal,
plusieurs améliorations importantes.

Le jury leur décerne une mention honorable.

MM. BERTHEMOT et PONSAR, à Paris, rue Jacob, 43,

Ont exposé une belle collection de produits chimiques et pharmaceutiques bien préparés. Ils sou-
tiennent dignement l'ancienne réputation de leur
maison, qui a été fondée par Pelletier.

Le jury leur accorde une mention honorable.

M. GUILLEMETTE, pharmacien, à Paris, boulevard Bonne-Nouvelle, 12,

A exposé une belle collection des alcalis et des
acides végétaux qu'on extrait de l'opium. On remarque parmi ces produits une magnifique cristallisation de codéine.

Cet habile pharmacien livre annuellement au
commerce de la droguerie et de la pharmacie les
sels de morphine qu'il extrait de sept cents kilogrammes d'opium environ ; les fabricants allemands
qui envoyaient à Paris, il y a quelques années, une
assez grande quantité de ces produits, n'en expédient plus maintenant que pour un chiffre très-minime. Ce résultat est la conséquence de la baisse de
prix de ces alcalis, baisse à laquelle la fabrication
de M. Guillemette a beaucoup contribué.

Tout en rendant justice au mérite scientifique et
à la pureté des produits exposés par M. Guillemette, le jury n'a pas pu les considérer comme
étant le résultat d'une fabrication véritablement in-

dustrielle ; aussi se borne-t-il à les mentionner honorablement.

M. DUROZIEZ, pharmacien, à Paris, rue des
Francs-Bourgeois-Saint-Michel, 18,

A exposé diverses préparations employées dans la
peinture à l'huile et à la cire. Les artistes apprécient
le soin que M. Duroziez apporte à la confection de
ses produits.

Le jury accorde à M. Duroziez la mention honorable.

MM. BENARD et Cie, à Honfleur (Calvados),

Ont exposé divers échantillons de céruse fabriqués
par le procédé hollandais, en employant le tan.

Les produits de la fabrique de Honfleur sont estimés ; l'établissement est vaste, bien aéré; le jury
départemental du Calvados atteste qu'il est tenu
avec beaucoup de soin et de propreté, et que les
ouvriers n'y sont que très-rarement atteints des maladies saturnines.

Une mention honorable a été décernée en 1839
à cet exposant pour la fabrication du plomb de
chasse ; le jury lui en décerne une nouvelle pour
sa fabrique de céruse.

M. LHOMME BOUGLINVAL, à Neuilly (Seine),
rue de Villiers, 24.

Fabrique annuellement trente mille kilogrammes
d'acide oxalique, et quinze mille kilogrammes
d'oxalate de potasse; il prépare également des car-

mins d'orseille ; ses produits sont de bonne qualité. Le jury lui décerne une mention honorable.

MM. GAULTIER DE CLAUBRY et J. DELANOUE, à Paris, à l'École polytechnique,

Ont exposé des échantillons d'oxyde de manganèse cobaltifère et divers produits extraits ou colorés par le cobalt provenant de cet oxyde.

On doit à M. Delanoue la découverte d'un gisement de manganèse cobaltifère à Nontron (Dordogne); ce minerai contient en moyenne deux centièmes environ d'oxyde de cobalt; MM. Gaultier de Claubry et Delanoue ont proposé un procédé qui paraît simple et pratique, pour retirer le cobalt des résidus de la préparation du chlore à laquelle ce manganèse est employé.

La découverte et l'exploitation d'un minéral pouvant fournir le cobalt que notre industrie est obligée d'emprunter à l'étranger, notamment à l'Allemagne, sont des faits dignes de fixer l'attention du jury ; il regrette que leur date récente n'ait pas permis à MM. Gaultier de Claubry et Delanoue, de les présenter avec la sanction de l'expérience manufacturière.

Le jury accorde à MM. Gaultier de Claubry et Delanoue une mention honorable.

MM. DARCEL (Alfred) et Cie, à Rouen (Seine-Inférieure),

Ont exposé du prussiate de potasse et des produits ammoniacaux. Ces produits sont appréciés des consommateurs.

Le jury décerne à MM. Alfred Darcel et Cie, une mention honorable.

M. MAUROS, à Ivry-sur-Seine (Seine).

Les produits de cet exposant, préparés sur une grande échelle pour les besoins de la pharmacie, sont estimés.

Le jury lui décerne une mention honorable.

M. HÉDOUIN, à Paris, rue Saint-Merry, 9,

S'occupe avec succès de la fabrication des produits chimiques pour les arts et pour la médecine.

Le jury lui décerne une mention honorable.

M. GUILLIER, à Paris, rue Montmartre, 130,

A exposé, sous le nom d'*encre française*, un liquide propre à marquer le linge. On sait que l'emploi de la dissolution de nitrate d'argent, dont on fait usage depuis longtemps pour cette opération, est précédé de l'encolage du linge au moyen d'une liqueur composée de gomme et de carbonate de soude. M. Guillier compose une encre qui rend inutile cette dernière préparation; on peut, à l'aide de ce liquide, marquer le linge, soit en traçant immédiatement les caractères avec une plume, soit en les imprimant avec un timbre en bois ou en argent.

M. Guillier a donc simplifié cette opération; il l'a rendue plus sûre, plus pratique, et en même temps plus économique; car il vend à un prix très-modéré son encre et le timbre qui sert à son application.

Le jury lui accorde une mention honorable.

M. SCHELLINCK, à Paris, rue Saint-Honoré, 91,

A exposé des échantillons d'encens; la bonne qualité et le prix modique de ces produits sont attestés par des certificats de plusieurs membres du clergé.

Le jury accorde à M. Schellinck une mention honorable.

___

§ 2. VERNIS.

RAPPEL DE MÉDAILLE D'ARGENT.

MM. SŒHNÉE frères, à Paris, rue des Vinaigriers, 17,

Continuent à montrer dans l'art de fabriquer les vernis, une supériorité reconnue par leurs confrères.

Ils ont exposé une belle et nombreuse collection de leurs produits, parmi lesquels on distinguait un nouveau vernis à tableaux qui ne se gerce pas, et sur lequel on peut retoucher la peinture. Ils fabriquent les différents vernis employés par la plupart des estampeurs sur cuivre et des vernisseurs de bronzes.

Le jury rappelle en faveur de ces habiles fabri-

cants, la médaille d'argent qui leur a été décernée
en 1839.

RAPPEL DE MÉDAILLE DE BRONZE.

M. LÉON, à Paris, rue de Crussol, 5,

A exposé une belle collection de vernis employés
pour la reliure, la gainerie, la sellerie, le bois
tourné et sculpté, la corne, l'os, l'écaille, etc.

Les travaux de M. Léon ont été récompensés à
l'exposition de 1839 par une médaille de bronze ;
depuis cette époque, cet industriel a augmenté et
perfectionné sa fabrication ; la gomme laque qu'il
blanchit aujourd'hui est supérieure par la qualité
et par la blancheur, à celle qu'il a exposée en 1839 ;
son nouveau vernis pour les boutons de corne, d'os
et d'écaille ajoute à la beauté de ces produits, et
réalise une économie dans leur confection ; il livre
aux fabricants de pianos un vernis de bonne qualité
pour les tables d'harmonie et les baguettes de
ces instruments.

Le jury déclare que M. Léon se montre toujours
digne de la médaille de bronze qui lui a été décernée en 1839.

MÉDAILLES DE BRONZE.

M. BEC, à Paris, rue des Cinq-Diamants, 10,

A exposé une nombreuse collection de vernis
bien préparés, et fabriqués sur une grande échelle ;
cet industriel occupe huit ouvriers, et il vend an-

nuellement pour 450,000 fr. de vernis qu'il livre au commerce à des prix très-modérés. Des certificats nombreux attestent la bonne qualité du vernis de copal, pour voitures, qui sort de sa fabrique; on sait que, jusque dans ces derniers temps, nous avons été tributaires de l'Angleterre pour ce vernis; celui de M. Bec se vend 3 fr. 5o à 4 fr. le litre, et il remplace avec avantage, pour la blancheur et pour la durée, le véritable vernis anglais qui vaut 1o fr.

Le jury, voulant récompenser les efforts et les succès de M. Bec, qui se livre depuis vingt ans à la fabrication des vernis, décerne à cet exposant une médaille de bronze.

M. TRIPIER-DEVEAUX, à la Villette, près Paris (Seine),

Fabrique depuis plusieurs années des vernis destinés aux objets exposés aux influences de l'air extérieur, tels que les voitures et les devantures de magasins. Ces produits sont dignes d'une mention toute particulière, car ils réunissent à une grande solidité, une transparence, un poli et un éclat qui ne laissent rien à désirer; ils remplacent avec grand avantage, pour la beauté et pour la durée, les vernis anglais, dont le prix est plus que double de celui des vernis de M. Tripier.

Des certificats attestent que ces vernis, employés par plusieurs administrations de voitures publiques, durent plus d'un an sur des *omnibus* qui font un service journalier.

Le jury accorde à M. Tripier Deveaux une médaille de bronze.

NOUVELLES MENTIONS HONORABLES.

MM. PITAT et EVRARD, à Valenciennes (Nord),

Se livrent à la fabrication des vernis, particulièment des vernis gras au copal dur et au succin, et des vernis blancs au copal tendre. Ils préparent une huile blanche qui donne avec la céruse broyée une peinture siccative conservant une blancheur parfaite.

Des attestations de plusieurs peintres en bâtiments et en équipages, de Valenciennes, constatent la bonne qualité de ces produits.

Déjà en 1839, M. Pitat a obtenu une mention honorable pour les vernis qu'il a exposés. Le jury, tenant compte des améliorations qu'il a introduites dans sa fabrication, de concert avec M. Évrard, accorde à ces fabricants une nouvelle mention honorable.

M. GOYON, à Paris, cité d'Antin, 6,

A exposé différents produits destinés à la conservation des meubles, au nettoyage des marbres, à l'entretien des objets métalliques, etc. Depuis dix-sept ans, M. Goyon est chargé de la conservation des objets mobiliers du musée grec et égyptien, et de la galerie d'Orléans.

Cet exposant a obtenu une citation favorable en 1827, une mention honorable en 1834, et un rappel en 1839.

Le jury, considérant qu'il a apporté de nouveaux perfectionnements à son utile industrie, lui accorde une nouvelle mention honorable.

MENTION HONORABLE.

M. LE BORDAIS, à Paris, rue de Charenton, 96.

Cet exposant se livre spécialement à la fabrication des vernis pour les ébénistes, les fabricants de nécessaires et les tourneurs; des certificats nombreux attestent la bonne qualité et le prix modique de ses produits.

Le jury lui décerne une mention honorable.

---

§ 3. CIRES A CACHETER.

RAPPELS DE MÉDAILLES DE BRONZE.

M. HERBIN, à Paris, rue Michel-le-Comte, 21,

A exposé un bel assortiment de cires à cacheter, d'un moulage parfait et d'une coloration bien graduée : on remarque aussi dans son exposition des feuilles de gélatine de diverses nuances destinées à la fabrication des pains à cacheter transparents.

Depuis l'exposition de 1839, M. Herbin a introduit dans sa fabrication de nouveaux perfectionnements; la coloration de ses cires rouges ne laisse rien à désirer.

Il est digne du rappel de la médaille de bronze qui lui a été décernée en 1823.

M. MASSON, à Paris, rue des Vieux-Augustins, 8,

A succédé à M. Deville Cabrol qui lui-même était le successeur de M. Debraux d'Anglure. Le jury de 1834 a accordé à ce dernier fabricant une nouvelle médaille de bronze pour les perfectionnements qu'il a introduit dans sa fabrication des cires à cacheter. M. Masson soutient dignement la réputation des produits de cette ancienne maison.

Le jury rappelle en sa faveur la médaille de bronze qui a été accordée en 1834 à M. Debraux d'Anglure.

M. ROUMESTANT jeune, à Paris, rue Montmorency, 10.

M. Roumestant joint à la confection des principaux articles de papeterie et des registres, pour lesquels il a une réputation méritée, la fabrication des cires à cacheter; la qualité supérieure de ses cires lui a valu une médaille de bronze à l'exposition de 1839.

Le jury reconnaît qu'il se montre toujours digne de cette récompense; il la rappelle en faveur de ce fabricant.

(*Voir*, aux *Arts divers*, l'article qui concerne M. Roumestant.)

NOUVELLE MENTION HONORABLE.

M. ZEGELAAR, à Paris, rue de la Corderie, 1.

Les cires de M. Zegelaar sont sans contredit les plus belles parmi celles qui ont figuré à l'exposition de 1844; elles sont très-bien moulées, et leur coloration ne laisse rien à désirer pour la pureté des nuances. Ses cires marbrées en plusieurs couleurs sont d'un très-joli effet. Tous ses produits sont de qualité supérieure.

M. Zegelaar a obtenu une citation favorable en 1834, et une mention honorable en 1839; le jury lui en décerne une nouvelle, en le félicitant des soins qu'il apporte à sa fabrication, et des améliorations successives qu'il a su y introduire.

MENTION HONORABLE.

M. THIBAULT, à Paris, rue Barre-du-Bec, 3,

Est le successeur de ses homonymes, MM. Thibault frères. Il se livre particulièrement à la fabrication des cires communes. Néanmoins, les cires fines qu'il a exposées témoignent des progrès qu'il a introduits dans sa fabrication qui laissait à désirer en 1839.

Le jury lui décerne une mention honorable.

---

§ 4. CIRAGES.

NOUVELLE MÉDAILLE DE BRONZE.

MM. JACQUAND père et fils, à Lyon (Rhône).

L'importance de la fabrique de cirages de MM. Jacquand a valu à ces industriels une médaille de bronze à l'exposition de 1839 ; depuis cette époque, ils ont triplé leur fabrication ; ils occupent aujourd'hui deux cent cinquante ouvriers ; ils fabriquent par semaine dix mille kilogrammes de cirages, et ils expédient annuellement trois millions six cent mille boîtes de bois de toutes grandeurs qui en sont remplies. La concurrence, qui a imité la forme de leurs boîtes et de leurs étiquettes, les a obligés à réduire encore le prix, déjà très-bas, de leurs produits : ils fournissent le cirage à presque tous nos régiments, et un soldat ne dépense maintenant que cinq centimes par mois pour l'entretien de sa chaussure.

Le cirage de MM. Jacquand laisse encore quelque chose à désirer pour la qualité ; il y a lieu d'espérer qu'ils arriveront à supprimer complétement l'acide, en faible proportion d'ailleurs, qui entre dans sa composition.

Le jury, voulant récompenser une industrie utile, au développement de laquelle MM. Jacquand contribuent avec une persévérance et une habileté dignes d'éloges, décerne à ces fabricants une nouvelle médaille de bronze.

MENTIONS HONORABLES.

MM. Edm. PIAUD et Cie, à Rive-de-Gier (Loire),

Ont exposé des cirages de leur fabrique qui est fort importante. Ils utilisent la force d'une machine à vapeur de quatre chevaux, et ils livrent annuellement au commerce deux cent mille kilogrammes de cirage.

Leurs produits se placent facilement en France et à l'étranger.

Le jury leur accorde une mention honorable.

M. DUREL, à Paris, pelouse de l'Étoile, 39,

Mérite d'être mentionné honorablement pour la bonne qualité de son cirage et de son vernis pour chaussures; ces produits ont paru supérieurs à ceux de ses confrères.

M. FROMONT, à Paris, rue de Lille, 27,

A obtenu en 1839 une mention honorable pour la bonne qualité de ses cirages pour harnais. Cet exposant ayant apporté de nouvelles améliorations dans sa fabrication, le jury lui décerne une nouvelle mention honorable.

MM. BOUDIER et Cie, à Paris, rue Neuve-Vivienne, 26,

Ont exposé des vernis pour chaussures de bonne qualité.

Le jury leur accorde une mention honorable.

MM. COUTURIER et SIMON, à Grenelle (Seine),

Fabriquent, sous le nom de *cirages galvano-chimiques*, des cirages de différentes couleurs qui s'appliquent à la brosse, comme le cirage noir ordinaire, et qui peuvent remplacer, jusqu'à un certain point, les maroquins.

Cette fabrication est de date récente; néanmoins les produits de MM. Couturier et Simon ayant paru dignes d'intérêt, à cause de leur nouveauté, le jury accorde à ces industriels une mention honorable.

M. DERICQUEHEM, à Paris, rue du Faubourg Saint-Honoré, 118,

A exposé des cirages pour chaussures et pour harnais, et une mixtion brillante pour la mise en couleur des appartements.

CITATIONS FAVORABLES.

M. DAMÈME, à Paris, rue des Saints-Pères, 34,

A exposé des vernis pour chaussures.

M. DURANT, à Paris, rue Neuve-Richelieu, 28,

Fabrique des vernis, des cirages et des couleurs; il a exposé de l'huile de lin décolorée, et un liquide pour la mise en couleur des appartements.

M. FENESTRE, à Paris, rue des Vieux-Augustins, 58,

A exposé diverses sortes de vernis et de cirages pour chaussures et pour harnais.

M. LARMOYER, à Paris, rue des Vieux-Augustins, 57.

Mêmes produits que le précédent.

M. MONTFORT, à Paris, rue de l'Université, 108.

Mêmes produits que le précédent.

M. PIGEAULT, à Paris, rue des Vieux-Augustins, 53.

Mêmes produits que le précédent. Cet exposant a déjà obtenu une citation favorable en 1839.

M. ROULAND, à Paris, rue Neuve-Saint-Augustin, 15 *bis*.

La bonne qualité de son cirage pour les harnais est attestée par de nombreux certificats.

Les produits exposés par ces divers fabricants étant de bonne qualité, le jury leur accorde la citation favorable.

SECTION IV.

EXTRACTION ET RAFFINAGE DU SUCRE, FÉCULE, GLUCOSE, DEXTRINE, GOMME DE FÉCULE, ÉCLAIRAGE, EAUX GAZEUSES, HUILES ESSENTIELLES, ENGRAIS, USTENSILES-OUTILS.

M. Payen, rapporteur.

§ 1. EXTRACTION ET RAFFINAGE DU SUCRE DES CANNES ET DES BETTERAVES.

Considérations générales.

Parmi les industries contemporaines aucune, on peut le dire, n'a supporté de plus rudes coups, n'a éprouvé de plus grandes vicissitudes que la fabrication du sucre de betteraves, et cependant les habiles et savants manufacturiers qui s'en occupent, loin de se décourager, semblaient à chaque crise commerciale, depuis quarante ans, proportionner leurs efforts aux difficultés qui menaçaient leur existence.

A peine en mesure de livrer, avec bénéfice, du sucre au prix de 12 fr. le kilogramme, ils virent en 1814 les cours de leurs produits s'abaisser rapidement au-dessous du tiers de cette valeur.

Quelques années plus tard, réalisant d'étonnants progrès dans leurs usines rétablies, et au milieu de nombreux changements qui ne pouvaient encore être définitifs, ils versaient sur les marchés des masses de sucres bruts telles, qu'à leur tour elles donnaient le signal de la baisse des prix et déterminaient un accroissement notable dans la consommation.

Alors on ne pouvait placer les sucres de betteraves qu'en les cédant au-dessous du cours des sucres coloniaux, pour des nuances égales ; bientôt cette défaveur disparut entièrement ; souvent, même aujourd'hui, les raffineurs, appréciant bien l'avantage d'un rendement supérieur en sucre blanc, acceptent le sucre brut des fabriques indigènes à un taux plus élevé que celui des colonies, bien qu'ils eussent pu obtenir de ce dernier des produits secondaires : vergeoises et mélasses, de meilleure qualité.

Naguère encore les sucreries métropolitaines étaient protégées par les droits plus considérables imposés aux produits exotiques ; bientôt elles devront concourir à armes égales malgré l'énorme différence dans la qualité de leur matière première, car le jus de la betterave contient moitié moins de sucre et cinq fois plus de substances étrangères que le jus des cannes : on sait d'ailleurs que celles-ci fournissent tout le combustible nécessaire à la concentration des sirops. Les fabricants de sucre indigène n'abandonnent pas la partie : jamais ils n'ont fait de plus grands efforts pour réaliser, en pratique, toutes les données de la science; ils n'auraient même rien à craindre encore de la concurrence de leurs puissants rivaux, si ceux-ci n'eussent enfin compris qu'ils devaient adopter, sans plus de retard, les appareils perfectionnés que la persévérante industrie des sucreries indigènes a fait surgir de la foule des appareils déchus.

Mais cette belle application manufacturière n'avait pas dit son dernier mot : elle modifie son matériel, change les relations entre les vitesses des poussoirs et des cylindres dévorateurs, afin d'obtenir une pulpe plus divisée; elle multiplie ses presses hydrauliques et prolonge leur énergique pression, décuple la capacité de ses filtres à charbon d'os et s'efforce d'améliorer la révivification du noir en grains, d'obtenir une évaporation plus prompte, une cristallisation plus complète, d'arriver, en un mot, à produire de premier jet, du sucre blanc et pur, livrable directement à la consommation.

De ces immenses travaux sortiront encore des guides certains pour nos établissements coloniaux; et si rien n'entrave le développement de la consommation du sucre, développement désirable dans l'intérêt des classes nombreuses, on peut espérer que les deux industries avanceront de conserve; que, perfectionnant leurs ustensiles, appareils et machines, elles continueront d'alimenter et d'activer les travaux de nos grands ateliers de construction.

***

NOUVELLE MÉDAILLE D'OR.

MM. Ch. DEROSNE et CAIL, à Paris, quai de Billy, 38, et quai de Javelle, à Grenelle (Seine).

En 1834 et 1839, ces exposants obtinrent la médaille d'or; à ces deux époques le jury central avait constaté qu'au milieu des constructeurs les plus habiles qui s'occupaient de perfectionner les appareils et machines propres aux sucreries, MM. Derosne et Cail se présentaient toujours aux premiers rangs.

On avait surtout remarqué l'appareil évaporatoire à double effet, réunissant dans son ensemble les avantages des procédés extraits des brevets de M. Derosne et de M. Degrand, ingénieur civil.

Une nouvelle épreuve de cinq années est venue sanctionner les données théoriques favorables à cet ingénieux système, et confirmer la haute opinion que les juges du dernier concours avaient émise; aussi apprendra-t-on sans étonnement, mais avec un vif intérêt, qu'en France et dans les colonies, les plus habiles fabricants de sucre se soient accordés pour donner une préférence décidée aux appareils évaporatoires de MM. Derosne et Cail. C'est qu'au moyen de ces appareils on évapore les solutions sucrées rapidement, à basse température, sans altérer le sucre cristallisable, tout en économisant mieux le combustible que par aucun des systèmes en usage.

MM. Derosne et Cail, par de récentes améliorations, ont rendu plus facile et plus sûre encore, la manœuvre de leur appareil à double effet; ils ont augmenté les surfaces des tubes sur lesquels coulent les jus défequés, et qui évaporent, sans frais de combustible, la moitié de l'eau contenue dans ce jus; la pompe à air complète le vide avec plus d'énergie et son service dépendant d'une machine à vapeur principale est mieux assuré qu'autrefois.

Toutes les parties des appareils et machines employés dans les sucreries indigènes et exotiques ont été améliorées par ces manufacturiers habiles, et, afin d'y mieux réussir, ils sont allés, l'un dans les usines du continent, l'autre, à deux reprises depuis 1839, dans les habitations des colonies, étudier toutes les phases de la fabrication, recueillir les observations des directeurs et contre-maîtres. C'est ainsi qu'ils sont parvenus à réunir de nouvelles conditions de succès dans les dispositions, le montage et l'installation des grands ustensiles des fabriques de sucre.

Les râpes et presses à betteraves ont reçu chez MM. Derosne et Cail les améliorations indiquées plus haut; les presses à cannes munies de cylindres à grands diamètres ralentis dans leur mouvement, ont pu exercer une pression plus énergique et donner jusqu'à 60 ou 65 de jus au lieu de 50 à 55 pour

100 de cannes employées. On a pu remarquer à l'exposition la consolidation bien entendue des diverses pièces et des transmissions de mouvement, proportionnée aux efforts à supporter par chacun des organes de ces machines.

Outre ces conditions de résistance et de durée, une disposition mécanique connue, mais nouvellement appliquée au moulin de MM. Derosne et Cail, offre une garantie de plus contre une cause accidentelle de rupture. En effet, l'une des roues qui reçoivent et transmettent le mouvement n'adhère au cercle portant l'engrenage que par un frein circulaire plus ou moins serré, de telle sorte que sous un certain effort, excédant celui du travail habituel, le frein glisse avant que la limite de la résistance soit atteinte ou dépassée.

On remarquait encore dans l'exposition de MM. Derosne et Cail, un appareil à cuire dans le vide, plus particulièrement applicable dans les raffineries, et qui pourrait ajouter un élément utile aux moyens d'action des grandes habitations coloniales, puisqu'il concentre à une température moins élevée, ce qui est favorable au traitement des produits des égouttages, toujours plus altérables que les chirces du premier jet.

Les ateliers de construction de machines, appareils, ustensiles de MM. Derosne et Cail ont pris un développement considérable depuis 1839; non-seulement on y établit tout le matériel des sucreries, y compris les générateurs, machines à vapeur, chaudières et filtres, mais encore on y confectionne des appareils distillatoires continus, les calorifères et alambics de M. Chaussenot, les filtres de M. Tard, les formes en bronze de M. Perraud, etc., etc. Dans une seconde fabrique, ces manufacturiers préparent le charbon animal et le sang sec soluble et insoluble, appliqués aux clarifications des sirops et à l'engrais des terres en France et aux colonies.

Un ensemble aussi vaste de travaux utiles et graduellement perfectionnés, a rendu MM. Derosne et Cail très-dignes d'une nouvelle médaille d'or que le jury leur décerne.

MENTIONS POUR ORDRE.

M. NILLUS, au Havre (Seine-Inférieure).

En 1839, M. Nillus, habile constructeur de machines et ustensiles pour les colonies, obtint une médaille d'argent pour l'ensemble de ses travaux, la commission du jury avait particulièrement remarqué un moulin à trois cylindres pour écraser et presser les cannes à sucre; cette année, M. Nillus a exposé un moulin ayant la même destination; mais opérant, à l'aide de cinq cylindres, deux pressions graduées; cette ingénieuse machine ne fonctionne pas depuis un temps assez long pour que son utilité puisse être appréciée définitivement.

Le jury central a décerné à M. Nillus une récompense, sur le rapport de M. *Ch. Dupin* (*V.* p. 393).

MM. MAZELINE frères, à Grasville (Seine-Inférieure).

MM. Mazeline frères, fabricants de machines et ustensiles divers à Grasville, a présenté aussi une presse à cylindres pour les colonies; ses principaux titres à l'attention du jury seront appréciés dans le rapport sur les grandes machines (V. *le rapport de M. Charles Dupin*, p. 393).

MÉDAILLE D'ARGENT.

M. HARLY-PERRAUD, raffineur, à la Grande-Villette (Seine).

Une invention remarquable caractérise l'exposition de M. Perraud, c'est le moyen très-simple et ingénieux de transformer directement le sucre cristallisé, grenu, en pains offrant les qualités du sucre obtenu par le terrage ordinaire dans les petites formes.

Ce résultat important que depuis des temps reculés on avait vainement essayé d'obtenir par l'opération qui produit le *sucre tapé*, est obtenu sans difficulté aujourd'hui. Il suffit, en effet, de diviser ou d'égrener en quelque sorte, au moyen d'une râpe à betteraves, les cristaux épurés dans de grands cristallisoirs, puis d'en remplir comble une forme en bronze, tournée et polie à l'intérieur; on tasse fortement alors toute la masse simultanément en laissant trois fois retomber cette forme massive d'une hauteur de o",25 à o",30 sur un billot; le pain est exactement moulé, il ne reste plus qu'à le poser sur sa base, y implanter une *prime* mouillée, puis le sécher à l'étuve.

Non-seulement ce procédé permettra d'appliquer au raffinage du sucre l'épuration par des claircages à froid dans les grandes formes, et d'obtenir plus promptement du sucre pur en pains parfaitement réguliers, mais encore dans son application à la fabrication indigène, il promet de faire obtenir en pains livrables directement à la consommation, tout le sucre cristallisé au fur et à mesure de son épuration durant chaque campagne. Un tel résultat est de nature à changer encore la face de cette belle industrie, et peut devenir la condition principale qui assurera son existence.

Déjà, depuis un an, dans trois de nos grandes fabriques de sucre de betteraves, appartenant à MM. Harpignies, Delaunay et Cie, Harpignies Blanquet et Cie de Famars et Bonnaire d'Escodun (Nord), l'invention de M. Perraud est mise en pratique; elle est adoptée chez M. Lebaudy, raffineur à la grande Villette, et M. Chavanne, à Orléans; chez M. Perraud lui-même, elle s'applique chaque année au raffinage annuel de trois millions de kilogrammes de sucre. Dans treize autres usines, dont huit fabriques de sucre de betteraves et cinq raffineries sises en Prusse, on vient de l'adopter.

Le jury central décerne à M. Perraud une médaille d'argent.

NOUVELLE MÉDAILLE DE BRONZE.

M. NUMA GRAR et Cie, à Valenciennes (Nord).

En 1839, M. Numa Grar était fabricant de sucre dans le département du Nord, il a depuis cessé cette fabrication pour s'occuper exclusivement du raffinage.

Profitant des données qu'il avait acquises par une pratique éclairée des opérations délicates de l'industrie sucrière, il a introduit des améliorations notables dans le raffinage.

Les résultats de ses filtrations devinrent plus sûrs et plus avantageux à l'aide des essais préalables du noir au décolorimètre, et d'une disposition simple, qui élimine les moindres bulles d'air engagées sous le faux fond des filtres. Les cuites furent toutes régularisées en les vérifiant après coup au moyen d'un aréomètre spécial qui indique entre 40 et 44° les dixièmes de degré, et ajoutant la quantité de clairce utile pour ramener le mélange précisément au terme le plus convenable.

Les cristallisations obtenues ainsi dans des conditions meilleures, ont pu être épurées par des solutions saturées de sucre et graduellement plus blanches. M. Numa Grar s'est d'ailleurs efforcé de prévenir les inconvénients reprochés au clairçage en préparant les clairces avec un soin minutieux, et les soumettant à un refroidissement rapide afin de pouvoir les employer sans retard.

On conçoit sans peine que le raffinage ainsi perfectionné s'appliquant d'ailleurs exclusivement au sucre indigène, généralement plus riche en sucre cristallisable que le sucre des colonies, ait conduit à la suppression complète du terrage, tout en produisant des pains comparables pour la blancheur au sucre royal.

M. Numa Grar traite les produits secondaires avec les mêmes soins, de telle sorte qu'en définitive, il obtient de 100 kilogrammes de sucre brut bonne quatrième, 73 de sucre royal ou raffinade, et 12 de vergeoises claircées, ou eu tout 0,85 de sucre cristallisé blanc, et seulement 0,10 de mélasse.

Des procédés aussi avantageux sont de ceux que le jury approuve d'autant plus qu'ils habituent les consommateurs à préférer les produits qui se prêtent difficilement aux falsifications.

En décernant à M. Numa Grar une nouvelle médaille de bronze, le jury central émet le vœu que la méthode présentée reçoive la sanction d'une plus longue pratique, et qu'en se généralisant, elle rende son auteur digne d'une récompense encore plus élevée.

MÉDAILLE DE BRONZE

M. BOUCHER, fabricant de sucre indigène, à Pantin (Seine).

M. Boucher est l'un des plus anciens fabricants de sucre de betteraves : on lui doit un ingénieux appareil pour l'extraction du jus par déplacement méthodique. Le jus obtenu plus limpide, traité par la chaux et une solution d'alun, a produit des sirops assez purs pour être clarifiés, mis en forme et terrés.

Quoique déjà, durant une année, l'auteur ait livré à la consommation 30,000 kilogrammes de sucre en pains ainsi préparé, il est à craindre que les dispositions législatives, dernièrement adoptées, ne lui laissent plus une latitude suffisante pour l'indemniser de ses frais de fabrication, relativement aux circonstances locales où se trouve l'usine.

Le jury central, voulant récompenser les travaux

de M. Boucher, lui décerne une médaille de bronze.

MM. E. BERTIN et C⁹, à Bordeaux (Gironde).

MM. Bertin et Cⁱᵉ ont présenté à l'exposition des sucres en pains très-bien fabriqués, leur établissement est l'un des plus considérables de Bordeaux, il contient les appareils à vapeur et à évaporation dans le vide; une innovation dans l'épuration des sucres par l'eau directement, et sans terrage, y donne des résultats avantageux qu'il n'a pas été au pouvoir du jury d'apprécier définitivement. Enfin, on traite annuellement dans cette usine plus de 3,000,000 de kilogrammes de sucre brut.

Le jury décerne à MM. Bertin et Cⁱᵉ une mention honorable.

MM. CAMICHEL et Cⁱᵉ, à Grenay (Isère).

MM. Camichel et Cⁱᵉ se livrent exclusivement au raffinage du sucre indigène, ils ont établi l'année dernière une fabrique de sucre à Latour-du-Pin.

Le jury accorde à ces manufacturiers une mention honorable.

CITATION FAVORABLE.

M. ÉMERY, à Paris, rue du Faubourg Saint-Denis, 123.

M. Émery a exposé un appareil évaporatoire bien

confectionné, construit sur le système continu de
M. Péan.

Le jury décerne à M. Émery une citation favorable.

———

*Résidus de la fabrication du sucre indigène. Traitement
des mélasses.*

MÉDAILLE D'ARGENT.

M. ROBERT DE MASSY, à Saint-Quentin (Aisne).

En 1835, M. Robert de Massy fonda une grande
distillerie; plus tard, essayant d'appliquer les données de la science, et s'appuyant en outre sur la
publication des résultats obtenus par M. Dubrunfaut, il essaya de concentrer les vinasses et d'incinérer le résidu, afin d'obtenir un salin riche en composés de potasse et de soude. Les frais d'évaporation
trop considérables enlevaient tous les bénéfices sans
le décourager. M. Robert de Massy s'efforça de
changer ces conditions défavorables, il y parvint
en 1840, à l'aide de dispositions nouvelles qui depuis ont été utilement appliquées à d'autres industries.

Le procédé d'évaporation devint fort économique
en effet, car pour un kilogramme de houille, il
éliminait quinze kilogrammes de vapeur au lieu de
cinq à six kilogrammes. Cet ingénieux procédé
consiste dans l'emploi de l'air brûlé ou fumée des
fourneaux pour produire la concentration des
vinasses versées en pluie sur des étagères en tôle
superposées dans une sorte de large cheminée ou

bâtiment de graduation : six chutes amènent la densité de 6 à 25°, le liquide coule alors dans des chaudières échelonnées pour se concentrer à 32°, puis se rendre sur la sole d'un four à réverbère où la matière se dessèche, s'enflamme et devient une nouvelle source de chaleur immédiatement utilisée au profit de l'évaporation.

Dans les établissements de M. Robert de Massy, on traite annuellement 4,000,000 de kilogrammes de mélasses qui produisent 960,000 litres d'alcool, et 225,000 kilogrammes de salins de potasse épurée.

Les ateliers de délayage et de fermentation, le service des appareils distillatoires, des chaudières, de la machine à vapeur d'une force de huit chevaux, des fours à réverbère, du raffinage, etc., occupent jour et nuit cinquante ouvriers.

Non-seulement l'usine fondée par M. Robert de Massy, offre un débouché important à des résidus naguère en excès et presque sans valeur, mais elle concourt à renouveler les sources et les approvisionnements de potasse qui tendent à s'épuiser à mesure qu'en différentes contrées les défrichements font des progrès.

Ainsi donc, on trouve dans l'industrie que nous examinons, application de nouveaux moyens, exemples utiles pour d'autres industries, fabrication importante graduellement perfectionnée, enfin extraction de produits qui tendent à s'épuiser, et que plusieurs fabrications réclament en France; ce sont autant de services dus aux travaux éclairés, aux sacrifices, aux efforts persévérants de M. Robert de

Massy, et qui le rendent bien digne de la médaille
d'argent que le jury s'empresse de lui décerner.

§ 2. FABRICATION DU PAIN.

MÉDAILLE D'OR.

MM. MOUCHOT frères, au Petit-Montrouge
(Seine).

Après les procédés de conservation des blés, on
doit placer la fabrication du pain au premier rang
des industries qui intéressent l'hygiène des peuples.

Et cependant, avant l'exposition de 1859, la
confection du pain venue jusqu'à nous par les traditions d'une antique routine, ne s'élevait pas au-
dessus d'un rude métier.

En vain des ingénieurs habiles, au nombre desquels nous pourrions citer Chabrol de Volvic, Le-
gallois et tant d'autres, essayèrent d'introduire des
améliorations rationnelles dans les grossières opérations de la boulangerie, la routine et les préjugés
s'y opposaient invinciblement.

Il fallut que des boulangers de profession, éclairés
par les notions scientifiques recueillies dans nos
amphithéâtres, animés d'un zèle soutenu par les
progrès industriels, ne comptant plus avec les sacrifices pécuniaires pour atteindre le but de leurs
efforts, se missent à l'œuvre, bien décidés à pour-
suivre leur projet en consultant eux-mêmes les résultats des expériences de chaque jour.

Toutes ces conditions indispensables au succès

d'une telle entreprise, se trouvèrent réunies chez MM. Mouchot frères, qui ont exposé cette année le modèle de leur grande boulangerie.

L'ensemble et les détails offrent un grand intérêt : la disposition générale, la série des appareils, machine à vapeur, pétrins mécaniques à compteurs, fours aérothermes continus, distributions d'eau chaude et froide, fourneaux à double effet produisant le coke et le gaz qui éclaire l'usine et l'intérieur des fours, tubes articulés conduisant le gaz light, thermomètre indiquant la température de l'air en circulation dans le four, régulateurs, embrayages pour emmagasiner la farine, charger les pains sur les voitures, etc. : dans toutes ces dispositions, une manufacture de premier ordre se décèle. On comprend ainsi que les farines soient conservées bien saines, que l'insalubre et bruyant travail des geindres ait été supprimé, que le pétrissage de la pâte rendu plus complet et plus propre devienne indépendant des négligences, coalitions et maladies des hommes ; que le levage de la pâte plus constant, l'enfournement facile, la cuisson plus régulière donnent des pains exempts de tous les corps étrangers qui ont disparu en effet avec les dernières traces de cendres sur les soles des fours.

Si l'on ajoute que de tels résultats sont garantis soit par une pratique graduellement acquise et perfectionnée depuis sept ans, soit par la qualité supérieure des produits livrés à tous les colléges de Paris, aux pensions, à l'école polytechnique et à la plupart des grands établissements dont les fournitures s'élèvent actuellement à six mille kilog. par jour, on admettra que cette importante industrie est définitivement organisée, qu'elle a pris son aplomb manufacturier.

Nous devons dire encore que l'administration de la guerre, jalouse de faire participer les troupes au bien-être que ces améliorations peuvent procurer, a fait fabriquer le pain de munition comparativement dans les manutentions et chez MM. Mouchot frères. Une commission prise parmi les membres de l'Académie des sciences, de l'intendance, du conseil de santé des armées, du génie militaire, des administrations spéciales et du syndicat des boulangers de Paris, a reconnu, d'un avis unanime, que l'introduction de ces appareils et procédés nouveaux dans les manutentions militaires, doit réaliser une économie notable en améliorant le régime du soldat.

Le jury central, voulant signaler hautement l'utilité et l'importance de ces applications heureuses et récompenser les légitimes succès de MM. Mouchot frères, leur décerne la médaille d'or.

---

§ 3. FÉCULE, DEXTRINE (GOMME DE FÉCULE, ETC.), GLUCOSE.

Considérations générales.

Parmi les plus importantes industries agricoles qui aient acquis l'aplomb manufacturier, on doit placer l'extraction de la fécule : elle double la valeur du produit brut de la récolte des pommes de terre, en réduisant de plus des 0,8 le poids de la marchandise vendable. Cette industrie permet d'exporter loin des fermes, la fécule sèche, tout en conservant la pulpe applicable à la nourriture des animaux ainsi que les sucs, dépôts et eaux de lavages qui conviennent à l'engrais du sol, lorsque l'on sait les aménager et les répandre en irrigations.

Chacun comprend bien aujourd'hui quels avantages on trouve à cultiver les plantes sarclées pour nettoyer le sol, l'ameublir et le défoncer économiquement, afin de le disposer à recevoir des prairies artificielles.

Un intérêt d'un ordre non moins élevé se rattache à la transformation industrielle de la pomme de terre, c'est que la fécule, dont la consommation s'accroît tous les jours, s'emmagasine chaque année en approvisionnements considérables; sa facile conservation la laisse à tout instant, disponible et le jour où l'insuffisance des récoltes en céréales ferait craindre une disette, la disette deviendrait impossible : un déficit de quelques centièmes dans la production de la farine l'eût occasionnée, si la réserve en fécule n'eût été prête à combler ce déficit.

La récolte moyenne des pommes de terre en France équivaut annuellement à quarante-huit millions d'hectolitres, représentant trente-un millions de quintaux métriques ; sur cette quantité, cent vingt-cinq millions de kilogrammes environ, triturés par quatre-vingt-dix féculeries répandues en France, dans trente-quatre départements, produisent près de vingt millions de kilogrammes de fécule sèche, dont la valeur moyenne, à 25 fr. les cent kilogrammes, est de 5 millions de fr., sans y comprendre l'augmentation due à ses diverses transformations. On emploie cette fécule dans la préparation des substances alimentaires, dans le collage à la cuve des papiers, dans les apprêts des étoffes, la fabrication de la dextrine, des gommes factices, des léïocommes, glucoses, etc.

Appareils des féculeries.

MÉDAILLES D'ARGENT.

M. SAINT-ÉTIENNE père, à Paris, rue des Ursulines, 6; et **M. SAINT-ÉTIENNE** fils, à Paris, rue d'Arcole, 3.

MM. Saint-Étienne père et fils s'occupent avec succès, depuis vingt-quatre ans, de la construction des machines et appareils propres à l'extraction, à l'épuration et au séchage de la fécule.

Le plus grand nombre des féculeries en activité chez nous ont été montées par leurs soins; plus de cent établissements de ce genre, tant en France qu'à l'étranger ont adopté leurs appareils qu'ils ont graduellement perfectionnés. Leurs blutoirs à fécule sèche sont employés même dans les féculeris établies par d'autres constructeurs.

En 1839, MM. Saint-Étienne père et fils venaient de changer radicalement leur système d'extraction de la fécule; l'ingénieux moyen qu'ils réalisaient par une construction toute nouvelle, nous parut devoir remplir les conditions principales qu'on cherchait depuis longtemps à réunir; mais alors l'usage de cet appareil était de date trop récente pour être jugé et nous dûmes tous en abstenir.

Depuis, l'expérience a prononcé très-favorablement dans trente-trois féculeris; il fut ainsi constaté que l'appareil à extraire la fécule de la pulpe réalise plusieurs avantages importants et surtout économise l'eau, la main-d'œuvre et les intérêts de fonds : cet appareil, tel que MM. Saint-Étienne l'ont perfectionné, réunit dans un seul bâtis, une râpe solide montée tout en fonte, la bâche à pulpe, des tamis placés en séries superposées, sur lesquels une double chaîne à la Vancanson reliée par des tringles transversales remonte la pulpe jusqu'au dernier étage des plans inclinés, d'où elle est rejetée au dehors épuisée, tandis que l'eau affine en sens inverse, et lave successivement toutes les couches inférieures de la pulpe en mouvement.

L'eau entraîne la fécule et la réunit dans une auge commune, d'où elle passe dans un tamis cylindrique épurateur disposé sur le même bâti, et qui élimine les petits sons.

Ainsi donc, le râpage, l'épuisement méthodique

et la première épuration sont obtenus économiquement par un seul appareil occupant moins d'espace
que l'un quelconque des autres systèmes en usage.

MM. Saint-Étienne ont aussi perfectionné leur
cylindre à claire-voie appliqué à l'extraction du
gluten ; ils ont imaginé un appareil très-simple pour
granuler la fécule sous la forme de sphérules translucides.

Les progrès réalisés par MM. Saint-Étienne père
et fils, en raison de leur importance et de la masse
considérable des produits auxquels ils s'appliquent,
ont fixé l'attention du jury central qui décerne une
médaille d'argent à ces consciencieux et persévérants manufacturiers.

M. HUCK, à Paris, rue Corbeau, 25.

En 1839, M. Huck obtint une médaille d'ensemble pour ses appareils à extraire la fécule et ses
pompes rotatives construites d'après le système de
Dietz.

La construction de ses laveurs, râpes, tamis cylindriques, entièrement en fonte, fer et cuivre, a
depuis été améliorée d'une manière notable. Cet
habile mécanicien a exposé un modèle bien fait
d'une féculerie complète, avec les dispositions qu'il
a prises dans vingt-neuf féculeries montées par ses
soins.

Le jury accorde à M. Huck, pour l'ensemble de
ses travaux, une médaille d'argent.

(Voy. *Rapport de M. Pouillet sur les machines
à vapeur*, p. 146.)

NOUVELLE MÉDAILLE DE BRONZE.

M. STOLTZ fils, à Paris, rue de Bréda, 27.

Ce manufacturier avait obtenu à la dernière exposition une médaille de bronze pour ses appareils à extraire la fécule, notamment une râpe réduisant en pulpe cent soixante hectolitres de tubercules en douze heures, et un tamis mécanique à brosses et palettes d'un service et d'un nettoyage faciles.

Depuis cette époque, M. Stoltz a perfectionné la construction de ses appareils qui sont adoptés dans trente féculeries en France, il ajoute un épurateur à la suite de son tamis cylindrique.

L'un des rapporteurs de la commission des machines, a jugé très-favorablement la pompe rotative de M. Stoltz. Le jury central lui décerne ici une médaille de bronze.

Fabriques de fécule, dextrine, gomme, gommeline, etc.,
et glucose.

MÉDAILLE D'ARGENT.

MM. FOUSCHARD (Gustave et Joseph), à Neuilly (Seine).

En 1839, MM. Fouschard frères fondèrent à Neuilly l'une des plus grandes féculeries du département. Un générateur équivalant à la force de vingt chevaux, et une machine à vapeur y furent employés; quelques années plus tard, la fabrication des glucoses en sirop et en masse, et même en groupes de cristaux granulés, y prirent une grande extension.

Ces habiles manufacturiers ont enfin fait subir une troisième transformation à leur vaste établissement en dirigeant toutes ses forces productives vers la préparation d'une substance gommeuse obtenue par un procédé qu'ils ont, les premiers, mis en fabrique en le perfectionnant.

On reprochait à la fécule rendue soluble par la torréfaction, d'être trop colorée lorsque la solubilité était à peine suffisante; aux belles dextrines blanches, si favorables d'ailleurs à certaines applications, d'exercer une réaction acide par fois nuisible.

MM. Fouschard frères sont parvenus à donner en grand le degré de solubilité convenable à la fécule en lui conservant une parfaite neutralité et une innocuité complète sur les nuances délicates. Ces propriétés ont été reconnues et appréciées par nos plus habiles imprimeurs sur étoffes, au nombre desquels nous citerons : MM. Paul Godefroy, Despruneaux et Guillaume, de Saint-Denis; Thomann, Godefroy, Depouilly, Remond et Boyer, de Puteaux; veuve Selot, à Bapaume; Colombe et Lalan, à Suresne; Mauclerc, à Béthancourt; Colle, à Sablonville; Delamorinière, Gonin et Michelet, île Saint-Louis; Jourdain, à Cambray; Schlumberger et Cie, à Thann; Alexandre et Blondel, à Neuilly.

Livrée en pâte mucilagineuse, cette gomme se dose avec une extrême facilité, et présente pour chaque volume déterminé, des résultats constants.

La forme qui la caractérise offre encore cet avantage important aux yeux du jury, de ne pouvoir se confondre avec les véritables gommes dont le prix est plus élevé, et qui doivent être réservées pour des usages distincts.

On a pu d'ailleurs remarquer à l'exposition, des impressions sur laine obtenues économiquement avec ce produit manufacturier, et présentant plus de netteté dans les contours, plus d'intensité dans les nuances que les impressions des mêmes couleurs faites à l'aide de la gomme du Sénégal.

La fabrication annuelle de ce produit s'élève à 400,000 kilogrammes.

En raison de l'importance et de l'utilité de l'industrie qu'ils ont fondée, le jury central décerne à MM. Fouschard frères une médaille d'argent.

MÉDAILLES DE BRONZE.

MM. LABICHE et TUGOT, à Rueil (Seine-et-Oise), et à Paris, rue du Mail, 5.

Ces manufacturiers ont établi, en 1836, une usine capable de transformer en glucose massée plus d'un million de kilogrammes de fécule; toutes leurs opérations sont faites à la vapeur; les produits qu'ils livrent au commerce sont remarquables par leur blancheur, aussi s'emploient-ils avec avantage dans la confection des bières blanches, et pour compléter, dans les moûts des raisins blancs et noirs, la proportion de substance sucrée transformable en alcool et qui assure leur conservation.

Le jury décerne à MM. Labiche et Tugot une médaille de bronze.

M. LEFEBVRE-CHABERT, à Paris, rue de Charenton, 127.

Depuis 1830, ce manufacturier très-habile exploite une industrie qu'il a créée, la fabrication des leïocommes, ou fécule grillée, obtenues plus régulières qu'on ne l'avait pu faire jusqu'alors, au moyen de bains d'huile à température fixe.

Ces produits fort estimés se vendaient en quantités très-considérables, jusqu'au moment où les dextrines blanches et les gommes neutres vinrent leur faire une redoutable concurrence.

M. Lefebvre-Chabert se livre plus particulièrement aujourd'hui à la préparation de la fécule épurée, de l'amidon diaphane d'une blancheur éclatante; il prépare une sorte de mucilage épaississant bien sans donner de coloration. Quinze ouvriers dans l'intérieur de l'usine, et une machine à vapeur de la force de huit chevaux, constituent ses principaux moyens d'action.

M. Lefebvre-Chabert, par ses travaux antérieurs, sa bonne fabrication actuelle et les utiles recherches auxquelles il se livre, est très-digne de la médaille de bronze que le jury lui décerne.

MM. LEFÉBURE et Cie, à Tomblaine (Meurthe).

MM. Lefébure ont établi une grande féculerie dans le département de la Meurthe, ils y emploient annuellement 3,000,000 de kilogrammes de pommes-de-terre donnant environ 500,000 kilogrammes de fécule.

Leurs produits sont de très-belle qualité et s'écoulent facilement dans les départements de la Meurthe et des Vosges. La fondation de cet établissement fut très-utile dans la localité où les ouvriers trouvent maintenant un salaire convenable durant la mauvaise saison.

Le jury central décerne à MM. Lefébure et Cⁱᵉ une médaille de bronze.

MM. DEFONTAINE (Édouard et François), à Marquette-lès-Lille (Nord).

Lorsqu'en 1837, ces manufacturiers intelligents créèrent leur féculerie, le département du Nord ne possédait point d'établissement de ce genre; aujourd'hui les fabriques y consomment annuellement la récolte en tubercules de 800 hectares de terre.

La manufacture de MM. Defontaine, elle-même, emploie les produits de 120 hectares environ, et livre au commerce environ 325,000 kilogrammes de fécule, première, deuxième et troisième qualité. Une machine à vapeur développe et transmet toute la force utile au mouvement des râpes, chaînes à godets, tamis épurateurs et blutoirs mécaniques.

Dans son rapport, le jury départemental, dont M. Kuhlmann s'est rendu l'organe, a constaté les services rendus par cet établissement dans la localité, et la commission du jury central a vérifié la bonne qualité et la belle apparence des produits.

MM. Defontaine sont, à ces titres, dignes de la médaille de bronze qui leur est décernée.

MENTIONS HONORABLES.

M. WEHRLIN, à Nancy (Meurthe).

Ce manufacturier exploite une féculerie qui livre annuellement près de 300,000 kilogrammes de fécule de première de et deuxième sorte dans les Vosges, le Haut et le Bas-Rhin. Les produits de cette fabrique sont estimés et concourent aux approvisionnements considérables que nécessitent les nombreux ateliers répandus dans ces industrieux départements.

Le jury accorde à M. Wehrlin une mention honorable.

MM. LE BLÉIS et PAISANT fils, à Pont-Labbé (Finistère).

MM. Le Bléis et Paisant fils traitent annuellement 1,200,000 kilogrammes de pommes-de-terre qui rendent environ 200,000 kilogrammes de fécule.

Une machine à vapeur de six chevaux y développe la puissance mécanique utile.

Les produits de première qualité, par leur blancheur et leur pureté, méritent la faveur commerciale dont ils jouissent.

L'industrie fondée en 1841 par MM. Le Bléis et Paisant fils, dans le Finistère, est digne d'une mention honorable que le jury lui accorde.

M. LEROUX D'ARCET, à Beaune (Côte-d'Or).

En 1832, M. Leroux d'Arcet a fondé une fabrique de glucose dans une localité où la consommation de cette substance prenait une grande extension en raison de son utilité pour améliorer les moûts faibles.

La fécule nécessaire à cette fabrication est obtenue dans le même établissement.

La conversion en glucose sirupeuse ou massée, d'une saveur agréable, s'effectue à l'aide d'un générateur ayant vingt-quatre mètres carrés de surface de chauffe; 150,000 kilogrammes de glucose, et 75,000 kilogrammes de fécule sortent chaque année de l'établissement.

M. Leroux d'Arcet obtint en 1839 une citation favorable; les progrès qu'il a réalisés, depuis lors, le rendent digne de la mention honorable., le jury la lui accorde.

CITATIONS FAVORABLES.

MM. SOHET-THIBAULT frères (Jean-Baptiste et Bernard-Eugène), à Limoges (Haute-Vienne).

Ces industriels ont établi, en 1840, une féculerie employant la force motrice d'une roue hydraulique de quatre chevaux. Cet établissement, utile à l'agriculture de la contrée, mérite une citation favorable.

M. LEQUIN (Frédérick), fabricant de fécule, à la ferme de Boinville, près Neufchâteau (Vosges), et M. BARDENAT (François), à Limoges (Haute-Vienne),

Ont envoyé à l'exposition des produits dignes de la citation favorable que le jury central leur décerne.

---

§ 4. ÉCLAIRAGE.

Considérations générales.

Les développements de la chimie manufacturière ont amené de nombreux et importants progrès dans les industries qui s'occupent de l'éclairage public et particulier.

La fabrication du *gaz-light* a surtout pris une extension rapide et rendu d'incontestables services dans l'éclairage des villes : à Paris, cette industrie alimente actuellement 25,900 becs de plus qu'en 1839, ce qui porte la production totale à 64,935 becs, donnant une quantité de lumière égale à celle de 97,400 lampes Carcel, qui consommeraient annuellement 7,500,000 kilogrammes d'huile (1).

---

(1) Dix usines ayant trente-cinq gazomètres d'une contenance totale de 48,000 mètres cubes produisent cette quantité de gaz qui est distribuée dans des conduites principales, dont la longueur est égale à 200,000 mètres ou environ 50 lieues.

A l'aspect d'un accroissement aussi considerable, et dont la progression continue, on pourrait craindre que d'autres industries fussent menacées dans leur existence : il n'en est rien cependant, et jusqu'à ce jour l'expérience a démontré que la production, plus abondante, rendant l'usage de la lumière artificielle plus facile et plus économique, donnait à la consommation une impulsion nouvelle et largement suffisante pour les différentes sources de production.

Un élégant procédé, perfectionné depuis 1839 par le docteur Jules Guyot, se fonde sur l'emploi de l'alcool anhydre et de l'essence rectifiée de térébenthine; il pourra ouvrir à la fois des débouchés nouveaux aux produits de nos vignobles et à ceux de nos exploitations de résines.

Plusieurs innovations non moins remarquables, dues à M. Robert, ont permis d'appliquer aux éclairages alcooliques les produits épurés des goudrons des bois non résineux, donnant ainsi une valeur notable aux résidus naguère sans usages de la carbonisation en vases clos.

Plusieurs conséquences, heureuses pour notre industrie, découlent des progrès de la fabrication du gaz, et excitent, en ce moment même, l'activité de nos ingénieurs manufacturiers : les uns apportent de nouveaux perfectionnements à la consommation à l'aide des compteurs mécaniques, des gazoscopes, des régulateurs; d'autres ouvrent de plus grands débouchés en appliquant le gaz au chauffage, aux éclairages de luxe, aux illuminations publiques ; d'autres enfin introduisent, dans une série d'inventions remarquables. plusieurs résidus qui jadis encombraient les usines et infectaient le gaz ; ils fournissent à l'industrie, qui les rejetait, de nouvelles conditions de succès et d'économie.

C'est ainsi que, des goudrons de houille, on tire le brai propre à confectionner un riche combustible en agglomérant des houilles pulvérisées ; le brai même s'emploie en grandes masses à préparer des mastics qui enveloppent et lutent les conduites, soit en tôle étamée, soit en verre recuit, pour le gaz et pour l'eau.

Les produits volatils extraits de ces goudrons ne sont plus négligés maintenant : une nouvelle extension leur est offerte par les ingénieuses applications des carbures les plus légers à l'éclairage public, ou leur introduction dans les liquides alcooliques destinés aux lampes usuelles ; une portion des carbures moins volatils semblait devoir être moins recherchée, lorsqu'une industrie toute récente, *la glu marine*, est venue la réclamer.

L'emploi des carbures d'hydrogène dans l'éclairage des ateliers et des places publiques, dirigé par des inventeurs habiles, développe une flamme très-éclairante, tranquille et pure, dans des lampes spéciales et par des dispositions dont la simplicité augmente le mérite.

Les uns ont offert un débouché avantageux aux *huiles volatiles* obtenues économiquement des schistes par les procédés de M. Selligue, donnant ainsi un nouvel élément de succès à cette industrie, déjà remarquable en 1839.

Les autres sont parvenus à produire une lumière pure et vive en employant des huiles épaisses, comme l'huile de baleine, et même des produits pyrogénés, tels que l'huile de résine, que l'on avait jusqu'à présent vainement tenté de brûler dans les lampes.

Cette dernière application non encore assurée compléterait les débouchés des produits résineux de nos forêts d'arbres verts.

L'extension de la fabrication du gaz devient aujourd'hui la cause principale de changements profonds dans l'industrie des produits ammoniacaux. Les eaux condensées et les résidus de l'épuration étaient naguère des sources d'inconvénients et de procès entre les voisins des usines et les fabricants; traités depuis peu de temps par d'ingénieux moyens, récemment perfectionnés, et dont un de nos habiles manufacturiers, M. Huiot, avait réalisé l'idée première, ces résidus fournissent au commerce des produits abondants

et purs; ils ont abaissé graduellement les cours
au-dessous des cinquante centièmes de la valeur
qu'ils avaient en 1839, et leur ont ouvert de nouveaux débouchés.

Les espérances que nous avions émises, en
1839, sur l'avenir de l'une des plus intéressantes
applications chimiques, se sont réalisées : alors
dix fabricants de bougies stéariques seulement
furent admis à l'exposition, tandis que vingt-cinq
méritèrent cet honneur en 1844. La consommation annuelle de la bougie stéarique ne s'élevait
pas, en France, au delà de 60,000 kilogrammes
en 1834; elle était déjà de 900,000 kilogrammes
en 1839, et dépasse aujourd'hui deux millions de
kilogrammes; plusieurs améliorations notables
promettent de nouveaux développements à cette
industrie toute française, sortie du laboratoire de
l'un de nos confrères. Nous citerons notamment :
1° les progrès de la consommation des résidus
oléiformes dans le travail des laines et dans la
confection d'un savon économique; 2° la division
bien entendue des opérations qui, en annexant
la préparation des acides gras aux grandes fabriques d'acide sulfurique, la rend plus économique, plus constante, et évite les inconvénients
des transports en localisant ailleurs le moulage
des bougies.

Plusieurs améliorations réelles ont été introduites dans les opérations qui achèvent le principal produit; nous signalerons surtout la suppression de l'alcool et l'emploi de moyens mécaniques pour nettoyer et lustrer les bougies.

Quelques tentatives, dignes d'encouragements. ont été faites pour ajouter de nouvelles matières premières aux corps gras en usage, en y employant les huiles butyreuses de palme décolorée et de coco.

Une nouvelle industrie, empruntant quelques ustensiles aux manufactures d'acide stéarique, fournit actuellement une *oléine* très-convenable pour lubréfier les parties frottantes des machines, et laisse en résidu la plus grande partie des substances solides du suif; ce résidu constitue lui-même une matière première riche en stéarine et très-propre à la fabrication des acides gras solides; il ajoute ainsi une condition favorable de plus à la prospérité de cette fabrication, mais il offre, malheureusement, un dangereux aliment à la fraude.

Nous ne saurions trop prémunir les fabricants et les consommateurs contre les inconvénients de ces additions de stéarine dans les bougies, fût-ce même pour préparer une deuxième qualité plus économique. En effet, les corps gras non saponifiés, employés même à faibles doses, constituent une véritable altération qui ne tendrait à rien moins qu'à détruire la belle industrie des bougies stéariques, en ramenant dans ses produits une grande partie des défauts reprochés aux chandelles, et notamment l'odeur du suif rance.

Il est permis, sans doute, soit d'augmenter les proportions du mélange de cire, afin d'accroître la translucidité de la bougie en élevant sa valeur, soit de les diminuer, de supprimer même cette addition, afin de pouvoir livrer les produits à des prix plus bas, mais dans ce cas il faut employer l'acide stéarique exempt de mélanges, si l'on veut éviter de discréditer les bougies stéariques, en trompant les consommateurs.

Dans ce rapport sur les principales améliorations relatives à la préparation et à l'emploi des substances qui fournissent économiquement la lumière artificielle, on ne devait point apprécier les dispositions purement mécaniques des divers appareils admis à l'exposition : tels sont plusieurs *systèmes de lampes*, les *robinets*, *régulateurs* et *compteurs* applicables au gaz (1); quant à ces derniers, cependant, nous ferons observer, en terminant, que les variations de composition chimique, capables de changer beaucoup le pouvoir éclairant du gaz, rendent souvent insuffisantes les indications qui donnent seulement les volu-

___

(1) *Voyez le rapport de M. Pouillet*, sur l'éclairage, p. 615.

mes consommés ; qu'à cet égard , des compteurs marquant d'une manière certaine le nombre d'heures écoulées pendant un éclairage , par un nombre de becs connu, et développant leur maximum de lumière , nous paraîtraient bien préférables ; que d'ailleurs ceux-ci n'exerçant aucune pression additionnelle, ne pourraient augmenter ni les fuites de gaz, ni les pertes pour les usines, ni les chances d'explosions chez les particuliers.

Bougies stéariques.

RAPPEL DE MÉDAILLE D'OR.

M. de MILLY, à Paris, rue Rochechouart, 40.

M. de Milly, l'un des principaux auteurs de l'application des acides gras solides à l'éclairage, a introduit de nouveaux perfectionnements dans son usine depuis 1839 ; mettant à profit la découverte de la soudure autogène, il est parvenu à chauffer par un serpentin en plomb ses clarifications sans mélanger la vapeur au liquide.

Opérant mieux la division de la chaux hydratée dans le suif, il a réduit les proportions de cet agent et économisé une quantité proportionnelle d'acide sulfurique.

La pulvérisation plus complète et mécanique du savon calcaire a rendu plus prompte l'action de l'acide. Une scie volante circulaire permet d'utiliser,

en les coupant à différentes longueurs, les bougies
accidentellement brisées.

L'application de la vapeur à la fabrication du
savon d'acide oléique a rendu les produits plus économiques et leur qualité plus constante; qualité garantie d'ailleurs par le moulage et la marque de la
fabrique : aussi ont-ils trouvé une telle faveur dans
le commerce, que les résidus autrefois embarras-
sants pour M. de Milly, ne suffisent plus à la savonnerie qu'il a montée.

Enfin cet habile fabricant est parvenu à brûler
l'acide oléique dans une lampe spéciale; on obtient
ainsi une lumière coûtant à peine le tiers de celle
que donnent les chandelles ordinaires.

Les bougies stéariques de *l'étoile* ont d'ailleurs
conservé leur bonne qualité et méritent la faveur
commerciale qu'elles continuent d'obtenir.

Le jury, dans ces circonstances, s'empresse d'accorder à M. de Milly le rappel de la médaille d'or
qui lui fut décernée en 1839.

RAPPEL DE MÉDAILLE D'ARGENT.

M. TRESCA, à Paris, rue de la Sorbonne, 3.

M. Tresca obtint, en 1839, une médaille d'argent pour les diverses améliorations qu'il avait introduites dans la préparation des bougies stéariques.
La manufacture qu'il vient de réédifier a reçu plusieurs perfectionnements encore, et une nouvelle
industrie y fut ajoutée : l'extraction de l'oléine contenue dans les suifs.

Cette opération fournit au commerce une huile

comparable à celle des pieds de bœufs et moutons qui ne suffit plus à la consommation pour nos machines; on obtient, en outre, une stéarine plus dure que le suif et donnant une plus grande proportion d'acides gras solides : environ ôo au lieu de 48 à 5o.

Le jury accorde à M. Tresca le rappel de la médaille d'argent.

NOUVELLE MÉDAILLE D'ARGENT.

M. DELACRETAZ, à Vaugirard, près Paris (Seine), et à Grasville-l'Heure (Seine-Inférieure).

M. Delacretaz, l'un de nos manufacturiers les plus habiles, obtint une médaille d'argent à l'exposition de 1839; depuis lors il a perfectionné et développé plusieurs industries chimiques et notamment la préparation des chromates de potasse, de l'acide sulfurique et des acides gras solides et liquides. (V. le *rapport* de M. *Peligot*, p. 738.)

Cette dernière fabrication est devenue la plus importante de celles dont il s'occupe, et elle est aujourd'hui l'une des causes de l'accroissement de la production des bougies stéariques, car elle permet d'organiser une économique division du travail. En effet, les acides solides préparés chez M. Delacretaz sont livrés blancs et purs à un grand nombre de fondeurs, qui à Paris même et dans les départements les mettent sous formes de bougies.

Les opérations premières deviennent plus écono-

miques, en utilisant directement, sans concentration et sans transport, l'acide des chambres. On
évite toutes les altérations que les bougies éprou-
vaient durant les voyages, avant d'arriver aux lieux
de consommation.

M. Delacretaz, en doublant sa fabrication, introduisit plusieurs perfectionnements réels dans la
disposition des appareils, les constructions des bassins de décomposition en plomb, réunis par la soudure autogène, les pompes à élever les liquides
gras, la filtration de l'acide oléique qu'il rend plus
propre au graissage des laines.

Cette fabrique peut traiter 6,000 kilog. de suif
par jour, livrer 3,000 kilog. d'acide stéarique et
3,000 kilog. d'acide oléique épuré.

Le jury décerne à M. Delacretaz, pour l'ensemble
de ses produits, une nouvelle médaille d'argent.

MENTION POUR ORDRE.

M. POISAT, à la Folie-Nanterre, près Paris (Seine).

M. Poisat, fabricant de produits chimiques, s'est
aussi livré à la préparation des acides gras solides
qu'il vend aux mouleurs de bougie. Son acide stéarique, pour la qualité et la blancheur, est comparable aux plus beaux produits en ce genre et devra
concourir à mériter à cet habile manufacturier la
récompense qui sera proposée par la troisième section des arts chimiques. (V. le *rapport de M. Peligot*, p. 742.)

RAPPEL DE MÉDAILLE DE BRONZE.

M. DURIER, à Paris, avenue La Motte-Piquet, 23.

M. Durier, contre-maître en 1839, dans la fabrique de MM. Gallet et Bigot, obtint la médaille de bronze pour un perfectionnement remarquable: la substitution d'un vase ouvert aux chaudières autoclaves à pression de cinq atmosphères employées pour la saponification par la chaux. En signalant de nouveau ce service rendu à l'industrie stéarique, le jury accorde le rappel de la médaille de bronze à M. Durier, qui est devenu, depuis 1839, fabricant pour son propre compte.

MÉDAILLES DE BRONZE.

MM. LE PARMENTIER et Cᵉ, à Paris, avenue de Breteuil, 44.

L'usine de MM. Le Parmentier et Cᵉ existait, en 1839, sous le nom de MM. Gallet et Bigot, elle a pris depuis lors un développement notable et tous les appareils y ont été perfectionnés depuis la saponification jusques au nettoyage et au lustrage des bougies. On a supprimé, dans cette usine, l'emploi dispendieux de l'alcool et de l'ammoniaque, en le remplaçant par une faible solution alcaline.

L'application de l'ingénieuse machine à lustrer s'y fait avec de notables avantages.

Enfin, la qualité des bougies est des meilleures

et ne présente dans les premier et deuxième produits aucune quantité de suif non saponifié ; elles
sont donc de très-bonne qualité sous le rapport
de la blancheur, de la dureté et de l'odeur, et
exemptes de tous mélanges.

Le jury décerne à MM. Le Parmentier et Cie une
médaille de bronze.

M. RÉGNIER, à Paris, quai Jemmapes, 146.

M. Régnier, propriétaire de l'usine où l'on fabrique la bougie du *phare*, est auteur de plusieurs
innovations utiles. On lui doit la première idée
d'une machine à lustrer les bougies ; il se sert d'un
ingénieux moyen, la densité comparative, pour
apprécier les qualités des suifs. Tous les appareils
sont bien disposés chez M. Régnier.

Le jury lui accorde une médaille de bronze pour
les utiles innovations qu'il a apportées dans cette
industrie.

MM. PETIT et LEMOULT, à Grenelle, près Paris (Seine).

La fabrication graduellement accrue dans cette
usine, peut maintenant traiter par jour 2,500 kilog.
de suif. Les procédés sont perfectionnés et suivis avec
un zèle et une intelligence qui facilitent à ces habiles manufacturiers l'emploi des suifs étrangers et
même des graisses d'os plus rebelles encore au traitement en question ; ils ont des premiers, fait un
usage judicieux de l'acide oxalique, pour compléter
l'épuration des acides gras.

En combinant l'action de deux machines polisseuses, MM. Petit et Lemoult sont parvenus non-seulement à polir, mais encore et en premier lieu, à laver mécaniquement leurs bougies.

En raison de l'importance de leur fabrique, des bonnes dispositions qui y sont prises et des améliorations dues à MM. Petit et Lemoult, le jury leur décerne la médaille de bronze.

M. BELHOMMET, à Landerneau (Finistère).

Propriétaire de l'une des plus grandes usines où l'on confectionne de toutes pièces les bougies stéariques dans les départements, M. Belhommet a adopté les procédés les plus parfaits découverts à Paris ; il a d'ailleurs obtenu constamment des produits remarquables par leur blancheur, leur sonorité, l'absence de toute odeur de suif et la qualité comme l'intensité de la lumière.

C'est après avoir vérifié ces faits par des expériences comparatives que, sur les propositions de la commission spéciale, le jury a décerné une médaille de bronze à M. Belhommet.

MM. BOISSET et GAILLARD, au Grand-Charonne (Seine), et à Paris, rue de la Verrerie, 66.

En 1839, ces exposants obtinrent une mention honorable ; depuis lors ils ont augmenté leur fabrication et perfectionné leurs produits. Leurs bougies, dites *de la comète*, sont remarquables par la blancheur et la pureté.

MM. Boisset et Gaillard ont réuni à leur usine le blanchiment et le moulage de la cire en bougies ; enfin, la confection des bougies diaphanes. Ils préparent, dans toutes ces applications, des produits de belle apparence et d'une très-bonne qualité.

Le jury leur décerne une médaille de bronze.

M. TAULET, à Montmartre (Seine).

M. Taulet avait construit, dès 1834, une chaudière à double enveloppe formant à la fois un bain-marie capable de régulariser la température et un générateur fournissant la vapeur utile pour agiter le mélange de suif en branche et d'eau acidulée.

Le procédé, jugé favorablement à l'exposition dernière, était trop récent et n'avait pas acquis assez d'importance pour être définitivement apprécié ; il se représente aujourd'hui dans des circonstances plus favorables ; mis en pratique sur une grande échelle par MM. Cabouret aîné, Leroy frères et M. Taulet, il a contribué à rendre moins incommode la fonte des suifs, en l'opérant en vases clos ; près de deux millions de kilogrammes de matière première sont traités annuellement par ce procédé et donnent en suif fondu un produit de bonne qualité applicable avantageusement surtout à la préparation des acides gras et des bougies stéariques.

Ces considérations ont décidé le jury central à voter une médaille de bronze en faveur de M. Taulet

RAPPEL DE MENTION HONORABLE.

MM. WERNET père et fils , à Paris , rue du Bac, 32.

MM. Wernet obtinrent une mention honorable en 1827 et en 1834 ; le jury la leur rappelle ; la régularité du moulage de leurs bougies de cire les rend dignes de cette récompense.

MENTIONS HONORABLES.

MM. LIÉNARD (Claude) et Cie, à Lyon (Rhône).

Depuis quelques années, ces manufacturiers ont augmenté leur fabrication qui peut actuellement produire, dans les circonstances les plus favorables, jusqu'à 500 kilogr. par jour. Leurs bougies stéariques sont de bonne qualité.

Le jury central accorde une mention honorable à MM. Claude Liénard et Cie.

M. LAFONTAINE-BENOIST, à Reims (Marne). M. HERBIN, à Reims (Marne).

Dans ces deux manufactures, les acides gras sont extraits des suifs et les acides solides sont moulés sous formes de bougies de belle apparence et de bonne qualité: des générateurs de sept et six chevaux y sont employés. Le jury départemental a reconnu que l'industrie en question avait été utile en abaissant les prix de la bougie stéarique dans le département.

Le jury central vote une mention honorable pour M. Lafontaine-Benoist, et une semblable mention en faveur de M. Herbin.

MM. DELAUNAY et LEROY, à Nantes (Loire-Inférieure).

La fabrique de MM. Delaunay et Leroy emploie pour ses opérations la quantité de vapeur équivalente à une force de six chevaux; aux matières premières usuelles, les suifs de place, ces manufacturiers ont tenté d'ajouter l'huile de coco et ont obtenu des produits blancs, mais conservant une odeur spéciale : ils sont parvenus à extraire les substances grasses solides, des huiles de palme blanchies. Les bougies stéariques de MM. Delaunay et Leroy sont de belle et bonne qualité; pour l'ensemble des travaux précités, le jury central leur accorde une mention honorable.

M. DESPREZ, à Paris, rue du Faubourg-Saint-Martin, 174.

L'établissement de M. Desprez est l'un des plus importants en son genre; il s'y traite annuellement 1,400,000 kilog. de suif dont la plus grande partie est employée à la confection des chandelles. Les bougies stéariques dites de première qualité réunissent les conditions principales des bonnes qualités marchandes.

Le jury décide que M. Desprez sera mentionné honorablement.

MM. BAIL et BOFFARD, à Villeurbanne (Isère).

Ces exposants fabriquent les acides gras et les bougies stéariques moulées sous les formes des bougies usuelles et des cierges d'église; ils coulent aussi des bougies de table; enfin, on confectionne dans leur établissement des savons d'huile de palme et d'acide oléique purs ou mélangés entre eux. Tous ces produits sont de bonne qualité commerciale. Le jury central décerne une mention honorable à MM. Bail et Boffard.

MM. BRUNNARIUS, BOILLOT et Cⁱᵉ, à Paris, petite rue Saint-Pierre-Amelot, 2 *ter*.

Ces industriels s'occupent principalement du moulage des acides gras; ils sont parvenus, par un tour de main qu'ils nous ont communiqué, à rendre leurs bougies stéariques plus translucides qu'on ne les prépare habituellement, lors même qu'on essaye d'y ajouter, comme MM. Bail et Boffard, de 10 à 15 pour 100 de cire.

La belle apparence, la bonne qualité et la régularité des produits concourent à rendre MM. Brunnarius et Boillot dignes de la mention honorable que le jury leur accorde.

MM. THIBAULT frères, à Nantes (Loire-Inférieure).

Dans la fabrique de ces messieurs on opère en grand la fonte du suif, au moyen de l'acide sulfurique étendu, et l'on s'occupe avec succès du moulage des acides gras achetés au dehors; les premières sortes de bougies stéariques qui proviennent de cette refonte sont de bonne qualité.

Le jury vote une mention honorable en faveur de MM. Thibault frères.

MM. ROUSSILLE frères, à Jurançon (Basses-Pyrénées).

MM. Roussille frères, fabricants de bougies stéariques dans le département des Basses-Pyrénées, ont paru dignes d'être mentionnés honorablement pour avoir établi une manufacture qui donne d'assez bons produits dans un département où l'industrie est peu développée.

RAPPEL DE CITATION FAVORABLE.

Madame BÉTEILLE-ACQUIER, à Rhodez (Aveyron).

L'établissement de madame Béteille-Acquier fut cité favorablement en 1839; on y continue la fabrication des chandelles et des chandelles-bougies.

CITATIONS FAVORABLES.

MM. DROUX et Cie, à Batignolles-Monceaux, près Paris (Seine).

Fabricants d'acides gras, de bougies stéariques et de savons, ces exposants ont reçu du jury central une citation favorable.

M. HÉRON et Cie, à Rouen (Seine-Inférieure).

M. Héron a fondé, depuis 1842, une fabrique d'acides gras et de bougies stéariques qui commence à fournir d'assez grandes quantités de ces produits.
Le jury lui accorde une citation favorable.

M. VIN, à Troyes (Aube).

M. L. ROBIN, à Angoulême (Charente).

MM. LEGRAND frères, à Orléans (Loiret).

M. BAILLOT, à Paris, rue Plumet, 25.

M. DUBOIS, à Paris, rue des Lombards, 35.

Ces exposants s'occupent avec succès du moulage des bougies stéariques et livrent des produits estimés dans le commerce.
Le jury accorde à chacun d'eux une citation favorable.

Carbures d'hydrogène et liquides alcooliques propres à l'éclairage.

NOUVELLE MÉDAILLE D'ARGENT.

M. ROBERT, à Paris, rue Poissonnière, 18.

M. Robert est sans contredit l'un de nos plus habiles manufacturiers parmi ceux qui se sont occupés de l'éclairage au moyen de divers liquides. Personne n'a fait un aussi grand nombre de tentatives heureuses, ni d'applications nouvelles aussi importantes par leurs résultats commerciaux. Ce fut, effectivement, par les soins de M. Robert, et à l'aide des dispositions particulières de ses becs, que l'éclairage d'alcool et d'essence de térébenthine put prendre un rapide essor. Les livraisons de ses lampes, s'élevant dès la première année à une valeur de 110,000 fr., répandirent l'usage des nouveaux becs, qui furent employés pour divers autres mélanges de carbures et d'alcool. Il y a joint, depuis lors, des dispositions très-convenables pour éteindre la flamme à volonté, plus ou moins lentement ou d'une manière subite, sans laisser exhaler la vapeur du liquide.

Les expériences multipliées de M. Robert, démontrent que certains carbures d'hydrogène, soit obtenus dans la distillation du bois ou la carbonisation en vases clos, et rectifiés, soit extraits des térébenthines ou des résines par ses procédés, donnent, à meilleur marché, des liquides plus facilement miscibles à l'alcool, n'exigeant pour celui-ci qu'une rectification à 0,95 au lieu de 0,98, laissant moins d'odeur, développant une lumière plus égale et plus intense que l'essence de térébenthine, même rectifiée et anhydre.

Aussi ces mélanges alcoolisés, connus sous le nom de *liquides-Robert*, ont-ils donné lieu à la plus grande exploitation de ce genre qui existe actuellement. Leur préparation, dans l'usine de M. Robert, utilise la totalité des huiles goudronneuses légères recueillies dans la belle et grande fabrique de M. Lemire, à Choisy-le-Roi.

Les carbures liquides obtenus ou rectifiés par M. Robert, peuvent faire participer jusqu'à un certain point l'essence de térébenthine à leurs propriétés; partiellement solubles dans l'eau, ils rendent les mélanges alcooliques impropres à la revivification. L'un d'entre eux, plus particulièrement, semblerait mieux convenir que tous les agents employés jusqu'à ce jour pour *dénaturer* l'alcool et permettre à l'administration d'exempter de la plus grande partie des droits, l'alcool destiné aux opérations industrielles et à l'éclairage.

A la dernière exposition, on remarquait un système d'éclairage à l'huile, imaginé par le même manufacturier, distribuant le liquide dans un grand nombre de becs placés à des niveaux différents, même à plusieurs étages; tous à déversement et retour d'huile vers le réservoir commun. Cet ingénieux système fut l'objet d'un rapport très-favorable et valut à son auteur une médaille d'argent; perfectionné et plus simple encore, il se représente avec la sanction complète de la pratique, qui lui manquait alors. Environ mille grands appareils de ce genre fonctionnent aujourd'hui sans avoir donné lieu à des inconvénients réels. Dans ce système une disposition spéciale introduit, interposée ou dissoute, une quantité d'air capable d'exercer une influence sensible sur la combustion de l'huile et la blancheur de la flamme.

L'auteur a exposé en outre, cette année, pour la première fois, un appareil destiné à la distribution de l'huile dans plusieurs étages d'une habitation, sans le secours d'aucune pièce mécanique. M. Robert occupe plus de cent ouvriers et livre annuellement au commerce des produits dont la valeur s'élève à 400,000 fr.

Cet ingénieux manufacturier, qui obtint en 1834 une médaille d'or pour l'invention d'un fusil de chasse, en 1839 une médaille d'argent pour son système de distribution d'huile dans les becs alimentés par un réservoir commun, revient donc au concours avec une série d'inventions remarquables, avec la garantie de l'expérience, une fabrication plus grande et plus variée, enfin un commerce plus étendu : à tous ces titres M. Robert est très-digne de la nouvelle médaille d'argent que le jury lui décerne.

MÉDAILLES D'ARGENT.

M. BREUZIN, à Paris, rue du Bac, 13.

Le rapport du jury central en 1839, signalait à l'attention publique les premières tentatives que M. Breuzin avait faites pour obtenir d'un mélange d'alcool et d'essence de térébenthine introduit dans une lampe, des jets lumineux semblables à la lumière du gaz.

L'auteur était effectivement parvenu, dès lors, à produire cet effet en faisant arriver le liquide alcoolisé en vapeur, par des ouvertures percées autour d'un bec cylindrique.

La conductibilité du métal entretenait une température suffisante pour volatiliser le mélange dont la combustion développait les flammes éclairantes.

Des dispositions analogues, plus ou moins perfectionnées, se retrouvent aujourd'hui dans les différents appareils destinés aux applications des liquides alcooliques à l'éclairage.

L'auteur avait donc donné aux inventeurs qui l'ont suivi, un exemple et plusieurs indications nouvelles; mais aujourd'hui il se présente à nous avec un plus beau titre.

M. Breuzin comprenant bien que dans le mélange d'alcool et de térébenthine, l'alcool augmente le prix du liquide, sans concourir à la production de la lumière, chercha les moyens de brûler directement certaines huiles essentielles.

L'ingénieux appareil qu'il a présenté réalise déjà cette conception, au point de produire avec les carbures d'hydrogène légers, extraits des schistes par les procédés de M. Selligue, une lumière plus belle, plus intense et plus économique, qu'en brûlant les divers mélanges alcooliques.

Le jury central décerne à M. Breuzin une médaille d'argent, pour les résultats remarquables qu'il a obtenus dans l'emploi des carbures d'hydrogène sans mélange.

M. ROUEN, à Paris, rue Neuve-Saint-Martin, 5 *bis.*

M. Rouen s'est occupé avec persévérance de résoudre un important et difficile problème : il s'agissait d'appliquer directement à l'éclairage les produits volatils de la distillation des goudrons de houille.

Avant les heureuses tentatives de l'auteur, ces produits avaient si peu de valeur que l'on négligeait, à dessein, de les recueillir; aussi la concentration des goudrons, qui se faisait alors à l'air libre, pour en extraire le brai gras, répandait-elle au loin des vapeurs insalubres et surtout fort incommodes.

En vain avait·on essayé d'obtenir de ces *huiles* volatiles un gaz propre à l'éclairage, elles échappaient pour la plus grande partie à la décomposition et se condensaient dans les réfrigérants.

M. Rouen est parvenu, au moyen de plusieurs dispositions fort ingénieuses, à obtenir de ces sortes de *résidus* une lumière plus intense que celle du gaz lui-même, et se distribuant au sortir des becs en jets réguliers et brillants.

Les administrations publiques admettant les avantages de ce procédé, dans son application à l'éclairage des lieux publics, ont encouragé la nouvelle industrie de M. Rouen.

Déjà la matière première, naguère perdue, se recueille avec soin aujourd'hui ; la valeur qui lui est acquise ajoute un élément de plus à la prospérité de nos usines à fabriquer le gaz-light et à carboniser la houille en fours distillatoires.

Cette industrie offre un débouché aux produits les plus volatils de la carbonisation des houilles en vases clos ; elle favorisera l'emploi des fours qui peuvent donner du goudron en utilisant mieux les houilles menues.

Le jury central, afin de récompenser les utiles travaux de M. Rouen, lui décerne une médaille d'argent.

M. MARSAIS (Émile), à Bérard, près St-Étienne (Loire).

M. E. Marsais, se préoccupant, en 1828, des

moyens d'utiliser les charbons menus qui encombrent les houillères, conçut l'idée heureuse de les agglomérer en morceaux plus ou moins volumineux, à l'aide de substances agglutinatives combustibles elles-mêmes.

Les résines impures et les goudrons rapprochés lui parurent offrir les conditions désirables, et, en effet ces matières à bas prix ont un pouvoir calorifique plus grand que la houille.

Si la théorie de l'opération était certaine, l'application, et surtout l'application économique, présentait des difficultés assez sérieuses; aussi le brevet pris en 1832 n'eut-il aucune utilité pour son auteur.

Ce ne fut qu'après de nouvelles tentatives faites à la suite d'un deuxième brevet obtenu en 1842, et même seulement dans les premiers jours de 1843, que le procédé devint réellement manufacturier, mais il prit dès lors un rapide essor et donna lieu, simultanément, à la création de grandes usines près de Saint-Étienne, de Liverpool et de Bruxelles.

Dans l'établissement fondé par M. Marsais, le goudron de houille est distillé, il donne, en produits volatils condensés, des carbures d'hydrogène fluides plus ou moins légers, et laisse pour résidu un brai gras, liquide à chaud, solide à froid.

Les carbures, fractionnés en plusieurs produits, s'écoulent facilement : les plus légers, dans l'industrie des nouveaux éclairages; ceux qui sont plus denses, servent à préparer la glu marine; plus lourds encore, on les applique au graissage des gros mécanismes.

Le résidu goudronneux est mélangé à chaud avec

la houille menue dans les proportions de 0,09 à 0,10 ; la masse comprimée dans des moules acquiert en refroidissant une solidité remarquable, et donne le principal produit connu sous le nom de houille agglomérée, dite par abrévation *aggloméré*.

La facilité de l'arrimage, le pouvoir calorifique, plus grand, d'environ 3 pour 100, et plus régulier, rendent ce combustible avantageux surtout pour le chauffage des générateurs appliqués à la navigation, aussi la société des bateaux à vapeur les *Papin*, sur le Rhône et la Saône, en consomme-t-elle déjà une grande quantité.

La fabrique de M. Marsais livre annuellement au commerce 2,800,000 kilogrammes d'*aggloméré*; une fabrique semblable, établie à Liverpool, a pris un développement beaucoup plus considérable.

L'industrie créée par M. Marsais, vivement recommandée par les jurys des départements, utilise les produits naguères perdus de la carbonisation en vases clos; elle donne une grande valeur aux menus des houillères et favorise les nouvelles applications des carbures d'hydrogène; sous ces différents points de vue elle a fixé l'attention du jury central, qui décerne à son auteur une médaille d'argent.

POUR MÉMOIRE.

MM. ROSÉ et C.ie, à Paris, rue Feydeau, 26.

La commission a remarqué avec un vif intérêt les dispositions ingénieuses d'un appareil à fabriquer le gaz-light, construit par M. Rosé, et notamment :

1° un moyen propre à régulariser la formation du gaz hydrogène carboné, tout en détruisant les dépôts carbonacés formés dans une deuxième retorte ; 2° l'élimination des premières vapeurs condensées, afin d'éviter leurs inconvénients dans les réfrigérants et les épurateurs.

Toutefois, la principale industrie de l'auteur ayant pour objet la construction des ustensiles aratoires et machines agricoles, les considérations qui précèdent devront concourir à former l'ensemble des titres qui mériteront une récompense à cet habile manufacturier. (Voyez le *Rapport de M. Moll sur les machines et instruments servant à l'agriculture*, p. 14.)

MÉDAILLES DE BRONZE.

M. DELAFONT, à Paris, rue Notre-Dame-de-Nazareth, 6.

M. Delafont, fabricant de liquide pour l'éclairage alcoolique, est, avec M. Despérais, auteur de procédés de rectification des carbures tirés du goudron de la houille.

En épurant ces carbures d'hydrogène et fractionnant les produits de la distillation, M. Delafont obtient à part les carbures les plus légers qu'il livre au commerce pour la confection des liquides alcoolisés propres à l'éclairage ; 0,33 de ces liquides et 0,67 d'alcool ordinaire, à 85° c⁻ ou 36° Cartier, donnent dans les lampes usuelles, dites de *la Magdeleine*, une belle et économique lumière. C'est un

intéressant débouché, de plus, offert aux produits
volatils du goudron.

Le jury, appréciant les heureux résultats des applications nouvelles réalisées par l'auteur, lui décerne une médaille de bronze.

M. RIGOLLOT-CHUARD, à Paris, quai de l'É-cole, 22.

Cet ingénieux physicien s'est depuis longtemps
livré à de nombreux essais pour trouver les moyens
de prévenir les dangers des détonations résultant
des mélanges de l'hydrogène carboné avec l'air des
lieux habités.

On sait que de semblables mélanges se forment
parfois dans les chambres où passent les conduits
du gaz, lorsque des fuites ont lieu, et qu'ils se réalisent trop souvent dans certaines cavités des exploitations des mines.

Ne pouvant opposer des obstacles certains contre
la formation des mélanges détonants, l'auteur a
voulu du moins avertir les personnes exposées à
leur réaction. Les ingénieux appareils qu'il a construits, sous le nom de *gazoscopes*, sont basés sur
les changements occasionnés dans la densité de l'air
par le mélange d'un gaz plus léger : une sorte d'a-
réomètre laissant flotter dans l'air un ballon en
verre mince, s'abaisse et plonge davantage dans un
liquide, dès que quelques centièmes de gaz, des
usines d'éclairage ou des mines, se sont mêlés à l'air
atmosphérique ; ce mouvement fait partir un déclic,
et un contre-poids, devenu libre, descend en agitant

un battant de sonnette qui avertit les persounes pré-
sentes.

L'intérêt qui se rattache aux questions de salubrité et de sécurité publique abordées par l'auteur,
a fixé l'attention de la commission spéciale. Afin
de récompenser ses ingénieux travaux, qui, perfectionnant ses appareils, pourront en étendre l'usage,
le jury central lui accorde une médaille de bronze.

MENTION HONORABLE.

M. APOLIS, à Montpellier (Hérault).

Ce fabricant est parvenu, le premier, dans le département de l'Hérault, à faire brûler dans des
lampes, d'une construction simple et économique,
les mélanges d'alcool et d'essence de térébenthine.

Le jury lui vote une mention honorable.

CITATION FAVORABLE.

M. ROUCHE, à Paris, rue Sainte-Avoye, 63.

Le système des lampes dites à *hydrogène liquide*,
adopté par ce fabricant, permet d'obtenir assez
commodément une belle lumière; l'allumage et
l'extinction se font rapidement; le prix des lampes
non décorées n'est que de 144 fr. la douzaine.

Le jury accorde à M. Rouche une citation favorable.

§ 5. EAUX GAZEUSES ET APPAREILS POUR LES VINS MOUSSEUX.

Considérations générales.

Jusqu'à ces derniers temps, l'application des eaux gazeuses se bornait aux prescriptions médicales et aux boissons de luxe ; aujourd'hui la consommation, graduellement accrue, descend dans toutes les classes, et il faut s'en féliciter, car, employées pour étendre le vin, les eaux chargées d'acide carbonique communiquent au mélange un goût piquant, une saveur agréable que ne donnerait pas l'eau commune ; aussi l'usage des eaux gazeuses commence-t-il à diminuer, sensiblement déjà, l'abus des boissons alcooliques chez les ouvriers.

On comprend ainsi que pour la première fois l'industrie des eaux gazeuses apparaisse dans nos expositions : elle a d'ailleurs le droit de s'y montrer, car vingt-neuf fabriques alimentent en ce moment la consommation de Paris : elles fournissent annuellement plus de 4,500,000 litres de cette boisson, et de nombreuses commandes d'appareils spéciaux et de bouteilles, vont répandre dans nos départements cette fabrication utile.

MÉDAILLE D'ARGENT.

M. SAVARESSE-SARA, à Paris, rue des Marais, 10.

Parmi les plus habiles constructeurs d'appareils admis à l'exposition de 1844, nous devons placer M. Savaresse-Sara, l'un de nos manufacturiers auquel diverses industries doivent de remarquables perfectionnements : on peut citer à cet égard la préparation des cordes harmoniques, les appareils à eaux de Seltz, les machines à fabriquer les briquets et allumettes chimiques.

M. Savaresse, en perfectionnant avec une rare intelligence les dispositions imaginées par M. Selligue, mises en pratique par MM. Barruel et Vernaut, est parvenu à faire disparaître tous les inconvénients reprochés à la compression spontanée de l'acide carbonique, sous l'influence de la réaction entre l'acide sulfurique et le carbonate de chaux. Il est ainsi parvenu à rendre facile et usuel un appareil dont l'emploi jusque-là restait limité à des fabriques spéciales.

Il a rendu beaucoup plus commodes et plus sûres les indications du manomètre, en adoptant une disposition simple qui réduit la longueur du tube à huit ou dix centimètres.

Le dosage de la craie, la réaction de l'acide sulfurique gradués à volonté, n'offrent plus le moindre embarras; toute projection de liquide est prévenue; un système d'*embouteillage* et de fermeture des bouteilles, est fixé sur le même bâtis de l'appareil.

M. Savaresse a, le premier, joint à cet appareil une petite pompe aspirante et foulante au moyen de laquelle le cylindre, vide d'eau gazeuse, mais encore rempli de gaz acide carbonique comprimé à quatre ou six atmosphères, est facilement rempli d'eau, ce qui évite à chaque opération la perte de deux à trois cents litres d'acide carbonique.

Une autre invention de M. Savaresse évite les inconvénients du débouchage des bouteilles : en construisant et livrant un grand nombre de vases siphoïdes en grès, il a supprimé l'emploi des bouchons, la casse des bouteilles et permis de vider à diverses reprises chacun des vases, sans laisser perdre, à beaucoup près, les mêmes proportions de gaz. Les vases siphoïdes s'emplissent très-aisément aussi, sans aucune machine; dès ce moment, ils se vendent en concurrence avec les bouteilles en verre.

Le jury, pour récompenser M. Savaresse-Sara de ses utiles inventions, lui décerne une médaille d'argent.

MÉDAILLE DE BRONZE.

M. BRIET, à Paris, rue Notre-Dame-de-Nazareth, 29.

Depuis quelques années, des industriels habiles avaient cherché à rendre plus usuelle encore la préparation des eaux gazeuses afin de la répandre en quelque sorte dans tous les ménages.

L'un des premiers, M. Chaussenot, avait présenté à la société d'encouragement un petit appareil de table de ce genre; mais il n'était pas d'un emploi assez commode pour être adopté.

Un procédé extrêmement simple, connu depuis longtemps et fort employé en Angleterre, s'est, à la vérité, répandu chez nous avec l'usage des eaux gazeuses : il consiste à jeter successivement, dans une bouteille aux $\frac{7}{8}$ remplie d'eau, de l'acide tartrique et du bicarbonate de soude, on bouche aussitôt, on agite, et l'eau est devenue gazeuse; mais le tartrate de soude resté dans la boisson la rend un peu laxative, et peut avoir des inconvénients réels dans certaines conditions de santé où la faculté digestive est affaiblie.

Un ustensile de table fort ingénieux, très-simple, a été imaginé par M. Briet et présenté à l'exposition : il a paru résoudre complétement le problème qui consistait à préparer rapidement l'eau de Seltz sans mélange des produits de la réaction avec la boisson gazeuse.

Considérant que cette invention est utile pour répandre l'emploi d'une boisson salubre et étendre la consommation des bicarbonates et acide tartrique, en évitant de mélanger les poudres dans la boisson, le jury accorde une médaille de bronze à M. Briet.

Appareils propres à la fabrication des vins mousseux, à l'essai et au bouchage des bouteilles.

MÉDAILLE D'ARGENT.

M. ROUSSEAU, à Épernay (Marne).

La valeur considérable des produits de nos vi-

gnobles employés à confectionner les vins mousseux, donne une grande importance aux appareils
qui facilitent cette fabrication, et tendent à diminuer les nombreuses chances de déperdition tout en
rendant meilleure et plus constante la qualité des
vins.

Les conditions utiles que nous venons d'énumérer
se trouvent réunies dans les deux appareils envoyés à l'exposition par M. Rousseau, docteur en
médecine et propriétaire de vignobles en Champagne.

L'un des deux est destiné à l'essai des bouteilles,
soit en poussant l'épreuve jusqu'à briser le vase, soit
en limitant d'avance la pression sous laquelle chaque
épreuve aura lieu; dans les deux cas, la machine
fonctionne plus commodément qu'aucune autre
parmi celles que nous avons examinées jusqu'à ce
jour.

Si dans l'épreuve on a brisé la bouteille, on peut
ensuite vérifier et noter sans peine la pression, à
l'aide d'un dynamomètre, tandis qu'en employant
les diverses machines antérieurement construites, il
fallait observer la pression au moment même de la
rupture.

Si l'on veut vérifier la résistance momentanée de
chaque bouteille à une pression fixe de 10, 12, 15
atmosphères, à volonté, aucun autre appareil ne
soutiendrait la comparaison avec celui de M. Rousseau, sous les rapports de la facilité, de l'exactitude
de la fermeture et de la rapidité de l'action.

Ce dernier mode d'essai est surtout fort avantageux pour éliminer les plus mauvaises bouteilles

qui se fussent cassées certainement sur les tas et eussent, non-seulement occasionné la déperdition du vin, mais souvent déterminé la casse d'un certain nombre des bouteilles pleines, à proximité.

Le deuxième appareil de M. Rousseau rend très-facile le remplissage des bouteilles dites *recouleuses* ainsi que l'addition de la *liqueur* et du vin, sous la pression qui retarde le dégagement du gaz. Ces opérations se peuvent même pratiquer en certains cas, sans déboucher les bouteilles; il suffit d'employer un petit ustensile construit par l'auteur et déterminant une sorte d'*acupuncture* dont le passage se referme ensuite spontanément.

Le même outil sert à vérifier l'état de compression du gaz dans plusieurs bouteilles d'un tas en fermentation, ou bien à laisser échapper l'excès de gaz; il permet de goûter le vin afin de vérifier sa qualité ou les doses de sucre qu'il faudrait y ajouter : vérification faite, la bouteille n'a perdu que des quantités insignifiantes de liquide.

La correspondance entre M. Rousseau et les principaux propriétaires dans le département de la Marne, établit parfaitement l'utilité de ses appareils. Des récompenses de premier ordre accordées à l'auteur par la société d'agriculture de Reims, prouvent l'opinion très-favorable qu'en ont conçue des juges compétents.

Tous ces témoignages s'accordent avec les résultats de l'examen et des expériences de la commission du jury central.

Pour récompenser M. Rousseau de ses utiles inventions et de la bonne exécution de ses appareils ; le jury lui décerne une médaille d'argent.

MÉDAILLE DE BRONZE.

M. MONTEBELLO (Alfred de), au château de Mareuil-sous-Aï (Marne), et à Paris, rue Laffitte, 17.

M. de Montebello a présenté un appareil d'une extrême simplicité destiné au bouchage des bouteilles.

Cette machine, exempte de tout engrenage et ressort, agit à l'aide d'un contre-poids qui maintient la bouteille, d'un levier qui ouvre et ferme plus ou moins un cône creux, sorte de virole brisée, enfin d'un boulon à tête arrondie qu'il suffit de pousser pour faire pénétrer, dans le goulot de la bouteille, le bouchon allongé et rétréci entre les viroles du cône creux.

On évite ainsi de tordre et de rompre la tête des bouchons ; il en résulte une économie notable et un service plus facile et plus prompt.

Le prix coûtant de la machine est environ de moitié moindre que la valeur des ustensiles ordinaires à boucher les bouteilles.

Aucune altération n'est à redouter dans les organes d'un mécanisme aussi simple.

Pour un perfectionnement sur lequel la pratique a déjà prononcé, le jury central décerne à M. de Montebello une médaille de bronze.

MENTION HONORABLE.

M. JOLY, à Argenteuil (Seine-et-Oise).

M. Joly a présenté une machine à boucher et fi-
celer les bouteilles contenant des vins mousseux;
cette machine, bien construite, a paru mériter une
mention honorable que le jury lui accorde.

Travail et clarification des vins.

RAPPEL DE MÉDAILLE D'ARGENT.

**Madame veuve JULLIEN (André), à Paris, rue
de l'Échiquier, 41.**

Divers ustensiles ingénieux, en usage dans un
grand nombre d'exploitations vinicoles, notamment, des canelles aérifères, siphons, entonnoirs,
filtres clos, etc., ont depuis longtemps popularisé le
nom de Jullien; ses poudres à clarifier les vins remplacent avec avantage une partie des blancs d'œufs
employés au collage usuel.

L'ensemble de ces travaux valut à l'inventeur,
en 1827, une médaille d'argent qui fut rappelée en
1834 et 1839, et que rappelle encore le jury central.

Appareil à fermentation pour les brasseurs.

MENTION POUR ORDRE.

M. CHAUSSENOT jeune, à Paris, quai de Billy, 18.

Cet exposant a présenté un ustensile fort ingénieux destiné à régulariser la fermentation dans les cuves guilloires et foudres des brasseurs. C'est un cylindre creux, en cuivre étamé, placé debout au milieu d'un baquet; celui-ci, posé comme un entonnoir sur une cuve close ou sur les foudres remplis de bière en fermentation, laisse sortir la levure surnageante, et fait retourner par un tube plongeur le liquide clair dans le vase inférieur; on évite ainsi divers accidents dus, soit au libre accès de l'air, soit à la précipitation de la levure qui trouble le liquide.

Déjà un assez grand nombre de brasseurs ont adopté cet ustensile. Les services qu'il leur rend, ajoutent en faveur de l'inventeur, un titre de plus à ceux qui seront établis dans le rapport sur les appareils de chauffage de M. Chaussenot. (V. p. 928.)

Appareil distillatoire.

NOUVELLE MENTION HONORABLE.

M. EGROT, chaudronnier, à Paris, rue du Faubourg Saint-Martin, 268.

M. Egrot construit des appareils distillatoires solides, peu compliqués et d'une manœuvre facile,

leur usage est avantageux dans les colonies où l'on
apprécie surtout ce qui exige peu de soins. Une
amélioration récente faite par M. Egrot permet
d'obtenir de premier jet, des alcools directement
applicables à la préparation des liqueurs ; cette modification consiste dans une bande tournée en spirale et posée sur le chapiteau afin d'y faire circuler
un courant d'eau qui opère une sorte de rectification
très-simple.

M. Egrot, cité en 1827, obtint en 1834 une
mention honorable qui fut rappelée en 1839; le
jury lui accorde une nouvelle mention honorable.

§ 6. HUILES ESSENTIELLES ET EAUX AROMATIQUES.

Considérations générales.

La fabrication des essences et eaux aromatiques a, pour nos départements méridionaux, une
importance qui tend à s'accroître au profit de
plusieurs cultures spéciales.

La qualité de ces produits est l'un des attri-
buts des latitudes tempérées, qui laissent aux
feuilles, fleurs et fruits des plantes, une suavité
dans leur parfum que n'offrent pas les produits
de ce genre, secrétés toutefois plus abondamment,
sous l'influence des températures élevées.

Cette propriété d'une partie du climat de la
France, n'est pas sans analogie avec celle qu'of-

frent nos contrées moins méridionales encore, de produire des vins à bouquets légers, plus généralement agréables au goût que n'en donnent les raisins des pays plus chauds ou plus froids.

Il y a donc doublement intérêt pour nous à perfectionner et étendre les industries précitées, puisqu'elles permettent de mieux profiter d'un avantage naturel et concourent au développement de la richesse territoriale.

MÉDAILLES D'ARGENT.

M. MÉRO, à Grasse et à Saint-Laurent (Var).

L'un des plus importants du Var, l'établissement de M. Méro se compose de deux usines, situées, l'une à Grasse, et l'autre à Saint-Laurent du Var.

Celle-ci fut construite à dessein dans une localité voisine de la frontière, afin de recevoir et de traiter des fleurs moins altérées venant des jardins de Nice.

Deux générateurs et vingt-quatre vases distillatoires et rectificateurs, fonctionnent dans les deux usines ; cinquante mille kilog. de fleurs d'orangers, dix mille kilog. de roses, cent mille kilog. de menthe, et environ trois cent cinquante mille kilog. de lavande, thym, marjolaine, etc., y donnent annuellement près de soixante-dix mille kilog. d'eaux aromatiques, en y comprenant l'eau de marasque appliquée à la préparation de la liqueur dite *marasquin de Zara*, et sept mille kilog. d'huiles essentielles. La valeur de l'ensemble peut être portée à 450,000 francs.

En 1839, l'importance de l'industrie et l'amélioration des procédés de M. Méro lui valurent une médaille de bronze; depuis lors, de nouveaux progrès dans la fabrication, et l'emploi de récipients perfectionnés, les efforts heureux de l'auteur pour développer la culture de la menthe dans son département, enfin la publication d'un moyen simple et efficace, utile à ses concurrents comme à lui-même, pour reconnaître les mélanges d'huile essentielle de térébenthine avec les essences aromatiques des labiées complètent aux yeux du jury central les droits de M. Méro à la médaille d'argent qui lui est décernée.

RAPPEL DE MÉDAILLE DE BRONZE.

M. J. J. GISCLARD, à Albi (Tarn).

M. Gisclard, distillateur, se livre plus particulièrement à la préparation des essences d'anis, en employant les produits des cultures du département. Sa fabrication fournit annuellement au commerce deux mille six cents kilog. de cette essence, valant de 25 à 40 francs le kilog. Aux essences de menthe et d'absinthe que prépare ce manufacturier, il a joint l'année dernière l'extraction de l'essence de coriandre.

La bonne qualité des produits et les progrès de

la fabrication chez M. Gisclard, ont déterminé le jury à rappeler la médaille de bronze qui lui fut décernée en 1839.

RAPPEL DE CITATION FAVORABLE.

M. Ph. GAYRARD, à Albi (Tarn).

M. Gayrard, fabricant d'essences d'anis, de girofle et d'absinthe, prépare des produits estimés dans le commerce. Son industrie a pris quelque développement depuis 1839, époque à laquelle il lui fut accordé une citation favorable que le jury lui rappelle.

CITATIONS FAVORABLES.

M. SÉGUIN (Nicolas), à Albi (Tarn).

Depuis 1817, M. Séguin, pharmacien chimiste, prépare des essences d'anis, de genièvre, de girofle, d'absinthe et de coriandre, dont la qualité ne laisse rien à désirer. Le jury lui accorde une citation favorable.

M. ISNARD (Alphonse), à Paris, rue Saint-Merry, 16.

M. A. Isnard distille des fleurs aromatiques et rectifie les essences qu'il peut se procurer. Ses relations avec M. Isnard-Maubert, de Grasse, lui permettent d'étendre son commerce.

La bonne qualité des produits de cet exposant le

rendent digne d'être cité favorablement par le jury central.

—————

Cafetières.

CITATIONS FAVORABLES.

MM. Ch. BODIN et Cie, à Paris, rue Vivienne, 38.

Parmi le grand nombre de dispositions plus ou moins ingénieuses mises en pratique pour l'extraction de l'infusion aromatique du café, deux seulement nous ont paru dignes d'être citées. Ce sont :

1° L'ustensile exposé par M. Bodin, sous le nom de *cafetière lyonnaise*, et 2° le flotteur de M. Dausse.

A l'aide de l'appareil Bodin, on peut obtenir d'abord une ébullition qui fait monter l'eau bouillante au travers du café, et ensuite une condensation qui détermine une filtration accélérée. La solution ainsi faite rapidement dans le verre, conserve tout l'arome du café, arome si délicat, que le contact des vases étamés ou une ébullition de quelques minutes l'altéreraient.

Un ajutage à minces parois adapté au ballon inférieur facilite la manœuvre de cet ustensile qui s'échauffe par la flamme de l'alcool.

Une ébullition d'une deuxième dose d'eau pour épuiser le marc après le premier produit soutiré, donne une deuxième solution d'une couleur aussi intense, mais dépourvue d'arome agréable, ce qui prouve qu'une seule filtration suffit.

Le jury accorde à MM. Bodin et Cie la citation favorable.

M. DAUSSE, à Paris, rue de Lancry, 10.

M. Dausse construit une cafetière à flotteur gradué, qui facilite la préparation de quantités variables à volonté de l'infusion aromatique.

Cet ustensile est employé dans un grand nombre d'établissements publics, et mérite à son auteur une citation favorable.

Huiles grasses.

Les huiles grasses, végétales et animales, sont en France l'objet d'industries fort importantes et d'un commerce considérable.

Les huiles les plus usuelles n'ont point paru à à l'exposition; nous avons remarqué quelques échantillons d'huile de baleine, d'huile de pieds de bœuf et d'huiles fines pour l'horlogerie.

MÉDAILLE DE BRONZE.

M. MACHARD, à Grasville, près le Hâvre (Seine-Inférieure).

M. Machard a formé, près du Hâvre, un établissement dans lequel il épure, désinfecte en partie, et filtre les huiles de baleine.

Quatre générateurs, équivalant ensemble à la force

de quatre-vingt-dix chevaux, produisent la vapeur nécessaire pour enlever par un courant énergique les matières volatiles les plus odorantes.

Les huiles épurées laissent après le refroidissement déposer une matière grasse, consistante, que M. Machard rend plus blanche et plus dure, au moyen d'une opération spéciale; cette matière, rebutée autrefois, est maintenant recherchée dans plusieurs industries.

Les quantités d'huiles traitées dans l'usine de Grasville, sont dépendantes de la pêche et des arrivages; elles se sont parfois élevées à deux millions cinq cent mille kilog. dans une campagne, et la belle qualité des produits leur a fait trouver des débouchés faciles.

En considération des nouveaux moyens employés avec succès en grand, pour épurer l'huile de baleine, le jury accorde une médaille de bronze à M. Machard.

MENTION HONORABLE.

M. DOMPIERRE, à Metz (Moselle).

M. Dompierre fabrique de l'huile de pieds de bœufs qui est fort estimée pour lubréfier les parties frottantes des machines, entretenir les armes et les harnais : on la préfère aux autres huiles dans l'arsenal de Metz. Le même manufacturier confectionne avec les intestins des bœufs, des cordes à machines et des timbres de tambour.

Le jury lui accorde une mention honorable.

Epuration des Huiles pour l'horlogerie.

Cette industrie utile, mais d'une faible importance commerciale, livre des huiles animales ou végétales, propres à adoucir les frottements dans les mouvements d'horlogerie; le choix et la filtration soignés constituent les principales opérations de l'épuration de ces huiles.

MENTIONS HONORABLES.

Le jury accorde une mention honorable à

M. DE MUTEL, à Paris, rue de Fourcy-Saint-Marcel, 7,

Pour ses huiles épurées par des moyens nouveaux et efficaces, qui maintiennent la fluidité et préviennent l'oxydation.

M. ANRÈS aîné, à Paris, rue Chapon, 6,

Pour les produits de bonne qualité qu'il prépare depuis longtemps.

CITATIONS FAVORABLES.

Le jury cite favorablement

M. SALOMON, à Paris, rue de la Tour-d'Auvergne, 24,

M. MAYET, à Paris, rue de Provence, 55,

Dont les produits rivalisent presque avec les précédents.

M. MILLOCHAU, chaussée du Maine, 42 (extra muros),

Est cité favorablement pour son oléine débarrassée d'une grande partie des principes solidifiables à o°.

---

§ 7. ENGRAIS.

Considérations générales.

La science, l'agriculture et l'industrie s'accordent aujourd'hui sur plusieurs questions graves longtemps débattues : un balancement nécessaire entre les forces productives et destructives de la nature vivante leur apparaît évident. On le comprend sans peine en voyant, d'un côté, les végétaux croître sous l'influence de la matière dissoute dans les liquides qui humectent le sol, dans les vapeurs et les gaz qui remplissent l'atmosphère; et, d'un autre côté, les animaux emprunter aux produits de la végétation la substance nutritive, liquide ou solide, pour la restituer bientôt, par la fermentation de leurs déjections et de leurs propres débris, sous les formes de gaz, de vapeurs ou de solutions qui conviennent aux organismes des plantes. Les plantes, de nouveau, aggrégent ces produits de la décomposition spontanée et les rendent propres à la nutrition animale.

Les analyses chimiques ont éclairé les résul-

tats de ces perpétuels échanges entre les deux
règnes, élevant ainsi la philosophie des sciences
naturelles.

Mais au point de vue des applications agricoles
il fallait aller plus loin, il fallait établir des dis-
tinctions précises, déceler, parmi les divers agents
indispensables au développement des végétaux.
ceux dont les quantités sont insuffisantes sur les
terres cultivées.

A cet égard, des investigations délicates et approfondies n'étaient pas superflues : elles ont, en
effet, démontré que les éléments de l'acide carbonique, considérés naguère comme les plus
importants à réunir dans les engrais, sont, au
contraire, presque toujours surabondants sur le
sol des fermes, tandis que les matières organiques azotées sont insuffisantes.

De là ce principe nouveau : que *les engrais doivent avoir une valeur commerciale* généralement
proportionnée, non à l'acide carbonique, mais bien
*aux composés ammoniacaux que leur décomposition
engendre*.

Sur ces données se fondèrent l'industrie qui
dessèche et exporte aux colonies le sang et les débris autrefois abandonnés d'un grand nombre
d'animaux morts ou abattus; l'emploi des noirs
résidus des raffineries et des fabriques de sucre,
qui fournit annuellement dix millions de kilo-

grammes de cet engrais à nos départements de l'Ouest ; la préparation en grandes masses d'un produit analogue, dit *noir animalisé ;* la pulvérisation des débris de tissus de laine ; puis les entreprises variées qui s'évertuent maintenant à tirer parti de toutes les déjections animales, en les désinfectant et en améliorant ainsi les conditions hygiéniques des populations urbaines ; puis enfin ces vastes établissements qui extraient des *eaux du gaz* et des déjections liquides, d'énormes quantités de substances ammoniacales blanches et pures, dont les débouchés peuvent se compléter dans cette voie.

Le traitement par plusieurs nouveaux procédés des eaux ammoniacales tirées de la houille et des eaux vannes décantées des fosses ou des bassins de Montfaucon, constituent des sources de sels ammoniacaux tellement puissantes, qu'elles ont en cinq années bouleversé cette industrie, soit en se substituant aux matières premières exploitées depuis cinquante ans, soit en abaissant de plus de moitié le cours des produits.

Toutes ces industries, éminemment utiles à l'agriculture et à la salubrité publique, sont, pour la première fois, largement représentées à l'exposition. Presque toutes essayent de se perfectionner par des méthodes nouvelles très-dignes d'intérêt déjà, et que la sanction de l'expérience rendra ultérieurement, sans doute, dignes de récompenses élevées.

MM. CAMBACÉRÈS père et fils, à Paris, rue Hauteville, 89.

Sous le nom d'engrais musculaire, MM. Cambacérès ont présenté à l'exposition la chair des chevaux abattus, cuite par la vapeur, coupée mécaniquement et desséchée, sans putréfaction, par la fumée du fourneau, puis réduite en poudre grossière.

Cette substance, dont la qualité fertilisante est bien démontrée, se vend à l'état sec 16 francs les 100 kilogr. : elle est économique à ce prix, comparativement avec la plupart des engrais transportables à de grandes distances. Dans la même usine, montée pour traiter 15 à 20,000 chevaux morts, on extrait les os bien nettoyés, tels qu'ils conviennent pour la fabrication du noir animal; les matières grasses recueillies et vendues sous le nom d'*huile de cheval*, sont estimées chez les émailleurs.

Chacun sait que par ses travaux manufacturiers sur les acides gras solides et les mèches tressées, M. Cambacérès a contribué à mettre en pratique l'importante fabrication des bougies stéariques.

La création d'un abattoir central pour les chevaux, due en grande partie à M. Cambacérès père; les procédés de cuisson à la vapeur établis par ses soins, et la dessiccation perfectionnée par M. Cambacérès fils, ingénieur distingué, ont rendu à la salubrité publique et à l'agriculture des services que le jury central se plaît à reconnaître en décernant à MM. Cambacérès père et fils une médaille d'argent.

NOUVELLE MÉDAILLE DE BRONZE.

M. GALLET, au Hâvre (Seine-Inférieure).

En 1836, M. Gallet a fondé à Sanvic une fabrique de noir d'os; il y joignit, en 1826, la préparation du noir animalisé; un moulin à vent et un manége mû par deux chevaux, fournissent la puissance mécanique nécessaire à la préparation de 500,000 kilogrammes environ de l'engrais précité.

L'abattage et la cuisson des chevaux par la vapeur ont débarrassé les environs des émanations infectes des animaux morts et employé leurs débris au profit de l'agriculture.

M. Gallet utilise la graisse et les os provenant de son débouillage; il joint à ces derniers les os de cuisine ramassés dans les villes et villages environnants, et procure ainsi une occupation utile à un grand nombre d'hommes âgés ou infirmes, de femmes et d'enfants.

Le charbon d'os qu'il prépare pour les raffineries est d'une bonne qualité.

Le jury central, appréciant les services rendus par ce consciencieux et persévérant manufacturier, lui décerne une nouvelle médaille de bronze.

MENTIONS HONORABLES.

MM. DEROSNE et CAIL, DUCOUDRÉ, HOUZEAU et VELLY, SCHATTENMANN (Bouxwiller) et KUHLMANN.

Nous mentionnerons très-honorablement ici plusieurs manufacturiers habiles dont les industries principales ont été l'objet de récompenses plus élevées, et méritées à d'autres titres.

MM. Derosne et Cail ont fondé la première et la plus grande fabrique de sang desséché insoluble et soluble, utilisant ainsi presque la totalité du sang des abattoirs de Paris.

Le premier produit est expédié pour servir aux clarifications en grand des sirops ; il se peut conserver indéfiniment sous la forme pulvérulente et sèche.

Le deuxième produit, rendu insoluble dans l'eau par une coagulation à 100°, convient parfaitement et est employé comme engrais aux colonies pour les champs de cannes à sucre.

M. Ducoudré, mettant à profit les données de la science, applique à la production d'un engrais spécial les résidus charbonneux de sa fabrication de cyanures auxquels il ajoute environ 0,2 de sang coagulé ; dans ce mélange, une légère réaction alcaline, la propriété désinfectante et absorbante du charbon et la production lente des combinaisons ammoniacales, dues à la décomposition du sang, réalisent autant de conditions favorables à l'efficacité de l'engrais.

M. Houzeau, associé de M. Velly, paraît être le premier qui se soit occupé de la désinfection des liquides contenant des sulfhydrates et carbonates d'ammoniaque au moyen du sulfate de fer : ce sel, en se décomposant, fixe la base de ces composés applicables à la nutrition végétale. Cet ingénieux manufacturier, auquel l'industrie doit plusieurs inventions utiles, emploie des résidus charbonneux et des matières organiques azotées pour confectionner un engrais analogue, par sa composition élémentaire et ses effets, aux noirs résidus des raffineries si bien appréciés par nos agronomes.

M. Schattenmann, se fondant sur une pratique habituelle parmi les fermiers suisses, répandit l'usage des sulfates de fer pour la conservation des produits ammoniacaux dans les fumiers. Il a essayé avec succès l'application directe du sulfate d'ammoniaque à la fertilisation du sol.

Des expériences semblables faites par M. Kuhlmann, de Lille, ont donné des résultats également avantageux ; elles paraissent devoir conduire à trouver dans l'agriculture les principaux débouchés des sels ammoniacaux.

M. FOUCHÉ-LEPELLETIER, à Javel, près Paris (Seine).

M. Fouché-Lepelletier tire à la fois parti des solutions acides provenant de l'amollissement des os et des marcs provenant de la lixiviation des soudes; ceux-ci, mélangés avec les liquides précités, saturent l'excès d'acide, et présentent, réunis, le phosphate de chaux, le chlorure de calcium, quelques sels solubles du charbon divisé, les matières azotées dissoutes; en y ajoutant une dose suffisante de sang coagulé, on obtient un engrais assez riche pour être expédié.

M. Fouché-Lepelletier, qui déjà reçut une récompense élevée pour l'ensemble de ses travaux, mérite une mention honorable pour la confection de cet engrais.

M. MOISSON, à Auteuil (Seine), avenue des Peupliers, 5.

Ayant observé les inconvénients qui résultent dans l'emploi des débris de tissus de laine comme engrais, de l'irrégulière division de ces débris, et notamment l'inégalité très-grande entre les touffes des plantes grandes et volumineuses, lorsqu'elles sont rapprochées des plus larges morceaux, petites et grêles lorsqu'elles s'en éloignent, M. Moisson imagina un moyen simple de pulvérisation; ce moyen consiste à imprégner les tissus d'une solution de soude caustique, puis dessécher et même légèrement torréfier le mélange en recueillant les gaz condensables.

L'engrais se pulvérise alors sans difficulté; la réaction alcaline qu'il offre est favorable à la végétation; les applications faites par plusieurs agriculteurs ont eu un succès bien constaté; il est à désirer que cette industrie naissante se développe. Le jury lui accorde une mention honorable.

MM. L. KRAFFT et Cie, à Montmartre (Seine),
rue du Chemin-Neuf, 5.

Ces manufacturiers habiles ont commencé à extraire en grand l'ammoniaque des eaux vannes par
insufflation d'air à froid, ils désinfectent par des
oxydes de fer les matières épaisses, et les mettent
sous forme de tourteaux ; leurs ingénieux procédés
offrent donc deux nouveaux engrais à l'agriculture
et méritent la mention honorable que le jury leur
accorde.

§ 8. USTENSILES-OUTILS.

RAPPEL DE MÉDAILLE D'OR.

M. DESBASSAYNS, comte de RICHEMONT, à
Paris, rue du Faubourg Saint-Honoré, 90.

Les arts chimiques reçoivent chaque année de
puissants secours des outils et des machines applicables au pius grand nombre de leurs opérations.
C'est peut-être encore dans l'introduction nouvelle
et les perfectionnements de ces agents de production et d'économie que l'avenir réserve aux fabriques
de produits chimiques leurs principaux moyens de
progrès.

Au nombre et au premier rang de ces éléments
de succès, nous placerons les ingénieuses dispositions du *chalumeau aérhydrique* inventé par
M. Desbassayns, comte de Richemont. Ce véritable outil de feu permettant de réunir par des sou-

dures intimes, sans traces d'alliage et sans augmentation sensible d'épaisseur, les lames et les tuyaux de plomb, rendit aux fabriques qui confectionnent l'acide sulfurique l'un des services les plus importants qu'elles pussent attendre des sciences appliquées ; car les vases et les conduits en plomb devinrent, dès lors, plus résistants à l'action de l'acide, par conséquent plus durables et plus économiques. Aussi comprendra-t-on sans peine que, dès son apparition dans nos manufactures d'acide, dans nos ateliers d'affinage, l'innovation remarquable ait été jugée par le jury central, en 1839, digne de la plus haute récompense.

Toutes les prévisions du rapport, adopté à cette époque, se sont depuis réalisées complétement. Nos principales usines où l'on fabrique l'acide sulfurique, les produits stéariques, où l'on affine l'or et l'argent, où l'on prépare l'acide borique, le borax, l'alun, le sulfate d'alumine, en ont adopté l'usage. On s'en est servi pour doubler de plomb des tuyaux et vases en tôle; dans un très-grand nombre de cas, les massives soudures aux alliages des plombiers ont été remplacées par la *soudure autogène* plus légère et plus durable.

Le fer à étamer et souder, entretenu à la température convenable par le dard de flamme qui l'accompagne sans cesse, que l'on modère à volonté, est devenu, comme nous l'avions espéré, l'un des outils les plus curieux et les plus commodes à employer. De nombreuses applications du chalumeau aérhydrique ont encore été faites dans la brasure du fer, du cuivre et du platine.

Le jury central, heureux de constater ces faits, s'empresse de rappeler la haute récompense dont M. Desbassayns de Richemont s'était effectivement montré si digne lorsqu'il obtint la médaille d'or.

NOUVELLE MÉDAILLE D'ARGENT.

M. DUPRÉ, à la Roche d'Arcueil (Seine).

En 1833, M. Dupré est parvenu à créer une industrie remarquable par ses moyens d'action et les utiles applications de ses produits.

Se proposant de remédier par une fermeture nouvelle des bouteilles aux nombreux inconvénients des ficelages, enveloppes de goudrons, résines, etc., cet ingénieux mécanicien eut l'idée de préparer économiquement des espèces de calottes cylindriques ou légèrement coniques avec un métal ductile embouti mécaniquement.

Après de nombreuses et persévérantes tentatives, M. Dupré parvint à transformer les saumons d'étain fin en lames coulées, laminées, découpées en disques, graduellement embouties, sortant rognées et toutes empilées de son ingénieuse machine.

De 1838 à 1839, M. Dupré était parvenu à fabriquer trois millions six cent mille capsules; depuis lors, les applications de ses capsules ont pris une extension telle, que la vente s'en est élevée cette année à quinze millions huit cent mille, destinées au bouchage des bouteilles et flacons pour les vins, liqueurs, bières d'expédition, les eaux minérales naturelles et factices, les produits de la pharmacie, les objets de parfumerie, les huiles comestibles, l'eau-de-vie, les conserves alimentaires, les fruits, les légumes, les bonbons envoyés aux colonies, le beurre, les salaisons et conserves au vinaigre préparées à Marseille.

Les plus grands diamètres de ces capsules ne dépassaient pas cinq centimètres en 1839 ; maintenant elles atteignent jusqu'à dix et onze centimètres, dimensions qui sont fréquemment demandées. En ce qui touche l'exportation, la ville de Hambourg en tire de grandes quantités. Il s'en expédie jusque dans l'Inde. L'application des marques de fabrique sur ces capsules a déjà été réalisée par l'inventeur, et offrira d'heureuses garanties contre certaines fraudes commerciales.

M. Dupré enfin, mû par le désir d'être utile à son pays, s'occupe d'essais de fermeture perfectionnée applicable aux fusées des bombes et des obus.

Les perfectionnements très-notables apportés par M. Dupré dans ses procédés de coulage, estampage et confection des capsules, l'extension considérable de son commerce, les nouvelles applications de ses produits le rendent très-digne de la nouvelle médaille d'argent que le jury central lui décerne.

MÉDAILLE D'ARGENT.

M. MORET, à Paris, rue des Magasins, 4.

M. Moret a construit et perfectionné trois machines-outils fort utiles à plusieurs industries ; ce sont :

1° Un pétrin mécanique de grande dimension, entièrement en tôle, fer et fonte. La suppression totale du bois est favorable à la bonne qualité de la pâte, à la facilité du nettoyage, à la solidité de tout l'appareil. Ce pétrin cylindrique contient, dans chacune de ses deux cases, trois cents kilog. de pâte. Son axe est fixé et porte huit bras entre lesquels passent huit autres bras, dont quatre dans chaque case, de sorte qu'à chaque révolution du cylindre autour de l'axe la pâte est soulevée, étirée, malaxée convenablement.

La force d'un cheval vapeur suffit pour mouvoir ce pétrin; dès que le mélange de levain, de levure, d'eau et de farine est fait, on abaisse le couvercle à l'aide d'un mécanisme spécial allégeant le fardeau; on embraye, et, après avoir fait trente tours, la sonnette d'un compteur avertit qu'il est temps de vérifier l'état de la pâte; on remet en mouvement, et après trente autres tours, la pâte est suffisamment travaillée.

Cette opération dure vingt minutes, en sorte que l'on peut aisément préparer vingt fournées en douze heures : deux ouvriers boulangers et trois aides y suffisent; ils remplacent douze hommes à métier.

Ainsi donc, économie, régularité dans le travail, propreté évidente et suppression de tous les inconvénients des coalitions des ouvriers pétrisseurs : tels sont les principaux avantages de ce pétrin dont le succès est garanti par l'application en grand qu'en ont faite MM. Mouchot frères.

2° Un deuxième pétrin, analogue au précédent,

est destiné par son auteur à la fabrication du biscuit d'embarquement : il travaille la pâte avec plus d'énergie en dépensant une force double, ce qui est indispensable en raison de la moindre proportion d'eau employée.

La sanction de la pratique est encore acquise à cet ustensile qui fonctionne avec succès au Hâvre, et évite le pénible et insalubre pétrissage par force d'hommes.

3° La troisième machine-outil, exposée par M. Moret, est une presse à cylindre agissant sur une table couverte d'un feutre et destinée à rendre plus régulière, plus économique et plus prompte, une des opérations importantes relatives aux peaux teintes maroquinées ou gauffrées et aux cuirs.

L'énergique et rapide pression ainsi obtenue remplace, pour les peaux teintes qu'il s'agit de sécher, le travail pénible et irrégulier de l'étire, travail qui opère successivement sur toutes les parties de la peau, et à force de bras, une pression capable d'expulser une portion de l'eau interposée. La lenteur du séchage, après cette manipulation, est une cause de dépense et d'altération des couleurs, au lieu de trois douzaines de peaux que deux hommes prépareraient en une heure à la main ; ils en terminent, et beaucoup mieux, six douzaines avec la machine dans le même temps.

L'impression sur fond de chagrin, ou de tout autre gauffrage, est très-facile à l'aide de cette presse.

Les tanneurs trouvent, dans l'emploi de la presse de M. Moret, plusieurs avantages notables. Elle

fonctionne depuis deux ans dans la belle maroqui-
nerie de MM. Fauler et chez MM. Dalican, Friess,
Ogereau, Baudoux, etc.

La bonne exécution des machines de M. Moret,
les services bien constatés qu'elles rendent à plusieurs industries, tout en améliorant les conditions
du travail des hommes, ont fixé l'attention du
jury central qui décerne une médaille d'argent à
M. Moret.

MÉDAILLE DE BRONZE.

M. DAVIRON, à Paris, rue du Faubourg Saint-Martin, 20.

M. Daviron a construit une machine-outil destinée à remplacer le lustrage à la main des bougies
stéariques, par une opération mécanique continue
dépendante d'un moteur quelconque.

Les bougies, préalablement lavées dans une solution faible de carbonate de soude, sont posées dans
une auge d'où une double chaîne sans fin, portant
de cinq en cinq centimètres des traverses cylindriques, les distribue sur un plan horizontal garni
de serge; un volumineux tampon doublé de même
étoffe, mû par un va-e-tvient, les frotte vivement sur
toute la surface qu'elles présentent en tournant autour de leur axe.

Les bougies ainsi convenablement lustrées se
réunissent dans une deuxième auge d'où on les retire pour les empaqueter immédiatement.

Le problème que s'était proposé l'auteur a

été complétement résolu ; sa machine a même reçu une double application par son emploi au premier nettoyage, et sous ce rapport surtout, elle nous a paru fonctionner mieux qu'un ustensile analogue construit antérieurement par M. Régnier, fabricant de bougies stéariques.

Nous avons d'ailleurs trouvé la machine Daviron en activité chez les principaux fabricants de bougies stéariques, qui tous se sont empressés de reconnaître ses avantages.

Le jury central, voulant récompenser M. Daviron de ses utiles efforts pour venir en aide à cette intéressante industrie, lui décerne une médaille de bronze.

MENTION POUR ORDRE.

M. TAMIZIER, à Paris, rue du Faubourg-Saint-Denis, 191.

L'une des opérations de la brasserie qui présente le plus de difficultés est le refroidissement de la décoction *houblonée*.

C'est précisément dans la saison où la consommation de la bière est augmentée, qu'il se présente le plus d'obstacle à cet abaissement de température.

Les anciens bacs sont alors insuffisants à ce point qu'en certaines localités, on arrose les toits qui les recouvrent, afin de hâter le moment de mettre en levain.

Plusieurs réfrigérants imaginés dans la vue d'améliorer ces procédés grossiers et dispendieux ont atteint le but, mais leur complication et la nécessité de les démonter pour opérer des nettoyages fréquents, en firent parfois abandonner l'usage.

Le réfrigérant construit par M. Tamizier est à l'abri de ces reproches, on y voit couler le moût de bière dont on constate, à tout instant et sans peine, la température. L'eau qui rafraîchit graduellement en suivant une direction ascendante inverse de celle que prend la bière, est utilisée chaude dans diverses opérations de l'usine; une autre portion injectée en pluie fine sur les parois inclinées du réfrigérant, agit en enlevant de la chaleur par son évaporation.

Les nettoyages de tout l'appareil sont extrêmement faciles. Sans démonter aucune de ses pièces, on peut les effectuer tous les jours sans frais de main-d'œuvre appréciables, puisque l'ouvrier qui surveille cette partie de fabrication y suffit.

On se fera une idée de la faible dépense pour obtenir l'eau nécessaire, lorsqu'elle n'est pas tirée d'une grande profondeur, en considérant que dans un réfrigérant dont le prix ne s'élève pas au delà de 2,600 francs, 151 $^{\text{mètres cubes}}$,2 suffisent à l'abaissement journalier de la température de 1260 hectolitres de bière, et que la plus grande partie de cette eau peut être utilisée dans la brasserie.

M. Tamizier, récompensé à d'autres titres (V. le *Rapport de M. Pouillet sur les machines à va-*

peur, p. 146), méritait une mention particulière pour son utile réfrigérant.

CITATIONS FAVORABLES.

M. MARCHON, à Étampes (Seine-et-Oise).

M. Marchon a présenté un pétrin mécanique employé avec avantage dans la localité, et un modèle de four à cuire le pain.

Déjà, en 1839, ce mécanicien fut cité pour des ustensiles à battre le beurre et à épurer le grain.

Le jury central accorde une citation favorable à M. Marchon.

M. CARRÉ, à Bergerac (Dordogne).

Cet exposant a confectionné, sous le nom de *moul'-filtre*, un petit ustensile très-commode pour plisser les feuilles de papier destinées à filtrer les liquides : les plis du moule sont tout formés, et il suffit de l'appliquer sur la feuille pliée en deux pour déterminer aisément la feuille souple à suivre les formes du moule.

Le moule-filtre sera d'un emploi avantageux, surtout pour les personnes peu habituées au façonnage des filtres; on en fera usage dans divers laboratoires, et même pour certaines opérations d'économie domestique.

Le jury accorde une citation favorable à M. Carré.

— 868 —

NON EXPOSANTS.

M. ALCAN, à Paris, rue de l'Échiquier, 41.

Parmi les personnes que les jurys départementaux ont vivement recommandées, en raison
d'éminents services rendus à l'industrie nationale,
nous signalerons M. Alcan, comme l'un des plus
dignes.

M. Alcan, sorti en 1830 d'un atelier où il était
ouvrier relieur, s'éleva successivement, à force d'intelligence et de travail, au rang d'élève boursier à
l'école centrale des arts et manufactures, d'ingénieur muni d'un diplôme et de directeur d'usines
importantes.

Il fondait à Elbeuf, en 1836, un cours gratuit
de physique et de mécanique élémentaire pour
les ouvriers, et fut appelé en 1843 à l'honneur
de faire un cours de technologie sur les fils et
tissus, à l'école centrale où il avait débuté comme
élève.

L'un des auteurs d'une application remarquable
de l'acide oléique, il partageait, en 1839, avec
M. Péligot, aujourd'hui notre collègue, l'honneur
de la récompense accordée à cette invention.

Nous disions alors qu'une application aussi utile
pour la préparation des laines filées et le tissage des
draps, qui rendait économique et facile le dégraissage des fils et tissus, qui ouvrait un large débouché

aux résidus de la fabrication des bougies stéariques, mériterait à ses auteurs une récompense de premier ordre, lorsque son adoption deviendrait définitive.

Plusieurs difficultés s'opposaient encore à ce que l'usage du nouvel agent se généralisât ; ce fut surtout en établissant un système particulier de dépôt et de filtration à froid que M. Alcan parvint à les faire disparaître.

Aujourd'hui de nombreux et irrécusables témoignages prouvent les avantages constants de la substitution de l'acide oléique à l'huile d'olives ; à prix égal il y aurait même utilité dans ce changement ; au cours habituel, il y a donc économie de la moitié de la dépense, au moins.

Ce n'est pas tout encore : l'emploi de l'acide oléique évite les chances nombreuses d'incendie que présentaient les huiles végétales ; on le comprend en se rappelant la rapide absorption d'oxigène de l'air, déterminée par ces huiles, lorsqu'elles humectent des filaments accumulés en tas. Il en est tout autrement de l'acide oléique : le fait est constaté par les délibérations authentiques de la société industrielle de Mulhouse et de la chambre consultative d'Elbeuf.

Il y a donc économie et sécurité dans l'application de l'acide oléique ; les quantités qui reçoivent actuellement cette destination sont considérables ; elles s'élèvent annuellement à 600,000 kilogr. : c'est environ le quart de la production totale en France.

Ainsi, toutes les espérances conçues en 1839,

dès l'apparition de ce nouveau moyen, se sont amplement réalisées.

Le jury, voulant récompenser M. Alcan de son active participation dans cette innovation utile, et rappeler les services qu'il a rendus, soit aux ouvriers, ses anciens confrères, dans ses cours gratuits, soit à l'industrie d'Elbeuf, par des perfectionnements notables dans les machines et appareils qu'il a montés, lui décerne une médaille d'or.

M. DUMONT, à Paris, rue du Faubourg Saint-Martin, 119.

L'industrie saccharine indigène et exotique doit à l'une des inventions de M. Dumont, la plus importante des améliorations. En effet, la découverte du *noir en grains*, en permettant de résoudre le grand problème de la revivification, a rendu plus économiques et plus parfaits les procédés d'extraction et d'épuration des sucres.

Dans ces derniers temps et surtout depuis 1839, une grande extension dans l'emploi des filtres Dumont, a placé cet ingénieux inventeur au rang de ceux qui ont rendu des services éminents à l'industrie française.

On peut dire avec toute certitude que, sans l'invention de M. Dumont, les grandes améliorations introduites dans la fabrication des sucres en France et aux colonies, surtout en ce qui concerne la dépuration des jus et la décoloration des sirops, eussent été impossibles.

Le jury central, voulant récompenser une invention aussi utile, actuellement répandue dans toutes nos sucreries indigènes, qui bientôt s'appliquera au traitement du sucre dans toutes nos habitations coloniales, décerne à M. Dumont une médaille d'or.

MÉDAILLES D'ARGENT.

M. SELLIGUE, à Batignolles-Monceaux (Seine), avenue de Clichy, 67.

M. Selligue est l'un des innovateurs les plus féconds dont l'industrie ait emprunté les secours.

Les microscopes, les eaux gazeuses, l'impression typographique, l'éclairage au gaz, l'extraction des huiles des schistes, ont été perfectionnés par lui.

Déjà très-particulièrement signalé dans le rapport de 1839, M. Selligue vient d'acquérir de nouveaux droits à toute la bienveillance du jury central, par l'épuration des carbures d'hydrogène appliqués directement à l'éclairage particulier et public. Cette importante application a ouvert la voie, on peut le dire, aux applications, plus grandes chaque jour, des carbures volatils provenant des usines à gaz et de la carbonisation de la houille en vases clos.

Le jury central, pour récompenser M. Selligue, lui décerne une médaille d'argent.

M. DUBRUNFAUT, à Bercy, près Paris (Seine).

M. Dubrunfaut, ancien professeur de chimie industrielle à l'école de commerce, s'est occupé avec une active persévérance de la théorie et de la pratique de la fabrication du sucre de betteraves et de la transformation de la fécule en glucose. Il avait fondé, avant 1830, une école spéciale de fabrication de sucre de betteraves où se sont exercés plusieurs des principaux fabricants de sucre. C'est à lui qu'est due, en partie, la substitution de la cristallisation par la cuite au système des cristallisoirs.

Il a, le premier, obtenu, par la fabrication d'un alcool de bon goût, au moyen des mélasses de betteraves, un débouché utile pour ces mélasses, qui sont un des produits accessoires de la fabrication du sucre.

Sa fabrique, qui travaille sur une très-grande échelle, est établie à Bercy, près Paris.

Enfin, M. Dubrunfaut est inventeur d'un procédé, publié dans un de ses ouvrages, à l'aide duquel il retire des vinasses de la mélasse des betteraves, la potasse et la soude qu'elles renferment. Cette industrie, exploitée en grand dans le département du Nord, offre un double avantage, d'abord en ce qu'elle permet de retirer une matière utile et commerciale d'un produit jusqu'alors perdu, et en second lieu parce qu'elle fournit aux fabricants de savon du nord une partie notable des alcalis nécessaires à cette fabrication.

Le jury central récompense M. Dubrunfaut des

longs et utiles services qu'il a rendus à l'industrie en lui décernant une médaille d'argent.

SECTION V.

PRÉPARATION DES MATIÈRES TINCTORIALES. BLANCHIMENT DES ÉTOFFES.

M. Chevreul, rapporteur.

Considérations générales.

Chargé de rendre compte des matières comprises dans la cinquième sous-commission des arts chimiques, ayant pour objet les matières propres à la teinture et les produits qu'elle confectionne, en tant qu'ils présentent quelque chose de spécial à l'art de fixer les matières colorantes sur les étoffes, nous suivrons l'ordre adopté dans le rapport de 1839 (t. III, p. 278), sauf que nous ne traiterons pas, comme nous l'avons fait antérieurement, des étoffes imprimées, parce qu'on a réuni ces dernières aux tissus et qu'elles ont été l'objet d'un rapport de MM. Barbet et Schlumberger.

Tableau des divisions adoptées dans ce rapport.

Iᵉ **DIVISION.** PRÉPARATION DES MATIÈRES TINCTO-
RIALES.

1ʳᵉ SOUS-DIVISION. *Préparation par des procédés
mécaniques.*

IIᵉ SOUS-DIVISION. *Préparation par des procédés
chimiques.*

IIᵉ **DIVISION.** BLANCHIMENT DES ÉTOFFES.

IIIᵉ **DIVISION.** APPLICATION DES MATIÈRES COLO-
RANTES SUR LES ÉTOFFES ET APPRÊTS.

IVᵉ **DIVISION.** RÉPARATION DES TISSUS GATÉS PAR
L'USAGE.

PREMIÈRE DIVISION.

PRÉPARATION DES MATIÈRES TINCTORIALES.

1ʳᵉ SOUS-DIVISION. *Préparation des Matières tinctoriales
par des procédés mécaniques.*

Nous n'avons rien à ajouter à ce que nous avons
dit antérieurement sur les avantages de la division mécanique des bois de teinture, lorsque les
poudres qui en proviennent sont promptement employées, c'est-à-dire avant d'avoir subi quelque
altération de la part de l'air et de la lumière.

Une seule personne a exposé.

M. BEAUDOUIN (Raymond), à Rouen (Seine-Inférieure).

Bois de teinture triturés.

Ces produits sont de bonne qualité et la préparation en est peu coûteuse; d'après cela, le jury accorde à M. Raymond Beaudouin une mention honorable.

2ª sous-division. *Préparation des Matières tinctoriales par des procédés chimiques.*

MÉDAILLE D'OR.

M. A. LAGIER, à Avignon (Vaucluse).

Dans notre rapport de 1839, en terminant le compte rendu de l'exposition de M. Girard et Cⁱᵉ, imprimeurs sur tissus de coton, nous disions : *enfin M. Girard se livre avec un zèle digne d'éloge à appliquer sur la toile les préparations de garance que M. Lagier fabrique en grand, d'après les indications qu'il a puisées auprès de M. Robiquet, un des auteurs de la découverte de l'alizarine, principe colorant qui tôt ou tard nous paraît appelé à jouer un rôle important dans l'impression des tissus.*

Aujourd'hui nos prévisions sont justifiées, non que l'alizarine soit employée à l'état de pureté, mais M. Lagier, en préparant ce qu'il appelle la garancine, a opéré une véritable révolution dans l'emploi de la garance pour la coloration des toiles de coton, qui ne doivent pas recevoir la préparation huileuse spéciale à la teinture dite en *rouge-turc*.

Pour apprécier le grand service rendu à l'industrie en général et au département de Vaucluse en particulier, par M. Lagier, il faut remonter à la découverte de l'alizarine par MM. Robiquet et Colin.

Lorsqu'il s'agit de savoir l'usage que l'on pourrait faire de ce principe colorant en teinture, quelques industriels refusèrent à l'alizarine la propriété tinctoriale. Ils la regardaient comme une matière résineuse naturellement incolore, qui devait sa couleur à un principe étranger; *la conséquence de cette opinion était donc que l'alizarine ne pouvait être considérée comme une matière tinctoriale.*

MM. Robiquet et Colin avaient à peine publié leur travail en 1826, que M. Lagier, qui se livrait à la préparation et au commerce de la garance, à Avignon, vint à Paris pour entreprendre, dans le laboratoire de M. Robiquet, des recherches propres à tirer parti de la découverte de l'alizarine. Mais pendant plus de dix ans passés à Paris, à Avignon et dans les fabriques de toiles peintes, toujours avec l'intention de faire des préparations chimiques de garance à base d'alizarine, et de les faire employer en grand, M. Lagier ne rencontra que des obstacles et n'éprouva que des dégoûts; des industriels des plus habiles repoussaient ses préparations comme mauvaises, tandis que dans sa propre famille, des personnes l'engageaient à renoncer à des projets qui compromettaient sa fortune et celle de ses enfants.

Une place étant devenue vacante à l'Académie des sciences, M. Robiquet s'y présenta, et M. Lagier, plein de reconnaissance pour celui qui l'avait dirigé dans ses premiers essais, et convaincu que la découverte de l'alizarine était un des plus beaux titres de M. Robiquet à la place qu'il désirait, participa aux expériences qui furent faites dans le laboratoire des Gobelins par une commission de l'Académie, chargée de voir si définitivement l'alizarine était un principe doué essentiellement des propriétés tinctoriales.

Il n'est pas inutile de rappeler les résultats du travail de cette commission, qui était composée de MM. Thénard, Chevreul et Dumas.

On prit des poids égaux de toile de coton sur laquelle on avait imprimé des mordants pour rouge, rose, violet, lilas et noir ; on les teignit aussi comparativement que possible : 1° avec de l'alizarine pure, extraite de la garance d'Avignon ; 2° avec de l'alizarine extraite du *chaya-ver*, plante de l'Inde ; 3° avec de la garance d'Avignon. Pour sept parties de toile, on employait 1000 parties d'eau avec 1/10 de partie d'alizarine et 1000 parties d'eau avec 70 parties de garance.

Évidemment toutes les couleurs développées par l'alizarine pure et les différents mordants, étaient supérieures en beauté et en intensité aux couleurs développées par la garance.

On prit quatre morceaux sur chacun des trois échantillons, afin de les soumettre comparativement à quatre épreuves jugées par la commission, comme les plus propres à constater la stabilité des couleurs que produisent l'alizarine et la garance, au moyen des mordants alumineux et ferrugineux.

Première épreuve. Trois morceaux tenus pendant une demi-heure dans 1000 parties d'eau bouillante, contenant 1 partie de potasse.

Deuxième épreuve. Trois morceaux tenus pendant 8 minutes dans 1000 parties d'eau bouillante, contenant 1 partie d'acide sulfurique concentré.

Troisième épreuve. Trois morceaux tenus pendant 7 minutes dans 1000 parties d'eau bouillante, contenant du protochlorure d'étain acidulé.

Quatrième épreuve. Trois échantillons exposés pendant plusieurs mois au soleil et à l'air.

La stabilité a été, dans toutes les épreuves, à l'avantage de l'alizarine.

Les conséquences sont donc les suivantes :

1° L'alizarine est un principe essentiellement colorant;

2° 1 partie produit un meilleur effet que 200 parties de garance.

3° Les couleurs qu'elle donne sont plus stables que celles qu'on obtient avec la garance.

Mais qu'est-ce que la *garancine* relativement à l'alizarine et à la garance? c'est une préparation qui renferme de l'alizarine et beaucoup de matière étrangère provenant de la garance; le pouvoir tinctorial des échantillons les meilleurs est au plus égal à quatre ou cinq parties de garance d'Avignon, fort différent, comme on le voit, du pouvoir tinctorial de l'alizarine qui est au moins égal à deux cents parties de cette même garance.

D'un autre côté, il faut avouer qu'en général les couleurs obtenues avec les *garancines du commerce* n'ont point, à tous égaux, la solidité des couleurs correspondantes obtenues avec la garance, et à plus forte raison avec l'alizarine : aussi les premières ne supportent pas des avivages aussi énergiques que les secondes. Mais, tôt ou tard, on trouvera remède à cet inconvénient, du moins pour les garancines préparées par des procédés qui n'altèrent point l'alizarine. Quoi qu'il en soit, grâce à M. Lagier, les garancines remplacent la garance dans beaucoup de cas ; elles ont l'avantage de ne teindre que les parties mordancées de la toile, tandis que la garance teint non-seulement ces mêmes parties, mais encore le fond qui n'a pas été mordancé : il en résulte qu'on est obligé de détruire la couleur du fond qui doit être blanc, soit en exposant la toile sur le pré pendant un temps suffisant à la destruction de la couleur qui n'a pas été fixée par le mordant, soit en recourant à un agent de blanchiment tel que le chlore capable de produire le même effet. Avec la garancine, le fond reste sensiblement blanc ; et si on voulait qu'il le fût absolument, il suffirait de passer la toile dans une eau de son, pendant vingt minutes au plus : ajoutez à cela que les frais de transport sont diminués en raison de l'augmentation de la proportion où se trouve le principe colorant par rapport aux corps qui l'accompagnent, de sorte que si un kilogramme de garancine en représente cinq de garance, le prix de transport sera pour la

première le cinquième de ce qu'il aurait été pour
la garance simplement moulue.

Les bons effets de la garancine sont appréciés
depuis 1839; les fabricants de toiles peintes en ont
l'obligation à l'indiennerie rouennaise, puisqu'elle
a eu le mérite de l'adopter définitivement, après
l'emploi que MM. Girard, H. Barbet, Schlumber-
ger-Rouff, Hazard et Prosper Pimont en avaient
fait en grand. En appréciant à sa juste valeur un
produit longtemps dédaigné, et en rendant ainsi
justice aux efforts les plus louables soutenus avec la
plus rare persévérance pendant plus de douze années, elle a donné un bel exemple à suivre.

Espérons que bientôt des préparations à base d'a-
lizarine pourront s'appliquer à la planche et au
rouleau sur la toile.

Ayant eu l'avantage de voir en détail le grand
établissement fondé par M. Lagier dans la belle
propriété de M. Thomas, à quatre kilomètres d'A-
vignon, nous pouvons affirmer que si l'industrie
trouvait de l'avantage à employer un produit plus
rapproché par sa pureté de l'alizarine, que ne l'est
la garancine, M. Lagier serait aussitôt en mesure
de satisfaire à ce besoin. Mais lorsqu'en 1836 il présenta au commerce la *colorine* à 75 francs le kilogramme, matière bien plus riche en alizarine que
ne l'est la meilleure garancine cotée au prix de 5 fr.,
elle fut si peu recherchée, que M. Lagier se trouve
aujourd'hui dans la nécessité d'attendre désormais les
demandes qu'on pourrait lui faire de ce produit ou
d'un produit analogue, plutôt que d'en provoquer
l'usage.

Les services rendus à la fabrication des toiles peintes par M. Lagier sont d'une grande importance, que le temps fera de plus en plus apprécier. Aujourd'hui il ne peut satisfaire aux demandes qui lui arrivent de tous les pays, et cependant il existe une vingtaine de fabriques de garancine à Avignon et dans ses environs. Cette nouvelle industrie est un si grand bienfait pour Vaucluse, que le jury de ce département reconnaît, en terminant l'article de son rapport qui concerne M. Lagier, *que c'est un service éminent qu'il a rendu, et il satisfait à un devoir en proposant M. Lagier d'une manière toute particulière pour une récompense digne de l'importance de l'objet et de la munificence du gouvernement.*

Le jury central n'hésite pas à affirmer que M. Lagier est un des hommes qui ont le mieux mérité de fixer l'attention du gouvernement par des services incontestables et considérables qu'ils ont rendus à la branche d'industrie dont ils se sont occupés. Cette opinion de la commission des arts chimiques est aussi celle de la commission des tissus. (*Voyez* tome Ier, page 503.)

Le jury décerne une médaille d'or à M. Lagier.

MÉDAILLES D'ARGENT.

M. MEISSONIER (Charles), à Paris, rue des Écouffes, 29. Fabrique, à Saint-Denis, rue de Paris, 1.

Extraits de bois de teinture.

Oxymuriate d'étain.

Bichlorure d'étain.

Deutochlorure d'étain.

Composition pour impression de bleu de Prusse.

Cochenille ammoniacale.

Sel anglais ou sel pour rose.

Potasse et soude caustiques.

M. Meissonier se livra le premier en France à la préparation des extraits de bois de teinture. A partir de 1829 jusqu'en 1833, il ne fit que des essais. En 1834, il ne prépara que deux mille kilogrammes d'extraits, tandis qu'aujourd'hui la préparation annuelle s'élève à deux cent cinquante mille kilogrammes.

C'est depuis 1840 qu'il a joint à l'extraction des matières colorantes des bois de teinture la fabrication des produits chimiques précités.

Les bois sont divisés obliquement aux fibres ligneuses en copeaux minces par trois machines à varloper. Les copeaux sont soumis à l'action de l'eau échauffée directement par la vapeur que produisent cinq générateurs de la force de cent cinquante chevaux. L'eau suffisamment chargée de matière pour être séparée des copeaux, est abandonnée à elle-même; dès qu'elle s'est éclaircie, on la concentre dans des cuviers au moyen de la vapeur à trois atmosphères qui circule dans des serpentins. Enfin, les extraits amenés à leur degré de concentration définitif, sont de nouveau abandonnés à eux-mêmes pour déposer la matière qu'ils tiennent en suspension; c'est après ces opérations qu'ils sont livrés au commerce s'ils ne doivent pas être desséchés.

Les dépôts, séparés des extraits liquides, sont vendus aux teinturiers de petit teint pour servir particulièrement à la teinture du coton. Enfin on les emploie encore à prévenir les incrustations des sels terreux dans les chaudières à vapeur.

Les extraits du bois de teinture sont plutôt destinés à l'impression qu'à la teinture proprement dite.

M. Meissonier occupe trente ouvriers qui sont sous la conduite d'un chef et d'un directeur.

Il a une machine à haute pression de la force de dix chevaux.

L'établissement de M. Meissonier, le plus considérable du département de la Seine, livre au commerce des produits préparés avec tout le soin possible.

Le jury décerne une médaille d'argent à M. Meissonier.

M. PÉTARD (Charles), à Paris, rue des Enfants-Rouges, 11, au Marais, et rue Saint-Denis, 356. Fabrique, à Cloyes (Eure-et-Loir).

Extrait ou carmin de safranum et tissus colorés pour les fleurs et les arbustes artificiels.

M. Ch. Pétard prépare des quantités considérables de carmin de safranum, aussi en exporte-t-il pour 350 000 à 400 000 francs et en vend-il à l'intérieur pour 300 000 fr. environ. Cette préparation se recommande sous le double rapport de la qualité et de la modicité du prix, ainsi que le constatent un grand nombre de certificats d'une authenticité incontestable (1).

M. Pétard prépare en outre des tissus colorés propres à la confection des fleurs dites artificielles. Les échantillons qu'il a exposés ne laissent rien à désirer par la variété, la pureté et l'éclat de leurs couleurs, et les tissus de différents verts, destinés à la confection des feuilles, doivent être surtout mentionnés parce que la préparation de leur couleur n'est pas sans difficulté.

Il occupe, dans ses trois établissements, de cent cinquante à cent quatre-vingts ouvriers.

M. Charles Pétard est digne de recevoir une médaille d'argent.

___

RAPPEL DE MÉDAILLE DE BRONZE.

M. PANAY père, à Puteaux (Seine), quai royal.

Extrait de bois de teinture. Carmin d'orseille.

Préparation pour l'application du bleu de France sur les toiles.

Cochenille ammoniacale.

La bonne qualité des produits de M. Panay a

___

(1) Certificat portant vingt-cinq signatures des teinturiers de Saint-Étienne.
Certificat portant vingt-sept signatures des teinturiers de Lyon.
Certificat portant trente signatures des teinturiers de Nîmes.
Certificat portant onze signatures des teinturiers d'Avignon.
Certificat portant neuf signatures des teinturiers d'Amiens.
Certificat portant six signatures des teinturiers de Paris.
Certificats de teinturiers de Londres, de Crefeld et de Turin.

été reconnue par le jury de 1839 et par le jury de 1844. M. Panay mérite donc le rappel de la médaille de bronze, qui lui fut décernée à l'avant-dernière exposition.

MENTIONS HONORABLES.

M. FOND aîné, à Valbenoite, près de St-Étienne (Loire).

M. Fond aîné, maire de Valbenoite, est recommandé au jury central par le jury du département de la Loire, il fabrique du carmin de safranum d'une bonne qualité qu'il livre au commerce à un prix modéré.

Il occupe trente ouvriers.

Le jury accorde à M. Fond aîné une mention honorable.

M. BARRE (Ernest), à Moussac (Gard).

Extrait de châtaignier	épuré, *cristallisé*.
— galles légères	—
— Campêche	—
— Sainte-Marthe	—
— Lima	—
— Fernambouc	—

Les mêmes extraits à l'état liquide.

M. Ernest Barre a le mérite d'avoir fondé son établissement dans la commune de Moussac, arrondissement d'Uzès, pays qui était auparavant privé de toute industrie. M. E. Barre occupe de quatre-vingt-dix à cent ouvriers et travaille sur une grande écheile. S'il mérite l'intérêt du jury central, cependant nous devons faire la remarque qu'il y a eu erreur, lorsque frappé du brillant et de l'éclat de ses extraits solides, le jury départemental a dit que *M. Ernest Barre est le premier et encore le seul qui ait obtenu les tannins et les extraits colorants en cristaux.* En effet, les extraits de châtaignier, de noix de galle, etc., de son exposition, ne méritent pas la qualification de *cristallisés,* par la raison qu'ils sont brillants à la manière des extraits préparés par la méthode de Lagaraie, et nous ajouterons qu'en 1839, M. Panay père avait exposé des cristaux obtenus de l'extrait de bois de Campêche. Enfin nous ferons remarquer que l'avantage de réduire la partie colorante des bois de teinture, *en extraits solides*, n'est pas démontré du moins pour tous les extraits indistinctement.

Le jury accorde une mention honorable à M. Ernest Barre.

M. BRIARD, à Paris, rue du Cloître-Saint-Jacques, 2.

Rouge végétal safranum.

Cette maison existe depuis 1776.
Ses produits sont d'une bonne qualité.
Le jury lui accorde une mention honorable.

II° DIVISION.

BLANCHIMENT DES ÉTOFFES.

Toute étoffe écrue, de ligneux (coton, lin, chanvre) ou de laine, doit subir quelques opérations préalables avant de pouvoir servir à l'usage auquel elle est destinée. Ces opérations constituent le blanchiment.

Le blanchiment a pour objet de rendre l'étoffe la plus blanche possible en en séparant toutes les matières étrangères colorées. La condition d'un bon blanchiment est que la partie fibreuse, base essentielle de l'étoffe, *n'ait subi aucune diminution dans sa ténacité.*

Nous allons successivement parler du blanchiment des étoffes de ligneux et du blanchiment des étoffes de laine.

A. *Blanchiment des étoffes de ligneux.*

Le blanchiment des étoffes de ligneux ne présente aucune difficulté sérieuse lorsqu'on a la volonté de l'exécuter comme il doit l'être; mais si l'on néglige quelques précautions, ou que l'on veuille aller trop vite, les étoffes sont exposées à être altérées plus ou moins profondément.

Il était très-rare qu'elles le fussent par l'ancien procédé, où l'on faisait usage de la lessive alcaline, de l'exposition à la lumière sur le pré et d'un bain d'eau à laquelle on avait ajouté un acide d'origine organique : du lait aigri par exemple.

Mais ce procédé a été presque partout remplacé par le blanchiment au chlore, à cause de la rapidité avec laquelle on l'exécute, parce qu'il n'exige pas, comme l'ancien procédé, lorsqu'on opère sur une grande échelle, que des prairies entières soient couvertes avec les toiles que l'on veut blanchir, et parce qu'en réalité il est possible, avec de la surveillance, d'obtenir de l'usage du chlore des produits non altérés.

Mais, il faut le dire, le nouveau procédé exigeant non-seulement des lessives alcalines, mais encore le contact du chlore et celui d'un acide minéral qui peut être le sulfurique, expose le blanchisseur à des accidents dont la pratique de l'ancien procédé est exempte. Effectivement, que le chlore, que l'acide sulfurique soient employés en excès dans les deux cas, vous altérez le ligneux ; que vous employiez le chlore et l'acide sulfurique en quantité convenable, mais que le lavage ne soit pas absolu, il restera dans le tissu des corps corrosifs qui, pour ne pas agir immédiatement sur le ligneux, n'en amènent pas moins, à la longue, la destruction. Et, évidemment, ce résultat a beaucoup de gravité, par là même qu'il échappe le plus souvent à la prévoyance du marchand ou du consommateur.

Voilà donc comment les étoffes peuvent être altérées par l'emploi du chlore et d'un acide minéral.

Pour concevoir à quels risques l'usage du chlore expose, il faut savoir que cet agent, en présence de l'eau, altère aussi bien les matières organiques incolores, le ligneux par exemple, que les matières colorantes qui peuvent en masquer la blancheur. On voit donc combien il faut de surveillance pour n'employer que le mininum de chlore nécessaire à détruire ces matières colorantes.

Sans cet état de choses, sans l'ignorance, malheureusement encore si répandue, de la véritable manière dont le blanchiment s'opère, on aurait peine à croire comment il est arrivé, il n'y a pas très-longtemps encore, qu'il était difficile de se procurer à Paris des toiles blanchies par le chlore ou par l'hypochlorite de chaux qui ne fussent pas altérées.

Enfin, nous signalerons encore les inconvénients d'un apprêt qu'on a donné, à notre connaissance, au calicot, dans un grand établissement. Ce tissu, après avoir été blanchi au chlore, recevait un apprêt de fécule et de sulfate de plomb (celui-ci provenait de la décomposition de l'alun par l'acétate de plomb). Voici maintenant dans quelles circonstances les inconvénients du sulfate

de plomb se manifestèrent. Des draps et des che-
mises ayant été faits avec le calicot dont nous
parlons, il arriva qu'ils devinrent d'un brun très-
foncé la première fois qu'on les blanchit ; la blan-
chisseuse, qui nous consulta, nous ayant remis
le linge qu'elle avait taché et l'alcali dont elle
s'était servie, nous reconnûmes la présence du
sulfure de plomb sur le calicot, et celle des sul-
fures de sodium et de calcium dans l'acali. Enfin,
comme elle avait remarqué que cet accident se
reproduisait depuis huit mois avec du linge neuf
qui provenait d'une maison de commission où
se trouvaient des personnes pour lesquelles elle
blanchissait, elle se procura des coupons de ca-
licots qui n'avaient pas servi, dans lesquels nous
reconnûmes le sulfate de plomb. Sans examiner
à quel point ce sel, quoique insoluble, peut être
nuisible à la santé des personnes qui se servent
d'une manière continue du linge qui en est im-
prégné, l'inconvénient que nous venons de signaler est assez grand pour que nous indiquions
un moyen facile de le reconnaître : il suffit de
voir si la toile noircit quand on la plonge dans de
l'eau d'hydrogène sulfuré ou de sulfure de potassium.

B. *Blanchiment des étoffes de laine*.

Si du blanchiment des étoffes de ligneux nous

passons à celui des étoffes de laine, nous voyons
que celles-ci sont soumises au sous-carbonate de
soude (sel de soude), au savon et à l'acide sulfureux.

Le blanchisseur n'est point exposé aux mêmes
chances d'altérer les étoffes de laine que lorsqu'il
opère sur des étoffes de ligneux, parce que dans
le cours de ses opérations mêmes il se présente
des phénomènes susceptibles de le guider, et que
des étoffes de laine qui retiendraient du sous-
carbonate de soude ou du savon, ou de l'acide
sulfureux, à cause de l'insuffisance du lavage, ne
seraient pas exposées à se détériorer comme des
étoffes de ligneux retenant du chlore ou de l'acide
sulfurique.

Si le sous-carbonate de soude est plus susceptible d'attaquer la laine que les lessives alcalines
ne le sont d'attaquer le ligneux, il est toujours
facile de composer une solution de sous-carbonate de soude qui n'ait aucune action altérante
sur la laine, à la température où se fait l'opération. Quant à l'eau de savon, elle ne peut attaquer
cette étoffe. Enfin, l'acide sulfureux, qui, comme
agent de blanchiment, est à la laine ce que le
chlore est au ligneux, ne peut dans aucun cas
de la pratique altérer la laine; non que celle-ci
ne puisse l'être par cet acide, mais pour que
l'altération ait lieu il faut que le gaz sulfureux soit

pur ou presque pur, et que le contact en soit prolongé, ajoutons d'ailleurs que l'opérateur est averti de l'altération par la coloration même de la laine. Il est donc bien plus facile de se rendre maître de l'acide sulfureux dans le blanchiment de la laine, que du chlore dans le blanchiment du ligneux.

Mais en supposant la laine destinée à recevoir l'impression de dessins qu'on fixera plus tard à la vapeur, et qui devront apparaître sur un fond blanc, ou bien en admettant que la laine une fois blanchie soit dans le cas de recevoir de la part du teinturier une couleur claire et unie, il pourra arriver que la chaleur à laquelle elle sera soumise, soit par le fixage, soit par l'opération de la teinture proprement dite, détermine la manifestation de taches qui n'aurait point eu lieu avec du ligneux ou de la soie. Nous avons, dans notre rapport de 1839, parlé de ces taches que le contact d'une matière cuivreuse développe alors sur la laine, parce que sous l'influence de la chaleur il se produit un sulfure de cuivre de couleur de rouille, par la combinaison du soufre actuellement contenu dans la laine, et telle est la raison que nous avons eue d'insister sur la nécessité d'éloigner la laine du contact de toute matière cuivreuse, durant la préparation qu'elle subit depuis son lavage jusqu'à son blanchiment.

Nous ajouterons un nouveau fait que nous avons eu l'occasion d'observer il y a quelques mois. On nous consulta pour savoir comment il arrivait que des châles de laine, que l'on tissait depuis six mois environ en différents endroits de la Picardie, avaient l'inconvénient de noircir lorsqu'on les exposait à la vapeur. Après avoir reconnu que la chaîne seule se colorait, nous examinâmes l'encollage, et, à notre grande surprise, nous y constatâmes la présence d'un sel de plomb. Enfin nous trouvâmes ce sel dans un morceau de la colle forte qui avait servi à l'encollage, et qui provenait, nous dit-on, d'une fabrique des environs de Lille. La conséquence de ce fait est évidente, *c'est que dans le tissage de la laine, lorsqu'il est nécessaire d'encoller la chaîne, il faut absolument n'employer que des matières exemptes de sel de plomb; et pour avoir la certitude que la gélatine en est dépourvue, il faut s'assurer préalablement que la solution qu'on en fera ne se colorera pas par l'acide sulfhydrique*, autrement on s'exposerait à avoir des étoffes qui deviendraient brunes par la réaction du soufre de la laine et du plomb.

Ces considérations et les faits sur lesquels elles se fondent, ont une importance telle pour l'industrie et le commerce de nos tissus, que le jury a cru devoir les exposer avec quelque détail, afin d'en rendre la connaissance profitable aux personnes que ces faits intéressent.

RAPPEL DE MÉDAILLE D'ARGENT.

M. CARON (Charles-Louis), à Beauvais (Oise).

Blanchisserie de toiles.

M. Caron a exposé deux pièces de toile d'un beau blanc.

Le jury rappelle à l'exposant la médaille d'argent qu'il obtint en 1819, 1823 et 1827.

NOUVELLE MÉDAILLE D'ARGENT.

MM. VÉTILLART père et fils, à Pontlieue (Sarthe).

Serviettes et toiles blanches.

Toiles écrues 1/4 blanc.

Toiles de chanvre 1/4 blanc.

Le jury se plaît à rappeler la médaille d'argent que la maison Vétillart obtint en 1823 et en 1839, au double titre de fabricants et de blanchisseurs. Il désire que l'exemple qu'ils ont donné, soit suivi, et c'est pour ce motif que nous mentionnons ici honorablement en 1844, le nom de MM. Vétillart père et fils, comme blanchisseurs, indépendamment de leur mérite comme fabricants, et qu'à ce titre, nous les trouvons dignes de la nouvelle médaille d'argent que leur a décernée la commission des tissus.

MENTIONS HONORABLES.

MM. MOTAY, GAPAIS et COCHET, à Paimpont (Ille-et-Vilaine).

Blanchisserie de fils et de toile.

MM. Motay, Gapais et Cochet blanchissent par l'ancien procédé, c'est-à-dire, au moyen des lessives alcalines et de l'exposition à l'air et à la lumière, dans un pays qui est en possession de cette industrie depuis quatre cents ans. Les produits de leur exposition, à la blancheur joignent toute la ténacité dont le ligneux est susceptible; d'un autre côté, comme leur blanchiment coûte peu, puisque MM. Motay, Gapais et Cochet prennent 40 francs pour cent kilogrammes de fils, le jury accorde à leur établissement, quoique petit, une mention honorable, et fait des vœux pour que les habitants de Paimpont, qui se livrent au blanchiment du fil et de la toile, continuent à le faire en profitant des progrès de la science, mais en conservant toujours la bonne qualité des produits de leur industrie.

M. REYNAUD (Joseph), à Nîmes (Gard).

Blanchiment des toiles de fil, des bas, des gants, des écheveaux de coton.

Cet établissement d'un ordre secondaire, est signalé par le jury du Gard, comme rendant de véritables services à presque toutes les fabriques de Nîmes. Il blanchit par le nouveau procédé.

Le jury accorde une mention honorable à M. J. Reynaud.

CITATION FAVORABLE.

M. GREFFULHE (Alphonse), au Vigan (Gard).

Blanchiment au chlorure de chaux des tissus de lin et de fil, et principalement des bonnets et des bas de coton.

L'établissement de M. Alph. Greffulhe est nouveau. Le jury du Gard, reconnaissant que le blanchiment qu'on y pratique est économique, et qu'il n'attaque pas la tenacité des tissus, le jury central accorde une citation favorable à M. Alphonse Greffulhe.

III° DIVISION.

APPLICATIONS DES MATIÈRES COLORANTES SUR LES ÉTOFFES ET APPRÊTS.

De la différence extrême de stabilité qui peut exister entre des matières colorantes que l'on applique sur les fils ou les tissus, est née l'ancienne distinction des teintures en teintures de grand teint et en teintures de petit teint, selon que le teinturier fixait des matières colorées stables, ou des matières colorées aisément altérables par les agents atmosphériques. Les règlements qui ont régi jusqu'en 1789 l'exercice de la teinture, avaient pour objet essentiel de maintenir dans des ateliers dif-

férents la confection exclusive d'une de ces deux
sortes de teintures, afin d'empêcher autant que
possible l'abus de donner dans le commerce pour
étoffes de grand teint des étoffes de petit teint.
Mais, à partir de 1669 jusqu'en 1750, les difficultés de tracer la limite entre ces deux classes
d'étoffes, augmentèrent tellement, qu'on sentit
l'impossibilité de le faire d'une manière rationnelle, et par conséquent d'une manière équita-
ble : enfin, la fabrication des toiles peintes à laquelle on commença à se livrer en France dans
la dernière moitié du XVIIIᵉ siècle, contribua
encore à amener ce résultat. Il arriva donc,
qu'en 1789 tout était préparé non-seulement
pour proclamer le libre exercice de la teinture,
mais encore l'abolition de la distinction des teintures de grand teint, et des teintures de petit
teint.

Mais on ne peut se dissimuler que cette extrême
liberté, en détruisant toute garantie commerciale, relativement à la confection des teintures
et à la vente des étoffes teintes, eut un inconvénient dont la gravité aurait été plus tôt sentie, si
le pays, au lieu de se livrer à une guerre qui se
prolongea plus de vingt ans, eût dirigé son activité comme il le fait aujourd'hui vers l'industrie
et le commerce. En effet, pour peu qu'on soit
préoccupé des moyens de donner toute l'exten-

sion possible à l'exportation des produits de nos
manufactures, on voit combien la bonne foi et
la loyauté dans les transactions sont nécessaires au maintien et à l'extension de notre commerce extérieur, en ne vendant les choses que
pour ce qu'elles valent réellement. On ne peut
donc élever la voix trop haut pour blâmer ceux
qui font autrement, car ils peuvent s'arranger
de manière à ne courir aucun risque, lorsque cependant ils frappent de discrédit pour un temps
plus ou moins long sur le marché étranger les
produits analogues à ceux qu'ils y ont versés.

En attendant que des mesures législatives, dont
la nécessité a déjà été sentie par la chambre des
députés, lorsqu'il s'est agi des *marques* des marchandises, donnent une sécurité indispensable
au développement de notre industrie sans en entraver les progrès, il est utile d'encourager et de
mentionner honorablement tous les efforts qui
tendent à rendre nos teintures les plus stables
possible, lorsqu'il s'agit de les appliquer à des
tissus qui sont destinés, comme les draps feutrés,
les étoffes pour meubles, à subir l'action de la
lumière et de l'air, ainsi que le contact de toutes
les matières auxquelles l'usage qu'on en fait les
expose. Il est donc clair que les considérations suivantes ne s'appliqueront qu'aux tissus dont nous
venons de parler, car des couleurs altérables

fixées sur des étoffes légères destinées aux toilettes les plus élégantes, ne devant servir que quelquefois, ne présentent en réalité aucun des inconvénients sur lesquels nous appelons l'attention de tous ceux qui s'intéressent aux progrès de l'industrie dans l'intérêt même du pays.

Exposons le plus brièvement possible l'état actuel des choses en teinture, au point de vue où le jury central doit les envisager relativement à la diversité et à la stabilité des couleurs que le teinturier peut produire, et relativement à la mode ou à l'usage qui adoptent un certain nombre de ces couleurs, à l'exclusion des autres.

On peut faire du rouge, du jaune, du bleu stables, lorsqu'on en monte les tons à une certaine hauteur, car il ne faut pas se dissimuler que les tons clairs de couleurs réputées solides, sont généralement altérables, et pour n'en citer qu'un exemple, nous prendrons les bleus d'indigotine sur laine; ils sont de grand teint à une certaine hauteur, et de petit teint dans les tons très-clairs quand on compare la stabilité de ceux-ci à celle des tons foncés.

On peut faire des couleurs dites *binaires* pareillement stables telles que les orangés, les verts, et même les violets.

Enfin, on peut teindre en noir stable; mais nous devons entrer dans quelques détails concernant la confection de cette teinture, parce qu'elle est la base des *couleurs* dites *rompues* ou *rabattues* au nombre desquelles il faut mettre les *gris normaux* et les *gris de couleur*.

Les *gris normaux* résultent du mélange en diverses proportions du blanc et du noir pur, c'est-à-dire d'un noir qui ne présente aucune couleur simple ou binaire appréciable. On les obtient en fixant sur une étoffe blanche une quantité de molécules noires insuffisante pour en masquer toute la blancheur; le gris naît donc d'un mélange de parties dont les unes absorbent la lumière blanche, et les autres la réfléchissent, et les gris normaux ne sont en définitive que les tons du noir mêlé au blanc en proportions diverses.

Les gris de couleur résultent du mélange du noir normal, du blanc et d'une couleur quelconque, ou, ce qui revient au même, ils résultent du mélange du gris normal et d'une couleur quelconque.

Il existe deux procédés généraux pour faire le noir.

Premier procédé. Il consiste à prendre pour base du noir l'acide tannique ou l'acide gallique, l'hématine et l'oxyde de fer, en un mot la partie colorante essentielle de l'encre à écrire. Si l'on veut être vrai, il faut dire que cette partie colorante réfléchit des rayons bleus, de sorte qu'elle ne peut passer pour être absolument noire, et il faut ajouter qu'elle n'est pas très-stable, car elle tend à rougir d'abord, puis à devenir fauve sous l'influence des agents atmosphériques.

Lorsqu'il s'agira de faire des *couleurs rabattues* ou *des gris de couleur* par le premier procédé, il suffira d'appliquer ce noir sur des étoffes déjà teintes en couleur rouge, orangée, jaune, verte, bleue ou violette, ou bien d'appliquer à la fois des molécules noires et les molécules de couleur rouge, orangée, jaune, verte, bleue ou violette, mais ces gris ne seront pas plus stables que les gris normaux faits par ce premier procédé.

Deuxième procédé. Il consiste à faire un noir composé de bleu, de rouge et de jaune, ou, ce qui donne le même résultat, à fixer sur les étoffes des molécules de couleurs naturellement complémentaires, telles que le rouge et le vert, le bleu et l'orangé, le jaune et le violet, dont la proportion respective sera telle que l'une ne dominera pas sur l'autre. Évidemment en prenant les couleurs les plus solides, le bleu de cuve, le rouge de cochenille, le jaune de gaude, l'orangé brun de la garance, etc., on parviendra à faire le noir le plus stable qu'on connaisse, et par conséquent, les gris normaux, les couleurs rabattues et les gris de couleur. Mais il ne faudrait pas croire que les gris obtenus par ce procédé soient absolument stables, puisque , d'après la remarque que nous en avons faite déjà , les tons clairs des couleurs stables ne le sont pas, et que leur altérabilité est d'autant plus grande qu'ils sont plus clairs; mais évidemment ils seront stables à ton égal , par rapport à des gris préparés avec des couleurs instables.

Prenons maintenant en considération la mode ou l'usage qui adoptent certaines couleurs de préférence aux autres, et considérons des étoffes ou tissus de couleur unie et des tissus de couleurs variées.

A. *Étoffes ou tissus de couleur unie.*

a) *Draps feutrés, mérinos, napolitaines.*

Pour les vêtements d'hommes, qui ne sont pas *costumes* ou *uniformes*, les couleurs franches ne sont plus d'usage, excepté lorsqu'il s'agit de gilets, et plus rarement de pantalons. Si depuis l'adoption du frac, après le régime de la Convention, on a porté des habits vert-pomme, vert-laurier, bleu-barbeau, ces couleurs ont été passagères, même sous le consulat et l'empire; et depuis l'application du bleu de Prusse sur la laine, les tons moyens de cette couleur, nous ne disons pas les tons clairs, n'ont été que bien peu portés, et en pantalons seulement : car le peu d'habits et de redingotes confectionnés avec des draps teints de cette matière, étaient à des tons tellement foncés, que l'éclat de la couleur ne s'apercevait qu'au reflet; et tant que le goût des couleurs foncées persistera, la supériorité de l'éclat du bleu de Prusse sur l'éclat de l'indigotine, ne sera point un motif suffisant de préférer les draps teints avec le premier aux draps teints avec l'indigo.

La mode actuelle proscrit, à l'égard des habits d'homme qui ne sont pas costumes ou uniformes, l'usage des draps de couleurs franches montées à des tons où la couleur se montre le plus avantageusement possible par l'intensité qui lui est propre; elle proscrit également les draps de tons clairs de ces mêmes couleurs franches; ainsi, presque toutes les couleurs de nos étoffes pour pantalons sont plus ou moins rabattues et rentrent par là dans la catégorie des gris; et nous devons ajouter qu'en général elles sont altérables pour deux raisons, parce que les tons en sont clairs ou moyens et qu'elles ont été confectionnées avec des matières colorantes de petit teint.

Si la mode et l'usage ne proscrivent pas de l'habillement des femmes les couleurs franches sur tissus minces de laine, ils sont cependant pour cela bien loin de rejeter les couleurs rabattues ainsi que les gris; car les tissus de ces cou-

leurs sont constamment recherchés, et quand
on les envisage sous le rapport de la stabilité, ils
donnent lieu à des observations tout à fait identiques à celles que nous venons d'exposer en
parlant des étoffes destinées à l'habillement des
hommes.

Si nous appliquons maintenant les considérations précédentes aux étoffes de couleur unie,
qui, à cause de l'usage qu'on en fait, doivent recevoir les matières colorantes les plus stables,
nous louerons MM. Boutarel, Chalamel et Monier, d'avoir mis dans le commerce des mérinos
et d'autres tissus destinés à l'habillement et à l'a-
meublement, dont les couleurs rabattues ont été
faites par le second procédé, avec du jaune, du
rouge, du bleu et de l'orangé de grand teint; en
faisant des vœux pour que leur exemple soit
suivi, nous espérons que le public appréciera le
plus tôt possible tous les avantages de ces teintures, sur celles qui sont de petit teint.

Conformément aux vues que nous venons de développer, nous n'avons pu citer favorablement,
dans notre rapport, des essais au moyen desquels
on a voulu remplacer l'indigotine par des ingré-
dients de petit teint, soit en remontant du bleu
d'indigotine avec du campêche, soit en faisant
du bleu avec du campêche seulement; les étoffes
teintes par ce procédé n'ont pu soutenir les épreu-

ves du soleil, que tous les draps destinés à l'habillement doivent supporter pour être réputés de bon teint.

Enfin si on peut justifier le procédé du *bleu* dit de *Nemours*, qui consiste à remonter du drap piété d'indigotine avec du calliatour, ce n'est qu'à la condition de considérer cette couleur ainsi remontée comme rabattue, et non comme une couleur franche destinée à remplacer l'indigotine fixée sur les draps à l'exclusion de tout autre principe colorant; car si la partie colorante du calliatour donne au drap piété de bleu une nuance de violet, en s'altérant assez rapidement sous l'influence de l'atmosphère, elle finit par prendre une teinte rousse qui nuit à la couleur bleue de l'indigotine, et cet inconvénient n'est pas, à nos yeux, racheté par l'avantage que peut avoir le drap bleu de Nemours de ne pas blanchir sur les coutures, ainsi que cela arrive assez fréquemment aux draps teints à l'indigo seulement. Au reste nous avons tout lieu d'espérer, d'après les expériences qui nous occupent, que d'ici à peu de temps on sera en mesure de fixer plus fortement l'indigotine qu'on ne le fait aujourd'hui.

b) Tissus de soie.

Les tissus de soie étant constamment recherchés par la mode et l'usage, avec toutes les couleurs imaginables franches ou rabattues que la soie filée avec laquelle on les confectionne est susceptible de recevoir, le teinturier en soie se trouve par là même obligé de varier ses procédés bien plus que ne l'est le teinturier en laine.

Si la soie peut, à la rigueur, recevoir plus souvent que la laine, sans inconvénient, des couleurs de petit teint, nous aurions tort de ne pas insister sur les avantages qu'il y a de la teindre en couleurs stables lorsqu'elle est destinée à des tissus de prix propres à l'habillement ou à l'ameublement. Dans ce cas, ce que nous avons dit des couleurs rabattues stables au sujet de la laine, est applicable à la soie.

De 1839 à 1841 on a trouvé un procédé de teindre la soie en un bleu supérieur en intensité et en beauté au bleu Raymond. Ce bleu, qui est à la soie ce que le bleu de France est à la laine, est sans doute le résultat de recherches qui ont été provoquées par la découverte de ce dernier. Le nouveau procédé de teindre la soie en bleu, consiste essentiellement à la passer successivement dans un bain de protochlorure d'étain et de sulfate de peroxide de fer, et dans un bain de prussiate de potasse jaune acidulée; à répéter la succession de ces bains, deux, trois et même quatre fois; enfin à donner un avivage avec de l'eau aiguisée d'acide sulfurique.

B. *Tissus de couleurs variées.*

Depuis 1839, des progrès sensibles ont été faits dans l'art d'imprimer sur étoffe de laine ; et l'extension de cette branche d'industrie a justifié les prévisions que nous avons exposées dans le rapport que nous fîmes au jury central de cette année. Non-seulement les impressions ont été généralement meilleures parce que les bons procédés mécaniques se sont multipliés, mais le bleu de France d'abord, et le bleu sur soie ensuite, ont conduit à la découverte d'un moyen de produire sur les étoffes de laine imprimées un bleu analogue qui est une véritable conquête industrielle. Aussi, dès que ce bleu, qui paraît avoir été imprimé pour la première fois en 1841, dans les ateliers de M. Léon Godefroy, par M. Krugg, a paru dans le commerce, il a été extrêmement recherché, surtout lorsqu'il a été imprimé en zone dont la couleur au lieu d'être unie est dite *fondue*. C'est ici le cas de rappeler que le procédé de faire par impression des *couleurs fondues* ou *des fondus*, a été pratiqué pour la première fois dans la fabrication des papiers peints, et que l'invention en est due à M. Spoerlin, de Mulhouse.

Nous signalerons encore comme devant être encouragés, des essais faits par M. Carré, imprimeur en relief sur étoffes de laine, pour enlevage par les rongeants sur des fonds noirs, etc. Il a exposé des dessins blancs sur fond noir produits par ce moyen, qui donnent lieu d'espérer que l'on finira par faire sur la laine ce que l'on fait depuis longtemps sur calicot.

Nous terminerons ces considérations générales par une observation relative aux effets très-différents qui naissent des manières diverses dont les mêmes couleurs peuvent être réparties sur une étoffe imprimée ou dans une étoffe, un châle par exemple, qui est tissé avec des fils teints de diverses couleurs. Toutes choses égales d'ailleurs pour une petite surface, plus il y a de couleurs, plus elles sont opposées les unes aux autres, et plus elles perdent en éclat, en brillant, en pureté. La raison en est que les rayons de lumière diversement colorés émanant de surfaces contiguës, tendent à agir d'après le principe du mélange, c'est-à-dire qu'émanant de surfaces étroites et contiguës, le bleu et le jaune tendent à produire du vert, le jaune et le rouge de l'orangé, le bleu et le rouge du violet; enfin le bleu et l'orangé, le jaune et le violet, le rouge et le vert, tendent à produire du noir ou du gris, suivant leur ton et leur proportion respective. Conséquemment, une condition à remplir, lorsqu'on veut que les couleurs parlent aux yeux par des contrastes, c'est que les surfaces qui réfléchissent les couleurs simples ou binaires, aient une étendue suffisante pour que l'œil les distingue les unes d'avec les autres; et un moyen d'obtenir ce résultat, lorsque les surfaces, quoique distinctes, sont petites, est de circonscrire chacune d'elles par un trait noir.

Cette observation rend bien compte de la différence qui existe sous le rapport des effets de couleur entre les châles actuels presque entièrement couverts de dessins de toutes sortes de couleurs, et les châles de cachemire que l'on recherchait il y a une trentaine d'années à cause de l'éclat de leurs couleurs contrastantes. Si les premiers châles rappellent le goût oriental par le dessin, ils ne le rappellent plus par l'éclat de leurs couleurs, car la variété de celles-ci est telle, et la surface que chacune d'elles occupe a si peu d'étendue, qu'à une faible distance ces châles paraissent gris.

RAPPELS DE MÉDAILLES D'OR.

M. VIDALIN, à Lyon (Rhône).

M. Vidalin, toujours à la tête du plus grand atelier de Lyon pour la teinture, a exposé cette année diverses couleurs sur laine, soie et coton filés, et sur tissus.

Parmi les produits de son exposition, on remar-

quait deux gammes de soie, dont l'une a été teinte en
violet avec l'orcanette, et l'autre en jaune au moyen
du chromate de plomb.

M. Vidalin obtint l'année dernière, lors du passage de S. A. R. le duc de Nemours à Lyon, la
croix de la Légion d'honneur. Il avait obtenu la
médaille d'or à l'exposition de 1839. Le jury de
1844 le trouvant toujours digne de cette récompense, la lui rappelle.

MM. MALARTIC, PONCET et Cⁱᵉ, à Courbevoie (Seine).

Cette maison obtint en 1834, sous la raison
Merle et Malartic, une mention honorable, et en
1839, sous la raison Merle, Malartic et Poncet,
gérants de la société du bleu de France, à Saint-
Denis, une médaille d'or.

MM. Malartic, Poncet et Cⁱᵉ ont exposé dix ou
douze pièces de draps et autant d'étoffes légères,
de la laine en toison et de la laine filée, teintes en
bleu de France.

Le jury rappelle à cet établissement la médaille
d'or que leur valurent la teinture de la laine en
bleu de France, à l'exposition de 1839.

MÉDAILLES D'OR.

MM. BOUTAREL frères, CHALAMEL et MONIER.
Siége de l'établissement rue et île Saint-Louis, n° 71, fondé en 1800. Teintureries à Clichy-la-Garenne et à Saint-Denis. Apprêt et teinture dans l'île Saint-Louis.

MM. Boutarel frères, Chalamel et Monier, teignent les napolitaines, les mérinos, les stoffs, en un mot, tous les tissus de laine non feutrés, en toutes sortes de couleurs, y compris le bleu de France, qui ne laisse rien à désirer.

Ils teignent encore la soie et même le coton en écheveaux.

Enfin ils apprêtent non-seulement les étoffes de laine teintes dans leur établissement, mais encore toutes celles qui l'ayant été ailleurs, leur sont confiées par le commerce pour l'apprêt seulement.

Ils ont cent feux, trois machines à haute pression de quatre-vingt-dix chevaux; ils occupent sept cents ouvriers; c'est l'établissement le plus considérable de son espèce qui existe en France. Il est parfaitement dirigé sous le point de vue de l'administration; et la confection de tous les produits qui en sortent est irréprochable.

Dans l'exposition de MM. Boutarel, Chalamel et Monier, il y a des tissus de couleurs de fantaisie ou, en d'autres termes, de couleurs rabattues, qui ont fixé l'attention du jury à cause de l'uni et de la stabilité de leur teinte. Il est à désirer que ces messieurs continuent ce genre de teinture, si supérieur

à ce qu'on fait généralement en couleur de petit
teint, et nul doute que si le consommateur, mieux
éclairé sur ses véritables intérêts, reconnaissait à
l'usage cette supériorité, il ne préférât aux couleurs
de petit teint, les couleurs solides que MM. Boutarel, Chalamel et Monier se proposent d'y substituer, du moins lorsqu'il s'agira de teindre des étoffes de quelque valeur destinées à l'habillement ou
à l'ameublement.

L'établissement de MM. Boutarel, Chalamel et
Monier est digne à tous égards de recevoir une médaille d'or.

M. LÉVEILLÉ (Jean-Charles), à Rouen (Seine-Inférieure).

M. Léveillé a fondé à Rouen le plus grand établissement de teinture en rouge turc qui existe. Il
est connu du commerce de la Seine-Inférieure pour
faire les couleurs les plus solides comme les plus
belles; et le jury de ce département a signalé surtout les couleurs fleur de mauve, fleur de pêcher
et hortensia, faites depuis 1839. Les teintures de
M. Léveillé, au mérite de la beauté, réunissent
celui de la solidité, ainsi que nous l'avons constaté
par de nombreux essais.

En 1822, il teignait de 800 à 1000 kilogrammes
de coton par semaine, aujourd'hui il en teint de
6000 à 8000; il occupe cent vingt ouvriers.

Depuis 1839, il a fondé deux filatures de coton
de vingt-neuf milles broches, trois cent quatre-vingts
ouvriers y sont occupés, et le fil qui en sort est de
première qualité et de numéros plus élevés que ceux

qu'on avait faits auparavant dans le département.

M. Léveillé est l'artisan de sa fortune : il jouit de l'estime publique. Le jury de la Seine Inférieure le recommande d'une manière toute particulière au jury central.

En 1839, il obtint la médaille d'argent ; aujourd'hui il est digne de la médaille d'or par la continuité de ses efforts à perfectionner les produits de ses établissements, et par les succès qui les ont couronnés.

MÉDAILLE D'ARGENT.

M. GUINON (Philibert), à Lyon (Rhône).

M. Guinon est un ancien élève-lauréat de la Martinière, de cette institution qui, grâce aux excellentes méthodes d'enseignement que M. Tabareau y a établies, exerce aujourd'hui et exercera de plus en plus son influence sur la fabrique de Lyon.

M. Guinon est à la tête d'un grand établissement de teinture sur soie ; il fait avec une rare perfection les teintures les plus variées, et il est constamment occupé à chercher de nouveaux procédés ou à perfectionner les anciens. C'est à lui que la fabrique Lyonnaise est redevable du *bleu-Napoléon*, qui est pour la soie ce que le bleu de France est pour la laine. La première pièce de velours de ce bleu est sortie de la fabrique de M. Teillard. Depuis cette époque M. Guinon a soumis la soie teinte en cette couleur à une manipulation chimique qui en rend le tissage plus facile qu'il n'était auparavant.

M. Guinon à exposé une belle gamme de bleu

Napoléon, plusieurs gammes de couleur grenat et de ses nuances dont la base est le produit de la solution mixte des nitrates de protoxyde et de péroxyde de mercure, solution dont l'usage en teinture avait été déjà recommandé par M. Lassaigne.

Le jury décerne une médaille d'argent à M. Guinon.

RAPPEL DE MÉDAILLE DE BRONZE.

M. FÉAU-BÉCHARD, à Passy (Seine).

Teinture et apprêt sur laine.

M. Féau-Béchard teint avec succès les mérinos, le satin-laine, les tissus de laine et de soie, et les tissus de coton. Il travaille à des prix très-bas et mérite bien le rappel de la médaille de bronze qui lui fut décernée en 1839.

MÉDAILLES DE BRONZE.

M. STEINER, à Ribeauvillé (Haut-Rhin).

M. Steiner a exposé des toiles peintes que la commission des tissus et le jury central ont jugées dignes de valoir à leur auteur une médaille de bronze. En citant de nouveau le nom de M. Steiner, nous voulons fixer l'attention sur la beauté du *rouge turc* des toiles de ce fabricant, afin de l'encourager à continuer les recherches qu'il a entreprises pour simplifier les procédés de cette teinture que l'Orient nous a donnée et que nos teinturiers ont déjà bien perfectionnée, en découvrant les moyens d'aviver le rouge et de varier les nuances que le coton soumis à ce procédé est susceptible de recevoir de la garance; mais, en recommandant la simplification des opérations de cette sorte de teinture, nous imposons la condition expresse de l'obtenir, sans compromettre la solidité des couleurs.

M. CERCEUIL, à Paris, rue Traversière-Saint-Antoine, 9.

M. Cerceuil opère dans ses ateliers la teinture et la division des laines que les fabricants de papiers peints emploient sous le nom de *tontisse* pour faire le *velouté* sur papier.

Il a pour moteur une machine à haute pression de la force de huit chevaux; il occupe une quarantaine d'ouvriers.

Les produits de M. Cerceuil sont très-estimés, non-seulement en France, mais encore en Allemagne, en Italie, en Espagne, et même en Angleterre; aussi exporte-t-il presque autant de produits qu'il en vend en France.

Le jury lui décerne une médaille de bronze.

M. FARGE, à Lyon (Rhône).

M. Farge est élève de la Martinière, comme M. Guinon, et, comme lui, il se livre à la teinture de [la soie en couleurs variées. Il travaille avec intelligence et fait tous ses efforts pour perfectionner les procédés de son art. Il occupe trente ouvriers.

Il a exposé plusieurs gammes qui justifient nos éloges.

M. Farge mérite une médaille de bronze, et il est du nombre de ceux qui donnent de l'espérance.

MM. DAVID et MILLIANT, à Valbenoite, près Saint-Étienne (Loire).

Soies teintes en couleurs variées pour la fabrique de Saint-Étienne.

L'exposition de MM. David et Milliant a justifié les recommandations que le jury de la Loire a adressées au jury central en faveur de ces exposants, relativement aux services qu'ils rendent journellement à la fabrique de Saint-Étienne; car, en teignant la soie en couleurs franches, en couleurs rabattues, en couleurs dégradées, propres à satisfaire aux demandes de la mode qui, chaque année, font sortir des ateliers de Saint-Étienne cette profusion de rubans variés à l'infini, ils concourent efficacement à entretenir une des sources principales de la richesse de cette ville.

MM. David et Milliant sont dignes de recevoir une médaille de bronze.

M. BRUNEL, à Avignon (Vaucluse).

Soie teinte en noir.

M. Brunel, teinturier à Avignon, jouit dans cette ville de la réputation de faire sur la soie un noir excellent propre à la confection d'un genre d'étoffe qui est une des principales branches de la fabrique de Vaucluse. Aussi s'est-il présenté à l'exposition sous le patronage du jury de son département et avec des certificats d'un grand nombre de fabricants d'Avignon que cette sorte de teinture intéresse et qui reconnaissent M. Brunel pour avoir contribué à conserver la fabrication des tissus noirs de soie à l'industrie de leur département.

Le jury décerne une médaille de bronze à M. Brunel, en considération des services qu'il a rendus à la fabrique d'Avignon.

NON EXPOSANT.

M. LALLEMANT fils, à Sedan (Ardennes).
Teinture du drap.

M. Lallemant fils, de Sedan, est recommandé par le jury de son département pour son mérite comme teinturier, mérite qu'il n'est guère possible de contester, lorsqu'on sait qu'il est l'auteur des teintures en noir et en couleur des draps de MM. Bertèche, Bonjean et Chesnon, ainsi que des teintures des beaux draps de M. Adolphe Renard : il est donc digne de recevoir une médaille de bronze.

MENTIONS HONORABLES.

M. BISSON, à Guisseray (Seine-et-Oise).
Retorderie des fils de lin.
Blanchisserie.
Teinturerie.

Le jury, après avoir examiné les produits de M. Bisson, particulièrement ses fils de lin retors et blanchis, lui accorde une mention honorable.

M. BONAVION (Pierre), à Avignon (Vaucluse).

M. Pierre Bonavion a exposé une préparation de garance propre à être appliquée à la planche ou au rouleau sur les tissus de coton et de soie; il a exposé en outre des tissus qui ont été soumis à cette application. Le jury n'ayant pas tous les éléments nécessaires pour juger ces objets définitivement, pense cependant que M. P. Bonavion mérite une mention honorable à cause des nombreux essais qu'il a tentés dans la vue de résoudre un des problèmes les plus importants de l'impression sur tissus.

Apprêt des étoffes.

MÉDAILLE D'ARGENT.

M. Th. DESCAT, gérant de la maison Descat-Crouset, à Roubaix et à Flers (Nord).

Teinture et apprêt des étoffes de Roubaix.

Cet établissement, dont la fondation remonte à 1813, est un des plus considérables du département du Nord; il occupe 900 ouvriers, compte 6 machines à vapeur représentant 85 chevaux, 12 générateurs équivalent à 310 chevaux, et 115 feux. Le jury du Nord reconnaît que M. Th. Descat, gérant de cet établissement, a exercé la plus heureuse influence sur le développement de la fabrique de Roubaix.

Le jury central lui décerne en conséquence une médaille d'argent.

MÉDAILLES DE BRONZE.

MM. VERMONT et Cie, à Rouen (Seine-Inférieure).

Apprêt des mouchoirs, des indiennes, du coutil, du calicot moiré, de la siamoise, etc., etc.

La maison de MM. Vermont et Cie date de 1756; le jury de Rouen reconnaît que l'apprêt des étoffes depuis 1839 a beaucoup gagné, et que M. Vermont a une grande part dans le perfectionnement des procédés d'apprêt qui sont si propres à aug.nenter la valeur des tissus auxquels on les applique.

M. Vermont occupe 50 ouvriers; il travaille avec une pompe à feu de la force de 16 chevaux.

Le jury accorde à MM. Vermont et Cie une médaille de bronze.

M. ERNOULT-BAYART, à Roubaix (Nord).

Apprêt des étoffes de Roubaix.

M. Ernoult-Bayart est propriétaire d'une filature de laine cardée dont les produits ont fixé, par leur bonne qualité, l'attention de la sous-commission des filatures de laine. En outre, le jury départemental du Nord reconnaît que « par la grande perfection de ses apprêts à fouler, M. Ernoult-Bayart » a développé dans le pays une lutte qui a profité » à la fabrique et qui lui permet de ne plus recourir à Elbeuf pour le foulage de ses étoffes. »

M. Ernoult-Bayart, en empêchant que les tissus de la fabrique de Roubaix fussent envoyés à Elbeuf

pour y être foulés, a procuré à son pays l'économie
d'un transport, et a rendu ainsi un vrai service,
non-seulement à sa localité, mais encore à tous
ceux qui font usage des tissus de Roubaix soumis
à ce genre d'apprêt, puisque le prix de ces tissus
a subi un abaissement notable tout à l'avantage
des consommateurs.

Le jury, appréciant la bonne qualité de la filature
des laines cardées de M. Ernoult-Bayart, le soin avec
lequel il apprête les tissus, et reconnaissant le service qu'il a rendu à la localité, en y établissant une
foulerie, lui accorde une médaille de bronze.

IVᵉ DIVISION.

RÉPARATION DES TISSUS GÂTÉS PAR L'USAGE.

RAPPEL DE MÉDAILLE DE BRONZE.

M. DIER, à Paris, rue Saint-Honoré, 347.

Remise à neuf des vieux habits.

Le jury rappelle à M. Dier la médaille de bronze
qu'il obtint en 1839.

MÉDAILLE DE BRONZE.

M. FRICK, teinturier-dégraisseur, à Paris, rue de la Paix, 9, et rue Saint-Merry, 10.

M. Frick a exposé des châles, des dessus de fauteuil, des tapisseries, etc., qu'il a remis à neuf, avec un véritable succès.

Il ne se borne pas à nettoyer les étoffes salies, à faire disparaître les taches qu'elles ont pu recevoir; il remet à neuf les châles qui ont été portés longtemps, et non-seulement il peut changer la couleur des fonds, mais encore celles des palmes, des dessins; son procédé diffère donc de celui de M. Klein, qui a été décrit dans le rapport du jury de 1839, tome 3, page 327, procédé qui consiste à appliquer une réserve d'albumine sur les dessins, et à passer ensuite le châle ainsi réservé dans un bain de teinture.

M. Frick est digne de recevoir la médaille de bronze que le jury lui accorde.

MENTION HONORABLE.

M. PICOT, teinturier-dégraisseur, à Paris, rue Saint-Martin, 291,

Mérite une mention honorable par le soin qu'il apporte pour remettre à neuf les tissus de ligneux, de soie et de laine salis et tachés par l'usage.

SECTION VI.

CHAUFFAGE.

M. Pouillet, rapporteur.

Considérations générales.

La question du chauffage se rattache à plusieurs autres questions intéressantes qui sont
elles-mêmes fort complexes : celle de la salubrité, celle de l'exploitation des combustibles et
celle de l'emploi et de la distribution de la chaleur dans les arts industriels. Bien que dans cette
partie de nos rapports nous ayons plus particulièrement à examiner la construction des appareils qui sont destinés, soit aux usages domestiques, soit au chauffage des édifices, des habitations, des serres et des étuves, nous ne pouvons
pas cependant nous dispenser de les apprécier
et de les comparer sous les divers points de vue
de la salubrité, de la nature du combustible et
de l'économie. Il est assez difficile, pour faire
ces comparaisons, d'établir des catégories régulières et de faire un classement méthodique de
l'ensemble des procédés, des appareils et des in-
nombrables inventions qui se rapportent aux divers systèmes de chauffage. Cependant nous avons
adopté les divisions suivantes comme étant les

plus propres à rapprocher les appareils qui ont en définitive la même destination :

1° Chauffage des grands édifices et des serres ;

2° Calorifères ;

3° Appareils culinaires ;

4° Cheminées ;

5° Appareils de blanchiment et de buanderie ;

6° Appareils spéciaux pour la dessiccation.

Chauffage des grands espaces. — Le chauffage des édifices, des ateliers, et en général des grands espaces, se fait aujourd'hui par quatre procédés différents : par l'air directement chauffé dans le foyer ; par la vapeur circulant dans des tuyaux et dans des poêles à vapeur ; par l'eau portée à une haute température dans des tuyaux de fer de petits diamètres, et circulant dans des tuyaux pareils, capables de soutenir partout une haute pression ; enfin par la circulation de l'eau, chauffée dans des chaudières convenables et portée par de larges tuyaux dans des poêles à eau. Comme, en définitive, le but qu'on se propose est de chauffer l'air, pour qu'à son tour il chauffe, par son contact, les murs et tous les objets contenus dans leur enceinte, on comprend que le premier procédé se trouve mêlé de diverses manières aux trois suivants ; mais avec cette différence que l'air chauffé par les tubes ou poêles remplis d'eau ou de vapeur, n'est jamais exposé à prendre de hautes températures comme l'air qui se chauffe dans des foyers par son contact avec des surfaces incandescentes. Dans ce dernier cas l'air est altéré par les combinaisons qu'il forme, et de plus il est vicié par les émanations insalubres dont il se charge; c'est pour cette raison et pour d'autres encore que l'on renonce de plus en plus au premier procédé, c'est-à-dire au chauffage direct et immédiat de l'air dans le foyer.

Quant aux trois autres procédés, ils peuvent, suivant les circonstances, offrir des avantages particuliers, mais le chauffage à circulation d'eau, moyennement chauffée dans des chaudières convenables, paraît en général mériter la préférence, pour diverses raisons et particulièrement parce qu'il chauffe vite, parce que sa chaleur se distribue aisément et se gradue à volonté et d'une manière indépendante dans les diverses localités d'un édifice, et enfin parce que la grande masse d'eau chaude qui continue à circuler après la cessation du feu, entretient sans aucun service de nuit une température qui rend les pièces habitables dès le matin.

La ventilation, plus ou moins abondante, qui est presque toujours une condition indispensable du chauffage, s'établit par des dispositions analogues et se modère également bien dans les divers systèmes.

Calorifères. — Les calorifères proprement dits rentrent exclusivement dans le premier des procédés dont nous venons de parler, et ils en ont tous les inconvénients; cependant quand les espaces sont trop restreints pour que l'on puisse avec avantage établir des chaudières pour la vapeur ou pour la circulation d'eau, on comprend que les calorifères deviennent indispensables. Cela arrive non-seulement dans l'intérieur des appartements ordinaires, mais surtout dans un grand nombre d'ateliers, où des étuves plus ou moins chauffées sont nécessaires, soit pour l'évaporation, le séchage et la dessiccation, soit pour déterminer des réactions chimiques qui ne s'accomplissent qu'à des températures déterminées. Il se présente ainsi, soit dans les services particuliers, soit dans les fabrications industrielles, une foule de circonstances où les calorifères doivent être exclusivement préférés. Nous sommes donc obligés d'attacher une haute importance à leur perfectionnement général et à la diversité des formes ou des dimensions par lesquelles ils s'approprient à ces divers usages.

Appareils culinaires. — On pourrait facilement se tromper sur la place que les appareils culinaires doivent tenir dans notre nomenclature; on serait peut-être tenté de les reléguer au dernier rang, comme les moins considérables et les

moins dignes d'attention. Cependant, nous n'hé-
sitons pas à le dire, il n'en existe pas, dans toute
l'économie de la chaleur, qui aient plus de titres
à occuper le premier rang, parce qu'il n'en existe
pas qui concourrent d'une manière plus efficace
au bien-être du peuple, et qui puissent en même
temps réaliser en sa faveur d'aussi grandes épargnes.

Depuis que Lemare, par son zèle ardent et par
son esprit inventif, a donné la première impulsion à ce genre de recherches, en composant
d'une manière si ingénieuse son caléfacteur, de
nombreux perfectionnements se sont succédé;
et partout aujourd'hui, à l'étranger comme en
France, une famille entière peut se chauffer et
préparer ses aliments avec une dépense de combustible qui n'est pas peut-être la dixième partie
de ce qu'elle était auparavant. Ces avantages, qui
semblaient d'abord être réservés aux populations
des villes, s'appliquent avec le même succès aux
populations des campagnes; car il est bien peu de
régions maintenant où la plus grande partie des
habitants ne soit exposée à être mal chauffée et
mal nourrie, si elle n'a pas recours aux moyens
économiques d'utiliser la trop petite portion de
combustible qu'il lui est donné de se procurer.

Tout en mettant au premier rang, comme étant
les plus essentiels et les plus profitables, les per-

fectionnements dont nous venons de parler, nous ne devons pas omettre de mentionner aussi ceux qui se rapportent aux appareils culinaires des grandes maisons et des réunions nombreuses, non plus que ceux qui se rapportent aux appareils culinaires destinés à la marine, soit qu'ils aient simplement pour but la préparation des aliments, soit qu'en outre ils aient pour but de distiller l'eau de mer, pour la consommation de l'équipage.

Cheminées. — Il est présumable que la dépense de combustible qui se fait dans les cheminées d'appartement est beaucoup moindre que celle qui se fait dans les calorifères et dans les appareils culinaires ; cependant elle est encore bien assez grande pour mériter une attention particulière. A cet égard nous avons fait aussi de grands progrès : mais les plus saillants, les plus caractéristiques, remontent à un certain nombre d'années. L'exposition n'offrait rien qui méritât d'être signalé, seulement, tout ce qui tient à la construction proprement dite, à la décoration et à la salubrité, est mieux entendu et offre un choix plus économique et plus varié.

Quant aux deux dernières catégories, l'exposition nous a offert plutôt des idées nouvelles à l'état d'essai, que des appareils, en cours pratique d'exécution, ayant déjà subi toutes les épreuves de l'expérience. En terminant ces considérations générales nous devons faire remarquer que la plupart des exposants se sont distingués dans plusieurs genres d'appareils, et si leurs noms ne se trouvent mentionnés que dans une seule catégorie, c'est que la récompense qu'ils ont reçue leur a été plus spécialement accordée à raison des appareils qui appartiennent à cette catégorie.

---

§ 1. CHAUFFAGE DES GRANDS ÉDIFICES.

MÉDAILLE D'OR.

M. DUVOIR-LEBLANC, à Paris, rue Notre-Dame-des-Champs, 24.

M. Duvoir-Leblanc a établi depuis peu d'années, dans les édifices de l'État, les plus grands systèmes de chauffage qui aient peut-être été entrepris. Il a été successivement appelé à poser ses appareils, pour chauffer d'une manière générale, et avec toutes leurs dépendances, le palais du quai d'Orsay, l'église de la Madeleine, l'institution des Jeunes-Aveugles, la Préfecture de police, les bâtiments de Charenton et le palais du Luxembourg.

Plusieurs des membres du jury ont fait partie des commissions nommées par le gouvernement, pour examiner ces divers systèmes de chauffage, et pour en apprécier le mérite; leur témoignage est unanime : ils se font un devoir de reconnaître que

M. Duvoir-Leblanc a fait preuve d'un rare talent, soit dans la combinaison de ses appareils, soit dans leur exécution.

M. Duvoir-Leblanc a adopté le système à circulation d'eau, imaginé autrefois par M. Bonnemain, mais il y avait une foule de difficultés à vaincre, de dispositions à trouver et de mécanismes à inventer pour donner à ce système les incontestables avantages qu'il présente aujourd'hui. C'est presque exclusivement à M. Duvoir-Leblanc que ces avantages sont dus : ses appareils sont aujourd'hui portés à un tel degré de perfection, que dans le plus vaste édifice on peut, avec une grande économie de combustible, non-seulement établir partout le chauffage et la ventilation; mais, ce qui était peut-être plus difficile, on peut à volonté l'établir à des degrés différents dans les diverses parties de l'édifice.

M. Duvoir-Leblanc a pareillement appliqué son système au séchage des poudres, et avec un plein succès.

Le jury décerne à M. Duvoir-Leblanc la médaille d'or.

Serres.

NOUVELLE MÉDAILLE DE BRONZE.

M. GERVAIS, à Paris, rue des Fossés-Saint-Jacques, 3.

M. Gervais avait obtenu, en 1839, une médaille de bronze pour ses appareils à circulation d'eau ap-

propriés au chauffage des serres; depuis cette époque,
il en a simplifié et perfectionné la construction,
c'est un progrès qui contribuera à en répandre de
plus en plus l'usage.

Le jury décerne à M. Gervais une nouvelle médaille de bronze.

MÉDAILLE DE BRONZE.

Le jury accorde une médaille de bronze à

M. VALLIER, à Versailles (Seine-et-Oise),

Pour son appareil à chauffer les serres.

---

§ 2. CALORIFÈRES.

NOUVELLES MÉDAILLES D'ARGENT.

M. CHAUSSENOT jeune, à Paris, quai de Billy,
18.

M. Chaussenot jeune est un habile observateur,
très-versé dans toutes les questions économiques
qui se rapportent à l'emploi de la chaleur dans les
arts industriels. Déjà récompensé à l'exposition dernière, par une médaille d'argent, pour des inventions et pour des procédés remarquables, il s'est présenté à l'exposition de 1844 avec des pièces qui
méritent de nouveaux éloges. Son grand calorifère
destiné aux étuves de la plus grande dimension a
reçu d'utiles perfectionnements : comme appareil à

air chaud, il paraît difficile d'arriver à une construction plus durable et fondée sur de meilleurs principes. Aussi a-t-il reçu les applications les plus diverses. Il a été établi avec succès dans les ateliers de filature, de tissage, d'apprêts d'étoffes, de blanchiment, dans les fabriques de cuirs vernis, dans les papeteries et les raffineries; enfin, il a produit dans les brasseries une véritable réforme dont les avantages sont constatés maintenant par une assez longue expérience.

M. Chaussenot jeune a présenté en outre à l'exposition de très-ingénieux appareils pour la fabrication de la bière en petit et pour obtenir les huiles essentielles.

Le jury décerne à M. Chaussenot jeune une nouvelle médaille d'argent.

M. DUVOIR (Réné), à Paris, rue Neuve-Coquenard, 11.

M. Duvoir avait obtenu la médaille d'argent à l'exposition de 1839; déjà, à cette époque, il avait perfectionné les calorifères, les fourneaux de cuisine, les appareils de lessivage et les appareils destinés à chauffer les bains dans les établissements publics. Pendant les cinq années qui viennent de s'écouler, il a continué ses divers travaux avec une nouvelle activité. Profitant habilement de l'expérience, il a été conduit à de nouveaux perfectionnements, dans la plupart des appareils qui se rapportent aux applications de la chaleur; son grand calorifère a été modifié, ses petits calorifères destinés au chauffage des écoles et des salles d'asile pa-

ruissent réunir les avantages de l'économie de combustible à ceux d'une bonne ventilation ; ses
fourneaux de cuisine sont bien disposés et bien
exécutés ; les chauffages assez considérables qu'il a
établis prouvent qu'il est intelligent et soigneux.

Le jury, appréciant les efforts et les progrès de
M. Réné Duvoir, lui accorde une nouvelle médaille
d'argent.

MÉDAILLE D'ARGENT.

M. LAURY, à Paris, rue Tronchet, 31.

M. Laury a présenté à l'exposition des cheminées
à circulation d'air de divers modèles et des calorifères
en fonte de formes et de grandeurs très-variées.
Tous ces objets ont l'apparence la plus élégante, ils
sont décorés avec goût, et à voir la pureté des détails on serait tenté de croire que les ornements qui
les couvrent sont en bronze plutôt qu'en fonte cou-
lée. Il paraît difficile de surpasser M. Laury pour
tout ce qui tient à l'ensemble extérieur de ses appareils, à la bonne proportion de toutes les pièces,
à leur décoration et à leur ajustement. Mais ce n'est
pas pour l'apparence extérieure, comme meubles
ou comme objets d'art, qu'ils doivent être ici examinés, c'est seulement comme appareils économiques, servant à produire et à distribuer la chaleur.
Sous ce rapport, ils ont aussi, pour la plupart, un
mérite remarquable. En général ils sont bien conçus : les cloches de foyer, les tubes de fumée et les
divers réservoirs où se rendent les produits de la
combustion, sont distribués avec intelligence pour

offrir beaucoup de surface et permettre un nettoie-
ment facile; la circulation de l'air est parfois un peu
compliquée, cependant elle s'opère par des conduits
assez larges pour qu'il n'y ait pas à redouter un
excès de température. Ainsi, ces appareils satisfont
à la double condition de l'élégance et de l'économie.

Le jury décerne à M. Laury une médaille d'argent.

RAPPEL DE MÉDAILLE DE BRONZE.

M. CERBELAUD, à Paris, rue d'Anjou-Saint-Honoré, 60.

M. Cerbelaud, qui a obtenu la médaille de bronze
en 1839, pour ses calorifères, continue activement
ce genre de fabrication. Les perfectionnements
qu'il y a introduits témoignent de son zèle intelligent.

Le jury fait rappel en sa faveur de la médaille
de bronze qui lui fut décernée à la dernière exposition.

MÉDAILLES DE BRONZE.

M. HUREZ, à Paris, rue du Faubourg Mont-martre, 42.

M. Hurez est parvenu, par son aptitude et par
son travail, à prendre un rang distingué parmi nos
bons constructeurs d'appareils de pyrotechnie. Il
a présenté à l'exposition des cheminées à brûler le

bois, des cheminées à brûler la houille, et des calorifères très-variés pour leur destination et pour leurs grandeurs. Exercé lui-même aux travaux de construction, M. Hurez s'entend à les simplifier et à les perfectionner. Ses fourneaux de cuisine sont d'une très-bonne exécution; ses cheminées d'appartement sont bien combinées, soit qu'il les fasse simples, soit qu'il les fasse à circulation d'air, ou même à circulation d'eau. Parmi les pièces qui les composent, il y en a de tôle ou de cuivre qui sont travaillées ou repoussées au marteau avec beaucoup d'habileté.

M. Hurez a présenté aussi un calorifère propre à brûler l'anthracite. Cet appareil, dont les dispositions sont ingénieuses, peut avoir une grande importance dans les contrées où ce combustible est à un prix beaucoup moins élevé que la houille. Nous devons remarquer cependant que le problème n'est ici résolu que pour une combustion excessivement lente.

Le jury, appréciant les efforts et les succès de M. Hurez, lui décerne une médaille de bronze.

MM. LECOCQ et Cie, à Paris, rue des Francs-Bourgeois, 14, au Marais.

MM. Lecocq et Cie ont présenté à l'exposition un calorifère, dit *calorifère conservateur*, qui est destiné à brûler exclusivement du coke. En choisissant ce combustible, on a, avec raison, réduit les dimensions du foyer et des tuyaux de fumée, et l'on est parvenu, sous un petit volume, à construire un appareil où il y a une large circulation d'air. Le foyer étant protégé par des enveloppes de terre cuite, jusqu'à une hauteur suffisante, il n'y a pas à craindre d'excès de température, et cependant l'air se chauffe en quelque sorte aussitôt que l'on allume le feu, parce qu'il touche la surface nue des conduits supérieurs. Cet appareil a donc le double avantage de chauffer vite et de conserver la chaleur; il est d'ailleurs d'une bonne construction et d'un prix très-modique.

Le jury accorde à MM. Lecocq et Cie une médaille de bronze.

MM. DE BOISSIMON et Cie, à Langeais (Indre-et-Loire).

MM. de Boissimon et Cie ont présenté à l'exposition un grand calorifère d'une construction toute nouvelle. Tandis que l'on s'applique partout à n'employer dans les appareils de cette espèce que du fer et de la fonte, MM. de Boissimon et Cie sont parvenus au contraire à exclure les métaux et à construire de très-bons calorifères avec la terre réfractaire de Langeais qu'ils ont à leur disposition. Le foyer, les tuyaux d'air, les conduits de fumée, tout est en terre, excepté la grille et quelques armatures. Les appareils métalliques ont moins de volume et sont plus transportables que celui-ci; mais aussi ils coûtent beaucoup plus cher. Du reste, rien ne s'oppose à ce que la combustion se fasse dans les deux cas avec la même économie, et à ce que la chaleur soit également bien distribuée. Si, sous ce rapport, MM. de Boissimon et Cie paraissent avoir quelques progrès à faire, il n'en résulte pas moins que leur

appareil est très-digne d'attention, et il est désirable
qu'ils trouvent des imitateurs dans les diverses parties de la France où il se trouve des terres analogues à celle de Langeais.

Le jury accorde à MM. de Boissimon et Cie une
médaille de bronze.

<hr>

MENTIONS HONORABLES.

Le jury accorde des mentions honorables à

M. CORNU, à Paris, cité Trévise, 5,

Pour ses calorifères métalliques qui sont construits avec intelligence ;

M. FOREY, à Paris, rue Bellefond, 32,

Pour ses calorifères à tubes de fer et à circulation
d'eau ; l'appareil qu'il a présenté à l'exposition
prouve les soins particuliers qu'il prend pour les
bien établir ;

M. GUGLIELMI, *dit* **GUILLAUME**, à Paris,
passage de la Trinité, 15 et 16,

Pour ses calorifères en briques, fonte et tôle, qui
ont reçu de nouveaux perfectionnements ;

M. ZAMMARETTI, à Paris, rue de Bondy, 88,

Pour ses calorifères en métal et terre réfractaire,
pour les ajustements ingénieux qu'il a imaginés et
qui lui permettent de les poser et de les réparer
très-promptement ;

M. GENESTE, à Paris, rue Boucherat, 4,

Pour ses calorifères, qui sont d'une bonne combinaison et d'une bonne exécution.

CITATIONS FAVORABLES.

Le jury accorde des citations favorables à

M. ROBERT, à Grenelle (Seine), rue Violet, 10.

Pour ses ingénieux appareils à chauffer les voitures;

MM. FROSSARD et Cie, à Paris, rue Neuve-Saint-Denis, 9 *bis*,

Pour leurs calorifères de fonte;

M. HUBERT fils, à Paris, rue de Bondy, 70,

Pour ses poêles-calorifères;

M. LENUD, à Paris, passage de l'Industrie, 15,

Pour ses calorifères de fonte et de tôle;

MM. FOURNET et Cie, à Lyon (Rhône),

Pour leurs poêles-calorifères;

M. KOPCZYNSKI, à Batignolles-Monceaux (Seine), rue Saint-Louis, 60,

Pour son calorifère polonais;

M. PIERON, à Paris, rue de la Croix, 17,

Pour son calorifère en cuivre et ses étuves;

M. FENOUIL, à Versailles (Seine-et-Oise),

Pour son poêle.

§ 3. APPAREILS CULINAIRES ET AUTRES.

RAPPEL DE MÉDAILLE D'ARGENT.

Madame veuve LEMARE, à Paris, quai Conti, 3.

M. Lemare avait obtenu de nombreuses médailles d'argent aux expositions précédentes. Personne n'a plus que lui contribué à la réforme qui s'est accomplie depuis trente ans dans l'économie du combustible. Son esprit inventif et éclairé s'est successivement porté sur toutes les principales applications de la chaleur, et l'on peut dire que partout il a eu des idées neuves et qu'il les a presque toujours réalisées avec le plus grand succès. Sa veuve, madame Lemare, continue l'exploitation de l'établissement que M. Lemare avait fondé; elle y met tous ses soins, et, à l'aide de ses habiles ouvriers, elle a pu compléter quelques appareils dont M. Lemare n'avait laissé que des ébauches ou des dessins. Le grand appareil à cuire les légumes dans les exploitations agricoles est de ce nombre; on y reconnaît tout le mérite de l'inventeur, et l'exécution ne laisse rien à désirer. Cet appareil paraît destiné à opérer dans nos fermes une grande et utile réforme.

Le jury fait, en faveur de madame veuve Lemare, rappel des médailles d'argent qui avaient été décernées à M. Lemare.

MÉDAILLES D'ARGENT.

MM. PEYRE et ROCHER, à Nantes (Loire-Inférieure).

MM. Peyre et Rocher ont présenté à l'exposition un appareil destiné à un double usage : à faire la cuisine à bord des bâtiments, et en même temps à distiller l'eau de mer pour fournir à l'équipage une ration suffisante d'eau douce. L'idée de cet appareil n'est assurément pas nouvelle, et cependant il y a dans sa composition, dans l'ajustement de toutes les pièces, un véritable mérite de nouveauté. Aussi, un grand nombre de commissions nommées par le commerce de nos ports, par la marine royale, et même par les marines étrangères, ont-elles fait les rapports les plus favorables, sur l'invention de MM. Peyre et Rocher, non-seulement d'après des expériences de rade, mais encore d'après des expériences de mer pendant les plus longs voyages. Ces épreuves étaient nécessaires, moins pour la cuisson des aliments que pour les qualités de l'eau douce que l'on obtient, et pour la dépense de combustible. Toute la cuisine se fait à une espèce de *bain-marie* de vapeur, et les surfaces de chauffe sont assez bien proportionnées, pour que la chaleur qui ne peut pas être en excès ne soit pas non plus en défaut. Quant aux qualités de l'eau distillée, il y avait bon nombre de précautions à prendre pour, du premier jet, l'obtenir suffisamment pure. A cet égard, les rapports qui nous ont été communiqués sont unanimes, et, en présence de tels témoignages, il n'est pas permis de douter que cette condition ne soit très-bien remplie. Ces témoignages s'accordent aussi avec la même unanimité, sur l'économie du combustible. L'appareil est en effet assez bien combiné pour qu'il n'y ait ni fuite de vapeur ni perte inutile de chaleur.

MM. Peyre et Rocher ont rendu un véritable service à la marine, le jury leur accorde une médaille d'argent.

MM. GUYON frères, à Dôle et à Fourcherans (Jura).

MM. Guyon se sont appliqués depuis plus de dix ans à faire, en fonte de première fusion, des poêles et surtout des poêles-cuisines d'un prix très-modéré. Les divers appareils de ce genre qu'ils ont présentés à l'exposition annoncent de grands progrès : comme ouvrages de fonte ils sont d'une bonne exécution, comme appareils économiques ils sont bien disposés. En général les foyers sont destinés à la combustion du bois; la circulation de la flamme et des produits de la combustion se règle facilement, pour chauffer au point convenable les diverses marmites où se fait la cuisine.

Le jury départemental, en donnant des éloges à la fabrication de MM. Guyon, annonce en même temps que leurs fourneaux-cuisines ont obtenu beaucoup de succès. Ces éloges nous paraissent bien mérités : MM. Guyon rendent un véritable service en mettant à la portée de tous les ménages des appareils simples et solides qui procurent à la fois une très-grande économie de temps et de combustible.

Le jury décerne à MM. Guyon frères une médaille d'argent.

MM. ROGEAT frères, à Lyon (Rhône).

MM. Rogeat frères ont fondé à Lyon un établissement spécial pour le montage des pièces de sablerie qu'ils font couler dans plusieurs hauts-fourneaux, d'après leurs dessins. Les appareils qu'ils livrent ainsi à la consommation sont des plus variés : simples poêles, poêles-cuisines à deux ou plusieurs marmites, grilles de toutes sortes, etc.

MM. Rogeat ont fait preuve de goût dans le choix de leurs modèles, et ils ont montré aussi qu'ils entendent bien tout ce qui se rapporte aux effets et à l'économie de la chaleur : leurs pièces sont d'une forme convenable pour supporter les changements produits par la dilatation, et leurs foyers sont en général bien disposés.

Tous ces appareils sont réellement économiques; il est à désirer que l'usage s'en répande.

Le jury décerne à MM. Rogeat frères une médaille d'argent.

RAPPELS DE MÉDAILLES DE BRONZE.

M. CHEVALIER-CURT (Esprit), à Paris, rue des Ursulines-Saint-Jacques, 10.

M. Esprit Chevalier-Curt a reçu la médaille de bronze à l'exposition de 1839, pour ses divers travaux et particulièrement pour ses fourneaux de cuisine. Depuis cette époque, il a continué à simplilier et à perfectionner ces appareils; ceux qu'il a soumis à l'examen du jury ne laissent rien à désirer, ils sont conçus et exécutés de la manière la plus satisfaisante ; les cheminées et les calorifères qui sortent de ses ateliers portent aussi ce caractère, on reconnaît partout l'homme habile et expérimenté, travaillant consciencieusement.

Le jury fait, en faveur de M. Esprit Chevalier-Curt, rappel de la médaille de bronze qu'il a reçue en 1839.

M. CHEVALIER-CURT aîné, à Paris, rue Saint-Jacques, 264 *bis*.

M. Chevalier-Curt aîné a reçu, comme son frère, dont nous venons de parler, une médaille de bronze en 1839, et pour des travaux analogues. Il s'est aussi distingué par quelques progrès depuis cette époque, et le jury fait rappel en sa faveur de la médaille de bronze.

MÉDAILLES DE BRONZE.

M. HOYOS, à Paris, rue Saint-Honoré, 241.

M. Hoyos construit des fourneaux de cuisine de diverses dimensions : les uns pour le service des particuliers ou des établissements publics, les autres pour le service de la marine. L'administration de la marine se loue beaucoup de ces derniers, qui ont en effet l'installation la plus complète et la mieux étudiée, pour que le mouvement de la mer n'y puisse rien déranger. Les divers modèles

de cuisine de M. Hoyos se distinguent par une disposition particulière, au moyen de laquelle il fait
circuler dans ses fours à rôtir un courant d'air très-
chaud dont il règle la force, qui fait cuire plus vite
et d'une manière plus analogue à ce qui se passe à
l'air libre. M. Hoyos a eu aussi l'ingénieuse idée
d'établir sur l'appareil lui-même un petit moulinet
qui fait tourner les broches avec une vitesse convenable. Cette disposition a surtout, pour la mer, de
véritables avantages.

Le jury décerne à M. Hoyos une médaille de
bronze.

M. POTHIER-JOUVENEL, à Paris, rue du Fau-bourg-Saint-Martin, 41.

M. Pothier-Jouvenel a exposé des fourneaux de
cuisine et des rôtissoires exécutés dans les plus
grandes dimensions et destinés à l'un des établissements les plus considérables de la capitale. On remarque dans ces appareils des dispositions nouvelles
très-bien conçues et très-bien réalisées. Toute la
construction en est solide, parfaitement ajustée, et
elle ne manque pas d'une certaine élégance.

Le jury accorde à M. Pothier-Jouvenel une médaille de bronze.

M. BOIGUES, à Paris, rue Neuve-des-Mathurins, 27.

M. Boigues fabrique avec intelligence un grand
nombre d'appareils d'économie domestique; ses
baignoires avec chauffage sont ingénieusement disposées et bien établies.

M. Boigues construit aussi des manomètres à tubes différentiels et des manomètres à air libre qui sont gradués avec soin.

Le jury accorde à M. Boigues une médaille de bronze.

M. PAUCHET, à Paris, rue Bellefond, 14, et rue du Faubourg-Poissonnière, 106 *bis*.

M. Pauchet a exposé des fourneaux de cuisine spécialement destinés aux limonadiers et aux restaurateurs. Ces appareils sont d'une bonne exécution. Il paraît constant, d'après un certificat signé par une centaine de restaurateurs ou limonadiers de Paris et de la banlieue, que ces fourneaux ont été employés avec avantage.

Le jury, admettant cette pièce comme un témoignage sincère, accorde à M. Pauchet une médaille de bronze.

_____

MENTIONS HONORABLES.

Le jury accorde des mentions honorables à

M. HEY, à Strasbourg (Bas-Rhin),

Pour le grand établissement qu'il vient de former et dans lequel il construit des balances, des calorifères, et particulièrement des fourneaux de cuisine à foyer mobile, qui paraissent offrir quelques avantages;

M. MÉNÉTRIER (Michel), à Dôle (Jura),

Pour le grand établissement qu'il vient de former

et dans lequel il construit des poêles-cuisines en fonte de deuxième fusion, chauffés à la houille;

M. CHEVALIER (Victor), à Paris, rue Saint-Antoine, 232,

Pour ses appareils de cuisine et ustensiles très-variés d'économie domestique;

M. GRENIER, à Paris, rue St-Germain-l'Auxerrois, 43,

Pour ses poêles et fourneaux en tôle;

M. BOUSSEROUX, à Paris, rue Mandar, 5,

Pour ses petits fourneaux de cuisine très-économiques;

Madame veuve DARCHE, à Paris, boulevard du Temple, 25,

Pour ses fourneaux à lessive, pour ses poêles à chauffer les fers à repasser, et pour ses fourneaux de cuisine;

M. GÉLIN, à Paris, rue du Harlay, 6, au Marais,

Pour ses poêles en tôle, destinés à faire une cuisine économique dans les petits ménages;

M. POLIOT, à Paris, rue Mazarine, 42,

Pour ses fourneaux-cuisine de limonadier.

M. RENARD, à Paris, rue des Marais-du-Temple,
2,

Pour sa cheminée mobile, munie d'un tourne-
broche à air et broches nouvelles.

CITATIONS FAVORABLES.

Le jury accorde des citations favorables à

MM. SARON frères, à Paris, rue des Postes, 11,

Pour leurs fourneaux-cuisine et calorifères;

M. MAUGIN, à Chartres (Eure-et-Loir),

Pour son appareil à chauffer l'eau dans les baignoires;

M. GODIN-LEMAIRE, à Esquéhéries (Aisne),

Pour son fourneau de cuisine;

M. OGIER (Auguste), à Luxeuil (Haute-Saône),

Pour ses petits fourneaux de cuisine en fonte;

M. LECERF, à Paris, rue Montholon, 15,

Pour ses fourneaux économiques;

M. LIRÉ, à Paris, rue de l'Arbre-Sec, 42,

Pour son four à pâtisserie;

M. BAUDIN, à Paris, rue Vendôme, 13,

Pour ses fours de boulanger;

M. DOBIGNARD, à Paris, rue de la Cité, 15,

Pour ses bouches de four en fonte.

---

§ 4. CHEMINÉES.

Nous devons rappeler ici que plusieurs exposants, récompensés à divers titres, ont aussi apporté des perfectionnements importants dans la
construction des cheminées : nous citerons particulièrement

Madame veuve Lemare, page 938.

M. Descroizilles. . . . — 956.

M. Hurez. . . . . — 933.

M. Vuillier. . . . . . . — 957.

MÉDAILLES DE BRONZE.

M. DELAROCHE aîné, à Paris, rue de Grenelle-
Saint-Germain, 43.

M. Delaroche est l'un des premiers qui ait disposé dans les cheminées des tubes destinés à chauffer
l'air ; il a successivement perfectionné ses appareils,
et les cheminées qu'il a présentées à l'examen du jury
sont d'une exécution très-soignée. Conduit par une
longue expérience à en varier les formes et les dimensions, pour toute espèce de combustible, il est
parvenu à les établir à un prix modéré, et à les
rendre économiques par la manière dont il en utilise la chaleur.

Le jury accorde à M. Delaroche aîné une médaille de bronze.

M. GRAUX, à Paris, rue Grange-Batelière, 16.

M. Graux, cité favorablement en 1839, de concert avec M. Jacquinet, pour une cheminée à foyer tournant, a continué depuis cette époque à perfectionner cet appareil, et, par ses simplifications, il est parvenu à en réduire considérablement le prix. Ses grilles pour le coke et la houille paraissent présenter de réels avantages. L'ensemble de ses appareils est disposé avec goût et d'après de bons principes.

Le jury accorde à M. Graux une médaille de bronze.

M. LEPLANT, à Arras (Pas-de-Calais).

M. Leplant construit des cheminées prussiennes perfectionnées; celle qu'il a présentée à l'exposition offre en effet des perfectionnements intéressants, elle est, de plus, faite avec beaucoup de soin.

Le jury décerne à M. Leplant une médaille de bronze.

NON EXPOSANT.

M. HOUSSIN, à Saint-Aignan (Loir-et-Cher).

M. Houssin n'a présenté à l'exposition aucun appareil; mais le jury départemental constate officiellement que M. Houssin a établi plus de quatre cents cheminées dans lesquelles il a remédié de la manière la plus complète aux inconvénients de la fumée, lorsque dans un grand nombre de cas ses plus habiles concurrents avaient échoué.

Le jury central, admettant avec une entière confiance les appréciations motivées du jury départemental, décerne à M. Houssin une médaille de bronze.

MENTIONS HONORABLES.

Le jury accorde des mentions honorables à

M. ANDRIOT, à Paris, rue Rochechouart, 23.

Pour sa cheminée à plaque de foyer cintrée et à chenets creux;

M. AUDOT, à Paris, rue du Faubourg-du-Roule, 74,

Pour son *thermosiphon*;

M. BIRCKEL, à Paris, rue Fontaine-au-Roi, 58,

Pour ses cheminées en faïence;

M. DELAROCHE, à Paris, rue du Bac, 107,

Pour ses cheminées;

M. DESPINOY, à Paris, rue du Faubourg-Saint-Denis, 81 et 83,

Pour ses cheminées à foyer mobile et bouches de chaleur;

M. GOSSIN, à la Villette, près Paris (Seine),

Pour ses cheminées-calorifères;

M. MINICH, à Paris, rue de la Roquette, 53,

Pour ses cheminées;

M. PETIT, à Paris, rue de Provence, 27,

Pour les divers perfectionnements qu'il a apportés dans les appareils de chauffage;

M. TAVERNA, à Nevers (Nièvre),

Pour ses cheminées-calorifères;

M. VOITELAIN, à Paris, rue Bourbon-Villeneuve, 57,

Pour ses cheminées;

M. VILLARD, à Lyon (Rhône),

Pour ses plaques de foyer.

_____

CITATIONS FAVORABLES.

Le jury accorde des citations favorables à

M. BARBEAU aîné, à Paris, quai de la Mégisserie, 32,

Pour ses cheminées-calorifères et ses poêles flamands;

M. FESSART, à Paris, boulevard Beaumarchais,
63,

Pour sa cheminée ordinaire et pour sa cheminée
décorée ;

M. HERBOMMEZ, à Batignolles-Monceaux (Seine),
rue du Boulevard, 11,

Pour ses garde-feux ;

M. DE LACOUX, à Paris, rue de l'Oratoire-du-
Roule, 9,

Pour ses appareils divers ;

M. MARATUEH, à Paris, rue des Marais, 11 *bis*,

Pour ses appareils contre les feux de cheminée ;

M. QUIBEL, à Rouen (Seine-Inférieure),

Pour un appareil destiné à empêcher les cheminées de fumer ;

M. ROUSSEAU, à Paris, passage des Petites-
Écuries, 10,

Pour ses divers appareils.

———

§ 5. APPAREILS POUR LE BLANCHIMENT ET POUR LA
LESSIVE.

Nous devons rappeler ici le nom de M. Réné
Duvoir, récompensé à d'autres titres, et qui a
aussi contribué beaucoup à perfectionner les ap-

⁊ .eils de buanderie destinés aux établissements publics et particuliers.

M. GAUDRY, à Rouen (Seine-Inférieure).

M. Gaudry a présenté à l'exposition un appareil pour le blanchiment des toiles de coton et de lin ; cet appareil, d'invention toute récente, est construit solidement et disposé avec beaucoup d'intelligence. Le jury départemental fait connaître qu'il n'a encore été employé que dans quelques établissements de la Seine-Inférieure, mais qu'il paraît destiné à avoir du succès. Cette espérance nous semble parfaitement motivée; nous pensons aussi que l'invention de M. Gaudry est appelée à faire époque, et, en attendant des épreuves expérimentales complétement décisives, le jury central accorde à M. Gaudry une mention honorable.

MM. CHARLES et C⁰, à Paris, rue et place Furstemberg, 5 et 7.

MM. Charles et C⁰ ont présenté un appareil de buanderie sous le nom de *Buanderies économiques et portatives*. Ces buanderies semblent justifier pleinement le nom qu'elles ont reçu. L'inventeur a varié la grandeur de ses modèles pour les mettre à la portée de tous les ménages ; les plus petits contiennent seulement 12ᵏⁱˡ de linge, et il y a six numéros intermédiaires pour arriver à 100 ᵏⁱˡ. Un très-grand nombre de ces appareils ont été placés depuis 1842, et leur succès est maintenant bien constaté.

Le jury accorde à MM. Charles et Cie une mention honorable.

---

§ 6. DESSICCATION.

NOUVELLE MÉDAILLE DE BRONZE.

M. ANTOINE, à la Villette (Seine), quai de Seine, 33.

M. Antoine reçut, en 1839, la médaille de bronze pour les succès qu'il avait obtenus dans la dessiccation des bois de travail; depuis cette époque, M. Antoine a donné une plus grande extension à son établissement: il opère aujourd'hui sur des quantités de bois considérables et de toute espèce, qu'il soumet à une dessiccation graduelle, jusqu'au point où ils doivent arriver pour être employés avec avantage dans les travaux.

Le jury se plaît à récompenser cette entreprise, qui rend de véritables services, et il décerne à M. Antoine une nouvelle médaille de bronze.

MENTIONS HONORABLES.

Le jury accorde des mentions honorables à

M. BLERZY, à Elbeuf (Seine-Inférieure),

Pour un appareil à dessécher les laines et un

autre appareil à dessécher les draps qu'il a récemment imaginé. Ces appareils sont bien conçus; il est à présumer qu'ils obtiendront du succès.

M. BROSSON (François), à Montpensier (Puy-de-Dôme),

Pour le modèle d'un séchoir à bascule de son invention; cet appareil, qui repose sur de bons principes, est établi en grand à Montpensier où il donne des résultats satisfaisants.

M. TRÉBOUL, à Riom (Puy-de-Dôme),

Pour son appareil à dessécher la fécule.

CITATION FAVORABLE.

Le jury accorde une citation favorable à

MM. PENZOLDT et ROHLFS, à Paris, rue Mondetour, 35,

Pour la persévérance avec laquelle ils essaient d'obtenir la dessiccation par l'effet de la force centrifuge.

§ 7. INVENTEURS NON CONSTRUCTEURS.

MÉDAILLES D'ARGENT.

M. GROUVELLE, à Paris, rue du Regard, 19.

M. Grouvelle a présenté à l'exposition des objets très-divers, savoir : des plans d'appareils hydrauliques qu'il a établis dans plusieurs localités; des plans de chauffage, soit au moyen des fours à coke, soit au moyen de la vapeur, soit au moyen de la circulation de l'eau à basse température; des plans de calorifères pour les sécheries et les étuves; des plans de buanderies; et enfin des appareils culinaires, semblables à ceux qu'il a établis pour des restaurants ou pour des hôpitaux.

Le jury a examiné avec intérêt toutes ces pièces; si, dans l'ensemble de ces travaux qui remontent déjà à un assez grand nombre d'années, on ne découvre aucune de ces idées neuves, saillantes, qui font faire un grand pas à l'industrie, on reconnait du moins que M. Grouvelle a fait preuve d'une instruction très-étendue et très-variée, et qu'il a su employer d'une manière utile et quelquefois heureuse les connaissances qu'il a acquises en chimie, en physique et en mécanique.

Le jury, appréciant le zèle qu'il a montré comme ingénieur civil, et les divers perfectionnements qu'il a apportés dans la construction de divers appareils et dans l'établissement de divers systèmes de fabrication, accorde à M. Grouvelle une médaille d'argent.

M. DESCROIZILLES, à Paris, boulevard Montmartre, 18.

M. Descroizilles est un ingénieur intelligent qui s'est occupé avec succès de tout ce qui tient à l'emploi de la chaleur et aux procédés chimiques relatifs à l'apprêt des étoffes. Il a présenté à l'exposition une machine à flamber, de son invention, qui est éprouvée par une longue pratique et qui vient de recevoir encore des perfectionnements récents. Ses appareils pour le blanchiment des toiles ont pendant longtemps obtenu la préférence. Ses cheminées, soit pour brûler le bois, soit pour brûler la houille, se distinguent par une disposition nouvelle et ingénieuse : M. Descroizilles a eu l'idée de réduire au strict nécessaire la dépense de l'air qui est employé à la combustion, sans cependant faire perdre l'avantage de voir le feu et de sentir les effets de la chaleur rayonnante. Il y est parvenu en faisant arriver l'air par deux courants qui sont parfaitement réglés : l'un passe par la grille, et traverse le combustible ; l'autre passe par une toile métallique assez fine qui est disposée obliquement devant le foyer, et qui s'appuie sur le bord antérieur de la grille. Celui-ci passe seulement sur la surface supérieure du combustible, et contribue à brûler l'oxyde de carbone et les autres gaz combustibles qui s'élèvent ; en même temps la toile métallique qui le laisse passer n'empêche pas que la lumière du foyer et sa chaleur rayonnante ne se répandent en avant. La dépense d'air étant beaucoup moindre que dans les foyers ouverts, il est possible de réduire les dimensions des tuyaux de fumée et d'utiliser ainsi dans un moindre espace toute la chaleur des produits de la combustion. Ces cheminées ont donc tout à la fois l'avantage d'être économiques, d'occuper peu de place, et aussi d'empêcher les accidents qui résultent souvent des flammes découvertes.

Le jury, appréciant l'ensemble des travaux de M. Descroizilles, lui accorde une médaille d'argent.

NOUVELLE MÉDAILLE DE BRONZE.

M. VUILLIER, à Dôle (Jura).

M. Vuillier, de Dôle, est un amateur éclairé qui s'occupe depuis longtemps d'inventions relatives à l'économie de la chaleur. Déjà récompensé par une mention honorable en 1834, et par une médaille de bronze en 1839, il a présenté à l'examen du jury une cheminée nouvelle dans laquelle il a introduit des perfectionnements intéressants; le jury, appréciant le mérite de M. Vuillier et ses efforts persévérants, lui accorde une nouvelle médaille de bronze.

NON EXPOSANT.

MENTION HONORABLE.

M. PIMONT (Prosper), à Bolbec (Seine-Inférieure).

Le jury accorde une mention honorable à M. Prosper Pimont, pour les appareils intéressants qu'il a imaginés et au moyen desquels il est parvenu à utiliser une partie considérable de la chaleur des cuves de teinture.

POUR MÉMOIRE.

M. SOREL, à Paris, rue de Lancry, 6.

Nous devons rappeler ici le nom de M. Sorel ; cet ingénieur intelligent, qui est récompensé à d'autres titres (V. le *rapport sur les machines à vapeur*, p. 156), a eu des idées heureuses sur l'emploi de la chaleur ; il a reproduit à l'exposition, avec de nouveaux perfectionnements, son régulateur du feu, son petit fourneau-cuisine de ménage, sa couveuse artificielle, etc. Chacun de ses appareils est un vrai modèle dans son genre.

SECTION VII.

TUYAUX DE CONDUITE ET APPAREILS DE FILTRAGE.

M. Combes, rapporteur.

Tuyaux de conduite.

MÉDAILLES D'ARGENT.

MM. GANDILLOT et Cᵉ, à Labriche (Seine), et à Paris, rue Bellefond, 32.

L'usine de Labriche pour l'étirage et le soudage à chaud des fers creux venait d'être terminée à l'époque où eut lieu l'exposition de 1839. Le jury central dut se borner à mentionner honorablement cette usine naissante.

Aujourd'hui, MM. Gandillot et Cie fabriquent annuellement, avec un seul banc d'étirage qui ne marche que 250 jours par an, 400.000 mètres courants de tubes de tous diamètres, dont moitié environ sont employés pour grilles, meubles, etc., et l'autre moitié pour conduites d'eau, de gaz, de vapeur, tuyaux de machines locomotives et machines de bateaux, calorifères à eaux chaudes, etc. L'usine de Labriche, dans son état actuel, suffirait à une fabrication beaucoup plus étendue.

On remarquait dans la salle de l'exposition, des tuyaux d'une excellente fabrication dont le diamètre intérieur allait jusqu'à 16 centimètres. Un d'eux avait 6 mètres de longueur. Le prix élevé du combustible rendu à l'usine a conduit MM. Gandillot et Cie à utiliser la chaleur perdue des fours à ployer et à étirer, pour chauffer les chaudières de la machine à vapeur qui fournit la force motrice nécessaire aux ateliers. La longueur des fours permet d'étirer des tubes ayant jusqu'à 4 et 5 mètres de longueur.

Les tuyaux en fer de MM. Gandillot et Cie sont généralement appréciés dans le commerce, et l'on reconnaît qu'ils sont d'un bon usage. Cependant il arrive parfois, pour quelques-uns de ceux qui sont soumis à une pression considérable et permanente, qu'ils laissent fuir les liquides ou les gaz qu'ils renferment, par des fissures qui se manifestent le long de la soudure, ou qu'ils donnent lieu à des déchets, lorsqu'on est obligé de les remanier avant d'en faire usage. Cet inconvénient n'existe pas pour les tubes qui sont soudés à recouvrement et sur mandrin, comme cela se pratique, à ce qu'il paraît, depuis quelques années, en Angleterre. MM. Gandillot et Cie se proposent d'appliquer ce procédé à ceux de leurs tubes en fer mince qui seraient destinés à entrer dans la construction des machines locomotives; nous pensons qu'il conviendrait aussi de souder de cette manière tous les tuyaux destinés à supporter des pressions assez considérables de l'intérieur à l'extérieur ou de l'extérieur à l'intérieur, notamment ceux qui seraient destinés aux calorifères à eau chaude ou à vapeur.

MM. Gandillot et Cie ont rendu un service important à l'industrie par la création de leur usine de Labriche. Le jury espère que l'emploi de plus en plus répandu du fer pour les constructions de tout genre leur permettra bientôt de donner à la fabrication tout le développement que comporte leur établissement. Il récompense les efforts de ces manufacturiers, et les succès qu'ils ont déjà obtenus par une médaille d'argent.

MM. CHAMEROY et Cie, à La Chapelle-Saint-Denis (Seine), et à Paris, rue du Faubourg-Saint-Martin, 84.

MM. Chameroy et Cie avaient exposé en 1839 des tuyaux et fontaines en bitume, qui furent distingués par une mention. Leur établissement était alors naissant; ils ont exposé cette année un assortiment de tuyaux de conduite en tôle recouverts en bitume, une cornue rotative et fumivore à fondre le bitume et un modèle d'un nouveau système de chemin de fer.

Nous n'avons à nous occuper ici que des tuyaux et de la cornue à fondre le bitume.

Les tuyaux de MM. Chameroy et Cⁱᵉ sont formés d'une feuille de tôle étamée au plomb intérieurement, et dont les bords en recouvrement sont cloués l'un sur l'autre. Depuis 1840, ils ont imaginé de rapporter aux deux extrémités de chaque tuyau une vis et un écrou formés d'un alliage de plomb, étain, cuivre et antimoine; cette vis et cet écrou sont coulés, et soudés au tuyau par le moulage même. Le tuyau est essayé à la presse hydraulique sous une pression de quinze atmosphères, et ensuite recouvert extérieurement d'une couche de bitume, ce qui se fait en le roulant sur une table où le bitume semi-fluide est coulé sur un lit de gravier.

Les tuyaux s'assemblent entre eux en les vissant au moyen d'une simple barre de bois et d'une corde; les joints sont rendus étanches par une garniture de chanvre enduit d'une matière grasse interposée entre les rebords de la douille de l'écrou et l'embase de la vis. Ce mode d'assemblage est très-économique; l'expérience démontre qu'il présente une solidité suffisante pour les conduites de gaz d'éclairage et même pour les conduites d'eau. Pour celles-ci les tuyaux sont bitumés à l'intérieur, ce qui est inutile pour les conduites de gaz.

Plus de 40,000 mètres courants de ces tuyaux, placés pendant les six dernières années, dans la ville de Paris, par les compagnies d'éclairage, ont été d'un très-bon usage, et n'ont exigé aucune réparation ; le fait est attesté par les gérants des compagnies d'éclairage et par l'ingénieur en chef des ponts et chaussées du service municipal de Paris. Environ 20,000 mètres courants ont été employés pour des conduites d'eau à Paris ou dans les départements. Il paraît que les derniers perfectionnements apportés à la construction des tuyaux de MM. Chameroy et Cie les rendent également propres à ce dernier usage.

En définitive, les succès obtenus par MM. Chameroy et Cie leur ont permis de créer à La Chapelle-Saint-Denis un vaste établissement, où sont réunis tous les appareils nécessaires à la confection, à l'étamage et au bitumage des tuyaux. Ces appareils sont très-bien entendus ; le jury a particulièrement remarqué les machines destinées à cintrer les tôles, et les cornues rotatives à fondre le bitume, dont le chargement et le déchargement s'opèrent avec facilité. Les gaz sont ramenés dans le foyer où ils sont brûlés, à l'aide d'un tuyau amovible appliqué devant l'ouverture centrale par laquelle se fait le chargement des matières.

Le jury décerne à MM. Chameroy et Cie la médaille d'argent.

MENTIONS HONORABLES.

MM. REICHENECKER et Cie, à Ollwiller (Haut-Rhin).

MM. Reichenecker et Cie présentent un assortiment de tuyaux en terre cuite, depuis o^m,o32 jusqu'à o^m,22 de diamètre intérieur, assemblés entre eux au moyen de manchons et mastiqués. Ces tuyaux sont d'une exécution remarquable. Ils ont été employés pour les conduites de gaz de la ville de Mulhouse, et pour les conduites d'eau que l'administration de la ville de Béfort et le génie militaire de cette place ont fait établir. La société industrielle de Mulhouse a décernée, en 1840, à MM. Reichenecker et Cie une médaille d'argent, pour la bonne fabrication de leurs produits en terre cuite. Le jury décerne à ces industriels une mention honorable.

M. LEDRU (Hector) à Paris, rue des Trois-Bornes, 15, est l'inventeur des tuyaux étirés à froid, pliés, agrafés et soudés, exposés par la société A. de Vinoy et Cie.

Tout le monde a remarqué à l'exposition, des tuyaux formés d'une feuille en tôle zinguée pliée circulairement, dont les deux lèvres rapprochées et recourbées en dedans, sont réunies intérieurement par une languette doublement recourbée, formant une agrafe de longueur égale à celle du tuyau, et dont la jointure longitudinale est remplie de

soudure à l'étain. Des tuyaux en cuivre brasés à la
soudure forte figuraient à côté de ceux en fer gal-
vanisé.

Ces produits étaient exposés sous le nom de
M. de Vinoy; mais il résulte d'une lettre adressée
à M. le président du jury par MM. A. de Vinoy
et C¹ᵉ, que M. Hector Ledru est l'inventeur des appareils qui servent à fabriquer ces tuyaux, qu'il
commandite l'établissement où ils sont fabriqués,
et dans lequel tous les travaux sont exécutés sous
sa direction et par ses conseils; c'est donc à M. Hector Ledru que revient personnellement, et sur la
demande formelle de MM. A. de Vinoy et C¹ᵉ, la
récompense décernée par le jury.

Les tuyaux dont nous nous occupons sont confectionnés par un seul étirage à froid de la feuille
de tôle préalablement recourbée autour d'un
mandrin et de la bande formant *l'agrafure* longitudinale, à travers deux filières, dont l'une, convenablement évasée est munie d'une languette de
forme appropriée pour engager les deux bords recourbés du tuyau sous les bords également recourbés de l'agrafe, et dont l'autre ne fait que resserrer
et polir le tuyau, en le comprimant sur le mandrin.
Le mandrin étant ensuite retiré, le tuyau est soudé
ou brasé le long de la jointure longitudinale, à
l'aide du chalumeau à gaz hydrogène de M. Desbassayns de Richemont.

Cette fabrication est, on le voit, d'une extrême
simplicité. On pouvait craindre que les bords du
tuyau et de l'agrafe repliés brusquement et com-
primés, fussent énervés au point de rendre les

tuyaux impropres à supporter des pressions un peu
considérables. Plusieurs membres du jury se sont
transportés dans la fabrique, rue des Trois-Bornes,
n° 15. On a fabriqué en leur présence un tuyau de
4 centimètres de diamètre intérieur en fer galva-
nisé, d'un millimètre un quart d'épaisseur, et plusieurs autres tuyaux d'un calibre plus petit. Le
tuyau de 4 centimètres, ayant été soudé au chalumeau, a été immédiatement après soumis à l'é-
preuve par une pompe de pression. Il a parfaitement supporté une pression de seize atmosphères
environ. Il s'est ouvert sous une pression de vingt-
deux atmosphères : ni l'agrafe ni les bords du
tuyau n'étaient déchirés; mais les plis s'étaient développés en se détachant de la soudure.

Un second tuyau de même dimension, soudé
depuis quelques jours, a été soumis à la pompe de
pression. La soupape d'épreuve a été successivement
chargée de poids correspondants à des pressions de
seize, dix-sept et demi, dix-neuf, vingt-quatre,
vingt-sept et trente-deux atmosphères, qu'il a bien
supportées. Il a commencé à s'ouvrir sous une pression d'épreuve de quarante atmosphères. Dans ce
cas encore, les bords recourbés de l'agrafe et du
tuyau se sont développés sans se déchirer. Le tuyau
n'a même pas été sensiblement déformé, et la fuite
a commencé uniquement par le défaut de résistance
de la soudure.

Ces essais prouvent que les tuyaux étirés à
froid et agrafés suivant le procédé de M. Hector
Ledru, sont susceptibles d'offrir une grande résistance à la rupture, et peuvent être employés

avec sécurité pour des conduites d'eau ou de gaz.

La fabrique fondée en 1843 n'a encore livré au commerce qu'une petite quantité de ses produits. Le jury se voit donc obligé de se borner à mentionner de la manière la plus honorable le procédé ingénieux d'étirage des tuyaux à froid par M. Hector Ledru, laissant aux jurys qui lui succéderont le plaisir de décerner à cet industriel la haute récompense qui est due à son esprit d'invention; cette récompense ne peut être accordée qu'après un succès manufacturier qui, selon toutes les probabités, ne se fera pas longtemps attendre.

Appareils de filtrage.

RAPPEL DE MÉDAILLE DE BRONZE.

M. LELOGÉ, à Paris, rue Saint-Étienne-Bonne-Nouvelle, 15.

M. Lelogé a exposé des fontaines de ménage, en pierres de Creteil, de Tonnerre et de Tournus, dans lesquelles l'eau est filtrée par ascension. Cet industriel a obtenu une mention honorable à l'exposition de 1834, et une médaille de bronze en 1839. Depuis lors, il a développé sa fabrication pour laquelle il a mis en usage des pierres tirées de plusieurs carrières de l'Yonne et de Saône-et-Loire. Son fils a formé un établissement semblable à Lyon.

M. Lelogé se montre de plus en plus digne de la médaille de bronze qui lui a été décernée en 1839, et que le jury se plaît à lui rappeler.

MÉDAILLES DE BRONZE.

M. DUCOMMUN, à Paris, boulevard Poisson-nière, 14.

M. Ducommun a exposé des fontaines ordinaires à filtres épurateurs de charbon, et un appareil de filtrage formé de couches alternatives de sable et de charbon destiné à fonctionner sous une pression élevée. Les filtres de ce dernier appareil sont renfermés dans un coffre cylindrique en fonte porté sur deux tourillons, et dont les fonds plats portent des tubulures destinées l'une à l'admission de l'eau chargée d'impuretés, l'autre à l'émission de l'eau filtrée. L'appareil étant formé de plusieurs filtres disposés symétriquement à partir du milieu du coffre, on peut, en faisant tourner celui-ci sur ses supports, échanger réciproquement les ouvertures d'admission et d'émission. C'est ce que l'on fait, lorsque les filtres sont sales, pour les nettoyer en y faisant circuler un courant d'eau en sens inverse.

M. Ducommun a obtenu une mention honorable en 1834, la même distinction en 1839. Le jury récompense la persévérance de cet industriel par la médaille de bronze.

M. TARD, à Paris, rue de Chaillot, 19.

M. Tard a exposé plusieurs appareils pour filtrer de l'eau, des vins, des huiles et tous autres liquides.

La base des filtres de M. Tard est un mélange de pâte à papier et de charbon végétal. Une couche mince de pâte à papier mêlée de charbon, est précédée d'une couche un peu plus épaisse de matières qui forment un *dégrossisseur* et qui varient avec la nature des liquides à filtrer. M. Tard emploie comme dégrossisseur de la sciure de bois de chêne ou de hêtre pour le filtrage des vins, du chanvre pour le filtrage des huiles, du houblon pris après la fabrication pour le filtrage de la bière, du charbon pour les eaux potables ; l'épaisseur totale du filtre ainsi composé de deux parties ne dépasse pas quinze centimètres.

Il a pris, pour ses procédés de filtrage, un brevet d'invention dont la date remonte à 1841. Les essais qui ont été faits à Bercy et dans la cave centrale des hospices pour la clarification des vins, chez divers industriels d'Arras, de Paris et de Lorient, pour les huiles ; aux Batignolles, à l'hospice Beaujon, etc., pour le filtrage des eaux, ont donné de bons résultats, que constatent des certificats délivrés à M. Tard par plusieurs personnes, parmi lesquelles nous citerons M. de l'Écluse pour le filtrage de l'eau aux Batignolles, MM. Vallod et André Bonjour pour la clarification des huiles de baleine ; M. Casterat, chef du service de la dégustation des vins, pour la clarification des vins ; M. Labbé, marchand de vins, pour la clarification des lies de vin et la filtration de la bière ; M. le conservateur de l'entrepôt général des vins, pour un essai qui a bien réussi sur la clarification de vins de Madère qu'on avait inutilement essayé de filtrer par d'autres procédés ; M. le secrétaire général de l'administration des hospices civils de Paris, également pour la clarification des vins.

www.ingramcontent.com/pod-product-compliance
Lightning Source LLC
Chambersburg PA
CBHW060710220326
41598CB00020B/2049

M. Tard a disposé des filtres portatifs à pompe
pouvant, d'après sa déclaration, filtrer de 300 à 400
litres par heure, et n'ayant qu'un diamètre de
trente centimètres. Ces appareils pourraient être
très-utiles aux troupes en campagne. On peut
craindre, dans l'application des procédés de M. Tard
au filtrage des eaux, que les filtres en pâte à papier
ne se décomposent et ne donnent un mauvais goût
à l'eau filtrée. Mais il est facile de remédier à cet
inconvénient qui du reste, ne s'est pas fait remarquer jusqu'ici dans l'usage des appareils de
M. Tard; il suffit de remplacer en temps utile le
filtre en pâte à papier, ce qui peut se faire très-
facilement et presque sans dépense.

Le jury convaincu par les nombreux certificats
délivrés à M. Tard de l'efficacité de ses procédés
de filtrage, prenant en considération la diversité des
usages auxquels il les a appliqués, la simplicité et
le bon marché de ces appareils, récompense M. Tard
par une médaille de bronze.

MM. BERNARD et SOUCHON, à Paris, rue d'Anjou-Dauphine, 8.

Les filtres en laine tontisse de MM. Bernard et Souchon, qui parurent pour la première fois à l'exposition de 1839, ont été appliqués en grand, depuis
l'année 1841, au filtrage des eaux de la pompe Notre-Dame, par suite d'un marché fait avec la ville
de Paris.

Il résulte d'un rapport, en date du 4 décembre
1840, de M. l'ingénieur chargé du service des eaux
de Paris, que les filtres installés à la pompe Notre-

Dame au nombre de cinq, dout quatre seulement fonctionnent à la fois, débitent avec des eaux sales 350 kilolitres, et avec les eaux ordinaires 600 kilolitres d'eau de Seine filtrée par heure. La surface des quatre filtres est de sept mètres carrés; la masse filtrante, est composée de cinq couches de laine séparées par des grilles en fil de fer, et dont l'inférieure repose sur une étoffe de flanelle; son épaisseur est de vingt centimètres. Chaque filtre est précédé d'un dégrossisseur consistant en un simple canevas. MM. Bernard et Souchon ont effectué le filtrage des eaux de la pompe Notre-Dame à raison de huit centimes par kilolitre. Aujourd'hui on paye au même prix le filtrage à travers le sable et le gravier par les appareils de la compagnie française ou ceux de M. Ducommun; mais le prix était de dix-sept centimes et demi par kilolitre, avant le marché conclu avec MM. Bernard et Souchon dont les appareils ont ainsi déterminé une réduction de plus de moitié dans le prix du filtrage des eaux de la Seine.

Les filtres en laine tontisse ont l'avantage de débiter un volume d'eau beaucoup plus considérable que les filtres de sable et de gravier, à surface égale et sous une même pression. Les eaux sont d'ailleurs aussi bien débarrassées de troubles que par les filtres de sable et de gravier; l'examen au microscope n'y a fait découvrir aucune parcelle de laine entraînée, et il paraît en conséquence impossible qu'elles entraînent des matières organiques, au point d'exercer la moindre influence sur la santé publique.

Tout ce qui précède, et les prix que nous avons indiqués, sont relatifs uniquement au filtrage des eaux, et non à leur dépuration par le charbon, qui peut être combinée aussi bien et même plus facilement avec les filtres Souchon qu'avec tout autre système.

Le jury ne peut manquer de reconnaître que MM. Bernard et Souchon ont rendu un service important à l'industrie et à la ville de Paris, par la création de leurs appareils de filtrage, et il récompense ces exposants par une médaille de bronze.

NOUVELLE MENTION HONORABLE.

M. JAMINET, à Paris, rue du Four-Saint-Germain, 26, et rue Sainte-Marguerite, 19.

MM. Jaminet et Cornet obtinrent, en 1839, une mention honorable pour leurs fontaines de ménage dont le coffre est construit en pierres assemblées à rainure et languette, sans agrafe en fer, et rejointoyées avec du ciment hydraulique, et où le filtrage s'opérait de bas en haut, suivant la méthode mise en pratique par M. Lelogé. M. Jaminet a exposé cette année des appareils du même genre, d'une bonne construction. Cette fabrication a pris du développement depuis la dernière exposition.

M. Jaminet mérite que le jury de 1844 renouvelle en sa faveur la mention honorable qui avait été décernée par le jury de 1839 à MM. Jaminet et Cornet.

OMISSION A LA PAGE 192.

MENTION HONORABLE.

MM. DESPRÉAUX et CHAPSAL, à Paris, rue Grange-aux-Belles, 63.

MM. Despréaux et Chapsal exécutent, avec toute la précision nécessaire, des cylindres en fer battu étamé, destinés aux transmissions de mouvement dans les métiers à filer. Ces manufacturiers, établis depuis peu de temps, ont mérité une mention honorable, que le jury leur accorde.

OMISSION A LA PAGE 198.

MENTION HONORABLE.

M. AUBIN, à Rouen (Seine-Inférieure).

M. Aubin a exposé des pompes à incendie et des cylindres à impression; ces derniers objets, bien exécutés, sont employés chez les fabricants d'indiennes, qui ont pu apprécier leur bonne exécution.

Le jury accorde à M. Aubin une mention honorable.

OMISSION A LA PAGE 362.

CONSTRUCTIONS CIVILES.

CITATION FAVORABLE.

Le jury cite favorablement

M. DAUDRIT, à Paris, rue de Malte, 22,

Pour ses armatures en fer.

TABLE DES MATIÈRES.

TROISÈME COMMISSION.

MACHINES.

Première Section. — § 1. — Machines et instruments servant à l'agriculture. . . . . Pag. 4
   Établissements ou ateliers de construction d'instruments aratoires, charrues. 7
§ 2. — Extirpateurs, scarificateurs, herses. 35
§ 3. — Semoirs, plantoirs, houes à cheval. 42
§ 4. — Machines à battre le grain. 49
   Emmagasinage et conservation des grains. . . 56
§ 5. — Pressoirs, égrappoirs. 58
§ 6. — Concasseurs, hache-pailles, coupe-racines. . 66
§ 7. — Instruments d'horticulture, etc. 70
Section II. — § 1. — Moteurs et machines hydrauliques. . 75
§ 2. — Pompes et machines à élever l'eau. 90
   1° Grands appareils. 90
   2° Pompes à incendie. 96
   3° Pompes diverses mues à bras. 105
§ 4. — Appareils destinés à obtenir la séparation des matières liquides et solides, et la vidange des fosses. . 111
§ 5. — Moulins, machines à rhabiller les meules et accessoires. 116
Section III. — § 1. — Machines à vapeur et ateliers de construction. 119
   Ingénieurs non-constructeurs. 154
§ 2. — Machines locomotives et chemins de fer. . . 157
   I. Machines locomotives. 163
   II. Chemins de fer, rails et voitures. 175
Section IV. — § 1. — Machines à filer le lin, la laine, le co-

ton, la soie, etc.; machines à bouter les cardes et machi-
nes à imprimer les étoffes. . . . . Pag. 183
I. Machines à filer le lin, la laine et le coton. 183
II. Machines à filer la soie. 193
III. Machines à bouter les cardes. 194
IV. Machines à imprimer. 195
§ 2. — Cardes, peignes, etc., foulage des draps. . . . 199
   Cardes, peignes, etc. 199
   Foulage des draps. 207
§ 3. — Métiers à tisser, battants brocheurs, ourdissoir,
   lisage, métiers à broder, métiers à tricots circu-
   laires, métiers à dévider la soie. 242
   Métiers à broder, métiers à tricots circulaires, mé-
   tiers à dévider la soie. 242
   Machines à dessiner (pour l'exécution des dessins
   de fabrique). 228
   Non-exposant. 229
SECTION V. — § 1. — Presses typographiques, presses li-
   thographiques, presses à timbrer. 234
I. Presses typographiques. 234
II. Presses lithographiques. 246
III. Presses à timbrer. 249
§ 2. — Appareils de sondage. 254
§ 3. — Machines-outils. 256
   Machines à faire les briques, tuiles, carreaux, etc. . 288
   Dessins industriels. 291
§ 4. — Mécanismes divers. 292
I. Outils pour beaux-arts. 292
II. Machines à refendre les cuirs et les draps foutres. . 296
III. Machines-outils. 298
IV. Mécanismes divers relatifs aux habitations. . . . 343
V. Moyens de maîtriser les chevaux qui s'emportent. . 348
VI. Indicateurs à cadran. 321
VII. Travail manuel. 323
VIII. Carrosserie. 324
§ 5. — Serrurerie de précision. 329
SECTION VI. — Constructions civiles et navales. 337
§ 1. — Constructions civiles. 337

§ 2. — Construction et navigation des bateaux et des navires à vapeur. . . . . Pag. 362
§ 3. — Constructions navales à voiles. 397
Toiles à voiles. 408
Moyens de sauvetage. 41:
Fabrication des cordages. 443

QUATRIÈME COMMISSION.

INSTRUMENTS DE PRÉCISION.

Première Section. — Horlogerie. 424
§ 1. — Horlogerie de haute précision. 424
Non-exposant. 438
§ 2. — Grands mécanismes d'horlogerie. 439
Non-exposant. 442
§ 3. — Horlogerie civile. 450
Montres. 450
Pendules civiles. 459
§ 4. — Horlogerie de fabrique. 468
Mouvements de pendules ou de montres. . . . 468
Outils d'horlogerie et pièces détachées. 472
Section II. — Instruments de précision. 479
Première division. — § 1. — Instruments de physique et d'optique. 479
§ 2. — Phares. 493
§ 3. — Grandes balances et appareils à peser, adoptés pour le commerce. 495
§ 4. — Mesures diverses, compteurs et machines à calculer. 500
Deuxième division. — § 1. — Instruments d'astronomie de marine et de géodésie. 505
§ 2. — Instruments de mathématiques. 506
§ 3. — Machines à graver, à tailler, à diviser. . . . 546
§ 4. — Daguerréotypes et instruments graphiques. . . 548
Troisième division. — Cartes géographiques, globes terrestres et célestes, cartes en relief, modèles topographiques en relief, planétaires. 524

Section III. — Instruments de musique. . . . . . Pag. 529

I. Instruments à cordes , à cordes et à archet , à vent en cuivre et en bois , etc.. 529

§ 1. — Instruments à cordes. 530

Non-exposants. 550

§ 2. — Instruments à cordes et à archet. 552

Harpes. 556

Guitares. 557

§ 3. — Instruments en vent en cuivre. 558

§ 4. — Instruments à vent en bois. 560

§ 5. — Instruments acoustiques.. 565

§ 6. — Cordes d'instruments de musique. 566

§ 7. — Boîtes à musique. 569

II. Orgues. 569

Orgues expressives. 580

Section IV. — Arquebuserie et fourbisserie. 588

§ 1. — Arquebuserie. 588

Fabrication des capsules-amorces, des poires à poudre et des cartouches. 606

§ 2.—Fabrication des lames en acier damassé, fourbisserie. 609

Fabrication de lames en acier damassé. 610

Fourbisserie. 612

Fabrication de couteaux de chasse. 614

Section V. — Éclairage. 645

CINQUIÈME COMMISSION.

ARTS CHIMIQUES.

Première Section. — Substances alimentaires , savons , colles et gélatines. 634

§ 1. — Préparation et conservation des substances alimentaires. 634

§ 2. — Savons. 667

§ 3. — Colles animales. 676

Section II.—Couleurs, conservation des bois, tissus imperméables.. 685

§ 1. — Couleurs. 685

— 977 —

§ 2. — Conservation des bois. . . . . Pag. 703
   Non-exposant. 703
; 3. — Tissus imperméables. 708

Section III. — Produits chimiques, vernis, cires à cacheter,
   cirages. 716
§ 1. — Produits chimiques. 716
§ 2. — Vernis. 764
§ 3. — Cires à cacheter. 768
§ 4. — Cirages. 774

Section IV. — Extraction et raffinage des sucres, fécule,
   glucose, dextrine, gomme de fécule ; éclairage, eaux
   gazeuses, huiles essentielles, engrais, ustensiles-outils. 775
§ 1. — Extraction et raffinage du sucre des cannes et des
   betteraves. 775
   Résidus de la fabrication du sucre indigène, traitement des mélasses. 787
§ 2. — Fabrication du pain. 789
§ 3. — Fécule, dextrine (gomme de fécule, etc.), glucose. 791
   Appareils des féculeries. 793
   Fabriques de fécule, dextrine, gomme, gommeline, etc., et glucose. 796
§ 4. — Eclairage. 803
   Bougies stéariques. 810
   Carbures d'hydrogène et liquides alcooliques propres à l'éclairage. 822
) 5. — Eaux gazeuses et appareils pour les vins mousseux. 833
   Appareils propres à la fabrication des vins mous-
   seux, à l'essai et au bouchage des bouteilles. . . 836
   Travail et clarification des vins. 840
   Appareil à fermentation pour les brasseurs. . . 844
   Appareil distillatoire. 844
§ 6. — Huiles essentielles et eaux aromatiques. . . . 842
   Cafetières. 846
   Huiles grasses. 847
   Epuration des huiles pour l'horlogerie. 849
§ 7. — Engrais. 850
§ 8. — Ustensiles-outils. 858
   Non-exposants. 868

Section V. — Préparation des matières tinctoriales, blanchiment des étoffes. . . . . Pag. 873

Tableau des divisions adoptées dans le rapport. 874

Première division. — Préparation des matières tinctoriales. 874

Première sous-division. — Préparation des matières tinctoriales par des procédés mécaniques. 874

Deuxième sous-division. — Préparation des matières tinctoriales par des procédés chimiques. 875

Deuxième division. — Blanchiment des étoffes. 887

Troisième division. — Application des matières colorantes sur les étoffes et apprêts. 896

    Non-exposant. 947

    Apprêt des étoffes. 918

Quatrième division. — Réparation des tissus gâtés par l'usage. 920

Section VI. — Chauffage. 922

§ 1. — Chauffage des grands édifices. 928

    Serres. 929

§ 2. — Calorifères. 930

§ 3. — Appareils culinaires et autres. 938

§ 4. — Cheminées. 947

    Non-exposant. 948

§ 5. — Appareils pour le blanchiment et la lessive. . . 954

§ 6. — Dessiccation. 953

§ 7. — Inventeurs non constructeurs. 955

    Non-exposant. 957

Section VII. — Tuyaux de conduite et appareils de filtrage. 958

    Tuyaux de conduite. 958

    Appareils de filtrage. 966

    Omission à la page 192, à la page 496, à la page 382. 972

FIN DE LA TABLE DU DEUXIÈME VOLUME.

(Voyez l'*Errata* général à la fin du troisième volume.)